应用统计学丛书 33

Design of Observational Studies
(Second Edition)

观察性研究的设计
（第二版）

Paul R. Rosenbaum 著

周晓华 韩开山 杨伟 邓宇昊 译

中国教育出版传媒集团
高等教育出版社·北京

图书在版编目（CIP）数据

观察性研究的设计：第二版 /（美）保罗·罗森鲍姆（Paul R. Rosenbaum）著；杨伟等译 . -- 北京：高等教育出版社，2024.9. -- ISBN 978-7-04-062326-0

I . G3

中国国家版本馆 CIP 数据核字第 2024J0P505 号

观察性研究的设计
Guanchaxing yanjiu de Sheji

| 策划编辑 | 吴晓丽 | 责任编辑 | 吴晓丽 | 封面设计 | 赵 阳 | 版式设计 | 童 丹 |
| 责任校对 | 张 薇 | 责任印制 | 张益豪 | | | | |

出版发行	高等教育出版社	网 址	http://www.hep.edu.cn
社 址	北京市西城区德外大街4号		http://www.hep.com.cn
邮政编码	100120	网上订购	http://www.hepmall.com.cn
印 刷	青岛新华印刷有限公司		http://www.hepmall.com
开 本	787 mm×1092 mm 1/16		http://www.hepmall.cn
印 张	36.75		
字 数	640 千字	版 次	2024年9月第1版
购书热线	010-58581118	印 次	2024年9月第1次印刷
咨询电话	400-810-0598	定 价	119.00 元

本书如有缺页、倒页、脱页等质量问题，请到所购图书销售部门联系调换
版权所有　侵权必究
物 料 号　62326-00

"形式的简单不一定就是经验的简单."
Robert Morris, 论艺术.

"简单并不是必然的. 这是一项成就."
William H. Gass, 论文学.

"简单……这是一件非常重要的事情, 必须时刻牢记在心."
Sir David Cox, 论试验.

献给 Judy

第二版前言

与第一版相比,第二版有两个方面不同: 一是增加了材料和内容, 二是与 R 统计语言建立了新的关系, 包括配套的 R 包 DOS2. 此外, 还更正了一些错误.

第二版的新主题

增添四个新章节:
- 第 7 章: 一些反诉会损害自身
- 第 19 章: 检验统计量的选择
- 第 20 章: 证据因素
- 第 21 章: 构造多个比较组

对已有章节进行了大量补充和修订, 包括以下新章节:
- 第 2.4.4 节: 平均处理效应
- 第 3.6 节: 敏感性分析的参数扩大
- 第 5.4 节: 强化弱工具
- 第 10 章: 几个新节
- 第 11 章: 几个新节
- 第 13.6 节: 自然实验中的隔离
- 第 18.3 节: 一致性能被发现吗?

第二版的 R 语言

综合 R 档案网络 (Comprehensive R Archive Network, CRAN) 上提供了一个新的 R 包 DOS2. 它包含软件和数据，并重现了第二版内容的许多分析. 第一版还有一个更有限的新包 DOS. 除了内容不同外，DOS 和 DOS2 的帮助文件分别参考了第一版和第二版.

第一版包含了一些 R 函数的文本. 这些文本已被删除并放在了包 DOS2 和 DOS 中.

自从第一版出版以来，有许多新的 R 包致力于观察性研究的设计和分析. 第二版介绍了其中的一些包. 具体地说，第二版中的几个以 "软件" 或 "数据" 为结尾的章节，介绍了 R 中的可用资源. 索引包含 "R 包" "软件" 和 "数据" 的条目.

网上的一款应用程序 shinyapp 可以对吸烟和牙周病的观察性研究进行交互式的敏感性分析，并且不需要了解 R 的知识. shinyapp 在后台运行 R, 且该应用程序只需通过点击即可使用. 该应用程序阐明了几个问题: (1) 使用 Huber 的 m-统计量的随机化推断 (第 2.8 节), (2) P-值、估计值和置信区间的敏感性分析 (第 3.4 节), (3) 敏感性分析的放大 (第 3.6 节), 以及 (4) 检验统计量选择不当会导致对未测量偏倚 (unmeasured bias) 的不敏感性的低估 (第 19 章). 你可以查看该应用程序的 R 代码.

Philadelphia, PA, USA   Paul R. Rosenbaum
2019 年 11 月 25 日

第一版前言

观察性研究是指在随机试验 (randomized experimentation) 不符合伦理或不可实行的情况下，对处理引起的效应 (效果或影响) 进行的经验性调查 (empiric investigation)(或实证研究). 观察性研究提供的证据的质量和强度很大程度上取决于它的设计. 优秀的分析方法无法挽救设计欠佳的研究.

在实践中比在理论上更容易划清设计和分析之间的界限. 在实践中, 观察性研究的设计包括在调查或使用这些结果测量指标 (或疗效判定指标) (outcome measure) 之前的所有行为, 这些测量指标将成为研究结论的基础. 与试验不同的是, 在一些观察性研究中, 结果 (或结局指标) 可能在研究设计之前就有了测量值 (measurement); 而使设计区别于分析的关键正是对结果的调查和使用, 而不是结果测量本身. 设计的各个方面包括开展实证研究的科学问题的框架, 选择进行调查研究的背景, 决定收集什么数据, 在哪里和如何收集数据, 匹配以消除已测量协变量 (measured covariate) 的偏倚 (bias), 限制未测量协变量造成的不确定性的策略研究 (strategy and tactic), 以及使用在最终分析中未纳入的个体进行样本分割以指导设计. 在实践中, 当对这些将成为研究结论基础的个体结果进行调查时, 设计结束而分析开始. 如果一项观察性研究是从检查或观察结果 (examining outcome) 开始的, 那么它就是一项缺乏设计的、无形式、无纪律的研究.

理论上, 设计是分析的前提. 分析总是存在于设计中, 就像目标总是存在于有组织的工作中一样, 因为目标是组织工作所必需的. 人们试图提出问题并收集数据, 以便分析时得到具有决定性的结果. 要想有个好的结果, 我们应该如何开始呢?

Philadelphia, PA, USA   Paul R. Rosenbaum
2009 年 8 月 5 日

致 谢

我得到了许多人的帮助：感谢 Jeffrey Silber, Dylan Small, Mike Baiocchi, Joseph Gastwirth, Robert Greevy, Ben Hansen, Ruth Heller, Guido Imbens, Bikram Karmakar, Bo Lu, Samuel Pimentel, Ruoqi Yu 和 José Zubizarreta 与我最近的合作；感谢我的老师、导师以及合作者 Donald Rubin，从他那里我学到了很多；感谢同事、合作者或以前的学生们 Katrina Armstrong, Susan Bakewell-Sachs, Lisa Bellini, T. Behringer, Shawna Calhoun, Jing Cheng, Magdalena Cerdá, Avital Cnaan, Shoshana Daniel, Ashkan Ertefaie, Gabriel Escobar, Orit Even-Shoshan, Lee Fleisher, Kevin Fox, Bruce Giantonio, Neera Goyal, Sam Gu, Elizabeth Halloran, Amelia Haviland, Alexander Hill, Lauren Hochman, Robert Hornik, Jesse Hsu, Kamal Itani, Rachel Kelz, Abba Krieger, Marshall Joffe, Kwonsang Lee, Yunfei Paul Li, Scott Lorch, Rossi X. Luo, Justin Ludwig, Barbara Medoff-Cooper, Lanyu Mi, Andrea Millman, Kewei Ming, Dan Nagin, Mark Neuman, Bijan Niknam, Ricardo Paredes, Dan Polsky, Kate Propert, Tom Randall, Caroline Reinke, Joseph Reiter, Patrick Romano, Amy Rosen, Richard Ross, Sandy Schwartz, Morgan Sellers, James Sharpe, Tom Ten Have, Richard Tremblay, Kevin Volpp, Yanli Wang, Wei Wang, Dan Yang, FanYang, Frank Yoon, Elaine Zanutto 和 Qingyuan Zhao 与我的合作；感谢 Judith McDonald, Keith Goldfeld, Bikram Karmakar, Sue Marcus, John Newell, Luke Keele, Dylan Small, José Zubizarreta 以及匿名评论者们 (anonymous reviewers) 对本书稿的评论；感谢 Joshua Angrist, David

Card, Susan Dynarski, Alan Krueger 和 Victor Lavy 以各种形式提供他们研究的微观数据.

第一版的部分内容是我在休假的时候写的. 感谢哥伦比亚大学统计系和爱尔兰国立大学戈尔韦分校经济和统计系的热情款待. 这项工作得到了美国国家科学基金会 (U.S. National Science Foundation) 方法学、计量学和统计学项目的部分支持.

当然, 我最感谢的是 Judy, Sarah, Hannah, Aaron, Dac, Mark, Josh, Paul 和 Noah.

目　录

第 I 部分　开　篇

第 1 章　困境与解决技术 ... 3
- 1.1 令人困惑的维生素效果 ... 3
- 1.2 Cochran 的基本建议 ... 4
  - 1.2.1 处理、协变量、结果 ... 5
  - 1.2.2 如何分配处理? ... 5
  - 1.2.3 处理组和对照组是否具有可比性? ... 6
  - 1.2.4 消除对处理效应看似合理的替代方案 ... 6
  - 1.2.5 排除标准 ... 6
  - 1.2.6 在处理分配后退出处理组 ... 7
  - 1.2.7 研究方案 ... 7
- 1.3 Maimonides 规则 ... 8
- 1.4 车祸中的安全带 ... 10
- 1.5 大学教育资金 ... 11
- 1.6 自然界的"自然实验" ... 12
- 1.7 这本书是关于什么的 ... 14
  - 1.7.1 本书的基本结构 ... 14
  - 1.7.2 第 I 部分的结构: 开篇 ... 15

	1.7.3	第 II 部分的结构: 匹配	15
	1.7.4	第 III 部分的结构: 设计灵敏度	16
	1.7.5	第 IV 部分的结构: 增强设计	16
	1.7.6	第 V 部分的结构: 计划分析	16
	1.7.7	对观察性研究的不太技术性的介绍	17
	1.7.8	章节之间的依赖性	18
1.8	延伸阅读	19
参考文献	21

第 2 章　随机试验中的因果推断　25

2.1	国家支持工作试验的两个版本	25
	2.1.1 具有 185 对的版本和 5 对的版本	25
	2.1.2 基本符号	28
2.2	随机试验中的处理效应	30
	2.2.1 替代处理下的潜在响应	30
	2.2.2 协变量和结果	31
	2.2.3 可能的处理分配和随机化	31
	2.2.4 个体间的干扰	34
2.3	检验无处理效应零假设	35
	2.3.1 零假设为真时的处理减去对照的差	35
	2.3.2 平均差的随机化分布	38
	2.3.3 Wilcoxon 统计量的随机化分布	43
2.4	检验其他假设; 置信区间; 点估计	48
	2.4.1 常数可加处理效应的检验	48
	2.4.2 常数可加效应的置信区间	51
	2.4.3 效应的 Hodges-Lehmann 点估计	52
	2.4.4 平均处理效应	53
	2.4.5 检验处理效应的一般假设	55
	2.4.6 可乘效应; Tobit 效应	57
2.5	归因效应	59
	2.5.1 为什么使用归因效应?	59
	2.5.2 一致响应: 将注意力从配对转移到个体	60

	2.5.3 通过关注配对小群体来思考异质性效应	61
	2.5.4 计算; 零分布	63
2.6	内部和外部效度	67
2.7	小结	68
2.8	附录: m-统计量的随机化分布	68
	2.8.1 使用 ψ 函数赋予对照观察值权重	68
	2.8.2 缩放比例	71
	2.8.3 可加效应假设 $H_0: r_{Tij} = r_{Cij} + \tau_0$ 的随机化检验	71
	2.8.4 国家支持工作示范 (NSW) 试验中的 m-检验	72
2.9	延伸阅读	72
2.10	软件	73
2.11	数据	74
参考文献		74

第 3 章 观察性研究的两个简单模型 — 79

3.1	匹配前的人群	79
3.2	理想匹配	80
3.3	一个朴素的模型: 看起来可比的人是可比的	84
	3.3.1 通过抛有偏硬币来分配处理, 这些未知偏倚由观察到的协变量确定	84
	3.3.2 倾向性评分的平衡性质	87
	3.3.3 倾向性评分和可忽略处理分配	89
	3.3.4 总结: 将两项任务分开, 一项是机械的, 另一项是科学的	89
3.4	敏感性分析: 看起来相似的人可能会不同	90
	3.4.1 什么是敏感性分析?	90
	3.4.2 敏感性分析模型: 来自随机分配的定量偏差	91
	3.4.3 对观察到的协变量配对时的敏感性分析模型	92
3.5	焊接烟尘和 DNA 损伤	94
	3.5.1 检验无处理效应假设时的敏感性分析	94
	3.5.2 计算过程	97
	3.5.3 置信区间的敏感性分析	99
	3.5.4 点估计的敏感性分析	99

- 3.6 敏感性分析的参数扩大 ·· 100
  - 3.6.1 什么是参数扩大? ·· 100
  - 3.6.2 关于 (Λ, Δ) 的敏感性分析 ······························ 101
  - 3.6.3 (Λ, Δ) 的确切含义 ·· 102
- 3.7 不完全匹配导致的偏倚 ·· 104
- 3.8 小结 ··· 106
- 3.9 延伸阅读 ··· 107
- 3.10 软件 ··· 107
- 3.11 数据 ··· 108
- 附录: 敏感性分析的精确计算 ·· 108
- 参考文献 ·· 108

第 4 章 竞争理论结构设计 ·· 118
- 4.1 石头如何下降 ··· 119
- 4.2 永久的债务假说 ·· 121
- 4.3 枪支和轻罪 ·· 123
- 4.4 1944—1945 年的荷兰饥荒 ··· 124
- 4.5 复制效应和偏倚 ·· 125
- 4.6 效应的原因 ·· 128
- 4.7 对系统的驱动力 ·· 131
- 4.8 延伸阅读 ··· 134
- 参考文献 ·· 134

第 5 章 机遇、策略和工具 ·· 139
- 5.1 机遇 ··· 139
  - 5.1.1 秩序井然的世界 ·· 139
  - 5.1.2 问题 ·· 140
  - 5.1.3 解决方案 ·· 140
- 5.2 策略 ··· 142
  - 5.2.1 消除歧义 ·· 142
  - 5.2.2 多个对照组 ··· 142

|||||| 5.2.3 几种结果之间的一致性 144
|||||| 5.2.4 已知的效应 148
|||||| 5.2.5 处理剂量 150
|||||| 5.2.6 差别效应和通用偏倚 155
||| 5.3 工具 159
|||||| 5.3.1 什么是工具? 159
|||||| 5.3.2 实例: 双盲随机试验中的非依从性 160
|||||| 5.3.3 实例: Maimonides 规则 160
|||||| 5.3.4 配对鼓励设计中工具的符号 161
|||||| 5.3.5 效应与剂量成正比的假设 162
|||||| 5.3.6 关于 β 的推断 163
|||||| 5.3.7 实例: 对 Maimonides 规则的工具变量 (IV) 分析 164
|||||| 5.3.8 效应比 167
|||||| 5.3.9 工具的有效性是可检验的吗? 168
|||||| 5.3.10 工具变量什么时候有价值, 为什么有价值? 169
||| 5.4 强化弱工具 170
|||||| 5.4.1 为什么要强化工具? 170
|||||| 5.4.2 健康结局指标研究中的流行工具: 到一家医院的距离 170
|||||| 5.4.3 如何强化工具? 171
|||||| 5.4.4 利用匹配强化工具 173
||| 5.5 小结 175
||| 5.6 延伸阅读 175
||| 5.7 软件 176
||| 5.8 数据 176
||| 参考文献 176

第 6 章 透明度 **188**
|| 参考文献 190

第 7 章 一些反诉损害自身 **191**
||| 7.1 对反诉进行评价 191
|||||| 7.1.1 反诉的类型 191

  7.1.2 反诉自损的逻辑 ································· 192
7.2 一个实例：安全带、伤害和弹射 ····················· 193
  7.2.1 对一个实例的初步了解：反诉前的主张 ················ 193
  7.2.2 选择偏倚和次要结果的反诉 ······················· 195
  7.2.3 从反诉的角度重新审视一个实例 ···················· 196
7.3 讨论 ·· 197
  7.3.1 预期反诉 ···································· 197
  7.3.2 一些理论 ···································· 197
7.4 延伸阅读 ·· 198
7.5 数据 ·· 198
参考文献 ·· 198

第 II 部分　匹　　配

第 8 章　匹配的观察性研究 ······························ 203
8.1 更多的化疗是否更加有效？ ·························· 203
8.2 匹配观察到的协变量 ································ 204
8.3 配对患者的结局指标 ································ 208
8.4 小结 ·· 211
8.5 延伸阅读 ·· 212
参考文献 ·· 212

第 9 章　多元匹配的基本工具 ···························· 213
9.1 一个小实例 ·· 213
9.2 倾向性评分 ·· 216
9.3 距离矩阵 ·· 219
9.4 最优配对匹配 ·· 225
9.5 多个对照最优匹配 ···································· 230
9.6 最优完全匹配 ·· 234
9.7 效率 ·· 239
9.8 小结 ·· 240

9.9　延伸阅读 ·· 241

9.10　软件 ··· 241

9.11　数据 ··· 242

参考文献 ··· 242

第 10 章　匹配中的各种实际问题 ·· **246**

10.1　检验协变量的平衡性 ·· 246

10.2　用于诊断的模拟随机试验 ··· 249

10.3　近精确匹配 ·· 251

10.4　精确匹配 ··· 253

10.5　定向惩罚 ··· 254

10.6　缺失的协变量值 ·· 255

10.7　匹配的网络与稀疏表示 ·· 256

10.8　个体距离的约束 ·· 257

10.9　整群处理分配 ··· 258

10.10　延伸阅读 ··· 259

10.11　软件 ··· 259

参考文献 ··· 260

第 11 章　精细平衡 ·· **263**

11.1　什么是精细平衡? ·· 263

11.2　构造一个精细平衡的对照组 ·· 264

11.3　在精细平衡不可行的情况下控制不平衡 ····································· 268

11.4　精细平衡、精确匹配和近精确匹配 ··· 272

11.5　近精细平衡 ·· 273

11.6　精致平衡 ··· 274

11.7　强度 K 平衡 ·· 275

11.8　基数匹配 ··· 276

　　11.8.1　什么是基数匹配? ·· 276

　　11.8.2　基数匹配和结果异质性 ·· 276

11.8.3　基数匹配和效应修正 ……………………………………… 277

11.9　延伸阅读 …………………………………………………………… 277

11.10　软件 ……………………………………………………………… 277

11.11　数据 ……………………………………………………………… 278

参考文献 …………………………………………………………………… 278

第 12 章　无组别匹配 ……………………………………………… **280**

12.1　无组别匹配：非二部匹配 …………………………………………… 280

12.1.1　什么是非二部匹配？ ……………………………………… 280

12.1.2　使用非二部匹配算法的处理—对照匹配 ………………… 282

12.1.3　剂量匹配 …………………………………………………… 282

12.1.4　多个组匹配 ………………………………………………… 283

12.2　无组别匹配的一些实用性方面 ……………………………………… 284

12.2.1　奇数个受试者 ……………………………………………… 284

12.2.2　丢弃一些受试者 …………………………………………… 285

12.2.3　三组的平衡不完全区组设计 ……………………………… 285

12.2.4　多个组别的倾向性评分 …………………………………… 286

12.3　两个对照组的剂量匹配 …………………………………………… 286

12.3.1　最低工资会降低就业率吗？ ……………………………… 286

12.3.2　形成两个独立比较的最优匹配 …………………………… 287

12.3.3　两个对照组的就业变化的差值 …………………………… 292

12.4　延伸阅读 …………………………………………………………… 294

12.5　软件 ………………………………………………………………… 294

12.6　数据 ………………………………………………………………… 294

参考文献 …………………………………………………………………… 295

第 13 章　风险集匹配 ……………………………………………… **298**

13.1　心脏移植能延长生命吗？ …………………………………………… 298

13.2　间质性膀胱炎手术的风险集匹配研究 ……………………………… 299

13.3　从新生儿重症监护室到出院时发育成熟 …………………………… 303

13.4　在 14 岁时加入帮派 ………………………………………………… 306

13.5 一些理论 ……………………………………………………… 308

13.6 自然实验中的隔离 …………………………………………… 309

    13.6.1 差别效应和通用偏倚的简要综述 ………………… 309

    13.6.2 什么是隔离 …………………………………………… 310

    13.6.3 双胞胎与单胎及其对劳动力供给的影响 …………… 311

    13.6.4 致人死亡的交通事故的质量与安全 ………………… 312

13.7 延伸阅读 ……………………………………………………… 314

13.8 软件 …………………………………………………………… 314

参考文献 ……………………………………………………………… 315

第 14 章 在统计软件包 R 中实现匹配 …………………………… 318

14.1 使用统计软件包 R 实现最优匹配 …………………………… 318

14.2 数据 …………………………………………………………… 319

14.3 倾向性评分 …………………………………………………… 321

14.4 带有缺失值的协变量 ………………………………………… 323

14.5 距离矩阵 ……………………………………………………… 323

14.6 构造匹配 ……………………………………………………… 324

14.7 检验协变量的平衡 …………………………………………… 327

14.8 大学入学结果 ………………………………………………… 329

14.9 延伸阅读 ……………………………………………………… 330

14.10 软件 ………………………………………………………… 331

14.11 数据 ………………………………………………………… 331

附录 1: R 的简介 …………………………………………………… 332

附录 2: 关于距离矩阵的 R 函数 …………………………………… 334

参考文献 ……………………………………………………………… 337

第Ⅲ部分 设计灵敏度

第 15 章 敏感性分析的功效及其极限 …………………………… 343

15.1 一项随机试验中的检验功效 ………………………………… 343

    15.1.1 检验功效是什么? …………………………………… 343

15.1.2	关于统计功效的鼓舞人心的讲话	345
15.1.3	随机试验中的功效计算: 两个步骤	347
15.1.4	步骤 1: 在零假设为真的情况下确定临界值	347
15.1.5	步骤 2: 在零假设不真的情况下确定功效	349
15.1.6	一个简单的例子: 带有随机误差的常数效应	349

15.2 观察性研究中敏感性分析的功效 351
    15.2.1 敏感性分析的功效是什么? 351
    15.2.2 计算敏感性分析的功效: 两个步骤 353
    15.2.3 第二步: 当零假设不真且不存在未观察到的偏倚时的功效确定 353
    15.2.4 敏感性分析功效的初看 354

15.3 设计灵敏度 355
    15.3.1 设计灵敏度初看 355
    15.3.2 设计灵敏度公式 357
    15.3.3 计算带有可加效应和独立同分布误差的设计灵敏度 357

15.4 小结 358

15.5 延伸阅读 358

附录: 命题 15.1 的技术说明及证明 359

参考文献 360

第 16 章 异质性和因果关系 362

16.1 J. S. Mill 和 R. A. Fisher: 减少异质性或引入随机分配 362

16.2 一项规模较大、异质性较高的研究与一项规模较小、异质性较低的研究的对比 364
    16.2.1 大 I 或小 σ: 哪个更好? 364
    16.2.2 一个模拟的实例 365
    16.2.3 正态误差、logistic 误差和 Cauchy 误差的功效对比 367
    16.2.4 设计灵敏度 367

16.3 点估计的异质性和敏感性 368

16.4 尝试降低异质性的实例 370
    16.4.1 双胞胎 370
    16.4.2 道路危险 370
    16.4.3 微观经济学的基因工程小鼠 371

  16.4.4 摩托车头盔 ······ 371
 16.5 小结 ······ 371
 16.6 延伸阅读 ······ 372
 参考文献 ······ 372

第 17 章 不常见但巨大的处理响应 ······ **374**

 17.1 偶尔出现的大效应 ······ 374
  17.1.1 大的但罕见的效应对未测量偏倚是不敏感的吗? ······ 374
  17.1.2 第 2.5 节的回顾: 测量较大但不常见的效应 ······ 376
 17.2 两个实例 ······ 377
  17.2.1 卵巢癌治疗的化疗强度和毒性 ······ 377
  17.2.2 铝生产工人中的 DNA 加合物 ······ 378
 17.3 Salsburg 模型的配对版本的性质 ······ 379
 17.4 对不常见但巨大效应的设计灵敏度 ······ 382
  17.4.1 Stephenson 检验的设计灵敏度 ······ 382
  17.4.2 Salsburg 模型下 Stephenson 检验的设计灵敏度 ······ 383
 17.5 小结 ······ 384
 17.6 延伸阅读 ······ 384
 17.7 软件 ······ 385
 17.8 数据 ······ 385
 附录: 命题 17.1 的证明概述 ······ 385
 参考文献 ······ 386

第 18 章 预期且已发现的响应模式 ······ **388**

 18.1 使用设计灵敏度来评估策略 ······ 388
 18.2 一致性 ······ 389
  18.2.1 多个响应的表示法 ······ 389
  18.2.2 多元正态分布响应 ······ 390
  18.2.3 二元正态响应的数值结果 ······ 391
  18.2.4 一般 λ 的实际实现 ······ 393

- 18.3 一致性能被发现吗? ……………………………………………………… 395
  - 18.3.1 使用分割的样本为一致性做计划 ………………………………… 395
  - 18.3.2 考虑每一个可能的 λ ……………………………………………… 396
  - 18.3.3 关于 λ 的对冲赌注 ………………………………………………… 397
  - 18.3.4 小结 …………………………………………………………………… 399
- 18.4 剂量 ……………………………………………………………………………… 399
  - 18.4.1 另一种记写符号秩统计量的方法 …………………………………… 399
  - 18.4.2 剂量的有利形势 ……………………………………………………… 400
  - 18.4.3 剂量的设计灵敏度公式 ……………………………………………… 401
  - 18.4.4 设计灵敏度的数值评估 ……………………………………………… 402
- 18.5 实例: Maimonides 规则 ……………………………………………………… 404
- 18.6 反应性剂量 …………………………………………………………………… 405
- 18.7 延伸阅读 ……………………………………………………………………… 406
- 18.8 软件 …………………………………………………………………………… 407
- 18.9 数据 …………………………………………………………………………… 407
- 附录: 命题 18.1 的证明 …………………………………………………………… 407
- 参考文献 ……………………………………………………………………………… 408

第 19 章 检验统计量的选择 …………………………………………………… 411
- 19.1 检验统计量的选择影响设计灵敏度 ………………………………………… 411
  - 19.1.1 设计预期分析 ………………………………………………………… 411
  - 19.1.2 一个简单的例子: 分段秩统计量、可加效应、正态误差 ………… 412
- 19.2 为优越的设计灵敏度而构建的统计量 ……………………………………… 415
  - 19.2.1 构建新的统计量用于敏感性分析 …………………………………… 415
  - 19.2.2 具有优越设计灵敏度的新型 U-统计量 …………………………… 415
  - 19.2.3 实例: 化疗相关的毒性反应 ………………………………………… 417
  - 19.2.4 实例: 吸烟者的血铅水平 …………………………………………… 417
  - 19.2.5 m-统计量 …………………………………………………………… 418
  - 19.2.6 总结 …………………………………………………………………… 419
- 19.3 自适应推断 …………………………………………………………………… 419
  - 19.3.1 用数据选择检验统计量 ……………………………………………… 419
  - 19.3.2 实例: 化疗相关毒性的自适应推断 ………………………………… 421

     19.3.3　实例: 吸烟者血铅水平的自适应推断 ·· 421
19.4　设计灵敏度和剂量效应 ·· 422
     19.4.1　剂量效应和因果关系证据 ··· 422
     19.4.2　吸烟和牙周病 ·· 423
     19.4.3　忽略剂量: 牙周病的配对差 ··· 424
     19.4.4　横切检验 ·· 424
     19.4.5　横切检验的设计灵敏度 ··· 426
     19.4.6　分层横切检验 ·· 427
     19.4.7　自适应横切检验 ·· 427
     19.4.8　横切检验和证据因素 ··· 430
19.5　敏感性分析的 Bahadur 效率 ·· 430
     19.5.1　事情的进展如何? ·· 430
     19.5.2　几种类型的效率 ·· 431
     19.5.3　在敏感性分析中使用 Bahadur 效率 ·· 433
19.6　延伸阅读 ·· 434
19.7　软件 ··· 434
19.8　数据 ··· 435
参考文献 ··· 435

第Ⅳ部分　增强设计

第 20 章　证据因素 ·· 441
20.1　什么是证据因素? ·· 442
     20.1.1　复制应该破坏可能的偏倚 ··· 442
     20.1.2　复制和证据因素 ·· 442
     20.1.3　实例: 吸烟和牙周病 ··· 443
     20.1.4　本章阐述的问题 ·· 443
20.2　最简单的非平凡情况: Renyi 偏秩 ·· 444
     20.2.1　制革厂工人的 DNA 损伤 ·· 444
     20.2.2　零假设下随机试验中的 Renyi 偏秩 ·· 446
     20.2.3　Wilcoxon 分层秩和检验 ··· 447
     20.2.4　使用 Wilcoxon 秩和检验的两个证据因素 ·· 448

20.2.5　偏秩的局限性 ··· 450
　　20.2.6　证据因素的敏感性分析 ···································· 451
20.3　第二个实例：吸烟和牙周病 ··· 452
20.4　附录：一些理论 ··· 454
　　20.4.1　一个小实例 ·· 454
　　20.4.2　置换矩阵群的基本理论 ···································· 457
　　20.4.3　置换矩阵群上的概率分布 ································· 459
　　20.4.4　不变检验统计量 ·· 460
　　20.4.5　忽略一个证据因素 ··· 460
　　20.4.6　对可能是不对称偏倚的对称敏感性分析 ··············· 462
　　20.4.7　固定一个证据因素 ··· 464
　　20.4.8　两个 P-值界限的联合行为 ································ 465
　　20.4.9　两个证据因素的 P-值界限的联合分布 ················· 465
　　20.4.10　另一个实例：大小为 3 的区组 ·························· 467
　　20.4.11　不整齐的区组 ·· 468
20.5　延伸阅读 ··· 468
20.6　软件 ··· 469
20.7　数据 ··· 469
参考文献 ·· 469

第 21 章　构造多个比较组 ·· 473

21.1　为什么比较多个组 ·· 473
　　21.1.1　多个比较组的使用 ·· 473
　　21.1.2　构造多个比较组时的问题 ··································· 474
21.2　重叠的比较组和外部匹配 ·· 474
　　21.2.1　两个相互纠缠的比较组 ······································ 474
　　21.2.2　外部匹配 ··· 475
21.3　最优锥形匹配 ·· 477
21.4　用近似算法构建匹配集 ··· 478
　　21.4.1　一个难题的近似最优解 ······································ 478
　　21.4.2　什么是 3 组的近精细平衡？ ································· 478
　　21.4.3　一种近似算法 ··· 480

21.5 是否有可能减弱未测量偏倚? 481
21.5.1 减弱: 逻辑上有可能, 但幅度很小 481
21.5.2 多观察, 少推测 481
21.5.3 吸烟与高半胱氨酸水平升高 482
21.6 延伸阅读 485
21.7 软件 485
参考文献 485

第V部分 计划分析

第 22 章 匹配后, 分析前 491
22.1 分割样品和设计灵敏度 491
22.2 分析调整可行吗? 493
22.2.1 锥形匹配和外部匹配 498
22.3 匹配和深度描述 498
22.3.1 深度描述 498
22.3.2 什么是深度描述? 499
22.3.3 实例: 手术后死亡率 499
22.4 延伸阅读 500
22.5 软件 501
参考文献 501

第 23 章 计划分析 505
23.1 制定计划 505
23.2 详尽的理论 507
23.2.1 R. A. Fisher 的建议 507
23.2.2 有计划的分析应该完成什么? 508
23.3 两个对照组的 3 项简单的分析计划 509
23.3.1 两个对照组的简单分析计划 509
23.3.2 两个对照组的对称分析计划 511
23.3.3 两个对照组是近乎等效的吗? 512
23.3.4 两个对照组的初步分析计划 513

    23.3.5 两个对照组的备选分析计划 ………………………… 515
    23.3.6 小结 ……………………………………………………… 517
  23.4 两个结果的敏感性分析及一致性 ……………………………… 518
  23.5 等效性检验的敏感性分析 ………………………………………… 519
  23.6 等效性与差异的敏感性分析 ……………………………………… 521
  23.7 小结 ……………………………………………………………… 524
  23.8 延伸阅读 …………………………………………………………… 524
  附录：按顺序检验假设 ………………………………………………… 526
    什么是一系列假设的序列排他划分？ ……………………………… 526
    按顺序检验假设 ……………………………………………………… 528
    按顺序检验的敏感性分析 …………………………………………… 529
  参考文献 …………………………………………………………………… 530

总结：设计的关键要素 …………………………………………… 533

常见问题的解决方案 ……………………………………………… 535
  参考文献 …………………………………………………………………… 538

符号表 ………………………………………………………………… 540

首字母缩略词 ……………………………………………………… 543

统计术语汇编 ……………………………………………………… 545

延伸阅读书目 ……………………………………………………… 551

课程建议阅读材料 ………………………………………………… 554

第Ⅰ部分　开　　篇

第 1 章 困境与解决技术

摘要 本章介绍了观察性研究中出现的一些问题,并描述了一些设计良好的研究. 第 1.7 节概述了本书的内容,描述了本书的结构,并建议了可选择的阅读方式.

1.1 令人困惑的维生素效果

2004 年 5 月 22 日,《柳叶刀》(Lancet) 杂志上发表了两篇文章,其中一篇由 Jan Vandenbroucke [63] 撰写,题为《观察性研究何时能像随机试验一样可信?》,另一篇的作者是 Debbie Lawlor, Geogr Smith, Richard Bruckdorfer, Devi Kundu 和 Shah Ebrahim [34],题为《那些令人困惑的维生素效果:我们能从观察性试验和随机试验证据之间的差异中了解到什么?》.

在随机试验 (randomized experiment) 中,采用抛硬币的方式决定下一个人是被分配到处理组还是对照组,而在观察性研究中,处理分配不受试验控制. 尽管第一篇文章的题目是乐观的,第二篇文章的题目是悲观的,但这两篇文章都达到了一种平衡,或许略微偏向于悲观. Vandenbroucke 转载了 Jim Borgman 的一幅政治漫画,在这幅漫画中,一名电视新闻记者坐在一条写着"今日的随机医学新闻"的横幅和三个转盘的下方,转盘指针分别指向"咖啡 (coffee)""抑郁 (depression)"和"双胞胎 (twins)",即"咖啡会导致双胞胎抑郁". 新闻记者面无表情地说:"根据今天发布的一份报告显示……"这幅漫画再次出现在英国医学科学院 (Academy of Medical Sciences) 最近的一份报告中,该报告比较详细地讨论了观察性研究 [52, 第 19 页].

Lawlor 等人最先注意到在《柳叶刀》杂志上发表的一项大型观察性研究 [32]，该研究使用了一个模型去调整诸如年龄、血压、糖尿病、是否吸烟等变量，发现冠心病 (coronary heart disease) 死亡率与血液中维生素 C 的含量 (levels of vitamin C in blood) 之间存在很强的、统计显著的负相关 (negative association)。利用一个模型进行变量调整，试图比较那些没有直接可比性的人——例如年龄或吸烟习惯有所不同的人——利用一个从现有数据中估计参数的数学结构 (mathematical structure) 来消除这些差异。研究者 (investigator) 通常对他们的模型很有信心，这种信心表现在他们期望自己的模型在大型研究中能成功去除这些差异。Lawlor 等人随后注意到，发表在《柳叶刀》杂志上的一项大型随机对照试验 [22] 将安慰剂药片 (placebo pill) 与含维生素 C 的复合维生素药片 (multivitamin pill) 进行了比较，发现安慰剂组的死亡率略有降低但不显著。随机试验和观察性研究似乎相互矛盾。这是为什么呢？当然，这有很多可能性。随机试验和观察性研究之间有一些重要的区别；特别是，它们的处理方式并不完全相同，回答的问题也有细微的差别，且每一项研究都正确回答了问题，这并非不可思议。特别地，Khaw 等人强调维生素 C 应该从水果和蔬菜中摄入，而不是来自维生素补充剂。Lawlor 等人研究了这种区别的可能原因，认为在观察性研究中，由于缺乏随机处理分配 (random treatment assignment)，导致那些没有真正可比性的人进行了比较。他们使用另一项研究 (英国妇女心脏与健康研究) 的数据对这种可能性进行了间接检验，该研究测量了 Khaw 等人调整的变量中未包括的一些变量。Lawlor 等人发现血液中维生素 C 含量低的妇女更有可能吸烟，每周运动少于 1 小时，更容易肥胖，并且低脂饮食、高纤维饮食和每日饮酒的可能性也更小。此外，血液中维生素 C 含量低的妇女更有可能在"体力劳动社会阶层 (manual social class)"度过童年，家里没有浴室或热水，和别人共用一间卧室，没有汽车，并且在十八岁前结束全日制教育。这样的例子不胜枚举。令人担忧的问题可能是这些差异中的一个或多个，或者其他一些没有被测量的差异，而不是维生素 C 含量的差异，导致了血液中维生素 C 含量较低的个体的冠心病死亡率更高。在很大程度上，这个问题在随机试验中被避免了，因为在随机试验中，只用抛硬币的方式区分了安慰剂和复合维生素的使用。

1.2 Cochran 的基本建议

观察性研究的策划者应该经常问自己这样一个问题："如果有可能通过对

照试验来进行研究,那么该如何进行这项研究呢?"

William G. Cochran [11, 第 236 页]
把这一点归因于 H. F. Dorn.

在最基本的层面上,一项精心设计的观察性研究与一个简单的随机试验应尽可能地相似. 根据定义, 这种相似性是不完整的: 在观察性研究中, 不使用随机化来分配处理. 尽管如此, 由于与试验模板 (experimental template) 有不必要的偏差 (deviation), 往往会导致低级错误和机遇错失. 本节简要介绍了这些研究最基本的要素.

1.2.1 处理、协变量、结果

随机试验 (randomized experiment): 存在一个定义明确的处理 (干预措施), 且该处理从一个定义明确的时间开始, 所以在处理前测量的协变量和处理后测量的结果之间有明显的区别.

较好的观察性研究 (better observational study): 存在一个定义明确的处理 (暴露因素、危险因素或干预措施), 且该处理从一个定义明确的时间开始, 所以在处理前测量的协变量和处理后测量的结果之间有明显的区别.

较差的观察性研究 (poorer observational study): 难以确定处理是什么时候开始的, 一些标记为协变量的变量可能是在处理开始后测量的, 所以它们可能受到了处理的影响. 协变量和结果之间的区别不明显. 见文献 [38].

1.2.2 如何分配处理?

随机试验: 处理分配是由一个真正的随机方法 (random device) 确定的. 在过去, 这实际上指的是硬币或骰子, 但现在它通常指的是由计算机生成的随机数.

较好的观察性研究: 处理分配不是随机的, 但研究环境的选择使处理看起来是偶然的, 或者至少与受试者在处理或对照下所表现出的结果没有明显的相关性. 当研究者特别自豪地发现, 在不寻常的情况下, 处理分配虽然不是随机的, 但似乎异常偶然时, 他们可能会称之为一种 "自然实验 (natural experiment)".

较差的观察性研究: 很少关注使一些人成为处理对象 (接受处理的受试者) (treated subject) 而另一些人成为对照者的处理分配过程.

1.2.3 处理组和对照组是否具有可比性?

随机试验: 虽然直接评估可比性仅用于测量到的协变量, 但随机试验通常有一张表, 表明随机化在平衡这些观察到的协变量方面是合理有效的. 随机化为提前使许多未测量的协变量趋于相似的平衡提供了一些基础.

较好的观察性研究: 虽然直接评估可比性仅用于测量到的协变量, 但匹配的观察性研究通常有一张表, 表明匹配在平衡这些观察到的协变量方面是合理有效的. 与随机化不同的是, 对观察到的协变量进行匹配无法使未测量协变量也达到相似的平衡.

较差的观察性研究: 没有提出对可比性的直接评估.

1.2.4 消除对处理效应看似合理的替代方案

随机试验: 确定了对实际处理效应最合理的替代方案或反诉 (counterclaim), 且试验设计阐明了这些替代处理效应的特点. 典型的例子包括使用安慰剂和其他形式的虚假处理或局部处理, 或者受试者和研究者对受试者接受处理的双盲操作.

较好的观察性研究: 确定了对实际处理效应最合理的替代方案或反诉, 且观察性研究的设计阐明了这些替代处理效应的特点. 由于在观察性研究中比在随机试验中有许多对处理效应看似更合理的替代方案, 因此需要付出更多的努力来收集数据, 以阐明这些替代处理效应. 典型的例子包括被认为受到不同偏倚影响的多个对照组 (multiple control group), 或一系列将成为处理后结果的变量的纵向基线预处理测量. 当研究者对用来区分处理效应和看似合理的替代效应的方法感到特别自豪时, 他们可能会称之为一种"准试验 (quasi-experiment)".

较差的观察性研究: 在已发表的报告的讨论部分提到了处理效应的看似合理的替代方案.

1.2.5 排除标准

随机试验: 基于协变量从试验中纳入或排除受试者, 也就是说, 这些协变量是在处理分配之前测量到的, 未受处理影响 (unaffected by treatment). 只有被纳入成为受试者之后, 受试者才被随机分配到处理组并接受处理. 这确保了在处理组和对照组中采用相同的排除标准.

较好的观察性研究: 基于协变量从试验中纳入或排除受试者, 也就是说, 这些协变量是在处理分配之前测量到的, 未受处理影响. 在处理组和对照组中采用了相同的排除标准.

较差的观察性研究: 一个被纳入对照组的人如果被分配到处理组, 则可能会被处理组排除在外. 处理组和对照组的纳入或排除标准不同. 在 13.1 节讨论的一个特别严重的病例中, 目前患者还无法立即得到治疗, 任何在得到治疗之前死亡的患者都被置于对照组; 然后传来了令人振奋的消息: 接受治疗的患者比对照组患者的生存时间更长.

1.2.6 在处理分配后退出处理组

随机试验: 一旦被分配到处理组, 受试者就不能退出. 不依从分配处理, 或转向另一处理组, 或失访的受试者, 仍留在分配的处理组中并被记录这些特征. 若忽略了预期处理和实际处理之间的偏差, 对随机分配的组进行比较分析就被称为 "意向性 (intention-to-treat)" 分析, 它是随机试验报告的主要分析之一. 通过将处理分配视为所接受处理的工具变量 (instrumental variable), 随机化推断 (randomization inference) 可以部分地解决对分配处理的非 (不) 依从性 (noncompliance) 问题; 见 5.3 节和文献 [20].

较好的观察性研究: 一旦被分配到处理组, 受试者就不能退出. 不依从分配处理, 或转向另一处理组, 或失访的受试者, 仍留在分配的处理组中并被记录这些特征. 通过将处理分配视为接受处理的工具变量, 推断可以部分地解决对分配处理的非依从性问题; 见 5.3 节和文献 [24].

较差的观察性研究: 因为在分配处理、接收处理、接受处理和转换处理之间没有明显的区别, 所以在试验中出现的问题似乎可以避免, 而实际上它们被简单地忽视了.

1.2.7 研究方案

随机试验: 在开始实际的试验之前, 要有一份书面方案, 描述试验设计、排除标准、主要和次要结果 (结局指标) 以及分析计划.

较好的观察性研究: 在检验将形成研究结论基础的结果之前, 要有一份书面方案, 描述试验设计、排除标准、主要和次要结果以及分析计划. 见第 23 章.

较差的观察性研究: 如果进行了足够多的分析, 那么迟早会出现一些可发表的内容.

1.3 Maimonides 规则

1999 年, Joshua Angrist 和 Victor Lavy [3] 发表了一项不同寻常但广受赞誉的研究, 这是一项关于班级规模 (班级人数)(class size) 对学业成绩 (academic achievement) 影响 (effect) 的研究. 他们写道 [3, 第 533–535 页]:

> 班级规模对学生成绩 (pupil achievement) 的因果效应已被证明是很难测量的. 尽管学校之间和学校内部的教育投入水平存在很大差异, 但这些差异往往与补习培训或学生的社会经济背景等因素有关 …… 12 世纪伟大的犹太教律法学者 Maimonides 对犹太法典《塔木德》(Talmud) 中关于班级规模的讨论解释如下: "一位老师可管理 25 名学生. 如果全班人数超过 25 人, 但不超过 40 人, 他应该有一名助手来帮助指导. 如果超过 40 人, 就必须任命两名助手." …… Maimonides 规则对于我们目标的重要性在于, 自 1969 年以来, 它一直被用来确定以色列公立学校的年级组招生人数的班级划分.
>
> 在大多数地方, 在大多数时候, 班级规模是由以下因素决定的: 社区的富裕或贫穷, 对教育价值的热情或怀疑, 学生对补习或高级教学 (remedial or advanced instruction) 的特殊需求, 官僚机构模糊的、短暂的、难以理解的强迫观念, 而每个班级规模的决定因素都掩盖了它对学习成绩的实际影响. 然而, 如果 Maimonides 规则非常严格, 那么一所班级规模为 40 人的学校和一所拥有两个班级其平均人数为 20.5 人的学校的区别就在于 1 个学生注册数.
>
> Maimonides 规则对一所年级组 (grade cohort) 大约有 40 名学生的学校影响最大. 对于人数为 40 名、80 名和 120 名学生的年级组, 根据 Maimonides 规则, 当增加一名学生入学时, 平均班级规模 (或班级平均人数)(average class size) 分别从 40 人降至 20.5 人 (41/2), 从 40 人降至 27 人 (81/3), 从 40 人降至 30.25 人 (121/4). 出于这个原因, 我们将研究 1991 年五年级学生人数在 31 到 50 人之间的学校, 根据 Maimonides 规则, 这些学校的平均班级规模可能会减少一半. 这样的学校共有 211 所, 其中 86 所学校的五年级学生人数在 31 至 40 人之间, 125 所学校的五年级学生人数在 41 至 50 人之间.
>
> Maimonides 规则并不是一成不变的. Angrist 和 Lavy [3, 第 538 页] 特别指出, 学校中弱势学生 (比如贫困生) 百分比 (percentage of disadvantaged student) 可以 "用于指导教育部分配补充教学时间和其他学校资源". 在五年级班级有 31 至 50 名学生的 211 所学校中, 弱势学生百分比与平均班级规模略呈负相关, Kendall 相关系数为 -0.10, 与零有显著性差异 (P-值 = 0.031), 弱势学生百分比与语言测试成绩和数学测试成绩有更强的负相关, Kendall 相

关系数分别为 −0.42 和 −0.55. 因此, 匹配两所学校形成的 86 个配对, 使弱势学生百分比的总绝对差 (total absolute difference) 最小化. 图 1.1 显示了配对的学校, 其中 86 所学校有 31 到 40 名五年级学生, 86 所学校有 41 到 50 名五年级学生. 匹配后, 图 1.1 中左上图显示弱势学生百分比是平衡的; 实际上, 配对内的平均绝对差 (average absolute difference) 小于 1%. 图 1.1 中右上图显示了 Maimonides 规则的作用: 除了一些例外情况, 学生人数稍多一点的学校的班级规模实际上更小. 图 1.1 中的下半部分显示了这些五年级学生的平均数学和语言测试成绩, 在五年级有 41 到 50 名学生人数的学校中, 成绩稍微高一些, 原因在于其班级规模往往较小.

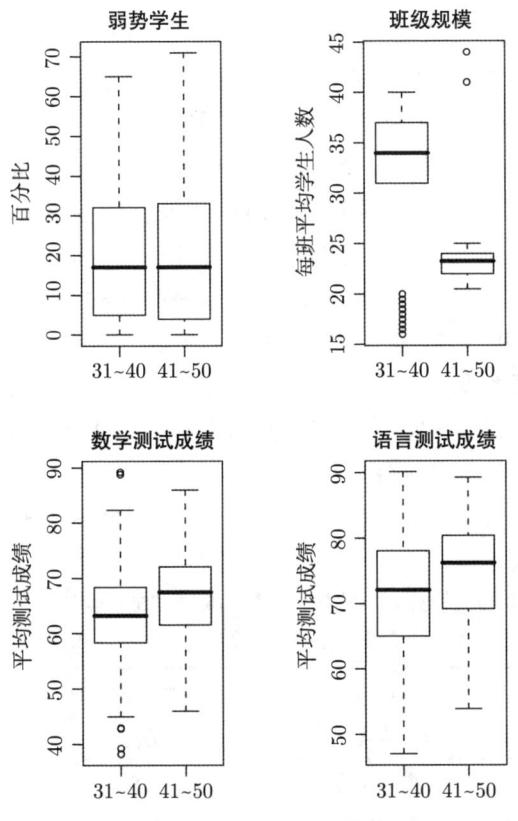

图 1.1 匹配两所以色列学校的 86 个配对, 其中一所学校五年级有 31 到 40 名学生, 另一所学校五年级有 41 到 50 名学生, 对学校中属于弱势学生百分比进行匹配. 图中显示, 弱势学生的百分比是平衡的. 不完全遵守 Maimonides 规则导致了显著不同的平均班级规模, 且在班级规模较小的学校组中, 测试成绩更高

1.4 车祸中的安全带

安全带能减少汽车事故中的死亡吗？车祸的严重程度各不相同，取决于车速、路面摩擦力、司机踩刹车的反应时间，以及很少测量的物理作用力. 系安全带是一种预防措施. 系安全带的许多人，也许其中大多数人认为严重事故是可能发生的；且这种可能性是很大的，那么如果系安全带能使风险降低，则由此产生的一点不便似乎是可以忍受的. 相反，如果人们认为一场严重事故是不可能发生的，那么这种不便似乎就无法忍受了. 是否采取单一预防措施？也许有人会做，但其他人会采取一些别的预防措施. 如果谨慎的司机系好安全带，但同时也以较慢的速度驾驶，与前车保持较远的距离，考虑到路况的影响——如果能承受风险的司机不系安全带，开得更快且与前车距离更近，忽视路况的影响——那么简单比较一下系安全带和不系安全带的司机，就会发现安全带的作用 (效果) 在一定程度上反映了车祸的严重程度.

根据美国死亡事故报告系统 (Fatal Accident Reporting System, FARS) 的数据，Leonard Evans [16] 调查了在前座有两个人，一人系安全带，另一人未系安全带，且至少有一人死亡的撞车事故. 在这些车祸中，司机和乘客的几个其他方面的未受控制的特征是一样的：车速、路面摩擦力、与前车的距离、踩刹车的反应时间. 不可否认，乘客座位上的风险可能与司机座位上的风险不同，但在这个比较中，有系安全带的司机与未系安全带的乘客，也有未系安全带的司机和系安全带的乘客，因此可以研究这个问题. 表 1.1 来源于 Evans [16] 中更详细的表. 在这张表中，当乘客系安全带而司机未系安全带时，则司机通常会死亡；相反，当司机系安全带而乘客未系安全带时，则乘客往往会死亡.

表 1.1　1975—1983 年美国死亡事故报告系统的撞车事故，其中：前座上有两名乘坐者，一名司机和一名乘客，一人系了安全带，另一人未系安全带，一人死亡，一人幸存

	司机 乘客	未系安全带 系安全带	系安全带 未系安全带
司机死亡	乘客幸存	189	153
司机幸存	乘客死亡	111	363

表 1.1 中的每个人至少 16 岁. 此外，司机和乘客的角色与法律和习俗有关，例如父母和子女、丈夫和妻子等. 为此，Evans 做了进一步的分析，例如，考虑了司机和乘客的年龄，得出了类似的结果.

Evans [16, 第 239 页] 写道:

> 这项研究的关键信息是由在汽车中受试者和其他乘员以不同方式使用安全带的数据提供的 …… 同一车辆的不同乘坐者都有使用或不使用安全带的强烈倾向 …… 因此, 真正重要的单元格中的样本量是 …… 小的 ……

本研究将在 5.2.6 节进一步讨论.

1.5 大学教育资金

如果有影响的话, 助学金 (financial aid) 在多大程度上提高了大学入学率 (college attendance)? 简单地将那些接受助学金的人与没有接受助学金的人进行比较是行不通的. 助学金分配通常是根据个人情况决定的, 同时考虑到经济需要 (financial need) 和学业前景 (academic promise), 以及许多其他因素. 给予助学金通常是对援助申请的回应, 申请或不申请的决定很可能反映出个人的继续教育 (continued education) 和竞争眼前职业前景 (career prospect) 的动机.

为了估计助学金对大学入学率的影响, Susan Dynarski [15] 使用了"援助政策的转变影响了一些学生而不影响其他学生"的说法. 在 1965—1982 年间, 美国社会保障管理局 (又称美国社会安全局)(U. S. Social Security Administration) 的一项计划为已故社会保障受益人的子女提供了大量的经济援助, 让他们上大学, 但美国国会于 1981 年投票终止了该项计划. 利用美国青年纵向调查 (National Longitudinal Survey of Youth) 的数据, Dynarski [15] 比较了 1979—1981 年该计划实施期间和 1982—1983 年该计划取消后的父亲已故和父亲在世的高中毕业班学生的大学入学率. 图 1.2 描述了这个比较. 在 1979—1981 年间, 社会保障学生福利计划 (Social Security Student Benefit Program) 向父亲已故的学生提供了援助, 这些学生比其他学生更有意愿上大学, 但在 1982—1983 年, 该计划被取消后, 这些学生上大学的意愿比其他人更小.

在图 1.2 中, 激励措施发生变化的组别表现出行为上的变化, 而激励措施没有变化的组别在行为上几乎没有变化. 根据 1.2.4 节的思想, 图 1.2 研究了对四组人群的一种处理方案, 四组中只有特定的反应模式与处理效应相匹配; 另见文献 [9,41] 和 [58, 第 5 章].

成为父亲已故的子女是随机事件吗? 显然不是. 这与子女的年龄和性别无关, 但父亲已故的子女的父母受教育程度较低, 且他们更有可能是黑人; 然而,

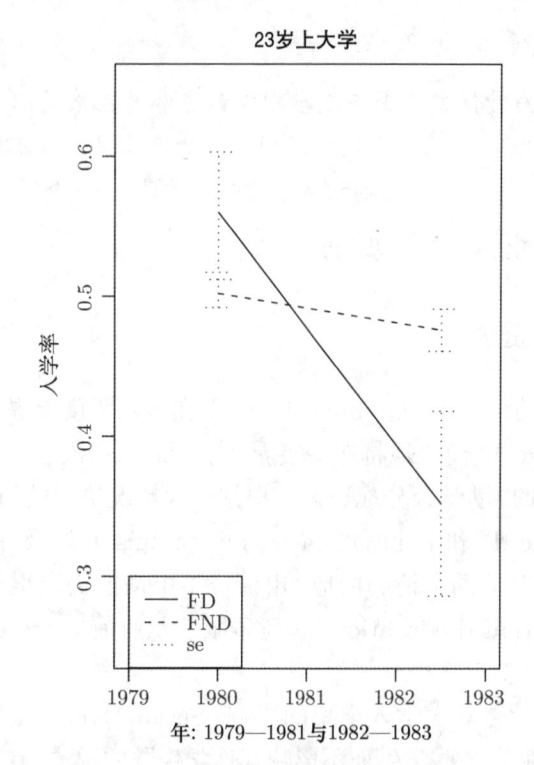

图 1.2 23 岁时大学入学率分成四组: 社会保障学生福利计划实施前 (1979—1981) 和实施后 (1982—1983), 该计划为父亲已故 (FD) 和父亲在世 (FND) 的子女提供福利. 数值为带有标准误差 (standard error, se) 的入学率

这些差异在 1979—1981 年和 1982—1983 年间大致相同, 因此仅凭这些差异并不能很好地解释大学入学率的变化 [15, 表 1]. 本研究将在第 14 章进一步讨论.

1.6 自然界的"自然实验"

在询问某一特定基因是否在引起某一特定疾病中起作用时, 一个关键问题是某一基因 (其等位基因) 的各种形式的出现率在不同的人群中有所不同. 与此同时, 不同社区的习惯、风俗、饮食和环境也有所不同. 因此, 特定等位基因和特定疾病之间的关联 (association) 可能不是因果关系: 基因和疾病可能都与某种非遗传原因有关, 例如饮食. 自然界合宜地创造了自然实验 (natural experiment).

除了伴性基因外, 一个人从父母双方 (双亲) 各接收一个基因的两个版本

(可能是完全相同的),并将一个副本传给每个孩子.近似地说,在受精卵的形成过程中,双亲各贡献两个可能的等位基因中的一个,每个等位基因的概率为 1/2,双亲的贡献是相互独立的,对于同一双亲的不同孩子来说也是独立的.(同一染色体上相邻的不同基因的传递通常不是独立的;见文献 [61, §15.4]. 因此,一个特定基因可能与某种疾病相关,不是因为它是疾病的起因,而是因为它是邻近致病基因的标志物.)

多种策略方法利用这一观察结果进行自然实验,研究特定疾病的遗传原因. 需要先确诊患有这种疾病的个体. Richard Spielman, Ralph McGinnis 和 Warren Ewens [60] 在传递/不平衡检验 (transmission/disequilibrium test, TDT) 中使用了患病个体和双亲的遗传信息. 该检验将患病个体与已知的等位基因分布进行比较, 这些等位基因是他们的父母可能生育的孩子的基因. David Curtis [14], Richard Spielman 和 Warren Ewens [59] 以及 Michael Boehnke 和 Carl Langefeld [7] 建议使用患病个体和来自同一父母的一个或多个兄弟姐妹的遗传信息, Spielman 和 Ewens 称之为亲缘关系传递/不平衡检验 (sib-TDT). 如果这种疾病没有与正在研究的基因相关的遗传原因, 那么来自患病个体及其兄弟姐妹 (同胞) 的等位基因应该是可交换的.

sib-TDT 背后的思想在表 1.2 中得到了说明, 使用的数据来自 Boehnke 和 Langefeld [7, 表 5] 的研究, 他们的表是从 Margaret Pericak-Vance 和 Ann Saunders 的工作中得到的; 参见文献 [53]. 表 1.2 给出了 112 例阿尔茨海默病 (Alzheimer disease) 患者中载脂蛋白 E 基因 (apolipoprotein E gene) 的 ϵ_4 等位基因的频数 (frequency), 以及来自同一父母未受疾病影响的同胞的 ϵ_4 等位基因的频数. 表 1.2 统计的是同胞对数, 而不是个体数, 因此表中的总计数是 112 对受疾病影响和未受疾病影响的同胞. 每个人都可以从父母那里接受 0, 1 或 2 个 ϵ_4 等位基因的副本. 对于任何一对, 记 (aff, unaff) 分别为受

表 1.2 在 112 对同胞中的阿尔茨海默病和载脂蛋白 E 基因的 ϵ_4 等位基因频数, 一位患有阿尔茨海默病 (受影响的), 另一位没有患病 (未受影响的)

# ApoE ϵ_4 等位基因		未受疾病影响的 sib		
		0	1	2
受疾病影响的 sib	0	23	4	0
	1	25	36	2
	2	8	8	6

该表统计的是同胞对数, 而不是个体数. 表中的行和列表示受疾病影响和未受疾病影响的同胞 (sib) 的载脂蛋白 E(ApoE) 的等位基因的数量 (0, 1 或 2).

疾病影响和未受疾病影响的同胞拥有 ϵ_4 等位基因的数量. 在表 1.2 中, 有 25 对 (aff, unaff) = (1,0). 如果阿尔茨海默病与载脂蛋白 E 的 ϵ_4 等位基因没有遗传关系, 那么自然界的自然实验意味着 (aff, unaff) = (2,0) 的可能性与 (aff, unaff) = (0,2) 的可能性相等, 更一般地, 对 $i,j = 0, 1, 2$, (aff, unaff) = (i,j) 的可能性等于 (aff, unaff) = (j,i) 的可能性. 实际上, 表 1.2 似乎并非如此. 例如, 有 8 对满足 (aff, unaff) = (2,0), 但没有一对满足 (aff, unaff) = (0,2). 另外, 有 25 对满足 (aff, unaff) = (1,0), 仅有 4 对满足 (aff, unaff) = (0,1).

具有遗传分配性质的分布:

对所有的 i,j, $\Pr\{(\text{aff}, \text{unaff}) = (i,j)\} = \Pr\{(\text{aff}, \text{unaff}) = (j,i)\}$ 是可交换的. 在与疾病没有遗传性关联的情况下, 自然界的自然实验确保等位基因频数的分布在受疾病影响和未受疾病影响的同胞对中是可交换的. 这就产生了一个检验, 即亲缘关系传递/不平衡检验 (sib transmission disequilibrium test, sib-TDT) [59], 它与随机试验 [33] 中某一个适当的随机化检验相同.

1.7 这本书是关于什么的

1.7.1 本书的基本结构

本书有五个部分: "开篇""匹配""设计灵敏度""增强设计"和"计划分析", 再加上简要总结. 第 I 部分 "开篇" 是对观察性研究中因果推断 (causal inference) 的概念性介绍. 第 I 部分的第 2, 3 和 5 章, 在大约 100 页的篇幅中, 简要地介绍了作者在《观察性研究》[42] 一书中讨论的许多观点, 但以一种远没那么技术性且笼统的方式. 第 II 部分—第 V 部分涉及的内容, 大部分以前没有以书的形式出现过. 第 II 部分 "匹配" 涉及创建匹配比较 (matched comparison) 的概念、实践和计算方面, 这种匹配比较平衡了许多观察到的协变量. 因为匹配并不利用结果信息, 所以它是研究设计的一部分, 也就是 Cochran [11] 所说的 "建立比较 (setting up the comparison)"; 即建立试验模拟的结构. 即使第 II 部分中的匹配完全成功, 以便匹配后, 匹配的处理组和对照组在所有观察到的协变量方面具有可比性, 也将不可避免地提出问题、异议或挑战, 那些在观测数据上看起来具有可比性的研究对象实际上可能就未测量协变量而言并不具有可比性. 第 3 章和第 5 章以及第 III, IV 部分和第 V 部分讨论了这个核心问题. 第 III 部分 "设计灵敏度" 讨论了一种量化工具, 用于评估不同的设计 (competing design)(或数据生成过程) 抵御这些挑战的能力. 在一定程度上, "设计灵敏度" 将对第 5 章中非正式介绍的设计策略进行正式评估.

第Ⅳ部分进一步讨论了使用第Ⅲ部分的概念进行设计的更多方面. 第Ⅴ部分讨论了在样本匹配之后但在分析之前的那些活动, 特别是计划分析.

1.7.2　第Ⅰ部分的结构: 开篇

观察性研究建立在类似于简单试验的基础上, 第 2 章回顾了随机化在试验中的作用, 还介绍了试验和观察性研究共有的要素 (element) 和符号. 第 3 章讨论了观察性研究的两种简单模型, 一种认为对观察到的协变量进行调整就足够了, 另一种则认为它们不可能做到协变量调整. 第 3 章介绍了倾向性评分 (propensity score) 和敏感性分析 (sensitivity analysis). 观察性研究由三个基本要素 (ingredient) 构成: 机遇、策略和工具. 第 5 章以一种非正式的方式介绍了这些想法, 其中一些形式是在第Ⅲ部分和其他文献 [42, 第 4, 6-9 章] 中发展起来的.

一项观察性研究遭到异议和反诉, 这是典型的, 也许是不可避免的. 这是第 7 章的主题.

作者的印象是, 许多观察性研究要么因为缺乏一个明确的目标, 要么因为陷入华丽的分析而浪费了, 这些分析可能会征服读者, 但不太可能说服任何人. 这两个问题在随机试验 (randomized experiment) 中都不常见, 而在观察性研究中这两个问题都是可以避免的. 第 4 章讨论了第一个问题, 第 6 章讨论了第二个问题. 在一个成功的试验或观察性研究中, 相互竞争的理论会做出相互矛盾的预测; 这是第 4 章的关注点. 透明度 (决策及信息高度透明) 意味着证据确凿, 第 6 章讨论了如何做到这一点.

1.7.3　第Ⅱ部分的结构: 匹配

第Ⅱ部分的标题为"匹配", 其中有些部分是概念性的, 有些部分是关于算法的, 有些部分是关于数据分析的. 第 8 章是介绍性的: 它展示了一个可能 (并且确实) 出现在科学期刊 (scientific journal) 上的匹配比较的研究. 第 9 章描述和说明了多元匹配 (multivariate matching) 的基本工具, 第 10 章讨论了各种常见的实际情况. 第Ⅱ部分后面的章节将讨论匹配中的特定主题, 包括精细平衡 (fine balance)、多个组匹配 (matching with multiple groups) 或无组别匹配 (matching without groups) 以及风险集匹配 (risk-set matching). 第 14 章讨论了利用计算机程序包 R 软件进行匹配的问题.

1.7.4 第Ⅲ部分的结构: 设计灵敏度

在第 3 章中, 我们看到一些观察性研究对小的未观察到的偏倚 (unobserved bias) 很敏感, 而另一些研究对相当大的未观察到的偏倚不敏感. 观察性研究的设计的哪些特征会影响其对来自未测量协变量的偏倚的敏感性? 这是第Ⅲ部分的重点.

第 15 章回顾了在随机试验中功效 (power) 的概念, 然后定义了敏感性分析的功效. 接着定义了设计灵敏度 (design sensitivity). 设计灵敏度是一个数字, 用来定义当样本量大时, 观察性研究的设计对未测量偏倚的敏感程度 (敏感性). 许多因素影响设计灵敏度, 包括第 5 章非正式讨论的问题. 第 16 章重新讨论了 John Stuart Mill 和 Ronald Fisher 爵士之间关于设计灵敏度与试验数据异质性的因果推断有关的争论. Mill 认为这很重要; Fisher 对此予以否认. 有时一种处理对大多数人几乎没有效应, 但对一些人却有巨大效应 (dramatic effect). 从某种意义上说, 这种效应很小 —— 平均而言它很小 —— 但是对于少数人来说它是很大的. 这种效应对未测量偏倚高度敏感吗? 第 17 章给出了答案. 第 18 章讨论了第 5 章的主题, 特别是一致性和剂量效应 (dose–response), 并评价了它们对设计灵敏度的贡献.

虽然研究设计影响设计灵敏度, 但分析方法也是如此. 这个大的主题在第 19 章有概述.

1.7.5 第Ⅳ部分的结构: 增强设计

第Ⅳ部分利用第Ⅲ部分的观点讨论了研究设计中的两个主题. 这些章节与第 5 章有关联, 但它们更具技术性.

如果一项研究允许对无处理效应的假设进行两次独立统计检验, 那么它就有两个证据因素 (evidence factor), 即使第一次检验无效的偏倚对第二次检验没有影响. 第 20 章将讨论证据因素.

在第 5 章、第 12 章和第 20 章中, 在多个组中的比较 —— 不止一个处理组和一个对照组 —— 提供了更有力的证据, 证明一种处理确实会导致其表面效应. 第 21 章讨论了这些组别的构造.

1.7.6 第Ⅴ部分的结构: 计划分析

样本已成功匹配 —— 即处理组和对照组在已测量协变量方面看起来具有可比性 —— 第Ⅴ部分转向计划分析. 第 22 章涉及三个有助于计划分析的经验

步骤: 提高设计灵敏度的样本分割, 检查分析调整是否可行, 以及对一些匹配对的详细描述. 在回顾 Fisher 的建议 ("让你的理论更加详尽") 之后, 第 23 章讨论了对观察性研究的计划分析.

1.7.7 对观察性研究的不太技术性的介绍

数学家 Paul Halmos 撰写了两篇文章《如何写数学》(*How to write mathematics*) 和《如何讲数学》(*How to talk mathematics*). 在后者中, 他建议在一个好的数学演讲中, 你不需要证明所有的东西, 但是你确实要证明一些东西, 为了给所讨论的主题一些证明. 本着这句话的精神,《观察性研究》[42] 是写关于统计的著作, 而《观察性研究的设计》则是讨论关于统计的著作. 这可以通过几种方式实现.

我们经常通过拆卸和组装的过程来培养理解力. 在统计学中, 这通常意味着要考虑一个不真实的小样本实例, 从中有可能了解到过程的细节. 因此, 本书讨论了几个不真实的小样本实例, 并同时讨论了几个实际样本的实例. 例如, 第 2 章讨论了配对随机试验的两个版本, 一个有 5 对, 另一个有 185 对. 这 5 对是从 185 对中随机抽取的样本. 在这 5 对中, 就有 $2^5 = 32$ 种可能的处理分配, 从中有可能看到发生的结果. 而在这 185 对中, 有 $2^{185} = 4.9 \times 10^{55}$ 种可能的处理分配, 虽然不可能看到这些组合下所有可能发生的结果, 但正如你在那 5 对中看到的结果, 没有什么新鲜事发生. 更大的试验规模仅仅是更大而已, 虽然检查起来有些笨拙, 但概念并没有什么不同. 同样, 第 8 章讨论了匹配多个协变量的 344 对构造, 而第 9 章讨论了匹配 3 个协变量的 21 对构造. 在 21 对中, 你可以看到发生了什么, 而有 344 对, 你不能看到那么多, 但也没有什么新鲜事发生.

第 2 章讨论了统计学中一些非常古老、非常核心的概念. 这些概念包括: 在试验中随机化的作用、随机检验的性质、通过对假设检验求逆获得置信区间、使用估计方程建立估计量等. 这些概念是如此的古老和核心, 以至于在统计期刊上的一篇文章可能会把整个章节缩减为一段, 这对那些非常熟悉这些概念的人来说是可以接受的. 而本书在第 2 章中的目标不是简洁的表达, 而是带领读者多熟悉一下这些概念.

为了证明一些内容而非所有内容, 本书只推导针对连续响应 (continuous response) 匹配对情况的统计理论. 匹配对情况是最简单的重要情形 (nontrivial case). 所有重要的概念都出现在匹配对的情况下, 但大多数技术问题都很简单. 匹配对 (matched pair) 的随机化分布 (randomization distribution) 仅仅是一系列独立的抛硬币. 每个人都会抛硬币. 在随机试验中, 抛硬币是公平的, 但在敏感性分析中, 抛硬币可能是有偏倚的. 第 II 部分中的匹配方法不限于配对匹配——多个对照匹配 (matching with multiple controls)、可变对照匹配 (matching with variable controls)、完全匹配 (full matching)、风险集匹配这些方法也都有——然而, 如果你希望完成对连续 (continuous)、离散 (discrete)、删失 (censored) 和多元响应 (multivariate response) 的相关统计分析的推导工作, 你将需要求助于文献 [42] 或参考"进一步阅读"中的文献.

着重于匹配对情况的理论陈述, 可以用最少的数学方法讨论关键概念. 与统计分析不同, 研究设计产生的是决策而不是计算——在特定的环境中提出特定的问题、收集特定的数据、增加特定的设计元素、遵循特定的模式——对于这样的决策, 概念比一般计算的细节更重要. 关注匹配对会遗漏什么呢? 一方面, 敏感性分析在其他情况下很容易实现, 但需要更多的数学机制 (mathematical machinery) 来证明. 其中一些机制是有美感的, 例如, 在 I. R. Savage [54] 的秩序或样本的有限分布格点 (finite distributive lattice) 中使用 Holley 不等式 [1, 8, 27] 的精确结果; 见文献 [39, 40] 和 [42, §4]. 其中一些机制使用大样本近似或渐近性质, 即使在小样本中也有好的甚至更好的性质, 但是对这些近似性质的讨论意味着在技术细节层面上有了加强; 见文献 [18, 48] 和 [42, §4]. 要了解配对情况和其他情况之间的区别, 请参见文献 [44, 48], 其中两种情况都是并行讨论的. 如果你需要对匹配对以外的情况进行敏感性分析, 请参阅"进一步阅读"中的文献 [42, §4] 或其他文献. 另一方面, 不在当前讨论中的内容是用于多个组匹配的正式符号和模型, 这与处理组和对照组的内容是完全不同的; 见文献 [42, §8] 以了解这样的数学符号和模型. 这样的模型增加了更多的下标和符号, 但几乎没有额外的概念. 缺少这样的数学符号和模型, 对多个对照组的讨论 (第 5.2.2 小节)、差别效应的讨论 (第 5.2.6 小节)、在第 14 章中以双重差分/倍差法 (difference-in-difference) 为例的用 R 软件包实现匹配的介绍, 以及计划与两个对照组进行分析 (第 23.3 节) 的讨论都影响不大; 确切地说, 这些主题是参考正式结果的文献进行非正式的描述.

1.7.8 章节之间的依赖性

本书是高度模块化的, 所以没有必要按章节顺序阅读. 第 II 部分可以在第 I 部分之前或之后阅读, 也可以完全不阅读; 阅读第 III 部分和第 V 部分之前不需要阅读第 II 部分; 第 III 部分可以在第 V 部分之前或之后阅读; 第 IV 部分可以在第 V 部分之前或之后阅读.

在第 I 部分中, 第 5 章依赖于第 3 章, 而第 3 章又依赖于第 2 章. 第 2 章的开头一直到 2.4.3 节, 是第 3 章和第 5 章所需要的内容, 但是 2.5 节除了第 17 章需要外, 对其余部分都不重要, 第 2 章的其余部分在本书后面没有用到. 第 4 章和第 6 章可以随时阅读或根本不读.

在第 II 部分中, 大多数章节强烈依赖于第 9 章, 但是彼此之间的依赖却很弱. 读者需先阅读介绍性的第 8 章和第 9 章; 然后, 阅读你喜欢的其余内容.

第 III 部分的情况与此类似. 第 III 部分的所有章节都依赖于第 15 章, 而第 15 章又依赖于第 5 章. 第 III 部分的其余章节可以按任何顺序阅读, 也可以根本不读.

第 IV 部分的两章可以不按顺序阅读. 第 20 章依赖于第 19 章. 但第 20 章的附录比这一章本身更具技术性. 第 21 章对第 II 部分的依赖很强, 但对第 III 部分的依赖较弱.

第 V 部分的两章可以不按顺序阅读, 这两章都依赖于第 5 章.

本书后面有一个符号表和一份统计术语汇编. 在索引中, 用**粗体页码**给出技术术语或符号定义的位置.

有些书 (如 [42]) 包含一些练习题, 有待解决. 我的感觉是, 计划一项观察性研究的研究者有足够的问题, 所以在书的后面有一个解决方案列表, 而不是进一步的问题.

作为一名研究型大学的学者, 作者经常会被迫发表一些基本上难以理解、完全没有必要的言论. 这些注释可在附录和脚注中找到. 在任何情况下都不要读它们. 如果你读到脚注, 你的命运将比 Lot 的妻子更悲惨[1].

1.8 延伸阅读

可以合理地说, 随机试验和观察性研究之间的区别是由 Ronald Fisher 爵士 [17] 发明的随机试验引入的. Fisher 在 1935 年出版的书 [17] 直到如今仍持续得到关注. 正如 1.2 节所述, William Cochran [11] 认为观察性研究应该与试验联系起来理解; 请参阅 Donald Rubin [50] 本着这种精神发表的重要论文. William Shadish,Thomas Cook 和 Donald Campbell [58] 对准试验进行了现代讨论, 且 Campbell [10] 的论文持续得到关注. 另见文献 [19,35,64]. Jan Vandenbroucke [63] 和 Michael Rutter 编辑的报告 [52] 讨论了医学中的自然实验, Joshua Angrist 和 Alan Kruger [2], Timothy Besley 和 Anne

---

[1]当她往丈夫不让她看的地方看时, 她变成了一根盐柱. 与 Lot 和他妻子的故事相反的是 Immanuel Kant 的一句话: "Sapere aude (敢于知道)." [29, 第 17 页] 顺便说一句, 这些脚注给你开了个不好的头.

Case [6]、Daniel Hamermesh [21]、Bruce Meyer [35] 以及 Mark Rosenzweig 和 Kenneth Wolpin [49] 讨论了经济学中的自然实验. 自然实验在遗传流行病学 [7,14,33,59,60] 和其他领域 [4,56] 的最新发展中也很突出. Jerry Cornfield 及其同事 [13]、Austin Bradford Hill [25] 和 Mervyn Susser [62] 的论文在流行病学方面仍然具有很强的影响力, 并且得到持续的关注. Miguel Hernan 及其同事 [24] 阐述了在设计观察性研究中坚持试验模板的实际重要性. 关于观察性研究的一般讨论, 参见文献 [42,47].

为什么本书关注的是匹配对? 为什么匹配对的情况会导致更简单的数学形式? 匹配对 (pair) 与匹配集 (matched set) 或分层 (strata) 有什么不同? 下面稍微有点技术性的解释可以略过. 在匹配对的情况下, 第 3 章的灵敏度界限由一个统计量提供, 这个统计量作为随机变量 (random variable) 的界限: 它作为最大的或最小的随机变量. 在这里, 最大的随机变量是指在随机顺序 (stochastic order) 意义上最大的随机变量: 在随机顺序意义上, 如果对每个割点 c 都有 $\Pr(A \geqslant c) \geqslant \Pr(B \geqslant c)$, 则在随机顺序意义上随机变量 A 大于等于 B. 与实数排序不同, 随机变量的随机排序只是一种偏序 (partial ordering): 随机变量 A 可能不大于等于 B, 同时 B 也可能不大于等于 A. 所以两者既分不出大小, 也不相等. 例如, 可能发生 $\Pr(A \geqslant 0) > \Pr(B \geqslant 0)$, 但 $\Pr(A \geqslant 5) < \Pr(B \geqslant 5)$ 的情况, 这可能因为 A 紧紧地集中在 1 附近, 而 B 的中位数为 -1 且取值广泛地分布在区间 $[-100, 100]$ 上. 方差为 1 且平均值为 $\mu(-1 \leqslant \mu \leqslant 1)$ 的正态分布集合, 是按 μ 排序的, 其中 $\mu = 1$ 的正态分布是在随机顺序意义上该集合中最大的分布. 相反, 在随机序列意义上, 平均值 $\mu = 0$ 且方差 $\sigma^2 = 1$ 的正态分布既不大于也不小于平均值 $\mu = 1$ 且方差 $\sigma^2 = 100$ 的正态分布. 匹配对的情况比一般情况更简单, 因为我们可以挑选一个随机变量来确定推断值 (inference quantity) 的灵敏度上界, 例如 P-值、估计值和置信区间的端点 (endpoint). 当结果是二分类的 (binary), 或者当检验统计量将一个连续型结果切割为二分类时, 同样的简化形式也会在没有匹配对的情况下发生; 见文献 [42, §4.4]. 然而, 在一般情况下, 人们通过求解由手头数据定义的优化问题来获得灵敏度界限, 例如最大化 P-值或估计值. 作为一个数学问题, 一般情况下稍微不那么简洁 [44,48]. 但在实践中使用适当的软件很容易处理, 如下一段中所讨论的. 大体上, 观察性研究的设计中涉及的概念可以在匹配对的情况下讨论, 从而避免这种稍微不那么有条理的数学计算.[2]

---

[2] 一个例外是观察到, 在连续型结果下, 多个匹配对照的存在会影响设计灵敏度; 见文献 [45] 和文献 [47, 222–223].

如果没有匹配对, 我们应该怎么办? 首先, 理解成对的情况; 这很容易理解.
虽然稍微不太有条理 [44,48], 但在数据分析中, 使用适当的软件 [46] 很容易
处理一般情况, 例如 R 中用于多个对照组 [44] 的 sensitivitymul 包中的 senm
和 senmCI 函数、用于完全匹配的 sensitivityful 包或用于分层比较 (stratified
comparison) [48] 的 senstrat 包. 然后, 一般的解决方案可以结合协变量的分层
与基于模型的协方差调整等方法; 参见文献 [43,48]. 一般讨论见文献 [42,§4].

参考文献

[1] Anderson, I.: Combinatorics of Finite Sets. Oxford University Press, New York (1987)

[2] Angrist, J. D., Krueger, A. B.: Empirical strategies in labor economics. In: Ashenfelter, O., Card, D. (eds.) Handbook of Labor Economics, vol. 3, pp. 1277–1366. Elsevier, New York (1999)

[3] Angrist, J. D., Lavy, V.: Using Maimonides' rule to estimate the effect of class size on scholastic achievement. Q. J. Econ. **114**, 533–575 (1999)

[4] Armstrong, C. S., Kepler, J. D.: Theory, research design assumptions, and causal inferences. J. Account. Econ. **66**, 366–373 (2018)

[5] Athey, S., Imbens, G. W.: The state of applied econometrics: causality and policy evaluation. J. Econ. Perspect. **31**, 3–32 (2018)

[6] Besley, T., Case, A.: Unnatural experiments? Estimating the incidence of endogenous policies. Econ. J. **110**, 672–694 (2000)

[7] Boehnke, M., Langefeld, C. D.: Genetic association mapping based on discordant sib pairs: the discordant alleles test. Am. J. Hum. Genet. **62**, 950–961 (1998)

[8] Bollobás, B.: Combinatorics. Cambridge University Press, New York (1986)

[9] Campbell, D. T.: Factors relevant to the validity of experiments in social settings. Psychol. Bull. **54**, 297–312 (1957)

[10] Campbell, D. T.: Methodology and Epistemology for Social Science: Selected Papers. University of Chicago Press, Chicago (1988)

[11] Cochran, W. G.: The planning of observational studies of human populations (with Discussion). J. R. Stat. Soc. Ser. A **128**, 234–265 (1965)

[12] Cook, T. D., Shadish, W. R.: Social experiments: some developments over the past fifteen years. Annu. Rev. Psychol. **45**, 545–580 (1994)

[13] Cornfield, J., Haenszel, W., Hammond, E., Lilienfeld, A., Shimkin, M., Wynder, E.: Smoking and lung cancer: recent evidence and a discussion of some questions. J. Natl. Cancer Inst. **22**, 173–203 (1959)

[14] Curtis, D.: Use of siblings as controls in case-control association studies. Ann. Hum. Genet. **61**, 319–333 (1997)

[15] Dynarski, S. M.: Does aid matter? Measuring the effect of student aid on college

attendance and completion. Am. Econ. Rev. **93**, 279–288 (2003)

[16] Evans, L.: The effectiveness of safety belts in preventing fatalities. Accid. Anal. Prev. **18**, 229–241 (1986)

[17] Fisher, R. A.: Design of Experiments. Oliver and Boyd, Edinburgh (1935)

[18] Gastwirth, J. L., Krieger, A. M., Rosenbaum, P. R.: Asymptotic separability in sensitivity analysis. J. R. Stat. Soc. Ser. B **62**, 545–555 (2000)

[19] Greenstone, M., Gayer, T.: Quasi-experimental and experimental approaches to environmental economics. J. Environ. Econ. Manag. **57**, 21–44 (2009)

[20] Greevy, R., Silber, J. H., Cnaan, A., Rosenbaum, P. R.: Randomization inference with imperfect compliance in the ACE-inhibitor after anthracycline randomized trial. J. Am. Stat. Assoc. **99**, 7–15 (2004)

[21] Hamermesh, D. S.: The craft of labormetrics. Ind. Labor Relat. Rev. **53**, 363–380 (2000)

[22] Heart Protection Study Collaborative Group.: MRC/BHF Heart Protection Study of antioxidant vitamin supplementation in 20,536 high-risk individuals: a randomised placebo-controlled trial. Lancet **360**, 23–33 (2002)

[23] Heckman, J. J.: Micro data, heterogeneity, and the evaluation of public policy: Nobel lecture. J. Polit. Econ. **109**, 673–748 (2001)

[24] Hernán, M. A., Alonso, A., Logan, R., Grodstein, F., Michels, K. B., Willett, W. C., Manson, J. E., Robins, J. M.: Observational studies analyzed like randomized experiments: an application to postmenopausal hormone therapy and coronary heart disease (with Discussion). Epidemiology **19**, 766–793 (2008)

[25] Hill, A. B.: The environment and disease: association or causation? Proc. R. Soc. Med. **58**, 295–300 (1965)

[26] Holland, P. W.: Statistics and causal inference. J. Am. Stat. Assoc. **81**, 945–960 (1986)

[27] Holley, R.: Remarks on the FKG inequalities. Commun. Math. Phys. **36**, 227–231 (1974)

[28] Imbens, G. W., Wooldridge, J. M.: Recent developments in the econometrics of program evaluation. J. Econ. Lit. **47**, 5–86 (2009)

[29] Kant, I.: What is enlightenment? In: Kant, I. (ed.) Toward Perpetual Peace and Other Writings. Yale University Press, New Haven (1785, 2006)

[30] Katan, M. B.: Apolipoprotein E isoforms, serum cholesterol, and cancer. Lancet **1**, 507–508 (1986) Reprinted: Int J Epidemiol **33**, 9 (2004)

[31] Katan, M. B.: Commentary: mendelian randomization, 18 years on. Int. J. Epidemiol. **33**, 10–11 (2004)

[32] Khaw, K. T., Bingham, S., Welch, A., Luben, R., Wareham, N., Oakes, S., Day, N.: Relation between plasma ascorbic acid and mortality in men and women in EPIC-Norfolk prospective study. Lancet **357**, 657–663 (2001)

[33] Laird, N. M., Blacker, D., Wilcox, M.: The sib transmission/disequilibrium test is a Mantel-Haenszel test. Am. J. Hum. Genet. **63**, 1915 (1998)

[34] Lawlor, D. A., Smith, G. D., Bruckdorfer, K. R., Kundo, D., Ebrahim, S.: Those confounded vitamins: what can we learn from the differences between observational versus randomized trial evidence? Lancet **363**, 1724–1727 (2004)

[35] Meyer, B. D.: Natural and quasi-experiments in economics. J. Bus. Econ. Stat. **13**, 151–161 (1995)

[36] Musci, R. J., Stuart, E: Ensuring causal, not casual, inference. Prev. Sci. **20**, 452–456 (2019)

[37] Pearce, N., Vandenbroucke, J. P., Lawlor, D. A.: Causal inference in environmental epidemiology: old and new approaches. Epidemiol **30**, 311–316 (2019)

[38] Rosenbaum, P. R.: The consequences of adjustment for a concomitant variable that has been affected by the treatment. J. R. Stat. Soc. Ser. A **147**, 656–666 (1984)

[39] Rosenbaum, P. R.: On permutation tests for hidden biases in observational studies: an application of Holley's inequality to the Savage lattice. Ann. Stat. **17**, 643–653 (1989)

[40] Rosenbaum, P. R.: Quantiles in nonrandom samples and observational studies. J. Am. Stat. Assoc. **90**, 1424–1431 (1995)

[41] Rosenbaum, P. R.: Stability in the absence of treatment. J. Am. Stat. Assoc. **96**, 210–219 (2001)

[42] Rosenbaum, P. R.: Observational Studies (2nd ed.). Springer, New York (2002)

[43] Rosenbaum, P. R.: Covariance adjustment in randomized experiments and observational studies. Stat. Sci. **17**, 286–327 (2002)

[44] Rosenbaum, P. R.: Sensitivity analysis for m-estimates, tests, and confidence intervals in matched observational studies. Biometrics **63**, 456–464 (2007)

[45] Rosenbaum, P. R.: Impact of multiple matched controls on design sensitivity in observational studies. Biometrics **69**, 118–127 (2013)

[46] Rosenbaum, P. R.: Two R packages for sensitivity analysis in observational studies. Obs. Stud. **1**, 1–17 (2015)

[47] Rosenbaum, P. R.: Observation and Experiment: An Introduction to Causal Inference. Harvard University Press, Cambridge (2017)

[48] Rosenbaum, P. R.: Sensitivity analysis for stratified comparisons in an observational study of the effect of smoking on homocysteine levels. Ann. Appl. Stat. **12**, 2312–2334 (2018)

[49] Rosenzweig, M. R., Wolpin, K. I.: Natural 'natural experiments' in economics. J. Econ. Lit. **38**, 827–874 (2000)

[50] Rubin, D. B.: Estimating causal effects of treatments in randomized and nonrandomized studies. J. Educ. Psychol. **66**, 688–701 (1974)

[51] Rubin, D. B.: The design versus the analysis of observational studies for causal effects:

parallels with the design of randomized trials. Stat. Med. **26**, 20–36 (2007)

[52] Rutter, M.: Identifying the Environmental Causes of Disease: How Do We Decide What to Believe and When to Take Action? Academy of Medical Sciences, London (2007)

[53] Saunders, A. M., Strittmatter, W. J., Schmechel, D., et al.: Association of apolipoprotein E allele epsilon 4 with late-onset familial and sporadic Alzheimer's disease. Neurology **43**, 1467–1472 (1993)

[54] Savage, I. R.: Contributions to the theory of rank order statistics: applications of lattice theory. Revue de l'Institut Int. de Statistique **32**, 52–63 (1964)

[55] Sekhon, J. S.: Opiates for the matches: matching methods for causal inference. Annu. Rev. Polit. Sci. **12**, 487–508 (2009)

[56] Sekhon, J. S., Titiunik, R.: When natural experiments are neither natural nor experiments. Am. Polit. Sci. Rev. **106**, 35–57 (2012)

[57] Shadish, W. R., Cook, T. D.: The renaissance of field experimentation in evaluating interventions. Annu. Rev. Psychol. **60**, 607–629 (2009)

[58] Shadish, W. R., Cook, T. D., Campbell, D. T.: Experimental and Quasi-Experimental Designs for Generalized Causal Inference. Houghton-Mifflin, Boston (2002)

[59] Spielman, R. S., Ewens, W. J.: A sibship test for linkage in the presence of association: the sib transmission/disequilibrium test. Am. J. Hum. Genet. **62**, 450–458 (1998)

[60] Spielman, R. S., McGinnis, R. E., Ewens, W. J.: Transmission test for linkage disequilibrium. Am. J. Hum. Genet. **52**, 506–516 (1993)

[61] Strachan, T., Read, A. P.: Human Molecular Genetics. Garland, New York (2004)

[62] Susser, M.: Epidemiology, Health and Society: Selected Papers. Oxford University Press, New York (1987)

[63] Vandenbroucke, J. P.: When are observational studies as credible as randomized trials? Lancet **363**, 1728–1731 (2004)

[64] West, S. G., Duan, N., Pequegnat, W., Gaist, P., Des Jarlais, D. C., Holtgrave, D., Szapocznik, J., Fishbein, M., Rapkin, B., Clatts, M., Mullen, P. D.: Alternatives to the randomized controlled trial. Am. J. Public Health **98**, 1359–1366 (2008)

第 2 章　随机试验中的因果推断

摘要　观察性研究是在随机分配处理或对照不可行时对处理效应 (或治疗效果)(treatment effect) 的经验性调查 (empiric investigation)(或实证研究). 由于观察性研究的结构类似于简单的随机试验, 作为背景介绍, 理解随机化在试验中所起的作用是很重要的. 作为后面章节讨论观察性研究的前奏, 本章简要回顾了随机试验中因果推断的逻辑. 这里只详细讨论一种简单的情况, 即随机配对试验 (randomized paired experiment): 在随机化之前对受试者进行配对, 每对受试者中随机抽取一位接受处理, 另一位接受对照. 尽管本章是后续章节的基础, 但大部分材料都相当古老, 可追溯到 Ronald Fisher 爵士在 20 世纪 20 年代和 30 年代的著作, 并且可能从其他课程中熟悉, 例如一门试验设计课程.

2.1　国家支持工作试验的两个版本

2.1.1　具有 185 对的版本和 5 对的版本

尽管报纸上每天都在讨论失业问题, 但这是一个奇怪的现象. 失业的抽象定义意味着有人进入一个活跃的劳动力市场, 打算出售他们的劳动力, 但是通常是很长一段时间无法找到买家. 当然, 抽象的定义忽略了大部分正在发生的事情.

Robert LaLonde [42] 回顾了过去几十年:

> 公共部门资助就业和培训项目 …… [旨在] 提高参与者的生产技能, 进而增

加他们未来的收入和税收，并减少他们对社会福利的依赖. [······这些] 公共部门资助培训的主要受助者 [一直] 是经济困难或失业的工人 [42, 第 149 页].

国家支持工作示范 (National Supported Work Demonstration, NSW) 包括一项随机试验, 为了评估一个这样的项目的效果 [11, 36]. Kenneth Couch 写道:

国家支持工作示范 (NSW) 项目主要为女性提供服务类职业 (service occupation) 和为男性提供建筑 (construction) 工作经验. 这些工作的设计与"压力分级"的概念一致. 在培训期间, 工作环境中的压力逐渐增加, 直到它模拟了私营部门的工作规范 (workplace norm). 在那时, 入职后 (after entry) 不超过 18 个月, 且接受国家支持工作示范 (NSW) 项目培训的个人必须尝试过渡到无补助就业 (unsubsidized employment). 国家支持工作示范 (NSW) 的筛选标准限制了严重残疾人士在劳动力市场的参与. ······ 经当地社会服务机构筛选并转介到该项目后, 每个参与者被随机分配到处理组 (试验组) 或对照组. 试验组接受了国家支持工作示范 (NSW) 项目提供的服务. 对照组继续进入其他可用的社会服务项目 [11, 第 381–382 页].

本章将使用一部分国家支持工作示范 (NSW) 试验来说明随机试验的逻辑. 如果读者对随机试验不感兴趣而是对整个国家支持工作示范 (NSW) 项目及其效应感兴趣, 那么可以从 Couch [11] 对该项目长期效应的研究开始. 从 LaLonde 的 1986 年研究 [41] 开始, 由于一系列研究 [17,31,41,75], 国家支持工作示范 (NSW) 项目在考虑经济学观察性研究的方法学方面变得非常重要, 在 LaLonde 的研究中, 把随机对照组搁置一边, 并将各种分析方法应用于调查数据中的非随机对照组.

由于目标是讨论随机试验的逻辑, 为后续章节的观察性研究讨论做准备, 因此我们对本章内容进行了一些调整和简化. 首先, 该数据集是 Rajeev Dehejia 和 Sadek Wahba [17, 表 1] 所称的 "RE74 子集", 然后, 它又是 LaLonde [41] 使用的数据的子集. 该子集包括 1975 年 12 月以后随机接受处理或对照的男性, 他们在 1978 年 1 月之前退出了该项目, 并记录了 1974 年、1975 年和 1978 年的年收入. 由于这些条件, 1974 年和 1975 年的收入是未受国家支持工作示范 (NSW) 项目影响的预处理协变量, 1978 年的收入是可能受到试验处理影响的结果. 此外, 我们为了强调与匹配观察性研究的相似性, 将随机处理组和对照组进行了匹配: 具体来说, 将 185 位接受处理的男性与 185 位未接受处理的对

照者进行匹配, 使用 8 个协变量 (covariate), 形成 185 个匹配对.[1]

对于这 185 个匹配对, 表 2.1 显示了 8 个协变量的分布. 在处理之前, 处理组和对照组的分布看起来非常相似.

表 2.1　来自国家支持工作示范 (NSW) 随机试验的 185 个匹配对的预处理协变量

协变量	组别	平均值	25%	50%	75%
年龄	处理组	25.82	20	25	29
	对照组	25.70	20	25	29
受教育年限	处理组	10.35	9	11	12
	对照组	10.19	9	10	11

协变量	组别	平均值	百分比
1974 年收入 (美元)	处理组	2096	71%
	对照组	2009	75%
1975 年收入 (美元)	处理组	1532	60%
	对照组	1485	64%

协变量	组别	百分比
黑人	处理组	84%
	对照组	85%
西班牙裔	处理组	6%
	对照组	5%
已婚	处理组	19%
	对照组	20%
无高中学历	处理组	71%
	对照组	77%

对于年龄和受教育年限, 给出了平均值、中位数 (50%) 和四分位数 (25% 和 75%). 对于年收入, 给出了所有收入 (包括零收入) 的平均值和零收入的百分比. 对于二分类变量, 给出了百分比.

图 2.1 显示了 185 个匹配对中男性在接受处理后的 1978 年的收入. 在 185

---

[1] 正如第 1 章所述, 为了尽量减少理论上的技术细节, 统计理论只针对匹配对的情况而阐释, 所以作者将国家支持工作示范 (NSW) 试验稍微改成配对研究. 非匹配随机试验的随机化推断与此类似, 并在文献 [59, 第 2 章] 中进行了讨论. 准确地使用了后面 9.4 节描述的匹配方法, 即使用罚函数 (penalty function) 在倾向性评分上施加卡尺, 卡尺内使用基于秩的马氏距离. 随机化前的多元匹配可以提高随机化试验的效率 (efficiency); 参见文献 [29]. 仅在本解释性章节中进行说明, 匹配是在随机分配之后完成的, 这需要丢弃一些随机对照, 如果目标是对国家支持工作示范 (NSW) 试验进行最有效的分析, 作者是不会这样做的.

个匹配对收入差的箱线图 (又称盒形图)(boxplot) 中, 虚线位于 0 和 ±5000. 处理组的男性似乎挣得更多一些.

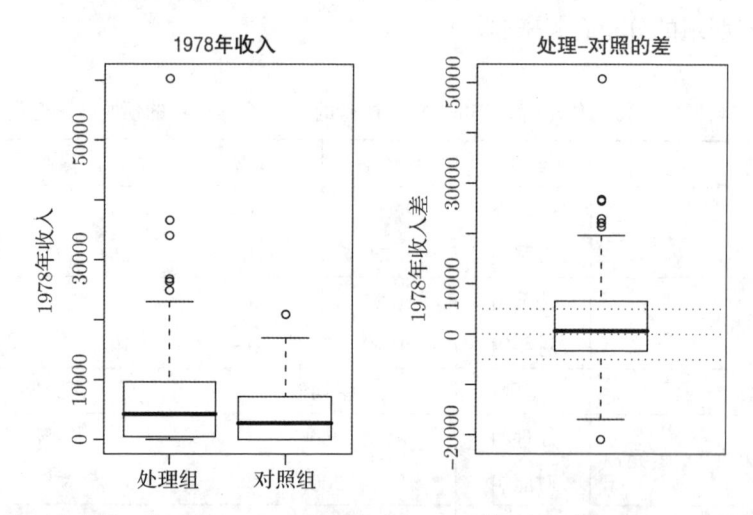

图 2.1 在国家支持工作示范 (NSW) 随机试验中 185 对男性接受处理后的 1978 年的收入. 虚线是处在 −5000 美元、0 美元和 5000 美元的位置

总的来说, 在本书中, 作者将使用小样本例子来说明所发生事件的细节, 并使用实际样本大小的例子来说明分析和解释. 本着这种精神, 表 2.2 是 185 对中 5 对的随机样本; 它将被用来说明随机化推断的细节. 这个样本恰好由 185 对中的第 15 对、第 37 对、第 46 对、第 151 对和第 181 对组成.

2.1.2 基本符号

表 2.2 举例说明了将在整本书中使用的符号. 配对的序号为 $i, i = 1, 2, \cdots, 5 = I$, 且配对中的个人序号为 $j, j = 1, 2$. 在表 2.2 和整本书中, Z 表示处理指标, $Z = 1$ 表示接受处理, $Z = 0$ 表示对照, $\boldsymbol{x}$ 是观察到的协变量——有 8 个协变量, $\boldsymbol{x}_{ijk}, k = 1, 2, \cdots, 8 = K$, 在表 2.2 中——$R$ 表示响应变量, 在本例中表示 1978 年培训结束后的年收入. 表 2.2 中的第 1 对由两名未婚年轻黑人男性组成, 在开始培训之前, 他们有 7 年或 8 年受教育经历, 在 1974 年和 1975 年没有收入; 接受培训后, 在 1978 年, 处理组的男性得到了更多的收入. 处理减去对照的匹配对在 1978 年的收入差为 $Y_i = (Z_{i1} − Z_{i2})(R_{i1} − R_{i2})$, 故第 1 对男性的收入差为 $Y_1 = (1 − 0)(3024 − 1568) = 1456$ 美元.

很方便用一个向量符号 (vector notation) 表示 K 个协变量, 如下所示, 即 $\mathbf{x}_{ij} = (x_{ij1}, x_{ij2}, \cdots, x_{ijK})^T$ 包含第 i 对中第 j 个人或试验单位的 K 个协变量

的值. 如果你不熟悉向量符号, 这不是一个问题. 向量和向量符号有很多用途, 但在本书中, 它们大部分仅用于为数据数组提供简洁的名称. 例如, 在表 2.2 中, $\mathbf{x}_{11} = (17, 7, 1, 0, 0, 1, 0, 0)^T$ 包含了第 1 对中第 1 个人的协变量值.

表 2.2 从国家支持工作示范 (NSW) 随机试验的 185 对数据中随机抽取 5 对数据

id	i	j	treat Z_{ij}	age x_{ij1}	edu x_{ij2}	black x_{ij3}	hisp x_{ij4}	married x_{ij5}	nodegree x_{ij6}	re74 x_{ij7}	re75 x_{ij8}	re78 R_{ij}	Y_i
15	1	1	1	17	7	1	0	0	1	0	0	3024	1456
15	1	2	0	18	8	1	0	0	1	0	0	1568	
37	2	1	1	25	5	1	0	0	1	0	0	6182	3988
37	2	2	0	24	7	1	0	0	1	0	0	2194	
46	3	1	1	25	11	1	0	1	1	0	0	0	−45
46	3	2	0	25	11	1	0	1	1	0	0	45	
151	4	1	1	28	10	1	0	0	1	0	2837	3197	−2147
151	4	2	0	22	10	1	0	0	1	0	2175	5344	
181	5	1	1	33	12	1	0	1	0	20280	10941	15953	3173
181	5	2	0	28	12	1	0	1	0	10585	5551	12780	

变量为: id = 185 对中的配对编号; 配对中 i 取 1 至 5; 配对中 j 指一对中的第 1 个或第 2 个人; 如果接受处理, 则 treat = 1, 如果接受对照, 则 treat = 0; age 为年龄, 以年为单位; edu = 受教育年限, 以年为单位; 如果是黑人, 则 black = 1, 否则 black = 0; 如果是西班牙裔, 则 hisp = 1, 否则为 0; 已婚 married = 1, 否则为 0; 无高中学历, 则 nodegree = 1, 否则为 0; re74, re75 和 re78 分别是 1974 年、1975 年和 1978 年的收入, 以美元为单位. 此外, 在 i 对中 $Y_i = (Z_{i1} - Z_{i2})(R_{i1} - R_{i2})$ 表示处理减去对照的匹配对在 1978 年的收入差.

以同样的方式, $\mathbf{Z}$ 表示在 I 个匹配对中的所有 $2I$ 例受试者的处理分配, $\mathbf{Z} = (Z_{11}, Z_{12}, Z_{21}, \cdots, Z_{I2})^T$. 对于表 2.2 中的 $I = 5$ 个配对, $\mathbf{Z} = (1, 0, 1, 0, 1, 0, 1, 0, 1, 0)^T$. 由于 $Z_{i2} = 1 - Z_{i1}$, 所以此向量符号有点多余, 因此, 有时, 当需要紧凑表达式时, 只会提到 Z_{i1}. 此外, $\mathbf{R} = (R_{11}, R_{12}, \cdots, R_{I2})^T$ 且 $\mathbf{Y} = (Y_1, Y_2, \cdots, Y_I)^T$.

可以对观察到的协变量进行匹配, 但不可能对未观察到的协变量进行匹配. 有一个很重要的共识, 在随机试验中未能匹配或控制未观察到的协变量并不存在特殊的问题, 但在观察性研究中可能会出现实质性的问题. 本章的一个目标就是澄清这一区别. 为此, 为方便起见, 把未观察到的协变量记为 u_{ij}. 在本章中, 主要讨论随机试验中的推断问题, u_{ij} 可以是任何未测量的协变量

(或任何包含几个未测量的协变量的向量). 能否成功找到并保住一份工作可能取决于个性 (personality)、才智 (intelligence)、家庭和人际关系 (family and personal connection), 以及外表 (physical appearance); 然而, 在本章中, 与国家支持工作示范 (NSW) 试验有关的, u_{ij} 可能就是这些属性的测量向量, 即研究者 (investigator) 没法测量的一组特征向量. 此外, 记 $\mathbf{u} = (u_{11}, u_{12}, \cdots, u_{I2})^T$.

为了帮助阅读该表格, 受试者 $j = 1$ 始终为接受处理的个体, 受试者 $j = 2$ 始终为对照个体; 但严格来说, 不应该这样做. 严格地说, ij 是唯一一个人的 "名字"; 在随机分配处理之前, 那个人就有他的名字 ij. 在配对随机试验中, Z_{i1} 由 I 次独立抛掷一枚均匀硬币 (independent flips of a fair coin) 所确定, 因此 $Z_{11} = 1$ 发生的概率为 $\frac{1}{2}$, $Z_{11} = 0$ 发生的概率也为 $\frac{1}{2}$; 而且 $Z_{i2} = 1 - Z_{i1}$. 也就是说, 在表 2.2 中, 对于每个 i, Z_{i1} 为 1 且 Z_{i2} 为 0, 但是在有 $I = 5$ 对的配对随机试验中这种取值偶尔发生的概率为 $\left(\frac{1}{2}\right)^5 = \frac{1}{32} = 0.03125$. 严格地说, Z_{i1} 的一些应该是 1, Z_{i2} 也有一些应该是 1. 统计计算中的数量, 如处理减去对照的响应差 (treated-minus-control difference in response), $Y_i = (Z_{i1} - Z_{i2})(R_{i1} - R_{i2})$, 没有受到表中排序的影响. 因此, 随机分配的逻辑与可读表的形式之间有一点不一致. 在提到这一点之后, 我们将在理论讨论中坚持随机分配的逻辑, 以可读的形式呈现表格, 并忽略小的不一致.

2.2 随机试验中的处理效应

2.2.1 替代处理下的潜在响应

在表 2.2 中, 第 1 位男性, $(i, j) = (1, 1)$, 被随机分配到处理组中, $Z_{11} = 1$, 1978 年的收入为 $R_{11} = 3024$ 美元, 但情况可能有所不同. 如果硬币掉落的方式不同, 第 1 位男性, $(i, j) = (1, 1)$, 可能被随机分配到对照组, $Z_{11} = 0$, 在这种情况下, 他在 1978 年的收入可能会有所不同. 我们永远也不会知道, 如果硬币掉落的方式不同且第 1 位男性被分配到对照组, 那么他的收入是多少. 也许处理 (培训) 是完全无效的, 也许如果第 1 位男性被分配到对照组, 他会做同样的工作, 获得同样的收入, 即 3024 美元. 或许, 这种处理 (培训) 提高了他的收入, 而他在对照组的收入将会更低. 我们也许永远不会知道这位男性的情况, 但是 185 个配对中的 370 名男性, 一半随机分配到处理组, 另一半随机分配到对照组, 我们可以说些关于正在接受处理和对照的 370 名男性将会发生什么.

不仅第 1 位男性而且每位男性 (i, j) 都有两个潜在的响应, 如果被分配到处理组, 他在 1978 年显示的收入水平为 r_{Tij}, 如果被分配到对照组, 他在

1978 年显示的收入水平为 r_{Cij}. 我们只能观察到两个收入中的一个响应. 具体来说, 如果 (i,j) 被分配到处理组, 则 $Z_{ij} = 1$, 我们将观察到 r_{Tij}, 但是如果 (i,j) 被分配到对照组, 则 $Z_{ij} = 0$, 我们将观察到 r_{Cij}. 我们实际上从 (i,j) 观察到的响应 R_{ij}——即在表 2.2 中实际记录的 1978 年收入——如果 $Z_{ij} = 1$ 则等于 r_{Tij} 或者如果 $Z_{ij} = 0$ 则等于 r_{Cij}; 也就是说, 用公式表示为 $R_{ij} = Z_{ij}r_{Tij} + (1-Z_{ij})r_{Cij}$. 此外, $\mathbf{r}_T = (r_{T11}, r_{T12}, \cdots, r_{TI2})^T$ 和 $\mathbf{r}_C = (r_{C11}, r_{C12}, \cdots, r_{CI2})^T$.

如果说处理 (培训) 对 (i,j) 的响应 (年收入) 没有影响, 则 $r_{Cij} = r_{Tij}$. 如果说处理 (培训) 导致 (i,j) 的收入增加了 1000 美元, 那么 $r_{Tij} = r_{Cij} + 1000$ 或 $r_{Tij} - r_{Cij} = 1000$. 我们永远无法自信地断言关于一个人的这两件事的响应. 然而, 这与断言所有 370 名男性均未受到处理影响是完全不同的事情——即断言对所有 $i = 1, 2, \cdots, 185$, $j = 1, 2$, 有 $r_{Cij} = r_{Tij}$; 在一项随机试验中, 我们可能自信地否认这一点. 假设该处理对任何人都没有影响, 即 $H_0 : r_{Cij} = r_{Tij}$, 对 $i = 1, 2, \cdots, 185$, $j = 1, 2$, 被称为 Ronald Fisher [22] 的无效应精确零假设 (sharp null hypothesis of no effect). 该假设可以紧凑地写为 $H_0 : \mathbf{r}_T = \mathbf{r}_C$.

在 1923 年, Jerzy Neyman [49] 在试验设计中引入了处理效应作为替代处理下潜在响应比较的符号, 用于解决随机试验中的各种问题; 例如文献 [13, 55, 83, 85] 和 [40, §8.3]. Donald Rubin [68] 首次主张在观察性研究中使用这种符号.

2.2.2 协变量和结果

1.2 节强调了协变量和结果之间的区别. 协变量如 $\mathbf{x}_{ij}$ 或 u_{ij}, 是一个预处理量, 因此只有一个版本的协变量. 响应 (response) 或结果具有两个版本的潜在值 (r_{Tij}, r_{Cij}), 其中一个被观察到, 即 R_{ij}, 这取决于处理分配 Z_{ij}, 即 $R_{ij} = Z_{ij}r_{Tij} + (1-Z_{ij})r_{Cij}$.

注意, 当处理机制为随机分配时, 即当 Z_{ij} 是由抛掷硬币或随机数确定时, $(r_{Tij}, r_{Cij}, \mathbf{x}_{ij}, u_{ij})$ 不会发生变化, 但是通常观察到的响应 R_{ij} 确实会发生变化. 使用符号表示随机化处理时未改变的量是方便的. 令 $\mathscr{F}$ (或 $\mathcal{F}$) 表示当确定 Z_{ij} 时不变量 $\{(r_{Tij}, r_{Cij}, \mathbf{x}_{ij}, u_{ij}), i = 1, 2, \cdots, I, j = 1, 2\}$ 的数组. (这些数量在 Fisher 的随机推断理论中是固定的, 因此符号是 $\mathcal{F}$.)

2.2.3 可能的处理分配和随机化

表 2.2 中观察到的处理分配是 $\mathbf{Z} = (1, 0, 1, 0, 1, 0, 1, 0, 1, 0)^T$, 但是成对数据中处理的随机分配可能选择了不同的分配方式. 把 $\mathbf{Z}$ 的 2^I 种可能取值的集

合写为 $\mathscr{Z}$ (或 $\mathcal{Z}$); 即 $\mathbf{z} \in \mathcal{Z}$, 当且仅当 $\mathbf{z} = (z_{11}, z_{12}, \cdots, z_{I2})^T$, 对每个 i, j, 有 $z_{ij} = 0$ 或 $z_{ij} = 1$, 且 $z_{i1} + z_{i2} = 1$. 对于表 2.2, 有 $2^I = 2^5 = 32$ 种可能取值 $\mathbf{z} \in \mathcal{Z}$. 通常, 若 A 是有限集, 则 $|A|$ 是 A 中元素的个数, 因此, 特别有 $|\mathcal{Z}| = 2^I$. 表 2.3 以简化形式 (abbreviated form) 列出了表 2.2 的 32 种可能的处理分配; 因为 $z_{i2} = 1 - z_{i1}$, 所以只简化列出 z_{i1} 而没有列出 z_{i2}. 表 2.2 中观察到的处理分配 $\mathbf{Z} = (1, 0, 1, 0, 1, 0, 1, 0, 1, 0)^T$ 对应于表 2.3 的第一行. 在表 2.3 的第二行中, 表 2.2 中第 5 对的处理分配已经颠倒过来了, 因此该对中的第 2 位男性, 而不是第 1 位男性, 被分配到处理组.

表 2.3 对于国家支持工作示范 (NSW) 试验的小版本的 $I = 5$ 个配对数据, 集合 $\mathcal{Z}$ 中有 $32 = 2^5$ 种可能的处理分配

标号	配对 1 Z_{11}	配对 2 Z_{21}	配对 3 Z_{31}	配对 4 Z_{41}	配对 5 Z_{51}
1	1	1	1	1	1
2	1	1	1	1	0
3	1	1	1	0	1
4	1	1	1	0	0
5	1	1	0	1	1
6	1	1	0	1	0
7	1	1	0	0	1
8	1	1	0	0	0
9	1	0	1	1	1
10	1	0	1	1	0
11	1	0	1	0	1
12	1	0	1	0	0
13	1	0	0	1	1
14	1	0	0	1	0
15	1	0	0	0	1
16	1	0	0	0	0
17	0	1	1	1	1
18	0	1	1	1	0
19	0	1	1	0	1

续表

标号	配对 1 Z_{11}	配对 2 Z_{21}	配对 3 Z_{31}	配对 4 Z_{41}	配对 5 Z_{51}
20	0	1	1	0	0
21	0	1	0	1	1
22	0	1	0	1	0
23	0	1	0	0	1
24	0	1	0	0	0
25	0	0	1	1	1
26	0	0	1	1	0
27	0	0	1	0	1
28	0	0	1	0	0
29	0	0	0	1	1
30	0	0	0	1	0
31	0	0	0	0	1
32	0	0	0	0	0

因为 $Z_{i2} = 1 - Z_{i1}$, 所以只列出 Z_{i1}.

对于表 2.1 中 $I = 185$ 个配对, 可能的处理分配的集合 $\mathcal{Z}$ 包含 $2^I = 2^{185} = 4.9 \times 10^{55}$ 种可能的处理分配, $\mathbf{z} \in \mathcal{Z}$. 全部列出是很不方便的.

随机分配处理意味着什么? 在直观的层面, 随机抽取一个分配 $\mathbf{z} \in \mathcal{Z}$, 每个分配的概率为 2^{-I}, 或对于表 2.3, 每个分配的概率为 $2^{-5} = \frac{1}{32} = 0.03125$. 例如, 可以独立抛掷一枚均匀硬币 5 次, 以确定表 2.3 中的处理分配 $\mathbf{Z}$. 直觉告诉我们, 随机化正在阐述如何确定 $\mathbf{Z}$, 即关于 $\mathbf{Z}$ 的边际分布 (marginal distribution). 这种直觉并不十分正确; 在一个重要的方面, 随机化意味着更多的内容. 具体来说, 在随机试验中, $(r_{Tij}, r_{Cij}, \mathbf{x}_{ij}, u_{ij})$ (或 $\mathcal{F}$) 中的信息在预测 Z_{ij} 方面没有用. 也就是说, 硬币不仅在一半次数里是正面朝上的, 在不同配对中独立, 而且更重要的是, 硬币对个体一无所知, 且在分配处理时是公正的 (impartial). 配对随机试验设计迫使 $\mathbf{Z}$ 落在 $\mathcal{Z}$ 中——也就是说, 它迫使事件 $\mathbf{Z} \in \mathcal{Z}$ 发生——这可以用简洁的符号表示为事件 $\mathcal{Z}$ 发生. 配对随机试验中的随机化意味着:

$$对于每个 \mathbf{z} \in \mathcal{Z}, 有 \Pr(\mathbf{Z} = \mathbf{z} | \mathcal{F}, \mathcal{Z}) = \frac{1}{|\mathcal{Z}|} = \frac{1}{2^I}. \tag{2.1}$$

换句话说, 即使你知道 $\mathcal{F}$ 中的信息——也就是说, 已知每个人 $i = 1, 2, \cdots, I$, $j = 1, 2$ 在 $(r_{Tij}, r_{Cij}, \mathbf{x}_{ij}, u_{ij})$ 中的信息——即使你还知道配对随机试验的结构, 即 $\mathbf{Z} \in \mathcal{Z}$, 你也无法使用该信息来预测处理分配, 因为给定所有这些信息, 2^I 种可能的分配 $\mathbf{z} \in \mathcal{Z}$ 具有相等的概率 2^{-I}.

2.2.4 个体间的干扰

处理效应的符号似乎是无伤大雅的, 但它实际上需要一个相当强大的假设, 即 David Cox [12, §2.4] 所谓的 "试验单位间无干扰 (no interference between units)", 即 "对一个试验单位的观察不应受到对其他单位的特殊处理分配的影响". 如果将男性 $(i, j) = (2, 1)$ ——即在第 2 对中的第 1 位男性——从接受处理转换为接受对照, 会影响我们之前讨论过的个体 $(i, j) = (1, 1)$, 即第 1 对中的第 1 位男性的收入, 那么表 2.2 中的个体之间就存在干扰. 在国家支持工作示范 (NSW) 试验中的干扰可能并不普遍, 但不能完全排除这种可能性. 例如, 一个潜在雇主可能会雇用国家支持工作示范 (NSW) 项目支持的两名补助的工人 (subsidized worker), 但只保留两名雇员中较好的一名作为无补助的永久雇员. 在这种情况下, 转换一位男性的处理分配方式可能会导致另一位男性获得或失去一份工作. 两个潜在结果符号并没有对个体间的干扰给出定义; 每一个体或男性只有两个潜在的响应, 完全取决于他自己的处理分配. 如果个体间有干扰, 每位男性的响应将取决于所有的处理分配 $(Z_{11}, Z_{12}, \cdots, Z_{I2})$. 在表 2.2 中, 有两种方式可以在 5 对中的每一对中处理分配, 因此有 $32 = 2^5$ 种可能的处理分配. 如果个体间存在干扰, 每位男性不会只有两个潜在响应, 而有 32 个潜在响应, 这取决于所有的处理分配 $(Z_{11}, Z_{12}, \cdots, Z_{52})$.

在国家支持工作示范 (NSW) 试验中, 个体之间的干扰可能非常有限, 因为大多数男性是不会互相干扰的. 当同一个人在不同处理方式下以随机顺序被反复研究时, 情况会有所不同. 例如, 这在认知神经科学 (cognitive neuroscience) 的许多试验中都很常见, 在这些试验中, 当一个人执行不同的认知任务时, 使用功能性核磁共振成像 (functional magnetic resonance imaging) 来观察他的大脑 [50]. 在这种情况下, 一个试验个体是一人观察一次认知任务下的成像. 在这类试验中, 同一个人不同时间完成的任务之间可能存在干扰.

在个体间存在干扰的随机试验中, 推断是可能的, 但需要格外小心 [2, 4, 5, 20, 38, 62, 76, 78]. 如果只有同一对中的个体相互干扰, 则会有相当大的简化 [61, §6].

2.3 检验无处理效应零假设

2.3.1 零假设为真时的处理减去对照的差

如果无效应零假设成立,将会发生什么?

如第 2.2.1 小节所述,无论是分配到处理组 $Z_{ij} = 1$,或对照组 $Z_{ij} = 0$,无处理效应零假设 (null hypothesis) 表明每个人将会表现出相同的响应. 也就是说,该假设断言对所有的 i,j 有 $H_0 : r_{Tij} = r_{Cij}$,或简明地记为 $H_0 : \mathbf{r}_T = \mathbf{r}_C$. 在表 2.2 中,如果 $H_0 : \mathbf{r}_T = \mathbf{r}_C$ 为真,则第 1 对中的第 1 位男性,无论他被分配到处理组还是对照组,在 1978 年都可以挣得 3024 美元. 类似地,如果 $H_0 : \mathbf{r}_T = \mathbf{r}_C$ 为真,则第 1 对中的第 2 位男性,无论他被分配到处理组还是对照组,都将挣得 1568 美元. 这种零假设 (也称原假设) 并非不可信;这可能是真的. 你或我在一年中接受的许多处理 (培训) 都不会改变我们在一年中的收入: 我们做同样的工作,拿同样的工资. 然而,是否有人认为 H_0 可信这件事与假设检验无关——假设检验不是关于一个人脑子里在想什么,也不是关于信念或可信性的. 在假设检验中,我们感兴趣的是数据所说的,而不是你或我可能说的、相信的或认为可信的. 让我们把可能相互矛盾的信念和直觉放到一边,转而问一问: 数据说明了什么? 假设检验将关于世界的主张与数据的行为进行对比: 这些数据的行为是否与关于世界的假设和主张形成了鲜明的对比? 或者,如果假设成立,观察到的数据会十分平常吗? 如果国家支持工作示范 (NSW) 试验数据在无处理效应的情况下是相当普通的,那么就很难将国家支持工作示范 (NSW) 试验作为广泛使用的基础处理 (培训),即使你发自内心地相信这种处理肯定对某些人有益. 检验无处理效应假设 H_0 是一项任务的第一步,该任务需要几个步骤; 然而,这一步并不是无关紧要的,它是构建后续步骤的基础 (building block),包括置信区间 (confidence interval) 和等效性检验 (equivalence test).

而且,国家支持工作示范 (NSW) 项目可能有一个有益的效应,即提高了接受处理的男性的收入; 在这种情况下,$H_0 : \mathbf{r}_T = \mathbf{r}_C$ 不成立. 一个基本问题是: 随机试验的数据在多大程度上提供了拒绝无处理效应零假设的证据?

如果无处理效应零假设 $H_0 : \mathbf{r}_T = \mathbf{r}_C$ 为真,则根据表 2.2 中第 1 对的随机选择 (硬币落下的正反结果),在第 1 对中的处理减去对照的 1978 年收入差即 Y_1,将是 $3024 - 1568 = 1456$ 或 $1568 - 3024 = -1456$. 换句话说,如果无处理效应零假设成立,则处理 (培训) 对于响应没有任何作用,并且它只通过将一个人标记为接受处理,另一个人标记为接受对照,以此来影响处理减去对照的响应差. 回想一下, 在第 i 对中对第 j 位男性观察到的响应是 $R_{ij} = Z_{ij}r_{Tij} + (1 - Z_{ij})r_{Cij}$, 并且在第 i 对中的处理减去对照的响应差为 $Y_i = (Z_{i1} - Z_{i2})(R_{i1} - R_{i2})$. 如果处理无效, 则对于所有的 i,j, $r_{Tij} = r_{Cij}$, 因此 $Y_i = (Z_{i1} - Z_{i2})(R_{i1} - R_{i2})$ 可写为 $Y_i = (Z_{i1} - Z_{i2})(r_{Ci1} - r_{Ci2})$. (当然, 也可以写为 $Y_i = (Z_{i1} - Z_{i2})(r_{Ti1} - r_{Ti2})$.) 如果 $(Z_{i1}, Z_{i2}) = (1, 0)$, 则 $Y_i = r_{Ci1} - r_{Ci2}$, 或者如果 $(Z_{i1}, Z_{i2}) = (0, 1)$, 则 $Y_i = -(r_{Ci1} - r_{Ci2})$. 如果处理无效, 随机化只是将标签"处理"和"对照"随机化; 然而, 它并没有改变任何人的收入, 而只是改变了处理减去对照的收入差的符号.

如果无效应零假设成立, 可能会产生什么试验结果?

在无处理效应零假设下, $H_0: \mathbf{r}_T = \mathbf{r}_C$, 表 2.4 显示了表 2.2 中五对男性可能的处理分配 Z_{i1} 和可能的处理减去对照的响应差 Y_i. 表 2.4 的每一行都是零假设 H_0 为真时试验的一个可能结果. 随机数实际上给了我们表 2.4 第一行的结果, 但如果硬币以不同的方式落下, 就会发生另一行的结果. 如果 H_0 为真, 表 2.4 的每一行都有 $\frac{1}{2^5} = \frac{1}{32}$ 的概率成为试验结果: 翻转五个硬币, 你会得到表 2.4 中的一行作为你的试验结果. 我们无须设想就知道这一点. 即我们知道表 2.3 中的 32 个处理分配中的每一个结果都有 $\frac{1}{2^5} = \frac{1}{32}$ 的可能性, 因为我们随机化: $\mathbf{Z}$ 是由五个均匀硬币的独立抛掷确定的. 我们知道"如果 H_0 为真, 那么表 2.4 的每一行都有 $\frac{1}{2^5} = \frac{1}{32}$ 的可能性", 因为如果 H_0 为真, 那么不同的 $\mathbf{Z}$ 只是简单地改变 Y_i 的符号, 如表 2.4 所示. 无须任何假定.

表 2.4 对于国家支持工作示范 (NSW) 试验的小版本的 $I = 5$ 个配对数据, 在无处理效应零假设 $H_0: \mathbf{r}_T = \mathbf{r}_C$ 下, $32 = 2^5$ 个可能的处理分配的集合 $\mathcal{Z}$ 和相应的处理减去对照的响应差 $Y_i = (Z_{i1} - Z_{i2})(R_{i1} - R_{i2})$

标号	配对 1 Z_{11}	配对 2 Z_{21}	配对 3 Z_{31}	配对 4 Z_{41}	配对 5 Z_{51}	配对 1 Y_1	配对 2 Y_2	配对 3 Y_3	配对 4 Y_4	配对 5 Y_5
1	1	1	1	1	1	1456	3988	−45	−2147	3173
2	1	1	1	1	0	1456	3988	−45	−2147	−3173
3	1	1	1	0	1	1456	3988	−45	2147	3173
4	1	1	1	0	0	1456	3988	−45	2147	−3173
5	1	1	0	1	1	1456	3988	45	−2147	3173
6	1	1	0	1	0	1456	3988	45	−2147	−3173

续表

标号	配对 1 Z_{11}	配对 2 Z_{21}	配对 3 Z_{31}	配对 4 Z_{41}	配对 5 Z_{51}	配对 1 Y_1	配对 2 Y_2	配对 3 Y_3	配对 4 Y_4	配对 5 Y_5
7	1	1	0	0	1	1456	3988	45	2147	3173
8	1	1	0	0	0	1456	3988	45	2147	−3173
9	1	0	1	1	1	1456	−3988	−45	−2147	3173
10	1	0	1	1	0	1456	−3988	−45	−2147	−3173
11	1	0	1	0	1	1456	−3988	−45	2147	3173
12	1	0	1	0	0	1456	−3988	−45	2147	−3173
13	1	0	0	1	1	1456	−3988	45	−2147	3173
14	1	0	0	1	0	1456	−3988	45	−2147	−3173
15	1	0	0	0	1	1456	−3988	45	2147	3173
16	1	0	0	0	0	1456	−3988	45	2147	−3173
17	0	1	1	1	1	−1456	3988	−45	−2147	3173
18	0	1	1	1	0	−1456	3988	−45	−2147	−3173
19	0	1	1	0	1	−1456	3988	−45	2147	3173
20	0	1	1	0	0	−1456	3988	−45	2147	−3173
21	0	1	0	1	1	−1456	3988	45	−2147	3173
22	0	1	0	1	0	−1456	3988	45	−2147	−3173
23	0	1	0	0	1	−1456	3988	45	2147	3173
24	0	1	0	0	0	−1456	3988	45	2147	−3173
25	0	0	1	1	1	−1456	−3988	−45	−2147	3173
26	0	0	1	1	0	−1456	−3988	−45	−2147	−3173
27	0	0	1	0	1	−1456	−3988	−45	2147	3173
28	0	0	1	0	0	−1456	−3988	−45	2147	−3173
29	0	0	0	1	1	−1456	−3988	45	−2147	3173
30	0	0	0	1	0	−1456	−3988	45	−2147	−3173
31	0	0	0	0	1	−1456	−3988	45	2147	3173
32	0	0	0	0	0	−1456	−3988	45	2147	−3173

因为 $Z_{i2} = 1 - Z_{i1}$, 故表中只列出 Z_{i1}. 在零假设 (或无效假设) 下, 不同的处理分配会将男性重新标记为接受处理或对照, 但不会改变他们的收入, 因此 Y_i 的符号也随之改变.

2.3.2 平均差的随机化分布

无效应的随机化检验: 利用平均值作为检验统计量

一般来说, 一个统计量的零分布 (null distribution) 就是零假设成立时统计量的分布. P-值或显著性水平是参照零分布来计算的. 本节考虑样本平均差 (sample mean difference) 的零分布; Fisher 曾在引入随机试验的书 [22, 第 3 章] 中考虑过.

也许最熟悉的检验统计量是这 I 对处理减去对照的响应差的平均值 $\overline{Y} = \frac{1}{I}\sum_{i=1}^{I} Y_i$. $\overline{Y}$ 的零分布是当无处理效应零假设 $H_0: \mathbf{r}_T = \mathbf{r}_C$ 为真时 $\overline{Y}$ 的分布. 使用表 2.4, 我们可以从 32 个可能的试验结果中计算出每一个 $\overline{Y}$; 见表 2.5. 例如, 在实际执行的试验中, 表 2.5 的第一行 $\overline{Y} = 1285.0$: 平均而言, 5 位接受处理的男性比他们的匹配对照多赚 1285 美元. 如果零假设 H_0 为真, 且第 $i = 5$ 对的处理分配被颠倒过来, 如表 2.5 的第二行那样, 则在那个不同的随机试验中, 平均值为 $\overline{Y} = 15.8$ 或 15.80 美元. 类似的考虑适用于所有 32 个可能的随机试验.

表 2.5 对于国家支持工作示范 (NSW) 试验的小版本的 $I = 5$ 个配对数据, 在无处理效应零假设 $H_0: \mathbf{r}_T = \mathbf{r}_C$ 下, 可能的处理减去对照的响应差 $Y_i = (Z_{i1} - Z_{i2})(R_{i1} - R_{i2})$ 以及它们的平均值 $\overline{Y}$

标号	配对 1 Y_1	配对 2 Y_2	配对 3 Y_3	配对 4 Y_4	配对 5 Y_5	平均值 $\overline{Y}$
1	1456	3988	-45	-2147	3173	1285.0
2	1456	3988	-45	-2147	-3173	15.8
3	1456	3988	-45	2147	3173	2143.8
4	1456	3988	-45	2147	-3173	874.6
5	1456	3988	45	-2147	3173	1303.0
6	1456	3988	45	-2147	-3173	33.8
7	1456	3988	45	2147	3173	2161.8
8	1456	3988	45	2147	-3173	892.6
9	1456	-3988	-45	-2147	3173	-310.2
10	1456	-3988	-45	-2147	-3173	-1579.4
11	1456	-3988	-45	2147	3173	548.6

续表

标号	配对 1 Y_1	配对 2 Y_2	配对 3 Y_3	配对 4 Y_4	配对 5 Y_5	平均值 $\overline{Y}$
12	1456	−3988	−45	2147	−3173	−720.6
13	1456	−3988	45	−2147	3173	−292.2
14	1456	−3988	45	−2147	−3173	−1561.4
15	1456	−3988	45	2147	3173	566.6
16	1456	−3988	45	2147	−3173	−702.6
17	−1456	3988	−45	−2147	3173	702.6
18	−1456	3988	−45	−2147	−3173	−566.6
19	−1456	3988	−45	2147	3173	1561.4
20	−1456	3988	−45	2147	−3173	292.2
21	−1456	3988	45	−2147	3173	720.6
22	−1456	3988	45	−2147	−3173	−548.6
23	−1456	3988	45	2147	3173	1579.4
24	−1456	3988	45	2147	−3173	310.2
25	−1456	−3988	−45	−2147	3173	−892.6
26	−1456	−3988	−45	−2147	−3173	−2161.8
27	−1456	−3988	−45	2147	3173	−33.8
28	−1456	−3988	−45	2147	−3173	−1303.0
29	−1456	−3988	45	−2147	3173	−874.6
30	−1456	−3988	45	−2147	−3173	−2143.8
31	−1456	−3988	45	2147	3173	−15.8
32	−1456	−3988	45	2147	−3173	−1285.0

实际上, 表 2.5 和表 2.6 给出了平均差 (即差的平均值) $\overline{Y}$ 的零随机化分布 (null randomization distribution). 也就是说, 在处理随机分配和处理无效的零假设 H_0 的条件下, 这些表给出了 $\overline{Y}$ 的分布. 表 2.5 按表 2.3 的顺序列出了结果, 而表 2.6 按照 $\overline{Y}$ 的可能值的递增次序对表 2.5 进行了排序. 两个表具有相同的分布, 但是表 2.6 更容易读懂. 在两个表中, 每个可能的结果或行的概率为 $\frac{1}{2^5} = \frac{1}{32} = 0.03125$. 用于计算显著性水平或 P-值的尾部概率 $\Pr(\overline{Y} \geqslant y | \mathcal{F}, \mathcal{Z})$ 也在表 2.6 中给出. 在表 2.2 中检验无处理效应的单侧 P-值

(one-sided P-value) 为 $\Pr(\overline{Y} \geqslant 1285|\mathcal{F}, \mathcal{Z}) = 0.1875 = \frac{6}{32}$ (表 2.2 中 5 个配对差的样本均值为 1285), 因为当无效应零假设为真时, 32 个随机分配中的 6 个产生了 1285 或更高的平均值 $\overline{Y}$. 双侧 P-值 (two-sided P-value) 是这个单侧 P-值的两倍,[2] 或者 $2 \times \Pr(\overline{Y} \geqslant 1285|\mathcal{F}, \mathcal{Z}) = 0.375 = \frac{12}{32}$, 它等于表 2.6 中的分布 $\Pr(\overline{Y} \leqslant -1285|\mathcal{F}, \mathcal{Z}) + \Pr(\overline{Y} \geqslant 1285|\mathcal{F}, \mathcal{Z})$, 因为该分布关于零对称.

表 2.6 在国家支持工作示范 (NSW) 试验中, 在无处理效应零假设条件下, $I = 5$ 个匹配对 1978 年收入差的样本均值 $\overline{Y}$ 的随机化分布

y	$\Pr(\overline{Y} = y|\mathcal{F}, \mathcal{Z})$	$\Pr(\overline{Y} \geqslant y|\mathcal{F}, \mathcal{Z})$
2161.8	0.03125	0.03125
2143.8	0.03125	0.06250
1579.4	0.03125	0.09375
1561.4	0.03125	0.12500
1303.0	0.03125	0.15625
1285.0	0.03125	0.18750
892.6	0.03125	0.21875
874.6	0.03125	0.25000
720.6	0.03125	0.28125
702.6	0.03125	0.31250
566.6	0.03125	0.34375
548.6	0.03125	0.37500
310.2	0.03125	0.40625
292.2	0.03125	0.43750
33.8	0.03125	0.46875
15.8	0.03125	0.50000
−15.8	0.03125	0.53125
−33.8	0.03125	0.56250
−292.2	0.03125	0.59375

---

[2]通常, 如果你想要一个双侧 P-值, 则计算两个单侧 P-值, 将较小的 P-值加倍, 取该值和 1 的最小值. 此方法将双侧 P-值视为两次检验的校正 (correction) [14]. 在零假设下, 当前部分的样本均值和下一部分的 Wilcoxon 符号秩统计量都具有对称的随机化分布, 对于对称的零分布, 双侧 P-值的含义几乎没有歧义. 当零分布不对称时, 双侧 P-值的不同定义可能给出略有不同的答案. 正如文献 [14] 中所讨论的, 在所有情况下, 将双侧 P-值作为两次检验的校正的观点是一种明智的方法. 相关结果请参见文献 [73].

2.3 检验无处理效应零假设

续表

y	$\Pr(\overline{Y} = y \mid \mathcal{F}, \mathcal{Z})$	$\Pr(\overline{Y} \geqslant y \mid \mathcal{F}, \mathcal{Z})$
−310.2	0.03125	0.62500
−548.6	0.03125	0.65625
−566.6	0.03125	0.68750
−702.6	0.03125	0.71875
−720.6	0.03125	0.75000
−874.6	0.03125	0.78125
−892.6	0.03125	0.81250
−1285.0	0.03125	0.84375
−1303.0	0.03125	0.87500
−1561.4	0.03125	0.90625
−1579.4	0.03125	0.93750
−2143.8	0.03125	0.96875
−2161.8	0.03125	1.00000

因为 $\overline{Y}$ 的观察值 (observed value) 为 1285 美元, 单侧 P-值为 0.1875 且双侧 P-值是其 2 倍, 即 0.375. 在显著性水平为 0.05 的条件下, 5 对样本的差都为正时, 差异就是显著的 (此时, $\overline{Y} = 2161.8$, 单侧 P-值为 0.03125). 注意到 $\overline{Y}$ 的零分布是关于零对称的.

试验推断的推理基础

Fisher [22, 第 2 章] 将随机化作为试验中因果推断的 "推理基础 (reasoned basis)". 他指的是表 2.6 中的平均差 $\overline{Y}$ 的分布和其他检验统计量的类似的随机化分布提供了对处理无效假设的有效检验. 此外, 这些检验不需要任何假定. Fisher 对这个问题非常重视, 因此值得思考的是, 他的意思是什么以及为什么他认为这个问题很重要.

表 2.6 中的分布来自两个考虑因素. 首先要考虑的是, 试验者使用硬币或随机数来分配处理, 从表 2.3 中的 32 个处理分配中选择一个, 每个处理分配的概率为 1/32. 只要试验者在描述试验时没有不诚实, 就没有理由怀疑这一首要考虑. 但首要考虑的不是一个假定; 因为这是一个描述试验如何进行的事实. 其次要考虑的是无处理效应零假设. 表 2.6 是平均差 $\overline{Y}$ 的零分布; 也就是说, 表 2.6 就是在无处理效应零假设成立时 $\overline{Y}$ 的分布情况. 零假设很可能不真 —— 也许试验目的就是为了证明它不真 —— 但这也无关紧要, 因为如果无处理效应

零假设为真, 表 2.6 就是 $\overline{Y}$ 具有的分布. 如果零假设成立, 则通过对比 $\overline{Y}$ 的实际表现和 $\overline{Y}$ 的分布情况, 用 $\overline{Y}$ 进行零假设检验. 小的 P-值表示如果零假设为真, 则 $\overline{Y}$ 实际表现出的行为将极不可能发生. 在这个意义上, 其次要考虑的是零假设, 不是一个假定. 在检验零假设时, 不假定或不相信零假设为真; 相反, 零假设为了评估假设和观察到的数据是否明显不相容, 需要计算出基于零假设的某些逻辑和概率结果. 简而言之, 在计算表 2.6 中的分布时, 即在检验处理无效应的零假设时, 任何假定都不一定正确.

你有时会听到有人说"你无法用统计学证明因果关系", 我的一位教授 Fred Mosteller 经常会说: "你只能利用统计学证明因果关系," 当他说这句话时, 他指的是将随机化作为试验中因果推断的推理基础.

一些历史: 随机分配和正态误差

关于表 2.6, 人们可能会合理地问, 如果假定 Y_i 是具有常数方差的正态分布, 那么如何将处理减去对照的差的平均值 (the mean treated-minus-control difference) $\overline{Y}$ 的零随机化分布与可能使用的 t-分布进行比较? 表 2.6 中的零分布没有假定 Y_i 服从常数方差的正态分布; 相反, 它承认试验者确实对处理分配进行了随机化. 这类问题在随机化推断早期研究中受到密切关注; 例如, 参见文献 [83]. 这种关注集中在分布矩 (the moment of the distribution) 和它们随着成对数 I 增加时的极限行为. 一般来说, 当 (r_{Cij}, r_{Tij}) 表现良好时, 这两种推断方法给出了类似的推论, 但在其他情况下可能会出现分歧. 在早期的工作中 [22, 83], 这通常被理解为, 随机化为基于正态模型的推断提供了依据, 而不要求这些模型的假定是真实的. 然而, 不久之后, 人们开始关注随机化推断和正态理论 (Normal theory) 之间的分歧, 因此, 当将正态理论应用于随机试验中表现良好的数据时, 人们关注的不再是如何证明正态理论的合理性 [21]; 相反, 关注点转移到无论数据是否表现良好, 推断都是有效且高效的.[3] 这就导致了除平均差 $\overline{Y}$ 之外的统计量的随机分布, 因为平均值被认为是对不那么良好的响应数据最低效的统计量之一 [1]. 讨论两个这样的统计量: 在第 2.3.3 小节中的 Frank Wilcoxon 符号秩统计量 [84] 和在第 2.8 节中的 Peter Huber 的 m-估计量的随机化分布 [37, 47]. 在文献 [39] 中详细阐述了秩统计量与 m-估计量之间的密切联系. 2.3.3 小节和 2.8 节在本书中扮演着不同的角色, 2.8 节不是必须

---

[3]我写的是 "正态 (Normal)" 分布而不是 "正常 (normal)" 分布, 因为正态是一个分布的名称, 而不是对分布的描述, 就像 "Sitting Bull" 是一个人的名字, 而不是对那个人的描述. 指数分布是指数形式的 (exponential), logistic 分布是逻辑形式的 (logistic), 但正态分布不是正常形式的 (normal). 在一般情况下, 数据是不服从正态分布的.

2.3.3　Wilcoxon 统计量的随机化分布

无效应零假设下的随机化分布计算

在处理减去对照的差的平均值 $\overline{Y}$ 的稳健替代方法中, 到目前为止, 实践中最流行的是 Wilcoxon 符号秩统计量 T; 见文献 [84] 或 [43, §3.2]. 与 $\overline{Y}$ 一样, Wilcoxon 统计量使用了在 I 对中的处理减去对照的响应差 $Y_i = (Z_{i1} - Z_{i2})(R_{i1} - R_{i2})$. 首先计算绝对差 $|Y_i|$, 然后对这些绝对差从最小到最大, 从 1 到 I 分配秩 q_i; 那么 Wilcoxon 符号秩统计量 T 是那些正值 Y_i 对应的秩 q_i 的和. 在表 2.2 中, $Y_1 = 1456$, $Y_2 = 3988$, $Y_3 = -45$, $Y_4 = -2147$, $Y_5 = 3173$, 绝对差为 $|Y_1| = 1456$, $|Y_2| = 3988$, $|Y_3| = 45$, $|Y_4| = 2147$, $|Y_5| = 3173$, 对应的秩为 $q_1 = 2$, $q_2 = 5$, $q_3 = 1$, $q_4 = 3$, $q_5 = 4$, 并且 Y_1, Y_2, Y_5 取正值, 所以, $T = q_1 + q_2 + q_5 = 2 + 5 + 4 = 11$.

一般来说, Wilcoxon 符号秩统计量为 $T = \sum_{i=1}^{I} \mathrm{sgn}(Y_i) \cdot q_i$, 其中如果 $a > 0$, 则 $\mathrm{sgn}(a) = 1$, 如果 $a \leqslant 0$, 则 $\mathrm{sgn}(a) = 0$, 且 q_i 是 $|Y_i|$ 的秩.

如第 2.3.2 小节和表 2.5 所示, 如果无处理效应零假设 $H_0 : \mathbf{r}_T = \mathbf{r}_C$ 为真, 则如表 2.4 所示, $Y_i = (Z_{i1} - Z_{i2})(R_{i1} - R_{i2})$ 和随机化只是简单地改变了 Y_i 的符号. 对于表 2.4 的每一行, 可以计算 Wilcoxon 符号秩统计量 T, 详见表 2.7. 在无处理效应零假设下, $H_0 : \mathbf{r}_T = \mathbf{r}_C$, 表 2.7 中每一行成为 5 对观察到的试验结果的概率为 $\frac{1}{2^5} = \frac{1}{32}$, 其中有 7 行产生的 T 值大于等于 11, 因此单侧 P-值为 $\Pr(T \geqslant 11 | \mathcal{F}, \mathcal{Z}) = \frac{7}{32} = 0.21875$. 表 2.8 重新组织了表 2.7, 根据检验统计量的可能值进行排序, 并删除多次出现的重复值. 与第 2.3.2 小节相似, 双侧 P-值是单侧 P-值的两倍[4], 或 $2 \times \Pr(T \geqslant 11 | \mathcal{F}, \mathcal{Z}) = \frac{14}{32} = 0.4375$, 对于表

---

[4]在实际操作中, 通常使用统计软件进行计算. 在统计软件包 R 中, 使用命令 wilcox.test(). 先考虑表 2.7 中 $I = 5$ 个匹配对在 1978 年的收入差, 用向量 dif5 表示它们.

```
> dif5
[1] 1456  3988   -45 -2147  3173
> wilcox.test(dif5)
Wilcoxon signed rank test
data:  dif5
V = 11, p-value = 0.4375
```

在 $I = 5$ 的小样本中, wilcox.test 精确地再现 $T = 11$ 及其双侧 P-值 0.4375 的计算. 通过调整 wilcox.test 的参数, 两个单侧检验的 P-值中的任何一个都可以得到.

2.7 中的分布, 因为其分布关于其期望 $I(I+1)/4 = 5(5+1)/4 = 7.5$ 对称, 故双侧 P-值等于 $\Pr(T \leqslant 4|\mathcal{F},\mathcal{Z}) + \Pr(T \geqslant 11|\mathcal{F},\mathcal{Z})$.

Wilcoxon 符号秩统计量 T 的零分布, 在许多方面看, 都是一个非常简单的分布. 在表 2.7 中, 随着符号的变化, 绝对值 $|Y_i|$ 保持不变, 所以绝对值的秩也保持不变; 见表 2.7 的底部. 也就是说, 如果零假设 $H_0: \mathbf{r}_T = \mathbf{r}_C$ 成立, 则随着处理分配指标 $\mathbf{Z}$ 的变化, $|Y_i| = |r_{Ci1} - r_{Ci2}|$ 和 q_i 固定 (即取决于 $\mathcal{F}$), 所以 Wilcoxon 符号秩统计量 T 只是随着 I 个符号的变化而改变, 而 I 个符号是独立的. 在公式中, 在无处理效应零假设下, 符号秩统计量为 $T = \sum_{i=1}^{I} \text{sgn}\{(Z_{i1} - Z_{i2})(r_{Ci1} - r_{Ci2})\} \cdot q_i$, 其中如果 $a > 0$, 则 $\text{sgn}(a) = 1$, 如果 $a \leqslant 0$, 则 $\text{sgn}(a) = 0$, q_i 是 $|r_{Ci1} - r_{Ci2}|$ 的秩. 表 2.8 中零分布的期望 $E(T|\mathcal{F},\mathcal{Z})$ 和方差 $\text{var}(T|\mathcal{F},\mathcal{Z})$ 具有简单的公式. 如果 $|Y_i| > 0$, 则记 $s_i = 1$, 且如果 $|Y_i| = 0$, 则记 $s_i = 0$. 如果在随机试验中零假设 $H_0: \mathbf{r}_T = \mathbf{r}_C$ 为真, 则 $E(T|\mathcal{F},\mathcal{Z}) = (1/2)\sum_{i=1}^{I} s_i q_i$ 且 $\text{var}(T|\mathcal{F},\mathcal{Z}) = (1/4)\sum_{i=1}^{I}(s_i q_i)^2$. 当数据中没有 "结 (ties)" 时, 这些公式就会简化, 因为秩为 $1, 2 \cdots, I$. 如果没有结, 即对所有的 i 有 $|Y_i| > 0$, 且所有的 $|Y_i|$ 都不相同, 那么公式简化为 $E(T|\mathcal{F},\mathcal{Z}) = I(I+1)/4$ 和 $\text{var}(T|\mathcal{F},\mathcal{Z}) = I(I+1)(2I+1)/24$; 见文献 [43, §3.2], 此外, 在非常温和的条件下, 当 $I \to \infty$ 时, $\{T - E(T|\mathcal{F},\mathcal{Z})\}/\sqrt{\text{var}(T|\mathcal{F},\mathcal{Z})}$ 的零分布依分布收敛于标准正态分布 [43].

表 2.7 对于国家支持工作示范 (NSW) 试验的小版本的 $I = 5$ 个配对数据, 在无处理效应零假设 $H_0: \mathbf{r}_T = \mathbf{r}_C$ 成立的条件下, 可能的处理减去对照的响应差 $Y_i = (Z_{i1} - Z_{i2})(R_{i1} - R_{i2})$ 和它们的 Wilcoxon 符号秩统计量

标号	配对 1 Y_1	配对 2 Y_2	配对 3 Y_3	配对 4 Y_4	配对 5 Y_5	Wilcoxon 统计量 T
1	1456	3988	−45	−2147	3173	11
2	1456	3988	−45	−2147	−3173	7
3	1456	3988	−45	2147	3173	14
4	1456	3988	−45	2147	−3173	10
5	1456	3988	45	−2147	3173	12
6	1456	3988	45	−2147	−3173	8
7	1456	3988	45	2147	3173	15
8	1456	3988	45	2147	−3173	11
9	1456	−3988	−45	−2147	3173	6

2.3 检验无处理效应零假设

续表

标号	配对 1 Y_1	配对 2 Y_2	配对 3 Y_3	配对 4 Y_4	配对 5 Y_5	Wilcoxon 统计量 T
10	1456	−3988	−45	−2147	−3173	2
11	1456	−3988	−45	2147	3173	9
12	1456	−3988	−45	2147	−3173	5
13	1456	−3988	45	−2147	3173	7
14	1456	−3988	45	−2147	−3173	3
15	1456	−3988	45	2147	3173	10
16	1456	−3988	45	2147	−3173	6
17	−1456	3988	−45	−2147	3173	9
18	−1456	3988	−45	−2147	−3173	5
19	−1456	3988	−45	2147	3173	12
20	−1456	3988	−45	2147	−3173	8
21	−1456	3988	45	−2147	3173	10
22	−1456	3988	45	−2147	−3173	6
23	−1456	3988	45	2147	3173	13
24	−1456	3988	45	2147	−3173	9
25	−1456	−3988	−45	−2147	3173	4
26	−1456	−3988	−45	−2147	−3173	0
27	−1456	−3988	−45	2147	3173	7
28	−1456	−3988	−45	2147	−3173	3
29	−1456	−3988	45	−2147	3173	5
30	−1456	−3988	45	−2147	−3173	1
31	−1456	−3988	45	2147	3173	8
32	−1456	−3988	45	2147	−3173	4
所有标号 1–32	1456	3988	绝对差 45	2147	3173	
所有标号 1–32	2	5	绝对差的秩 1	3	4	

表 2.8 在 NSW 试验中, 在无处理效应零假设下, 对于 $I=5$ 个匹配对在 1978 年的收入差, 它们的 Wilcoxon 符号秩统计量 T 的随机化分布

t	计数	$\Pr(T=t\|\mathcal{F},\mathcal{Z})$	$\Pr(T\geqslant t\|\mathcal{F},\mathcal{Z})$
15	1	0.03125	0.03125
14	1	0.03125	0.06250
13	1	0.03125	0.09375
12	2	0.06250	0.15625
11	2	0.06250	0.21875
10	3	0.09375	0.31250
9	3	0.09375	0.40625
8	3	0.09375	0.50000
7	3	0.09375	0.59375
6	3	0.09375	0.68750
5	3	0.09375	0.78125
4	2	0.06250	0.84375
3	2	0.06250	0.90625
2	1	0.03125	0.93750
1	1	0.03125	0.96875
0	1	0.03125	1.00000

计数是产生 $T=t$ 的处理分配的数量; 例如, 有两种分配方式可以获得 $T=12$. 因为 T 的观察值为 11, 则对应的单侧 P-值为 0.21875, 双侧 P-值为该值的两倍, 即 0.4375. 在 $I=5$ 对的小样本下, 仅当所有 5 对的差值都为正时, 在单侧检验中, 差值在常规的 0.05 水平上才会显著, 在这种情况下的 $T=15$, 单侧 P-值为 0.03125. 请注意, T 的零分布关于其期望值 $I(I+1)/4=(5+1)5/4=7.5$ 是对称的

用所有 $I=185$ 个匹配对进行无处理效应的检验

如果将 Wilcoxon 检验应用于图 2.1 中的所有 $I=185$ 个匹配对, 则检验无处理效应的双侧 P-值为 0.009934. 当考虑所有 $I=185$ 对数据时, 图 2.1 中的 1978 年的收入差似乎是由干预 (培训) 引起的. 1978 年的收入差太大且太系统, 不可能是由抛硬币决定一个人接受处理、下一个人接受对照的这种随机

偶然决定的.[5]

表 2.5 中用于平均值 $\overline{Y}$ 和表 2.7 中用于 Wilcoxon 统计量 T 的检验程序是完全相似的, 并且以相似的方式用于任何检验统计量.[6]

表 2.8 中 Wilcoxon 统计量 T 的零分布有一个奇怪的性质, 它与表 2.6 中的平均差 $\overline{Y}$ 的零分布不同. 表 2.6 中 $\overline{Y}$ 的零分布取决于 Y_i 的数值, 所以在进行试验之前无法写出整个分布. 你需要用 Y_i 来构造表 2.6. 相比之下, 表 2.8 中 T 的分布并不取决于收入差 Y_i, 只要 $|Y_i|$ 非零且不同 (或"无结 (untied)"), 则它们可以取秩为 1, 2, 3, 4, 5, 且每个 Y_i 都是正的或负的. 假设 $I = 5$ 对的收入差是无结的, 则表 2.8 中的零分布可以在试验之前写出来, 而表 2.8 中的分布确实出现在很多教科书的后面.

"结"和无分布统计量

当某些 $|Y_i|$ 中含有"结"时, Wilcoxon 统计量 T 会发生什么? 如果几个 $|Y_i|$ 是相等的, 则给它们赋予不同的秩似乎是不合理的, 所以相反地, 如果它们的秩相差甚小, 则赋予它们秩的平均值. 比如, 如果 $|Y_4| = |Y_5|$ 且无结时, 则它们的秩应为 3 和 4, 那么现在赋予两者的秩都为秩的平均值 3.5. 在无效应零假设下, 如果 $|Y_i| = 0$, 那么无论如何分配处理, 则 $Y_i = 0$, 且对每个处理分配, 第 i 对在 Wilcoxon 统计量 T 中的贡献为 0. 如果含有"结", 则统计量 T 的零分布就已经确定了, 如表 2.5 和表 2.7 两次所示; 然而, T 的零分布现在不仅取决于样本量 I, 而且还取决于"结"的特定模式, 所以分布在试验之前是未知的.

"无分布/非参数统计量 (distribution-free statistic)"一词有多种相关但略

---

[5]在 R 中运行该计算非常简单. $I = 185$ 对 1978 年的收入差包含在向量 dif 中.

```
> length(dif)
[1] 185
> dif[1:6]
[1]  3889.711  -4733.929  18939.192   7506.146  -6862.342  -8841.886
> wilcox.test(dif)
Wilcoxon signed rank test with continuity correction
data:  dif
V = 9025, p-value = 0.009934
alternative hypothesis: true location is not equal to 0
```

现在, 对于 $I = 185$ 对数据, 统计量 $T = 9025$ 且双侧 P-值为 0.009934. 在计算这个 P-值时, 软件 R 适当地考虑了两种类型的"结", 并利用 T 的零分布的正态近似值 (Normal approximation). 它还采用了一种"连续性校正 (continuity correction)", 旨在提高从正态分布得到的近似 P-值的准确性 (accuracy).

[6]这个说法在概念上是正确的. 也就是说, 如果我们有一台无限快的计算机, 这个表述就成立了. 在实际操作中, 为大样本 I 生成像表 2.5 一样的表是相当烦琐的, 即使对于计算机也是如此, 因此可以通过巧妙的算法 [51] 或借助大样本逼近 [43] 来获得随机化分布. 在一个以概念为重点的章节中, 没有必要关注这些技术细节. 在理解概念方面, 我们可以暂时假设有一台速度无限快的计算机.

有不同的含义. 这些含义之一, 样本均值 $\overline{Y}$ 和 Wilcoxon 符号秩统计量 T 总是具有如表 2.5 和表 2.7 中计算所示的随机化分布, 如果在 $|Y_i|$ 中没有 "结", 则 T 是分布无关的 (distribution free), 从某种意义上说, 它的零分布并不取决于 Y_i 的值.

2.4 检验其他假设; 置信区间; 点估计

2.4.1 常数可加处理效应的检验

第 2.3 节检验了 Fisher [22] 的无处理效应精确零假设 (sharp null hypothesis of no treatment effect), 即断言每个受试者无论分配到处理组或对照组, 都表现出相同的反应, 即 $H_0: r_{Tij} = r_{Cij}, i = 1, 2, \cdots, I, j = 1, 2$, 或等价于 $H_0: \mathbf{r}_T = \mathbf{r}_C$. 这种对无处理效应的检验快速地为检验任何指定效应的假设提供了基础, 并由此可以推广到置信区间.

考虑最简单的情况, 即常数可加处理效应 (additive treatment effect) τ, 其中 $r_{Tij} = r_{Cij} + \tau, i = 1, 2, \cdots, I, j = 1, 2$, 或等价于 $\mathbf{r}_T = \mathbf{r}_C + \mathbf{1}\tau$, 其中 $\mathbf{1} = (1, 1, \cdots, 1)^T$. 在这种情况下, 从第 i 对中第 j 个受试者观察到的响应 $R_{ij} = Z_{ij}r_{Tij} + (1 - Z_{ij})r_{Cij}$ 变成 $R_{ij} = Z_{ij}(r_{Cij} + \tau) + (1 - Z_{ij})r_{Cij} = r_{Cij} + \tau Z_{ij}$, 即如果 ij 被分配到处理组 $Z_{ij} = 1$, 则观察到的响应 R_{ij} 等于对照组的响应 r_{Cij} 加上处理效应 τ. 当然, 实际是观察到了 R_{ij} 和 Z_{ij}, 但是没有观察到 r_{Cij} 和 τ.

在第 2.1 节的国家支持工作示范 (NSW) 研究中, 对于任何 $\tau \neq 0$ 来说, 常数可加效应 (additive effect) 的假设并不是严格合理的. 例如在表 2.2 中, 第 $i = 3$ 对中第 $j = 1$ 位男性接受了处理, 但在 1978 年挣得 0 美元. 由于收入是非负的, 对于一位接受了处理的男性来说, 唯一能产生 0 美元的非负常数效应为 $\tau = 0$. 的确, 在图 2.1 中, 对照组的四分之一人数在 1978 年的收入为 0 美元. 此外, 即使负收入也是可能的, 但是对于所有 185 对男性来说, 图 2.1 中的箱线图强烈地表明处理效应不是一个可加常数. 在一个具有常数可加效应 τ 的大型随机试验中, 图 2.1 中左边的两个响应 R_{ij} 的箱线图看起来是相同的, 只是处理组的箱线图会上移 τ, 而图 2.1 中右边的配对差 Y_i 的箱线图是关于 τ 对称的. 事实上, 这两种情况在图 2.1 中似乎都不成立. 在说明了最常用的可加效应方法之后, 将为国家支持工作示范 (NSW) 研究考虑三种替代 (可供选择的) 方法: 可乘效应 (multiplicative effect)、类似于 Tobit 模型中发现的截断可加效应 (truncated additive effect), 以及各种 "归因效应 (attributable effect)". 正如我们将会看到的, 尽管假设的效应是不同的, 但推断方法是相同的.

假定我们假设的可加效应 τ 是某个特定数字 τ_0. 例如, 在第 2.1 节中, 一个相当极端的假说, 即国家支持工作示范 (NSW) 项目增加了 5000 美元的收入, 或者 $H_0 : \tau = 5000$, 或者 $H_0 : \tau = \tau_0$ 且 $\tau_0 = 5000$. 很快就会看到, 这个假设与 $I = 185$ 对数据是完全不相容的. 如果该假设成立, 则观察到的响应为 $R_{ij} = r_{Cij} + \tau_0 Z_{ij} = r_{Cij} + 5000 Z_{ij}$, 所以 r_{Cij} 可以由观察到的 (R_{ij}, Z_{ij}) 和所谓的正确假设 $H_0 : \tau = 5000$ 计算出来, 即 $r_{Cij} = R_{ij} - \tau_0 Z_{ij} = R_{ij} - 5000 Z_{ij}$. 此外, 匹配的处理减去对照的观测收入差为 $Y_i = (Z_{i1} - Z_{i2})(R_{i1} - R_{i2})$, 因此如果假设 $H_0 : \tau = \tau_0$ 为真,

$$\begin{aligned} Y_i &= (Z_{i1} - Z_{i2})(R_{i1} - R_{i2}) \\ &= (Z_{i1} - Z_{i2})\{(r_{Ci1} + \tau_0 Z_{i1}) - (r_{Ci2} + \tau_0 Z_{i2})\} \\ &= \tau_0 + (Z_{i1} - Z_{i2})(r_{Ci1} - r_{Ci2}) \end{aligned}$$

且 $Y_i - \tau_0 = (Z_{i1} - Z_{i2})(r_{Ci1} - r_{Ci2})$. 换句话说, 如果 $H_0 : \tau = \tau_0$ 且 $\tau_0 = 5000$ 为真, 则在第 i 对中根据随机处理分配 $Z_{i1} - Z_{i2}$, 观察到的收入差 Y_i 减去 $\tau_0 = 5000$, 将等于 $\pm(r_{Ci1} - r_{Ci2})$. 特别地, 如果 $H_0 : \tau = 5000$ 为真, 那么 $Y_i - 5000$ 的符号将由抛硬币决定, 我们预计 $Y_i - 5000$ 中大约一半为正的, 一半为负的. 对于表 2.2 中的 5 对数据, 如果假设 $H_0 : \tau = 5000$ 为真, 则对于第 $i = 1$ 对, 调整后的差值为 $r_{Ci1} - r_{Ci2} = Y_1 - 5000 = 1456 - 5000 = -3544$. 表 2.9 列出了 5 对数据调整后的差值. 即使只使用表 2.9 中的 5 对, 假设 $H_0 : \tau = 5000$ 看起来似乎也不合理: 所有 5 个调整后的差值都是负的, 而如果假设成立, 则符号将以概率 $\frac{1}{2}$ 独立取 ± 1. 在 32 个处理分配中, 只有一个处理分配 $\mathbf{Z} \in \mathcal{Z}$ 会将所有 5 个调整后的响应给出负号, 并且在随机试验中一个分配的概率为 $1/32 = 0.03125$. 如果 $H_0 : \tau = 5000$ 为真, 那么当从 $\mathcal{Z}$ 中随机选取 $\mathbf{Z}$ 时, 生成表 2.9 的结果那可真是运气太差了.

表 2.9 来自 NSW 试验的 5 个匹配对差, 根据假设 $H_0 : \tau = 5000$ 进行了调整

i	1	2	3	4	5
Y_i	1456	3988	-45	-2147	3173
$\tau_0 = 5000$	5000	5000	5000	5000	5000
$Y_i - \tau_0$	-3544	-1012	-5045	-7147	-1827

表 2.10 显示了所有 32 个处理分配, $\mathbf{Z} \in \mathcal{Z}$, 以及当 $H_0 : \tau = 5000$ 为真时, 所有可能的调整后的响应, $Y_i - \tau_0 = (Z_{i1} - Z_{i2})(r_{Ci1} - r_{Ci2})$, 以及从这些调整后的响应中计算出的 Wilcoxon 符号秩统计量 T. 在第一行, 对于实际的处理分配, 因为所有 5 个差值是负的, 故有统计量 $T = 0$. 由表 2.10 可知, 如果 $H_0 : \tau = 5000$ 为真, 则 $\Pr(T \leqslant 0 | \mathcal{F}, \mathcal{Z}) = 1/32 = 0.03125$, 且双侧 P-值为 $\Pr(T \leqslant 0 | \mathcal{F}, \mathcal{Z}) + \Pr(T \geqslant 15 | \mathcal{F}, \mathcal{Z}) = 2/32 = 0.0625$.

表 **2.10** 使用 Wilcoxon 符号秩统计量 T 来检验零假设, 即培训项目使工资增加了一个 5000 美元的可加常数, 即 $H_0 : r_{Tij} = r_{Cij} + 5000$, 对所有的 i, j

标号	配对 1 Z_{11}	配对 2 Z_{21}	配对 3 Z_{31}	配对 4 Z_{41}	配对 5 Z_{51}	配对 1 $Y_1 - \tau_0$	配对 2 $Y_2 - \tau_0$	配对 3 $Y_3 - \tau_0$	配对 4 $Y_4 - \tau_0$	配对 5 $Y_5 - \tau_0$	T
1	1	1	1	1	1	−3544	−1012	−5045	−7147	−1827	0
2	1	1	1	1	0	−3544	−1012	−5045	−7147	1827	2
3	1	1	1	0	1	−3544	−1012	−5045	7147	−1827	5
4	1	1	1	0	0	−3544	−1012	−5045	7147	1827	7
5	1	1	0	1	1	−3544	−1012	5045	−7147	−1827	4
6	1	1	0	1	0	−3544	−1012	5045	−7147	1827	6
7	1	1	0	0	1	−3544	−1012	5045	7147	−1827	9
8	1	1	0	0	0	−3544	−1012	5045	7147	1827	11
9	1	0	1	1	1	−3544	1012	−5045	−7147	−1827	1
10	1	0	1	1	0	−3544	1012	−5045	−7147	1827	3
11	1	0	1	0	1	−3544	1012	−5045	7147	−1827	6
12	1	0	1	0	0	−3544	1012	−5045	7147	1827	8
13	1	0	0	1	1	−3544	1012	5045	−7147	−1827	5
14	1	0	0	1	0	−3544	1012	5045	−7147	1827	7
15	1	0	0	0	1	−3544	1012	5045	7147	−1827	10
16	1	0	0	0	0	−3544	1012	5045	7147	1827	12
17	0	1	1	1	1	3544	−1012	−5045	−7147	−1827	3
18	0	1	1	1	0	3544	−1012	−5045	−7147	1827	5
19	0	1	1	0	1	3544	−1012	−5045	7147	−1827	8
20	0	1	1	0	0	3544	−1012	−5045	7147	1827	10
21	0	1	0	1	1	3544	−1012	5045	−7147	−1827	7

续表

标号	配对 1 Z_{11}	配对 2 Z_{21}	配对 3 Z_{31}	配对 4 Z_{41}	配对 5 Z_{51}	配对 1 $Y_1-\tau_0$	配对 2 $Y_2-\tau_0$	配对 3 $Y_3-\tau_0$	配对 4 $Y_4-\tau_0$	配对 5 $Y_5-\tau_0$	T
22	0	1	0	1	0	3544	−1012	5045	−7147	1827	9
23	0	1	0	0	1	3544	−1012	5045	7147	−1827	12
24	0	1	0	0	0	3544	−1012	5045	7147	1827	14
25	0	0	1	1	1	3544	1012	−5045	−7147	−1827	4
26	0	0	1	1	0	3544	1012	−5045	−7147	1827	6
27	0	0	1	0	1	3544	1012	−5045	7147	−1827	9
28	0	0	1	0	0	3544	1012	−5045	7147	1827	11
29	0	0	0	1	1	3544	1012	5045	−7147	−1827	8
30	0	0	0	1	0	3544	1012	5045	−7147	1827	10
31	0	0	0	0	1	3544	1012	5045	7147	−1827	13
32	0	0	0	0	0	3544	1012	5045	7147	1827	15

对所有 $I=185$ 对数据, 重做检验 $H_0:\tau=5000$, 得到的双侧 P-值为 2.8×10^{-8}. 说明 $\tau=5000$ 美元的效应太大, 与观察到的数据不一致.

2.4.2 常数可加效应的置信区间

如果处理具有可加效应, 即 $r_{Tij}=r_{Cij}+\tau$, $i=1,2,\cdots,I$, $j=1,2$, 则通过检验每个假设 $H_0:\tau=\tau_0$, 并保留在 5% 水平下不拒绝 τ_0 值的置信集, 从而形成可加处理效应 τ 的 95% 置信集. 通常, $1-\alpha$ 置信集是未被显著性水平 α 检验拒绝的参数的假设值的集合 [44, §3.5]. 如果参数是一个数字, 例如 τ, 则 $1-\alpha$ 置信区间是包含 $1-\alpha$ 置信集的最短区间, 并且该区间可以是半个实数轴 (半直线)(half-line) 或整个实数轴 (entire line). 对于许多简单的统计量, 包括 Wilcoxon 符号秩统计量, τ 的置信集和置信区间是相同的 [43, 第 4 章].

因为最小的双侧显著性水平是 $\Pr(T\leqslant 0|\mathcal{F},\mathcal{Z})+\Pr(T\geqslant 15|\mathcal{F},\mathcal{Z})=2/32=0.0625$, 在 5% 水平下, 使用 Wilcoxon 符号秩统计量 T 的任何双侧假设检验, 表 2.10 中的 5 对数据都不能拒绝零假设. 然而, 可以构造 τ 的 $1-6.25\%=93.75\%$ 置信区间 (confidence interval). 置信区间的端点在表 2.11 中确定, 其中 Wilcoxon 符号秩统计量 T 在双侧 0.0625 水平检验中拒绝低于 $H_0:\tau=-2147$ 和高于 $H_0:\tau=3988$ 的假设, 因此 τ 的 93.75% 置信区间为

$[-2147, 3988]$.

表 2.11 在 NSW 试验中 5 对加法处理效应 τ 的 93.75% 置信区间的端点

τ_0	-2147.0001	-2147	3987.9999	3988
T	15	14	1	0
P-值	0.0625	0.1250	0.1250	0.0625

Wilcoxon 的符号秩统计量 T 的双侧置信区间为 $[-2147, 3988]$, 端点为 -2147 和 3988.

在 $I = 185$ 对完整样本中, τ 的 95% 置信区间为 $[391, 2893]$ 或介于 391 美元和 2893 美元之间, 这是一个很长的区间, 但不包括零处理效应.[7]

2.4.3 效应的 Hodges-Lehmann 点估计

在第 2.4.1 小节中, 对可加处理效应的假设 $H_0 : r_{Tij} = r_{Cij} + \tau_0$, $i = 1, 2, \cdots, I$, $j = 1, 2$ 进行了检验, 方法是通过将 Wilcoxon 符号秩统计量应用于调整后的配对差 $Y_i - \tau_0$ 来检验, 如果 H_0 为真, 则 $Y_i - \tau_0$ 等于 $(Z_{i1} - Z_{i2})(r_{Ci1} - r_{Ci2})$. 在第 2.4.2 小节中, 通过检验每个值 τ_0, 并在 α 水平上保留所有未被 Wilcoxon 检验拒绝的值, 形成了可加效应的 $1 - \alpha$ 置信区间. Joseph Hodges 和 Erich Lehmann [33, 43] 使用了同样的逻辑来创建点估计 (point estimate). 他们问: Y_i 减去 τ_0 的值是多少, 才能使得从 $Y_i - \tau_0$ 计算出的 Wilcoxon 统计量的表现与我们期望的零假设为真时的 Wilcoxon 统计量的表现一致? 如第 2.3.3 节中所述, 当从 $(Z_{i1} - Z_{i2})(r_{Ci1} - r_{Ci2})$ 计算出 Wilcoxon 符号秩统计量 T 时, 假设对所有的 i 有 $|r_{Ci1} - r_{Ci2}| > 0$, 则

---

[7]继续脚注 5 中的讨论, 在软件 R 中计算置信区间很简单: 调用 `wilcox.test()` 的选项 `conf.int=T`.
```
> wilcox.test(dif,conf.int=T)
Wilcoxon signed rank test with continuity correction
data: dif
V = 9025, p-value = 0.009934
alternative hypothesis: true location is not equal to 0
95 percent confidence interval:
    391.359  2893.225
sample estimates:
(pseudo)median
    1639.383
```
除了置信区间, 软件 R 还提供了 τ 的 Hodges-Lehmann 点估计 1639.383, 如第 2.4.3 小节所讨论的. 在 R 输出中, Hodges-Lehmann 估计被标记为 (伪) 中位数.

在计算这个置信区间时, 软件 R 使用了各种计算捷径. 因为这些计算捷径不会改变置信区间, 因为它们使计算看起来比实际更复杂, 且因为它们不能推广到其他情况, 所以不在本书中讨论这些捷径.

它有期望 $E(T|\mathcal{F},\mathcal{Z}) = I(I+1)/4$. 直观地, 找到一个值 $\hat{\tau}$, 当 T 从 $Y_i - \hat{\tau}$ 计算时, 使得 Wilcoxon 统计量 T 等于 $I(I+1)/4$. 这种直觉并不完全有效, 因为 Wilcoxon 统计量是离散的, 取有限数量的值, 所以它可能永远不会等于 $I(I+1)/4$, 或者也可能在 τ_0 值的一个区间内等于 $I(I+1)/4$. 所以 Hodges 和 Lehmann 添加了两个非常小的修补程序. 如果符号秩统计量从来不等于 $I(I+1)/4$, 那么在 T 经过 $I(I+1)/4$ 处存在唯一的值 τ_0, 且这个唯一的值就是 Hodges-Lehmann 估计 $\hat{\tau}$. 如果在 τ_0 值的一个区间内, 使得符号秩统计量 T 等于 $I(I+1)/4$, 则该区间的中点为 Hodges-Lehmann 估计 $\hat{\tau}$. 在表 2.2 中, $I=5$, 因此 $I(I+1)/4 = 5(5+1)/4 = 7.5$. 如果从 $Y_i - 1455.9999$ 计算, Wilcoxon 统计量 T 为 $T = 8$, 但是如果从 $Y_i - 1456.0001$ 计算, 则 $T = 7$, 所以 $\hat{\tau} = 1456$. 对于所有 $I = 185$ 对数据, 收入上涨的点估计[8]为 $\hat{\tau} = 1639$ 美元.

虽然 $\hat{\tau}$ 是被称为 "Hodges-Lehmann (HL) 估计" 的两个著名估计之一, 但 Hodges 和 Lehmann [33] 实际上已经提出了一种从无处理效应的检验中构造估计的一般方法. 检验统计量不一定是 Wilcoxon 统计量, 参数也不一定是可加处理效应. 一种方法是将检验统计量等于其零期望, 并求解结果方程得到点估计. 该方法也适用于其他统计方法. 以一种温和乏味的方式, 如果将 $Y_i - \tau_0$ 的样本均值作为检验统计量, 如第 2.3.2 小节中所述, 当 H_0 为真时, 则 $Y_i - \tau_0$ 的平均值的期望为零, 因此估计方程为 $(1/I)\sum(Y_i - \hat{\tau}) = 0$, 解得 $\hat{\tau} = \overline{Y}$; 也就是说, 从 $Y_i - \tau_0$ 的平均值导出的 Hodges-Lehmann 估计是 Y_i 的平均值. 在第 2.8 节中, m-检验的随机化分布也几乎 (但不完全) 发生了同样的事情. 在第 2.4.6 小节中有可乘效应 [6] 和 Tobit 效应的 Hodges-Lehmann 估计.

2.4.4 平均处理效应

在配对随机试验中, 平均处理效应 (average treatment effect) 为 $\vartheta = (2I)^{-1}\sum_{i=1}^{I}\sum_{j=1}^{2}(r_{Tij} - r_{Cij})$. 当然, ϑ 不能从观察到的数据中计算出来, 因为没有观察到因果效应 $r_{Tij} - r_{Cij}$. 如果因果效应 $r_{Tij} - r_{Cij}$ 是明确定义的——例如, 如果第 2.2.4 小节中不存在个体间的干扰——则 ϑ 存在并取某个数值. 如果处理效应是常数, $\tau = r_{Tij} - r_{Cij}$, 对 $i = 1,\cdots,I$, $j = 1,2$, 那么当然有 $\vartheta = \tau$, 但是无论处理效应是否是常数, ϑ 都是以一个数字形式存在的. 我们能估计一下 ϑ 吗? 是否可以检验零假设 $H_0 : \vartheta = \vartheta_0$? 是否可以对假设检验求逆获得 ϑ 的 $1 - \alpha$ 置信集?

在配对随机试验中, 处理分配 Z_{i1} 通过抛掷一枚均匀硬币确定, 且 $Z_{i2} =$

---
[8]要在 R 软件中计算 Hodges–Lehmann 估计, 请参见脚注 7.

$1 - Z_{i1}$, 所以 $\Pr(Z_{ij} = 1|\mathcal{F}, \mathcal{Z}) = 1/2$, $E(Z_{ij}|\mathcal{F}, \mathcal{Z}) = 1/2$. 因此, 处理减去对照的匹配对差 (treated-minus-control matched pair difference), $Y_i = (Z_{i1} - Z_{i2})(R_{i1} - R_{i2}) = Z_{i1}(r_{Ti1} - r_{Ci2}) + (1 - Z_{i1})(r_{Ti2} - r_{Ci1})$ 的期望 $E(Y_i|\mathcal{F}, \mathcal{Z})$ 等于在配对 i 中的平均处理效应 $(r_{Ti1} - r_{Ci1} + r_{Ti2} - r_{Ci2})/2$. 因此, 在随机试验中, 平均差 $\overline{Y}$ 对 ϑ 是无偏的, 即 $\vartheta = E(\overline{Y}|\mathcal{F}, \mathcal{Z})$. 这是个好消息.

至少对于大型配对随机试验中的短尾数据 (short-tailed data) 来说, 也就是当 $I \to \infty$ 时, 还有更多的好消息. 如果在配对随机试验中使用平均值 $\overline{Y}$ 作为检验统计量, 如表 2.5 所示, 并且如果 (r_{Tij}, r_{Cij}) 像正态分布一样是短尾的, 则对常数效应的随机化检验 (randomization test), $H_0 : \tau = \tau_0$, 可以安全地解释为相同的平均效应 $H_0 : \vartheta = \tau_0$ 的检验. 用于常数效应 τ 的相似的 $1 - \alpha$ 置信区间也适用于平均效应 ϑ 的 $1 - \alpha$ 置信区间. 其中一个证据见 Baiocchi 等人的文章 [3, 命题 2](其中 $d_{Tij} = 1$ 和 $d_{Cij} = 0$). 另见 Peng Ding 等人的文章 [19].

然而, 坏消息是, 正如第 2.3 节所讨论的那样, 平均值 $\overline{Y}$ 并不稳健, 随机试验并不能改变这一点. 特别地, 在大小为 I 对的随机试验中, $\overline{Y}$ 对 ϑ 是无偏的, 但即使在 $I \to \infty$ 的情况下, $\overline{Y}$ 也可能是不稳健的. 例如, 假设 r_{Cij} 是取自 Cauchy 分布的 $2I$ 个独立观察值 (observation), 并且假设处理效应是常数, $\tau = r_{Tij} - r_{Cij}$, 对 $i = 1, \cdots, I$, $j = 1, 2$. 那么对每个 I 有 $\vartheta = \tau$, 且对每个 I 有 $\vartheta = E(\overline{Y}|\mathcal{F}, \mathcal{Z})$, 但是当 $I \to \infty$ 时, 平均值 $\overline{Y}$ 不依概率收敛于 τ. 然而, τ 的 Hodges-Lehmann 估计 $\hat{\tau}$ 确实依概率收敛于 τ. 事实上, 在这个随机试验模型下, 在设定以 $\mathcal{F}$ 为条件之前, 则 Y_i 是 I 个关于 τ 对称分布的独立同分布 (independent and identically distributed, iid) 观察值, 所以如果用稳健的方法代替 $\overline{Y}$, 那么关于 τ 的推断将会很直接.

还有更多的坏消息. 如果稍微改变上一段中的模型, 那么当 $I \to \infty$ 时, 不仅 $\overline{Y}$ 是不稳健的, 而且参数 ϑ 本身也是不稳健的. 假设 $4I$ 个观察值 r_{Cij} 和 r'_{Cij} 独立地取自 Cauchy 分布, 并且 r_{Tij} 被设为 $\tau + r'_{Cij}$, 一旦构造了 r_{Tij} 就丢弃 r'_{Cij}. 那么在随机试验中处理减去对照的配对差 Y_i 的无条件分布与上一段完全相同; 特别地, 在设定以 $\mathcal{F}$ 为条件之前, 则 Y_i 是关于 τ 对称且 iid 的. 再一次, τ 的 Hodges-Lehmann 估计 $\hat{\tau}$ 确实依概率收敛于 τ, 但 $\overline{Y}$ 不收敛. 然而, 现在, 平均处理效应 ϑ 随着 I 的变化而变化, 当 $I \to \infty$ 时 ϑ 不依概率收敛到 τ, $\overline{Y} - \vartheta$ 也不收敛到零. 重要的是, 在这个模型中, 在 I 对中, I 个平均处理效应 $(r_{Ti1} - r_{Ci1} + r_{Ti2} - r_{Ci2})/2$ 因配对数不同而不同, 但在 τ 附近对称分布, Hodges-Lehmann 估计产生了对 τ 的一致 (相合) 估计 (consistent estimate),

但 $\overline{Y}$ 并不产生一致估计.

事实上, 在随机试验前一段的模型中, 对于 $H_0 : \tau = \tau_0$ 的 Wilcoxon 精确检验错误地拒绝了在 α 水平上的真零假设, 其精确概率至多为 α, 其关联的 $1-\alpha$ 精确置信区间未能以至多 α 精确概率覆盖 τ. 在这个模型中, 对与对之间随机变化的处理效应不会破坏 Wilcoxon 检验或其他类似稳健检验的稳定性, 但 $\overline{Y}$ 对推断没有用处. 在相似章节中, Lehmann [43, §3—§4] 强调 Wilcoxon 符号秩检验在两种截然不同的抽样情况下产生相同的有效推论: 在没有 iid 抽样的 Fisher 零假设下的随机试验, 或者在没有 Fisher 零假设的情况下关于 0 对称的 iid 抽样 Y_i. 另见文献 [44, 第 5 章].

在一项配对随机试验中, 如果 Y_i 在其总体中位数上分布不对称, 那么处理效应就不是恒定的: 有些人比其他人受到的影响更大. 研究者应该对此感兴趣, 而不是通过取平均值 $\overline{Y}$ 来模糊这一点, 正如后面章节和第 17 章中讨论的那样.

2.4.5 检验处理效应的一般假设

任何指定 $2I$ 个处理效应的假设, $r_{Ti1} - r_{Ci1}$, 都可以使用与第 2.4.1 小节相同的推理进行检验. 令 τ_{0ij} 为 $2I$ 个特定数, 令 $\boldsymbol{\theta}_0 = (\tau_{011}, \tau_{012}, \cdots, \tau_{0I2})^T$ 表示收集它们数值的 $2I$-维向量. 考虑假设 $H_0 : r_{Tij} = r_{Cij} + \tau_{0ij}, i = 1, \cdots, I$, $j = 1, 2$, 或等效的 $H_0 : \mathbf{r}_T = \mathbf{r}_C + \boldsymbol{\theta}_0$. 任何关于效应的具体假设都可以这样表达.

例如, 这种形式的基本假设需要处理和协变量之间的相互作用, 也就是所谓的 "效应修正". 在表 2.1 中, 人们可能会考虑这样一种假设, 即根据第 i 对中第 j 位男性是否具有高中学历, τ_{0ij} 取两个值. 假设可能会断言, 如果 ij 有高中学历, 则 $\tau_{0ij} = 1000$ 美元, 如果 ij 没有高中学历, 则 $\tau_{0ij} = 2000$ 美元, 因此该培训项目对没有高中学历的男性有更大的好处.

第 2.4.1 小节的逻辑在此几乎没有变化. 如果 $H_0 : \mathbf{r}_T = \mathbf{r}_C + \boldsymbol{\theta}_0$ 为真, 则从第 i 对中第 j 个人观察到的响应 $R_{ij} = Z_{ij} r_{Tij} + (1 - Z_{ij}) r_{Cij}$ 将简化为 $R_{ij} = r_{Cij} + Z_{ij} \tau_{0ij}$, 使得可观察到的数据, (R_{ij}, Z_{ij}), 连同假设, 与第 2.4.1 小节相似, 允许计算 $r_{Cij} = R_{ij} - Z_{ij} \tau_{0ij}$, 即 $R_{ij} = r_{Cij} + Z_{ij} \tau_{0ij}$. 实际上如果 $H_0 : \mathbf{r}_T = \mathbf{r}_C + \boldsymbol{\theta}_0$ 为真, 考虑到 $Z_{i2} = 1 - Z_{i1}$, 则处理减去对照的匹配对响应差为

$$Y_i = (Z_{i1} - Z_{i2})(R_{i1} - R_{i2})$$
$$= (Z_{i1} - Z_{i2})\{(r_{Ci1} + \tau_{0i1} Z_{i1}) - (r_{Ci2} + \tau_{0i2} Z_{i2})\}$$

$$= (Z_{i1} - Z_{i2})\{(r_{Ci1} - r_{Ci2}) + (\tau_{0i1}Z_{i1} - \tau_{0i2}Z_{i2})\}$$
$$= (Z_{i1} - Z_{i2})(r_{Ci1} - r_{Ci2}) + (\tau_{0i1}Z_{i1} + \tau_{0i2}Z_{i2}),$$

所以调整后的差值

$$Y_i - (\tau_{0i1}Z_{i1} + \tau_{0i2}Z_{i2}) = (Z_{i1} - Z_{i2})(r_{Ci1} - r_{Ci2}) \tag{2.2}$$

为 $\pm(r_{Ci1} - r_{Ci2})$, 这取决于处理 $Z_{i1} - Z_{i2}$ 的随机分配. 在第 2.4.1 小节中的其余论证与前面一样, 使用一个统计量, 如 Wilcoxon 符号秩统计量 T, 从调整后的差值 (2.2) 计算, 并将其与 $(Z_{i1} - Z_{i2})(r_{Ci1} - r_{Ci2})$ 的所有 2^I 个符号赋值形成的随机化分布进行比较.

在抽象原理上, 可以通过检验每个假设 $H_0 : \mathbf{r}_T = \mathbf{r}_C + \boldsymbol{\theta}_0$, 并保留不被 5% 水平检验拒绝的 $\boldsymbol{\theta}_0$ 值作为置信集来构造 $\boldsymbol{\theta} = (r_{T11} - r_{C11}, \cdots, r_{TI2} - r_{CI2})^T$ 的 95% 置信集. 在实践中, 这样的置信集是不可理解的, 因为它将是 $2I$-维空间的子集. 在第 2.1 节中的国家支持工作示范 (NSW) 数据中, 置信集将是 $2I = 2 \times 185 = 370$ 维空间的子集, 并且将超出人类的理解范围. 简而言之, 要做出有效的统计推断是很简单的, 但这些推断如此复杂、如此忠实于现实的微小细节, 以至于它们晦涩难懂, 没有任何实际用途. 在第 2.4.2 小节中, 单 (标量) 常数效应 τ 的 1-维置信区间提供了对 $\boldsymbol{\theta}$ 的 $2I$-维置信集的理解, 因为当 τ 在实数上变化时, 常数模型 $\mathbf{r}_T = \mathbf{r}_C + \mathbf{1}\tau$ 定义了 $2I$-维空间中的一条直线. 如果所有检验都使用相同的检验统计量, 比如 Wilcoxon 符号秩统计量 T, 则当且仅当 $\boldsymbol{\theta}_0 = (\tau_0, \tau_0, \cdots, \tau_0)^T$ 被排除在 $\boldsymbol{\theta}$ 的 $2I$-维置信区间之外时, τ_0 才被排除在可加效应的 1-维置信区间之外; 毕竟, 这是通过相同的检验来检验相同的假设. 从这个意义上说, 用于 $2I$-维效应的 1-维模型, 例如常数效应模型, 可以理解为试图深入了解 $\boldsymbol{\theta}$ 的 $2I$-维置信集, 同时认识到任何 1-维模型, 实际上任何可理解的模型, 在某种程度上都是过度简单化的. 通常是通过对比几个容易理解的模型来帮助理解 $\boldsymbol{\theta}$, 而不是丢弃它们. 在第 2.4.6 小节中考虑了另外两个 1-维效应. 可以说, 对 $2I$-维参数 $\boldsymbol{\theta}$ 的三个 1-维模型的联合考虑, 比 $2I$-维置信集提供了更人性化的对 $\boldsymbol{\theta}$ 的了解.

另一种理解 $\boldsymbol{\theta}$ 的 $2I$-维置信集的方法是使用 "归因效应". 在典型的实践中, 归因效应提供了关于 $2I$-维 $\boldsymbol{\theta}$ 的 1-维简要概括, 但是这个概括不能唯一地确定 $\boldsymbol{\theta}$. 归因效应将在第 2.5 节中讨论.

2.4.6 可乘效应; Tobit 效应

常数可乘效应 β

如第 2.4.1 小节中所述, 含有正的常数可加效应的假设 $H_0: r_{Tij} = r_{Cij} + \tau_{0ij}$, $i = 1, \cdots, I$, $j = 1, 2$, 有令人不满的性质, 即它意味着一位男性在处理组收入为零, 而在对照组将会收入为负. 在本节中, 考虑了另外两个关于 $2I$-维效应 $\boldsymbol{\theta} = (r_{T11} - r_{C11}, \cdots, r_{TI2} - r_{CI2})^T$ 的 1-维假设族 (1-dimensional family of hypotheses); 它们不会产生负的收入.

第一个假设断言该效应是一个常数可乘的而不是常数可加的, 即 $H_0: r_{Tij} = \beta_0 r_{Cij}$, $i = 1, \cdots, I$, $j = 1, 2$ 且 $\beta_0 \geqslant 0$. 这一假设避免了在一种处理方式下出现负收入的情况. 可乘效应 (multiplicative effect) 假设是第 2.4.5 小节中假设的特殊情况, 即假设 $H_0: \mathbf{r}_T = \mathbf{r}_C + \boldsymbol{\theta}_0$, 有 $\tau_{0ij} = r_{Tij} - r_{Cij} = \beta_0 r_{Cij} - r_{Cij} = (\beta_0 - 1) r_{Cij}$.

对于可加效应, 可用减法去除处理效应, 但是对于可乘效应, 可用除法去除效应 [6]. 如果 $H_0: r_{Tij} = \beta_0 r_{Cij}$ 对所有 ij 都成立, 则 $R_{ij}/\beta_0^{Z_{ij}} = r_{Cij}$; 也就是说, 如果 $Z_{ij} = 0$, 则 $R_{ij} = r_{Cij}$ 和 $\beta_0^{Z_{ij}} = 1$, 而如果 $Z_{ij} = 1$, 则 $R_{ij} = r_{Tij}$, $\beta_0^{Z_{ij}} = \beta_0$ 且 $R_{ij}/\beta_0^{Z_{ij}} = R_{ij}/\beta_0 = r_{Cij}$. 假设 $H_0: r_{Tij} = \beta_0 r_{Cij}$ 是通过将 Wilcoxon 符号秩统计量应用于 I 个调整后的处理减去对照的匹配对差 $(Z_{i1} - Z_{i2})(R_{i1}/\beta_0^{Z_{i1}} - R_{i2}/\beta_0^{Z_{i2}})$ 进行检验的, 如果假设为真, 则其等于 $(Z_{i1} - Z_{i2})(r_{Ci1} - r_{Ci2})$. 在 5% 水平下不被拒绝的 β_0 值集是一个常数可乘效应 β 的 95% 置信集.

在 $I = 185$ 对的国家支持工作示范 (NSW) 试验中, 关于 β 的双侧 95% 置信区间为 $[1.08, 1.95]$, 或介于对照收入 8% 增长到 95% 增长之间. Hodges-Lehmann 点估计是 $\hat{\beta} = 1.45$.

虽然可乘效应避免了负收入的影响, 但它具有自己的特点. 如果效应是可乘的, 那么一位在对照组有 $r_{Cij} = 0$ 收入的男性在处理组也有 $r_{Tij} = \beta r_{Cij} = 0$ 收入. 1978 年, 许多对照组的男性的收入确实为零; 见图 2.1. 国家支持工作示范 (NSW) 项目有几个目标, 其中一个目标旨在让原本失业的男性就业, 而可乘效应表明这是不可能发生的. 这就引出了对 "Tobit 效应" 的考虑.

Tobit 效应

在 1978 年, 对照组中两位正收入 r_{Cij} 相同的男性, 有一些共同之处: 劳动力市场对他们的劳动力给予了相同的美元价值. 在 1978 年, 对照组中两位收入为零的男性, 没有什么共同之处: 劳动力市场拒绝为他们可能提供的劳动给予一个正价值. 人们可能会认为, 两位失业的男性失业程度不相等: 也许市场对他们可能提供的劳动给予了负的但不相等的价值. 从操作方面来看, 雇主在雇用这两名失业男性之前所要求的补贴可能是不同的, 因为其中一人可以向雇主提供比另一人更大净价值 (net value) 的劳动. 在一个简单的经济模型中, 工人的报酬是他们劳动的边际产品的价值 (the values of the marginal product), 如果一位工人的劳动的边际产品是负的, 那么他就失业了. (我们都认识这样的人.) 以 James Tobin [79] 命名的"Tobit 效应"试图表达这一观点.

假设国家支持工作示范 (NSW) 项目将每位工人的劳动边际价值 (marginal value) 提高相同的常数 τ_0, 但只有当劳动的边际价值为正时, 工人才被雇用, 且收入为正. 在这种情况下, 如果第 i 对中第 j 位男性在国家支持工作示范 (NSW) 项目中将有 r_{Tij} 的收入, 并且如果 $r_{Tij} \geq \tau_0$, 则 $r_{Cij} = r_{Tij} - \tau_0$, 但是如果 $r_{Tij} < \tau_0$, 则 $r_{Cij} = 0$; 即一般而言, $r_{Cij} = \max(r_{Tij} - \tau_0, 0)$. 此假设是第 2.4.5 小节中一般假设的另一个特例.

如果假设 $H_0 : r_{Cij} = \max(r_{Tij} - \tau_0, 0)$, 对 $i = 1, \cdots, I$, $j = 1, 2$ 为真, 则 $\max(R_{ij} - \tau_0 Z_{ij}, 0) = r_{Cij}$. 假设 $r_{Cij} = \max(r_{Tij} - \tau_0, 0)$ 可以通过应用 Wilcoxon 符号秩统计量对 I 个调整后的处理减去对照的匹配对差进行检验,

$$(Z_{i1} - Z_{i2})\{\max(R_{i1} - \tau_0 Z_{i1}, 0) - \max(R_{i2} - \tau_0 Z_{i2}, 0)\},$$

如果假设为真, 则其等于 $(Z_{i1} - Z_{i2})(r_{Ci1} - r_{Ci2})$. 检验与之前相同; 见第 2.4.5 小节.

对于 Tobit 效应 $r_{Cij} = \max(r_{Tij} - \tau, 0)$, 关于 τ 的 95% 置信区间为 $[458, 3955]$ 美元, Hodges-Lehmann 点估计为 $\hat{\tau} = 2114$ 美元.

比较三种效应: 可加, 可乘, Tobit

图 2.2 比较了可加效应 $r_{Cij} = r_{Tij} - \tau$, 可乘效应 $r_{Cij} = r_{Tij}/\beta$ 和 Tobit 效应 $r_{Cij} = \max(r_{Tij} - \tau, 0)$. 在图 2.2 的三个面板中, 分别显示了 185 位接受处理的男性 ($Z_{ij} = 1$) 和 185 位对照的男性 ($Z_{ij} = 0$) 1978 年的收入, 这些收入是在从接受处理的男性的收入中移除了估计的处理效应后得出的. 在每种情况下, 都使用 Hodges-Lehmann 点估计来估计处理效应. 对于可加效应, 绘制 $R_{ij} - \hat{\tau} Z_{ij}$; 对于可乘效应, 绘制 $R_{ij}/\hat{\beta}^{Z_{ij}}$; 对于 Tobit 效应, 绘制 $\max(R_{ij} - \hat{\tau} Z_{ij}, 0)$. 如果配对数 I 很大, 只要是正确的效应形式, 那么每对处理减去对照的箱线图将看起来是相同的. 可加效应的箱线图表明, 这种效应实际上并不是可加的, 部分原因是箱线图看起来非常不同, 部分原因是产生了负

收入. 可乘效应的箱线图看起来更好, 尽管处理组的下四分位数为正, 而对照组则为零. Tobit 效应的箱线图优于可加效应, 且两组的下四分位数现在都为零. 虽然 Tobit 效应可以说是三者中最好的, 但它忽略了处理组中的右长尾性: 少数接受处理的男性的收入远远高于 Tobit 效应所能解释的收入. 这在图 2.1 中也清晰可见. 关于尾部特征的更多内容将在第 2.5 节中介绍.

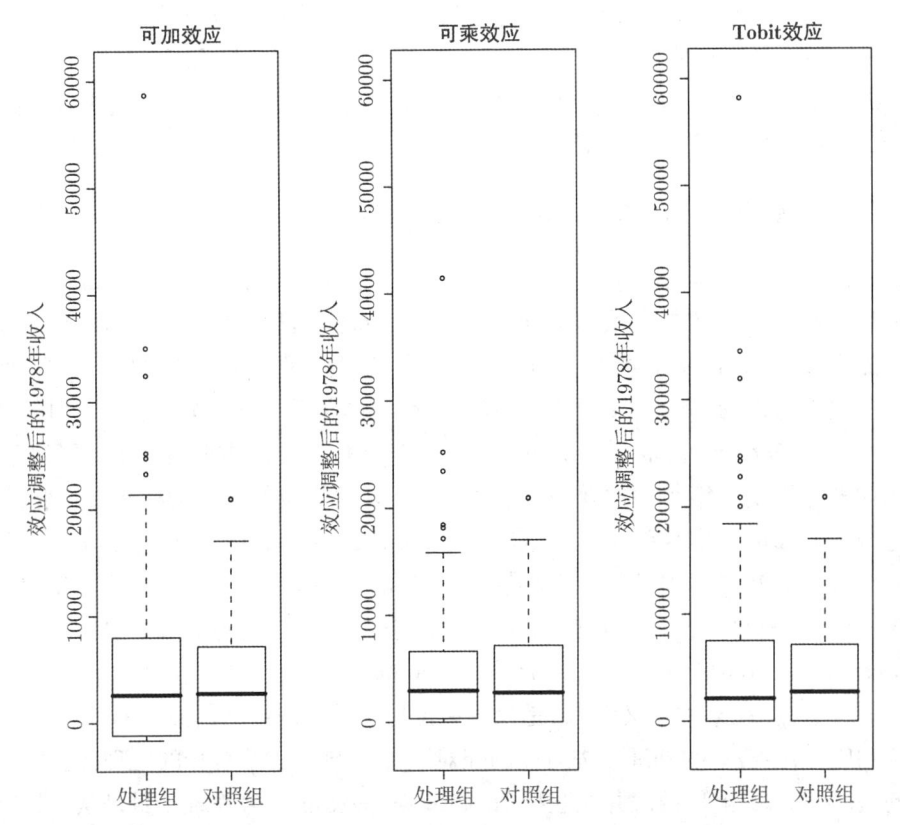

图 2.2 移除三种可能的处理效应, 调整后的 1978 年收入, 即移除可加效应 1639 美元、可乘效应 1.45 和 Tobit 效应 2114 美元. 如果移除了正确的效应, 两个箱线图看起来会很相似, 只是偶然不同

2.5 归因效应

2.5.1 为什么使用归因效应?

正如第 2.4.5 小节所示, 检验指定所有 $2I$ 个处理效应 $r_{Tij} - r_{Cij}$ 的假设是很简单的, 即假设 $H_0: r_{Tij} = r_{Cij} + \tau_{0ij}, i = 1, 2, \cdots, I, j = 1, 2,$ 或等价

于假设 $H_0: \mathbf{r}_T = \mathbf{r}_C + \boldsymbol{\theta}_0$, 其中 $\boldsymbol{\theta}_0 = (\tau_{011}, \tau_{012}, \cdots, \tau_{0I2})^T$. 我们被禁止使用这样的检验来产生对 $\boldsymbol{\theta} = (r_{T11} - r_{C11}, \cdots, r_{TI2} - r_{CI2})^T$ 的置信集, 部分原因是我们无法从实际意义上理解属于 $2I$-维空间子集的置信集. 在第 2.4.6 小节中, 通过对比三个 1-维效应, 即通过可能效应的 $2I$-维空间的 3 条路径或曲线, 收集了对 $\boldsymbol{\theta}$ 的一些了解. 相比之下, "归因效应" 是对 $\boldsymbol{\theta}$ 进行了总结性的陈述, 没有以任何方式限制 $\boldsymbol{\theta}$ 的形式. 归因效应是一个一般概念 [57,58], 但在本节中, 只考虑匹配对的情况, 使用 Wilcoxon 符号秩统计量 [61] 和 W. Robert Stephenson 的推广 [64,77]. 通过假设没有任何形式的 "结", 并在最后分别讨论 "结", 从而使讨论得以简化.

2.5.2 一致响应: 将注意力从配对转移到个体

如果不对 $\boldsymbol{\theta} = (r_{T11} - r_{C11}, \cdots, r_{TI2} - r_{CI2})^T$ 施加简化形式, 那么最容易理解对一个人的处理效应为 $r_{Tij} - r_{Cij}$, 而不是两位男性之间的匹配对差的处理效应. 在简单的情况下, 例如可加效应, 两位匹配的男性的收入差与两位单独的男性的不同响应 (收入) 有一个简单的关系 (第 2.4.1 小节), 但通常情况并非如此. 与此同时, 研究者仔细地对这两位男性的重要特征进行了匹配, 比如教育程度、年龄和预处理前的收入, 保留两位相似男性的比较是明智的. 这两个方面的考虑导致了 "一致响应 (aligned response)", 这是 Hodges 和 Lehmann [32] 在对 Wilcoxon 符号秩统计量的扩展中引入的. 对于匹配对, 第 i 对中第 j 位男性的一致响应是他观察到的响应 R_{ij} 与他的配对中的平均响应 (average response) $\overline{R}_i = (R_{i1} + R_{i2})/2$ 之间的差, 所以一致响应是 $R_{ij} - \overline{R}_i$. 谈论一致响应, 在某种意义上, 就是谈论一位男性的同时要考虑到配对. 当然, 一致响应 $R_{ij} - \overline{R}_i$ 的处理减去对照的配对差等于响应 R_{ij} 自身的处理减去对照的差, 因为 $\overline{R}_i$ 出现两次并相互抵消. 如果 Wilcoxon 符号秩统计量是从一致响应中计算出来的, 那么它将等于从响应自身计算出的 Wilcoxon 符号秩统计量. 到目前为止, 切换到一致响应是我们讲述方式的切换, 而不是我们计算方式的切换.[9]

如果无处理效应零假设 $H_0: r_{Tij} = r_{Cij}, i = 1, 2, \cdots, I, j = 1, 2$ 为真, 那

---

[9]在这一点上, 我们与 Hodges 和 Lehmann 分道扬镳 [32]. 他们感兴趣的是创建 Wilcoxon 符号秩统计量的推广, 以便匹配的集合不再是成对的, 例如, 可能包括好几个对照. 他们的统计量, 一致秩统计量, 对一致响应 (而不是绝对差异) 求秩, 并对接受处理的受试者求秩和. 对于匹配对, 他们将对 $R_{ij} - \overline{R}_i$ 从 1 到 $2I$ 进行排序, 并把 I 个接受处理的受试者的 I 个秩相加. Hodges 和 Lehmann [32] 表明, 对于匹配对, Wilcoxon 符号秩统计量和一致秩统计量实际上产生相同的推断. 你知道为什么吗? 在配对的情况下, $R_{i1} - \overline{R}_i$ 和 $R_{i2} - \overline{R}_i$ 有什么关联?

么无论如何分配处理, 第 i 对中一致响应对可能为

$$\left(r_{Ci1} - \frac{r_{Ci1} + r_{Ci2}}{2}, r_{Ci2} - \frac{r_{Ci1} + r_{Ci2}}{2}\right), \tag{2.3}$$

相反地, 如果处理有效应, 那么第 i 对中一致响应对可能为

$$\left(r_{Ti1} - \frac{r_{Ti1} + r_{Ci2}}{2}, r_{Ci2} - \frac{r_{Ti1} + r_{Ci2}}{2}\right). \tag{2.4}$$

如果第 1 位男性接受了处理, 即 $Z_{i1}=1$, $Z_{i2}=0$, 则第 i 对中一致响应对也为 (2.4), 但如果第 2 位男性接受了处理, 即 $Z_{i1}=0$, $Z_{i2}=1$, 则第 i 对中一致响应对可能为

$$\left(r_{Ci1} - \frac{r_{Ci1} + r_{Ti2}}{2}, r_{Ti2} - \frac{r_{Ci1} + r_{Ti2}}{2}\right). \tag{2.5}$$

所以在以上任一情况下, 第 i 对中一致响应对都为

$$\begin{aligned}(R_{i1} - \overline{R}_i, R_{i2} - \overline{R}_i) &= Z_{i1}\left(r_{Ti1} - \frac{r_{Ti1} + r_{Ci2}}{2}, r_{Ci2} - \frac{r_{Ti1} + r_{Ci2}}{2}\right) \\ &+ Z_{i2}\left(r_{Ci1} - \frac{r_{Ci1} + r_{Ti2}}{2}, r_{Ti2} - \frac{r_{Ci1} + r_{Ti2}}{2}\right).\end{aligned} \tag{2.6}$$

例如, (2.4) 中可能有 $r_{Ti1} - (r_{Ti1} + r_{Ci2})/2 = 1000$ 美元, (2.5) 中可能有 $r_{Ti2} - (r_{Ci1} + r_{Ti2})/2 = 5000$ 美元, 所以第 i 对中效应是正的且巨大的 (positive and substantial) 但远非常数; 更确切地说, 这取决于哪一位男性接受处理. Wilcoxon 统计量 (以及 Stephenson 的推广) 是否有助于推断出因人而异且大小不同的效应?

2.5.3 通过关注配对小群体来思考异质性效应

为考虑那些非常数 (not constant) 即异质性 (heterogeneous) 效应, 很自然地会同时观察几个配对. 如果效应变化, 则必须考虑效应的变异 (variation). 令 $\mathcal{J}$ (或 $\mathscr{I}$) $\subseteq (1, \cdots, I)$ 为 I 对中一个包含 m 个配对的子集. Wilcoxon 统计量一次观察 $m=2$ 个配对, 则 $\mathcal{J} = \{i, i'\}$, $i \neq i'$, $1 \leqslant i < i' \leqslant I$. Stephenson [77] 建议使用 m 的其他值, $1 \leqslant m \leqslant I$. 目前, 关注一个子集 $\mathcal{J}$, 也许 $\mathcal{J} = \{1, 2\}$; 稍后, 统计将对所有子集取平均.

在 $\mathcal{J}$ 中的 m 个配对中, 对 Wilcoxon 统计量, 有 $2m$ 个男人, 或者有 $2m = 4$ 个男人. 在这 $2m$ 位男性中, 哪一个男人似乎拥有最特别的正收入, 也就是说他是 $2m$ 个男人中观察到的最大的且为正数的一致响应 $R_{ij} - \overline{R}_i$? 这个男人似乎是一个有趣的男人, 值得特别关注, 因为他在 1978 年进入或重新进入劳动力市场时, 相对于其他年龄、教育程度等相似的人来说, 具有高的收入. 这个男人是 $2m$ 个中最有趣的. 现在我们已经关注了这个有趣的男人, 那么是时候问他: 他是一个接受了处理的男人吗? 如果这个男人——在 $\mathcal{J}$ 中 $2m$ 个男人中是具有最高一致收入的人——是接受了处理的人, 我们应该为国家支持工作示范 (NSW) 项目记一次成功. 因此, 如果他确实接受了处理, 则记 $H_{\mathcal{J}} = 1$, 如果他接受了对照, 则记 $H_{\mathcal{J}} = 0$.

即使处理无效应, 一致响应也总是 (2.3), 处理的随机分配将给予概率为 $1/2$ 的处理一个成功的 $H_{\mathcal{J}} = 1$. 配对 (2.3) 中的两个值中有一个是正的, 即使处理无效应, 随机化也有一半的可能性选择正的项进行处理. 对于每一对都是如此, 所以在 (2.3) 中具有最大值 $r_{Cij} - (r_{Ci1} + r_{Ci2})/2$ 的配对 $i \in \mathcal{J}$ 也是如此. 显然, 需要做一些工作来区分仅仅是由于随机分配的运气而导致的表面成功和实际上是由处理导致的成功.

为了区分处理的成功与运气的成功, 引入了一个新的量 $H_{C\mathcal{J}}$. 想象一下, 我们可以在短暂的时间内观察到所有 $2I$ 个受试者在对照组的响应 r_{Cij}, 因此, 特别是, 我们可以计算 (2.3) 中的一致对照响应对. 事实上, 我们只观察到一半的 r_{Cij}, 因为一半的男性接受处理, 所以我们观察到的是 (2.4) 或 (2.5) 而不是 (2.3). 如果我们可以计算 (2.3), 就可以计算与 $H_{\mathcal{J}}$ 相似的数量 $H_{C\mathcal{J}}$, 但是 $H_{C\mathcal{J}}$ 是从 (2.3) 中的一致对照响应对计算的. 具体地说, 有了 (2.3), 对于 m 个配对 $i \in \mathcal{J}$, 我们可以找到 (2.3) 中的 $2m$ 个一致对照响应中最大的且为正数对应的男人, 如果他接受了处理, 得分 $H_{C\mathcal{J}} = 1$; 如果他接受了对照, 得分 $H_{C\mathcal{J}} = 0$. 与 $H_{\mathcal{J}}$ 一样, 数量 $H_{C\mathcal{J}}$ 取决于处理的随机分配 $\mathbf{Z}$, 所以 $H_{\mathcal{J}}$ 和 $H_{C\mathcal{J}}$ 是随机变量; 然而, $H_{\mathcal{J}}$ 可以观察到, 但 $H_{C\mathcal{J}}$ 不能观察到.

如果 $H_{\mathcal{J}} - H_{C\mathcal{J}} = 1 - 0 = 1$, 那么在集合 $\mathcal{J}$ 中, 处理效应将会成功记录, 但如果所有 $2m$ 位男性都接受了对照, 那么处理效应将不会被成功记录. 如果 $H_{\mathcal{J}} - H_{C\mathcal{J}} = 0 - 1 = -1$, 那么在集合 $\mathcal{J}$ 中, 处理效应将不会被成功记录, 但如果所有 $2m$ 位男性都接受了对照, 处理效应就会被成功记录. 如果 $H_{\mathcal{J}} - H_{C\mathcal{J}} = 0$, 则在集合 $\mathcal{J}$ 中, 无论是否成功记录, 处理效应都没有改变. 有人可能会说, 虽然有些不准确, 即 $H_{\mathcal{J}}$ 会把偶然的成功归功于他人, 但 $H_{\mathcal{J}} - H_{C\mathcal{J}}$ 并非如此. 我们不能计算像 $H_{\mathcal{J}} - H_{C\mathcal{J}}$ 这样的量, 因为我们只看

到 $H_\mathcal{J}$ 而不是 $H_{C\mathcal{J}}$; 然而, 如果我们可以计算 $H_\mathcal{J} - H_{C\mathcal{J}}$, 我们将知道成功或失败是否归因于处理引起的效应. 人们从来没有观察到 $H_{C\mathcal{J}}$, 结果发现问题没有想象的那么严重.

当有 $2I$ 位男性的数据时, 仅仅关注 $\mathcal{J}$ 中的 $2m$ 个男人似乎有些武断. 对于 Wilcoxon 统计量, 当 $m = 2$ 时, 这意味着当有 $2I = 370$ 人需要考虑时, 将重点关注 $2m = 4$ 人. 为了排除那些看似有希望的想法中的任意因素, 很自然地要考虑 m 个不同配对的每一个子集 $\mathcal{J}$, 计算每个子集的 $H_\mathcal{J}$, 并统计所有这些比较中处理成功的总数. 设 $\mathcal{K}$ (或 $\mathscr{K}$) 是 m 个不同配对的所有子集 $\mathcal{J}$ 的集合. 对于 Wilcoxon 统计量, 当 $m = 2$ 时, 集合 $\mathcal{K}$ 包含 $\{1,2\},\{1,3\},\cdots,\{1,I\},\{2,3\},\cdots,\{I-1,I\}$. 一般来说, $\mathcal{K}$ 包含 $|\mathcal{K}| = I!/\{m!(I-m)!\}$ 个子集, 或在国家支持工作示范 (NSW) 试验中, 包含 Wilcoxon 统计量的两个对的 17020 个子集. 统计量 $\widetilde{T} = \sum_{\mathcal{J} \in \mathcal{K}} H_\mathcal{J}$ 统计所有可能的 m 个不同配对的比较中处理成功的次数.[10] 同样地, 如果所有的 $2I$ 个男人都属于对照组的话, 无法观察到的量 $\widetilde{T}_C = \sum_{\mathcal{J} \in \mathcal{K}} H_{C\mathcal{J}}$ 记录了本应发生的处理成功的次数. 最后, $A = \widetilde{T} - \widetilde{T}_C = \sum_{\mathcal{J} \in \mathcal{K}} (H_\mathcal{J} - H_{C\mathcal{J}})$ 计算出可归因于处理效应的成功次数, 即由于处理效应而净增加的成功次数. 如果处理无效应, 则对于每个 $\mathcal{J} \in \mathcal{K}$ 和 $A = 0$ 有 $H_\mathcal{J} = H_{C\mathcal{J}}$. 通常, A 是 $-|\mathcal{K}|$ 和 $|\mathcal{K}|$ 之间的整数. 通常方便的是考虑比例, $\widetilde{T}/|\mathcal{K}|$, $\widetilde{T}_C/|\mathcal{K}|$ 和 $A/|\mathcal{K}|$, 而不是计数.

2.5.4 计算; 零分布

计算 $\widetilde{T}$ 听起来似乎是一项巨大的工程: 即使对于 $m = 2$, 在国家支持工作示范 (NSW) 试验中, $I = 185$ 对就意味着有 17020 项 $H_\mathcal{J}$. 其实很简单, Stephenson [77] 以符号秩统计量的形式定义 $\widetilde{T}$, 类似于第 2.3.3 小节中 Wilcoxon 统计量 T 的形式, 具体说 $\widetilde{T} = \sum_{i=1}^{I} \text{sgn}\{(Z_{i1} - Z_{i2})(r_{Ci1} - r_{Ci2})\} \cdot \tilde{q}_i$, 其中: 如果 $a > 0$, 则 $\text{sgn}(a) = 1$, 如果 $a \leqslant 0$, 则 $\text{sgn}(a) = 0$, $\tilde{q}_i$ 是稍后定义的新量. 对于配对, 总有 $R_{i1} - \overline{R}_i = -R_{i2} + \overline{R}_i$, 因此 $|R_{i1} - \overline{R}_i| = |R_{i2} - \overline{R}_i|$. 根据 $|R_{i1} - \overline{R}_i|$ 的值将这些配对从 1 到 I 排序; 因此, 配对 i 得到秩 q_i, 这个秩 q_i 与第 2.3.3 小节 Wilcoxon 符号秩统计量中 $|Y_i|$ 的秩 q_i 相同. 在一个 m 对

---

[10]以这种方式构造的统计量被称为 U-统计量, 这是 Wassily Hoeffding [34] 发明的一种统计量, 对于 $m = 2$, 统计量 $\widetilde{T}$ 是最类似于 Wilcoxon 符号秩统计量的 U-统计量; 见文献 [43, 第 4 章] 或文献 [53, §3.5]. Wilcoxon 统计量 T 不完全等于 $\widetilde{T}$, 但当 I 很大时, 这两个统计量的行为实际上是相同的. 如果 Wilcoxon 将 I 组配对从 0 到 $I-1$ 排序, 将生成 $\widetilde{T}$ 而不是 T[53, §3.5]. 如果将集合 $\mathcal{K}$ 展开到包含 I 个自身配对, $(1,1),(2,2),\cdots,\{I,I\}$, 则 $\widetilde{T}$ 等于 T[43, 第 4 章].

的子集中, 秩为 $q_i = 1, q_i = 2, \cdots, q_i = m-1$ 的配对从不包含观察到的最大一致响应 $R_{i1} - \overline{R}_i$, 因此为这些配对设置 $\tilde{q}_i = 0$. 恰好在一个 m 配对的子集中, 秩为 $q_i = m$ 的配对包含观察到的最大一致响应 $R_{i1} - \overline{R}_i$, 因此为这个配对设置 $\tilde{q}_i = 1$. 恰好在 m 个 m 配对的子集 $\mathcal{J}$ 中, 秩 $q_i = m+1$ 的配对包含观察到的最大一致响应 $R_{i1} - \overline{R}_i$, 因此为这个配对设置 $\tilde{q}_i = m$. 通常, 恰好在 $\tilde{q}_i$ 个配对中, 秩为 q_i 的配对包含最大一致响应 (largest aligned response), 其中

$$\text{对 } q_i \geqslant m \text{ 有 } \tilde{q}_i = \binom{q_i - 1}{m - 1}, \text{ 对 } q_i < m \text{ 有 } \tilde{q}_i = 0. \tag{2.7}$$

关于 $\tilde{q}_i$ 定义

$$\tilde{T} = \sum_{\mathcal{J} \in \mathcal{K}} H_{\mathcal{J}}$$

$$= \sum_{i=1}^{I} \text{sgn}\{(Z_{i1} - Z_{i2})(r_{Ci1} - r_{Ci2})\} \cdot \tilde{q}_i.$$

关于 $m = 2$ 的 Wilcoxon 统计量,

$$\binom{q_i - 1}{m - 1} = \binom{q_i - 1}{1} = q_i - 1, \tag{2.8}$$

所以 T 和 $\tilde{T}$ 是非常相似的, 除了 $\tilde{T}$ 中秩是 $0, 1, \cdots, I-1$ 而不是 $1, 2, \cdots, I$ 的区别; 见脚注 10 和文献 [39, §3.5]. 在 $m = 5$ 的情况下, 秩 $\tilde{q}_i$ 为 $0, 0, 0, 0, 1, 5, 15, 35, 70, 126, \cdots$.

如果无处理效应零假设 $H_0: r_{Tij} = r_{Cij}, i = 1, 2, \cdots, I, j = 1, 2$ 成立, 则可以通过直接枚举 (direct enumeration) 确定 $\tilde{T}$ 的精确零分布 (exact null distribution), 如表 2.7 和 2.8 中 Wilcoxon 统计量 T 所示. 如果 H_0 为真, 则 $\tilde{T}$ 具有 I 个独立随机变量之和的分布, 且每个独立随机变量取值为 0 且每个 $\tilde{q}_i$ 的概率为 $1/2, i = 1, 2, \cdots, I$. 此外, 基于 $\tilde{T}$ 的零期望和方差, 中心极限定理可提供 $\tilde{T}$ 的零分布的正态逼近 (Normal approximation).

这个 $\tilde{T}$ 的零分布与第 2.3.3 小节中提到的 Wilcoxon 统计量都具有一个奇怪的性质, 即在没有 "结" 的情况下, 零分布可以在试验进行之前被写下来, 而不会看到任何响应数值. 事实证明这是方便的. 特别是, 尽管我们不能观察到 (2.3) 中 $2I$ 个对照的潜在响应, 但我们知道, 根据定义, 它们满足无处理效应零假设. 鉴于此, 即使我们观察不到任何 $H_{C\mathcal{J}}$, 但我们也知道

$$\widetilde{T}_C = \sum_{\mathcal{J} \in \mathcal{K}} H_{C\mathcal{J}} \tag{2.9}$$

的分布. 未观察到的 $\widetilde{T}_C$ 的分布是已知的 $\widetilde{T}$ 的零分布. 也就是说, 即使有处理效应, 在没有 "结" 的情况下, $\widetilde{T}_C$ 的分布可以用秩 $\tilde{q}_i$ 直接枚举得到; 此外,

$$E(\widetilde{T}_C|\mathcal{F},\mathcal{Z}) = (1/2)\sum_{i=1}^{I}\tilde{q}_i, \tag{2.10}$$

$$\text{var}(\widetilde{T}_C|\mathcal{F},\mathcal{Z}) = (1/4)\sum_{i=1}^{I}\tilde{q}_i^2, \tag{2.11}$$

且当 m 固定, $I \to \infty$ 时, $\{\widetilde{T}_C - E(\widetilde{T}_C|\mathcal{F},\mathcal{Z})\}/\sqrt{\text{var}(\widetilde{T}_C|\mathcal{F},\mathcal{Z})}$ 依分布收敛 (converges in distribution) 于标准正态分布 (standard Normal distribution). 利用 $\widetilde{T}_C$ 的已知分布, 找到使得 $\Pr(\widetilde{T}_C \leqslant t_\alpha|\mathcal{F},\mathcal{Z}) \geqslant 1 - \alpha$ 成立的最小值 t_α. 对于较大的 I, 临界值 t_α 近似于

$$E(\widetilde{T}_C|\mathcal{F},\mathcal{Z}) + \Phi^{-1}(1-\alpha)\sqrt{\text{var}(\widetilde{T}_C|\mathcal{F},\mathcal{Z})}, \tag{2.12}$$

其中 $\Phi^{-1}(\cdot)$ 是标准正态分位数函数 (standard Normal quantile function), 或对于 $\alpha = 0.05$,

$$E(\widetilde{T}_C|\mathcal{F},\mathcal{Z}) + 1.65\sqrt{\text{var}(\widetilde{T}_C|\mathcal{F},\mathcal{Z})}. \tag{2.13}$$

我们感兴趣的是可归因于处理效应的成功的数量 $A = \widetilde{T} - \widetilde{T}_C$, 其中 $\widetilde{T}$ 可以从数据中计算出来, 而 $\widetilde{T}_C$ 是没有观察到的. 很容易看到 $\Pr(A \geqslant \widetilde{T} - t_\alpha|\mathcal{F},\mathcal{Z}) \geqslant 1-\alpha$, 其中 $\widetilde{T}-t_\alpha$ 是可以计算的, 所以可断言 $A \geqslant \widetilde{T}-t_\alpha$ 具有 $1-\alpha$ 置信度.[11] 以成功的比例而不是计数而言, 置信度表述是 $A/|\mathcal{K}| \geqslant (\widetilde{T}-t_\alpha)/|\mathcal{K}|$.

结

"结" 是一个小小的不便. 在国家支持工作示范 (NSW) 试验的 $I = 185$ 个配对中, $|Y_i|$ 中有 14 个 "结", 全部与 $|Y_i| = 0$ 有关. 简而言之, "结" 使程序趋于保守, 对于大的 I, $A \geqslant \widetilde{T} - t_\alpha$ 发生的概率至少为 $1 - \alpha$. 具体如下, 虽然 $\widetilde{T}_C$ 的分布在没有 "结" 的情况下是已知的, 但如果有 "结", 则 $\widetilde{T}_C$ 的分布是

---

[11]为了看到这一点, 根据 t_α 的定义, 观察到: $\Pr(A \geqslant \widetilde{T} - t_\alpha|\mathcal{F},\mathcal{Z}) = \Pr(\widetilde{T} - \widetilde{T}_C \geqslant \widetilde{T} - t_\alpha|\mathcal{F},\mathcal{Z}) = \Pr(\widetilde{T}_C \leqslant t_\alpha|\mathcal{F},\mathcal{Z}) \geqslant 1 - \alpha$. 断言 $A \geqslant \widetilde{T} - t_\alpha$ 是未观察到的随机变量的一个置信区间. 随机变量的置信集不如参数的置信集为人所熟知, 但它们并不新鲜; 例如, 参见文献 Weiss [82].

未知的, 因为未观察到的 (2.3) 中的 "结" 的模式影响了它的分布. 对于可观察到的 $\widetilde{T}$, 很自然地使用平均秩, 对于带 "结" 的 $|Y_i|$ 的配对的秩 $\widetilde{q}_i$ 进行平均, 并且对于 $a>0$, 设 $\text{sgn}(a)=1$, 对于 $a=0$, 设 $\text{sgn}(a)=\frac{1}{2}$, 对于 $a<0$, 设 $\text{sgn}(a)=0$. 非正式地说, 对于 $i\in\mathcal{J}$, 最高值 $R_{i1}-\overline{R}_i$ 的一个 "结" 意味着一次成功在 "结" 的值中作为同等程度的成功被分配. 同样的事情不能对 $\widetilde{T}_C$ 做, 因为在 (2.3) 中的 "结" 没有观察到. 假设未观察到的 $\widetilde{T}_C$ 允许以观察到的 $\widetilde{T}$ 的方式有 "结", 但用于确定 t_α 的分布忽略了 "结", 在 (2.7) 中利用秩 $\widetilde{q}_i$ 代替 $q_i=1,2,\cdots,I$; 那么期望是校正的, $E(\widetilde{T}_C|\mathcal{F},\mathcal{Z})=(1/2)\sum_{i=1}^{I}\widetilde{q}_i$ 或者 $E(\widetilde{T}_C/|\mathcal{K}|\,|\,\mathcal{F},\mathcal{Z})=\frac{1}{2}$, 且方差太大, $\text{var}(\widetilde{T}_C|\mathcal{F},\mathcal{Z})\leqslant(1/4)\sum_{i=1}^{I}\widetilde{q}_i^2$, 则对于大的 I 和 $\alpha<\frac{1}{2}$, 近似 $t_\alpha=E(\widetilde{T}_C|\mathcal{F},\mathcal{Z})+\Phi^{-1}(1-\alpha)\sqrt{\text{var}(\widetilde{T}_C|\mathcal{F},\mathcal{Z})}$ 也太大, 因此可以断言至少 $1-\alpha$ 置信度有 $\Pr(\widetilde{T}_C\leqslant t_\alpha|\mathcal{F},\mathcal{Z})\geqslant 1-\alpha$ 和 $A\geqslant\widetilde{T}-t_\alpha$. 在国家支持工作示范 (NSW) 试验中, 当 $m=2$ 时, 关于 $\widetilde{T}$ "有结" 与 "无结" 的方差比率为 0.9996, 对于较大的 m 而言此比率更接近于 1.

国家支持工作示范 (NSW) 试验的结果: 现在和之后的大效应

使用 Wilcoxon 符号秩统计量意味着每次查看 $m=2$ 个配对. 对于 $I=185$ 个配对, 含有两对的 17020 个子集. 在这 17020 个子集的 60.8% 的子集中, 具有最高一致收入 $R_{i1}-\overline{R}_i$ 的男性接受了处理 (培训), 而随机期望是 50%, 因此归因于处理效应的点估计增长了 10.8%, 但我们有 95% 置信度认为只增长了 3.8%.

更有趣的是 $m=20$ 对或 $2m=40$ 位男性为一群体发生的情况. 这里, 在 $\mathcal{K}$ 中有 3.1×10^{26} 个比较 $\mathcal{J}$. 在这些比较的 85.7% 的子集中, 具有最高一致收入 $R_{i1}-\overline{R}_i$ 的男性接受了处理, 而随机期望是 50%, 因此归因于处理效应的点估计增长了 35.7%, 但我们有 95% 置信度认为只有 15.8% 的增长. 当你在 40 位匹配的男性中选出一致收入增长幅度最大的那一位时, 这个男人通常是接受了处理的男性: 85.7% 的情况都是如此. 收入大幅增加的情况, 大多数发生在处理组. 如图 2.1 所示, 这种处理对一部分男性有很大的影响, 但对其他人可能影响不大. 事实上, 发现大而罕见效应的可能性是考虑 $m>2$ 的动机.

不常见但巨大的处理响应

如果一种处理的效应不是常数, 那么对某些人来说效应比其他人要大. 也许国家支持工作示范 (NSW) 培训项目改变了一些人的生活, 但对许多人几乎没有影响. David Salsburg [70] 认为, 普通的统计方法 (statistical procedure)

不足以检测这种不常见但很大的处理效应, 但他认为这种效应往往很重要; 另见文献 [71]. William Conover 和 David Salsburg [9] 提出了一种类型的混合模型 (mixture model), 其中一小部分人对处理有强烈的响应, 所以 $r_{Tij} - r_{Cij}$ 很大, 而其余的人未受处理影响, 所以 $r_{Tij} - r_{Cij} = 0$. 在这种模型下, 他们推导出了局部最大效能的秩检验. 他们获得的秩很难解释, 因此不适用于归因效应. 然而, 事实证明, 对于大的 I, 在比例改变 (rescaling) 后, 它们的秩实际上与 Stephenson [77] 基于其他考虑提出的秩 (2.7) 相同. 正如已看到的那样, Stephenson 秩在归因效应方面有一个简单的解释. 这个主题在第 17 章和文献 [64] 中有详细的阐述. 简而言之, 本节中描述的方法很好地适用于研究在国家支持工作示范 (NSW) 试验中出现的这类不常见但巨大的处理响应 (uncommon but dramatic response to treatment).

2.6　内部和外部效度

在 Fisher 的随机试验理论中, 推断来自 $2I$ 个受试者在接受处理下表现出的响应, 以及如果他们接受替代处理, 这些相同的个体将表现出的 $2I$ 个未观察到的响应. 简而言之, 这个推断关注试验中 $2I$ 位个体的未观察到的因果效应 $r_{Tij} - r_{Cij}$. 例如, 见 Welch [83].

"内部" 效度和 "外部" 效度 ("internal" and "external" validity) 之间往往有区别 [72]. 一项随机试验被认为具有一个高度的 "内部效度 (或称内部有效性)", 在某种意义上是因为随机化为推断对试验中的 $2I$ 位个体的处理效应 $r_{Tij} - r_{Cij}$ 提供了一个强有力的或 "推理" 基础. 即使人们只对这 $2I$ 位个体感兴趣, 因果推断也是具有挑战性的, 随机化满足了这一特定的挑战. 通常, 人们不仅对这 $2I$ 个人感兴趣, 而且对其他大洲上的人, 对未来出生的人感兴趣. "外部" 效度 (或称 "外部" 有效性) 是指处理对未包括在试验中的人的效应.

例如, 假设欧洲和美国的四家大医院合作进行两种手术的随机试验, 以 60 天死亡率为结局指标. 如果这项临床试验进展顺利, 该试验将为这两种手术对 $2I$ 位患者的影响做出推断提供可靠的依据 (sound basis). 有人可能认为欧洲、美国、加拿大、日本等地的其他大型医院也会发现类似的治疗效果, 但基于四家医院的统计分析并没有提供这种貌似合理的外推 (extrapolation) 依据. 这种外推听起来似乎是合理的, 是因为我们对这些国家的外科医生 (surgeon) 和医院的了解, 而不是因为四家合作医院的数据为外推提供了可靠的依据. 在美国和其他地方越来越普遍的小型门诊手术中心 (small ambulatory surgical center) 也会发现类似的治疗效果吗? 十年后, 随着其他科技的进步, 大型医院也会出现同样的治疗效果吗? 尽管外科医生可以提供一个有根据的猜测, 但对四家大型医院临床试验的统计分析无法为这些外推提供依据. 这些问题涉及临床试验的外部效度.

我赞同的普遍观点 [72] 是, 内部效度 (internal validity) 是第一位的. 如果你不知道处理对研究中的个体的影响, 那么你就不能对那些生活在没有研究过的环境中且没有研究过的个体的影响做出很好地推断. 随机化解决内部效度的问题. 在实践中, 通过比较在不同时间、不同情况下进行的几项内部效度研究的结果, 通常会解决外部效度的问题. 这些问题也出现在观察性研究中, 因此随后将在不同的章节讨论.

2.7 小结

在国家支持工作示范 (NSW) 试验中, 因果推断的目标并不是说接受处理和接受对照的男性的收入有系统的差异, 而是说处理是造成这种差异的原因, 所以如果不对接受处理 (培训) 的男性进行处理, 两组之间就不会有系统性差异. 只要样本量足够大, 许多统计方法都可以识别系统差异. 在研究处理导致实际效应的试验中, 随机化起着关键作用.

本章做了几件事. 它引入了许多随机试验和观察性研究的共同要素, 如处理效应、处理分配和未受处理影响的预处理协变量. 在给出证明, 或提供依据, 或作为推断处理导致效应的 "推理基础" 等方面, 本章讨论了随机处理分配在试验中所起的重要作用. 如果没有随机分配, 在观察性研究中, 这种证明或依据或推理基础是不存在的. 因此, 本章阐述了观察性研究中面临的问题, 该研究的目标是再次对处理的因果效应 (the effect caused by treatment) 做出推断, 但处理并不是随机分配的 [8].

2.8 附录: m-统计量的随机化分布

2.8.1 使用 ψ 函数赋予对照观察值权重

尽管样本均值 $\overline{Y}$ 和 Wilcoxon 符号秩统计量作为统计量是不相似的, 但第 2.3.2 小节和第 2.3.3 小节在结构上是相似的. 第 2.3.3 小节提出, 随机化推断是非常普遍的, 几乎任何统计量都可以用一种相似的方式处理. 这里用另一个统计量即 m-检验来说明, 也就是与 Peter Huber [37] 的 m-估计相关的检验.

这里的讨论源自 J. S. Maritz [47] 的一篇论文; 另见文献 [48,63,66]. 应该强调的是, m-检验中使用的统计量与 m-估计中使用的统计量有细微但重要的差别, 针对 m-检验进行的描述见下面.[12]

与 Huber 的位置参数的 m-估计一样, Maritz 检验统计量包含一个函数 $\psi()$, 该函数为比例缩放的 (scaled) 观察值赋予权重. 与从统计分析中 "剔除异常值 (reject outlier)" 不同, 一个适当的 ψ 函数会随着观察值变得越来越极端而逐渐减小观察值的权重. 因为我们想要一个高出 3 个单位的观察值与低出 3 个单位的观察值的强度一样大, 所以函数 $\psi()$ 需要是奇函数 (odd function), 意味着对所有的 $y \geq 0$, 有 $\psi(-y) = -\psi(y)$, 所以特殊地有 $\psi(-3) = -\psi(3)$, $\psi(0) = 0$. 对于检验和置信区间, 我们坚持认为 $\psi()$ 单调递增是明智的, 所以 $y < y'$ 意味着 $\psi(y) \leq \psi(y')$. Huber 提出了一个这样的函数, 类似于截尾均值 (trimmed mean); 有 $\psi(y) = \max\{-1, \min(y, 1)\}$, 所以, 当 $y < -1$ 时, $\psi(y) = -1$, 当 $-1 \leq y \leq 1$ 时, $\psi(y) = y$, 当 $y > 1$ 时, $\psi(y) = 1$. 实际上, 平均值 $\overline{Y}$ 具有满足 $\psi(y) = y$ 的 $\psi()$ 函数.

考虑使用处理减去对照的配对响应差 (treated-minus-control difference in paired response), $Y_i = (Z_{i1} - Z_{i2})(R_{i1} - R_{i2})$, 对所有的 ij, 来检验可加处理效应的假设 $H_0 : r_{Tij} = \tau_0 + r_{Cij}$, 其中 τ_0 是一个指定的数. 当 $\tau_0 = 0$ 时, 这是 Fisher 的无处理效应精确零假设, 详细情况见表 2.12. 如第 2.4 节所示, 如果

表 2.12 对于国家支持工作示范 (NSW) 试验的小版本的 $I = 5$ 个配对数据, 在可加处理效应的零假设 $H_0 : r_{Tij} = r_{Cij} + \tau_0$, $\tau_0 = 0$ 的条件下, 可能的处理减去对照的调整后响应差 $Y_i - \tau_0 = (Z_{i1} - Z_{i2})(r_{Ci1} - r_{Ci2})$ 以及 Huber-Maritz 的 m-统计量 T^*

标号	配对 1 $Y_1 - \tau_0$	配对 2 $Y_2 - \tau_0$	配对 3 $Y_3 - \tau_0$	配对 4 $Y_4 - \tau_0$	配对 5 $Y_5 - \tau_0$	Huber-Maritz T^*
1	1456	3988	−45	−2147	3173	1.66
2	1456	3988	−45	−2147	−3173	−0.34
3	1456	3988	−45	2147	3173	3.66
4	1456	3988	−45	2147	−3173	1.66

---

[12]差别在于比例系数. 在估计中, 比例系数可能是对样本中位数的绝对偏差的中位数 (the median absolute deviation from the sample median). 在检验中, 比例系数可能是对假设中位数的绝对偏差的中位数 (the median absolute deviation from the hypothesized median), 对于检验无效应的假设, 假设中位数为零. 在检验一个假设时, 可以假定这个假设为真. 通过使用假设中位数而不是样本中位数, 比例系数随着处理分配的变化而变得固定——如后面所示——其结果是 Maritz 统计具有一个零随机化分布, 即独立有界随机变量的和, 这极大地简化了零随机分布的大样本近似的创建过程. 在设计新的 m-检验之前, 这个微小的差别会产生各种各样的结果. 见文献 [47,63] 的讨论.

续表

标号	配对 1 $Y_1 - \tau_0$	配对 2 $Y_2 - \tau_0$	配对 3 $Y_3 - \tau_0$	配对 4 $Y_4 - \tau_0$	配对 5 $Y_5 - \tau_0$	Huber-Maritz T^*
5	1456	3988	45	−2147	3173	1.70
6	1456	3988	45	−2147	−3173	−0.30
7	1456	3988	45	2147	3173	3.70
8	1456	3988	45	2147	−3173	1.70
9	1456	−3988	−45	−2147	3173	−0.34
10	1456	−3988	−45	−2147	−3173	−2.34
11	1456	−3988	−45	2147	3173	1.66
12	1456	−3988	−45	2147	−3173	−0.34
13	1456	−3988	45	−2147	3173	−0.30
14	1456	−3988	45	−2147	−3173	−2.30
15	1456	−3988	45	2147	3173	1.70
16	1456	−3988	45	2147	−3173	−0.30
17	−1456	3988	−45	−2147	3173	0.30
18	−1456	3988	−45	−2147	−3173	−1.70
19	−1456	3988	−45	2147	3173	2.30
20	−1456	3988	−45	2147	−3173	0.30
21	−1456	3988	45	−2147	3173	0.34
22	−1456	3988	45	−2147	−3173	−1.66
23	−1456	3988	45	2147	3173	2.34
24	−1456	3988	45	2147	−3173	0.34
25	−1456	−3988	−45	−2147	3173	−1.70
26	−1456	−3988	−45	−2147	−3173	−3.70
27	−1456	−3988	−45	2147	3173	0.30
28	−1456	−3988	−45	2147	−3173	−1.70
29	−1456	−3988	45	−2147	3173	−1.66
30	−1456	−3988	45	−2147	−3173	−3.66
31	−1456	−3988	45	2147	3173	0.34
32	−1456	−3988	45	2147	−3173	−1.66
所有标号 1–32	\multicolumn{5}{c}{绝对差 $	Y_i - \tau_0	$}	
	1456	3988	45	2147	3173	
所有标号 1–32	\multicolumn{5}{c}{比例缩放的绝对差 $	Y_i - \tau_0	/s_{\tau_0}$}	
	0.68	1.86	0.02	1.00	1.48	
所有标号 1–32	\multicolumn{5}{c}{得分, 比例缩放的绝对差 $\psi(	Y_i - \tau_0	/s_{\tau_0})$}	
	0.68	1.00	0.02	1.00	1.00	

H_0 为真, 则第 i 对处理减去对照的响应差为 $Y_i = \tau_0 + (Z_{i1} - Z_{i2})(r_{Ci1} - r_{Ci2})$. 特别地, 如果 H_0 成立, $Y_i - \tau_0$ 将为 $\pm(r_{Ci1} - r_{Ci2})$, 且 $|Y_i - \tau_0| = |r_{Ci1} - r_{Ci2}|$ 将是固定的[13], 不随机处理分配 Z_{ij} 的变化而变化. 对 $\tau_0 = 0$, 这在表 2.12 的底部可见: 假设 $H_0: r_{Tij} = \tau_0 + r_{Cij}$ (出于检验 $\tau_0 = 0$ 的目的), $|Y_i - \tau_0|$ 对于 $\mathcal{Z}$ 中所有 $|\mathcal{Z}| = 32$ 个处理分配都是相同的.

2.8.2 缩放比例

在计算 $\psi()$ 函数之前, 先对观察值进行比例缩放 (scaled). Maritz [47] 统计量中使用的比例系数 s_{τ_0} 是 I 对绝对差 $|Y_i - \tau_0|$ 的特定分位数, 最常见的是中位数, $s_{\tau_0} = \text{median}|Y_i - \tau_0|$. 当与 Huber 的 $\psi(y) = \max\{-1, \min(y,1)\}$ 一起使用时, 按 $s_{\tau_0} = \text{median}|Y_i - \tau_0|$ 缩放比例修剪一半的观察值, 类似于中间平均值 (midmean). 如果使用 $|Y_i - \tau_0|$ 较大的分位数 (比方说第 75 或第 90 百分位数而不是中位数) 进行比例缩放, 则会有较少的修剪 (trimming). 如果最大的 $|Y_i - \tau_0|$ 用于缩放, 且利用 Huber 的 $\psi(y) = \max\{-1, \min(y,1)\}$, 则 Maritz 统计量变为样本均值, 并再现了第 2.3.2 小节中的随机化推断.

因为 s_{τ_0} 是从 $|Y_i - \tau_0|$ 计算出来的, 如果 $H_0: r_{Tij} = \tau_0 + r_{Cij}$ 为真, 则如表 2.12 所示, s_{τ_0} 对于 32 个处理分配中的每一个都具有相同的值, 或者 $s_{\tau_0} = 2147$. 在表 2.12 中的示例中, 继续使用 Huber 函数 $\psi(y) = \max\{-1, \min(y,1)\}$, 计算按比例缩放的绝对响应差 $|Y_i - \tau_0|/s_{\tau_0}$, 以及经得分 (scored) 且按比例缩放的绝对响应差 $\psi(|Y_i - \tau_0|/s_{\tau_0})$. 注意到 $\psi(|Y_i - \tau_0|/s_{\tau_0})$ 对所有 32 个处理分配取相同的值.

2.8.3 可加效应假设 $H_0: r_{Tij} = r_{Cij} + \tau_0$ 的随机化检验

对可加处理效应假设 $H_0: r_{Tij} = \tau_0 + r_{Cij}$ 的检验, Maritz [47] 的 m-检验统计量为 $T^* = \sum_{i=1}^{I} \psi\{(Y_i - \tau_0)/s_{\tau_0}\}$. 回想一下, $\psi(\cdot)$ 是奇函数, 对 $y \geqslant 0$, 有 $\psi(-y) = -\psi(y)$, 所以 $\psi(y) = \text{sign}(y) \cdot \psi(|y|)$, 其中, 当 $y > 0$ 时, $\text{sign}(y) = 1$, 当 $y = 0$ 时, $\text{sign}(y) = 0$, 当 $y < 0$ 时, $\text{sign}(y) = -1$. 如果 $H_0: r_{Tij} = \tau_0 + r_{Cij}$ 成立, 则 $Y_i - \tau_0 = (Z_{i1} - Z_{i2})(r_{Ci1} - r_{Ci2})$, 所以 $T^* = \sum_{i=1}^{I} \text{sign}(Y_i - \tau_0) \cdot \psi(|Y_i - \tau_0|/s_{\tau_0})$ 或等价于

$$T^* = \sum_{i=1}^{I} \text{sign}\{(Z_{i1} - Z_{i2})(r_{Ci1} - r_{Ci2})\} \cdot \psi\left(\frac{|Y_i - \tau_0|}{s_{\tau_0}}\right). \quad (2.14)$$

---

[13] 即 $|Y_i - \tau_0| = |r_{Ci1} - r_{Ci2}|$ 是由 $\mathcal{F}$ 确定的.

换句话说, 如果 $H_0: r_{Tij} = \tau_0 + r_{Cij}$ 成立, T^* 将是 I 个独立量的和, 这些独立量分别以概率 $\frac{1}{2}$ 取固定值 $\psi(|Y_i - \tau_0|/s_{\tau_0})$ 和 $-\psi(|Y_i - \tau_0|/s_{\tau_0})$.

例如, 表 2.12 的第一行中, T^* 的观察值为 1.66; 也就是说, $T^* = 1.66 = 0.68 + 1.00 + (-0.02) + (-1.00) + 1.00$. 在 32 个等概率的处理分配 $\mathbf{z} \in \mathcal{Z}$ 中, 有 10 个分配产生 T^* 值至少为 1.66, 因此检验 $H_0: r_{Tij} = \tau_0 + r_{Cij}$ 有 $\tau_0 = 0$ 的单侧 P-值为 $\frac{10}{32} = 0.3125 = \Pr(T^* \geqslant 1.66 | \mathcal{F}, \mathcal{Z})$. 双侧 P-值为 $\frac{20}{32} = 0.625$, 等于 $2 \cdot \Pr(T^* \geqslant 1.66 | \mathcal{F}, \mathcal{Z})$ 或 $\Pr(T^* \leqslant -1.66 | \mathcal{F}, \mathcal{Z}) + \Pr(T^* \geqslant 1.66 | \mathcal{F}, \mathcal{Z})$, 因为在给定 $\mathcal{F}, \mathcal{Z}$ 条件下, T^* 的零分布关于零对称.

表 2.12 计算了 T^* 的精确零分布, 但当 $I \to \infty$ 时, 使用中心极限定理很容易得到 T^* 的大样本近似分布. T^* 的零分布是 I 个独立项的和且每个以概率 $\frac{1}{2}$ 取固定值 $\pm\psi(|r_{Ci1} - r_{Ci2}|/s_{\tau_0})$. 因此, 在零假设下的随机试验中, $E(T^*|\mathcal{F}, \mathcal{Z}) = 0$, $\mathrm{var}(T^*|\mathcal{F}, \mathcal{Z}) = \sum_{i=1}^{I}\{\psi(|r_{Ci1} - r_{Ci2}|/s_{\tau_0})\}^2$. 使用有界 $\psi()$ 函数, 例如 Huber 的 $\psi(y) = \max\{-1, \min(y, 1)\}$, 假设 $\Pr(s_{\tau_0} > 0) \to 1$, 当 $I \to \infty$ 时, $T^*/\sqrt{\mathrm{var}(T^*|\mathcal{F}, \mathcal{Z})}$ 的零分布依分布收敛于标准正态分布; 参见文献 [47].

本节讨论的重点是匹配对, 但当匹配多个对照时, 本质上也可以应用相同的推理 [63].

2.8.4 国家支持工作示范 (NSW) 试验中的 m-检验

如 2.5 节所示, 在国家支持工作示范 (NSW) 试验中, 大部分的因果效应都在尾部, 所以修剪得越少越好. 在检验无效应假设 $H_0: \tau_0 = 0$ 时, 按 $s_{\tau_0} = \mathrm{median}|Y_i - \tau_0|$ 缩放会修剪一半的观察值, 并产生 0.040 的双侧 P-值, 而按 $|Y_i - \tau_0|$ 的第 90 百分位数缩放会产生 0.0052 的双侧 P-值. 使用第 90 百分位数, 可加效应的 95% 置信区间是 475 美元到 2788 美元.

2.9 延伸阅读

随机试验是由 Ronald Fisher 爵士 [22] 提出的, 他的 1935 年的著作至今仍深受欢迎. David Cox 和 Nancy Reid [15] 提出了对随机试验理论的现代讨论. 医学中的随机临床试验 (randomized clinical trial) 参见文献 [27, 52], 社会科学试验参见文献 [7, 10, 28]. 在讨论置换 (permutation) 和随机化推断的书籍中, Erich Lehmann [43] 的著作《非参数统计》(*Nonparametrics*) 在区分随机分配后的性质和涉及总体抽样的性质方面尤其谨慎. 有关替代处理下

潜在结果 (potential outcome) 比较的因果效应, 请参阅 Jerzy Neyman [49]、B. L. Welch [83] 和 Donald Rubin [68] 的论文. 有关批评观点, 请参阅 A. P. Dawid [16] 的论文. Donald Rubin [68] 的论文第一次对随机试验和观察性研究中的因果效应进行相似且正式的讨论. 有关这种方法提高清晰度的三个重要阐述, 请参见文献 [25,26,69]. Fisher [22]、Welch [83]、Kempthorne [40]、Wilk [85]、Cox [13]、Robinson [55], 以及其他许多人认为抽样模型是随机化推论的近似. 随机化推断当然不限于匹配对 [43,59], 它可以与协方差调整 (covariance adjustment) 的一般形式结合使用 [23,60,74,80,81].

随机试验中的置换推断 (permutation inference) 与无限总体样本中的置换推断之间有什么关系? Lehmann 和 Romano 的教科书 [44, §5.8–§5.12] 第五章的几节中对这个主题进行了令人满意和优美的阐述. 利用顺序统计量 (order statistics) 的完全充分性 (complete sufficiency), 他们证明了只有当一个检验是置换检验 (permutation test) 时, 它才能对所有连续分布正确检验 [44, 定理 5.8.1]. 在他们的公式中, 无论是在随机试验中对个体的可加效应, 还是在无限总体样本中对其概率分布的偏移 (shift), 对置换检验求逆而形成的置信区间都是相同的区间.

在劳动经济学 (labor economics) 中, 当 Robert LaLonde [41] 把随机对照组放在一边, 代之以从调查中抽取的非随机对照组时, 国家支持工作试验变成了观察性研究方法的小型实验室; 讨论内容见文献 [17,30,31,41,75].

2.10 软件

使用 Wilcoxon 符号秩统计量的随机化推断被广泛实现. 例如, 请参见 R 软件包 stats 中的函数 wilcox.test, 或者包 DOS2 中的函数 senWilcox 和 senWilcoxExact.

在第 2.5 节中的 Stephenson 检验 [77] 可在包 DOS2 中的函数 senU 中实现 [64,65].

使用平均值的随机化推断是使用 m-统计量的随机化推理的特例. 在 R 软件包 sensitivitymult 的函数 senm 和 senmCI 中实现了第 2.8 节中使用 m-统计量 [47,63] 的随机化推断. 另请参阅软件包 Sensitivitymv、Sensitivitymw 和 Sentivityfull 等. 这些包在文献 [67] 中进行了讨论.

2.11 数据

在 R 软件包 DOS2 的数据集 NSW 中, 可找到来自国家支持工作试验的 $I = 185$ 对数据.

参考文献

[1] Andrews, D. F., Bickel, P. J., Hampel, F. R., Huber, P. J., Rogers, W. H., Tukey, J. W.: Robust Estimates of Location. Princeton University Press, Princeton, NJ (1972)

[2] Athey, S., Eckles, D., Imbens, G. W.: Exact p-values for network interference. J. Am. Stat. Assoc. **113**, 230–240 (2018)

[3] Baiocchi, M., Small, D. S., Lorch, S., Rosenbaum, P. R.: indexBaiocchi, M. Building a stronger instrument in an observational study of perinatal care for premature infants. J. Am. Stat. Assoc. **105**, 1285–1296 (2010)

[4] Basse, G., Feller, A.: Analyzing two-stage experiments in the presence of interference. J. Am. Stat. Assoc. **113**, 41–55 (2018)

[5] Basse, G. W., Feller, A., Toulis, P.: Randomization tests of causal effects under interference. Biometrika **106**, 487–494 (2019)

[6] Bennett, D. M.: Confidence limits for a ratio using Wilcoxon's signed rank test. Biometrics **21**, 231–234 (1965)

[7] Boruch, R.: Randomized Experiments for Planning and Evaluation. Sage, Thousand Oaks, CA (1997)

[8] Cochran, W. G.: The planning of observational studies of human populations (with Discussion). J. R. Stat. Soc. A **128**, 234–265 (1965)

[9] Conover, W. J., Salsburg, D. S.: Locally most powerful tests for detecting treatment effects when only a subset of patients can be expected to 'respond' to treatment. Biometrics **44**, 189–196 (1988)

[10] Cook, T. D., Shadish, W. R.: Social experiments: some developments over the past fifteen years. Annu. Rev. Psychol. **45**, 545–580 (1994)

[11] Couch, K. A.: New evidence on the long-term effects of employment training programs. J. Labor Econ. **10**, 380–388 (1992)

[12] Cox, D. R.: Planning of Experiments. Wiley, New York (1958)

[13] Cox, D. R.: The interpretation of the effects of non-additivity in the Latin square. Biometrika **45**, 69–73 (1958)

[14] Cox, D. R.: The role of significance tests. Scand. J. Stat. **4**, 49–62 (1977)

[15] Cox, D. R., Reid, N.: The Theory of the Design of Experiments. Chapman and Hall/CRC, New York (2000)

[16] Dawid, A. P.: Causal inference without counterfactuals. J. Am. Stat. Assoc. **95**, 407–

424 (2000)

[17] Dehejia, R. H., Wahba, W.: Causal effects in nonexperimental studies: reevaluating the evaluation of training programs. J. Am. Stat. Assoc. **94**, 1053–1062 (1999)

[18] Ding, P., Feller, A., Miratrix, L.: Randomization inference for treatment effect variation. J R. Stat. Soc.B **78**, 655–671 (2016)

[19] Ding, P., Li, X., Miratrix, L. W.: Bridging finite and super population causal inference. J. Causal Infer. 20160027 (2017).

[20] Eckles, D., Karrer, B., Ugander, J.: Design and analysis of experiments in networks: reducing bias from interference. J. Causal Infer. **5**(1) (2017).

[21] Efron, B.: Student's *t*-test under symmetry conditions. J. Am. Stat. Assoc. **64**, 1278–1302 (1969)

[22] Fisher, R. A.: Design of Experiments. Oliver and Boyd, Edinburgh (1935)

[23] Fogarty, C. B.: Regression-assisted inference for the average treatment effect in paired experiments. Biometrika **105**, 994–1000 (2018)

[24] Fogarty, C. B., Shi, P., Mikkelsen, M. E., Small, D. S.: Randomization inference and sensitivity analysis for composite null hypotheses with binary outcomes in matched observational studies. J. Am. Stat. Assoc. **112**, 321–331 (2017)

[25] Frangakis, C. E., Rubin, D. B.: Principal stratification in causal inference. Biometrics **58**, 21–29 (2002)

[26] Freedman, D. A.: Randomization does not justify logistic regression. Stat. Sci. **23**, 237–249 (2008)

[27] Friedman, L. M., DeMets, D. L., Furberg, C. D.: Fundamentals of Clinical Trials. Springer, New York (1998)

[28] Gerber, A. S., Green, D. P.: Field Experiments: Design, Analysis, and Interpretation. Norton, New York (2012)

[29] Greevy, R., Lu, B., Silber, J. H., Rosenbaum, P. R.: Optimal matching before randomization. Biostatistics **5**, 263–275 (2004)

[30] Hämäläinen, K., Uusitalo, R., Vuori, J.: Varying biases in matching estimates: evidence from two randomized job search training experiments. Labour Econ. **15**, 604–618 (2008)

[31] Heckman, J. J., Hotz, V. J.: Choosing among alternative nonexperimental methods for estimating the impact of social programs: the case of manpower training (with Discussion). J. Am. Stat. Assoc. **84**, 862–874 (1989)

[32] Hodges, J. L., Lehmann, E. L.: Rank methods for combination of independent experiments in analysis of variance. Ann. Math. Stat. **33**, 482–497 (1962)

[33] Hodges, J. L., Lehmann, E. L.: Estimates of location based on ranks. Ann. Math. Stat. **34**, 598–611 (1963)

[34] Hoeffding, W.: A class of statistics with asymptotically normal distributions. Ann. Math. Stat. **19**, 293–325 (1948)

[35] Holland, P. W.: Statistics and causal inference. J. Am. Stat. Assoc. **81**, 945–960 (1986)

[36] Hollister, R., Kemper, P., Maynard, R. (eds.): The National Supported Work Demonstration. University of Wisconsin Press, Madison (1984)

[37] Huber, P. J.: Robust estimation of a location parameter. Ann. Math. Stat. **35**, 73–101 (1964)

[38] Hudgens, M. G., Halloran, M. E.: Toward causal inference with interference. J. Am. Stat. Assoc. **482**, 832–842 (2008)

[39] Jurečková, J., Sen, P. K.: Robust Statistical Procedures. Wiley, New York (1996)

[40] Kempthorne, O.: Design and Analysis of Experiments. Wiley, New York (1952)

[41] LaLonde, R. J.: Evaluating the econometric evaluations of training programs with experimental data. Am. Econ. Rev. **76**, 604–620 (1986)

[42] LaLonde, R. J.: The promise of public sector-sponsored training programs. J. Econ. Perspect. **9**, 149–168 (1995)

[43] Lehmann, E. L.: Nonparametrics. Holden-Day, San Francisco (1975)

[44] Lehmann, E. L., Romano, J. P.: Testing Statistical Hypotheses, 3rd edn. Springer, New York (2006)

[45] Li, X., Ding, P.: Exact confidence intervals for the average causal effect on a binary outcome. Stat. Med. **35**, 957–960 (2016)

[46] Li, X., Ding, P.: General forms of finite population central limit theorems with applications to causal inference. J. Am. Stat. Assoc. **112**, 1759–1769 (2017)

[47] Maritz, J. S.: A note on exact robust confidence intervals for location. Biometrika **66**, 163–166 (1979)

[48] Maritz, J. S.: Distribution-Free Statistical Methods. Chapman and Hall, London (1995)

[49] Neyman, J.: On the application of probability theory to agricultural experiments: essay on principles, Section 9. In Polish, but reprinted in English with Discussion by T. Speed and D.B. Rubin in Statist Sci **5**, 463–480 (1923, reprinted 1990)

[50] Nichols, T. E., Holmes, A. P.: Nonparametric permutation tests for functional neuroimaging. Human Brain Mapping **15**, 1–25

[51] Pagano, M., Tritchler, D.: On obtaining permutation distributions in polynomial time. J. Am. Stat. Assoc. **78**, 435–440 (1983)

[52] Piantadosi, S.: Clinical Trials. Wiley, New York (2005)

[53] Pratt, J. W., Gibbons, J. D.: Concepts of Nonparametric Theory. Springer, New York (1981)

[54] Rigdon, J., Hudgens, M. G.: Randomization inference for treatment effects on a binary outcome. Stat. Med. **34**, 924–935 (2015)

[55] Robinson, J.: The large sample power of permutation tests for randomization models. Ann. Stat. **1**, 291–296 (1973)

[56] Rosenbaum, P. R.: The consequences of adjustment for a concomitant variable that has been affected by the treatment. J. R. Stat. Soc. A **147**, 656–666 (1984)

[57] Rosenbaum, P. R.: Effects attributable to treatment: inference in experiments and observational studies with a discrete pivot. Biometrika **88**, 219–231 (2001)

[58] Rosenbaum, P. R.: Attributing effects to treatment in matched observational studies. J. Am. Stat. Assoc. **97**, 183–192 (2002)

[59] Rosenbaum, P. R.: Observational Studies, 2nd edn. Springer, New York (2002)

[60] Rosenbaum, P. R.: Covariance adjustment in randomized experiments and observational studies (with Discussion). Stat. Sci. **17**, 286–327 (2002)

[61] Rosenbaum, P. R.: Exact confidence intervals for nonconstant effects by inverting the signed rank test. Am. Stat. **57**, 132–138 (2003)

[62] Rosenbaum, P.R.: Interference between units in randomized experiments. J. Am. Stat. Assoc. **102**, 191–200 (2007)

[63] Rosenbaum, P. R.: Sensitivity analysis for m-estimates, tests, and confidence intervals in matched observational studies. Biometrics **63**, 456–464 (2007)

[64] Rosenbaum, P. R.: Confidence intervals for uncommon but dramatic responses to treatment. Biometrics **63**, 1164–1171 (2007)

[65] Rosenbaum, P. R.: A new U-statistic with superior design sensitivity in matched observational studies. Biometrics **67**, 1017–1027 (2011)

[66] Rosenbaum, P. R.: Impact of multiple matched controls on design sensitivity in observational studies. Biometrics **69**, 118–127 (2013)

[67] Rosenbaum, P. R.: Two R packages for sensitivity analysis in observational studies. Observ. Stud. **1**, 1–17 (2015)

[68] Rubin, D. B.: Estimating causal effects of treatments in randomized and nonrandomized studies. J. Educ. Psychol. **66**, 688–701 (1974)

[69] Rubin, D. B., Stuart, E. A., Zanutto, E. L.: A potential outcomes view of value-added assessment in education. J. Educ. Behav. Stat. **29**, 103–116 (2004)

[70] Salsburg, D. S.: Alternative hypotheses for the effects of drugs in small-scale clinical studies. Biometrics **42**, 671–674 (1986)

[71] Salsburg, D. S.: The Use of Restricted Significance Tests in Clinical Trials. Springer, New York (1992)

[72] Shadish, W. R., Cook, T. D., Campbell, D. T.: Experimental and Quasi-Experimental Designs for Generalized Causal Inference. Houghton-Mifflin, Boston (2002)

[73] Shaffer, J. P.: Bidirectional unbiased procedures. J. Am. Stat. Assoc. **69**, 437–439 (1974)

[74] Small, D., Ten Have, T. R., Rosenbaum, P. R.: Randomization inference in a group-randomized trial of treatments for depression: covariate adjustment, noncompliance and quantile effects. J. Am. Stat. Assoc. **103**, 271–279 (2007)

[75] Smith, J. A., Todd, P. E.: Does matching overcome LaLonde's critique of nonexperi-

mental estimators? J Econometrics **125**, 305–353 (2005)

[76] Sobel, M. E.: What do randomized studies of housing mobility demonstrate? Causal inference in the face of interference. J. Am. Stat. Assoc. **476**, 1398–1407 (2006)

[77] Stephenson, W. R.: A general class of one-sample nonparametric test statistics based on subsamples. J. Am. Stat. Assoc. **76**, 960–966 (1981)

[78] Tchetgen Tchetgen, E. J., VanderWeele, T. J.: On causal inference in the presence of interference. Stat. Meth. Med. Res. **21**, 55–75 (2012)

[79] Tobin, J.: Estimation of relationships for limited dependent variables. Econometrica **26**, 24–36 (1958)

[80] Wager, S., Athey, S.: Estimation and inference of heterogeneous treatment effects using random forests. J. Am. Stat. Assoc. **113**, 1228–1242 (2018)

[81] Wager, S., Du, W., Taylor, J., Tibshirani, R. J.: High-dimensional regression adjustments in randomized experiments. Proc. Nat. Acad. Sci. **113**, 12673–12678 (2016)

[82] Weiss, L.: A note on confidence sets for random variables. Ann. Math. Stat. **26**, 142–144 (1955)

[83] Welch B. L.: On the z-test in randomized blocks and Latin squares. Biometrika **29**, 21–52 (1937)

[84] Wilcoxon F.: Individual comparisons by ranking methods. Biometrics **1**, 80–83 (1945)

[85] Wilk, M. B.: The randomization analysis of a generalized randomized block design. Biometrika **42**, 70–79 (1955)

第 3 章 观察性研究的两个简单模型

摘要 观察性研究与试验的不同之处在于, 不使用随机化来分配处理. 那么它的处理是如何分配的呢? 本章介绍了观察性研究中处理分配的两个简单模型. 第一个模型很有用, 但很天真: 它认为看起来可比的人也是可比的. 第二个模型说明了观察性研究中的一个核心问题: 在观察到的数据中看起来具有可比性的人, 可能实际上并不具有可比性; 他们可能有我们没有观察到的不同之处.

3.1 匹配前的人群

在匹配前的人群中, 有 L 位受试者, $\ell = 1, 2, \cdots, L$. 与第 2 章随机试验中的受试者一样, 在这 L 位受试者中, 每一位受试者都具有观察到的协变量 $\mathbf{x}_\ell$、未观察到的协变量 u_ℓ、处理分配指标 Z_ℓ, 其中如果受试者接受处理, 则 $Z_\ell = 1$, 或者如果受试者接受对照, 则 $Z_\ell = 0$; 如果受试者接受处理即 $Z_\ell = 1$, 则可观察到接受处理的潜在响应 $r_{T\ell}$, 如果受试者接受对照即 $Z_\ell = 0$, 则可观察到接受对照的潜在响应 $r_{C\ell}$, 以及观察到的响应表示为 $R_\ell = Z_\ell r_{T\ell} + (1 - Z_\ell) r_{C\ell}$. 然而, 现在处理 Z_ℓ 并不是通过公平抛均匀硬币来分配的.

在人群匹配之前, 我们想象一下受试者 ℓ (或个体 ℓ) 以概率 π_ℓ 接受处理, 独立于其他受试者, 其中 π_ℓ 可能因人而异, 且未知. 更确切地说,

$$\pi_\ell = \Pr(Z_\ell = 1 | r_{T\ell}, r_{C\ell}, \mathbf{x}_\ell, u_\ell), \tag{3.1}$$

$$\Pr(Z_1 = z_1, \cdots, Z_L = z_L | r_{T1}, r_{C1}, \mathbf{x}_1, u_1, \cdots, r_{TL}, r_{CL}, \mathbf{x}_L, u_L)$$

$$= \pi_1^{z_1}(1-\pi_1)^{1-z_1} \cdots \pi_L^{z_L}(1-\pi_L)^{1-z_L} = \prod_{\ell=1}^{L} \pi_\ell^{z_\ell}(1-\pi_\ell)^{1-z_\ell}.$$

人们很自然地会问, 刚才假设的是很少还是很多. 人们可能有理由担心, 如果刚刚假设了很多, 也许观察性研究中的核心问题已经恰好被假定不存在. 通过假设困难的问题不存在来解决困难的问题是一种不太可靠的策略, 因此有理由寻求某种保证, 确保这种情况恰好没有发生. 事实上, 情况并非如此. 实际上, 由于未观察到的变量的微妙性质, 可以认为无须任何假设: 总有一个未观察到的 u_ℓ 使得所有这些都成立, 并且以一种非常简单的方式成立. 具体地说, 如果我们设 $u_\ell = Z_\ell$, 则 $\pi_\ell = \Pr(Z_\ell = 1 | r_{T\ell}, r_{C\ell}, \mathbf{x}_\ell, u_\ell)$ 就是 $\Pr(Z_\ell = 1 | r_{T\ell}, r_{C\ell}, \mathbf{x}_\ell, Z_\ell)$, 当然, 如果 $Z_\ell = 1$, 则 $\pi_\ell = 1$, 如果 $Z_\ell = 0$, 则 $\pi_\ell = 0$; 此外, 如此定义 π_ℓ, 则对于观察到的处理分配, 设 $\prod_{\ell=1}^{L} \pi_\ell^{z_\ell}(1-\pi_\ell)^{1-z_\ell}$ 为 1, 且对于所有其他处理分配, 设其为 0, 以及

$$\Pr(Z_1 = z_1, \cdots, Z_L = z_L | r_{T1}, r_{C1}, \mathbf{x}_1, u_1, \cdots, r_{TL}, r_{CL}, \mathbf{x}_L, u_L)$$
$$= \Pr(Z_1 = z_1, \cdots, Z_L = z_L | r_{T1}, r_{C1}, \mathbf{x}_1, Z_1, \cdots, r_{TL}, r_{CL}, \mathbf{x}_L, Z_L)$$

对于观察到的处理分配也是 1, 且对于所有其他处理分配也是 0; 所以在 $u_\ell = Z_\ell$ 的情况下, 上面的一切都以一种非常简单的方式成立. 在采取措施限制未观察到的协变量 u_ℓ 的行为之前, 无须任何假设: 表达式 (3.1) 是一种表示形式, 而不是一个模型, 因为总有一些 u_ℓ 使表达式 (3.1) 成立. 诸如表达式 (3.1) 之类的表示是一种说话方式. 除非它说了一些处理分配的内容有可能是错误的, 否则它不会成为一个模型.

3.2 理想匹配

想象一下, 我们可以找到两位受试者 (个体), 比如说 k 和 ℓ, 使得两位中恰有一位接受处理, 即有 $Z_k + Z_\ell = 1$, 但是他们有相同的接受处理的概率, 即 $\pi_k = \pi_\ell$, 并且我们使这两位受试者成为匹配对.[1] 显然, 创建这个匹配对是一种挑战, 因为我们没有观察到 u_k 和 u_ℓ, 且我们只观察到 r_{Tk} 或 r_{Ck}, 但不是两者都观察到, 并且只观察到 $r_{T\ell}$ 或 $r_{C\ell}$, 但不是两者都观察到. 这是一个挑战, 因为我们无法通过匹配可观察到的量 (observable quantity) Z 来创建这一配对. 但

---

[1] 警觉的读者会注意到, 可能存在两位受试者的假设, 即 k 和 ℓ, 有 $Z_k + Z_\ell = 1$ 但 $\pi_k = \pi_\ell$, 已经超越了表达式 (3.1) 中的单纯表示, 因为它排除了对所有的 i 设 $u_i = Z_i$ 的情况, 而是要求至少两位受试者满足 $0 < \pi_i < 1$.

3.2 理想匹配

我们可以通过对可观察到的 $\mathbf{x}$ 进行匹配来创建这一配对, 即 $\mathbf{x}_k = \mathbf{x}_\ell$, 然后抛掷一枚均匀硬币来确定 (Z_k, Z_ℓ), 指派配对中的一位接受处理, 另一位接受对照; 也就是说, 我们可以通过进行随机配对试验 (randomized paired experiment) 来创建这一配对, 如第 2 章所述. 实际上, 借助随机分配, 在 $\mathbf{x}$ 上进行匹配可能是慎重的做法 [39], 但是不必要满足 $\pi_k = \pi_\ell$, 因为 π 的取值由试验者创建. 如果随机化是不可行或不道德的, 那么如何尝试找到一个处理——对照配对, 使得配对单位 (paired unit) 具有相同的处理概率 $\pi_k = \pi_\ell$?

回到 Joshua Angrist 和 Victor Lavy [5] 的研究中, 该研究涉及班级规模 (class size) 和教育测试成绩 (educational test performance), 尤其是第 1.3 节的 $I = 86$ 对以色列学校, 配对的两所学校中, 一所学校为五年级有 31 到 40 名学生的学校 ($Z = 0$), 另一所学校为五年级有 41 到 50 名学生的学校 ($Z = 1$), 配对中的两所学校在协变量 $\mathbf{x}$ 上进行匹配, 即 $\mathbf{x}$ 为弱势学生 (比如贫困生) 的百分比. 严格遵守 Maimonides 规则要求学生人数稍多一点的五年级分成两个小班进行教学, 而学生人数稍少一点的五年级只在一个大班里教学. 如图 1.1 所示, 这些学校并没有完全遵守 Maimonides 规则, 严格到足以在典型的班级规模上产生很大的差距. 在他们的研究中, (r_T, r_C) 是五年级规模稍大 ($Z = 1$) 或稍小 ($Z = 0$) 的五年级学生的平均测试成绩. 一所五年级规模稍小的学校 ($Z = 0$, 31—40 名学生) 和一所五年级规模稍大的学校 ($Z = 1$, 41—50 名学生) 之间的区别是什么? 恰好地, 它们的区别在于只有少数五年级的学生入学. 似乎合理的说法是, 是否有更多的五年级学生入学是一个相对偶然的事件, 这一事件与在较大或较小规模的五年级中表现出的平均测试成绩 (r_T, r_C) 无关. 也就是说, 按照 Angrist 和 Lavy 的方法建立一项研究, 在以两所学校匹配的 $I = 86$ 个配对中, 两所学校的 π_k 和 π_ℓ 相当接近似乎是合理的情况.

正确地理解, "自然实验 (natural experiment)" 是试图在世界上发现一些罕见的情况, 即在没有特别好的理由的情况下, 也就是说, 偶然地一些人接受了相应的处理, 而另一些人却得不到处理 [4,10,42,58,69,91,112,117,124,129]. "自然" 一词有各种含义, 但 "自然实验" 是一种 "野生实验 (wild experiment)", 而不是 "有益健康的实验 (wholesome experiment)", 自然的含义就像老虎的自然状态, 而不是燕麦片的自然状态. 用不同的方式表达同样的想法: 说 "π_k 和 π_ℓ 相当接近似乎合理" 的想法比肯定地说 "$\pi_k = \pi_\ell$ 的处理方式是随机分配" 的想法要少得多. "偶然性 (haphazard)" 与 "随机化 (randomized)" 相去甚远, Mark Rosenzweig 和 Ken Wolpin [112] 以及 Timothy Besley 和 Anne Case [10] 在回顾几个自然实验时都适当强调了这一点.

尽管如此，似乎可以合理地认为 π_k 和 π_ℓ 对于图 1.1 中 86 个配对的以色列学校来说是相当接近的. 在其他一些背景下, 这可能是不合理的, 比如在美国的一项全国性调查中, 那里的学校是由地方政府资助的, 因此班级规模可能会根据当地社区的富裕或贫困来预测. 即使在以色列的学校, 关于 π_k 和 π_ℓ 似乎很接近的说法也取决于: (1) 与弱势学生的百分比 $\mathbf{x}_k$ 相匹配, 以及 (2) 根据年级组规模 (cohort size) 而不是班级规模 (class size) 来定义 Z_k. 在图 1.1 右上角描绘班级规模和年级组规模的一对箱线图中, 有相当多的学校遵守 Maimonides 规则, 但也有一些违背规则的学校 (即也存在一些偏差): 特别是, 两所五年级学生人数较多的学校 (41—50) 没有严格遵守规则分成两个小班进行授课, 以及数所五年级学生人数较少的学校 (31—40) 没有严格遵守规则人数在更小的班级进行授课. 五年级学生人数的小变异 (small variation) 似乎是偶然的, 但违背 Maimonides 规则可能是对特殊情况蓄意的 (deliberate)、深思熟虑的 (considered) 反应, 因此不是偶然的. 如图 1.1 所示, Z_k 反映了偶然的因素, 即对 Maimonides 规则的敏感性是基于年级组规模, 而不是实现的班级规模. 以这种方式定义 Z_k 类似于随机试验中的 "意向性 (intention-to-treat)" 分析 (第 1.2.6 小节).[2]

假设我们确实可以找到两位受试者 (个体), k 和 ℓ, 具有相同的处理概率 $\pi_k = \pi_\ell$, 其中 π_k 和 π_ℓ 的相同值通常是未知的. 接下来会发生什么呢? 由表达式 (3.1) 可得

$$\Pr(Z_k = z_k, Z_\ell = z_\ell | r_{Tk}, r_{Ck}, \mathbf{x}_k, u_k, r_{T\ell}, r_{C\ell}, \mathbf{x}_\ell, u_\ell) \tag{3.2}$$

$$= \pi_k^{z_k}(1-\pi_k)^{1-z_k}\pi_\ell^{z_\ell}(1-\pi_\ell)^{1-z_\ell} \tag{3.3}$$

$$= \pi_\ell^{z_l+z_k}(1-\pi_\ell)^{(1-z_k)+(1-z_l)}, \quad \text{因为 } \pi_k = \pi_\ell, \tag{3.4}$$

到目前为止, 因为 π_ℓ 是未知的, 这限制了它的使用. 然而, 假设我们找到了两位受试者, k 和 ℓ, 具有相同的处理概率, $\pi_k = \pi_\ell$, 并且恰好有一位接受了处理, $Z_k + Z_\ell = 1$. 考虑到其中一位受试者接受了处理, 那么它是 k 而不是 ℓ 的概率是

$$\Pr(Z_k = 1, Z_\ell = 0 | r_{Tk}, r_{Ck}, \mathbf{x}_k, u_k, r_{T\ell}, r_{C\ell}, \mathbf{x}_\ell, u_\ell, Z_k + Z_\ell = 1)$$

$$= \frac{\Pr(Z_k = 1, Z_\ell = 0 | r_{Tk}, r_{Ck}, \mathbf{x}_k, u_k, r_{T\ell}, r_{C\ell}, \mathbf{x}_\ell, u_\ell)}{\Pr(Z_k + Z_\ell = 1 | r_{Tk}, r_{Ck}, \mathbf{x}_k, u_k, r_{T\ell}, r_{C\ell}, \mathbf{x}_\ell, u_\ell)}$$

---

[2] 正如第 1.2.6 小节中所述, Z_k 的这一定义为使用年级组规模 Z_k 作为实际班级规模的工具提供了可能性, 实际上 Angrist 和 Lavy [5] 报告了工具变量分析.

$$= \frac{\pi_\ell^{1+0}(1-\pi_\ell)^{(1-1)+(1-0)}}{\pi_\ell^{1+0}(1-\pi_\ell)^{(1-1)+(1-0)} + \pi_\ell^{0+1}(1-\pi_\ell)^{(1-0)+(1-1)}}$$

$$= \frac{\pi_\ell(1-\pi_\ell)}{\pi_\ell(1-\pi_\ell) + \pi_\ell(1-\pi_\ell)} = \frac{1}{2}.$$

与表达式 (3.2) 不同的是, 这将是非常有用的. 如果我们能在人群中的 L 位受试者中找到总共 $2I$ 个不同的受试者以这种方式匹配成 I 组配对, 那么我们就可以在配对的随机试验中重建处理分配 Z 的分布, 并且处理的因果效应推断也是简单的; 事实上, 第 2 章的方法将是适用的.[3] 请记住, 我们在这里谈论的是纯粹的想象、假设、希望、抱负和尝试, 与第 2 章中由随机化产生的简单的、不可否认的事实截然不同. 用谚语的话说: "假如愿望都能实现, 乞丐都会发财."

目前情况如何? 正如已经看到的, 理想的匹配是将个体 k 和 ℓ 进行配对, 他们具有不同的处理 $Z_k + Z_\ell = 1$, 但有相同的处理概率 $\pi_k = \pi_\ell$. 如果我们能做到这一点, 我们就能从观察性数据 (observational data) 中重建一项随机试验; 然而, 我们做不到这一点. 寻找 "自然实验" 的明智尝试就是向这个理想前进的尝试. 这就是你对待理想的方式: 你尝试向它们前进. 毫无疑问, 即使不是大多数, 也有许多 "自然实验" 都未能产生这种理想的配对 [10, 112]; 此外, 即使一个 "自然实验" 成功了, 也无法确定它是否真的成功了. 第二种接近理想的尝试是找到一个环境, 在这个环境中, 用于确定处理分配的协变量是已测量的协变量 $\mathbf{x}_k$, 而不是未观察到的协变量 u_ℓ, 然后对已测量的协变量 $\mathbf{x}_k$ 进行近距离匹配 (match closely).[4] 对观察到的协变量进行匹配是本书第 II 部分的主题. 虽然我们看不到 π_k 和 π_ℓ, 也看不出它们是否相当接近, 但对 π_k 和 π_ℓ 的接近程度提供一个不完全和部分的检验也许可以让我们看到一些事情. 这引出了第 1.2.4 小节中提到的 "准试验 (quasi-experiment)" 方法 [13, 15, 69, 119], 如多个对照组 [62, 84, 87], "多个操作 (multiple operationalism)" 或一致性 (coherence) [15, 47, 76, 90, 128], "对照结构 (control construct)" 和已

---

[3]刚才提出的论证是文献 [81] 中提出的一般论证的最简单版本.

[4]例如, 见 David Gross 和 Nicholas Souleles 的论点, 引用自他们论文 [40] 第 4.2 节. 第 8 章中的例子尝试使用这两种方法, 尽管这两种尝试可能都不完全令人信服. 在第 8 章中, 通过比较妇科肿瘤医师 (gynecological oncologists, GOs) 和内科肿瘤医师 (medical oncologists, MOs) 两种类型的化疗提供者, 卵巢癌 (ovarian cancer) 患者接受的化疗剂量是有所不同的, 后者提供的治疗强度更高. 测量了最重要的临床协变量, 包括临床分期 (clinical stage)、肿瘤分级 (tumor grade)、组织学 (histology) 和相伴疾病 (comorbid conditions). 尽管有这两类化疗很好的尝试, 但即使经过协变量调整, GOs 对 MOs 的分配是否偶然也仍不清楚, 而且很有可能肿瘤学家对患者的了解比电子病历记录的要多得多.

知效应 [68,86,87,119,133], 以及一种或多种成为响应的预处理措施.[5] 即使当 "π_k 和 π_ℓ 非常接近看似合理"时, 我们也需要了解接近而不是相等的后果, 了解它们接近的程度可能不如我们所希望的那样接近, 了解它们的差距可能大得令人失望. 通过敏感性分析提供这些问题的答案; 参见第 3.4 节.

3.3 一个朴素的模型: 看起来可比的人是可比的

3.3.1 通过抛有偏硬币来分配处理, 这些未知偏倚由观察到的协变量确定

本章标题中两个模型中的第一个模型断言, 相当朴素地 (rather naïvely) 说, 那些在已测量协变量 $\mathbf{x}_k$ 方面看起来具有可比性的人实际上是可比较的, 并且在很大程度上, 运气的因素决定了每一个处理分配. 大多数观察性研究报告, 或许简短或许详细, 至少有一项分析试验性地假设朴素模型 (naïve model) 是真实的. 大多数与观察性研究相关的争议和怀疑都是对这种模型的朴素性 (naïveté) 的一种或另一种引用.

朴素模型以两种相当严格的方式限制了 (3.1) 式的表示. 首先, 在 $(r_{T\ell}, r_{C\ell}, \mathbf{x}_\ell, u_\ell)$ 条件下, 处理分配概率, $\pi_\ell = \Pr(Z_\ell = 1 | r_{T\ell}, r_{C\ell}, \mathbf{x}_\ell, u_\ell)$, 可能依赖于观察到的协变量 $\mathbf{x}_\ell$, 但不依赖于潜在响应 $(r_{T\ell}, r_{C\ell})$ 和未观察到的协变量 u_ℓ. 其次, 该模型对所有的 ℓ, 都有 $0 < \pi_\ell < 1$, 因此每个人 ℓ 都有机会接受处理, $Z_\ell = 1$, 或接受对照, $Z_\ell = 0$. 联合 (3.1) 式, 则朴素模型为

$$\pi_\ell = \Pr(Z_\ell = 1 | r_{T\ell}, r_{C\ell}, \mathbf{x}_\ell, u_\ell) = \Pr(Z_\ell = 1 | \mathbf{x}_\ell) \tag{3.5}$$

且

---

[5]图 1.2 是一个准试验推理的例子. 图 1.2 是 Susan Dynarski [26] 的研究成果, 比较了四组而不是比较两组的大学入学率, 比如说其中的两组: 当 1979—1981 年福利计划实施时父亲已故的子女, 以及当 1982—1983 年该计划被取消后父亲已故的子女. 图 1.2 显示了父亲在世的子女在大学入学率上的小变异, 他们从来没有资格参加这项计划. 这是一个小的但很有用的检测: 它表明, 对 1979—1981 年和 1982—1983 年父亲已故的子女进行比较, 尽管完全与时间混淆了, 但可能不会因这种混淆而产生严重偏倚, 因为在这段时间里, 未受计划影响的群体的大学入学率没有明显的变化. 图 1.2 中的准试验设计被广泛使用, 并以各种不完全有用的名称为人所知, 包括 "前后检验非等效对照组设计 (pretest–posttest nonequivalent control group design)" 和 "双重差分设计 (difference-in-differences design)". Kevin Volpp 等人 [131] 将这一设计应用于医学领域, 研究住院医师 (medical resident) 在医院的最大工作时间减少到每周 80 小时对患者死亡率可能产生的影响. 一般性讨论见文献 [1, 7, 9, 14, 92]. Garen Wintemute 等人的研究 [135], 如第 4.3 节中所讨论的, 包含了另一个使用 "对照结构" 的准试验推理的例子, 也就是一个被认为不受处理影响的结果. 他们感兴趣的是枪支管制法 (gun control law) 的修改对使用枪支的暴力犯罪 (violent crime using guns) 可能产生的影响. 人们不会指望枪支管制法的修改会对非暴力、非枪支犯罪产生实质性的影响, 因此这类犯罪的发生率取决于他们的对照结构或未受影响的结果, 见第 4.3 节. 在第 12.3 节中我们讨论了两个受不同偏倚影响的对照组的例子.

$$0 < \pi_\ell < 1, \ell = 1, 2, \cdots, L, \tag{3.6}$$

以及有

$$\Pr(Z_1 = z_1, \cdots, Z_L = z_L | r_{T1}, r_{C1}, \mathbf{x}_1, u_1, \cdots, r_{TL}, r_{CL}, \mathbf{x}_L, u_L) \tag{3.7}$$

$$= \prod_{\ell=1}^{L} \pi_\ell^{z_\ell} (1 - \pi_\ell)^{1-z_\ell}. \tag{3.8}$$

如果处理 Z_ℓ 是由独立抛掷一枚均匀硬币 (independent flip of a fair coin) 所分配: 那么 $\pi_\ell = 1/2, \ell = 1, 2, \cdots, L$, 且表达式 (3.5)—(3.8) 都为真, 则这个朴素模型将是正确的. 事实上, 如果处理 Z_ℓ 由一组有偏硬币独立抛掷所分配, 则这个朴素模型将是正确的, 在这种情况下, 当两个人 k 和 ℓ, 具有相同的观察到的协变量 $\mathbf{x}_k = \mathbf{x}_\ell$, 使用相同的有偏硬币, 且没有硬币以概率 1 或 0 出现正面时; 那么表达式 (3.5)—(3.8) 都是成立的. 为了使表达式 (3.5)—(3.8) 成立, 则不一定要知道这些硬币产生的偏倚, 但必须知道偏倚只取决于 $\mathbf{x}_\ell$. 模型 (3.5)—(3.8) 的第一个特征表明, 在给定 $\mathbf{x}$ 条件下, 处理分配 Z 与 (r_T, r_C, u) 条件独立, 或用 Phillip Dawid [23] 的符号表示为 $Z \| (r_T, r_C, u) | \mathbf{x}$. 在文献 [104] 中, Donald Rubin 和作者将这个朴素模型 (3.5)—(3.8) 定义为 "给定 $\mathbf{x}$ 的强可忽略处理分配 (strongly ignorable treatment assignment given $\mathbf{x}$)".[6]

正如稍后将看到的, 如果朴素模型 (3.5)—(3.8) 为真, 那将是非常方便的. 如果模型 (3.5)—(3.8) 是真的, 则观察性研究中的因果推断将成为一个机械问题 (mechanical problem), 因此, 如果样本量很大, 并且遵循了某些步骤, 而且在这些步骤中没有出错, 那么就会产生正确的因果推断; 计算机可以做到这一

---

[6]从技术上讲, 给定 $\mathbf{x}$ 条件下强可忽略处理分配是指对所有 $\mathbf{x}$ 有 $Z \| (r_T, r_C) | \mathbf{x}$ 且 $0 < \Pr(Z = 1 | \mathbf{x}) < 1$, 或者在单个表达式中对所有 $\mathbf{x}$ 有 $0 < \Pr(Z = 1 | r_T, r_C, \mathbf{x}) = \Pr(Z = 1 | \mathbf{x}) < 1$; 也就是说, 没有明确提及未观察到的协变量 u. 作者在这里而不是在第 3.4 节中引入 u, 因为有必要简化第 3.3 节和第 3.4 节之间的转换.

本脚注的其余部分是稍微技术性的内容, 讨论了在表达式 (3.5) 和文献 [104] 中给出的条件之间的正式关系; 只有那些极度好奇的人才会感兴趣. 简单地说 [23, 引理 3], 条件 (3.5) 意味着对所有 $\mathbf{x}$ 有 $Z \| (r_T, r_C) | \mathbf{x}$ 且 $0 < \Pr(Z = 1 | \mathbf{x}) < 1$. 同样, 简单地说 [23, 引理 3], 如果表达式 (3.5) 为真, 那么 (i) $Z \| (r_T, r_C) | (\mathbf{x}, u)$, (ii) 对所有 $\mathbf{x}$, $0 < \Pr(Z = 1 | \mathbf{x}) < 1$, 且 (iii) $Z \| u | \mathbf{x}$ 都为真. 此外, (ii) 和 (iii) 一起意味着对所有 $(\mathbf{x}, u)$, 有 (iv) $0 < \Pr(Z = 1 | \mathbf{x}, u) < 1$ 成立. 换句话说, 条件 (3.5) 既蕴含了给定 $\mathbf{x}$ 的强可忽略性, 也蕴含了给定 $(\mathbf{x}, u)$ 的强可忽略性. 现在, 条件 (i) 和 (iv), 没有条件 (iii), 是第 3.4 节中敏感性模型 (sensitivity model) 的关键要素: 如果 u 被测量并包含在 $\mathbf{x}$ 中, 处理分配将是强可忽略的; 所以无法测量 u 是我们问题的根源. 此外, 如果除 (i) 和 (iv) 之外, 条件 (iii) 也为真, 那么条件 (3.5) 和给定 $\mathbf{x}$ 的强可忽略性也成立. 简而言之, 在给定 $(\mathbf{x}, u)$ 的强可忽略性的基础上加上条件 (iii), 就蕴含了给定 $\mathbf{x}$ 的强可忽略性 (strong ignorability given $\mathbf{x}$). 换句话说, 我们可以合理地将第 3.3 节的朴素模型作为第 3.4 节的敏感性模型, 并将条件 (iii) 中 $Z \| u | \mathbf{x}$ 表示的与 u 的不相关性也考虑进来.

点. 因此, 如果模型 (3.5)—(3.8) 为真, 那就方便多了. 相信某件事是真的, 因为如果它是真的就方便了, 这是一个关于朴素性的合理定义.

理想匹配和朴素模型

如果朴素模型是正确的, 那么只要将接受处理的受试者 (处理对象) 和接受对照的受试者 (对照者) 用观察到的协变量 **x** 的相同值进行匹配, 就可以简单地产生第 3.2 节的理想匹配. 这紧跟在模型 (3.5)—(3.8) 和第 3.2 节的讨论之后. 如果朴素模型为真, 只需对观察到的协变量 **x** 进行匹配, 就可以从观察性数据中重建随机配对试验中处理分配 Z 的分布. 如果模型 (3.5)—(3.8) 为真, 则传统的统计分析方法——配对 t-检验、Wilcoxon 符号秩检验、m-估计等——可以用于正确推断, 如果模型 (3.5)—(3.8) 不真, 则这些方法很有可能失败.

什么是倾向性评分?

到目前为止, 我们一直在谈论如何精确匹配 **x**, 这似乎很容易做到. 如果 **x** 包含许多协变量, 那么将处理对象和对照者用相同或相似的 **x** 进行匹配即使可能也是很困难的. 例如, 假设 **x** 包含 20 个协变量. 那么, 任何一位受试者 ℓ, 可能在第一个协变量上高于或低于中位数 (两种可能性), 在第二个协变量上高于或低于中位数 (另外两种可能性, 到目前为止有 $2 \times 2 = 4$ 种可能性), 以此类推. 仅就每个协变量高于或低于中位数而言, 就有 $2 \times 2 \times \cdots \times 2 = 2^{20} = 1\,048\,576$ 种可能性, 或者超过一百万种可能性. 在成千上万的受试者中, 即使是有限的匹配, 要找到两位受试者匹配到所有 20 个协变量的中位数的同一侧通常是很难的. 事实证明, 这并不像最初看上去那么困难, 因为有一个叫"倾向性评分"的方法 [104].

在一个无限总体的 L 位受试者的样本中, 倾向性评分 [104] 是在给定观察到的协变量 **x** 条件下, 处理 $Z = 1$ 的条件概率, 或 $e(\mathbf{x}) = \Pr(Z = 1|\mathbf{x})$. 该定义的几个方面值得立即强调. 倾向性评分是根据观察到的协变量 **x** 来定义的, 无论朴素模型 (3.5)—(3.8) 是否为真, 也就是说, 通过对观察到的协变量 **x** 进行匹配, 是否可以产生第 3.2 节中的"理想匹配". 模型 (3.5)—(3.8) 的形式正确地表明, 当模型 (3.5)—(3.8) 为真时, 倾向性评分 $e(\mathbf{x}) = \Pr(Z = 1|\mathbf{x})$ 将更有用; 然而, 无论模型 (3.5)—(3.8) 是否为真, 倾向性评分是根据可观察到的量 Z 和 **x** 的值决定的. 在随机试验中, 由于随机分配, 倾向性评分是已知的. 相比之下, 在观察性研究中, 倾向性评分通常是未知的; 然而, 因为 $e(\mathbf{x}) = \Pr(Z = 1|\mathbf{x})$ 是根据可观察到的量即处理分配 Z 和观察到的协变量 **x** 定义的, 所以可以直

接估计观察性研究中的倾向性评分. 在随机试验中, (3.1) 中的 π_ℓ 是已知的, 在观察性研究中, π_ℓ 是未知的, 但因为 π_ℓ 取决于未观察到的 (r_T, r_C, u) 以及 $\mathbf{x}$, 在观察性研究中不可能估计 π_ℓ. 当然, 如果朴素模型 (3.5)—(3.8) 为真, 则 $\pi_\ell = e(\mathbf{x}_\ell)$; 的确, 这实际上是该模型的关键特征 (defining feature).

3.3.2 倾向性评分的平衡性质

倾向性评分有几个有用的性质. 无论朴素模型 (3.5)—(3.8) 是否为真, 第一个性质即平衡性质 (balancing property) 始终成立. 平衡性质 [104] 是指接受处理 ($Z = 1$) 和接受对照 ($Z = 0$) 的受试者具有相同倾向性评分 $e(\mathbf{x}) = \Pr(Z = 1|\mathbf{x})$, 则它们观察到的协变量 $\mathbf{x}$ 的分布相同,

$$\Pr\{\mathbf{x}|Z = 1, e(\mathbf{x})\} = \Pr\{\mathbf{x}|Z = 0, e(\mathbf{x})\} \tag{3.9}$$

或等价于

$$Z \parallel \mathbf{x} | e(\mathbf{x}), \tag{3.10}$$

故在给定倾向性评分的条件下, 处理指标 Z 和观察到的协变量 $\mathbf{x}$ 条件独立.[7]

由于平衡性质即表达式 (3.10), 如果你将两个人 k 和 ℓ 配对, 其中一个人接受处理, $Z_k + Z_\ell = 1$, 使得他们具有相同的倾向性评分 $e(\mathbf{x}_k) = e(\mathbf{x}_\ell)$, 则他们观察到的协变量可能具有不同的值, 即 $\mathbf{x}_k \neq \mathbf{x}_\ell$, 但是在这个配对中, 观察到的协变量 $(\mathbf{x}_k, \mathbf{x}_\ell)$ 的具体值与处理分配机制 (Z_k, Z_ℓ) 无关. 如果以这种方式形成许多个配对, 即使匹配对中的个体通常具有不同的 $\mathbf{x}$ 值, 但在处理组 ($Z = 1$) 和对照组 ($Z = 0$) 中观察到的协变量 $\mathbf{x}$ 的分布看起来大致相同. 虽然很难同时匹配 20 个协变量, 但是很容易在一个协变量即倾向性评分 $e(\mathbf{x})$ 上匹配, 并且在 $e(\mathbf{x})$ 上的匹配将趋向于平衡所有 20 个协变量.

在第 2 章国家支持工作示范 (NSW) 随机试验中, 表 2.1 显示了在观察到的协变量 $\mathbf{x}$ 上的平衡. 随机化独自使得观察到的协变量 $\mathbf{x}$ 趋于平衡, 表 2.1 组合了随机化和匹配. 在观察性研究中, 通常可以匹配倾向性评分 $e(\mathbf{x})$ 的估计

---

[7]证明很简单 [104]. 回顾以下关于条件期望 (conditional expectation) 的基本性质: 如果 A, B 和 C 是随机变量, 则 $E(A) = E\{E(A|B)\}$ 且 $E(A|C) = E\{E(A|B,C)|C\}$. 从条件独立性的定义出发, 要证明表达式 (3.10), 只需证明 $\Pr(Z = 1|\mathbf{x}, e(\mathbf{x})) = \Pr(Z = 1|e(\mathbf{x}))$. 因为 $e(\mathbf{x})$ 是 $\mathbf{x}$ 的函数, 以条件 $\mathbf{x}$ 确定 $e(\mathbf{x})$, 所以 $\Pr(Z = 1|\mathbf{x}, e(\mathbf{x})) = \Pr(Z = 1|\mathbf{x}) = e(\mathbf{x})$. 因为 $Z = 0$ 或者 $Z = 1$, 对任意随机变量 D, 有 $\Pr(Z = 1|D) = E(Z|D)$. 令 $A = Z, B = \mathbf{x}, C = e(\mathbf{x})$, 我们有 $\Pr\{Z = 1|e(\mathbf{x})\} = E(Z|e(\mathbf{x})) = E\{E\{Z|\mathbf{x}, e(\mathbf{x})\}|e(\mathbf{x})\} = E\{\Pr\{Z = 1|\mathbf{x}, e(\mathbf{x})\}|e(\mathbf{x})\} = E\{\Pr\{Z = 1|\mathbf{x}\}|e(\mathbf{x})\} = E\{e(\mathbf{x})|e(\mathbf{x})\} = e(\mathbf{x}) = \Pr(Z = 1|\mathbf{x})$, 这就是所需证明的.

$\hat{e}(\mathbf{x})$, 并在观察到的协变量 $\mathbf{x}$ 上产生平衡, 即类似于表 2.1 中的平衡; 例如, 请参见第 8 章.

在平衡协变量方面, 随机化是一种比匹配倾向性评分估计值更强大的工具. 不同之处在于, 倾向性评分只平衡观察到的协变量 $\mathbf{x}$, 而随机化则平衡观察到的协变量 (observed covariate)、未观察到的协变量 (unobserved covariate) 和潜在响应 (potential response), $(r_T, r_C, \mathbf{x}, u)$. 这种不同是你看不到的: 随机化对你看不到的东西做出了承诺. 正式地说, 如果你在 $e(\mathbf{x})$ 上进行匹配, 那么 $Z \| \mathbf{x} | e(\mathbf{x})$, 但如果你通过抛均匀硬币来分配处理, 那么 $Z \| (r_T, r_C, \mathbf{x}, u)$. 随机化提供了一个依据 (basis), 相信一个未观察到的协变量 u 是平衡的, 但倾向性评分匹配并没有提供相信这一点的依据.

本书的第 II 部分讨论了匹配的实际方面, 倾向性评分 $e(\mathbf{x})$ 的估计值 $\hat{e}(\mathbf{x})$ 是使用的工具之一; 参阅第 9.2 节.[8] 通常, 倾向性评分的估计 $\hat{e}(\mathbf{x})$ 基于一个模型, 例如 logit 模型, 将处理分配 Z 和观察到的协变量 $\mathbf{x}$ 关联起来. logit 模型可以包括 $\mathbf{x}$ 中协变量的交互项 (interaction)、多项式 (polynomial) 和变换 (transformation), 因此它不必是一个狭义理解的线性 logit 模型. 为了方便起见, 使用 logit 模型估计 $\hat{e}(\mathbf{x})$; 其他方法可以且已经被使用, 例如文献 [34, 67, 137, 141]. 匹配后, 通过比较在处理组和对照组中观察到的协变量的分布来检查观察到的协变量的平衡, 如表 2.1 和表 8.1 所示; 一般性讨论见第 10.1 节. 因为已知表达式 (3.10) 对于真实的倾向性评分 $e(\mathbf{x})$ 是成立的, 所以对协变量平衡的检查, 如表 8.1 所示, 是对产生估计的倾向性评分 $e(\mathbf{x})$ 的模型进行诊断性检查, 并且可能导致对该模型的修正.

在大多数 (但不是所有) 情况下, 当你用一个估计值 (例如 $\hat{e}(\mathbf{x})$) 代替未知的真实参数 $e(\mathbf{x})$ 时, 估计值的性能比真实参数的性能稍差. 事实上, 这种情况并不适用于倾向性评分: 估计的倾向性评分 $\hat{e}(\mathbf{x})$ 往往比真实的倾向性评分 $e(\mathbf{x})$ 稍好一些. 估计的评分倾向于稍过拟合, 在用于构造评分的数据集中, 对观察到的协变量 $\mathbf{x}$ 产生略好于随机平衡 (chance balance) 的效果. 估计的评分会产生 "过多的协变量平衡", 但因为倾向性评分是用来平衡协变量的, 所以 "过多的协变量平衡" 也没问题.[9]

---

[8]本书第 II 部分使用了比 (3.10) 中所述的更强版本的平衡性. 具体地说, 如果你要在 $e(\mathbf{x})$ 和 $\mathbf{x}$ 的任何其他方面, 比如 $h(\mathbf{x})$ 上进行匹配, 你仍然要平衡 $\mathbf{x}$, 也就是说, 对于任意 $h(\mathbf{x})$, 有 $Z \| \mathbf{x} | \{e(\mathbf{x}), h(\mathbf{x})\}$. 参阅文献 [104], 以了解证明中需要的小调整.

[9]理论论证也表明, 估计的倾向性评分可能比真实的倾向性评分具有更好的性质; 参阅文献 [81, 85].

3.3.3 倾向性评分和可忽略处理分配

倾向性评分的平衡性质即表达式 (3.10) 总是正确的, 但如果朴素模型 (3.5)—(3.8) 为真, 则倾向性评分的第二个性质将随之而来. 回想一下, 如果模型 (3.5)—(3.8) 为真, 那么通过对观察到的协变量 $\mathbf{x}$ 进行匹配, 就可以简单地产生第 3.2 节的 "理想匹配". 再回想一下, 可能很难对 $\mathbf{x}$ (包含多个协变量) 中的每一个协变量进行近距离匹配, 但很容易匹配一个变量, 即倾向性评分 $e(\mathbf{x})$, 并且这样做可以平衡所有 $\mathbf{x}$ 的变量. 第二个性质结束此循环. 它表示: 如果模型 (3.5)—(3.8) 成立, 那么仅通过匹配倾向性评分 $e(\mathbf{x})$ 就可以产生第 3.2 节的 "理想匹配" [104]. 证明很短: "理想匹配" 就是在 $\pi_\ell = \Pr(Z_\ell = 1 | r_{T\ell}, r_{C\ell}, \mathbf{x}_\ell u_\ell)$ 上匹配, 但如果朴素模型 (3.5)—(3.8) 为真, 则 $\pi_\ell = e(\mathbf{x}_\ell)$, 因此匹配倾向性评分就是匹配 π_ℓ. 换句话说, 如果它足以匹配观察到的协变量 $\mathbf{x}$, 则它也足以在倾向性评分 $e(\mathbf{x})$ 上匹配.

刚才讨论的问题涉及倾向性评分的第二个性质, 该性质在朴素模型 (3.5)—(3.8) 为真时成立. 第二个性质可以用另一种方式表达. 朴素模型 (3.5)—(3.8) 假定:

$$Z \| (r_T, r_C, u) | \mathbf{x}, \tag{3.11}$$

且表达式 (3.11) 意味着倾向性评分的第二个性质:

$$Z \| (r_T, r_C, u) | e(\mathbf{x}), \tag{3.12}$$

因此单个变量 $e(\mathbf{x})$ 可以用来代替 $\mathbf{x}$ 中观察到的许多协变量.[10]

3.3.4 总结: 将两项任务分开, 一项是机械的, 另一项是科学的

如果朴素模型 (3.5)—(3.8) 为真, 那么在配对随机试验中, 处理分配 $\mathbf{Z}$ 的分布可以在观察性研究中通过简单匹配观察到的协变量 $\mathbf{x}$ 来产生. 如果 $\mathbf{x}$ 中包含许多观察到的协变量, 这可能是一个挑战. 但事实上, 匹配一个协变量, 即倾向性评分 $e(\mathbf{x})$, 将平衡所有观察到的协变量 $\mathbf{x}$, 且如果模型 (3.5)—(3.8) 为真, 这种匹配也将在配对随机试验中产生处理分配 $\mathbf{Z}$ 的分布. 更好的是, 检查匹配是否平衡了观察到的协变量是很简单的; 只需检查匹配的处理组和对照组在 $\mathbf{x}$ 上分布是否相似.

---

[10]用技术术语来说, 如果在给定 $\mathbf{x}$ 的情况下处理分配是强可忽略的, 那么在给定 $e(\mathbf{x})$ 的情况下它也是强可忽略的. 这个版本的证明也很简短 [104]. 在脚注 7 中, 我们看到 $\Pr\{Z = 1 | e(\mathbf{x})\} = \Pr\{Z = 1 | \mathbf{x}\}$. 表达式 (3.11) 说明 $\Pr\{Z = 1 | r_T, r_C, \mathbf{x}, u\} = \Pr\{Z = 1 | \mathbf{x}\}$. 两式合起来可知 $\Pr\{Z = 1 | r_T, r_C, \mathbf{x}, u\} = \Pr\{Z = 1 | e(\mathbf{x})\}$, 即意味着表达式 (3.12).

朴素模型 (3.5)—(3.8) 很重要, 但这并不是因为它可信, 而是因为它不可信. 在观察性研究中几乎总是出现争议和怀疑, 几乎总是重新提及这个模型的幼稚. 相反, 朴素模型 (3.5)—(3.8) 很重要, 因为它清晰地把观察性研究中的推断分为两项可分离的任务. 一项是相当机械的任务, 通常可以成功完成, 并且在第二项任务开始之前可以看到已经成功地完成了. 这第一项任务可以采取匹配处理对象和对照者的形式, 以便观察到的协变量被认为是平衡的. 第一项任务是比较处理前看起来具有可比性的处理对象和对照者. 第二项任务关注的是, 那些看起来有可比性的人可能并没有可比性. 如果人们没有被随机分配到处理组, 那么他们接受处理可能是有原因的, 但是我们看不到这些原因, 因为观察到的协变量 $\mathbf{x}$ 提供了处理前对情况 (或病情) 的不完整描述. 第二项任务不是机械性的, 而是科学性的任务, 它可能会引起争议, 很难让事情迅速彻底地结束; 因此, 这项任务更具挑战性, 也更有趣. 自然实验的巧妙机遇 (opportunity)、准试验的灵活策略 (devices)、敏感性分析的技术工具 (从未识别模型 (nonidentified model) 中提取信息)——这些都是参与第二项任务的尝试.

3.4 敏感性分析: 看起来相似的人可能会不同

3.4.1 什么是敏感性分析?

如果朴素模型 (3.5)—(3.8) 为真, 则随机配对试验中的处理分配 $\mathbf{Z}$ 的分布可以通过匹配观察到的协变量 $\mathbf{x}$ 来重建. 在一项特定的研究中, 批评者 (critic) 通常会认为朴素模型可能不成立. 它的确有可能是错误的. 通常, 批评者认为研究者对观察到的协变量 $\mathbf{x}$ 进行匹配, 因此接受处理和接受对照的受试者被认为在 $\mathbf{x}$ 方面具有可比性, 但批评者指出, 研究者没有测量特定的协变量 u, 没有对 u 进行匹配, 因此不能断言处理组和对照组在 u 方面具有可比性. 在随机试验中, 这种批评可以被忽略——随机化确实倾向于对未观察到的协变量进行平衡——但在观察研究中, 这种批评不能被忽略. 批评者继续说, 这种未观察到的协变量 u 的差异是处理组和对照组的结果不同的真正原因: 这不是处理导致的效应, 而是研究者对 u 未进行测量和控制不平衡导致的. 虽然严格来说这不是必要的, 但批评者通常会有一种优越感: "这绝不会发生在我的实验室里."

重要的是从一开始就要认识到, 我们的批评者可能是, 但不一定是, 站在天使一边. 烟草业及其 (有时是杰出的) 顾问正是以这种方式批评了将吸烟与肺癌联系起来的观察性研究 [125]. 在这种情况下, 这种批评是错误的. 研究者和他们的批评者立场一致 [11].

除非有办法说明朴素模型的错误程度, 否则很难, 甚至不可能给出这种论点的具体形式. 在一项观察性研究中, 人们永远无法确信朴素模型完全正确. 与朴素模型有微小偏差对研究结论的影响微不足道. 但如果与朴素模型有足够大的偏差将推翻任何研究的结果. 因为这两个事实总是正确的, 所以它们很快就耗尽了有用性. 因此, 偏差的大小 (magnitude of the deviation) 至关重要. 一项观察性研究对来自未测量协变量 u 的偏倚的敏感性是指出现与朴素模型多大的偏离程度才能实质性地改变研究的结论.[11]

观察性研究中的第一个敏感性分析是关于吸烟和肺癌的分析. 1959 年, Jerry Cornfield 和他的同事 [20] 询问一个未观察到的协变量 u 的偏倚需要多大才足以改变观察性研究得出的大量吸烟导致肺癌的结论. 他们的结论是, 偏倚的程度需要很大才足以改变结论.

3.4.2 敏感性分析模型: 来自随机分配的定量偏差

朴素模型 (3.5)—(3.8) 表示, 具有相同的观察到的协变量 $\mathbf{x}_k = \mathbf{x}_\ell$ 的两个人 k 和 ℓ, 在给定 $(r_T, r_C, \mathbf{x}, u)$ 的条件下, 具有相同的处理概率, 即 $\pi_k = \pi_\ell$, 其中 $\pi_k = \Pr(Z_k = 1 | r_{Tk}, r_{Ck}, \mathbf{x}_k, u_k)$ 且 $\pi_\ell = \Pr(Z_\ell = 1 | r_{T\ell}, r_{C\ell}, \mathbf{x}_\ell, u_\ell)$. 敏感性分析模型谈到了在表达式 (3.1) 中相同的概率, 认为朴素模型 (3.5)—(3.8) 可能是错误的, 但在一定程度上受参数 $\varGamma \geqslant 1$ 控制. 具体来说就是, 具有相同的观察到的协变量 $\mathbf{x}_k = \mathbf{x}_\ell$ 的两个人 k 和 ℓ, 接受处理的优势 (odds)[12] 分别为 $\pi_k/(1-\pi_k)$ 和 $\pi_\ell/(1-\pi_\ell)$, 它们最多相差一个乘数 $\varGamma$; 也就是说, 在表达式 (3.1) 中,

$$\text{当 } \mathbf{x}_k = \mathbf{x}_\ell \text{ 时, 有 } \frac{1}{\varGamma} \leqslant \frac{\pi_k/(1-\pi_k)}{\pi_\ell/(1-\pi_\ell)} \leqslant \varGamma. \tag{3.13}$$

如果在不等式 (3.13) 中 $\varGamma = 1$, 则 $\pi_k = \pi_\ell$, 因此模型 (3.5)—(3.8) 成立; 也就是说, $\varGamma = 1$ 对应于朴素模型. 在第 3.1 节中, 表达式 (3.1) 被认为是一种表示 (representation) 而不是一个模型 (model) —— 对于适当定义的 u_ℓ 来说, 这

---

[11]一般来说, 如果假设放宽, 敏感性分析要问的是依赖于假设的论点的结论会如何变化. 这术语有时被误用来指执行几个相似的统计分析, 而不考虑它们所依赖的假设. 如果几个统计分析都依赖于同一个假设 —— 例如, 朴素模型 (3.5)—(3.8) —— 那么执行几个这样的分析并不能提供对该假设失败的后果的见解.

[12]优势是表达概率的另一种方式. 概率和优势以不同的形式传递着相同的信息. $\pi_k = 2/3$ 的概率是 $\pi_k/(1-\pi_k) = 2$ 或者 2∶1 的优势. 赌徒更喜欢优势 (赔率) 而不是概率, 因为优势是用公平投注的赔率 (公平投注的价格) 来表示事件发生的可能性. 很容易从概率 π_k 得到优势 $\omega_k = \pi_k/(1-\pi_k)$, 再从优势 ω_k 得到概率 $\pi_k = \omega_k/(1-\omega_k)$.

一点总是正确的——而该表达式取 $\pi_\ell = 0$ 或 $\pi_\ell = 1$ 时,这意味着在不等式 (3.13) 中 $\varGamma = \infty$. 换句话说,$\varGamma = 1$ 和 $\varGamma = \infty$ 之间的 $\varGamma$ 的数值定义了一个范围,该范围以朴素模型 (3.5)—(3.8) 开始,以在某种意义上总是正确的但又空洞的假定,即以表达式 (3.1) 结束. 始终正确的空洞陈述即表达式 (3.1) 是对"关联 (相关) 并不意味着因果关系 (causation)"的陈述,也就是说,与朴素模型的足够大的偏离可以将任何观察到的关联解释为非因果关系.

如果 $\varGamma = 2$,且如果你 k 和我 ℓ,看起来是一样的,因为我们有相同的观察到的协变量 $\mathbf{x}_k = \mathbf{x}_\ell$,那么你接受处理的可能性是我的两倍,因为我们在一些尚未测量的方面存在差异. 例如,如果你的 $\pi_k = 2/3$ 和我的 $\pi_\ell = 1/2$,那么你接受处理而非对照的优势是 $\pi_k/(1-\pi_k) = 2$ 或 $2:1$,而我接受处理而非对照的优势是 $\pi_\ell/(1-\pi_\ell) = 1$ 或 $1:1$,且你接受处理的可能性 (概率) 是我的两倍,即在不等式 (3.13) 中 $\{\pi_k/(1-\pi_k)\}/\{\pi_\ell/(1-\pi_\ell)\} = 2$ 的优势比.[13]

3.4.3 对观察到的协变量配对时的敏感性分析模型

敏感性分析模型 (3.13) 在其适用性方面是相当普遍的 ([93, 第 4 章] 和 [101]),但在这里它可能对匹配对产生了影响 [83]. 假设两位受试者 k 和 ℓ,具有相同的观察到的协变量,$\mathbf{x}_k = \mathbf{x}_\ell$,它们是配对的,确切地说,它们中的一位接受处理,另一位接受对照,$Z_k + Z_\ell = 1$. 那么在表达式 (3.1) 中,k 接受处理和 ℓ 接受对照的概率为

$$\Pr(Z_k = 1, Z_\ell = 0 | r_{Tk}, r_{Ck}, \mathbf{x}_k, u_k, r_{T\ell}, r_{C\ell}, \mathbf{x}_\ell, u_\ell, Z_k + Z_\ell = 1)$$
$$= \frac{\pi_k(1-\pi_\ell)}{\pi_k(1-\pi_\ell) + \pi_\ell(1-\pi_k)}. \tag{3.14}$$

如果在表达式 (3.1) 中加上敏感性模型 (3.13) 成立的条件,那么经过简单的代数运算就可得到

$$\frac{1}{1+\varGamma} \leqslant \frac{\pi_k(1-\pi_\ell)}{\pi_k(1-\pi_\ell) + \pi_\ell(1-\pi_k)} \leqslant \frac{\varGamma}{1+\varGamma}. \tag{3.15}$$

---

[13]含蓄地说,批评者是在说,未能测量 u 是问题的根源,或者 (3.5) 用 $(\mathbf{x}, u)$ 代替 $\mathbf{x}$ 是正确的,但仅用 $\mathbf{x}$ 是不正确的. 也就是说,批评者说的是 $\pi_\ell = \Pr(Z_\ell = 1 | r_{T\ell}, r_{C\ell}, \mathbf{x}_\ell, u_\ell) = \Pr(Z_\ell = 1 | \mathbf{x}_\ell, u_\ell)$,如第 3.1 节所述,由于未观察到的变量的微妙性质,这是一种表述方式,而不是实质的区别. 如果我们正式理解 $\pi_\ell = \Pr(Z_\ell = 1 | r_{T\ell}, r_{C\ell}, \mathbf{x}_\ell, u_\ell)$,则就不必坚持 $\pi_\ell = \Pr(Z_\ell = 1 | \mathbf{x}_\ell, u_\ell)$. 相反,总是存在一个标量的未观察到的协变量 u,且 $0 \leqslant u \leqslant 1$,使得 $Z \parallel (r_T, r_C) | (\mathbf{x}, u)$,即未观察到的协变量 $u = \zeta$,其中 $\zeta = \Pr(Z = 1 | r_T, r_C, \mathbf{x})$; 证明见文献 [102, §6.3]. 与 Frangakis 和 Rubin [33] 引入的术语一致,我们可以称这个未观察到的协变量 $u = \zeta$ 为 "主要的未观察到的协变量". 实际上,有界的、标量的主要的未观察到的协变量 $u = \zeta$ 是唯一重要的未观察到的协变量,并且它始终存在. 一个有限的 $\varGamma$ 值将未观察到的协变量 $u = \zeta$ 从一个表示变为模型,因为一个有限的 $\varGamma$ 值意味着 $0 < \zeta < 1$ 而不是 $0 \leqslant \zeta \leqslant 1$.

换句话说, 条件 (3.13) 成为配对个体的新条件 (3.15), 其中一个接受处理, 另一个接受对照, $Z_k + Z_\ell = 1$. 如果 $\varGamma = 1$, 则不等式 (3.15) 中的 3 项都等于 $\frac{1}{2}$, 如第 2 章中的随机试验一样. 随着 $\varGamma \to \infty$, 不等式 (3.13) 中的下界 (lower bound) 趋于零, 上界 (upper bound) 趋于 1.

假设我们不将两个人 k 和 ℓ 配对, 而是将总体 L 个个体的 $2I$ 个个体以这种方式配对, 并坚持在每个配对中两位受试者具有相同的观察到的协变量和不同的处理方式. 将这些配对的受试者重新编号为两个受试者的 I 对, $i = 1, 2, \cdots I$, $j = 1, 2$, 所以在 I 对的每个配对中, $\mathbf{x}_{i1} = \mathbf{x}_{i2}$, $Z_{i1} = 1 - Z_{i2}$.[14] 如果表达式 (3.1) 和不等式 (3.13) 为真, 则 I 对中的处理分配的分布满足

$$Z_{i1}, i = 1, 2, \cdots, I, \text{ 是相互独立的}, \tag{3.16}$$

$$Z_{i2} = 1 - Z_{i1}, i = 1, 2, \cdots, I, \tag{3.17}$$

$$\frac{1}{1+\varGamma} \leqslant \frac{\pi_k(1-\pi_\ell)}{\pi_k(1-\pi_\ell) + \pi_\ell(1-\pi_k)} \leqslant \frac{\varGamma}{1+\varGamma}, \ i = 1, 2, \cdots, I. \tag{3.18}$$

除在试验 (3.14) 中对 $i = 1, 2, \cdots, I$ 的概率为 $\frac{1}{2}$ 之外, 这在形式上与第 2 章随机配对试验中处理分配的分布非常相似, 然而在表达式 (3.16)—(3.18) 中, 处理分配的概率可能因配对而异, 是未知的, 但介于 $1/(1+\varGamma)$ 和 $\varGamma/(1+\varGamma)$ 之间. 如果 $\varGamma = 1.0001$, 那么表达式 (3.14) 与随机配对试验的差异很小, 但是当 $\varGamma \to \infty$ 时, 差异可以变得任意大.

假设我们通过简单应用传统的统计方法 (conventional statistical method), 即第 2 章中的随机配对试验方法, 从配对观察性研究中匹配观察到的协变量 $\mathbf{x}$, 计算出一个 P-值或一个点估计值或置信区间. 如果朴素模型 (3.5)—(3.8) 为真, 即如果 $\varGamma = 1$, 这些推论 (inference) 将具有它们通常的性质. 如果 $\varGamma$ 是某个大于 1 的特定数字, 表明由于无法控制 u 而产生一些偏倚, 那么这些推论会如何变化? 使用表达式 (3.16)—(3.18) 和一些计算, 我们通常可以推导出一个指定 $\varGamma$ 的可能 P-值的范围或点估计或置信区间. 例如, 考虑检验无处理效应零假设的 P-值. 如果朴素模型 $\varGamma = 1$ 导致 P-值为 0.001, 并且如果 $\varGamma = 2$ 产生可能的 P-值范围从 0.0001 到 0.02, 那么一个大小为 $\varGamma = 2$ 的偏倚会产生

---

[14]在复杂的技术意义上, $2I$ 个不同的人, 配对编号和配对中人的编号应该并不能传达关于这些人的任何信息, 除了他们有资格配对之外, 也就是说, 他们有相同的观察到的协变量, 但不同的处理方式. 关于人的信息应该记录在描述他们的变量中, 比如 $Z, \mathbf{x}, u, r_T, r_C$, 而不是记录在他们在数据集中的位置. 你不能仅仅因为你姐夫在去年感恩节上说过的话就把他放在最后一组; 你必须将他编码为一个明确的姐夫 (brother-in-law) 变量. 显然, 很容易构造出满足这个复杂要求的下标: 随机给一个配对进行编号, 然后随机给配对中的人进行编号. 复杂的技术要点是, 在从 (3.1) 中的 L 个人到配对的 $2I$ 个人的过程中, 没有添加任何信息, 也没有隐藏在受试者编号中——配对的标准恰恰是 $2I$ 个不同个体满足 $\mathbf{x}_{i1} = \mathbf{x}_{i2}, Z_{i1} + Z_{i2} = 1$.

更大的不确定性, 但不会改变零假设定性的结论 (qualitative conclusion), 即在显著性水平 $\alpha = 0.05$ 下拒绝无处理效应零假设.

每项研究都对足够大的偏倚很敏感. 总是存在一个 Γ 值, 对于该值和更大的 Γ 值, 使得可能的 P-值的区间包括小的值 (可能是 0.0001) 和大的值 (可能是 0.1). 敏感性分析只是展示推断如何随 Γ 值而变化. 对于吸烟和肺癌来说, 这种偏倚将是巨大的, 比如 $\Gamma = 6$; 见文献 [93, 第 4 章]. 敏感性分析回答的问题是: Γ 必须有多大才能承认批评者的批评可能是正确的? 批评者的批评可能是稀奇古怪的?

现在是考虑一个实例的时候了.

3.5 焊接烟尘和 DNA 损伤

3.5.1 检验无处理效应假设时的敏感性分析

电焊产生的烟尘 (fumes) 含有铬 (chromium) 和镍 (nickel), 在实验室测试中已被判定为具有遗传毒性 [50]. Werfel 等人 [134] 通过比较 39 名男性焊工和 39 名年龄及吸烟习惯相匹配的男性对照者, 寻找人类 DNA 损伤的证据. 表 3.1 显示了两组在匹配中使用的 3 个协变量的可比性. 显然, 表 3.1 对可比性的展示相当有限.

表 3.1 在 39 组匹配的焊工 — 对照对中的协变量平衡

		焊工	对照
男性		100%	100%
吸烟者		69%	69%
年龄	平均值	39	39
	最小值	23	23
	下四分位数	34	32
	中位数	38	36
	上四分位数	46	46
	最大值	56	59

协变量是性别、吸烟和年龄.

Werfel 等人 [134] 提出了几种遗传损伤 (genetic damage) 的测量方法, 包括用蛋白酶 K (proteinase K) 通过聚碳酸酯过滤器 (polycarbonate filters) 的

洗脱率 (elution rates) 测量 DNA 单链断裂 (DNA single strand breakage) 和 DNA–蛋白质交联 (DNA–protein cross-links). 破裂的链条预计会以更高的速度更快地通过过滤器. 图 3.1 描述了 DNA 洗脱率及其匹配对差. 这些差大多是正的, 对焊工具有更高的 DNA 洗脱率, 且这些差关于中位数是相当对称的, 尾部比正态分布长.

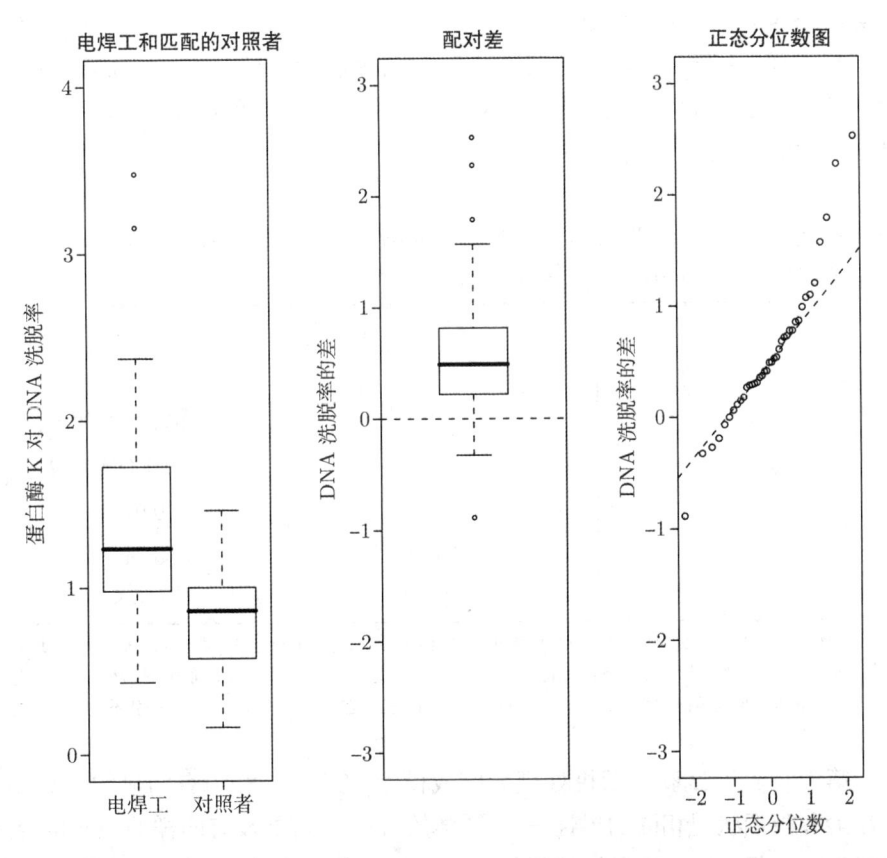

图 3.1　39 名男性电焊工和 39 名按年龄、吸烟匹配的男性对照者用蛋白酶 K 通过聚碳酸酯过滤器的 DNA 洗脱率. 这项含量测定是对 DNA 单链断裂和 DNA–蛋白质交联的测量. 在配对差的箱线图中, 零处有一条虚线. 在正态分位数图中, 线被拟合到中位数和四分位数

表 3.2 是使用 Wilcoxon 符号秩统计量对单侧 P-值的敏感性分析, 以检验无处理效应零假设和暴露于焊接烟尘中会导致 DNA 损伤增加的备择假设. 第一行, $\Gamma = 1$, 是通常的随机化推断, 如果 78 名男性根据年龄和吸烟情况配对, 并随机分配到焊工或非焊工的职业中, 这将是合适的. 在第一行中, 可能的 P-值范围是一个单一的数字, 3.1×10^{-7}, 因为在随机试验中, 处理分配 $\mathbf{Z}$ 的

分布没有不确定性. 朴素模型 (3.5)—(3.8) 也将导致 $\Gamma = 1$ 和表 3.2 第一行中的单个 P-值. 如果这是一个随机试验, 就会有强有力的证据拒绝无效应零假设. 然而, 这并不是一个随机试验. 表 3.2 第一行的 P-值表明, 图 3.1 中看到的差异不可能是偶然造成的, 即抛硬币将一个男人分配给处理, 另一个男人分配给对照. 表 3.2 第一行中的 P-值并没有说明批评者的担忧, 即图 3.1 中看到的差异既不是偶然的, 也不是由于焊接造成的影响, 而是在某种程度上反映了匹配的焊工和对照者不具有可比性. 假设随机化或等效的朴素模型 (3.5)—(3.8), 计算了一个小的 P-值, 这里是 3.1×10^{-7}, 对解决批评者的关注没有任何作用. 然而, 有可能对这一问题进行讨论.

表 3.2 在 39 对年龄和吸烟匹配的男性焊工和男性对照者中, 对单侧 P-值进行敏感性分析, 以检验蛋白酶 K 对 DNA 洗脱率的无处理效应零假设

Γ	$P_{\min}$	$P_{\max}$
1	3.1×10^{-7}	3.1×10^{-7}
2	3.4×10^{-12}	0.00064
3	$< 10^{-15}$	0.011
4	$< 10^{-15}$	0.047
5	$< 10^{-15}$	0.108

该表给出了偏离随机分配的不同大小 Γ 的单侧 P-值下界 (最小值) 和上界 (最大值). 对于 $\Gamma = 1$, 两个 P-值彼此相等, 并且等于第 2 章中的随机化 P-值. 对于 $\Gamma > 1$, 存在一个可能的 P-值范围 $[P_{\min}, P_{\max}]$. 这项研究仅对非常大的偏倚敏感, 例如 $\Gamma = 5$, 因为在这一点上, 范围包括小的和大的、显著的和不显著的 P-值.

第二行允许试验与随机处理分配或模型 (3.5)—(3.8) 有明显的偏离. 两位年龄和吸烟状况相同的男性——同样的 **x**——可能没有同样的职业机会选择成为一名焊工: 一位男性选择焊工这一职业的可能性是另一位男性的两倍, 即 $\Gamma = 2$, 因为他们在未测量协变量 u 方面有所不同. 这就带来了不确定性的新来源, 而不仅仅是偶然因素. 利用表达式 (3.16)—(3.18), 我们可以确定当 $\Gamma = 2$ 时产生的每个可能的 P-值, 结果最小的可能 P-值是 3.4×10^{-12}, 最大的可能 P-值是 0.00064. 尽管大小为 $\Gamma = 2$ 的偏倚会带来更大的不确定性, 但毫无疑问, 无处理效应零假设是不可信的.

如表 3.2 所示, 当偏离随机化的程度大至 $\Gamma = 4$ 时, 对应的所有可能 P-值都小于 0.05. 大小为 $\Gamma = 4$ 的偏倚是与随机试验的一个很大的偏离. 在一项随机试验中, 每个配对中的每位男性接受处理的概率为 $\frac{1}{2}$. 如果 $\Gamma = 4$, 那么在一

个匹配对中, 一位男性可能有 $\Gamma/(1+\Gamma) = 4/5$ 的处理概率, 另一位男性可能有 $1/(1+\Gamma) = 1/5$ 的处理概率; 然而, 即使如此大的偏离随机试验, 也不太可能产生图 3.1 所示的差异.

当 $\Gamma = 5$ 时, 情况发生了变化. 现在, 可能的 P-值范围包括一些比传统 0.05 水平小得多的值, 以及其他一些相当高的值, 范围从 $P < 10^{-15}$ 到 0.108. 即使焊接对 DNA 洗脱率没有影响, 偏离随机分配很大的 $\Gamma = 5$ 也会产生如图 3.1 所示的差异.

3.5.2 计算过程

表 3.2 中的 P-值是精确的: 原则上, 它们可以通过类似于第 2.3.3 小节中的直接枚举产生, 不同之处在于, 不同的处理分配 **Z** 有不同的概率, 并且概率受表达式 (3.16) — (3.18) 约束. 实际的精确计算效率更高. 请参阅附录.

回顾表达式 (3.16) — (3.18) 并考虑如何设置使 T 尽可能大或尽可能小的概率. 在没有 "结" 的情况下, 表 3.2 中的上界是通过将 Wilcoxon 符号秩统计量与随机变量 $\overline{T}$ 的分布进行比较得到的, 该随机变量 $\overline{T}$ 是 I 个独立随机变量的和, $i = 1, 2, \cdots, I$, 随机变量取值为 i 的概率是 $\Gamma/(1+\Gamma)$, 取值为 0 的概率是 $1/(1+\Gamma)$; 见文献 [83]. 同时, 表 3.2 中的下界是通过将 Wilcoxon 符号秩统计量与随机变量 $\underline{T}$ 的分布进行比较得到的, 该随机变量 $\underline{T}$ 是 I 个独立随机变量的和, $i = 1, 2, \cdots, I$, 随机变量取值为 i 的概率是 $1/(1+\Gamma)$, 取值为 0 的概率是 $\Gamma/(1+\Gamma)$.

虽然精确计算对于适中样本量 I 是非常可行的, 但是大样本近似更容易且通常是适当的. 在表 3.2 中, Wilcoxon 符号秩统计量为 $T = 715$, 并且没有 "结". 在没有结的情况下, 对于给定的 Γ, 满足表达式 (3.16) — (3.18) 的 T 的最大零分布 (the largest null distribution)[15] 的期望为

---

[15] "最大分布 (largest distribution)" 是什么意思? 如果对每一个 k 都有 $\Pr(A \geqslant k) \geqslant \Pr(B \geqslant k)$, 则一个随机变量 A 被称为随机大于另一个随机变量 B. 也就是说, 不管标准 k 设置多高, A 比 B 更有可能跳过高度为 k 的标准. 因为这对于每个 k 都是成立的, 故它是随机变量之间的一种相当特殊的关系. 例如, 当 $\Pr(B \geqslant -1.65) = 0.80$, $\Pr(B \geqslant 1.65) = 0.20$ 时, 可能发生 $\Pr(A \geqslant -1.65) = 0.95$, $\Pr(A \geqslant 1.65) = 0.05$, 所以 A 和 B 都不随机大于另一个. 例如, 如果 A 服从均值为 0 和标准差为 1 的正态分布, B 服从均值为 0 和标准差为 2 的正态分布, 这个结果就是正确的 (A 随机大于 B). 绝大多数人的直觉是, Wilcoxon 符号秩统计量的最大零分布是通过将正差的机会提高到其最大值即不等式 (3.18) 中的 $\Gamma/(1+\Gamma)$ 而获得的, 这一直觉被证明是正确的. 在这种情况下, 只需要很小的努力就可以证明分布实际上是随机最大的; 参见文献 [93, 第 4 章]. 在其他情况下, 需要付出更多的努力才能得到相同的结果. 还有一些情况, 只能说是渐近 "最大分布", 也就是说, 只在大样本情况下; 见文献 [37,101] 或 [93, 第 4 章]. 这在实践中没有问题, 因为渐近结果相当充分且易于使用 [93, 第 4 章]; 然而, 它确实使配对情况的理论比 (例如) 每个处理对象匹配几个对照的理论更简单. 要查看配对情况和多个对照情况的相似讨论 (parallel discussion), 请参见文献 [97]. 技术细节参见文献 [101].

$$E(\overline{\overline{T}}|\mathcal{F},\mathcal{Z}) = \frac{\varGamma}{1+\varGamma} \cdot \frac{I(I+1)}{2}, \tag{3.19}$$

且方差为

$$\mathrm{var}(\overline{\overline{T}}|\mathcal{F},\mathcal{Z}) = \frac{\varGamma}{(1+\varGamma)^2} \cdot \frac{I(I+1)(2I+1)}{6}. \tag{3.20}$$

对于 $\varGamma = 1$, 公式 (3.19) 和 (3.20) 简化为第 2.3.3 小节中的随机推断公式, 即 $E(T|\mathcal{F},\mathcal{Z}) = I(I+1)/4$ 和 $\mathrm{var}(T|\mathcal{F},\mathcal{Z}) = I(I+1)(2I+1)/24$. 对于 $\varGamma = 3$, 在公式 (3.19) 中的期望为

$$E(\overline{\overline{T}}|\mathcal{F},\mathcal{Z}) = \frac{3}{1+3} \cdot \frac{39(39+1)}{2} = 585, \tag{3.21}$$

且在公式 (3.20) 中的方差为

$$\mathrm{var}(\overline{\overline{T}}|\mathcal{F},\mathcal{Z}) = \frac{3}{(1+3)^2} \cdot \frac{39(39+1)(2\cdot 39+1)}{6} = 3851.25. \tag{3.22}$$

对于大的 I, 将标准化偏差 (standardized deviate)

$$\frac{T - E(\overline{\overline{T}}|\mathcal{F},\mathcal{Z})}{\sqrt{\mathrm{var}(\overline{\overline{T}}|\mathcal{F},\mathcal{Z})}} = \frac{715 - 585}{\sqrt{3851.25}} = 2.0948 \tag{3.23}$$

与标准正态累积分布 $\varPhi()$ 进行比较, 得出单侧 P-值的近似上界, $1-\varPhi(2.0948) = 0.018$, 与表 3.2 中的精确值 0.011 很接近. 同理可得下界, 且有

$$E(\overline{T}|\mathcal{F},\mathcal{Z}) = \frac{1}{1+\varGamma} \cdot \frac{I(I+1)}{2}, \tag{3.24}$$

再次由公式 (3.20) 得到 $\mathrm{var}(\overline{T}|\mathcal{F},\mathcal{Z}) = \mathrm{var}(\overline{\overline{T}}|\mathcal{F},\mathcal{Z})$.

"结" 是一个小小的不便. 在第 2.3.3 小节的符号中, 期望变成

$$E(\overline{\overline{T}}|\mathcal{F},\mathcal{Z}) = \frac{\varGamma}{1+\varGamma} \sum_{i=1}^{I} s_i q_i, \tag{3.25}$$

$$E(\overline{T}|\mathcal{F},\mathcal{Z}) = \frac{1}{1+\varGamma} \sum_{i=1}^{I} s_i q_i, \tag{3.26}$$

而方差变成

$$\mathrm{var}(\overline{T}|\mathcal{F},\mathcal{Z}) = \mathrm{var}(\overline{\overline{T}}|\mathcal{F},\mathcal{Z}) = \frac{\varGamma}{(1+\varGamma)^2} \sum_{i=1}^{I} (s_i q_i)^2. \tag{3.27}$$

其余的计算没有变化.

3.5.3 置信区间的敏感性分析

表 3.3 是对第 2.4.2 小节中讨论的可加常数处理效应的单侧 95% 置信区间的敏感性分析. 与随机试验一样, 假设 $H_0: r_{Tij} = r_{Cij} + \tau_0$ 是通过对调整后的响应 $R_{ij} - \tau_0 Z_{ij}$ 或等效地对调整后的处理减去对照的配对差 $Y_i - \tau_0$, 进行无处理效应零假设检验. 单侧 95% 置信区间是一组不被单侧 0.05 水平检验拒绝的 τ_0 值.

表 3.3 对 DNA 洗脱率的常数可加处理效应 τ 的单侧 95% 置信区间的敏感性分析

Γ	1	2	3
95% 置信区间	$[0.37, \infty)$	$[0.21, \infty)$	$[0.094, \infty)$

通常, 对于给定的 Γ 值, 通过在 $Y_i - \tau_0$ 上的无效应检验对常数效应假设 $H_0: \tau = \tau_0$ 进行检验. 单侧 95% 置信区间是在单侧 0.05 水平检验中没有被拒绝的一组 τ_0 值. 随着 Γ 的增加, 与 (3.13) 中的随机处理分配有更大的潜在偏差, 且置信区间变长. 例如, 在随机试验 $\Gamma = 1$ 中, $\tau_0 = 0.30$ 的处理效应是不可信的, 但在 $\Gamma = 2$ 的观察性研究中此效应并非不可接受.

从表 3.2 中可以看出, 当 $\Gamma = 4$ 时, 假设 $H_0: \tau = \tau_0$, $\tau_0 = 0$ 几乎没有被拒绝, 因为最大可能的单侧 P-值为 0.047. 当 $\Gamma = 3$ 时, 对于 $\tau_0 = 0.0935$ 的最大可能的单侧 P-值为 0.04859, 而对于 $\tau_0 = 0.0936$ 的最大可能的单侧 P-值为 0.05055, 因此四舍五入到两位有效数字后, 单侧 95% 置信区间为 $[0.094, \infty)$.

3.5.4 点估计的敏感性分析

对于 $\Gamma \geqslant 1$ 的每个值, 敏感性分析将点估计 (即 $\hat{\tau}$) 替换为点估计的区间 (即 $[\hat{\tau}_{\min}, \hat{\tau}_{\max}]$), 这个区间端点是满足表达式 (3.16)—(3.18) 的处理分配的所有分布的最小和最大点估计. 不像检验或置信区间, 而像点估计一样, 这个区间 $[\hat{\tau}_{\min}, \hat{\tau}_{\max}]$ 不反映抽样的不确定性; 然而, 它确实反映了不等式 (3.13) 或表达式 (3.16)—(3.18) 中与随机处理分配的偏离所引入的不确定性.

在第 2.4.3 小节的随机试验中, 常数可加处理效应 τ 的 Hodges-Lehmann 点估计是通过 $Y_i - \tau_0$ 计算 Wilcoxon 符号秩统计量 T 并求解估计 $\hat{\tau}$ 得到的, 并作为使 T 尽可能接近其零期望 $I(I+1)/4$ 的 τ_0 的值. 不难看出[16], 点估计的区间 $[\hat{\tau}_{\min}, \hat{\tau}_{\max}]$ 是通过找到 $\hat{\tau}_{\min}$ 和 $\hat{\tau}_{\max}$ 得到的. 值 $\hat{\tau}_{\min}$ 是由 $Y_i - \hat{\tau}_{\min}$ 计算统计量 T 时, 使它尽可能接近公式 (3.19) 得到的, 而值 $\hat{\tau}_{\max}$ 是由 $Y_i - \hat{\tau}_{\max}$ 计算统计量 T 时, 使它尽可能接近公式 (3.24) 得到的. 例如, 当 $\Gamma = 2$ 时, 在公式 (3.19)

---

[16] 见文献 [80] 或 [93, 第 4 章].

中的最大期望值为 $\{\Gamma/(1+\Gamma)\}I(I+1)/2$ 或者 $\{2/(1+2)\}39(39+1)/2 = 520$. 由 $Y_i - 0.35550001$ 计算 T 时, 则 $T = 519$, 但是由 $Y_i - 0.35549999$ 计算 T 时, 则 $T = 521$, 所以 $\hat{\tau}_{\min} = 0.3555$.

表 3.4 给出了三个不同 Γ 值对应的点估计敏感性区间 $[\hat{\tau}_{\min}, \hat{\tau}_{\max}]$. 当 $\Gamma = 1$ 时, 为单点估计, $\hat{\tau} = 0.51$, 该值在随机试验中可以得到. 偏离随机分配大的 $\Gamma = 3$ 可以将该值减少近一半到 $\hat{\tau}_{\min} = 0.27$.

表 3.4 Hodges-Lehmann (HL) 点估计的敏感性分析, 用于在 DNA 洗脱率上的常数可加处理效应 τ

Γ	1	2	3
HL 点估计	[0.51, 0.51]	[0.36, 0.69]	[0.27, 0.81]

3.6 敏感性分析的参数扩大

3.6.1 什么是参数扩大?

敏感性分析的参数扩大 (amplification of a sensitivity analysis) [110] 是根据一个参数 Γ 定义的敏感性分析的重新解释. 这不是一种新的敏感性分析; 相反, 它是已经进行的 $\Gamma \geqslant 1$ 的敏感性分析的另一种描述. 这是一种不同的、同样正确的关于敏感性分析的叙述, 但新的叙述涉及两个敏感性参数 $\Lambda \geqslant 1$ 和 $\Delta \geqslant 1$, 其中 $\Gamma = (\Lambda \times \Delta + 1)/(\Lambda + \Delta)$. 例如, $\Gamma = 1.25$ 的敏感性分析与 $(\Lambda, \Delta) = (2, 2)$ 的敏感性分析相同, 因为 $(\Lambda \times \Delta + 1)/(\Lambda + \Delta)$ 等于 $(2 \times 2 + 1)/(2 + 2) = 5/4 = 1.25$. 一维敏感性分析的参数扩大推广并连接了原始的 (primal)、对偶的 (dual) 和联立的 (simultaneous) 敏感性分析 [36].

参数扩大有两个优点. 首先, 我们可能会以一种新的方式理解 Γ, 这有时有助于解释和讨论敏感性分析. 其次, 我们可以根据 Γ 进行并报告一维敏感性分析, 但无须重新分析数据, 我们就可以获得该敏感性分析的二维解释. 对于 Γ 的每个值, 有无限多对 (Λ, Δ) 满足等式 $\Gamma = (\Lambda \times \Delta + 1)/(\Lambda + \Delta)$. 比如 $\Gamma = 1.25$ 对应于 $(\Lambda, \Delta) = (2, 2)$, 但 $\Gamma = 1.25$ 也对应于 $(\Lambda, \Delta) = (1.5, 3.5)$ 和 $(\Lambda, \Delta) = (3.5, 1.5)$, 因为 $(1.5 \times 3.5 + 1)/(1.5 + 3.5) = 1.25$. 实际上, 在等式 $\Gamma = (\Lambda \times \Delta + 1)/(\Lambda + \Delta)$ 中, 通过限制 Λ 或 Δ 趋向于 ∞, $\Gamma = 1.25$ 也对应于 $(\Lambda, \Delta) = (1.25, \infty)$ 和 $(\Lambda, \Delta) = (\infty, 1.25)$. 也就是说, 一个数值 Γ 根据 (Λ, Δ) 定义了一条等价曲线, 但这条曲线上所有关于 (Λ, Δ) 的敏感性分析是相同的:

P-值上界相同、点估计的范围相同、置信区间的界限相同.

那么 (Λ, Δ) 到底是什么意思?

3.6.2 关于 (Λ, Δ) 的敏感性分析

在 Fisher 的随机化推断理论中, 推断使用了处理分配 Z_{ij} 的分布, 它是由试验者在随机分配处理时创建的. 在这个理论中, 潜在结果和协变量, $\mathcal{F}$ (或 $\mathscr{F}$), 被认为是"固定的". 这里的"固定"是什么意思? 形式上, 这一理论以潜在结果的值以及观察到的和未观察到的协变量 $\mathcal{F}$ 为条件, 研究者抛掷一枚均匀硬币来确定配对 i 的处理分配, $Z_{i1} = 1$ 或 $Z_{i1} = 0$, 有 $Z_{i2} = 1 - Z_{i1}$. 因为硬币是一枚均匀硬币, 它与潜在结果和协变量 $\mathcal{F}$ 无关, 并且给定它们的值, 硬币仍然有一半的概率是正面, 一半的概率是反面. 这枚硬币的公平性并不是指它出现正面的边际概率 (marginal probability) 为 1/2; 相反, 公平性是指硬币忽略的东西, 即给定 $\mathcal{F}$ 的条件如何不影响硬币. 如果我们认为潜在结果和协变量 $\mathcal{F}$ 是固定的, 那么均匀硬币就不会与它们的值相关, 它有一半的概率会出现正面. 相反, 如果我们将潜在结果和协变量 $\mathcal{F}$ 视为从总体中抽样的结果, 那么无论它们在总体中的分布如何, 均匀硬币都与它们的值无关, 而且有一半的概率会出现正面; 因此, 在给定潜在结果和协变量 $\mathcal{F}$ 的情况下, 抛硬币 Z_{ij} 的条件分布仍然是一次均匀硬币的抛掷. 在固定 $\mathcal{F}$ 或随机 $\mathcal{F}$ 这两种情况下, Fisher 的随机化推断的有效性 (validity) 取决于抛掷均匀硬币来分配处理 (即忽略 $\mathcal{F}$ 的硬币), 而不是依赖于这些潜在结果的起因以及观察到的和未观察到的协变量. 所有这一切在第 2 章中都有详细讨论. 在随机试验中, $\pi_k = \pi_\ell$, 所以表达式 (3.14) 等于 1/2, 且不等式 (3.13) 中 $\Gamma = 1$, 因此不等式 (3.15) 中的 3 项都等于 1/2.

用 Γ 进行的敏感性分析衡量了与随机处理分配的偏离. 它保持了随机试验的结构, 但它允许违反随机分配, 因此 π_k 可能取决于潜在结果以及观察到的和未观察到的协变量. 如果数据来自配对随机试验, 那么必须偏离随机分配多大才能改变数据支持的定性结论? 这就是关于 Γ 的叙述.

关于 (Λ, Δ) 的叙述是不同的, 但它产生相同的计算. 关于 (Λ, Δ) 的叙述是对同样计算的另一种解读.

关于 (Λ, Δ) 的叙述 [110, §3] 并不以潜在结果 (r_{Tij}, r_{Cij}) 为条件; 相反, 它表达了已调整 $\mathbf{x}_{ij}$ 但未能调整 u_{ij} 带来的偏倚. 它是关于两个随机变量 r_{Cij} 和 Z_{ij} 之间的相关性的, 这种关系是通过精确匹配 $\mathbf{x}_{ij}$ 但未能匹配 u_{ij} 而创造的.

在给定观察到的和未观察到的协变量 $(\mathbf{x}_{ij}, u_{ij})$, 但没有给定潜在结果 $(r_{Tij},$

r_{Cij}) 的条件下, 参数 Λ 限制将配对 i 中的第一位个体分配为接受处理即 $1 = Z_{i1} = 1 - Z_{i2}$ 的概率. 这个概率最少是 $1/(1+\Lambda)$, 最多是 $\Lambda/(1+\Lambda)$.

在下一小节定义的某半参数模型下, 在给定观察到的和未观察到的协变量 $(\mathbf{x}_{ij}, u_{ij})$ 的条件下, 参数 Δ 限制配对 i 中 $r_{Ci1} > r_{Ci2}$ 的概率. 这个概率最少是 $1/(1+\Delta)$, 最多是 $\Delta/(1+\Delta)$.

然后, 当 $\Gamma = (\Lambda \times \Delta + 1)/(\Lambda + \Delta)$ 时, 少量的代数计算 [110, 命题 1] 对 $(\Lambda, \Delta) \geqslant (1,1)$ 和 $\Gamma \geqslant 1$ 产生相同的敏感性分析.

对于第 3.5 节中的焊接数据, 当 $\Gamma = 4$ 时, 表 3.2 中检验无效应零假设 H_0 的 P-值上界为 0.047. 因此, $\Gamma = 4$ 的偏倚产生的 P-值太小, 不足以导致在 0.05 的检验水平下接受 H_0. 由于 $4 = (7 \times 9 + 1)/(7 + 9)$, $(\Lambda, \Delta) = (7, 9)$ 的偏倚会产生相同的 P-值上界, 并且太小而不能在 0.05 检验水平下接受 H_0. 在无处理效应的情况下, $(\Lambda, \Delta) = (7, 9)$ 的偏倚意味着 (u_{i1}, u_{i2}) 可以使接受处理 $Z_{i1} = 1$ 的优势增加 $\Lambda = 7$ 倍, 使结果指标的配对差为正即 $Y_i > 0$ 的优势增加 $\Delta = 9$ 倍.

$\Gamma = 4$ 的偏倚也等同于 $(\Lambda, \Delta) = (9, 7)$, $(\Lambda, \Delta) = (5, 19)$ 和 $(\Lambda, \Delta) = (19, 5)$. 实际上, $\Gamma = 4$ 等同于满足 $\Gamma = (\Lambda \times \Delta + 1)/(\Lambda + \Delta)$ 的解的整条曲线.

同样的考虑也适用于置信区间和点估计. 欲了解更多关于 (Λ, Δ) 对 Γ 的解释. 见文献 [100, 表 9.1].

3.6.3 (Λ, Δ) 的确切含义

当前小节 (可以跳过) 更确切地定义了两个参数 (Λ, Δ). 我们设想从一个无限总体中独立地抽样 $(r_{Tij}, r_{Cij}, Z_{ij}, \mathbf{x}_{ij}, u_{ij})$, 然后将接受处理的个体 $Z_{ij} = 1$ 配对到对照个体 $Z_{ij} = 0$, 以形成仅对 $\mathbf{x}_{ij}$ 精确匹配 (matched exactly) 的不相交的配对, 因此对于每组匹配对 i, 有 $\mathbf{x}_{i1} = \mathbf{x}_{i2}$. 就像那些从无限总体中抽取独立样本的模型一样, 这种叙述掩盖了某些略带虚构的方面: 不存在无限总体 (infinite population), 在有限总体 (finite population) 中, 以连续实值协变量 (如年龄) 为条件的不是挑出一个子总体 (亚人群)(subpopulation), 而是挑出一个独特的个体, 依此类推. 假设可以从一个无限总体中独立地抽取一个任意大小的样本 I, 它是在给定连续协变量的条件下定义无限总体中的无限子总体, 这是很常见的, 而且通常在数学上是整洁的, 依此类推. 一个被这些常规的虚构和修饰所困扰的人总是可以回到由 Γ 定义的随机化推断和偏倚上来, 因为这些概念在有限和无限的总体中都有严格的定义. 不管怎样, 关于 (Λ, Δ) 的叙述确实利用了来自无限总体的有限独立样本, 即独立同分布 (iid) 样本.

关于 (Λ, Δ) 的叙述进一步假设潜在结果 (r_{Tij}, r_{Cij}) 和处理 Z_{ij} 在给定协变量 $(\mathbf{x}_{ij}, u_{ij})$ 的条件下是条件独立的,因此,在对 $\mathbf{x}_{ij}$ 匹配的配对中的处理分配的偏倚完全是由于未能对未观察到的协变量 u_{ij} 进行匹配造成的. 记 $V_i = Z_{i1} - Z_{i2} = \pm 1$, $W_i = r_{Ci1} - r_{Ci2}$; 那么, V_i 和 W_i 之间的任何依赖都可能是由于 $u_{i1} \neq u_{i2}$. 记协变量为 $\mathscr{C}$ 或 $\mathcal{C} = \{(\mathbf{x}_{ij}, u_{ij}), i = 1, 2, \cdots, I, j = 1, 2\}$.

假设"处理"是潜在对照组,那么数量 $V_i \cdot W_i$ 是处理减去对照的差,即 $V_i \cdot W_i = (Z_{i1} - Z_{i2}) \cdot (r_{Ci1} - r_{Ci2})$,且如果无处理效应零假设,即对于所有的 i, j,$H_0 : r_{Tij} = r_{Cij}$ 成立,则 $V_i \cdot W_i$ 等于观察到的处理减去对照的响应差 $Y_i = (Z_{i1} - Z_{i2}) \cdot (R_{i1} - R_{i2})$. 如果均匀硬币确定了配对内的处理分配,那么 $\Pr(V_i = 1 | \mathcal{C}) = 1/2$,$\Pr(V_i \cdot W_i | \mathcal{C})$ 将关于零对称. 此外,如果 H_0 成立,那么 $\Pr(Y_i | \mathcal{C})$ 将关于零对称. 另一方面,如果 $\Pr(V_i | \mathcal{C})$ 和 $\Pr(W_i | \mathcal{C})$ 都受到未匹配 (u_{i1}, u_{i2}) 的影响,那么 $\Pr(V_i \cdot W_i | \mathcal{C})$ 可能不关于零对称;因此,即使 H_0 为真,$\Pr(Y_i | \mathcal{C})$ 也可能不关于零对称. 参数 $\Lambda \geqslant 1$ 限制 V_i 和 (u_{i1}, u_{i2}) 之间关联的强度,而参数 $\Delta \geqslant 1$ 限制 W_i 和 (u_{i1}, u_{i2}) 之间关联的强度.

具体地,在第 i 个配对中,$V_i = Z_{i1} - Z_{i2} = 2Z_{i1} - 1 = \pm 1$ 具有 $1/(1+\Lambda) \leqslant \Pr(V_i = 1 | \mathcal{C}) \leqslant \Lambda/(1+\Lambda)$. 因此,起初,参数 Λ 看起来类似于 Γ;然而,Λ 约束以 $\mathcal{C}$ (或 $\mathscr{C}$) 为条件的概率,而 Γ 约束以 $\mathcal{F}$ 为条件的概率. 这里,$\mathcal{C}$ 包含观察到的和未观察到的协变量 $(\mathbf{x}_{ij}, u_{ij})$,但是 $\mathcal{F}$ 还包含潜在的结果 $(r_{Tij}, r_{Cij}, \mathbf{x}_{ij}, u_{ij})$.

因为 W_i 通常不是 ± 1,所以参数 $\Delta \geqslant 1$ 的定义略有不同. 需要一个模型,允许 $\Pr(W_i | \mathcal{C})$ 表现出由参数 Δ 控制的 (u_{i1}, u_{i2}) 产生的关于零的不对称程度. Douglas Wolfe [136] 提出了一个非对称分布的半参数族 (semiparametric family of asymmetric distribution),它是通过取任意对称分布并对它进行变形而产生的. 在 Wolfe 半参数族中,分布 $\Pr(W_i | \mathcal{C})$ 满足:

$$\text{对所有的 } w > 0, \text{ 有 } \Pr(W_i \geqslant w | \mathcal{C}) = \omega_i \cdot \Pr(W_i \leqslant -w | \mathcal{C}). \quad (3.28)$$

每个关于零对称的分布都满足当 $\omega_i = 1$ 时的表达式 (3.28),因此表达式 (3.28) 定义了一个单参数对称变形族 (one-parameter family of deformation of symmetry). 以不同的方式表示,Wolfe 族表达式 (3.28) 对 $|W_i|$ 的分布性质没有约束,但 $W_i = |W_i|$ 的可能性是 $W_i = -|W_i|$ 的可能性的 ω_i 倍. 正如这里所使用的,ω_i 的值会从配对 i 到另一配对 i' 变化,以反映在 (u_{i1}, u_{i2}) 上的差异;见文献 [110, 等式 (9)]. 假设表达式 (3.28) 成立,参数 Δ 被定义为对所有的 i 通过式 $1/\Delta \leqslant \omega_i \leqslant \Delta$ 约束 ω_i. 因此,$\Delta = 1$ 要求对所有 i 的 W_i 具有对称性. 约束 $1/\Delta \leqslant \omega_i \leqslant \Delta$ 连同表达式 (3.28) 意味着

对所有的 $w > 0$, 有 $\dfrac{1}{1+\Delta} \leqslant \Pr(W_i > 0 | \mathcal{C}, |W_i| = w) \leqslant \dfrac{\Delta}{1+\Delta}$. (3.29)

该主张是由 (Λ, Δ) 定义的敏感性分析产生与 $\Gamma = (\Lambda \times \Delta + 1)/(\Lambda + \Delta)$ 相同的灵敏度界限. 这一命题的证明 [110, 命题 1] 本质上表明, 配对 i 将对 Wilcoxon 符号秩统计量 T 做出正贡献的概率有上界 $(\Lambda \times \Delta + 1)/(\Lambda + \Delta)$, 或更准确地说, $\Pr(V_i \cdot W_i > 0 | \mathcal{C}, |W_i|) \leqslant (\Lambda \times \Delta + 1)/(\Lambda + \Delta)$. 换言之, 两种敏感性分析 (一种根据 Γ 定义, 另一种根据 (Λ, Δ) 定义), 产生相同的敏感性界限. 因此, 一个敏感性分析有两个等价的解释.

参数扩大背后的假设可能会被削弱, 但这有可能使这些假设在某种程度上变得更加模糊. Wolfe [136] 模型 (3.28) 表明, 对于所有的 $w > 0$, $\Pr(W_i > 0 | \mathcal{C}, |W_i| = w) = \omega_i/(1 + \omega_i)$, 但这里不需要等式; 相反, 需要约束较少的不等式 (3.29). Albers, Bickel 和 van Zwet [2] 在研究符号秩统计量的分布时引入了在不等式 (3.29) 中的函数 $\mathrm{abz}(w) = \Pr(W > 0 | \mathcal{C}, |W_i| = w)$, 并将在第 19 章再次出现. 对于各种分布, 在文献 [98, §3] 的图 3 中, $\mathrm{abz}(w)$ 针对 w 作图. 在 Wolfe 模型 (3.28) 下, $\mathrm{abz}(w)$ 是一个不随 w 变化的常数, 但导致参数扩大的论证只要求 $\mathrm{abz}(w)$ 在不等式 (3.29) 中有界. 因此, 与其假设 Wolfe 模型 (3.28), 不如假设从 Wolfe 模型中得出的更弱的结论 (3.29). 例如, 如果将一个正常数加到一个双指数 (double-exponential) 或 logistic 随机变量上, 得到的分布不是关于零的对称分布, 但它也不满足 Wolfe 模型 (3.28); 尽管如此, 对于某些 $\Delta < \infty$, 它确实满足不等式 (3.29), 本质上是因为, 对于这些分布, $\mathrm{abz}(w)$ 的边界严格小于 1.[17]

参数 Γ 并不局限于匹配对: 它适用于具有多个对照的匹配样本 [97] 或不匹配的分层比较 [101,111]. 在所有情况下, 我们都可以通过描述大小为 Γ 的偏倚对匹配对的影响, 用 (Λ, Δ) 来解释 Γ 的值.

3.7 不完全匹配导致的偏倚

第 3 章在第 2 章的基础上关注了内部效度 (internal validity), 如第 2.6 节中所讨论的. 也就是说, 重点是对 $2I$ 位匹配个体的处理效应的推断, 而不是在 L 位个体的总体 (人群) 中是否会发现相同的处理效应. 当处理效应因人而异时, 就像第 2.5 中的情况一样, 改变研究中的个体可能会改变效应的大小.

---

[17]相反, 对于具有正期望的正态分布, 当 $w \to \infty$ 时, $\mathrm{abz}(w) \to 1$, 因此不等式 (3.29) 对于任何 $\Delta < \infty$ 都不成立. 请看文献 [98, §3] 的图 3, 这一事实似乎是尾部特别细的正态分布的一个特性, 而不是 (3.29) 的一个特性.

虽然内部效度不是必需的, 但在实践中通常会匹配人群中的所有处理对象, 使得匹配对的数量 I 等于在 L 位个体的可用人群中的处理对象的人数即 $\sum Z_\ell$. 这里的目标是外部效度 (external validity) 的一个方面, 特别是在 L 位个体的原始人群中谈论处理效应的能力. 如果 L 位个体的总体本身是一个来自无限总体的随机样本, 并且如果所有处理对象都是匹配的, 那么在朴素模型 (3.5)—(3.8) 下, 平均的处理减去对照的观察响应差 (average treated-minus-control difference in observed response), 即 $(1/I)\sum Y_i$, 将是对通常接受处理的人的期望处理效应 $E(r_T - r_C|Z=1)$ 的无偏估计; 然而, 如果删除一些处理对象, 这通常是不正确的, 造成了所谓的 "不完全匹配导致的偏倚 (bias due to incomplete matching)" [108]. 除非有明确指示, 否则第 II 部分中的匹配方法将匹配所有处理受试者.

如果总体 (人群) 中一些处理对象 ℓ 有倾向性评分接近 1, 即 $e(\mathbf{x}_\ell) \approx 1$, 则他们将很难匹配. 几乎每个有这种协变量 $\mathbf{x}_\ell$ 的人都会接受处理. 与其根据极端的倾向性评分 $e(\mathbf{x}_\ell)$ 逐一删除个体, 通常还不如回到协变量 $\mathbf{x}_\ell$ 本身, 也许将研究人群重新定义为 L 位受试者的原始人群的一个亚人群. 用 $e(\mathbf{x}_\ell)$ 定义的人群对其他研究者来说可能没有什么意义, 而用一两个熟悉的协变量 $\mathbf{x}_\ell$ 定义的人群对其他研究者来说则有明确的意义. 在这个重新定义的人群中, 所有接受处理的受试者都是匹配的. 例如, 在一项关于 14 岁加入帮派对后续暴力行为影响的研究中 [44,45], 少数 13 岁的极端暴力、长期暴力的男孩都在 14 岁加入帮派. 这几个极端暴力的男孩没有合适的对照者——所有潜在对照者比这几个不到 14 岁的男孩的暴力程度要低得多. 令人失望的是, 似乎没有一种可行的方法来估计总是接受处理的亚人群的处理效应. 研究使用了 14 岁之前有暴力行为的人群, 对他们进行了重新定义, 以排除极度长期暴力的亚人群, 但没有人声称在该亚人群中会发现类似的处理效应. 有关帮派研究的进一步讨论, 请参见第 13.4 节.

在医学研究中, 临床试验开始时通常使用一些预处理协变量定义的各种纳入和排除标准. 与此同时, Colin Fogarty 等人 [30] 提出了一种计算机化方法 (computerized method), 当不可能对所有接受治疗的个体进行匹配时, 该方法有助于构造一个可解释的接受治疗的个体的亚人群. 该方法试图用 $\mathbf{x}_\ell$ 而不是倾向性评分 $e(\mathbf{x}_\ell)$ 来定义亚人群. 有关子集匹配的各种方法, 请参见文献 [21,99,127].

3.8 小结

本章已经讨论了观察性研究中两种简单的处理分配模型. 这两个模型定义并划分了研究者面临的两项任务.

第一个模型是朴素模型: 在观察到的协变量 $\mathbf{x}_\ell$ 上看起来有可比性的两个人具有可比性. 在 $\mathbf{x}_\ell$ 方面看起来有可比性的人据说是 "表面上可比较的 (ostensibly comparable)"; 从表面上看, 他们似乎具有可比性, 但他们可能不可比. 如果朴素模型是正确的, 那么对于观察到的协变量 $\mathbf{x}_\ell$, 匹配接受处理和接受对照的受试者就足够了. 更准确地说, 如果朴素模型是正确的, 并且接受处理和接受对照的受试者是匹配的, 使得在相同的匹配集 i 中, 不同的受试者 j 和 k 有 $\mathbf{x}_{ij} = \mathbf{x}_{ik}$, 那么仅这一点就可以再现在随机试验中处理分配的分布. 观察性研究的关键困难在于, 通常很少或没有理由相信朴素模型是正确的.

第二个敏感性分析模型: 在观察到的协变量 $\mathbf{x}_\ell$ 方面看起来可比的人, 可能会在一个或多个未测量协变量 u_ℓ 方面有所不同. 敏感性分析模型表明, 两位受试者 j 和 k 在观察到的协变量方面看起来相似, 因此可能被放置在相同的匹配集 i 中, 即两位具有相同 $\mathbf{x}_{ij} = \mathbf{x}_{ik}$ 的受试者接受处理的优势可能相差 $\varGamma \geqslant 1$ 倍. 当 $\varGamma = 1$ 时, 敏感性分析模型退化为朴素模型, 产生了在随机试验中的处理分配的分布. 当 $\varGamma > 1$ 时, 处理分配概率是未知的, 但只是在有界程度上的未知. 对于 $\varGamma \geqslant 1$ 的每个固定值, 都有一个可能的推断范围, 例如, 可能 P-值的区间或点估计的区间或置信区间的端点. 对于 $\varGamma = 1$, P-值的区间或点估计的区间退化为一个单点, 即随机化推断. 当 $\varGamma \to \infty$ 时, 区间变宽, 直到在某一点上, 区间变长到不能提供信息, 例如, 包括了小的和大的 P-值. 敏感性分析确定了由 $\varGamma$ 衡量的偏倚的大小, 这些偏倚确实存在才可能在定性上改变研究结论, 也就是说, 产生一个如此长的区间, 以至于它无任何信息. 这样的 $\varGamma$ 总是存在的, 但 $\varGamma$ 的数值在不同的观察性研究之间有很大的不同. 朴素模型假设 $\varGamma = 1$. "关联并不意味着因果关系" 这句话指的是令 $\varGamma \to \infty$. 敏感性分析根据手头的数据确定相关的 $\varGamma$ 值.

这两个模型定义并划分了观察性研究中的两项任务. 第一项任务是比较那些看起来有可比性的人. 第一项任务可以在某种程度上机械地完成: 我们可能会到达一个阶段, 在这个阶段中, 我们都被迫同意, 根据观察到的协变量 $\mathbf{x}$, 在替代处理下被比较的人确实看起来具有可比性. 此时, 第一项任务完成了. 本书的第 II 部分讨论了第一项任务, 即对观察到的协变量进行匹配. 第二项任务是解决这样一种可能性, 即处理组和对照组的不同结果不是由处理引起的, 而是在某种程度上反映了处理组和对照组在未测量的协变量方面不具有可比性. 第二项任务不是机械任务, 也不是可以交给计算机的任务. 第二项任务更具挑战性, 也因此更有趣, 因为它备受争议. 敏感性分析、第 5 章的策略和第 III — V 部分的概念是针对第二项任务的.

3.9 延伸阅读

在本书中, 有关倾向性评分的进一步讨论见第 9 章, 有关敏感性分析的进一步讨论见第 5 章以及第 III — V 部分. 倾向性评分起源于文献 [104], 并在文献 [22, 24, 41, 46, 48, 52, 63, 65, 67, 78, 79, 81, 85, 94, 106, 107, 113–115, 130]、文献 [93, 第 3 章] 和文献 [100, 第 5 章] 中进行了讨论. 这里描述的敏感性分析方法不限于匹配对, 并在文献 [28, 29, 31, 37, 83, 88, 89, 94, 97, 101, 103, 140]、[93, 第 4 章] 和 [100, 第 9 章] 中进行了讨论; 另见文献 [59]. 放大效应在 [110] 和 [100, 第 9 章] 中讨论. Qingyuan Zhao 将 Γ 的值定义为 "灵敏度值 (sensitivity value)", Γ 产生 P-值 α, 通常 $\alpha = 0.05$; Γ 是一个随机变量, 他研究了它的随机性质. 敏感性分析的其他方法在文献 [16, 18–20, 35, 36, 38, 53, 61, 64–66, 70, 80, 82, 105, 116, 121, 138, 142] 中进行了讨论. 关于敏感性分析的一些应用, 见文献 [6, 17, 25, 60, 71, 122, 143].

3.10 软件

R 软件包 DOS2 中的函数 senWilcox 执行对 Wilcoxon 符号秩检验、Hodges-Lehmann 估计和相关置信区间的敏感性分析. 此外, 还有一个由 Markus Gangl 设计的 stata 模块 RBOUNDS 和一个由 Luke Keele 设计的 R 包 rbounds. 另请参阅第 19 章中的软件部分, 了解其他检验统计量的敏感性分析.

对于平均值和其他 m-统计量, 敏感性分析在包 sensitivitymult 的函数 senm 和 senmCI 中实现. 前言中提到的 shinyapp 在后台运行 sensitivitymult. 当匹配多个对照 (可能是数量可变的对照) 时, 也可以使用这些函数. 包 sensitivityfull 对完全匹配执行敏感性分析.

对于未匹配的比较, 无论是否分层, R 软件包 senstrat 可对各种检验统计量进行敏感性分析 [101].

R 软件包 sensitivitymult 和 sensitivitymv 中的函数 amplify 执行将一个敏感性参数 Γ 扩大为两个等效参数 Λ 和 Δ 所需的简单计算, 如文献 [110] 所示.

Samuel Pimentel [75, §4.3] 的 R 包 rcbsubset 实现了第 3.7 节中的子集

匹配.

附录中的精确敏感性分析是在 R 包 DOS2 的函数 senWilcoxExact 中实现的.

3.11 数据

在 R 软件包 DOS2 的数据集 werfel 中, 可找到第 3.5 节中来自文献 [134] 的电焊工数据, 其帮助文件再现了第 3.5 节的内容.

附录: 敏感性分析的精确计算

对于小到中等的样本量 I, 作为 I 个概率母函数 (probability generating function) 的卷积 (convolution), Wilcoxon 符号秩统计量分布的精确上界可以在 R 中快速得到. 我们仅考虑没有结的情况. Pagano 和 Tritchler [73] 观察到, 通过将快速傅里叶变换应用于特征函数 (characteristic function) 或母函数的卷积, 经常可以在多项式时间 (polynomial time) 内获得置换分布 (permutation distribution). 这里, 概率母函数与 R 函数 convolve 一起使用.

$\overline{T}$ 的分布是 I 个独立随机变量的和的分布, $i = 1, 2, \cdots, I$, 取 i 值的概率为 $\Gamma/(1+\Gamma)$, 取 0 值的概率为 $1/(1+\Gamma)$. 第 i 个随机变量具有概率母函数

$$h_i(x) = \frac{1}{1+\Gamma} + \frac{\Gamma x^i}{1+\Gamma}, \tag{3.30}$$

并且 $\overline{\overline{T}}$ 具有母函数 $\prod_i^I h_i(x)$. 在 R 软件中, 取整数值 $0, 1, 2, \cdots, B$ 的随机变量的母函数由 $B+1$ 维的向量表示, 其 $b+1$ 坐标给出随机变量等于 b 的概率. 例如, $h_3(x)$ 表示为

$$\left(\frac{1}{1+\Gamma}, 0, 0, \frac{\Gamma}{1+\Gamma}\right). \tag{3.31}$$

$\overline{\overline{T}}$ 的分布通过用 $1+I(I+1)/2$ 坐标表示 $\prod_i^I h_i(x)$ 的向量的卷积得到, 同时给出 $\Pr(\overline{\overline{T}} = b)$, $b = 0, 1, 2, \cdots, I(I+1)/2$, 其中 $I(I+1)/2 = \sum i$.

参考文献

[1] Abadie, A.: Semiparametric difference-in-differences estimators. Rev. Econ. Stud. **72**, 1–19 (2005)

参考文献

[2] Albers, W., Bickel, P. J., van Zwet, W. R.: Asymptotic expansions for the power of distribution free tests in the one-sample problem. Ann. Stat. **4**, 108–156 (1976)

[3] Angrist, J., Hahn, J.: When to control for covariates? Panel asymptotics for estimates of treatment effects. Rev. Econ. Stat. **86**, 58–72 (2004)

[4] Angrist, J. D., Krueger, A. B.: Empirical strategies in labor economics. In: Ashenfelter, O., Card, D. (eds.) Handbook of Labor Economics, vol. 3, pp. 1277–1366. Elsevier, New York (1999)

[5] Angrist, J. D., Lavy, V.: Using Maimonides' rule to estimate the effect of class size on scholastic achievement. Q. J. Econ. **114**, 533–575 (1999)

[6] Armstrong, C. S., Blouin, J. L., Larcker, D. F.: The incentives for tax planning. J. Accounting Econ. **53**, 391–411 (2012)

[7] Athey, S., Imbens, G. W.: Identification and inference in nonlinear difference-in-differences models. Econometrica **74**, 431–497 (2006)

[8] Becker, S. O., Caliendo, M.: Sensitivity analysis for average treatment effects. Stata J. **7**, 71–83 (2007)

[9] Bertrand, M., Duflo, E., Mullainathan, S.: How much should we trust difference-in-differences estimates? Q. J. Econ. **119**, 249–275 (2004)

[10] Besley, T., Case, A.: Unnatural experiments? Estimating the incidence of endogenous policies. Econ. J. **110**, 672–694 (2000)

[11] Bross, I. D. J.: Statistical criticism. Cancer **13**, 394–400 (1961)

[12] Bross, I. D. J.: Spurious effects from an extraneous variable. J. Chron. Dis. **19**, 637–647 (1966)

[13] Campbell, D. T.: Factors relevant to the validity of experiments in social settings. Psychol. Bull. **54**, 297–312 (1957)

[14] Campbell, D. T.: Reforms as experiments. Am. Psychol. **24**, 409–429 (1969)

[15] Campbell, D. T.: Methodology and Epistemology for Social Science: Selected Papers. University of Chicago Press, Chicago (1988)

[16] Carnegie, N. B., Harada, M. Hill, J. L.: Assessing sensitivity to unmeasured confounding using a simulated potential confounder. J. Res. Educ. Effect **9**, 395–420 (2016)

[17] Chi, S. S., Shanthikumar, D. M.: Local bias in Google search and the market response around earnings announcements. Account Rev. **92**, 115–143 (2016)

[18] Copas, J. B., Eguchi, S.: Local sensitivity approximations for selectivity bias. J. R. Stat. Soc. B **63**, 871–896 (2001)

[19] Copas, J. B., Li, H. G.: Inference for non-random samples. J. R. Stat. Soc. B **59**, 55–77 (1997)

[20] Cornfield, J., Haenszel, W., Hammond, E., Lilienfeld, A., Shimkin, M., Wynder, E.: Smoking and lung cancer: recent evidence and a discussion of some questions. J. Natl. Cancer Inst. **22**, 173–203 (1959)

[21] Crump, R. K., Hotz, V. J., Imbens, G. W., Mitnik, O. A.: Dealing with limited overlap in estimation of average treatment effects. Biometrika **96**, 187–199 (2009)

[22] D'Agostino, R. B.: Propensity score methods for bias reduction in the comparison of a treatment to a non-randomized control group. Stat. Med. **17**, 2265–2281 (1998)

[23] Dawid, A. P.: Conditional independence in statistical theory (with Discussion). J. R. Stat. Soc. B **41**, 1–31 (1979)

[24] Dehejia, R. H., Wahba, S.: Propensity score-matching methods for nonexperimental causal studies. Rev. Econ. Stat. **84**, 151–161 (2002)

[25] Diprete, T. A., Gangl, M.: Assessing bias in the estimation of causal effects: Rosenbaum bounds on matching estimators and instrumental variables estimating with imperfect instruments. Sociol. Method **34**, 271–310 (2004)

[26] Dynarski, S. M.: Does aid matter? Measuring the effect of student aid on college attendance and completion. Am. Econ. Rev. **93**, 279–288 (2003)

[27] Fenech, M., Changb, W. P., Kirsch-Voldersc, M., Holland, N., Bonassie, S., Zeiger, E.: HUMN project: detailed description of the scoring criteria for the cytokinesis-block micronucleus assay using isolated human lymphocyte cultures. Mutat. Res. **534**, 65–75 (2003)

[28] Fogarty, C. B.: Studentized sensitivity analysis for the sample average treatment effect in paired observational studies. J. Am. Stat. Assoc. (2019, to appear).

[29] Fogarty, C. B., Small, D. S.: Sensitivity analysis for multiple comparisons in matched observational studies through quadratically constrained linear programming. J. Am. Stat. Assoc. **111**, 1820–1830 (2016)

[30] Fogarty, C. B., Mikkelsen, M. E., Gaieski, D. F., Small, D. S.: Discrete optimization for interpretable study populations and randomization inference in an observational study of severe sepsis mortality. J. Am. Stat. Assoc. **111**, 447–458 (2016)

[31] Fogarty, C. B., Shi, P., Mikkelsen, M. E., Small, D. S.: Randomization inference and sensitivity analysis for composite null hypotheses with binary outcomes in matched observational studies. J. Am. Stat. Assoc. **112**, 321–331 (2017)

[32] Foster, E. M., Bickman, L.: Old wine in new skins: the sensitivity of established findings to new methods. Eval. Rev. **33**, 281–306 (2009)

[33] Frangakis, C. E., Rubin, D. B.: Principal stratification in causal inference. Biometrics **58**, 21–29 (2002)

[34] Franklin, J. M., Eddings, W., Glynn, R. J., Schneeweiss, S.: Regularized regression versus the high-dimensional propensity score for confounding adjustment in secondary database analyses. Am. J. Epidemiol. **182**, 651–657 (2015)

[35] Gastwirth, J. L.: Methods for assessing the sensitivity of comparisons in Title VII cases to omitted variables. Jurimetrics J. **33**, 19–34 (1992)

[36] Gastwirth, J. L., Krieger, A. M., Rosenbaum, P. R.: Dual and simultaneous sensitivity analysis for matched pairs. Biometrika **85**, 907–920 (1998)

[37] Gastwirth, J. L., Krieger, A. M., Rosenbaum, P. R.: Asymptotic separability in sensitivity analysis. J. R. Stat. Soc. B **62**, 545–555 (2000)

[38] Greenland, S.: Basic methods of sensitivity analysis. Int. J. Epidemiol. **25**, 1107–1116 (1996)

[39] Greevy, R., Lu, B., Silber, J. H., Rosenbaum, P. R.: Optimal matching before randomization. Biostatistics **5**, 263–275 (2004)

[40] Gross, D. B., Souleles, N. S.: Do liquidity constraints and interest rates matter for consumer behavior? Evidence from credit card data. Q. J. Econ. **117**, 149–185 (2002)

[41] Hahn, J. Y.: On the role of the propensity score in efficient semiparametric estimation of average treatment effects. Econometrica **66**, 315–331 (1998)

[42] Hamermesh, D. S.: The craft of labormetrics. Ind. Labor Relat. Rev. **53**, 363–380 (2000)

[43] Hansen, B. B.: The prognostic analogue of the propensity score. Biometrika **95**, 481–488 (2008)

[44] Haviland, A., Nagin, D. S., Rosenbaum, P. R.: Combining propensity score matching and group-based trajectory analysis in an observational study. Psychol. Methods **12**, 247–267 (2007)

[45] Haviland, A. M., Nagin, D. S., Rosenbaum, P. R., Tremblay, R. E.: Combining group-based trajectory modeling and propensity score matching for causal inferences in nonexperimental longitudinal data. Dev. Psychol. **44**, 422–436 (2008)

[46] Hirano, K., Imbens, G. W., Ridder, G.: Efficient estimation of average treatment effects using the estimated propensity score. Econometrica **71**, 1161–1189 (2003)

[47] Hill, A. B.: The environment and disease: association or causation? Proc. R. Soc. Med. **58**, 295–300 (1965)

[48] Hill, J. L., Waldfogel, J., Brooks-Gunn, J., Han, W. J.: Maternal employment and child development: a fresh look using newer methods. Dev. Psychol. **41**, 833–850 (2005)

[49] Ho, D. E., Imai, K., King, G., Stuart, E. A.: Matching as nonparametric preprocessing for reducing model dependence in parametric causal inference. Polit. Anal. **15**, 199–236 (2007)

[50] International Agency for Research on Cancer: IARC Monographs on the Valuation of Carcinogenic Risks of Chemicals to Humans: Chromium, Nickel and Welding, vol. 49, pp. 447–525. IARC, Lyon (1990)

[51] Imai, K.: Statistical analysis of randomized experiments with non-ignorable missing binary outcomes: an application to a voting experiment. Appl. Stat. **58**, 83–104 (2009)

[52] Imbens, G. W.: The role of the propensity score in estimating dose response functions. Biometrika **87**, 706–710 (2000)

[53] Imbens, G. W.: Sensitivity to exogeneity assumptions in program evaluation. Am. Econ. Rev. **93**, 126–132 (2003)

[54] Imbens, G. W.: Nonparametric estimation of average treatment effects under exogeneity: a review. Rev. Econ. Stat. **86**, 4–29 (2004)

[55] Imbens, G. W., Wooldridge, J. M.: Recent developments in the econometrics of program evaluation. J. Econ. Lit. **47**, 5–86 (2009)

[56] Joffe, M. M., Ten Have, T. R., Feldman, H. I., Kimmel, S. E.: Model selection, confounder control, and marginal structural models: review and new applications. Am Stat. **58**, 272–279 (2004)

[57] Johnson, B. A., Tsiatis, A. A.: Estimating mean response as a function of treatment duration in an observational study, where duration may be informatively censored. Biometrics **60**, 315–323 (2004)

[58] Katan, M. B.: Commentary: Mendelian randomization, 18 years on. Int. J. Epidemiol. **33**, 10–11 (2004)

[59] Keele, L. J.: Rbounds: an R package for sensitivity analysis with matched data.

[60] Lee, M. J., Lee, S. J.: Sensitivity analysis of job-training effects on reemployment for Korean women. Empir. Econ. **36**, 81–107 (2009)

[61] Lin, D. Y., Psaty, B. M., Kronmal, R. A.: Assessing sensitivity of regression to unmeasured confounders in observational studies. Biometrics **54**, 948–963 (1998)

[62] Lu, B., Rosenbaum, P. R.: Optimal matching with two control groups. J. Comput. Graph Stat. **13**, 422–434 (2004)

[63] Manski, C.: Nonparametric bounds on treatment effects. Am. Econ. Rev. **80**, 319–323 (1990)

[64] Manski, C. F.: Identification Problems in the Social Sciences. Harvard University Press, Cambridge (1995)

[65] Manski, C. F., Nagin, D. S.: Bounding disagreements about treatment effects: a case study of sentencing and recidivism. Sociol. Method **28**, 99–137 (1998)

[66] Marcus, S. M.: Using omitted variable bias to assess uncertainty in the estimation of an AIDS education treatment effect. J. Educ. Behav. Stat. **22**, 193–201 (1997)

[67] McCaffrey, D. F., Ridgeway, G., Morral, A. R.: Propensity score estimation with boosted regression for evaluating causal effects in observational studies. Psychol. Methods **9**, 403–425 (2004)

[68] McKillip, J.: Research without control groups: a control construct design. In: Bryant, F. B., et al. (eds.) Methodological Issues in Applied Social Psychology, pp. 159–175. Plenum Press, New York (1992)

[69] Meyer, B. D.: Natural and quasi-experiments in economics. J. Bus. Econ. Stat. **13**, 151–161 (1995)

[70] Mitra, N. Heitjan, D. F.: Sensitivity of the hazard ratio to nonignorable treatment assignment in an observational study. Stat. Med. **26**, 1398–1414 (2007)

[71] Normand, S-L., Landrum, M. B., Guadagnoli, E., Ayanian, J. Z., Ryan, T. J., Cleary, P. D., McNeil, B. J.: Validating recommendations for coronary angiography following acute myocardial infarction in the elderly: a matched analysis using propensity scores. J. Clin. Epidemiol. **54**, 387–398 (2001)

[72] Normand, S-L., Sykora, K., Li, P., Mamdani, M., Rochon, P. A., Anderson, G. M.: Readers guide to critical appraisal of cohort studies: 3. Analytical strategies to reduce confounding. Br. Med. J. **330**, 1021–1023 (2005)

[73] Pagano, M., Tritchler, D.: On obtaining permutation distributions in polynomial time. J. Am.Stat. Assoc. **78**, 435–440 (1983)

[74] Peel, M. J., Makepeace, G. H.: Differential audit quality, propensity score matching and Rosenbaum bounds for confounding variables. J. Bus. Financ. Account **39**, 606–648 (2012)

[75] Pimentel, S. D.: Large, sparse optimal matching with R package rcbalance. Obs. Stud. **2**, 4–23 (2016)

[76] Reynolds, K. D., West, S. G.: A multiplist strategy for strengthening nonequivalent control group designs. Eval. Rev. **11**, 691–714 (1987)

[77] Richardson, A., Hudgens, M. G., Gilbert, P. B., Fine, J. P.: Nonparametric bounds and sensitivity analysis of treatment effects. Stat. Sci. **29**, 596–618 (2014)

[78] Robins, J. M., Ritov, Y.: Toward a curse of dimensionality appropriate (CODA) asymptotic theory for semi-parametric models. Stat. Med. **16**, 285–319 (1997)

[79] Robins, J. M., Mark, S. D., Newey, W. K.: Estimating exposure effects by modeling the expectation of exposure conditional on confounders. Biometrics **48**, 479–495 (1992)

[80] Robins, J. M., Rotnitzky, A., Scharfstein, D.: Sensitivity analysis for selection bias and unmeasured confounding in missing data and causal inference models. In: Halloran, E., Berry, D. (eds.) Statistical Models in Epidemiology, pp. 1–94. Springer, New York (1999)

[81] Rosenbaum, P. R.: Conditional permutation tests and the propensity score in observational studies. J. Am. Stat. Assoc. **79**, 565–574 (1984)

[82] Rosenbaum, P. R.: Dropping out of high school in the United States: an observational study. J. Educ. Stat. **11**, 207–224 (1986)

[83] Rosenbaum, P. R.: Sensitivity analysis for certain permutation inferences in matched observational studies. Biometrika **74**, 13–26 (1987)

[84] Rosenbaum, P. R.: The role of a second control group in an observational study (with Discussion). Stat. Sci. **2**, 292–316 (1987)

[85] Rosenbaum, P. R.: Model-based direct adjustment. J. Am. Stat. Assoc. **82**, 387–394 (1987)

[86] Rosenbaum, P. R.: The role of known effects in observational studies. Biometrics **45**, 557–569 (1989)

[87] Rosenbaum, P. R.: On permutation tests for hidden biases in observational studies. Ann. Stat. **17**, 643–653 (1989)

[88] Rosenbaum, P. R.: Hodges-Lehmann point estimates in observational studies. J. Am. Stat. Assoc. **88**, 1250–1253 (1993)

[89] Rosenbaum, P. R.: Quantiles in nonrandom samples and observational studies. J. Am. Stat. Assoc. **90**, 1424–1431 (1995)

[90] Rosenbaum, P. R.: Signed rank statistics for coherent predictions. Biometrics **53**, 556–566 (1997)

[91] Rosenbaum, P. R.: Choice as an alternative to control in observational studies (with Discussion). Stat. Sci. **14**, 259–304 (1999)

[92] Rosenbaum, P. R.: Stability in the absence of treatment. J. Am. Stat. Assoc. **96**, 210–219 (2001)

[93] Rosenbaum, P. R.: Observational Studies, 2nd edn. Springer, New York (2002)

[94] Rosenbaum, P. R.: Covariance adjustment in randomized experiments and observational studies (with Discussion). Stat. Sci. **17**, 286–327 (2002)

[95] Rosenbaum, P. R.: Design sensitivity in observational studies. Biometrika **91**, 153–164 (2004)

[96] Rosenbaum, P. R.: Heterogeneity and causality: unit heterogeneity and design sensitivity in observational studies. Am Stat. **59**, 147–152 (2005)

[97] Rosenbaum, P. R.: Sensitivity analysis for m-estimates, tests, and confidence intervals in matched observational studies. Biometrics **63**, 456–464 (2007)

[98] Rosenbaum, P. R.: Design sensitivity and efficiency in observational studies. J. Am. Stat. Assoc. **105**, 692–702 (2010)

[99] Rosenbaum, P. R.: Optimal matching of an optimally chosen subset in observational studies. J. Comput. Graph Stat. **21**, 57–71 (2012)

[100] Rosenbaum, P. R.: Observation and Experiment: An Introduction to Causal Inference. Harvard University Press, Cambridge, MA (2017)

[101] Rosenbaum, P. R.: Sensitivity analysis for stratified comparisons in an observational study of the effect of smoking on homocysteine levels. Ann. Appl. Stat. **12**, 2312–2334 (2018)

[102] Rosenbaum, P. R.: Modern algorithms for matching in observational studies. Ann. Rev. Stat. Appl. **7**, 143–176 (2020)

[103] Rosenbaum, P. R., Krieger, A. M.: Sensitivity analysis for two-sample permutation inferences in observational studies. J. Am. Stat. Assoc. **85**, 493–498 (1990)

[104] Rosenbaum, P. R., Rubin, D. B.: The central role of the propensity score in observational studies for causal effects. Biometrika **70**, 41–55 (1983)

[105] Rosenbaum, P. R., Rubin, D. B.: Assessing sensitivity to an unobserved binary covariate in an observational study with binary outcome. J. R. Stat. Soc. B **45**, 212–218 (1983)

[106] Rosenbaum, P. R., Rubin, D. B.: Reducing bias in observational studies using sub-classification on the propensity score. J. Am. Stat. Assoc. **79**, 516–524 (1984)

[107] Rosenbaum, P. R., Rubin, D. B.: Constructing a control group by multivariate matched sampling methods that incorporate the propensity score. Am. Stat. **39**, 33–38 (1985)

[108] Rosenbaum, P. R., Rubin, D. B.: The bias due to incomplete matching. Biometrics **41**, 106–116 (1985)

[109] Rosenbaum, P. R., Silber, J. H.: Sensitivity analysis for equivalence and difference in an observational study of neonatal intensive care units. J. Am. Stat. Assoc. **104**, 501–511 (2009)

[110] Rosenbaum, P. R., Silber, J. H.: Amplification of sensitivity analysis in observational studies. J. Am. Stat. Assoc. **104**, 1398–1405 (2009)

[111] Rosenbaum, P. R., Small, D. S.: An adaptive Mantel-Haenszel test for sensitivity analysis in observational studies. Biometrics **73**, 422–430 (2017)

[112] Rosenzweig, M. R., Wolpin, K. I.: Natural "natural experiments" in economics. J. Econ. Lit. **38**, 827–874 (2000)

[113] Rotnitzky, A., Robins, J. M.: Semiparametric regression estimation in the presence of dependent censoring. Biometrika **82**, 805–820 (1995)

[114] Rubin, D. B., Thomas, N.: Characterizing the effect of matching using linear propensity score methods with normal distribution. Biometrika **79**, 797–809 (1992)

[115] Rubin, D. B., Thomas, N.: Combining propensity score matching with additional adjustments for prognostic covariates. J. Am. Stat. Assoc. **95**, 573–585 (2000)

[116] Rudolph, K. E., Stuart, E. A.: Using sensitivity analyses for unobserved confounding to address covariate measurement error in propensity score methods. Am. J. Epidemiol. **187**, 604–613 (2017)

[117] Rutter, M.: Identifying the Environmental Causes of Disease: How do We Decide What to Believe and When to Take Action? Academy of Medical Sciences, London (2007)

[118] Shadish, W. R., Cook, T. D.: The renaissance of field experimentation in evaluating interventions. Annu. Rev. Psychol. **60**, 607–629 (2009)

[119] Shadish, W. R., Cook, T. D., Campbell, D. T.: Experimental and Quasi-Experimental Designs for Generalized Causal Inference. Houghton-Mifflin, Boston (2002)

[120] Shepherd, B. E., Gilbert, P. B., Jemiai, Y., Rotnitzky, A.: Sensitivity analyses comparing outcomes only existing in a subset selected post-randomization, conditional on covariates, with application to HIV vaccine trials. Biometrics **62**, 332–342 (2006)

[121] Shepherd, B. E., Gilbert, P. B., Mehrotra, D. V.: Eliciting a counterfactual sensitivity parameter. Am Stat. **61**, 56–63 (2007)

[122] Silber, J. H., Rosenbaum, P. R., Trudeau, M. E., Chen, W., Zhang, X., Lorch, S. L.,

Rapaport-Kelz, R., Mosher, R. E., Even-Shoshan, O.: Preoperative antibiotics and mortality in the elderly. Ann. Surg. **242**, 107–114 (2005)

[123] Small, D., Rosenbaum, P. R.: War and wages: The strength of instrumental variables and their sensitivity to unobserved biases. J. Am. Stat. Assoc. **103**, 924–933 (2008)

[124] Spielman, R. S., Ewens, W. J.: A sibship test for linkage in the presence of association: the sib transmission/disequilibrium test. Am. J. Hum. Genet. **62**, 450–458 (1998)

[125] Stolley, P. D.: When genius errs—R. A. Fisher and the lung cancer controversy. Am. J. Epidemiol. **133**, 416–425 (1991)

[126] Stone, R.: The assumptions on which causal inferences rest. J. R. Stat. Soc. B **55**, 455–466 (1993)

[127] Traskin, M., Small, D. S.: Defining the study population for an observational study to ensure sufficient overlap: a tree approach. Stat. Biosci. **3**, 94–118 (2011)

[128] Trochim, W. M. K.: Pattern matching, validity and conceptualization in program evaluation. Eval. Rev. **9**, 575–604 (1985)

[129] Vandenbroucke, J. P.: When are observational studies as credible as randomized trials? Lancet **363**, 1728–1731 (2004)

[130] VanderWeele, T.: The use of propensity score methods in psychiatric research. Int. J. Methods Psychol. Res. **15**, 95–103 (2006)

[131] Volpp, K. G., Rosen, A. K., Rosenbaum, P. R., Romano, P. S., Even-Shoshan, O., Wang, Y., Bellini, L., Behringer, T., Silber, J.H.: Mortality among hospitalized Medicare beneficiaries in the first 2 years following ACGME resident duty hour reform. J. Am. Med. Assoc. **298**, 975–983 (2007)

[132] Wang, L. S., Krieger, A. M.: Causal conclusions are most sensitive to unobserved binary covariates. Stat. Med. **25**, 2257–2271 (2006)

[133] Weiss, N. S.: Can the "specificity" of an association be rehabilitated as a basis for supporting a causal hypothesis? Epidemiology **13**, 6–8 (2002)

[134] Werfel, U., Langen, V., Eickhoff, I., Schoonbrood, J., Vahrenholz, C., Brauksiepe, A., Popp, W., Norpoth, K.: Elevated DNA single-strand breakage frequencies in lymphocytes of welders. Carcinogenesis **19**, 413–418 (1998)

[135] Wintemute, G. J., Wright, M. A., Drake, C. M., Beaumont, J. J.: Subsequent criminal activity among violent misdemeanants who seek to purchase handguns: risk factors and effectiveness of denying handgun purchase. J. Am. Med. Assoc. **285**, 1019–1026 (2001)

[136] Wolfe, D. A.: A characterization of population weighted symmetry and related results. J. Am. Stat. Assoc. **69**, 819–822 (1974)

[137] Wyss, R., Schneeweiss, S., van der Laan, M., Lendle, S. D., Ju, C., Franklin, J. M.: Using super learner prediction modeling to improve high-dimensional propensity score estimation. Epidemiology **29**, 96–106 (2018)

[138] Yu, B. B., Gastwirth, J.L.: Sensitivity analysis for trend tests: application to the risk of radiation exposure. Biostatistics **6**, 201–209 (2005)

[139] Zanutto, E., Lu, B., Hornik, R.: Using propensity score subclassification for multiple treatment doses to evaluate a national antidrug media campaign. J. Educ. Behav. Stat. **30**,59–73 (2005)

[140] Zhao, Q.: On sensitivity value of pair-matched observational studies. J. Am. Stat. Assoc. **114**,713–722 (2019)

[141] Zhao, Q.: Covariate balancing propensity score by tailored loss functions. Ann. Stat. **47**, 965–993 (2019)

[142] Zhao, Q., Small, D. S., Bhattacharya, B. B.: Sensitivity analysis for inverse probability weighting estimators via the percentile bootstrap. J. R. Stat. Soc. B **81**, 735–761 (2019)

[143] Zubizarreta, J. R., Cerda, M., Rosenbaum, P. R.: Effect of the 2010 Chilean earthquake on posttraumatic stress: reducing sensitivity to unmeasured bias through study design. Epidemiology **7**, 79–87 (2013)

第 4 章 竞争理论结构设计

摘要 在精心设计的试验或观察性研究中,相互竞争的理论会做出相互矛盾的预测. 用几个例子来说明这一点, 其中有些相当古老. 此外, 还讨论了: 复制的目标、效应的原因实证研究以及系统知识在消除错误中的重要性.

大约三十年前, 有许多人认为地质学家只应该观察而不应该建立理论; 我记得很清楚, 有人说过, 照这样下去, 一个人还不如走进一个砾石坑, 数一数鹅卵石并描述一下颜色. 奇怪的是, 任何人都不应该认为, 所有的观察结果如果要对某个观点有任何帮助, 那就必须是赞成或反对的.

Charles Darwin [17]

给 Henry Fawcett 的信

在科学中发生的事情并不是我们试图建立适应我们经验的理论; 它更接近于我们试图让经验在我们的理论中起作用.

Jerry Fodor [22, 第 202–203 页]

只有一个理论才能扼杀一个理论⋯⋯因为我们需要有一个系统的方式来思考复杂的现实.

Paul A. Samuelson [58, 第 304 页]

4.1 石头如何下降

亚里士多德 (Aristotle) 在他的《物理学》(*Physics*) 中声称, 重物体比轻物体下落速度快. 日常经验证实了这一点, 或者似乎就是这样的. 例如, 石头比羽毛下落得快. 每个人都看到过. 你怎么能怀疑你和其他人所看到的呢?

伽利略 (Galileo) 怀疑亚里士多德认为正确的说法. 伽利略在他的对话[1]《两门新科学》(*Two New Sciences*) [26] 中提出了一个思维试验 (thought experiment), 也许是所有思维试验中最著名的. 伽利略说, 假设亚里士多德是正确的, 且假设我们把一块大石头和一块小石头连接起来. 两块相连的石头下落的速度会比大石头单独下落得更快还是更慢? 用伽利略的话说 [26, 第 66–67 页]:

Salviati: 但如果没有其他的经验, 通过一个简短而确凿的论证, 我们可以清楚地证明, 较重的可移动物体并不比另一种较轻的物体移动得更快, 因为这些物体都是同样的材料, 简而言之, 就是亚里士多德所说的⋯⋯ 如果我们有两个自然速度不相等的可移动物体, 很明显, 如果我们把较慢的可移动物体和较快的可移动物体连接起来, 后者会因较慢的可移动物体而部分减速, 而前者会因较快的可移动物体而部分加速. 你不同意我的这个观点吗?

Simplicio: 在我看来, 这推理是自然的, 没有错.

Salviati: 但如果是这样的话, 那一块大石头以 8 度的速度移动, 一块较小的石头以 4 度的速度移动, 然后将两者结合在一起, 它们的合成物将以不到 8 度的速度移动, 这也是真的. 但是这两块石头结合在一起, 就形成了一块比第一块以 8 度速度移动的石头还要大的石头; 因此, 这块较大的石头比较小的石头还要移动得慢. 但这又与你的假设相反. 所以你可以看到, 从较重的物体比较轻的物体移动得更快的假设出发, 我得出的结论是, 较重的物体移动得更慢.

Simplicio: 我发现我也纠结了⋯⋯

伽利略发展了他自己的理论, 包括"匀加速运动定律 (law of uniformly accelerated motion)" [26, 第 166 页]:

命题 II. 定理 II: 如果一个可移动物体以匀加速运动的方式从静止状态下降, 那么在任何时间穿过这些空间无论怎样⋯⋯ 等于这些时间的平方.

---

[1] 全称是《关于力学和局部运动的两门新科学的论述和数学演示》, 作者是伽利略·伽利雷 (Galileo Galilei), 他是托斯卡纳大公 (Grand Duke of Tuscany) 的首席哲学家和数学家. 这本书是伽利略因讲授哥白尼理论 (Copernican theory) 而被软禁期间写的. 伽利略无法在意大利出版, 1638 年由 Elzevir 在荷兰的 Leyden 出版.

在后来的牛顿术语中，如果一个物体受到一个单一的、恒定的力，即重力的作用，它的加速度将在时间上是恒定的，它的速度将随着时间线性增加，它移动的距离将随移动时间的平方而增加.[2] 伽利略的命题涉及一种理论，该理论认为，下落的石头的瞬时速度以恒定的速度不断增加，在两个不同的瞬间从来不是相同的. 瞬时速度是不可测量的，但这个命题表示理论有一个可测量的结果，即行驶距离和行驶时间之间的关系. 自然地，伽利略建立了一个试验来检验他的理论的可测试的结果. 或者，至少对我们来说，这似乎是很自然的，尽管在当时这是一个新的想法. 物体下落很快，这使得测量变得困难，所以伽利略开始减慢下落的速度. Harré [30, 第 79-81 页] 写道：

> 该试验涉及切割和打磨木梁中的凹槽，并在凹槽里铺上羊皮纸. 当横梁放在斜面上时，让一个抛光的青铜球滚下了凹槽……同一位置的多次下降运行的时间变化非常小. 通过让球滚到凹槽长度的四分之一，然后是一半，然后是三分之二，以此类推，来测量每一种情况下的行程时间，理论上推导出匀加速运动的距离和时间之间的关系. 球确实只花了一半的时间才能下降到全程的四分之一的地点.

伽利略的方法很有启发性.
- 伽利略是在与现有理论的对话中发展了他的理论，而不是与现有理论对立去发展的.[3]
- 日常的印象，可能会被随意地用来支持亚里士多德的理论，但立即就会受到挑战，不是因为虚假的印象，而是因为没有为亚里士多德的理论提供支持. 伽利略将注意力转向 "更重的可移动物体……用同样的材料". 如果石头比羽毛下落得快，但重的、较大的石头下落的速度不会比轻的、较小的石头下落得快，那么这就是反对亚里士多德理论的证据，而不是支持亚里士多德理论的证据，因为它认为，除了重量之外，还有其他东西会导致石头和羽毛以不同的速度下落.[4] 反复地通过抽象的论证或者试验方法——"打磨凹槽……在凹槽里铺上羊皮纸……一个抛光的

---

[2]当然，这是个简单的微积分问题. 而且，微积分的发明，在某种程度上，就是为了使这个问题变得简单.

[3]同时研究几种理论的重要性经常被强调. Paul Feyerabend 写道："只有当你准备好运用多种不同的理论，而不是单一的观点和 '经验'，你才能成为一名优秀的经验主义者……理论多元化被认为是所有声称客观的知识的一个基本特征……[20, 第 14-15 页]. 只有借助于不相容的替代物，才能发掘出可能反驳某一理论的证据 [21, 第 29 页]." 另见 [12,48].

[4]Robert Nozick [45, 第 261-263 页], Peter Achinstein [1] 和 Kent Staley [62] 认为，E 是否构成 T 的证据，这本身就是一个有待实证挑战和研究的问题.

青铜球"——去除干扰的影响,使得只有重量且仅有重量单独变化。[5]
- 伽利略提出的具体情况既不是严格的理论,也不是严格的实证. 通过一个思维试验,他认为亚里士多德的理论自相矛盾,没有任何特定的试验观察,它必然是错误的. 思维试验并不完全令人信服:如果一个实际的试验未能再现思维试验,我们会感到困惑,而不确定实际的试验是否出错了. 尽管如此,伽利略的理论论证为竞争理论及其试验评价创造了空间。[6]
- 伽利略引入了一个竞争理论,一个关于恒定加速度的美丽理论. 事实上,这个理论讲的是看不见也测不到的东西,即瞬时速度和它是如何变化的. 伽利略发展了这个理论的一个可观察的、可测试的结果. 可测试的结果涉及行驶距离和行驶时间之间关系的非常精确的预测.
- 这个试验的范围是有限的,而且不符合物体坠落的典型情况. 斜面上的横梁减缓了下降速度,允许精确的测量与精确预测的理论进行比较. 这个物体是一个抛光的青铜球,并不是典型的坠落物体,等等. 没有人试图对世界上所有坠落物体的下落情况进行调查,因为这些比较会受到无数的干扰影响,从而使所研究的问题模糊不清. Laura Fermi 和 Gilberto Bernardini [19, 第 20 页] 写道,"伽利略的试验'在受控和简化的条件下再现了这一现象的基本要素.'"
- 伽利略对他的理论进行了严格的检验,但几乎并没有证明它始终是正确的:也许该理论只有在 17 世纪的意大利,在倾斜的梁上,用合适的羊皮纸,对一个青铜球来说是正确的。[7]

4.2 永久的债务假说

Milton Friedman 在其永久收入假说 (permanent income hypothesis, PIH) 中指出,如今的个人消费是由预期的长期收入而不是当前收入或手头现金引导

---

[5]除了正在研究的一个原因之外,系统地排除变异的来源是每个科学实验室所熟悉的,它被 John Stuart Mill 命名为"差分法" [40];见第 16 章.

[6]Thomas Kuhn [35] 和 J.R. Brown [5] 提出了思维试验在科学工作中的作用的观点. 特别是, Kuhn [35, 第 264 页] 写道:"通过将感觉异常转化为具体矛盾, 思维试验 [……提供了……] 第一个明确经验和隐含期望之间不匹配的观点……

[7]科学理论可检验但不可论证的概念是 Karl Popper 爵士 [51] 工作的主题. 他写道:"理论是无法验证的,但它们可以被 '证实'……[我们] 应该试着评估什么样的检验,什么样的试验, [理论] 经受住了考验 [51, 第 251 页]……与其说确证实例的数量决定了确证的程度, 不如说是假设可以接受和已经接受的各种检验的严重程度 [51, 第 267 页]. 显然, 如果你怀疑伽利略, 你可以打磨一个青铜球……

的.[8] 日常经验证实了或者似乎证实了这一点. 在美国商学院, 博士生可以获得学费和助学金, 但消费适度, 然而 MBA 学员需要支付学费也没有助学金, 但消费更多. 这与永久收入假说是一致的: 从长远来看, MBA 学员期望挣得更多. 无论永久收入假说的最终命运如何, 它体现了一种貌似合理的主张: 一个理性的人在决定当前的消费时会预期未来的收入.[9]

永久收入假说受到了各种各样的挑战. David Gross 和 Nicholas Souleles [28, 第 149 页] 写道:

经典的永久收入假说假定消费者具有一定的等价偏好, 且不会面临任何流动性约束. 在这些假设下, 利用流动性财富的边际消费倾向 (marginal propensity to consume, MPC) 取决于模型参数, 但通常平均值小于 0.1. 可预测性收入或 "流动性" (例如, 信用额度或信贷限额增加) 的 MPC 应为零, 因为这不会产生财富效应. 世界上另一种主流观点认为, 流动性约束无处不在. 即使它们目前没有约束力, 也可能因担心未来可能产生约束力的预防性动机而得到强化. 在这种观点下, 流动性的 MPC 在一定范围内的 "手头现金" (定义为包括可用信贷) 的水平上等于 1.

正如在第 4.1 节中所述, 起点不是一种理论, 而是两种理论之间的对比. 对比必然会变成冲突: 一个人必须找到一个安静、未受干扰的地方, 在那里, 对比的理论做出相互矛盾的预测. Gross 和 Souleles [28, 第 150–151 页] 继续:

为了检验流动性约束和利率在实践中是否真的重要, 本文使用了一个独特的新数据集, 其中包含数千个来自不同发卡机构的个人信用卡账户. 数据集 …… 基本上包括发行人所知道的有关账户的一切信息, 包括来自人们的信用申请、月度对账单和信用咨询报告的信息. 特别是, 它单独记录信贷限额 (credit limit) 和贷方余额 (credit balance), 使我们能够区分信贷供求 (credit supply and demand), 以及账户特定利率. 这些数据使我们能够分析债务对信用额度变化的反应, 从而估算出平均的和不同类型的消费者使用流动性的边际消费倾向 (MPC). 这项分析产生了明确的检验来区分 PIH、流动性约束、预防性储蓄和消费行为模式……

永久收入假说预测, 提供与永久收入无关的信贷, 不应促使支出增加. Gross

---

[8]Friedman 在《消费函数理论》(*A Theory of the Consumption Function*) 中讨论了他的永久收入假说 [24]. Romer [54, 第 7 章] 在几页中给出了永久收入假说的简明简化版本. Zellner [76, Ⅲ.C] 和 Friedman [25, 第 12 章] 转载了 Friedman 的《消费函数理论》部分.

[9]理性的人和抛光的青铜球之间可能存在某种相似之处: 两者在自然界中并不常见, 但它们的行为仍然令人感兴趣.

和 Souleles 正在寻求一种情况, 即可用信贷会发生变化, 而预期长期收入不会发生变化. 在这些信用卡账户中存在着大量的活动, 这些活动掩盖了理论之间有意形成的对比, 因此需要努力消除这些无关的干扰. Gross 和 Souleles 采用了两种策略: "首先, 我们使用了一组异常丰富的控制变量……" [28, 第 154 页]. 例如, 一个人可能会获得更多的信用, 因为信用评分增加了, 或者债务似乎得到了控制, 这些可能与收入有关, 但 Gross 和 Souleles 知道发卡机构对这些问题的了解, 所以这些数量的变化是可以控制的. 其次, 他们利用了信贷供应功能中内置的 "时间规则"……, 许多发卡机构不会考虑……, 如果从上次变更以来, 变更时间少于六个月或少于一年, 则说明银行账户变更 [28, 第 155 页]. 他们的观点是, 这些时间规则产生了可用信贷的小幅跃升, 而这与个人财务状况没有太大的关系: 如果你的信贷账户在所有方面都完全不变 (或者更准确地说, 如果在对许多控制变量进行调整后是这种情况), 一段时间后, 你将获得更多的信贷或信用. Gross 和 Souleles 正试图 (或许是成功地) 将信贷可用性的变化与其他相应的变化分离开来. 他们得出结论 [28, 第 181 页]: "我们发现, 与 PIH 相反, 提高信贷限额 (信用额度) 会导致债务立即显著上升."

这里的目标与第 4.1 节中的目标没有什么不同: 尽可能鲜明地展示两种理论的对比效果, 尽可能消除所有可能模糊这种对比的干扰. 不试图从一个样本推广到一个总体. 这两种理论一开始都是一般理论; 没有必要进一步概括. 目标是在实验室的静态中对比两种一般理论相互冲突的预测.

4.3 枪支和轻罪

1968 年的《联邦枪支控制法案》禁止重罪犯购买枪支. 从 1991 年开始, 加州禁止犯有暴力轻罪的个人购买手枪, 包括袭击或挥舞枪支的暴力行为. 目前尚不清楚这种禁令是否能有效减少与枪支相关的暴力. 有一种理论认为, 非法购买手枪是相当容易的, 例如从可以合法购买枪支的人那里购买枪支, 因此禁令只会阻止那些希望避免非法活动的人, 这也许不是威慑的最佳目标. 另一种理论认为, 法律禁令会阻止那些希望逃避惩罚的人.

这两种理论都很简单, 但要对比它们并不容易. 这两种理论在什么情况下会做出相互矛盾的预测? 根据这两种理论, 无论是否限制购买手枪, 有暴力倾向的男人仍然有暴力行为, 都不足为奇. 法律限制暴力个人购买手枪; 但这些人不能与未受限制的、非暴力的人相比.

Garen Wintemute, Mona Wright, Christiana Drake 和 James Beaumont [74] 通过以下方式研究了加州法律的影响. 他们比较了两组加州人, 这两组人

被判犯有暴力轻罪, 从 1991 年开始将禁止这些人合法购买手枪. 其中一组是在 1989 年或 1990 年该法律生效前申请购买手枪的个人. 第二组是 1991 年申请购买手枪但被拒绝的个人. 这两组人可能没有完全的可比性, 但至少两组人都被判犯有暴力轻罪, 并且两组人都试图购买手枪. 从人口统计和以往定罪来看, 这两组人看起来相当相似 [74, 表 1]. 如果加州的法律有效, 那么人们预计在被拒绝购买手枪的群体中, 枪支犯罪率和暴力犯罪率会较低, 而非枪支或非暴力犯罪率没有区别. 如果法律无效, 那么人们预计这两个群体中的枪支犯罪率和暴力犯罪率会相似. Wintemute 等人 [74, 表 2 和表 3] 发现, 无论是否根据人口统计和以往定罪进行调整, 在被拒绝购买手枪的群体中, 枪支犯罪率和暴力犯罪率都较低, 而其他犯罪率几乎没有差异.

这里的推理与第 4.1 节和第 4.2 节大致相同. 诚然, 这两种理论相当简单: 一种认为政策有效, 另一种否认这一点. 然而, 由于这项政策是针对罪犯的, 因此需要注意确定这些理论做出矛盾预测的情况.

4.4 1944—1945 年的荷兰饥荒

子宫内营养不良 (malnutrition in utero) 会降低 19 岁时的心智表现 (mental performance) 吗? 这两种理论是直截了当的: 要么是, 要么不是. 然而, 要确定这些理论导致不同预测的情况并非易事. 需要 19 岁时的心智表现以及 20 年前母亲饮食的可靠信息. 需要那些没有营养不良, 但在背景、教育、社会阶层等其他方面相似的母亲作为对照. 这种信息和这些对照人群通常都不存在.

Zena Stein, Mervyn Susser, Gerhart Saenger 和 Francis Marolla [64] 在 1944—1945 年的荷兰饥荒 (Dutch famine) 中发现了需要的东西. 他们写道 [64, 第 708 页]:

1944 年 9 月 17 日, 英国伞兵部队在阿纳姆登陆, 试图强攻一座横跨莱茵河的桥头堡. 与此同时, 为响应在伦敦的荷兰流亡政府的号召, 荷兰铁路工人举行了罢工. 占领桥头堡的努力失败了, 作为报复, 纳粹对荷兰西部实施了禁运 (transport embargo). 严寒冻结了运河中的驳船, 很快就没有食物到达大城市了 …… 在最低点, 官方的食物配给量达到每天 450 卡, 是最低标准的四分之一. 在饥荒地区以外的城市, 口粮几乎从未低于每天 1300 卡 …… 荷兰饥荒在三个方面是值得注意的: (i) 如果在特定的社会环境条件下, 有大量、可靠和有效的数据可以分析饥荒的影响, 那么饥荒就很少发生; (ii) 饥荒在时间和地点上都受到严格限制; (iii) 饥荒期间营养匮乏的类型和程度是前所未有的精确.

知道孩子的出生日期和地点, 就知道母亲是否受到了饥荒的影响. 因此, Stein 等人定义了荷兰的饥荒区和对照区, 以及一组在饥荒开始前出生的孩子队列, 几组在子宫内不同时间暴露在饥荒中的孩子队列, 还有一组在饥荒结束后受孕的孩子队列. 在这些队列中, 几乎所有男性都接受了体检 (medical examination) 和心理测试 (psychological testing), 包括智商测试 (IQ test), 这与入伍有关. 对于在两家医院 (一家在饥荒区 (鹿特丹), 一家在对照区 (海尔伦)) 出生的 1700 名婴儿, 可以获得出生体重. Stein 等人 [64, 第 712 页] 得出结论: "怀孕期间的饥饿对存活下来的雄性后代的心智表现没有明显的影响."

随后的研究利用荷兰饥荒来检查其他结果, 包括精神分裂症 (schizophrenia)、情感障碍 (affective disorders)、肥胖 (obesity) 和乳腺癌 (breast cancer); 这些研究的综述见文献 [37, 66]. 对于在其他情况下采取类似方法的研究, 见文献 [3, 60].

荷兰饥荒在典型的子宫发育和典型的饥荒中都不具有代表性, 它对研究发育非常有用, 因为它不具有代表性. 在具有代表性的情况下, 饥荒与其他因素混杂在一起, 这些因素掩盖了子宫内营养不良造成的影响.

4.5 复制效应和偏倚

随机试验在其理想化的, 也许无法实现的形式下, 受制于单一的不确定性来源——这源于有限的样本量. 在这种理想中, 通过区组化 (blocking) 和随机化 (randomization), 各种类型的偏倚 (biase of every sort) 都被消除了; 因此, 复制的唯一功能就是增加样本量. 实际的试验离理想还差一两步, 观察性研究离理想还差几步. 在一项观察性研究中, 即使是一项优秀的研究, 也存在着一种永远无法完全消除偏倚的可能性: 处理对象和对照者看起来相似, 但实际上可能并不具有可比性, 因此结果指标的差可能不是处理效应.[10] 在观察性研究中, 复制的主要和重要作用就是阐述这种偏倚.

这里也有两种理论. 第一种理论认为, 以前的研究对处理效应的估计没有太大的偏倚. 竞争理论否认了这一点, 而是声称以前的研究在某些特定的方面有偏倚, 如果这些偏倚被消除, 那么表面上的处理效应就会随之消失. 复制并不能重复原始研究; 相反, 它研究相同的处理效应, 这种效应没有受竞争理论所

---

[10]在一项观察性研究中, 增加样本量只能确保估计量更接近估计值. 通常, 估计量估计的是处理效应和偏倚的总和, 该未知大小的偏倚不会随着样本量的增加而减少. 当这类偏倚不为零时, 随着样本量的增加, 置信区间在长度上缩小, 以排除真实的处理效应, 而假设检验更有可能拒绝真实的假设. 当存在或可能存在固定大小的巨大偏倚时, 过分重视样本量的增加 (或统计效率 (statistical efficiency) 的提高) 是错误的.

声称的特定偏倚的影响: 复制 (replication) 不是重复 (repetition): 当前的问题是, 如果消除了一个假设的偏倚, 表面的效应能否重现.

一个实例是 David Card 和 Alan Krueger [9,10] 复制了他们早期关于最低工资对就业影响的研究 [8];[11] 另见第 12.3 节. 1992 年 4 月 1 日, 新泽西州 (New Jersey) 将最低工资提高了约 20%, 而邻近的宾夕法尼亚州 (Pennsylvania) 则保持最低工资不变. 在他们最初的研究中, Card 和 Krueger [8] 利用调查数据, 考察了新泽西州和宾夕法尼亚州东部的快餐店, 比如汉堡王 (Burger King) 和温迪快餐店 (Wendy's) 等, 在新泽西州最低工资上调前后的就业变化. 他们发现 "没有证据表明新泽西州最低工资的提高降低了该州快餐店的就业率." 他们仔细而有趣的研究受到了一些批判性评论; 例如, 文献 [44]. 其中一个问题是通过电话调查获得的就业数据的质量, 另一个问题是新泽西州和宾夕法尼亚州在就业变化方面有很多不同之处, 而不仅仅是它们在最低工资标准方面的处理方法. 1996 年, 美国联邦政府提高了设定的最低工资标准, 迫使宾夕法尼亚州提高了最低工资标准, 但没有迫使新泽西州作出改变, 因为该州的最低工资已经高于新的联邦最低工资标准. Card 和 Krueger [9,10] 接着复制了最初的研究, 将新泽西州和宾夕法尼亚州的角色颠倒过来, 使用了美国劳工统计局 (U.S. Bureau of Labor Statistics) 提供的失业保险工资记录 (payroll records for unemployment insurance) 中的就业数据. 他们的两次调研结果是相似的. 这种复制并没有消除对最初研究提出的所有担忧, 但它确实让两个具体的担忧变得不太可信了.

Mervyn Susser 写道:

> 流行病学家 …… 寻求 …… 在各种重复的检验中结果的一致性 …… 如果在时间、地点、环境、人以及研究设计的多样性面前, 结果没有被推翻, 那么一致性就存在了 [68, 第 88 页] …… 这一论点的强大之处在于, 不同的方法会产生相似的结果 [67, 第 148 页].

Susser 谨慎的陈述很容易或许通常被误读. 复制后的一致性并不是目标. 单纯的一致性意义不大. 相反, 目标是 "在各种各样的 …… 检验中 …… 保持一致性" 和 "在多样性面前 …… 一致性没有被推翻". 仅仅是处理和响应之间关联的再现并不能使我们相信这种关联是因果关系——以前产生这种关联的研究又一次产生了这种关联. 最终令人信服的是这种关系的韧性——它具有抵御坚决挑战的能力. 要了解有关物理学中的例子的类似观点, 请参阅 Allan

---

[11]关于最低工资的经济学概述, 见文献 [6, §12.1].

Franklin 和 Colin Howson [23]. 有关贝叶斯公式中的数学例子的类似观点, 请参阅 Georg Polya [50, 第 463–464 页].

为了举例说明, 考虑两个研究序列, 一个序列涉及药物成瘾治疗的有效性, 另一个序列涉及广告对价格的影响. 第一个序列增加了样本量, 但最关注的偏倚保持不变. 第二个序列在非常不同的语境中提出了同样的问题.

几项关于海洛因或可卡因成瘾治疗效果的非试验性研究发现, 与三个月前退出治疗的人相比, 坚持治疗至少三个月的人更有可能保持戒毒状态. 这些研究包括药物滥用报告项目 (Drug Abuse Reporting Program, DARP) 和治疗结果前瞻性研究 (Drug Abuse Reporting Program, TOPS). 在使用不同数据来源的第三项研究中, Hubbard 等人 [32, 第 268 页] 写道:

DARP 和 TOPS 的调查结果显示, 至少三个月的治疗持续时间在统计学和临床上与更积极的结果相关, 从而支持了治疗有效性 (treatment effectiveness) 的推断. 下面的分析重新检验了这一假设……

在他们的新研究中, Hubbard 等人 [32] 再次发现, 退出治疗的人比继续治疗的人使用更多的非法药物. 这是治疗造成的效果吗? 或者仅仅是因为一个对戒除毒瘾缺乏热情的人, 更有可能退出治疗, 也更有可能使用非法药物? 美国国家科学院的一份总结报告 [38, 第 17 页] 对此表示怀疑, 这是可以理解的:

这取决于用户被选择进入治疗方案 (treatment program) 的过程以及退出这些方案的决定因素……这些数据可能会使治疗方案看起来比实际更划算或更不划算.

这三项研究都面临着同一个问题: 对仍在接受处理的人和退出处理的人进行比较是否揭示了处理造成的效应, 还是揭示了继续接受处理的人和退出处理的人的一些情况? 因为每项研究都可以问同样的问题, 所以复制的研究增加了样本量——从一开始就很大, 从来没有太多争议——但它们在回答一个基本问题上并没有取得进展.

广告对价格有什么影响? 更确切地说, 对广告施加或取消限制对价格有什么影响? Amihai Glazer 的一项研究 [27] 利用了 1978 年 8 月 10 日至 10 月 5 日的罢工, 导致三家纽约城市日报《纽约时报》《纽约邮报》和《每日新闻》停刊. 罢工减少了纽约市食品零售价格 (retail food price) 的广告. Glazer 观察了纽约市东部皇后区食品零售价格的变化, 并将皇后区与城外的毗邻拿骚县 (Nassau County) 进行了比较, 那里的主要报纸《新闻日报》没有受到罢工的影响. Jeffrey Milyo 和 Joel Waldfogel 进行的第二项研究 [41] 考察了美国最高法院取消罗得岛州酒类广告禁令前后罗得岛酒类价格的变化, 并将罗得岛州与未受法院裁决影响的马萨诸塞州邻近地区进行了比较. 在第三项研究中, C. Robert Clark [13] 调查了魁北克省 (加拿大) 禁止针对 13 岁以下儿童的广告对儿童早餐谷物 (children's breakfast cereal) 价格的影响. Clark 比较了魁北克和加拿大其他地区儿童谷物和成人谷物的价格. 每一种研究情形——纽约的报纸停刊、罗得岛州最高法院的裁决、魁北克省禁止向儿童做广告——都有可能被误认为是广告对价格的影响的特质, 但是没有明显的理由来解释为什么这些特质会在广告和价格之间产生同样的关联. 不像对药物成瘾治疗的研究, 一种替代解释足以满足三个研究, 而在广告研究中, 三种不相关的研究特质必须产生相似的关联. 这种情况可能会发生, 但似乎越来越不可信, 因为越来越多的研究旨在复制一种效应, 如果它是一种真实的效应, 但要避免复制的偏倚.

复制的目标是在新的背景下研究相同的处理效应, 消除一些可能影响以往研究的看似合理的偏倚 [36, 56].

4.6 效应的原因

假设自然的普遍规律能够被大脑所理解, 但又没有可解释它们特殊形式的原因 (reason), 而且无法解释和不合理的立场是很难站得住脚的. 一致性 (uniformity) 恰恰是需要考虑的一类事实. …… 法律/规律/定律是最优秀的且需要一个原因的东西.

Charles Sanders Peirce [47]
理论体系

在支持理论的经验证据 (empirical evidence) 和支持理论的推断论据 (reasoned argument) 之间有明显的区别, 但在通常情况下, 有明显的区别这一点在仔细观察后就变得不那么明显了. 毕竟, 人们普遍认为, 支持理论的经验证据根本不是证据.[12] 在经验证据的帮助下, 对推断论据提出质疑也是同样常见的. 提供一个推断论据来支持处理确实或应该或将会产生某种效应的说法, 就是为实证研究创造了一个新的对象, 即论据本身.[13] 请考虑一个实例.

[12]见第 4.1 节和注释 4.
[13]Dretske [18, 第 20–22 页] 写道: "在通常情况下, 一个理由, 或给出理由, 提供了一个配方……对可能伪造的一项或多项陈述给出理由. 我的意思是, 尽管有些陈述, 孤立地考虑, 可能看起来是不可辩驳的, 但当在证据支持的背景下考虑时, 它们就失去了这种无懈可击的能力.……如果 Q 是相信 P 为真的理由, 那么尽管 P 不一定为真, 但 Q 一定为真. 我们可以, 而且经常这么做, 给出理由——有时是非常好的理由——去相信一些不真实的东西……任何对 Q 的真实性的挑战, 同时也是对 Q 作为理由的可接受性的挑战."

为了减少枪支暴力,许多市政当局都制定了向枪支拥有者购买手枪的计划. 例如, 密尔沃基在 1994—1996 年间就这样做了, 出价 50 美元购买一把可用的枪. 回购计划之所以受欢迎, 是因为它们是自愿的: 它们不会像强制性计划一样可能遇到那么大的阻力. 然而, 自愿计划也可能不如强制性计划有效. 那么自愿回购计划有助于减少枪支暴力吗? 有人可能会说, 回购必须有效: 一旦枪支被销毁, 以后就不能再用它来杀人或自杀了. 有人可能会争辩说, 这个计划并不能真正发挥作用: 一个理性的人只有在不打算使用枪支的情况下, 才会以 50 美元的价格上交枪支, 所以这个计划购买的枪支原本会放在阁楼上, 不会对人造成伤害. 也有人可能会说, 回购之所以有效, 是因为人是不理性的: 许多枪支死亡是意外事故, 还有一些是愤怒或抑郁的冲动反应, 所以从不打算使用枪支的人那里购买枪支, 有助于人们坚持自己的和平计划. (参见 Ainslie [2] 或 Rachlin [53] 关于理性控制非理性冲动的令人信服的一般性讨论.) 还有人可能会说, 回购并不能真正起作用, 因为许多暴力分子没有和平的计划, 也不会卖掉他们的枪支, 以阻止他们自己的暴力倾向. "暴力犯罪分子的自我形象往往与其暴力犯罪行为一致," Athens [4, 第 68 页] 在一份仔细而敏锐的研究报告中写道. 简而言之, 为各种可能的效应提供各种各样的原因并不难. 无论这些论点作为支持或反对特定效应的论据有什么优势或劣势, 这些论点都为实证研究创造了对象, 即论点本身的有效性.

所有这些论点的基础都是一个问题: 回购计划能买到原本会用于枪支暴力的枪支吗? 这个问题的一个方面是: 回购计划是否能买到枪支暴力中通常使用的枪支类型? 第二个方面是: 回购计划购买的枪支数量是否足以影响枪支暴力? Evelyn Kuhn 和他的同事们 [34] 讨论了第一个方面, 美国国家科学院的一份报告 [72, 第 95-96 页] 讨论了第二个方面.

表 4.1 是 Kuhn 等人 [34] 对回购枪支和凶杀枪支口径的比较. 到一个夸张的程度, 回购的枪支是小口径的, 杀人用的枪支是大口径的, 具有十倍或十倍以上的优势比. Kuhn 等人进行了几次类似的比较, 发现回购的枪支往往是小型的、过时的左轮手枪, 而杀人枪支往往是大型的、廉价的半自动手枪. 他们在自杀使用的枪支上发现了类似但不相同的结果. 回购计划购买的是枪支暴力中不经常使用的枪支类型.

美国国家科学院的报告提出了同样的观点和另外两个观点 [72, 第 95-96 页]:

> 枪支回购计划所依据的理论存在三个方面的缺陷. 首先, 在枪支回购中通常被交出的枪支是那些最不可能用于犯罪活动的枪支…… 其次, 由于备用枪

支相对容易获得,因此街头枪支数量的实际下降可能小于上交枪支的数量. 再次, 任何特定枪支在特定年份被用于犯罪的可能性都很低. 1999 年, 大约有 6500 起凶杀案使用了手枪. 而美国大约有 7000 万支手枪. 因此, 如果在每起凶杀案中使用不同的手枪, 那么在特定年份使用特定手枪杀害一个人的可能性为万分之一. 一般的回购计划只能收回不到 1000 支手枪.

简而言之,他们的第三点主张是回购计划的规模太小,无法产生有意义的影响效应.

表 4.1 在密尔沃基, 杀人枪和回购枪的口径. 正如优势比所显示, 杀人枪和回购枪是完全不同的

口径	回购枪	杀人枪	优势比
小型的: 0.22, 0.25, 0.32	719	75	1.0
中型的: 0.357, 0.38, 9 mm	182	202	10.6
大型的: 0.40, 0.44, 0.45	20	40	19.2
总计	941	369	

表 4.1 即文献 [34] 中的相关结果, 以及引用的文献 [72, 第 95-96 页] 段落中的论点, 旨在削弱枪支回购计划正当化的理由, 但他们并没有提供关于枪支回购计划对暴力影响的直接证据. 在文献 [34] 中, 暴力是不可测量的. 表 4.1 和引用的段落抨击了枪支回购计划可以通过购买枪支暴力中使用的枪支来发挥作用的观点, 因为这些计划购买了错误类型的枪支, 而且数量太少. 尽管如此, 枪支回购计划确实能减少暴力, 这一点并非不能理解, 它可能是以其他方式做到这一点的. 想象一下, 一个广为宣传的枪支回购计划, 在这个计划中, 每天晚上, 电视新闻都会采访上交枪支的人, 报道回购枪支的累计总数, 并附带着市政领导人关于该市如何 "摆脱枪支、摆脱暴力" 的评论. 即使该计划购买了错误的枪支, 而且数量太少, 也不难想象, 尽管这种宣传可能是不切实际的, 但它会在某种程度上影响公众情绪, 最终影响枪支暴力的程度. 当然, 在支持一项新政策时, 人们可能希望说的不仅仅是: "这项政策可能奏效并非完全不可能." 在这里的讨论中, "处理效应的直接证据" 和 "处理效应的原因" 之间有一个精确的区别. 这种区别并不是指经验证据的存在或不存在: 在大多数科学工作中, 经验证据是以某种形式存在的. 这种区别也不是指证据的强度或质量: 在枪支回购的实例中, 反对造成某种效应的原因的证据可能比无效的直接证据更有说服力 [72, 第 95-96 页]. "处理效应的直接证据" 是指对相关受试者或试验单

位进行的相关处理的研究, 以相关结果指标来测量. 从这个意义上说, 随机试验或观察性研究可以提供效应的直接证据, 而且如果证据来自一个管理良好的随机试验, 它可能会更有力度. 相比之下, 对"效应的原因"的实证研究是一项少走一步的研究; 它提供了一个原因, 认为相关处理会产生特定效应, 如果它应用于以相关响应测量的相关受试者, 但相关响应中一个或多个因素实际上并不存在. 在表 4.1 和文献 [34] 关于枪支回购的实例中, 相关结果 (指标) 是枪支暴力的程度, 但这是不可测量的; 相反, 其结果 (指标) 是指被回购的枪支的类型, 而它是可测量的. 在上文引用文献 [72, 第 95–96 页] 的段落中, 相关结果 (指标) 是再次发生枪支暴力, 但其结果 (指标) 是指回购枪支的数量. Dafna Kanny 和他的同事 [33] 研究了一项要求骑自行车者戴头盔的法律对头盔使用的影响: 这也提供了一个看似合理的原因, 认为这项法律减少了事故, 但这是一项少走一步的研究, 因为其结果 (指标) 是关注头盔的使用而不是减少事故. 在 1964 年美国卫生局局长的报告《吸烟与健康》中指出 [63, 第 143 页], "许多实验室有证据表明, 烟草烟雾冷凝物 (tobacco smoke condensate) 和烟草提取物 (extract of tobacco) 对一些动物物种具有致癌性." 这是认为烟草对人类具有致癌作用的一个原因, 但这项研究还是少走了一步, 因为试验对象不是人类. 生物医学科学中的许多实验室工作都是通过调查/检测对动物、细胞培养物 (cell culture) 或分子的影响来研究对人类产生影响的原因. 在这个意义上, 医学中替代指标 (surrogate outcome) 的使用是对这里定义的"效应的原因"的研究; 例如, 使用结肠息肉作为结直肠癌死亡率的替代指标 [59]. 当小的试验激励作为实际经济决策中面临的激励的替代对象时, 经济学中的实验室式试验研究其效应的原因 [49]. 一个关于在整洁而简单的理论世界中会出现什么效应的理论争论, 可能会成为在我们实际居住的混乱而复杂的世界中产生效应的一个原因; 例如, 参见第 12.3 节.

处理效应的直接证据是无可替代的. 然而, 关于这种效应的原因的证据仍然很重要. 关于一个效应的原因的证据可能会加强或削弱一个效应的直接证据, 而且任何一种结果都是建设性的 [57, 70].

4.7 对系统的驱动力

一个好的科学理论受到两种对立力量的制约: 对证据的追求 (the drive for evidence) 和对系统的追求 (the drive for system). 理论术语应遵循可观察的标准, 越多越好; 而且, 在其他条件相同的情况下, 它们应该遵循系统的规律, 越简单越好. 如果这两种追求中的任何一种未受另一种的制约, 它将以一种不值得称为科学理论的内容出现: 在一种情况下只是观察结果的记录, 而在另一种情况下则是没有根据的神话.

W. V. O. Quine [52, 第 90 页]

客观的知识……对原因有着特殊的保证. 知识体系本质上是系统化的, 尽管不同学科的程度不同. 这既有纯理论的原因, 也有应用的原因. 纯理论的, 是因为目标不只是了解, 而是理解, 至少在科学情况下, 理解必然意味着组织和经济. 应用的, 是因为知识体系只有在合理组织的情况下才能自由扩展和接受批评……所以, 从这个意义上讲, 知识必须有原因.

Bernard Williams [73, 第 56 页]

第一章的第一段让人回想起 Borgman 的政治漫画, 在漫画中, 一位电视新闻记者呈现了 "今日的随机医学新闻" "根据今天发布的一份报告……咖啡会导致双胞胎抑郁". 这幅漫画准确地描绘了一种普遍的误解. 人们经常错误地认为, 一项科学研究在发表的当天就有一个清晰而稳定的解释, 而这种解释就是 "新闻". 事实上, 对一项科学研究的深思熟虑的判断会像水泥一样慢慢变硬, 因为这项研究要接受批评性的评论, 使其与过去和未来的其他研究相协调 (一致), 并整合成对该研究有所贡献的更大主题的系统理解. 本科课堂的科学——也就是简单地以事物的方式呈现的科学——不是一系列具有独立决定性研究的调查结果列表, 而是许多可能相互冲突的研究的系统协调 (systemic reconciliation) 和整合 (integration). 在第 4.6 节中对 "效应的原因" 的研究是这种系统协调的一部分. 系统知识中的差距和冲突引发了新的调查研究, 旨在缩小差距、解决冲突. 从这个意义上说, 没有 "科学新闻". 在发布当天, 这份新报告面临的命运太不确定, 无法构成新闻. 当系统的理解变得坚定, 今天的报告在这种理解中找到了落脚之处时, 这份报告和系统的理解都太陈旧了, 不足以构成新闻.

例如, 考虑 Steven Clinton 和 Edward Giovannucci [14] 在 1998 年发表的关于饮食可能影响前列腺癌 (prostate cancer) 风险的评论文章. 他们的综述试图组织、协调 193 份科学报告, 并使之形成系统的形式. 以下摘录表明了他们评论文章的观点.

关于成人体重或肥胖的各种测量与前列腺癌风险之间的关系的研究得出了不一致的结果 [引用了 11 项研究, 然后对其进行了详细的对比][14, 第 422

页]······前列腺癌发病率和烟草使用之间的关联 (association) 并不一致······进一步研究生命周期中吸烟的关键时机······是有必要的 [14, 第 419 页]······一系列的研究已经评估了饮酒与前列腺癌风险之间的关系. 目前还没有强有力的证据表明存在这种关联 [引用了 4 项研究][14, 第 424 页]······关于富含肉类或乳制品的饮食与前列腺癌风险之间相关性 (correlation) 的报道屡见不鲜 [引用了 12 项研究][14, 第 425 页]······[引用 Giovannucci 自己的研究, 该研究对番茄中发现的一种营养素——番茄红素 (lycopene) 进行了研究:] 番茄红素摄入量最高的五分之一的男性患病风险降低了 21%[······但是······] 研究者应谨慎假设番茄红素在番茄制品的食用和前列腺癌风险降低之间起中介作用 [14, 第 429 页].······最近的一项研究旨在研究补硒对高危人群皮肤癌复发的影响 [引用了一项随机临床试验]. 硒治疗并没有影响患皮肤癌的风险, 尽管硒治疗的患者在癌症总死亡率以及患前列腺癌风险方面有非显著性的降低. 更多的研究是必要的······[14, 第 429–430 页].

Clinton 和 Giovannucci 的评论文章严肃、公正、谨慎的语气与大众媒体对饮食和健康的报道形成了鲜明的对比. Clinton 和 Giovannucci 对进一步研究的呼吁经常被后续研究引用 [42, 46]. 六年后, 一份更新的综述文章报告了一些进展, 但仍有许多问题有待解决 [39].

大多数科学领域寻求一种系统理解: (i) 对比和协调过去的研究, (ii) 引导未来的研究朝着当前理解中有希望的差距方向发展, 以及 (iii) 整合理论和实证工作. 有关经济学 (economics) 的一个实例, 请参阅 Jonathan Gruber [29] 的评论文章, 该综述对与向未参保者提供医疗保险相关的经济问题进行了评论. 有关犯罪学 (criminology) 的一个实例, 参见 Charles Wellford 和他的同事 [72] 关于枪支和暴力的报告. 有关痴呆 (dementia) 流行病学中的一个实例, 强调方法学是导致不一致结果的根源, 请参见 Nicola Coley, Sandrine Andrieu, Virginie Gardette, Sophie Gillette-Guyonnet, Caroline Sanz, Bruno Vellas 和 Alain Grand 的综述文章 [15].

系统的驱动力在消除科学错误方面起着关键作用, 但它也在决定下一步研究什么方面起着关键作用. 一项新的试验或观察性研究有助于现有理解, 这种理解一部分是系统的, 一部分是不完整的, 一部分是相互冲突的, 毫无疑问, 有一部分是错误的, 或许是相当大的错误. 评判一项新研究的标准是它对组织、完成、协调或纠正这种理解的贡献.

4.8 延伸阅读

Karl Popper [51], Georg Polya [50], John Platt [48] 和 Paul Feyerabend [20] 提供了与本章相关的抽象讨论; 另见文献 [55]. 第 4.5 节和第 4.6 节中的材料分别在文献 [36, 56] 和文献 [57] 中进行了更详细的讨论. 复制在文献 [36, 43] 中有进一步的讨论.

参考文献

[1] Achinstein, P.: Are empirical evidence claims a priori? Br. J. Philos. Sci. **46**, 447–473 (1995)

[2] Ainslie, G.: Breakdown of Will. Cambridge University Press, New York (2002)

[3] Almond, D.: Is the 1918 influenza pandemic over? Long-term effects of in utero influenza exposure in the post-1940 US population. J. Polit. Econ. **114**, 672–712 (2006)

[4] Athens, L.: Violent Criminal Acts and Actors Revisited. University of Illinois Press, Urbana (1997)

[5] Brown, J. R.: The Laboratory of the Mind: Thought Experiments in the Natural Sciences. Routledge, New York (1991)

[6] Cahuc, P., Zylberberg, A.: Labor Economics. MIT Press, Cambridge, MA (2004)

[7] Card, D.: The causal effect of education. In: Ashenfelter, O., Card, D. (eds.) Handbook of Labor Economics. North-Holland, New York (2001)

[8] Card, D., Krueger, A.: Minimum wages and employment: A case study of the fast-food industry in New Jersey and Pennsylvania. Am. Econ. Rev. **84**, 772–793 (1994)

[9] Card, D., Krueger, A.: A reanalysis of the effect of the New Jersey minimum wage increase on the fast-food industry with representative payroll data. NBER Working Paper 6386. National Bureau of Economic Research, Boston (1998)

[10] Card, D., Krueger, A.: Minimum wages and employment: A case study of the fast-food industry in New Jersey and Pennsylvania: Reply. Am. Econ. Rev. **90**, 1397–1420 (2000)

[11] Card, D., DelloVigna, S., Malmendier, U.: The role of theory in field experiments. J. Econ. Perspect. **25**, 39–62 (2011)

[12] Chamberlin, T. C.: The method of multiple working hypotheses. Science **15**, 92 (1890). Reprinted Science **148**, 754–759 (1965)

[13] Clark, C. R.: Advertising restrictions and competition in the children's breakfast cereal industry. J. Law Econ. **50**, 757–780 (2007)

[14] Clinton, S. K., Giovannucci, E.: Diet, nutrition, and prostate cancer. Annu. Rev. Nutr. **18**, 413–440 (1998)

[15] Coley, N., Andrieu, S., Gardette. V., Gillette-Guyonnet, S., Sanz, C., Vellas, B., Grand, A.: Dementia prevention: Methodological explanations for inconsistent results. Epidemiol. Rev. 35–66 (2008)

[16] Coulibaly, B., Li, G.: Do homeowners increase consumption after the last mortgage payment? An alternative test of the permanent income hypothesis. Rev. Econ. Stat. **88**, 10–19 (2006)

[17] Darwin, C.: Letter to Henry Fawcett, 18 September 1861 (1861)

[18] Dretske, F. I.: Reasons and falsification. Philos. Q. **15**, 20–34 (1965)

[19] Fermi, L., Bernardini, G.: Galileo and the Scientific Revolution. Basic Books, New York (1961). Reprinted Dover, New York (2003)

[20] Feyerabend, P.: How to be a good empiricist — a plea for tolerance in matters epistemological. In: Nidditch, P. H. (ed.) The Philosophy of Science. Oxford University Press, New York (1968)

[21] Feyerabend, P.: Against Method. Verso, London (1975)

[22] Fodor, J. A.: The dogma that didn't bark. Mind **100**, 201–220 (1991)

[23] Franklin, A., Howson, C.: Why do scientists prefer to vary their experiments? Stud. Hist. Philos. Sci. **15**, 51–62 (1984)

[24] Friedman, M.: A Theory of the Consumption Function. Princeton University Press, Princeton, NJ (1957)

[25] Friedman, M.: The Essence of Friedman. Hoover Institution Press, Stanford, CA (1987)

[26] Galileo, G.: Two New Sciences (1638). University of Wisconsin Press, Madison (1974)

[27] Glazer, A.: Advertising, information and prices. Econ. Inquiry **19**, 661–671 (1981)

[28] Gross, D. B., Souleles, N. S.: Do liquidity constraints and interest rates matter for consumer behavior? Evidence from credit card data. Q. J. Econ. **117**, 149–185 (2002)

[29] Gruber, J.: Covering the uninsured in the United States. J. Econ. Lit. **46**, 571–606 (2008)

[30] Harré, R.: Great Scientific Experiments. Phaidon Press, London (1981). Reprinted Dover, New York (2002)

[31] Ho, D. E., Imai, K.: Estimating causal effects of ballot order from a randomized natural experiment: The California alphabet lottery, 1978–2002. Public Opin. Q. **72**, 216–240 (2008)

[32] Hubbard, R. L., Craddock, S. G., Flynn, P. M., Anderson, J., Etheridge, R. M.: Overview of 1- year follow-up outcomes in the Drug Abuse Treatment Outcome Study (DATOS). Psychol. Addict. Behav. **11**, 261–278 (1997)

[33] Kanny, D., Schieber, R. A., Pryor, V., Kresnow, M.: Effectiveness of a state law mandating use of bicycle helmets among children. Am. J. Epidemiol. **154**, 1072–1076 (2001)

[34] Kuhn, E. M., Nie, C. L., O'Brien, M. E., Withers, R. L., Wintemute, G. J., Hargarten,

S. W.: Missing the target: A comparison of buyback and fatality related guns. Inj. Prev. **8**, 143–146 (2002)

[35] Kuhn, T.: A function for thought experiments. In: Kuhn, T. (ed.) The Essential Tension: Selected Studies in Scientific Tradition and Change, pp. 240–265. University of Chicago Press, Chicago (1979)

[36] Larzelere, R. E., Cox, R. B., Swindle, T. M.: Many replications do not causal inferences make: the need for critical replications to test competing explanations of nonrandomized studies. Perspect. Psychol. Sci. **10**, 380–389 (2015)

[37] Lumey, L. H., Stein, A. D., Kahn, H. S., van der Pal-de Bruin, K. M., Blauw, G. J., Zybert, P. A., Susser, E. S.: Cohort profile: The Dutch hunger winter families study. Int. J. Epidemiol. **36**, 1196–1204 (2007)

[38] Manski, C. F., Pepper, J. V., Thomas, Y. F. (eds): Assessment of Two Cost-Effectiveness Studies on Cocaine Control Policy. National Academies Press, Washington, DC (1999)

[39] McCullough, M. L., Giovannucci, E. L.: Diet and cancer prevention. Oncogene **23**, 6349–6364 (2004)

[40] Mill, J. S.: A System of Logic: The Principles of Evidence and the Methods of Scientific Investigation. Liberty Fund, Indianapolis (1867)

[41] Milyo, J., Waldfogel, J.: The effect of price advertising on prices: Evidence in the wake of 44 Liquormart. Am. Econ. Rev. **89**, 1081–1096 (1999)

[42] Mitrou, P. N., Albanes, D., Weinstein, S. J., Pietinen, P., Taylor, P. R., Virtamo, J., Leitzmann, M. F.: A prospective study of dietary calcium, dairy products and prostate cancer risk. Int. J. Cancer **120**, 2466–2473 (2007)

[43] Munafo, M. R., Davey Smith, G.: Repeating experiments is not enough. Nature **553**, 399–401 (2018)

[44] Neumark, D., Wascher, W.: Minimum wages and employment: A case study of the fast-food industry in New Jersey and Pennsylvania: Comment. Am. Econ. Rev. **90**, 1362–1396 (2000)

[45] Nozick, R.: Philosophical Explanations. Harvard University Press, Cambridge, MA (1981)

[46] Park, S. Y., Murphy, S. P., Wilkens, L. R., Stram, D. O., Henderson, B. E., Kolonel, L. N.: Calcium, vitamin D, and dairy product intake and prostate cancer risk — The multiethnic cohort study. Am. J. Epidemiol. **166**, 1259–1269 (2007)

[47] Peirce, C. S.: The architecture of theories. In: Charles Sanders Peirce: Selected Writings. Dover, New York (1958)

[48] Platt, J.: Strong inference. Science **146**, 347–353 (1964)

[49] Plott, C. R., Smith, V. L. (eds): Handbook of Experimental Economics Results. North Holland, New York (2008)

[50] Polya, G.: Heuristic reasoning and the theory of probability. Am. Math. Month. **48**,

450–465 (1941)

[51] Popper, K. R.: The Logic of Scientific Discovery. Harper and Row, New York (1935 in German, 1959 in English)

[52] Quine, W. V. O.: What price bivalence? J. Philos. **78**, 90–95 (1981)

[53] Rachlin, H.: Self-control: Beyond commitment (with Discussion). Behav. Brain Sci. **18**, 109–159 (1995)

[54] Romer, D.: Advanced Macroeconomics. McGraw-Hill/Irwin, New York (2005)

[55] Rosenbaum, P. R.: Choice as an alternative to control in observational studies (with Discussion). Stat. Sci. **14**, 259–304 (1999)

[56] Rosenbaum, P. R.: Replicating effects and biases. Am. Stat. **55**, 223–227 (2001)

[57] Rosenbaum, P. R.: Reasons for effects. Chance 5–10 (2005)

[58] Samuelson, P. A.: Schumpeter as economic theorist. In: Samuelson, P. A. (ed.) Collected Papers, Vol. 5, pp. 201–327. MIT Press, Cambridge, MA (1982, 1986)

[59] Schatzkin, A., Gail, M.: The promise and peril of surrogate end points in cancer research. Nat. Rev. Cancer **2**, 19–27 (2002)

[60] Sparen, P., Vagero, D., Shestov, D. B., Plavinskaja, S., Parfenova, N., Hoptiar, V., Paturot, D., Galanti, M. R.: Long term mortality after severe starvation during the siege of Leningrad: prospective cohort study. Br. Med. J. **328**, 11–14 (2004)

[61] Souleles, N. S.: The response of household consumption to income tax refunds. Am. Econ. Rev. **89**, 947–958 (1999)

[62] Staley, K. W.: Robust evidence and secure evidence claims. Philos. Sci. **71**, 467–488. (2004)

[63] Surgeon General's Advisory Committee: Smoking and Health. Van Nostrand, Princeton, NJ (1964)

[64] Stein, Z., Susser, M., Saenger, G., Marolla, F.: Nutrition and mental performance. Science **178**, 708–713 (1972)

[65] Stigler, G. J.: The economics of minimum wage legislation. Am. Econ. Rev. **36**, 358–365 (1946)

[66] Susser, E., Hoek, H. W., Brown, A.: Neurodevelopmental disorders after prenatal famine: the story of the Dutch famine study. Am. J. Epidemiol. **147**, 213–216 (1998)

[67] Susser, M.: Causal Thinking in the Health Sciences: Concepts and Strategies in Epidemiology. Oxford University Press, New York (1973)

[68] Susser, M.: Falsification, verification and causal inference in epidemiology: Reconsideration in the light of Sir Karl Popper's philosophy. In: Susser, M. (ed.) Epidemiology, Health and Society: Selected Papers, pp. 82–93. Oxford University Press, New York (1987)

[69] Urmson, J. O.: Aristotle's Ethics. Blackwell, Oxford (1988)

[70] Weed, D. L., Hursting, S. D.: Biologic plausibility in causal inference: current method and practice. Am. J. Epidemiol. **147**, 415–425 (1998)

[71] Weiss, N. S.: Can the "specificity" of an association be rehabilitated as a basis for supporting a causal hypothesis? Epidemiology **13**, 6–8 (2002)

[72] Wellford, C. F., Pepper, J. V., Petrie, C. V., and the Committee to Improve Research and Data on Firearms: Firearms and Violence. National Academies Press, Washington, DC (2004)

[73] Williams, B.: Knowledge and reasons. In: Williams, B. (ed.) Philosophy as a Humanistic Discipline, pp. 47–56. Princeton University Press, Princeton, NJ (2006)

[74] Wintemute, G. J., Wright, M. A., Drake, C. M., Beaumont, J. J.: Subsequent criminal activity among violent misdemeanants who seek to purchase handguns: Risk factors and effectiveness of denying handgun purchase. J. Am. Med. Assoc. **285**, 1019–1026 (2001)

[75] Wolpin, K. I.: The Limits of Inference without Theory. MIT Press, Cambridge, MA (2013)

[76] Zellner, A. Readings in Economic Statistics and Econometrics. Little, Brown, Boston (1968)

第 5 章 机遇、策略和工具

摘要 观察性研究的设计的哪些特征会影响其区分处理效应和因未测量协变量 u_{ij} 而产生的偏倚的能力? 这个主题是本书第Ⅲ部分的重点, 在本章中以非正式的术语对其进行了概述. 机遇 (opportunity) 是一种不同寻常的 (有利条件) 环境 (unusual setting), 与普通环境 (common setting) 中未观察到的协变量相比, 它有更少的混杂. 一个机遇可能是建立一个或多个自然实验的基础. 策略 (device) 就是为了消除可能会影响效应和偏倚的关联而收集的信息. 典型的策略包括: 多个对照组, 被认为未受处理影响的结果, 几个结果之间的一致性, 以及不同剂量的处理. 工具是一种相对随意的推动接受处理的方式, 这种推动本身只有在它促使接受处理时才能影响结果. 尽管相互竞争的理论精心组织了设计, 但机遇、策略和工具是设计的构成要素.

5.1 机遇

5.1.1 秩序井然的世界

...... 对反复无常和混乱的怀旧 ......

E. M. Cioran [35, 第 2 页]

在一个秩序井然的 (well-ordered)、理性有序的 (rationally ordered) 世界里, 每个人都别无选择, 只能接受为其准备的最好的处理, 这个决定基于无可争议的知识和专家的深思熟虑. 那个秩序井然的世界与随机试验截然相反, 在随机试验中，人们毫无理由地接受处理，仅仅由抛掷一枚均匀硬币决定．试验设计反映了我们对最佳处理的无知以及我们为减少这种无知而做出的坚定努力．在那个秩序井然的世界里，很难学到任何新东西．在那个世界里，政策已经陷入"坚定意见的沉睡"[103, 第 42 页]．幸运的是，对于计划一项观察性研究的研究者来说，我们并不是生活在一个秩序井然的世界里．

观察性研究可能始于一个机遇，一个任意、任性、混乱的日常有序世界的干扰 (disruption)．研究者可能会问：如何利用这种干扰？有没有一对科学理论，在平常的日子里都不会产生相互矛盾的预测，但今天，仅仅因为这种干扰，就会产生相互矛盾的预测呢？在第 2 章中，随机性被发现是有用的．根据 Richard Sennett [151]，我们可能会问：扰乱 (disorder) 有用吗？

5.1.2　问题

Ⅰ．环境光线过低会导致车祸 (auto accident) 吗？比较上午 11 点开车的购物者、傍晚开车的通勤者和凌晨 3 点开车回家的聚会者是不合适的；他们的事故发生率可能会因除环境光线不同以外的其他原因而有所不同．比较在赫尔辛基 (Helsinki) 和特拉维夫 (Tel Aviv) 下午 5 点的事故率是不行的，因为环境光线差异只是许多其他差异之一．你会比较什么呢？

Ⅱ．如果被判死刑的杀人犯、强奸犯和武装抢劫犯不被处决，他们对其他囚犯和监狱工作人员的伤害会比其他因暴力犯罪而入狱的人更大吗？你会比较什么呢？

Ⅲ．目前在美国，已婚夫妇根据他们的总收入共同纳税，其中总收入很重要，但夫妻之间的收入分配并不重要．此外，税率是累进的，收入越高税率越高．在这种制度下，如果丈夫和妻子的收入差别很大，那么税收对工作的抑制作用 (disincentive) 可能会与他们没结婚时的情况大不相同．人们自然会问：共同征税对夫妻的劳动力供给有什么影响？鉴于整个国家都实行联合征税的情况，你将如何研究联合征税对劳动力供给的影响？

Ⅳ．在贫困社区长大会降低成年后的收入吗？这个问题要求将社区的影响与个人自身家庭环境的任何属性分开．你会比较什么呢？

5.1.3　解决方案

Ⅰ．你正在寻找环境光线的变化，而没有其他相应的变化．那什么时候会发生这种情况？这种情况每年发生两次，夏令时 (daylight saving time) 的进入或退出的切换．John Sullivan 和 Michael Flannagan [160] 观察了在夏令时前后几周内黎明和黄昏时致命车祸发生率 (fatal auto accident rate at dawn and dusk) 的变化, 这些变化是由于夏令时切换产生的环境光线不连续 (间断点) 造成的. 睡眠增加或减少会影响车祸发生率吗? Mats Lambe 和 Peter Cummings [87] 研究了夏令时以不同方式切换前后的周一, 指出在夏令时切换后的周一, 人们通常会增加或减少一个小时的睡眠时间.

使用夏令时改变环境光线或睡眠持续时间是一个断点设计 (discontinuity design) 的例子, 在断点设计中, 处理在某个维度 (这里是时间) 上突然和间断地改变, 而最令人担忧 (最值得关注) 的偏倚来源可能会逐渐和连续地改变, 因此, 在间断点附近, 估计处理效应的偏倚很小. Donald Thistlethwaite 和 Donald Campbell [164] 首次将不连续 (间断点) 视为观察性研究的机遇; 另见文献 [22, 23, 26, 38, 59, 70].

II. 一般来说, 要研究一个人如果没有被处决会表现出什么样的行为并不容易. 在 1972 年 Furman v. Georgia 的案件中, 美国最高法院 (U.S. Supreme Court) 裁决为, 当时执行死刑 (death penalty) 的现行方法是 "残酷和不寻常的", 因此违反了美国宪法 (U.S. Constitution), 使 600 多名面临处决的囚犯的死刑判决无效. Marquart 和 Sorensen [98] 研究了 47 名被减刑为无期徒刑的得克萨斯州囚犯, 并对他们在 1973 至 1986 年间的行为进行了调查, 与一组没有被判处死刑的类似暴力罪犯进行了比较.

最高法院的裁决经常被视为机遇; 例如, 文献 [104]. 就目前而言, 无论我们认为最高法院在推翻立法方面反复无常, 还是认为立法者在无视宪法的约束方面反复无常, 这都没有什么区别; 我们寻求的不是智慧, 而是急剧的变化.

III. 今天, 美国税法秩序良好, 在有限的意义上, 整个国家都要接受共同征税, 但过去情况并非总是如此. 在 1948 年《税收法案》出台之前, 在有共同财产法 (community property law) 的州, 已婚夫妇要对他们的合计收入共同纳税, 在没有这样的法律的州, 则对他们的个人收入单独征税. Sara LaLumia [86] 比较了从 1948 年合计收入纳税法案之前到之后, 在有和没有共同财产法的州中, 丈夫和妻子提供的劳动力的变化.

IV. 多伦多的公共住房计划根据一个家庭在等候名单上排在首位时的空置 (住房) 情况为家庭分配不同位置, Philip Oreopoulos [108] 利用这种相对随意的安排来研究社区 (neighborhood) 对成年人收入的影响. 他写道:

本文首次研究了社区对成年人长期劳动力市场结果的影响, 这些成年人小时候被分配到多伦多的不同住宅项目 …… 多伦多计划中的所有家庭在他们排在等候名单的首位时, 都被分配到全市的各种住房项目中 …… 家庭不能指定

偏好位置 …… 多伦多住房计划还允许对各种补贴住房项目进行比较 …… [一些位于] 市中心, 而另一些位于郊区的中等收入地区.

多伦多住房计划是一个机会, 在某种程度上, 仅因为在等候名单上的位置影响到指定的社区, 则它可预测未来的收入. 多伦多住房计划是一个机会, 在某种程度上, 一些重要的事情 (你的社区) 是由一些无关紧要的事情 (你在等候名单上的位置) 决定的.

5.2 策略

5.2.1 消除歧义

Austin Bradford Hill 爵士 [63] 在皇家医学会发表的主席致辞 (President's Address to the Royal Society of Medicine) 中问道:

我们的观察结果揭示了两个变量之间的关联, 这两个变量非常明确, 超出了我们想要归因于机会游戏的范围. 在决定最可能的解释是因果关系之前, 我们应该特别考虑这种关联的哪些方面?

关联并不意味着因果关系: 处理和结果之间的关联是模糊的, 可能是处理引起的效应, 也可能是因为比较那些看起来可比但不可比的人而产生的偏倚. "消除歧义 (disambiguate)" 是一个发音难听但态度正确的词. 歧义被专门针对解决歧义的活动所反对, 或许最终被击败.[1] 为了解释清楚处理和结果之间的关联, 策略扩大经过深思熟虑的关联的集合. Donald Campbell 在 1957 年的论文 [30] 是最先系统地考虑策略作用的论文之一.

5.2.2 多个对照组

在没有随机分配的情况下, 仅仅是对照组没有接受处理这一事实, 就初步证明了他们与接受处理的受试者不具有可比性. 他们为什么没有接受处理呢? 可能是因为对照组被拒绝接受处理, 或者拒绝接受处理, 或者住的太远而无法接受处理, 或者在处理开始之前就进入了研究. 根据具体情况, 这些未接受处理的原因可能是后果严重的, 也可能是无害的. 人们如何才能获得相关的证据来补充说明单纯的表象?

如果有几种方法可以不接受处理, 那么就可能选择几个对照组. 在一项观

---

[1] 《牛津英语词典》引用 Bentham 的话写道: "'disambiguate': 动词, 用来消除歧义."

察性研究中, 通过使用一个以上的对照组, 有时可以根据具体情况, 获得未测量协变量偏倚的直接证据. 例如, 一个对照组可能由拒绝处理的人组成, 另一个对照组可能由被拒绝处理的人组成.

例如, 2005 年, Marjan Bilban 和 Cvetka Jakopin [25] 提出了一个问题: 暴露于氡气 (radon gas) 和重金属 (heavy metal) 的铅锌矿工是否遭受了过量的遗传 (基因) 损伤 (genetic damage). 他们将一个矿井的 70 名斯洛文尼亚铅锌矿工与两个对照组进行了比较, 一个对照组由靠近矿井的当地居民组成, 另一个对照组由住在离矿井相当远的其他斯洛文尼亚居民组成. 该矿井本身就是当地的一个铅污染的源头. Bilban 和 Jakopin 研究了遗传毒理学 (genetic toxicology) 中的几个标准测量指标, 包括微核频率 (frequency of micronuclei). 在这个试验 [45] 中, 抽取血样并培养血淋巴细胞 (blood lymphocytes). 在正常的细胞分裂过程中, 一个细胞中的遗传物质分裂成为两个新分离细胞的两个细胞核中的遗传物质. 如果这个过程进行得不顺利, 每个新细胞可能没有一个单独的细胞核, 但可能有一些分散在几个微核中的遗传物质. 微核 (micronuclei, MN) 频率是衡量遗传损伤的测量指标; 具体地说, Bilban 和 Jakopin 观察了每人 500 个双核细胞, 并记录了这 500 个细胞中的微核总数.

表 5.1 在铅锌矿工与两个对照组中的微核频率的比较

组别	标签	例数 (n)	平均值	标准误差 (SE)	t vs LP	t vs SR
当地居民	Local population (LP)	57	6.005	0.377	—	−0.98
斯洛文尼亚居民	Slovene resident (SR)	61	6.400	0.143	0.98	—
矿工	Mine worker (MW)	67	14.456	0.479	13.87	16.13

给出了两样本的未合并 t 统计量和均值的标准误差 (standard error, SE).

表 5.1 显示了 Bilban 和 Jakopin [25, 表IV] 关于矿工和两个对照组的微核数据. 很明显, 矿工比两个对照组有更高的微核频率, 而这两个对照组之间差别不大.[2] 第 12.3 节讨论另一个使用两个对照组的例子.

多个对照组的优点和局限性可以用正式的统计学术语来描述, 但有几个问

---

[2]我在表 5.1 中所做的分析是没有问题的, 因为情况非常戏剧性, t 要么大于 10, 要么小于 1. 在不太戏剧性的情况下, 出于几个原因, 这种分析是不合适的. 首先, 一种更有效的效应检验将同时使用两个对照组. 其次, 表 5.1 进行了几个检验, 但没有努力控制这些检验的误报率. 再次, 表 5.1 以两个对照组之间没有差异作为支持其可比性的证据, 但未能拒绝零假设并不是支持该假设的证据. 例如, 两个对照组可能因为功效有限而没有显著差异, 或者它们可能会有显著差异, 但差异可能太小, 不足以使其在与处理组的主要比较中失效. 这些问题将在第 23.3 节中更加谨慎地讨论.

题不需要正式表述就相当清楚. 首先, 如果两个对照组在对观察到的协变量进行调整后有不同的结果, 那就不可能是由于处理引起的效应, 它一定表明至少一个或可能两个对照组都不适合作为对照组, 也许它们在未测量协变量方面有所不同. 如果两个对照组在相关的未测量协变量方面彼此不同, 那么两个对照组中至少有一个组一定在这些协变量方面与处理组不同.

其次, 两个对照组只有在某些有用的方面有所不同时才会有用. 如果有两个对照组只是因为有两个对照组而不是一个对照组才有价值, 那么任何一个对照组都可以随机分成两组来产生两个对照组, 但是, 这当然不会提供关于未测量协变量的新信息. 表 5.1 中的两个对照组有助于表明, 矿井附近的地区没有什么特别之处; 只有矿工的, 而不是当地居民的, MN 水平升高了. Donald Campbell [31] 认为, 明智的做法是选择两个对照组, 使他们在一个协变量上有所不同, 这个协变量虽然没有测量, 但已知在两组中有很大的不同. 两个这样的对照组的相似结果提供了证据, 证明未测量协变量的不平衡不是处理与对照的结果差异的原因; 关于未测量协变量的偏倚检验的功效和无偏性的讨论见文献 [117, 119]. 按照 M. Bitterman 的说法, Campbell 将此称为 "系统变异对照 (control by systematic variation)": 未测量协变量有系统的变化, 但在结果中没有产生实质性的变化.

再次, 两个对照组的相似结果不能确保处理与对照的比较是无偏的. 这两个对照组可能都是同样有偏的. 例如, 如果愿意在铅锌矿井工作与普遍缺乏对健康危害的关注有关, 人们可能会发现, 与居住在矿区附近或远离矿区的其他斯洛文尼亚人相比, 矿工更容易容忍其他健康危害, 比如吸烟和酗酒 (cigarette smoke and excessive alcohol). 两个对照组的比较可能有相当大的功效来检测某些特定的偏倚——来自系统变化的协变量的偏倚——而几乎没有检测其他偏倚的功效——在两个对照组中以类似的方式出现的偏倚 [117, 119]. 这是 Dylan Small 仔细讨论过的一般性问题的一个非常简单的例子 [154].

5.2.3 几种结果之间的一致性

Austin Bradford Hill [63] 在第 5.2.1 小节的引文中认为, 观察到的关联的某些方面可能有助于区分实际处理效应和仅仅未能对一些未测量协变量进行调整而得到的处理效应. 第 5.2.2 小节考虑了多个对照组. 在第 3.4 节中, 我们发现, 各研究对未测量协变量的偏倚的敏感性不同: 在一些研究中, 由 Γ 衡量的小的偏倚可以解释观察到的处理和结果之间的关联, 但在其他研究中, 只有大的偏倚才能解释这一点. 因此, 对未测量偏倚的敏感程度是观察到的关联的另一个方面, 它与区分处理效应和偏倚有关. 是否还有其他方面需要考虑?

表 5.2 显示了图 1.1 中 86 对以色列学校中 4 对学校五年级的数据, 该数据来自 Angrist 和 Lavy [4] 的研究, 这是关于学业测试成绩和由 Maimonides 规则控制的班级规模的研究. 回顾第 1.3 节, 学校是根据学校中弱势学生百分比 x 进行配对的, 结果是五年级的数学和语言测试的平均成绩. 表 5.2 的中间配对表明 Maimonides 规则控制得并不完美. 学校 $(i, j) = (1, 1)$ 在五年级有 46 名学生, 被分成两个班, 平均人数为 23; 学校 $(i, j) = (1, 2)$ 在五年级有 40 名学生, 没有分班, 一个班有 40 名学生. 配对 $i = 3$ 违反了 Maimonides 规则, 因为学校 $(i, j) = (3, 2)$ 的 40 人年级组被分成了两个班.

表 5.2 在 Angrist 和 Lavy 的关于测试成绩和使用 Maimonides 规则控制的班级规模的研究中, 匹配两所以色列学校的 86 个配对中的 4 对

配对 i	学校 j	弱势学生百分比 x	年级组规模	班级个数	班级规模	数学平均成绩	语言平均成绩
1	1	9	46	2	23.0	72.1	81.1
1	2	8	40	1	40.0	63.1	79.4
2	1	1	45	2	22.5	78.5	85.5
2	2	1	32	1	32.0	68.1	75.7
3	1	0	47	2	23.5	78.1	80.0
3	2	0	40	2	20.0	64.4	80.4
4	1	1	45	2	22.5	76.4	82.9
4	2	1	33	1	33.0	67.0	84.0

配对 $i = 3$ 违反了 Maimonides 规则, 将年级组规模为 40 人的学校 $j = 2$ 的年级组划分为 2 个班级.

表 5.2 提出了几个问题. 本节讨论的第一个问题是 "一致性"[3]. 在通常情况下, 支持 "一致性" 重要性的最令人信服的论点来自考虑 "不一致性 (incoherence)". 假设, 与在大班 (larger class) 授课的小规模年级组 (smaller cohort) 相比, 被分成小班 (smaller class) 的大规模年级组 (larger cohort) 在数学方面的成绩明显更好, 但在语言测试方面的成绩明显较差. 这样的结果是不一致的 (incoherent). 面对这样一种不一致的结果, 研究者很难辩称小班授课能产生更好的学业成绩. 事实上, 图 1.1 表明数学和语言测试成绩都有所提高, 这是一种

---

[3]Hill [63] 使用了吸引人的术语 "一致性", 但没有给出确切的含义. Campbell [32] 在更专业的意义上使用了术语 "多个操作 (multiple operationalism)", 这与本节中的讨论相当一致. Trochim [165] 以类似的方式使用术语 "模式匹配 (pattern matching)". Reynolds 和 West [113] 提出了一个令人信服的应用.

一致的 (coherent) 结果. 如果不一致性对处理造成了其表面效应的说法构成实质性的障碍, 那么缺乏不一致 (也就是说, 一致性) 应该会对该主张进行强化. 这种直觉可以形式化吗?

回顾第 2.4.1 小节可加处理效应的假设. 如果处理确实有可加效应, 即在数学测试中有可加效应 τ_{math}, 在语言测试中有可加效应 τ_{verb}, 那么较小的班级能提高测试成绩的说法就等于 $\tau_{math} \geq 0$ 和 $\tau_{verb} \geq 0$ 至少有一个严格不等式成立. 如果说小班授课对数学和语言测试成绩都有决定性的提高, 那就等于说 τ_{math} 和 τ_{verb} 都是远大于零的. 数学测试成绩的提高 (gain) 和语言测试成绩的下降 (loss), 即 $\tau_{math} > 0$ 和 $\tau_{verb} < 0$, 在逻辑上并不是不可能的, 但这与预期的小班规模授课带来的好处是不相容的. 政策问题在于, 较小的班级是否会带来与其明确较高的成本相称的好处, 因此, 相关的问题在于, τ_{math} 和 τ_{verb} 是否都是远大于零的. 从几何学角度来看, 数学成绩的提高等于直线的一半, 即 $\tau_{math} > 0$, 但数学和语言成绩都提高等于平面的四分之一, 即 $(\tau_{math}, \tau_{verb}) > (0, 0)$, 所以后者是一个更有针对性的假设.

在上一段中, 已经提出了一个论点, 即相关的处理效应具有某种特定的形式. 你可能觉得这个论点很有说服力, 也可能没有. 这没有关系. 就目前而言, 问题不在于上一段中的论点在这个特定情况下对你是否有说服力, 而是任何关于一致性或不一致性的主张, 无论是明确的还是含蓄的, 都依赖于这类论点. 主张实际的处理效应, 或与政策相关的处理效应, 或有用的处理效应必须具有一定的形式. 一致性意味着观察到的关联模式与预期形式是兼容的, 而不一致性意味着观察到的关联模式与预期形式是不兼容的. 一致性或不一致性的说法是有争议的 (arguable), 因为处理效应的预期形式是有争议的.

寻找数学和语言成绩 (math and verbal score) 都有提高的一种简单方法是将数学和语言成绩的两个符号秩统计量加在一起[4]; 这是 "一致符号秩统计量 (coherent signed rank statistic)" ([124] 和 [129, §9]) 的一个实例. 虽然在第 18.2 节中以技术术语进行了讨论, 但在没有技术细节的情况下, 一致符号秩统计量背后的直觉是清晰的. 如果分成一半的大规模年级组往往比小规模年级组有更好的数学和语言成绩, 那么两个 (成绩对应的) 符号秩统计量都会很大, 一致统计量也会非常大. 如果数学成绩的提高被语言成绩的下降所抵消, 那么这两个符号秩统计量的总和就不会特别大.

---

[4]很明显, 我们在把两个符号秩统计量相加时, 可使一个统计量指向对两个结果产生特定效应的方向. 如果预期数学成绩会有所提高, 而语言成绩会有所下降, 那么在对符号秩统计量求和之前, 可能会用负号重排语言成绩. 因为这两个结果是分开排序的, 所以每个结果的权重大致相等. 一致符号秩统计量可用于两个以上的定向结果 (oriented outcome). 它还可以根据不同剂量的处理进行权重调整 [124].

我们可以对一致符号秩统计量进行敏感性分析, 见文献 [124] 和 [129, §9]. 这里的直觉是, 如果使用一致符号秩统计量, 一个一致的结果将被认为对未观察到的偏倚不那么敏感, 然而一个不一致的结果将对未观察到的偏倚更加敏感. 第 18.2 节将发展一些正式形式来证明这种直觉. 计算在形式上与第 3.5 节中的计算非常相似, 执行起来也同样简单; 见文献 [124] 和 [129, §9].

表 5.3 显示了单独应用于数学成绩、单独应用于语言成绩的符号秩统计量的敏感性分析, 以及对组合了它们的一致符号秩统计量的敏感性分析. 表 5.3 给出了单侧 P-值上界, 用于检验无处理效应即测试成绩没有提高的零假设, 备择假设为测试成绩有提高. P-值下界在所有情况下都高度显著, 没有展示出来. 在 $\varGamma = 1.45$ 左右时, 数学成绩对未观察到的偏倚变得敏感; 在比 $\varGamma = 1.55$ 稍多一点时, 语言成绩变得敏感; 在 $\varGamma = 1.7$ 左右时, 一致统计量变得敏感. 简而言之, 需要一个明显更大的偏倚 $\varGamma$ 来解释这种关联的一致模式, 而不是单独解释取得数学或语言成绩的表面效应. 有关此分析的进一步讨论见第 23.4 节.

表 5.3 在 Angrist 和 Lavy 的关于学业测试成绩和由 Maimonides 规则控制的班级规模的研究中, 敏感性分析和一致性的结果

$\varGamma$	数学	语言	一致的
1.00	0.0012	0.00037	0.00018
1.40	0.043	0.020	0.011
1.45	0.057	0.027	0.015
1.55	0.092	0.047	0.026
1.65	0.138	0.075	0.043
1.70	0.164	0.092	0.054

该表给出了数学测试成绩、语言测试成绩及其一致组合的单侧 P-值上界. 在这个实例中, 需要一个更大的偏倚, 比如 $\varGamma = 1.7$ 来解释这种一致的关联, 而与数学测试成绩的关联可以用 $\varGamma = 1.45$ 来解释.

表 5.3 中以色列学校的结果相比表 3.2 中焊工的结果对未观察到的偏倚更敏感. 这是在这两组数据中清晰可见的明确事实. 然而, 它们的研究背景是不同的, 并且研究背景与思考哪些偏倚是合理的有关. Angrist 和 Lavy [4] 努力防止未测量的偏倚: 图 1.1 和表 5.2 中接受处理的学校和对照学校在弱势学生百分比 x 方面相似, 而在 Maimonides 的 40 名学生的割点 (cutpoint) 两侧的五年级规模略有不同. 这种比较是否可以忽略一个协变量 u, 它对数学和语言测试成绩都有很强的预测能力, 且在五年级规模稍大 (学生人数略多) 的学校中要比其他学校多 1.7 倍? 当然, 这仍然是一个合乎逻辑的可能性, 但是考虑到这里看似

合理的偏倚程度, 图 1.1 中 Angrist 和 Lavy 的结果并不是十分脆弱的.

5.2.4 已知的效应

未受影响的结果或对照结果

在第 5.2.3 小节中, 一致性指的是处理被认为在已知的方向上影响几种结果的可能性. 然而, 我们可能会认为一种处理会影响一种结果而不会影响另一种结果, 我们希望利用预期的效应缺失来提供关于未测量偏倚的信息 [100, 113, 114, 118, 119, 172, 173]. 对照组是一组已知的未受处理影响的受试者; 通过类比, 一个已知的未受处理影响的结果有时被称为 "对照结果 (control outcome)" 或 "对照结构 (control construct)". 对照结果有时与 Hill [63] 的处理效应的 "特异性 (specificity)" 概念有关 [118, 172].[5] 特别是, McKillip [100] 认为, 在某些情况下, 在没有对照组的情况下, 一个对照结果可能就足够了.

在第 4.3 节 Wintemute 等人 [174] 的研究中, 出现了一个涉及对照结果的论点, 该论点是关于 1991 年加州引入一项法律产生的影响, 即禁止向被判犯有暴力轻罪的个人提供手枪的法律. 回想一下, 他们比较了在 1989—1990 年 (法律生效前) 或 1991 年 (法律生效后) 因暴力轻罪被定罪和申请购买手枪的人. 此外, 他们还发现, 当法律生效时, 枪支犯罪率和暴力犯罪率较低. 这是法律造成的影响吗? 随着时间的推移, 犯罪率可能会随着人口结构或经济状况的变化而变化. 目前尚不清楚限制购买手枪如何或为什么会影响非暴力犯罪. Wintemute 等人 [174] 还研究了非暴力和非枪支犯罪率, 发现随着法律的改变, 这些犯罪率几乎没有变化. 在他们的研究中, 在效应看似合理的情况下, 处理和结果是相关的; 在效应不是特别合理的情况下, 处理和结果是不相关的.

以类似的方式, Sadik Khuder 等人 [85] 研究了工作场所和公共区域禁烟对冠心病住院率的影响. 作为对照结果, 他们使用了非吸烟相关疾病的住院率.

虽然已知效应的作用可以用正式的术语来阐述, 但即使没有技术细节, 其主要问题也是相当清楚的. 一个未受影响的结果要有用, 就必须具有某些属性. 如果一个未受影响的结果仅仅因为它未受影响而有用, 那么这样的结果总是可以使用随机数人为地创造出来的; 然而, 这并不能提供对未测量偏倚的洞察力. 为了有用, 一个未受影响的结果必须与一些未测量协变量相关. 看似合理的是, 非暴力犯罪或非枪支犯罪的趋势与违法行为的总体趋势相关, 因此在区分法

---

[5]从 Hill 的角度来看, 处理效应的特异性 [63] 有时被理解为与处理相关的结果的数量, 但最近的研究强调, 这与处理预期不会影响的结果没有关联 [118, 172].

律的影响与犯罪的总体增加或减少上方法是有用的. 不难证明, 一个未受影响的结果可以对与其相关的未测量协变量的不平衡提供一致和无偏检验[6]; 见文献 [118, 119] 和 [129, §6]. 如果未测量协变量和未受影响的结果之间的关联很弱, 那么未测量协变量的显著不平衡可能只会在未受影响的结果中产生微弱的回声.[7] 未受影响的结果可能会指导敏感性分析的范围 [121].

已知方向的偏倚

在对观察性研究结果的讨论中, 声称知道由未测量协变量引起的偏倚方向是常见的. 在某种程度上, 这样的主张是有根据的, 它们可能会消除处理和结果之间的某些关联. 坚持金本位 (gold standard) 是否延长了大萧条? 在 Milton Friedman 和 Anna Schwartz [50] 关于美国研究的基础上, E. U. Choudhri 和 L. A. Kochin [34] 以及 B. Eichengreen 和 J. Sachs [41] 的研究比较了不采用金本位、不同时期退出金本位或仍采用金本位的国家. 在讨论这些研究时, Benjamin Bernanke [24] 写道:

> 到 1935 年, 相对较早放弃金本位的国家基本上已经从大萧条中复苏, 而金本位国家的产出和就业仍然处于低水平 …… 如果汇率制度的选择是随机的, 那么这些结果将毫无疑问 …… 当然, 在实践中, 是否退出金本位的决定在一定程度上是内生的 …… 事实上, 这些结果不太可能是虚假的 …… 任何由放弃黄金决定的内生性所产生的偏倚似乎都会错误地解释事实: 假设是经济实力较弱的国家, 或者那些遭受最严重萧条的国家, 将先贬值或放弃黄金. 然而, 有证据表明, 放弃黄金的国家比那些没有放弃黄金的国家复苏得更快更有力. 因此, 任何对内生性的修正 …… 应该倾向于加强经济扩张与放弃金本位的关联.

Bernanke 的主张是了解特定偏倚方向的典型主张. 这一主张不是用绝对确定的语言提出的. 更确切地说, 该主张的提出是为了阐明一种有逻辑性的但

---

[6] 一致性和无偏性是检验零假设 H_0 和备择假设 H_A 的最低能力的两个概念. 一致性表示, 如果样本量足够大, 检验就会有效. 无偏性表示, 在所有大小的样本中, 检验的方向都是正确的. 如果一致性和无偏性在实质上失败了, 那么很难说这项检验实际上是 H_0 对 H_A 的检验. 为了对 H_0 进行 5% 水平下的检验, 当 H_0 为真时, P-值小于 0.05 的可能性最多只能为 5%. 零假设 H_0 与备择假设 H_A 的检验功效为: 当 H_A 为真时, 拒绝 H_0 的概率. 如果在 5% 水平下进行检验, 则检验功效是当 H_0 不真而 H_A 为真时 P-值小于或等于 0.05 的概率. 我们希望功效很大. 如果随着样本量的增加功效增加到 1, 则检验是一致的——也就是说, 如果 H_A 为真, 且样本量足够大, 则几乎可以确定拒绝 H_0 接受 H_A. 如果功效至少等于当 H_A 为真时的水平, 则该检验是 H_0 对 H_A 的无偏检验. 如果在 5% 水平下进行检验, 那么当 H_A 为真时, 如果功效至少为 5%, 则检验是 H_0 对 H_A 的无偏检验.

[7] 更准确地说, 未受影响结果中的 Kullback-Leibler 信息永远不会比未测量协变量本身的信息更多, 而且通常要少得多 [118].

在某种程度上不太可信的结论, 即处理与结果之间的关联是由一种特定的偏倚产生的. 承认宣称的偏倚就是要承认其必要但不可信的含义.

一个相当危险但有时很有说服力的研究设计利用了这样一种说法, 即知道最合理的偏倚与声称的处理效应背道而驰. 在这个设计中, 我们比较了被认为是不可比较的两组人, 但不可比较的方向往往会掩盖一个实际的效应, 而不是创造一个虚假效应. 这种设计背后的逻辑是有效的: 如果偏倚与预期效应 (anticipated effect) 背道而驰, 且忽略了该偏倚, 则关于效应的推断将是保守的, 因此该偏倚将不会导致对预期效应有利的无效应的虚假拒绝; 参见文献 [118,119] 和 [129, §6]. 尽管如此, 该设计还是有风险的, 因为一个方向上的偏倚与另一个方向上的效应可能会抵消, 因此实际效应会被忽略. 此外, 声称知道偏倚方向可能会有争议.

残疾保险会阻碍工作吗? 在一项研究中, John Bound [27] 利用已知方向的未测量偏倚, 比较了美国社会保障残疾保险的成功和不成功的申请者. 他的前提假设是, 成功的申请者往往比不成功的申请者残疾更严重, 也就是说, 美国社会保障管理局 (U. S. Social Security Administration) 采用了一些合理的标准, 将申请者分为两类. 在这种情况下, 不工作的激励是给那些可能工作能力较差的人的. 据推测, 成功申请者和不成功申请者之间的工作行为差异夸大了激励的效果, 因为它结合了激励的效应和更大的残疾. 事实上, Bound [27] 发现不成功的申请者中相对较少的人重返工作, 并在此基础上声称激励效应并不是非常大.

禁止已定罪的重罪犯 (convicted felon) 购买手枪的法律能防止暴力犯罪吗? 什么样的对照组适合与已定罪的重罪犯进行比较? Mona Wright 等人 [176] 利用已知方向的偏倚进行了一项研究. 他们将企图购买手枪被拒绝的已定罪的重罪犯和因重罪被捕但未被定罪却被允许购买手枪的人进行了比较. 据推测, 一些被捕但未被定罪的人是无辜的, 所以在他们的研究中, 这群购买者中可能很少有以前犯过重罪的人. Wright 等人发现, 尽管最合理的偏倚是反向的, 但在调整年龄后, 在接下来的 3 年里购买枪支的人比购买枪支被拒绝的重罪犯因枪支犯罪被捕的可能性高出 13% [176, 表 1 中的相对风险为 1.13].

5.2.5 处理剂量

剂量效应关系能加强因果推断吗?

关于处理剂量及其与因果效应关系的主张已经写了很多文章. 许多这样的主张与其他相关的主张相互矛盾, 或者看起来是矛盾的. 第 18.4 节将试图以正式术语梳理其中一些主张. 在这里, 提到了一些主张, 并给出了一个实例 (由第 18.4 节指导). (剂量的另一个方面在第 12.3 节中讨论.)

最熟悉的主张是引用了之前报纸上 Austin Bradford Hill 的话. Hill [63, 第 298 页] 写道:

如果这种关联能够揭示效应关系 (biological gradient) 或量效曲线 (dose–response curve), 那么我们就应该非常仔细地寻找这种证据. 例如, 肺癌的死亡率与每日吸烟数量呈线性增长关系, 这一事实为吸烟者比非吸烟对照者有更高死亡率这一更简单的结论提供了更多的证据.

Hill 的主张经常引发争议. Kenneth Rothman [145, 第 18 页] 写道:

然而, 一些因果关联 (causal association) 显示没有明显的剂量效应趋势; 例如, 己烯雌酚 (diethylstilbestrol, DES) 与阴道腺癌之间的关联……确实显示出剂量效应趋势的关联不一定是因果关系; 如果混杂因素本身在其与疾病的关系中表现出效应关系, 则混杂可能导致风险因素与疾病之间的非因果趋势.

Noel Weiss [171, 第 488 页] 对 Hill 关于剂量和响应的概念进行了微妙的重新诠释, 他的观点大致相同:

一个或多个混杂因素可能与暴露和疾病密切相关, 在没有因果关系的情况下产生量效关系.

这些评论把剂量效应关系/量效关系 (dose-response relationship) 说成是某种存在或不存在的东西, 它对相应存在或不存在的证据的强度有贡献. 这是谈论量效关系或证据强度的最佳方式吗? 我们可能会问: 考虑到处理剂量的分析会不会对未测量偏倚表现出较低的敏感性? 在任何一项研究中, 答案都可以通过分析手段获得 [131, 137], 而且每项研究的答案都不尽相同. Hill 对吸烟和肺癌给出正向参考, Rothman 对己烯雌酚和阴道腺癌给出负向参考, 但既有正向例子也有负向例子与剂量有时会降低对未观察到的偏倚的敏感性的想法是一致的.

Cochran [36] 认为观察性研究应该仿照简单试验的模板去设计, 关于临床试验好的标准建议是比较两种尽可能不同的处理方法; 参见 Peto, Pike, Armitage, Breslow, Cox, Howard, Mantel, McPherson 和 Smith 的文献 [110, 第 590 页]. 当然, 这需要完全分开的剂量, 而不是试图发现剂量和响应的递增闭联集 (graduated continuum). 递增闭联集是相关的问题吗? 还是说, 仅仅是在接受处理的受试者接受可忽略的剂量时, 对预期可忽略的影响是重要的吗? 事实证明, 这个问题相当明确; 见第 18.4 节和文献 [132].

剂量在某种意义上可能受到怀疑. 在 Angrist 和 Lavy [4] 的关于班级规模和教育测试成绩关系的研究中, 年级组规模被认为是随机的, 但只是在某种程度上由使用 Maimonides 规则的年级组规模决定的班级规模 (即处理剂量) 才被认为是随机的. 接受处理和接受对照之间的区别可能没有误差, 而剂量大小可能会受到测量误差的影响 [134, 156]. 在这两种情况下, 如果要避免偏倚, 可疑剂量可能需要使用仪器; 见第 5.3 节. 有时, 我们错误地认为剂量是处理强加于个体的一个方面, 而实际上, 个人接受的剂量部分或全部是对这些人的需要或耐受性的响应 [138].

现在是考虑一个实例的时候了.

油漆和油漆稀释剂的遗传损伤

专业油漆工 (professional painter) 暴露在油漆 (paint) 和油漆稀释剂 (paint thinner) 的各种潜在危险中, 包括有机溶剂 (organic solvent) 和铅 (lead). 这样的暴露会导致遗传损伤 (genetic damage) 吗? Pinto 等人 [112] 比较了墨西哥尤卡坦州 (Yucatan, Mexico) 的男性专业油漆工和年龄匹配的男性职员, 对比了从他们脸颊刮取的 3000 个口腔上皮细胞中的微核频率. 有关微核试验的讨论, 请参阅第 5.2.2 小节. 这些油漆工都是在公共建筑上工作的, 他们工作时不戴口罩或手套, 他们的暴露[8]剂量 d_i 是指作为油漆工的年限, 以对数形式记录下来, 具体是指 $\log_2(年)$, 所以 $\log_2(2^k) = k$, 特别是 $\log_2(4) = 2$ 和 $\log_2(32) = 5$. Pinto 等人 [112] 的研究数据见表 5.4 和图 5.1. 显然, 油漆工的年龄和作为油漆工的年限是高度相关的, 但对照组是按照年龄近距离匹配的 (closely matched). 在图 5.1 中, 油漆工的微核频率较高, 且油漆工和匹配对照组之间的微核频率差异随着 $\log_2(年)$ 的增加而增大.

表 5.4 在 22 名男性油漆工和 22 名按年龄匹配的男性职员 (对照组) 中的每 1000 个细胞的微核

配对	油漆工年龄	对照组年龄	作为油漆工年限	$\log_2(年)$	油漆工微核	对照组微核
1	18	18	1.6	0.68	0.32	0.00
2	20	20	1.6	0.68	0.00	0.00

---

[8]当在第 2 章中引入 $\mathscr{F}$ 时, 处理是采用单剂量的, 因此没有提到剂量. 一般来说, 如果有固定的剂量, 对每个配对 i 有一个剂量 d_i, 那么这个剂量也是 $\mathscr{F}$ 的一部分. 因为以前涉及 $\mathscr{F}$ 的讨论只是单一剂量的, 我们可以采用新的定义, 将剂量包含在 $\mathscr{F}$ 中, 而不改变以前讨论的内容.

续表

配对	油漆工年龄	对照组年龄	作为油漆工年限	$\log_2$(年)	油漆工微核	对照组微核
3	40	39	1.6	0.68	0.00	0.00
4	29	29	1.8	0.85	0.32	0.32
5	20	18	2.0	1.00	0.00	0.65
6	26	27	2.0	1.00	0.00	0.00
7	23	23	3.0	1.58	0.95	0.00
8	30	30	3.0	1.58	0.00	0.62
9	31	31	3.5	1.81	0.33	1.96
10	52	51	3.6	1.85	1.99	0.00
11	22	22	4.0	2.00	0.99	0.33
12	47	47	4.0	2.00	1.54	0.00
13	40	39	4.6	2.20	0.33	0.00
14	22	22	4.7	2.23	0.66	0.00
15	23	23	5.0	2.32	0.00	0.00
16	42	42	5.0	2.32	1.63	0.66
17	35	36	8.0	3.00	0.65	0.00
18	48	49	8.0	3.00	1.64	0.64
19	60	58	8.6	3.10	4.84	0.00
20	62	64	11.0	3.46	5.35	1.30
21	41	40	25.0	4.64	1.99	1.33
22	60	63	40.0	5.32	2.89	0.32

对于油漆工, 记录他作为油漆工的年限, 并以 2 为底取对数. 配对按年限递增排序. 工作年限少于 4 年的油漆工之间有一条分界线.

回顾第 2.3.3 小节, Wilcoxon 符号秩统计量为 $T = \sum_{i=1}^{I} \text{sgn}(Y_i) \cdot q_i$, 其中如果 $a > 0$, 则 $\text{sgn}(a) = 1$, 如果 $a \leqslant 0$, 则 $\text{sgn}(a) = 0$, 且 q_i 是 $|Y_i|$ 的秩. 关于剂量 $d_i, i = 1, 2, \cdots, I$, 的剂量加权符号秩统计量 [124, 131, 166] (dose-weighted signed rank statistic) $T_{\text{dose}} = \sum_{i=1}^{I} \text{sgn}(Y_i) \cdot q_i \cdot d_i$ 与统计量 T 是类似的, 不同之处在于配对 i 的权重为剂量 d_i. 另一种统计量是应用于具有大剂量的配对子集的符号秩统计量, 若 $d_i \geqslant \tilde{d}$, 即

$$T_{\text{high}} = \sum_{\{i: d_i \geqslant \tilde{d}\}} \text{sgn}(Y_i) \cdot q_i. \tag{5.1}$$

在本例中, $\tilde{d}$ 设置为剂量中位数, 此处为 4 年或 $\tilde{d} = \log_2(4) = 2$; 请参见图 5.1 中的垂直线. 这些统计量的敏感性分析很容易执行, 并且与第 3.5 节中符号秩统计量的敏感性分析非常相似; 见文献 [124, 131].

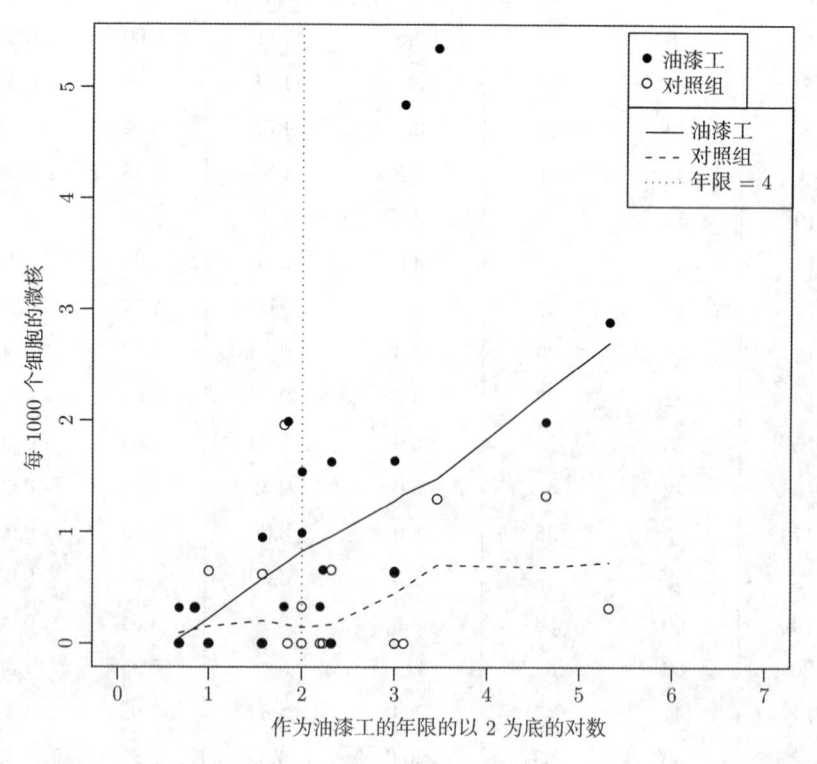

图 5.1 绘制 22 名男性油漆工和 22 名按年龄匹配的男性对照中的微核与 $\log_2$(年) 的关系图, 其中年数是在每个匹配对中作为油漆工的年限. 这两条曲线是局部加权散点平滑 (回归) 曲线. 垂直线是在 4 年或 $\log_2(4) = 2$ 的中位数处

表 5.5 询问图 5.1 中的量效模式 (dose-response pattern) 是否降低了对未测量协变量 u_{ij} 校正失败的偏倚的敏感性. 在这种情况下, 与忽略剂量的统计量 T 相比, 按剂量加权统计量 T_{dose} 对未测量偏倚的敏感性略低, 但仅用 12 个高剂量配对的统计量 T_{high} 对未测量偏倚的敏感性要低得多. 具体来说, 大小为 $\varGamma = 2$ 的偏倚可以解释专业油漆工与微核频率之间的关联, 如果这种关联是用忽略剂量的 Wilcoxon 符号秩统计量 T 来衡量的话, 因为单侧 P-值上界为 0.064. 如果这种关联是用剂量加权符号秩统计量 T_{dose} 来衡量的, 则大小为

$\varGamma = 2.5$ 的偏倚刚好可以解释处理和响应之间的关联. 相比之下, 即使大小为 $\varGamma = 3.3$ 的偏倚也不能解释作为油漆工的年限至少 4 年的 12 个配对中的高水平微核, 因为单侧显著性水平的上界为 0.048.

表 5.5 量效关系是否降低了对未测量协变量的敏感性

$\varGamma$	忽略剂量, T	加权剂量, T_{dose}	仅用 12 个高剂量配对, T_{high}
1	0.0032	0.0025	0.0012
2	0.064	0.038	0.016
2.5	0.12	0.067	0.028
3.3	0.22	0.12	0.048

对 22 名男性油漆工和按年龄匹配的 22 名男性职员的微核频率无处理效应零假设进行检验. 用 Wilcoxon 符号秩统计量、剂量加权符号秩统计量和应用于高剂量配对的符号秩统计量对单侧 P-值上界的比较. 剂量 d_i 是 $\log_2(年)$. 应用于高剂量配对的符号秩统计使用了 22 配对中的 12 个配对, 他们作为油漆工的年限至少为 4 年, 即 $d_i = \log_2(年) \geqslant 2$, 丢弃 10 个配对.

在一些研究中, 量效关系降低了未测量协变量对偏倚的敏感性, 但在其他研究中则没有降低 [131]. 仅仅是图或表中的上升趋势并不能决定问题, 而表 5.5 是决定性的. T, T_{dose} 和 T_{high} 的相对性能在第 18.4 节和文献 [136] 中作了进一步的研究; 另见文献 [132].

5.2.6 差别效应和通用偏倚

什么是差别效应?

如果有两种处理, 比如 A 和 B, 每一种都可以应用或不使用, 那么在 4 个单元格中就有一个 2×2 的处理因子排列 (析因处理排列)(fractional arrangement of treatment). 扩展第 3 章的符号, 个体 ℓ 落入四个单元格之一: (1) 既不接受处理 A 也不接受处理 B, 即 $(Z_{A\ell} = 0, Z_{B\ell} = 0)$, (2) 接受处理 A 但不接受处理 B, 即 $(Z_{A\ell} = 1, Z_{B\ell} = 0)$, (3) 接受处理 B 但不接受处理 A, 即 $(Z_{A\ell} = 0, Z_{B\ell} = 1)$, (4) 既接受处理 A 又接受处理 B, 即 $(Z_{A\ell} = 1, Z_{B\ell} = 1)$. 如果是受试者 ℓ 被随机分配到这个 2×2 设计的单元格中, $Z_{A\ell}$ 和 $Z_{B\ell}$ 由投掷一枚均匀硬币独立地决定, 那么可以研究几个比较或对比, 因为随机化可以防止所有这些比较中的偏倚, 比较的选择将只反映我们的兴趣或简约性考虑. 当不使用随机化时, 情况就不同了. 根据环境的不同, 某些比较可能比其他比较更不容易受到某些类型的偏倚的影响.

这两种处理的差别效应 (differential effect) [135] 是用一种处理代替另一种处理的效应. 这是 2×2 析因设计 (factorial design) 中两个单元格的比较, 但不是最常见的比较之一. 具体地说, 差别效应是比较上面的单元格 (2) 和 (3), 即接受处理 A 但不接受处理 $B(Z_{A\ell} = 1, Z_{B\ell} = 0)$ 与接受处理 B 但不接受处理 $A(Z_{A\ell} = 0, Z_{B\ell} = 1)$ 相比. 在一项随机试验中, 这种比较并不比其他比较更令人感兴趣. 在一项观察性研究中, 可能会出现提倡接受 A 的未测量偏倚也会提倡接受 B 的情况, 在这种情况下, 当其他析因对比存在严重偏倚时, 差别效应可能偏倚不大, 甚至无偏倚.

这种差别效应是否令人感兴趣, 将取决于具体情况. 显然, A 对 B 的差别效应不是 A 对非 A 的效应差; 可能是 A 和 B 具有大量但相似的效应, 因此它们的差别效应很小; 在这种情况下, A 对 B 的差别效应几乎没有揭示 A 的效应. 在其他情况下, A 对 B 的差别效应可能会揭示很多关于 A 对非 A 的效应.

观察性研究中差别效应的实例

Leonard Evans [16] 在第 1.4 节的研究中巧妙且相当令人信服地使用了差别效应来消除处理效应和未测量偏倚的歧义. 表 1.1 描述了一些致命事故 (fatal accident), 在这些事故中, 前排座位上正好有一个人系了安全带, 而这两个人中正好有一个人死亡. 当然, 有许多致命事故, 前座的两个人都系了安全带, 还有许多其他事故, 两个人都没有系安全带. 换句话说, 表 1.1 描述了不同的比较, 系安全带的司机和没系安全带的乘客, 没系安全带的司机和系安全带的乘客, 组成 2×2 析因设计中的两个单元格的比较. 正如第 1.4 节中所讨论的, 令人担忧的是, 系安全带是一种预防措施, 可能还伴随着其他预防措施, 如以较慢的速度驾驶或与前车保持较远的距离行驶. 使用 2×2 析因的其他单元格——两个人都系安全带或两个人都不系安全带——进行比较可能会有极大的偏倚, 因为可能存在将未测量到的谨慎驾驶的功劳归功于系安全带. 与此相反, 表 1.1 比较了同一车祸中的两个人, 一个系安全带, 另一个未系安全带, 未系安全带的人无论位置如何, 风险都更大. 从严格意义上讲, 表 1.1 是指有一个未系安全带的同伴则系安全带 (与未系安全带) 的差别效应, 这种效应可能不同于, 比如, 有一个系安全带的同伴则系安全带 (与未系安全带) 的差别效应: 有一个未系安全带的同伴可能会在车内被甩来甩去, 对其他人构成威胁. 然而, 在这种情况下, 系安全带的有益差别效应强烈地暗示了系安全带的有益主效应, 并且未测量偏倚对差别效应的影响不大.

定期使用非甾体抗炎药 (nonsteroidal anti-inflammatory drugs, NSAIDs), 如止痛药 (pain reliever) 布洛芬 (别名异丁苯丙酸)(ibuprofen), 是否能降低患阿尔茨海默病 (Alzheimer disease) 的风险? 几项研究已经发现了负关联, 但在对该主题的回顾中, in 't Veld 等人 [74] 提出了一种可能性, 即处在认知损害 (cognitive impairment) 的早期阶段的人可能对疼痛的意识较弱或不太积极地寻求疼痛治疗, 从而抑制了他们使用止痛药. 也就是说, 也许在阿尔茨海默病的早期阶段, 导致了非甾体抗炎药的使用减少, 而不是非甾体抗炎药降低了患阿尔茨海默病的风险. James Anthony 等人 [7] 从以下几个方面探讨了这种可能性. 扑热息痛 (别名对乙酰氨基酚)(acetaminophen) 是一种止痛药, 但不是非甾体抗炎药. Anthony 等人 [7, 表 2] 发现, 只服用非甾体抗炎药这种止痛药的人患阿尔茨海默病的风险约为只服用止痛药化合物但不是非甾体抗炎药的人的一半. 一种对疼痛意识较弱的通用倾向 (generic tendency) 可以解释阿尔茨海默病和非甾体抗炎药之间的负关联, 但它无法解释对非甾体抗炎药的偏好比其他止痛药与阿尔茨海默病有负关联的差别关联 (differential association). 阿尔茨海默病使得人们在面对疼痛时变得被动, 这似乎是合理的, 但阿尔茨海默病使得人们服用扑热息痛而不是布洛芬的说法就不那么合理了. 扑热息痛和布洛芬的差别效应似乎并没有受到某些偏倚的影响, 而这些偏倚似乎会影响布洛芬的主效应.

在实际情况中, 不可能证明某些未观察到的偏倚对差别效应的影响小于对主效应的影响, 这恰恰是因为没有观察到偏倚. 用一种不切实际的方式来说明这一现象是有可能的, 那就是暂时假装某些观察到的协变量没有被观察到. 表 5.6 比较了美国国家药物滥用研究所 (National Institute on Drug Abuse) [107] 对华盛顿特区 (Washington, DC) 八家医院活产婴儿研究中的四组母亲. 这些母亲中没有人报告在怀孕期间使用海洛因, 她们被分类为在怀孕期间是否使用大麻、可卡因、两者都不使用或两者都使用. 在一些变量方面, 如吸烟、饮酒和产前护理 (prenatal care), 使用任何一种药物的母亲之间比不使用任何一种药物的母亲之间更相似. 大麻和可卡因对新生儿健康的不同影响可能令人感兴趣, 也可能令人不感兴趣; 这取决于背景. 表 5.6 表明, 这种差别效应可能比通过与戒除麻醉品的母亲进行比较而形成的任何一种主效应的偏倚都要小; 有关进一步的讨论, 请参见文献 [135].

表 5.6 在美国国家药物滥用研究所对华盛顿特区活产婴儿的研究中, 使用大麻、可卡因、两者都不使用或两者都使用的母亲的属性

婴儿数	两者都不使用	大麻	可卡因	两者都使用
	931	11	39	5
怀孕期间吸烟 (%)	22	100	92	100
怀孕期间饮酒 (%)	23	64	74	100
后期或没有产前护理 (%)	10	27	48	40
高中以下学历 (%)	23	54	49	60
已婚 (%)	34	0	3	0
不想怀孕 (%)	32	46	59	80

使用大麻或可卡因但不是两者都使用的母亲之间的相似性比两者不使用的母亲之间更相似.

什么是通用偏倚?

"通用未观察到的偏倚" 是一种促进两种处理方法都使用的偏倚 [135]. 下面来自文献 [135] 的定义精确地说明了这一点.

定义 5.1 在 A 和 B 的两种处理分配中, 如果只存在通用未观察到的偏倚, 对于某些 (通常未知的) 函数 $\vartheta(\mathbf{x}_\ell)$, 则条件

$$\frac{\Pr(Z_{A\ell}=1, Z_{B\ell}=0|r_{T\ell}, r_{C\ell}, \mathbf{x}_\ell, u_\ell)}{\Pr(Z_{A\ell}=0, Z_{B\ell}=1|r_{T\ell}, r_{C\ell}, \mathbf{x}_\ell, u_\ell)} = \vartheta(\mathbf{x}_\ell), \quad \ell=1,\cdots,L, \qquad (5.2)$$

成立.

条件 (5.2) 是说, 接受处理 A 代替 (而不是) 处理 B 的优势可能依赖于观察到的协变量 $\mathbf{x}_\ell$, 而不依赖于未观察到的 $(r_{T\ell}, r_{C\ell}, u_\ell)$. 条件 (5.2) 比朴素模型的条件 (3.5) 弱得多. 也就是说, 当概率 $\Pr(Z_{A\ell}=1|r_{T\ell}, r_{C\ell}, \mathbf{x}_\ell, u_\ell)$ 依赖于 $(r_{T\ell}, r_{C\ell}, u_\ell)$, 条件 (5.2) 可能成立. 例如, 在文献 [7] 中, 条件 (5.2) 是说, 服用扑热息痛而不是布洛芬的优势不依赖于未观察到的 $(r_{T\ell}, r_{C\ell}, u_\ell)$, 但服用布洛芬的机会可能依赖于 $(r_{T\ell}, r_{C\ell}, u_\ell)$. 简而言之, 当朴素模型不成立时, 条件 (5.2) 可能成立.

可以证明 [135], 条件 (5.2) 形式的通用偏倚不会对处理 A 和处理 B 的差别效应产生偏倚, 尽管它可能使 A 和 B 的主效应有偏倚. 具体地说, 假设 (5.2) 对于 $0 < \vartheta(\mathbf{x}_\ell) < \infty$ 成立, 并且关于 $\mathbf{x}_\ell$ 精确匹配形成了 I 个匹配对, 这样一来, 每对包含一位接受处理 A 但未接受处理 B 的受试者和一位接受处理 B 但

未接受处理 A 的受试者. 那么, 在这些匹配对中, 分配给 A 而不是 B 的分布是在第 2 章中的随机化分布. 请参见文献 [135] 以获取证明. 如果条件 (5.2) 不成立, 则可以进行仅与违反条件 (5.2) 的程度有关的敏感性分析, 而不与其他违反朴素模型的情况有关, 并且该敏感性分析与第 3 章中的敏感性分析非常相似. 技术讨论见文献 [135], 示例见文献 [139] 和 [142, 第 12 章].

5.3 工具

5.3.1 什么是工具?

工具是接受一种处理的随机推动 (random nudge), 推动 (nudge) 可能会或可能不会诱导接受处理, 并且推动只有在成功诱导接受处理时才能影响结果. Paul Holland [65] 提供了 "鼓励设计 (encouragement design)" 作为一个工具的原型; 另请参见 Joshua Angrist 等人 [6] 的重要论文. 在配对、随机鼓励设计中, 个体根据测量的预处理协变量进行配对, 并对每个配对掷一枚硬币, 以决定鼓励配对的哪位个体接受处理. 在鼓励设计中, 试验者希望被鼓励的个体接受处理, 而没被鼓励的个体拒绝处理; 然而, 尽管受到鼓励, 有些个体实际上可能会拒绝处理, 而其他人在没有鼓励的情况下可能会接受处理. 一种典型的情况是鼓励饮食或锻炼, 或其他类似的场景, 在这些情况下, 行为的自愿改变对处理至关重要.

然而, 一个工具不仅仅是随机分配的鼓励. 鼓励本身除了对接受处理的影响外, 对处理结果不应有任何影响. 这通常被称为 "排他性约束 (exclusion restriction)". 考虑鼓励锻炼 (encouragement to exercise), 以减肥作为结果. 作为一个工具, 随机鼓励锻炼必须通过诱导运动来影响减肥. 假设你确实是被随机选中并且被强烈鼓励去锻炼. 在每周末, 你又一次被告知你是一个失败者, 因为一周都没有运动而感到尴尬, 尽管如此, 你还是不会运动; 相反, 在所有这些好的 "鼓励" 下, 你会陷入深度抑郁, 停止进食, 你的体重下降. 在这种情况下, 鼓励锻炼不是运动的工具: 它改变了你的体重, 但不是通过诱导运动 (或促使锻炼) 而改变的体重.

违反排他性约束不是小事. 如果在锻炼实例中忽略了对排他性约束的违反, 那么你的体重减轻将归因于运动, 尽管它是由抑郁而产生的.

工具是少见的, 但当它们存在时是有价值的.

5.3.2 实例: 双盲随机试验中的非依从性

随机鼓励接受一种活性药物或双盲安慰剂是最接近工具的试验设计. 在这种情况下, 鼓励实际上是随机的. 此外, 由于使用了双盲安慰剂, 受试者和研究者都不知道受试者被鼓励接受什么. 在这种情况下, 不改变活性药物的用量, 鼓励几乎没有机会影响临床结局指标 (clinical outcome); 也就是说, 排他性约束很可能得到满足. 即使这种情况是不完美的, 因为某种程度上活性药物的副作用会提醒研究者或受试者对处理的鉴别.

Jeffrey Silber 等人 [153] 对药物依那普利 (enalapril) 进行的随机双盲临床试验 (double-blind clinical trial) 就是一个实例. 依那普利可以保护接受蒽环类药物作为癌症化疗一部分的儿童的心脏. 简单地说, 这是 "蒽环类药物随机试验后血管紧张素转化酶抑制剂 (ACE-inhibitor, ACEI) 的 AAA 试验". 蒽环类药物在治疗某些儿童癌症方面相当有效, 但它们可能会损害儿童的心脏. 这项研究主要关注儿童, 主要是青少年, 他们的癌症似乎已经治愈, 但却显示出心脏衰退的迹象 (signs of cardiac decline). AAA 试验将 135 名儿童随机分为依那普利组或双盲安慰剂组, 并测量了数年的心脏功能 (cardiac function). 虽然鼓励儿童服用特定剂量的药物或安慰剂, 但有些儿童服用的剂量低于该剂量. 很可能孩子、孩子父母和主治医生都不知道孩子服用的剂量是少于全剂量依那普利还是少于全剂量安慰剂 [153], 因此, 鼓励对心脏功能的任何影响都可能是依那普利的用量的生物学效应的结果. 在这种情况下, 随机鼓励是一个测量依那普利实际用量的工具. 因为它是一个工具, 所以它为非依从 (noncompliance) 问题提供了一个原则性的解决方案, 也就是对以下问题的原则性回答: 尽管一些受试者拒绝服用规定剂量的药物, 但规定剂量的药物对愿意服用该剂量的受试者的效果如何? Robert Greevy 等人 [57] 讨论了 AAA 试验中非依从性的工具变量分析.

5.3.3 实例: Maimonides 规则

回想第 1.3 节和第 5.2.3 小节, Angrist 和 Lavy [4] 的关于学业测试成绩和由 Maimonides 规则控制的班级规模的研究. 在这项研究中, 年级组规模接近 40 名学生的割点时, 五年级规模 (学生人数) 的小变异往往会导致班级规模的巨大变化; 见图 1.1. 在图 1.1 中, 一些学校无视 Maimonides 规则进行班级规模的划分; 存在一些非依从性. 重点关注年级组规模接近 40 名学生的学校, 也就是图 1.1 中的学校. 在这种情况下, 年级组规模的小变异可能是偶然的, 而班级规模, 而不是年级组规模, 可能是影响学业成绩的因素. 如果对于图 1.1 中的学校来说, 这两个假设确实是正确的, 那么年级组规模是否超过 40 名学生就是衡量班级规模的一个工具. 在表 5.2 中, 第 3 组配对中出现了非依从性: 违反了 Maimonides 规则, 这一配对中的两所学校都有两个小班.

5.3.4 配对鼓励设计中工具的符号

在配对的随机鼓励设计中, 随机抽取配对 i 中的一个人进行鼓励, 记为 $Z_{ij} = 1$; 另一个人不进行鼓励, 记为 $Z_{ij} = 0$, 因此 $Z_{i1} + Z_{i2} = 1$. 配对 i 中的第 j 个对象有两种潜在的处理剂量, 即如果鼓励接受处理 ($Z_{ij} = 1$), 则有剂量 d_{Tij}, 或者如果不鼓励接受处理 ($Z_{ij} = 0$), 则有剂量 d_{Cij}. 如果 $Z_{ij} = 1$, 我们观察到 d_{Tij}, 或者如果 $Z_{ij} = 0$, 我们观察到 d_{Cij}, 但对任意观察对象 ij, 不能同时观察到配对 (d_{Tij}, d_{Cij}). 如果 $Z_{ij} = 1$, 则实际接受的处理剂量为 d_{Tij}, 或者如果 $Z_{ij} = 0$, 则实际接受的处理剂量为 d_{Cij}, 所以在这两种情况下都有 $D_{ij} = Z_{ij} d_{Tij} + (1 - Z_{ij}) d_{Cij}$. 剂量可以是连续的 (continuous)、有序的 (ordinal) 或二分类的.[9] 在 Angrist 和 Lavy [4] 的研究中, D_{ij} 是观察到的平均班级规模, 因此表 5.2 中对于第一个配对 $D_{11} = 23$ 且 $D_{12} = 40$.

在 Silber 的 AAA 试验 [57,153] 中, 在研究期间, 分配安慰剂的儿童 ($Z_{ij} = 0$), 不服用依那普利 ($d_{Cij} = 0$), 而分配依那普利的依从的儿童 ($Z_{ij} = 1$), 服用分配的全剂量的依那普利 ($d_{Tij} = 1$); 然而, 许多儿童是有点不依从的且服用的剂量略低于全剂量, 所以对于许多儿童 ij 来说, $d_{Tij} < 1$. 试验者给儿童分配依那普利或安慰剂的决定, 即 Z_{ij} 是随机的. 儿童是否依从, 即依从 ($d_{Tij} = 1, d_{Cij} = 0$), 或不依从 ($d_{Tij} < 1, d_{Cij} = 0$), 是孩子的决定, 无疑会受到孩子父母的影响. 很有可能依从的儿童 ($d_{Tij} = 1, d_{Cij} = 0$) 和不依从的儿童 ($d_{Tij} < 1, d_{Cij} = 0$) 是不同的. 大多数参与试验的孩子都是青少年, 刚开始参与或拒绝运动、酒精、烟草和毒品. 也许依从和不依从的孩子吸烟或酗酒的可能性是一样的, 但也可能不是. 随机化确保了被鼓励的儿童与不被鼓励的儿童相似, 依那普利或安慰剂的分配是公平的, 但没有办法确保依从的儿童与不依从的儿童具有可比性.

第 2 章中的配对随机试验是一种特殊情况, 在这种情况下, 鼓励总是对二分类剂量 (binary dose) 起完全决定作用. 具体地说, 配对随机试验是一种特例,

---

[9] 如注 8 所示, 当 $\mathscr{F}$ 在第 2 章中被定义时, 潜在剂量 (d_{Tij}, d_{Cij}) 总是等于 $(1, 0)$, 因此没有被提及. 一般来说, 如果存在潜在剂量 (d_{Tij}, d_{Cij}), 则它们是 $\mathscr{F}$ 的一部分. 因为以前涉及 $\mathscr{F}$ 的讨论只有单一剂量, 所以我们可以采用包括 $\mathscr{F}$ 中剂量的新定义, 而不改变以前讨论的内容.

即对于所有的 i 和 j 有 $(d_{Tij}, d_{Cij}) = (1, 0)$, 因此 $D_{ij} = Z_{ij}$. 换句话说, 如果鼓励人们接受处理 $(Z_{ij} = 1)$, 他们就接受全剂量的处理 $(D_{ij} = 1)$, 如果不鼓励人们接受处理 $(Z_{ij} = 0)$, 他们就不接受任何处理 $(D_{ij} = 0)$.

对于大多数或所有个体 ij 而言, 如果 d_{Tij} 比 d_{Cij} 大得多, 那么一个工具就被称为"强的"工具; 在这种情况下, 鼓励强烈地改变了大多数受试者所接受的剂量. 图 1.1 描述了一个强工具 (strong instrument): 在许多学校, 当招生人数超过 40 名学生时, 平均班级规模明显下降. 对于大多数或所有个体 ij 而言, 如果 d_{Tij} 接近或等于 d_{Cij}, 那么一个工具就被称为"弱的"工具; 在这种情况下, 大多数个体会忽略鼓励. 使用工具的最流行的分析方法, 即两阶段最小二乘法 (two-stage least squares), 当工具是弱的时往往会给出不正确的推论 [28]: 声称 95% 覆盖率的置信区间可能只覆盖 85% 的次数. 本书中使用一个工具的置信区间和检验不存在这个问题 [71]: 当它是弱工具或强工具时, 95% 区间覆盖了 95% 的次数.

"意向性分析 (intention-to-treat analysis)" 比较了被鼓励组 $(Z_{ij} = 1)$ 与不被鼓励组 $(Z_{ij} = 0)$, 忽略了依从性行为. 它比较了预期处理组 (the intended treated group) 与预期对照组 (the intended control group), 忽略了实际处理. 这种分析的优势在于随机分配的鼓励 (Z_{ij}) 完全是合理的; 也就是说, 用于比较的组具有可比性. 缺点是"意向性分析"估计的是鼓励接受处理的效应, 而不是处理本身的效应. 这两种效果都很有趣, 但它们可能是完全不同的. 戒烟可能对你的健康非常有益, 但你很难做到. 鼓励戒烟可能是非常无效的, 因为大多数人不答应戒烟, 但戒烟本身可能是非常有效的. 这两种效应都很重要 —— 鼓励戒烟的效应和戒烟的效应 —— 但它们是不同的效应. 在 Silber 的 AAA 试验 [57, 153] 中, 如果依那普利是有益的, 那么服用依那普利可能比瓶中的依那普利更有效, 意向性分析估计了这两种效应的特殊混合效应. 尽管有其局限性, 但由于其优势, 意向性分析是在任何非依从性随机试验中应报告的基本分析之一. 第 5.2.3 节表 5.3 中的分析为意向性分析: 它们忽略了实际的班级规模 D_{ij}, 这有时违反了 Maimonides 规则. 有没有一种原则性的方法来考虑非依从性?

5.3.5 效应与剂量成正比的假设

一个满足排他性约束 (exclusion restriction) 的假设断言鼓励 Z_{ij} 对响应 (r_{Tij}, r_{Cij}) 的效应与它对剂量 (d_{Tij}, d_{Cij}) 的效应成正比:

$$\text{对于 } i = 1, 2, \cdots, I, \ j = 1, 2, \text{ 有 } r_{Tij} - r_{Cij} = \beta(d_{Tij} - d_{Cij}). \quad (5.3)$$

在 (5.3) 中, 如果鼓励 Z_{ij} 不影响你的剂量, 即 $d_{Tij} = d_{Cij}$, 那么它不会影响你的响应, 即 $r_{Tij} = r_{Cij}$. 例如, 在 Silber 的 AAA 试验中 [57, 153], 表达式 (5.3) 意味着如果分配依那普利 ($Z_{ij} = 1$), 实际上不会诱导儿童服用依那普利, 所以 $d_{Tij} = d_{Cij} = 0$, 那么它不会影响心脏功能, 即 $r_{Tij} - r_{Cij} = 0$. 在 Silber 的 AAA 试验中, 一个依从的儿童有 $(d_{Tij}, d_{Cij}) = (1, 0)$, 因此 (5.3) 意味着这样一个孩子有 $r_{Tij} - r_{Cij} = \beta(1 - 0) = \beta$, 且 β 是对一个依从的孩子的全剂量 ($d_{Tij} = 1$) 的效应. 同样地, 对于一个不完全依从的儿童, 他将服用指定剂量的一半 ($d_{Tij} = \frac{1}{2}$), 假设表达式 (5.3) 就意味着对心脏功能的效应为 $r_{Tij} - r_{Cij} = \beta(\frac{1}{2} - 0) = \beta/2$.

在 Angrist 和 Lavy [4] 的研究中, 表达式 (5.3) 的假设断言年级组规模对测试成绩 (r_{Tij}, r_{Cij}) 的重要影响与其对班级规模 (d_{Tij}, d_{Cij}) 的影响成正比. 换言之, 我们预计超过 40 名学生的割点对表 5.2 中的配对 $i = 1$ 有重要影响, 但对配对 $i = 3$ 没有太大影响. 在表达式 (5.3) 中, β 是测试成绩中的分数增加 (the point gain in test performance) $r_{Tij} - r_{Cij}$, 这是由班级规模的变化 $d_{Tij} - d_{Cij}$ 引起的, 从图 1.1 可以看出 β 为负值, 班级规模的减小提高了成绩.

5.3.6 关于 β 的推断

以一种基本但有用的方式, 表达式 (5.3) 可以被重新整理为

$$\text{对于 } i = 1, 2, \cdots, I,\ j = 1, 2,\ \text{有}\ r_{Tij} - \beta d_{Tij} = r_{Cij} - \beta d_{Cij} = a_{ij}. \quad (5.4)$$

假定我们希望检验表达式 (5.3) 中的假设 $H_0: \beta = \beta_0$. 根据这一假设和观测数据, 我们可以计算出调整后的响应, 即 $R_{ij} - \beta_0 D_{ij}$. 如果零假设 $H_0: \beta = \beta_0$ 成立, 若配对 i 中的第 j 个对象被鼓励 ($Z_{ij} = 1$), 则 $R_{ij} - \beta_0 D_{ij} = r_{Tij} - \beta d_{Tij}$; 若这位受试者没有被鼓励, 则 $R_{ij} - \beta_0 D_{ij} = r_{Cij} - \beta d_{Cij}$, 因此在这两种情况下, 使用表达式 (5.4) 都有 $R_{ij} - \beta_0 D_{ij} = a_{ij}$.[10] 也就是说, 如果 $H_0: r_{Tij} - r_{Cij} = \beta_0(d_{Tij} - d_{Cij})$, 对于 $i = 1, 2, \cdots, I$, $j = 1, 2$ 成立, 则调整后的响应 $R_{ij} - \beta_0 D_{ij} = a_{ij}$ 将满足无处理效应零假设. 鉴于此, 在表达式 (5.3) 中的假设 $H_0: \beta = \beta_0$ 在随机鼓励设计中可以通过计算来自调整后的响应的统计量, 例如 Wilcoxon 符号秩统计量 T, 来检验并将 T 与其在第 2.3.3 小节中通常的随机化分布进行比较; 见文献 [123]. 具体地说, 符号秩统计量可以根据被鼓励 ($Z_{ij} = 1$) 的调整后响应与不被鼓励 ($Z_{ij} = 0$) 的调整后响应

---

[10]回想注释 9. 如果假设 $H_0: r_{Tij} - r_{Cij} = \beta_0(d_{Tij} - d_{Cij})$ 为真, 则 $R_{ij} - \beta_0 D_{ij} = a_{ij}$ 是固定的, 不随 Z_{ij} 变化. 换句话说, 因为 $(r_{Tij}, r_{Cij}, d_{Tij}, d_{Cij})$ 是 $\mathscr{F}$ 的一部分, 如果 H_0 为真, 则 $\beta_0 = (r_{Tij} - r_{Cij})/(d_{Tij} - d_{Cij})$ 由 $\mathscr{F}$ 决定, 所以利用 (5.4) 可以从 $\mathscr{F}$ 计算出量 a_{ij}.

差 $Y_i^{(\beta_0)} = (Z_{i1} - Z_{i2})\{(R_{i1} - \beta_0 D_{i1}) - (R_{i2} - \beta_0 D_{i2})\}$ 来计算符号秩统计量. 如果 (5.3) 中的假设 $H_0 : \beta = \beta_0$ 为真, 则 $Y_i^{(\beta_0)} = (Z_{i1} - Z_{i2})(a_{i1} - a_{i2})$ 为 $\pm|a_{i1} - a_{i2}|$; 此外, 如果 $H_0 : \beta = \beta_0$ 为真且鼓励 Z_{ij} 是随机化的, 则 $Y_i^{(\beta_0)}$ 以概率 1/2 分别取值为 $a_{i1} - a_{i2}$ 或 $-(a_{i1} - a_{i2})$, 所以, 特别地, $Y_i^{(\beta_0)}$ 是关于零对称分布的. 注意, 这种推理与第 2.4 节是完全相似的 (exactly parallel); 只是假设的形式改变了 [57, 71, 123, 126, 155].

在表达式 (5.3) 中的假设 $H_0 : \beta = 0$ 是假设 $H_0 : r_{Tij} = r_{Cij}$, 对于 $i = 1, 2, \cdots, I$, $j = 1, 2$; 即表达式 (5.3) 中的 $H_0 : \beta = 0$ 是 Fisher 的无处理效应精确零假设. 拒绝任何一种假设就是拒绝另一种假设: 这是相同的假设, 使用相同的检验统计量进行检验, 以相同的方式计算, 与相同的零分布进行比较, 产生相同的 P-值. 由于这两种假设是相同的, 当且仅当工具变量 (instrumental variable, IV) 分析拒绝 $H_0 : \beta = 0$ 时, 意向性分析将拒绝 Fisher 的无处理效应假设. 正如本文所述, 如果意向性分析没有发现处理效应, 那么工具变量 (IV) 分析就无法找到处理效应; 事实上, 在检验无效应假设时, 它们产生了相同的显著性水平.

此外, 严格与第 2.4 节相似, 通过检验每个假设 $H_0 : \beta = \beta_0$ 并为置信集保留 α 水平下未被检验拒绝的值, 得到 β 的 $1 - \alpha$ 置信集; 然后, $1 - \alpha$ 置信区间是包含置信集的最短区间. 即使工具是弱的, 该置信集也具有正确的覆盖率 [71, 123]. 如果工具非常弱, 置信区间可以通过变长来弥补, 在极端情况下, 置信区间的长度可能变为无穷. 一个较长的置信区间是一种警告, 说明工具提供的关于处理效应的信息很少. 警告总比误导好.

最后, 严格与第 2.4 节相似, 通过 Hodges 和 Lehmann 的方法可以得到 β 的点估计 $\hat{\beta}$, 也就是说, 通过将从 $R_{ij} - \beta_0 D_{ij}$ 计算得出的 T 等于其零期望值 $I(I+1)/4$, 并解方程来估计 $\hat{\beta}$.

当从调整后的响应 $R_{ij} - \beta_0 D_{ij}$ 计算 T 时, 工具变量 (IV) 推论对偏离随机分配鼓励的敏感性适用于第 3.4 节关于 T 的方法; 见文献 [123, 126, 155]. 弱工具 (weak instrument) 总是对随机分配鼓励的小的偏离敏感 [155].

5.3.7 实例: 对 Maimonides 规则的工具变量 (IV) 分析

在 Angrist 和 Lavy [4] 的关于学业测试成绩和由 Maimonides 规则控制的班级规模的研究中, 表达式 (5.3) 中的假设 $H_0 : \beta = \beta_0$, 关于数学测试有 $\beta_0 = -0.1$, 断言班级规模每增加一名学生会导致数学平均成绩 (average math score) 下降 0.1 分. 在 40 名学生的割点上, Maimonides 规则将平均班级规模

(或班级平均人数) 减少了大约 20 名, 因此, 如果 $H_0: \beta_0 = -0.1$ 成立, 那么这种减少将使数学测试的平均成绩提高大约 2 分. 这个假设可信吗?

为了检验这个假设, 将 Wilcoxon 符号秩检验应用于
$$Y_i^{(\beta_0)} = (Z_{i1} - Z_{i2})\{(R_{i1} - \beta_0 D_{i1}) - (R_{i2} - \beta_0 D_{i2})\}, \tag{5.5}$$
其中 $\beta_0 = -0.1$. 例如, 在表 5.2 中, 在配对 $i = 1$ 中,
$$Y_1^{(-0.1)} = (Z_{11} - Z_{12})\{(R_{11} - \beta_0 D_{11}) - (R_{12} - \beta_0 D_{12})\} \tag{5.6}$$
$$= (1-0)[\{72.1 - (-0.1) \cdot 23.0\} - \{63.1 - (-0.1) \cdot 40.0\}] = 7.3. \tag{5.7}$$

将 Wilcoxon 符号秩检验应用于 $I = 86$ 对调整后的差异 $Y_1^{(-0.1)}$, 得出单侧 P-值为 0.00909, 表明 $\beta < \beta_0 = -0.1$, 得出的双侧 P-值为 $2 \times 0.00909 = 0.01818$. 在图 1.1 中, 如果年级组规模是衡量班级规模的一个工具 (也就是说, 如果年级组规模是随机的, 并且仅通过表达式 (5.3) 改变班级规模来影响数学成绩), 那么很明显, 班级规模每增加一名学生, 会使数学平均成绩下降 0.1 分以上.

通过对假设检验求逆建立置信区间; 见第 2.4 节. 以这种方式检验表达式 (5.3) 中的每个假设 $H_0: \beta = \beta_0$, 保留那些未被双侧 0.05 水平检验拒绝的假设, 得出 β 的 95% 置信区间为 $[-0.812, -0.151]$. 例如, 检验 $H_0: \beta = -0.1515$ 的单侧 P-值为 0.0252, 因此该假设在双侧 0.05 水平检验中勉强被接受 (或差一点被拒绝)(barely not rejected), 而检验 $H_0: \beta = -1.51$ 的单侧 P-值为 0.0249, 因此该假设在双侧 0.05 水平检验中勉强被拒绝 (barely rejected). 根据 Maimonides 规则, 当年级组规模从 41 人到 40 人时, 班级规模增加 20 名学生, 数学平均成绩的变化 20β 的置信区间为 $20 \times [-0.812, -0.151]$ 或 $[-16.24, -3.02]$ 分.

通过 Hodges 和 Lehmann 检验方法得到一个点估计值; 见第 2.4 节. 当具有 $I = 86$ 对学校时, Wilcoxon 符号秩统计量 T 的零期望值为 $I(I+1)/4 = 86(86+1)/4 = 1870.5$. 如果 T 是从 $Y_i^{(-0.4518)}$ 中计算来的, 则得到 $T = 1871$, 有点太高, 但如果 T 是从 $Y_i^{(-0.4519)}$ 中计算来的, 则 $T = 1870$, 有点太低, 因此四舍五入到三位数, 在 (5.3) 中 β 的 Hodges-Lehmann 点估计值 $\hat{\beta}$ 是班级规模增加 20 名的数学成绩变化 $\hat{\beta} = -0.452$ 或 $20\hat{\beta} = -9.04$ 分数.

如果年级组规模确实是班级规模的一个工具, 且如果表达式 (5.3) 也是真的, 那么 $Y_i^{(\beta)}$ 关于零对称. 图 5.2 绘制了 "残差", 这是以班级规模的估计效应调整的测试成绩差 $Y_i^{(\hat{\beta})} = Y_i^{(-0.452)}$. 残差 $Y_i^{(\hat{\beta})}$ 在对称点 0 处没有明显的偏离.

正如第 5.2.3 小节中所讨论的, 对于图 1.1 中五年级学生在 30 到 50 人之间的 86 对学校, 年级组规模可能不是完全随机的, 因此年级组规模实际上可

IV 残差的箱线图

以估计的处理效应调整的数学成绩差

IV 残差的直方图

以估计的处理效应调整的数学成绩差

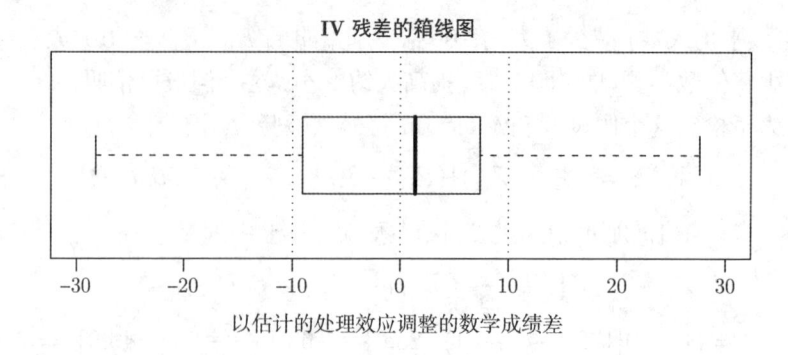

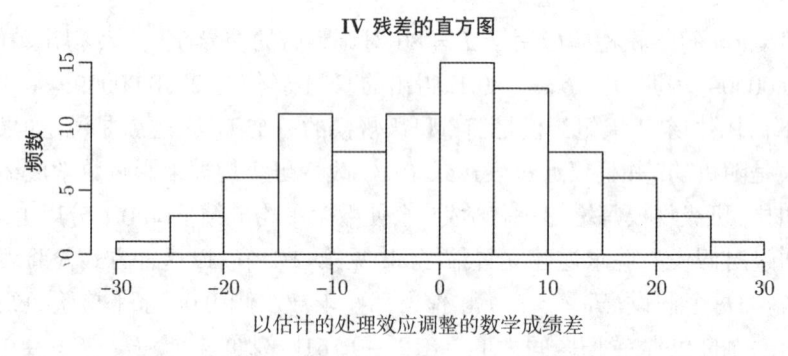

图 5.2 在匹配两所以色列学校的 $I = 86$ 个配对中, 数学测试成绩 $Y_i^{(\beta_0)}$, $\beta_0 = -0.452$ 的工具变量 (IV) 残差. 如果年级组规模实际上是衡量这些学校班级规模的工具, 且如果 $\beta = -0.452$, 那么这些残差关于零对称. 残差看起来关于零近似对称, 平均值为 -0.03

能不是班级规模的工具. 由于比较的性质, 非常大的偏倚可能看起来是不可信的, 但无论非随机比较的结果多么仔细, 也永远不可能完全排除小偏倚的可能性. 如第 3.4 节和第 5.2.3 小节所述, 可以进行敏感性分析; 见文献 [123, 126] 和 [129, §5]. 事实上, 表 5.3 中的数学测试结果是对假设 $H_0: \beta = 0$ 的敏感性分析. 对于 $\Gamma = 1.1$ 或 $\Gamma = 1.2$, 用于检验 $H_0: \beta = -0.1$ 的最大单侧 P-值分别为 0.0238 和 0.0508. 对于 $\Gamma \geqslant 1$, 存在 β 的可能点估计的区间 $[\hat{\beta}_{\min}, \hat{\beta}_{\max}]$, 其中, 正如我们所看到的, 对于 $\Gamma = 1$, 单点估计是 $\hat{\beta} = \hat{\beta}_{\min} = \hat{\beta}_{\max} = -0.452$. 随着 Γ 的增加, $\hat{\beta}_{\min}$ 减小, $\hat{\beta}_{\max}$ 增大. 当 $\Gamma = 1.83$ 时, $\hat{\beta}_{\max} = -0.1$, 而当 $\Gamma = 2.21$ 时, $\hat{\beta}_{\max} = 0$. 简而言之, 根据表 5.3, 拒绝班级规模的无效应对 $\Gamma \leqslant 1.4$ 的小偏倚不敏感, 无效应 $\hat{\beta}_{\max} = 0$ 的点估计, 需要 $\Gamma = 2.21$. 同样, Angrist 和 Lavy [4] 得出的定性结论并不是非常脆弱的; 与真正随机工具的小偏差不会改变他们的定性结论.

5.3.8 效应比

假设 (5.3) 断言, 鼓励 Z_{ij} 对结果 $r_{Tij} - r_{Cij}$ 的效应与其对剂量 $d_{Tij} - d_{Cij}$ 的效应成正比. 这个假设对于工具的使用是必不可少的吗?

比例效应表达式 (5.3) 不是必需的. 这种情况与第 2.4.4 小节中的情况类似, 本小节把关于可加常数处理效应 τ 的推断与关于平均处理效应 ϑ 的推断进行了对比. 在那里, 常数效应 τ 的模型允许使用稳健的统计方法, 而这些稳健方法不会受到处理效应的误导, 这些处理效应因配对而异, 但关于 τ 是对称的. 然而, 第 2.4.4 小节也指出, 如果结果 (r_{Tij}, r_{Cij}) 是短尾的 (short-tailed), 那么关于平均处理效应 ϑ 的推断可以基于平均配对结果差 (average pair difference in outcome) 的随机化分布, 而不是可加常数处理效应 τ 的模型. 如第 2.4.4 小节所示, 将注意力从 τ 转移到 ϑ 的代价是失去稳健性 (robustness): 当结果是长尾的 (long-tailed), 且 $I \to \infty$ 时, 估计量和被估计值 ϑ 都可能变得不稳定.

正如 Mike Baiocchi 等人 [14, §3.2] 所讨论的那样, 效应比 (effect ratio) 仅仅是两个平均处理效应的比 (ratio). 例如, 在公式 (5.8) 中, 效应比 λ 是鼓励对结果 (r_{Tij}, r_{Cij}) 的平均效应, 除以鼓励对剂量 (d_{Tij}, d_{Cij}) 的平均效应,

$$\lambda = \frac{\sum_{i=1}^{I} \sum_{j=1}^{2}(r_{Tij} - r_{Cij})}{\sum_{i=1}^{I} \sum_{j=1}^{2}(d_{Tij} - d_{Cij})}. \tag{5.8}$$

与第 2.4.4 小节中的平均处理效应 ϑ 一样, 由于未观察到 $r_{Tij} - r_{Cij}$ 和 $d_{Tij} - d_{Cij}$, 因此无法计算公式 (5.8) 中的效应比 λ. 如果效应与剂量成正比——即如果表达式 (5.3) 为真——那么将表达式 (5.3) 代入公式 (5.8) 得到 $\lambda = \beta$; 然而, 当表达式 (5.3) 不成立时, λ 在公式 (5.8) 中是定义明确的. 重要的是, 无论排他性约束是否成立, 效应比公式 (5.8) 都是定义明确的.

与第 2.4.4 小节中的平均处理效应 ϑ 一样, 如果 (r_{Tij}, r_{Cij}) 或 (d_{Tij}, d_{Cij}) 有长尾, 当 $I \to \infty$ 时, 效应比公式 (5.8) 可能不稳定. 此外, 当 $I \to \infty$ 时, 如果 $(2I)^{-1} \sum_{i=1}^{I} \sum_{j=1}^{2}(d_{Tij} - d_{Cij})$ 收敛于零, 则即使有短尾, 效应比也可能是不稳定的. 回想一下, 如果工具是弱的, 那么它对剂量 (d_{Tij}, d_{Cij}) 只有很小的鼓励效应.

考虑检验零假设 $H_0 : \lambda = \lambda_0$, 即公式 (5.8) 中的效应比 λ 在配对试验中取特定值 λ_0, 该配对试验在每对 i 中随机分配鼓励 Z_{ij}. 在检验 $H_0 : \lambda = \lambda_0$ 时, 我们不假定效应与剂量成正比即表达式 (5.3). 在假设中使用指定值 λ_0 定义新结果 (r_{Tij}^*, r_{Cij}^*) 为 $r_{Tij}^* = r_{Tij} - \lambda_0 d_{Tij}$ 和 $r_{Cij}^* = r_{Cij} - \lambda_0 d_{Cij}$, 并将 ϑ^* 定义为鼓励对此新结果的平均效应, 因此 $\vartheta^* = (2I)^{-1} \sum_{i=1}^{I} \sum_{j=1}^{2}(r_{Tij}^* - r_{Cij}^*)$. 如

果 $H_0: \lambda = \lambda_0$ 成立，则重新排列公式 (5.8) 得 $\vartheta^* = 0$. 因此，检验 $H_0: \lambda = \lambda_0$ 等同于检验新结果 (r^*_{Tij}, r^*_{Cij}) 有平均处理效应为零的假设 [14, 命题 2]，这是在第 2.4.4 小节已完成的对短尾结果的检验. 该检验使用配对差平均值 $\overline{Y}$ 的随机化分布，如第 2.4.4 小节所示；然而，这个平均值是根据公式 (5.5) 中的 $Y_i^{(\lambda_0)}$ 计算的. 有关 $\Gamma > 1$ 的相关敏感性分析，请参见文献 [46].

与第 2.4.4 小节一样，假设 $H_0: \lambda = \lambda_0$ 的检验是不稳健的，因为它需要短尾的结果和剂量才能使用平均值 $\overline{Y}$；此外，如果 $(2I)^{-1} \sum_{i=1}^{I} \sum_{j=1}^{2} (d_{Tij} - d_{Cij})$ 接近于零，它的表现会很差. 使用稳健的方法来推断表达式 (5.3) 中的 β 通常是可取的 [71]. 即使是短尾的，$\overline{Y}$ 在这种情况下也不是有效的 [43].

关于公式 (5.8) 中效应比 λ 的推断不需要排他性约束. 在没有排他性约束的情况下，λ 只是两种平均处理效应的比. 当排他性约束成立时，Angrist 等人 [6] 的一个重要结果是赋予 λ 新的含义. 他们假设剂量 (d_{Tij}, d_{Cij}) 是二分类且单调的，$d_{Tij} \geq d_{Cij}$，因此 (d_{Tij}, d_{Cij}) 取值是 $(1,1)$, $(1,0)$ 或 $(0,0)$. 如果 $(d_{Tij}, d_{Cij}) = (1,0)$，则个体 (i,j) 被称为依从者，因为这个个体服从鼓励，如果受到鼓励 $Z_{ij} = 1$，则 $D_{ij} = 1$，如果不被鼓励 $Z_{ij} = 0$，则 $D_{ij} = 0$. 他们还假设鼓励对剂量有一定的影响，即 $0 \neq (2I)^{-1} \sum_{i=1}^{I} \sum_{j=1}^{2} (d_{Tij} - d_{Cij})$. 最后，他们假定排他性约束: 当 $d_{Tij} - d_{Cij} = 0$ 时，$r_{Tij} - r_{Cij} = 0$. 在这些假设下，在公式 (5.8) 中 λ 的分母，即 $\sum_{i=1}^{I} \sum_{j=1}^{2} (d_{Tij} - d_{Cij})$，就是依从者的数量. 由于排他性约束，除了依从者以外，在公式 (5.8) 中分子中的项为零. 因此，在公式 (5.8) 中的 λ 成为依从者亚群上的平均处理效应，或依从者平均因果效应 (the complier-average-causal effect). 这很令人惊讶: 我们不能从观察到的数据中识别出依从者，因为我们观察不到 (d_{Tij}, d_{Cij}). 因此，令人惊讶的是，我们可以估计不能识别的亚群上的平均处理效应.

5.3.9 工具的有效性是可检验的吗？

声称拥有了一个工具变量，就等于断言几个强有力的假设，包括排他性约束和在鼓励分配 Z_{ij} 中不存在偏倚. 这些假设是可检验的吗？

纯框架结构 (R_{ij}, D_{ij}, Z_{ij})，$i = 1, 2, \cdots, I, j = 1, 2$ 几乎没有提供机会来检验这些假设；然而，在大多数科学背景下，我们拥有的不仅仅是这个纯框架结构 (bare structure). 例如，我们可能知道，如第 5.2.4 小节所述，处理对某些结果或某些个体的效应微乎其微. 如果我们知道这一点，那么对工具的检查就需要使用工具来估计已知的效应，看看得到的估计是否与我们知道的一致.

例如，关于剖宫产 (cesarean section) 是否能提高 23—24 周胎龄 (gestational age) 的极早产儿 (extremely premature baby) 的存活率存在争议. 剖宫产被认为对足月 (39 周胎龄) 出生的健康婴儿的存活率影响很小, 甚至没有影响. 一些医院做了很多剖宫产手术, 而另一些医院只做了很少这类手术. 足月婴儿 (full-term baby) 剖宫产率是极早产儿剖宫产的工具变量吗? 断言它是一个工具变量就是断言几个强有力的假设. 例如, 做了很多剖宫产手术的医院在几个方面可能比其他医院更好或更差, 而不仅仅是在剖宫产手术的使用方面, 因此排他性约束可能是错误的. 然而, 认为剖宫产对足月出生的健康婴儿的存活几乎没有好处, 或者根本没有好处的观点对这些假设进行了检验. 在一项应用中, 这些假设似乎是不可信的, 因为使用这个假设的工具变量发现了剖宫产对早产儿 (premature baby) 和足月出生的婴儿都有很大的好处, 对早产儿有可能产生这样的效应, 而对足月出生的婴儿则不可能产生这样的效应; 见 Yang 等人的文献 [177]. 另一个实例见 Keele 等人的文献 [83].

5.3.10 工具变量什么时候有价值, 为什么有价值?

乍一看, 工具的使用似乎没有吸引力. 一项自然实验寻求的是一种结果性的处理方法, 人们以一种随机的方式暴露到这种自然处理方法中. 相比之下, 一个工具既需要随机暴露 (haphazard exposure), 又需要排他性约束——也就是说, 暴露只能通过影响处理来影响结果. 如果一个自然实验建立在一个可疑的假设上, 那么使用工具的研究则建立在两个可疑的假设上. 乍一看, 向工具迈进似乎是朝着错误的方向迈出的一步.

这种第一印象会被第二印象强化. 在阅读科学文献时, 许多声称的工具似乎是不可信的, 可能是因为它们显然不是随机的, 可能是因为排他性约束似乎是不可信的, 也可能是因为作者以一种未经思考和缺乏深度的 (glib and superficial) 方式对待这些核心问题. Angrist 和 Lavy [4] 以及 Silber 和他的同事 [57,153] 的例子是非典型的 (或不合规则的), 因为它们至少作为工具是可信的.

既然有了这两种印象, 为什么还要寻找工具呢? 什么时候它们特别有价值? 什么时候它们不被需要呢? 当处理对象和对照者的任何直接的比较几乎不可避免地受到相同偏倚的影响时, 工具就具有最大的价值, 无论何时何地进行直接的比较, 这种偏倚都会再次出现 [71, §1]. 一个典型的例子是额外教育对收入的影响. 几乎不可避免的是, 与那些较早离开学校的学生相比, 获得高等教育学位 (post-secondary) 的学生在义务教育期间在学校表现良好, 有更高的积极性, 更好的标准化测试成绩, 通常有更多的经济资源, 等等. 我们反复发现受教育程度越高的人收入越高，并不能隔离教育实际造成的影响；也就是说，偏倚的复制与效应的复制具有相同的一致性——也许比效应的复制具有更高的一致性 [127]. 在这种情况下，我们可能会发现一些偶然的推动因素，在一定程度上支持或阻碍额外教育，比如入学或援助标准的不连续性、接近可负担教育的程度、援助费用或可获得性的变化. 这些"推动"可能会以不同的方式产生偏倚，但它们可能没有理由始终在同一方向上产生偏倚，因此受到不同潜在偏倚影响的研究对效应的类似估计逐渐减少关于哪些部分是效应，哪些部分是偏倚的歧义 [127]. 在这方面，David Card [33] 调查了许多不同的技术，用来估计额外教育实际带来的经济回报.

5.4 强化弱工具

5.4.1 为什么要强化工具？

一个弱工具是一种随机但温和的鼓励，鼓励接受处理，这种鼓励很少改变个人接受的处理. 在第 5.3 节和文献 [6] 的术语中，依从者相对较少. 在弱工具的情况下，大多数人忽视了鼓励；他们做了无论如何都会做的事情.

正如第 5.3 节和文献 [28, 43, 155] 所讨论的，弱工具会造成各种问题. 特别是，即使有一个完全有效的工具，流行的两阶段最小二乘法使用弱工具也会给出错误结果，报告的置信区间往往不能覆盖参数的真实值 [28]；然而，通过切换到更好的估计方法，这个特殊的问题可以得到解决 [71]. 一项研究的批评者会提到这点：一个工具可能不是完全有效的，即使不是完全不可避免的，也是司空见惯的. 当工具是弱的时候，这种批评具有说服力. 弱工具总是对微小的缺陷、对随机分配鼓励的微小偏离很敏感 [155]；也就是说，它们只对略大于 1 的 Γ 敏感. 即使有很大的处理效应——即 (5.3) 中 β 较大——弱工具意味着研究中很少有人会受到这种大的处理效应的影响，其结果是，即使是一项大型研究，有效样本量也很小，由于我们无法识别和关注依从者的小亚群，这一问题变得更糟 [43].

是否有可能通过强化一个工具来避免这些问题？

5.4.2 健康结局指标研究中的流行工具：到一家医院的距离

在健康结局指标的非随机研究中的一个核心问题是，患者接受的治疗是根据患者的健康状况进行调整的. 如果我们在强化治疗 (intensive treatment) 后发现效果不佳的结局指标，那么我们将不确定该如何处理. 强化治疗会导致更糟糕的结局指标吗? 还是对病情最严重的患者进行强化治疗? 未能完全记录患者的预处理健康状况可能严重偏离对治疗效果的估计. 强化治疗造成的伤害反而可能反映了一种决定, 即为病情最严重的患者保留强化治疗.

是否存在一个工具?

在紧急情况下, 人们通常会到附近的医院寻求治疗. 如果你患有急性心肌梗死 (acute myocardial infarction), 或者你摔断了髋关节 (hip), 那么你就不太可能长途跋涉去首选的医院. 如果一些医院提供某种特殊形式的强化治疗的设施, 而其他医院没有提供, 那么你在紧急情况下获得的护理可能会受到附近可用护理类型的影响. 一些医院可以植入支架, 而另一些医院则不能. 髋关节骨折手术 (hip fracture surgery), 有的医院普遍采用全身麻醉 (general anesthesia), 有的医院普遍采用局部麻醉 (regional anesthesia). 一些医院有先进的、高水平的新生儿重症监护室 (neonatal intensive care unit, NICU), 其他医院只有更有限的 NICU. 出于这种考虑, 人们利用地理位置作为某些医院提供而其他医院不提供的特定类型的医疗保健的一个工具 [92, 99, 105, 106].

拥有高水平新生儿重症监护室 (NICU) 的医院比拥有低水平新生儿重症监护室 (NICU) 的医院对早产儿 (premature newborn) 的治疗效果更好吗? 假设我们仔细比较了在人口统计学 (demographic) 和社会经济学的 (socioeconomic) 协变量方面相似的患者, 这些协变量在不同社区中是不同的. 假设我们测量到一家, 比如说, 拥有高水平 NICU 的医院的额外出行时间 [14, 92]. 额外出行时间 (excess travel time) 是到最近的有高水平 NICU 的医院的出行时间减去到最近的没有高水平 NICU 的医院的出行时间. 如果最近的医院有高水平 NICU, 额外出行时间可能是负数. 在没有高水平 NICU 的医院分娩时, 额外出行时间是一个对分娩的工具吗? 早产的妇女在多走一小时路前往能力更强的医院之前, 会三思而后行, 所以多走一小时路的额外出行时间会鼓励她们在没有高水平 NICU 的医院分娩. 接受治疗不仅仅是一种鼓励, 更是一个工具. 除了精心控制的人口统计学特征外, 住在远离高水平 NICU 的地方本质上是随机的, 也就是说, 与新生儿的潜在结局指标无关. 额外出行时间作为一个工具, 也许是合理的, 或者如果由 $\varGamma$ 衡量的小偏倚不足以产生一种有效应的假象, 那么这可能是足够合理的.

5.4.3 如何强化工具?

在髋关节骨折手术中使用局部麻醉比使用全身麻醉效果好吗? 在纽约州, 一些医院普遍使用局部麻醉进行髋关节骨折手术, 另一些医院普遍使用全身麻醉, 还有一些医院对部分患者使用局部麻醉, 对其他患者使用全身麻醉. 一些患者在地理位置上靠近更喜欢局部麻醉的医院, 另一些患者靠近更喜欢全身麻醉的医院. 我们可以很容易地查看一家医院过去或历史上对一种或另一种麻醉类型的偏好, 也可以很容易地确定前往不同过去偏好的医院的额外出行时间. 一家医院对一种麻醉类型的历史偏好是否成为适用于当前患者的麻醉类型的一种工具?

Mark Neuman 等人 [105] 展示了一张纽约州的地图, 地图上的医院根据它们对某种麻醉类型的历史偏好用不同的颜色标出. 这张地图和你可能预料的一样. 曼哈顿需要从州地图中删除并扩大: 否则, 它的医院数量太多, 距离太近, 无法被视为独立的实体. 曼哈顿的每个人在地理位置上都靠近许多医院, 它们对麻醉的偏好各不相同: 额外出行时间几乎为零. 在曼哈顿, 去医院的出行时间与医院的选择几乎没有关系. 在纽约州北部有一些城市, 但在地图上除了几个城市之外, 医院分散在各处, 颜色各异, 没有明显的图案 (模式), 彼此之间相距甚远. 在城市之外, 在纽约州北部人烟稀少的地区, 许多人在地理位置上正好靠近一家医院, 所以额外出行时间在绝对值上是很大的. 在纽约州北部人烟稀少的地区, 额外出行时间对接受正是当地医院偏好的那种麻醉方式起到了强大的推动作用. 这种额外出行时间的工具在曼哈顿是弱的, 而在纽约州北部人烟稀少的地区是强的.

怎样才能创造出一个强工具呢? 这很容易 [14]. 如果你正在寻找一家美术馆、一家优雅的购物场所、一家高级餐厅, 那就去曼哈顿吧. 如果你正在寻找一个强工具, 那就忘了曼哈顿, 去纽约州北部人烟稀少的地方吧. 不要坚持使用整个纽约州, 这样人口众多、弱工具的城市就支配了具有强工具的农村地区. 如果你在纽约州州长办公室工作, 你必须发布一份关于整个纽约州的报告, 那么你可能别无选择; 然而, 如果你是一名科学家, 正在寻找一项能够为治疗效果提供令人信服的证据的自然实验, 那么就选择你能找到的最好的自然实验. Neuman 等人 [105] 也排除了历史上对一种麻醉类型没有明确偏好的医院.

曼哈顿真的有那么糟糕吗? 不, 情况更糟. 对于髋关节骨折急诊手术, 你会接受哪种麻醉? 在某种程度上, 这取决于你选择的医院的偏好. 是什么决定了哪家医院将为你做手术? 在纽约州北部人烟稀少的地区, 大体上是由地理位置决定的. 在曼哈顿, 由别的事情决定, 谁知道呢. 通过"别的事情, 谁知道呢"的治疗分配对于自然实验来说不是一个好的计划. 记住, 一个强工具可能对鼓励分配中的小偏倚不敏感, 但一个弱工具会因小的偏倚而失效 [155]. Tisch 医院是纽约大学医学院的一家教学医院, 它很受曼哈顿居民的欢迎. 居民可以自由选择医院. Bellevue 医院毗邻 Tisch 医院 (额外出行时间为零), 是纽约公立医院之一. Bellevue 医院的服务对象往往选择较少; 例如, Bellevue 医院的监狱病房是该市受伤囚犯的热门目的地. 纽约州北部农村的不同地区的情况不完全相同, 但与 Tisch 和 Bellevue 医院的患者人数相比, 它们的差异较小. 哪里工具是强的, 就由工具决定; 哪里工具是弱的, 就由别的事情决定, 谁知道呢.

更小的样本量和更强的工具之间的权衡是什么? 使用整个纽约州, 你就有了一个巨大的样本量. 使用纽约州的部分地区, 可以提供一个强工具且也有一个大的样本. 那么, 样本量的损失值得这么做吗? 的确是这样. Ashkan Ertefaie 等人 [43] 进行了详细计算. 考虑一个中等大的处理效应和一个完全没有偏倚的完美工具; 那么, 一个有 50% 依从者的强工具比一个样本大 25 倍但只有 10% 依从者的弱工具的效率略高 [43, 表 2, $\Gamma = 1$, $\beta - \beta_0 = 0.5$]. 在相同的情况下, 如果你想报告对 $\Gamma = 1.1$ 的小偏倚不敏感的结果, 那么具有 50% 依从者的强工具比一个样本量大 1300 倍但具有 10% 依从者的弱工具的效率略高 [43, 表 2, $\Gamma = 1.1$, $\beta - \beta_0 = 0.5$]. 如果你想报告对不再小的偏倚 ($\Gamma = 1.25$) 或中等大小的偏倚 ($\Gamma = 1.5$) 的不敏感性, 则无论样本变得多大, 使用 10% 依从者都是不可能的; 但是, 使用 50% 依从者是可能的.[11] 如果工具的强度是变化的, 那么通过使用所有的数据, 即通过包括工具非常弱的数据部分, 你就是在丢弃稀缺而有价值的东西 (工具的强化).

5.4.4 利用匹配强化工具

在上一节的示例中, 纽约州某些地区的额外出行时间接近于零, 因此排除这些地区的数据可以强化其作为工具的优势. 纽约州提供了一个关于工具强度和州地区结构关系的简单报道, 一个叙述. 然而, 不需要叙事来强化一个工具.

Mike Baiocchi 等人 [14,15] 使用一种非二部匹配 (nonbipartite matching) 技术强化一个工具, 如第 12 章所述. 传统但尴尬的短语 "非二部" 的简单意思是 "不是两部分", 或者不是处理—对照. 在非二部匹配中, 只有一组个体, 组中每两个个体之间定义距离. 最优非二部匹配形成两个不同个体的不重叠配对, 使配对之间的总距离最小化. 非二部匹配在第 12 章和文献 [95] 中有详细的描述.

---

[11]本书的第Ⅲ部分发展了设计敏感性的概念, 即随着样本量的增加 $I \to \infty$, 对偏倚的极限敏感性. 在 [43, 表 2, $\beta - \beta_0 = 0.5$] 中, 50% 的依从者, 设计灵敏度为 $\Gamma = 1.73$, 10% 的依从者, 设计灵敏度为 $\Gamma = 1.11$. 在这种特定情况下, 10% 的依从者, 在足够大的样本中, 结果将对偏倚 $\Gamma > 1.11$ 很敏感. 这些计算假设 Wilcoxon 符号秩统计量是检验的基础. 文 [43] 中引用的结果利用了设计敏感性和工具敏感性分析的 Bahadur 效率 (efficiency). 有关敏感性分析的 Bahadur 效率的讨论, 请参见第 19.5 节和文献 [140].

在本节前面描述的新生儿重症监护室 (NICU) 研究中 [14,92], Baiocchi 和他的同事, 利用前往宾夕法尼亚州一家拥有高水平 NICU 的医院的额外出行时间, 作为不鼓励 (或阻碍) 在这样的医院分娩的工具. 定义了 1995 年至 2004 年在宾夕法尼亚州出生的早产儿 (preterm baby) 之间的距离. 如果两个婴儿有相似的协变量和非常不同的额外出行时间, 那么距离就很小. 如果婴儿在协变量方面有很大的差异, 或者有相似的额外出行时间, 那么距离就很大. 一个最优非二部配对形成了一对婴儿, 他们在协变量方面看起来相似, 但额外出行时间鼓励他们的母亲在不同水平 NICU 的医院分娩.

协变量是在婴儿出生之前确定的变量. 这些变量包括人口统计学的和社会经济学的协变量, 如母亲的年龄、种族、已产子女数、教育、医疗保险和来自美国人口普查的社区属性. 在宾夕法尼亚州, 人口统计学的协变量因地域而异, 因此, 当地理位置成为工具时, 控制这些协变量是很重要的. 协变量还包括出生体重和胎龄, 这是围生期结局指标的两个重要预测因素.

作为强化工具的例证, Baiocchi 和他的同事从相同的数据中构建了两个匹配样本, 较大的样本使用较弱的工具, 而较小的样本使用较强的工具. 较大的样本有 99174 对婴儿. 较小的样本有 49587 对婴儿. 在较大但较弱的样本中, 较长减去较短的出行时间差的平均值为 13.5 分钟; 也就是说, 前往拥有高水平新生儿重症监护室 (NICU) 的医院的出行时间延长了 13.5 分钟 [14, 表 1]. 在较小但较强的样本中, 出行时间差的平均值为 34.2 分钟, 约为较大样本的 2.5 倍. 再说, 想想多出来的 13.5 分钟或 34.2 分钟, 对一位即将分娩的早产儿的母亲意味着什么.

正如预期的那样, 额外的 13.5 分钟比额外的 34.2 分钟的遏制效果要小. 在每对婴儿中, 一个婴儿离高水平新生儿重症监护室 (NICU) 较近, 另一个婴儿离得较远. 在较大但较弱的配对中, 35% 的近距离婴儿和 53% 的远距离婴儿是在没有高水平 NICU 的医院出生的 [14, 表 2]. 在较小但较强的配对中, 31% 的近距离婴儿和 75% 的远距离婴儿是在没有高水平 NICU 的医院出生的. 因此, 该工具不仅在概念上得到了强化, 而且实际上, 不仅在出行时间上, 而且在分娩地点上也得到了强化. 在较小、较强的匹配中, 额外出行时间更多地决定了分娩地点. 强化一个工具意味着创造更强有力的鼓励, 更强的 Z_{ij}, 在这里意味着更大的额外出行时间差. 我们希望看到更强的鼓励转化为更大的剂量 (d_{Tij}, d_{Cij}) 差, 在这里是指在拥有高水平 NICU 的医院分娩的比例差异更大. 我们不能用匹配中 (d_{Tij}, d_{Cij}) 的实现值 (the realized value) D_{ij}, 因为 D_{ij} 是鼓励 Z_{ij} 的结果, 但我们肯定可以强化鼓励.

这两个匹配, 大而弱、小而强, 产生了相似的效应比 (5.8) 的估计, 在有高水平新生儿重症监护室 (NICU) 的医院, 早产儿死亡率降低了约 0.9%, 在 100 个婴儿中不到 1 个婴儿. 这个估计的标准误差 (standard error) 是完全不同的: 在婴儿多的情况下, 标准误差比婴儿少的情况下约大 70%, 是的, 更大, 因为工具在更小、更强的匹配中要强得多 [14, 表 3]. 这是对理论事实的一个重要的经验提醒 [43]: 标准误差不是样本大小的镜子, 特别是在弱工具的情况下. 更重要的是, 小偏倚 $\Gamma = 1.07$ 可以解释在较大、较弱匹配中高水平 NICU 的表面效应, 但较小、较强的匹配对 $\Gamma = 1.22$ 的偏倚不敏感; 见文献 [14, 表 4–5]. 同样, 这种工具对未测量偏倚的敏感性模式在理论上是可以预见的 [155].

5.5 小结

虽然观察性研究的结构是由相互竞争的理论构成的, 做出相互矛盾的预测, 但观察性研究是建立在机遇、策略和工具之上的.

机遇是一种特殊的情况, 在这种情况下, 相互竞争的理论可能会与不同寻常的清晰度形成对比. 在这种情况下, 这些理论做出了截然不同的预测, 最常见的或看似合理的未测量偏倚减少或消失了.

当处理不是随机分配时, 处理和结果之间的关联是模糊的. 这种关联可能是由处理引起的效应, 也可能是通过对不具有真正可比性的人进行比较而产生的. 策略是消除歧义的工具, 是减少歧义的积极努力.

某些处理总是以相同的有偏方式分配, 因此, 对试验组和对照组的直接比较不可避免地会产生相同的偏倚. 没有直接的机会将偏倚从处理效应中分离出来. 在这些情况下, 可能会发现随机的推动处理, 则会影响处理分配, 但不能控制处理分配. 在某种程度上, 这些推动是随机分配的, 只有通过接受处理才能影响结果, 它们形成了可能隔离处理效应的工具. 工具是稀有的, 但在它们存在的时候是有用的.

5.6 延伸阅读

本书第 III 部分和第 IV 部分以及文献 [129] 第 6 章至第 9 章是本章的 "进一步阅读". 第 III 部分讨论 "设计灵敏度", 它衡量了不同的设计或数据生成过程产生的结果对未测量偏倚不敏感的程度. 相比之下, 文献 [129] 的第 6 章到第 8 章讨论了已知效应或多个对照组可以检测到未测量偏倚的情况, 并提供了关于这些主题的技术结果, 而文献 [129] 的第 9 章讨论了一致性的一些技术方面; 另外, 对于涉及类似材料的文章, 参见文献 [117-120, 124]. 在文献 [19, 21, 31, 66, 79, 93, 109, 111, 117, 119, 143, 159, 178] 和文献 [129, §8] 中讨论了多个对照组; 另见第 12.3 节和第 23.3 节以及第 21 章. 在文献 [12, 29, 39, 90, 91, 100, 113, 114, 118, 119, 163, 172, 173] 和文献 [129, §6] 中讨论了已知效应. 第 13 章进一步讨论了差别效应和通用偏倚 (generic bias); 另请参见文献 [135, 181, 182] 和 [142, 第 12 章], 可以找到进一步的结果和示例. Rahul Roychoudhuri [146] 等人使用了一种相关、有趣但不同的设计.

在文献 [3, 6, 14–17, 42, 43, 48, 53, 57, 69, 72, 76–78, 169] 中以各种方式讨论了工具作为随机试验和观察性研究之间桥梁的观点. 工具和随机化推断之间的联系在文献 [57, 71, 123, 126, 130] 中得到了发展. 在文献 [43, 155] 中讨论了工具强度和工具对未测量偏倚的敏感性之间的关系. 文献 [14, 15, 43, 179] 讨论了强化工具匹配方法; 另见第 12 章. 文献 [177, 附录 I] 讨论了使用传统的二部匹配来强化一个工具.

在文献 [1, 3, 10, 13, 56, 60, 80, 88, 102, 125, 144, 147, 148, 161, 167, 175] 中讨论了"机遇". 彩票抽奖常常提供"机会"; 例如, 见文献 [5, 17, 64, 73].

5.7 软件

R 软件包 DOS2 中的函数 cohere 执行第 5.2.3 小节和文献 [124] 中的一致符号秩检验; 另见第 18 章.

第 12 章讨论了在第 5.4 节中使用的非二部匹配方法的软件. R 软件包 nbpMatching [95] 使用 Derigs 算法 [40] 执行最优非二部匹配.

5.8 数据

在 R 软件包 DOS2 的数据集 angristlav 中包含了图 1.1 中 Angrist 和 Lavy [4] 的数据. 在软件包 DOS2 的数据集 pinto 中, 可找到图 5.1 中来自 Pinto 等人 [112] 的数据.

参考文献

[1] Abadie, A., Cattaneo, M. D.: Econometric methods for program evaluation. Ann. Rev. Econ. **10**, 465–503 (2018)

[2] Abadie, A., Gardeazabal, J.: Economic costs of conflict: a case study of the Basque Country. Am. Econ. Rev. **93**, 113–132 (2003)

[3] Angrist, J. D., Krueger, A. B.: Empirical strategies in labor economics. In: Ashenfelter, O., Card, D. (eds.) Handbook of Labor Economics, vol. 3, pp. 1277–1366. Elsevier, New York (1999)

[4] Angrist, J. D., Lavy, V.: Using Maimonides' rule to estimate the effect of class size on scholastic achievement. Q. J. Econ. **114**, 533–575 (1999)

[5] Angrist, J., Lavy, V.: New evidence on classroom computers and pupil learning. Econ. J. **112**, 735–765 (2002)

[6] Angrist, J. D., Imbens, G. W., Rubin, D. B.: Identification of causal effects using instrumental variables (with Discussion). J. Am. Stat. Assoc. **91**, 444–455 (1996)

[7] Anthony, J. C., Breitner, J. C., Zandi, P. P., Meyer, M. R., Jurasova, I., Norton, M. C., Stone, S. V.: Reduced prevalence of AD in users of NSAIDs and H_2 receptor antagonists. Neurology **54**, 2066–2071 (2000)

[8] Ares, M., Hernandez, E.: The corrosive effect of corruption on trust in politicians: evidence from a natural experiment. Res. Politics April–June, 1–8 (2017)

[9] Armstrong, C. S.: Discussion of "CEO compensation and corporate risk-taking: evidence from a natural experiment." J. Account. Econ. **56**, 102–111 (2013)

[10] Armstrong, C. S., Kepler, J. D.: Theory, research design assumptions, and causal inferences. J. Account. Econ. **66**, 366–373 (2018)

[11] Armstrong, C. S., Blouin, J. L., Larcker, D. F.: The incentives for tax planning. J. Account. Econ. **53**, 391–411 (2012)

[12] Arnold, B. F., Ercumen, A., Benjamin-Chung, J., Colford, J. M.: Negative controls to detect selection bias and measurement bias in epidemiologic studies. Epidemiology **27**, 637–641 (2016)

[13] Athey, S., Imbens, G. W.: The state of applied econometrics: causality and policy evaluation. J. Econ. Perspect **31**, 3–32 (2018)

[14] Baiocchi, M., Small, D. S., Lorch, S., Rosenbaum, P. R.: Building a stronger instrument in an observational study of perinatal care for premature infants. J. Am. Stat. Assoc. **105**, 1285–1296 (2010)

[15] Baiocchi, M., Small, D. S., Yang, L., Polsky, D., Groeneveld, P. W.: Near/far matching: a study design approach to instrumental variables. Health Serv. Outcomes Res. Method **12**, 237–253 (2012)

[16] Barnard, J., Du, J. T., Hill, J. L., Rubin, D. B.: A broader template for analyzing broken randomized experiments. Sociol. Methods Res. **27**, 285–317 (1998)

[17] Barnard, J., Frangakis, C. E., Hill, J. L., Rubin, D. B.: Principal stratification approach to broken randomized experiments: a case study of School Choice vouchers in New York City. J. Am. Stat. Assoc. **98**, 299–311 (2003)

[18] Basta, N. E., Halloran, M. E.: Evaluating the effectiveness of vaccines using a regression discontinuity design. Am. J. Epidemiol. **188**, 987–990 (2019)

[19] Battistin, E., Rettore, E.: Ineligibles and eligible non-participants as a double com-

parison group in regression-discontinuity designs. J. Econometrics **142**, 715–730 (2008)

[20] Beautrais, A. L., Gibb, S. J., Fergusson, D. M., Horwood, L. J., Larkin, G. L.: Removing bridge barriers stimulates suicides: an unfortunate natural experiment. Austral. New Zeal. J. Psychiatry **43**, 495–497 (2009)

[21] Behrman, J. R., Cheng, Y., Todd, P. E.: Evaluating preschool programs when length of exposure to the program varies: a nonparametric approach. Rev. Econ. Stat. **86**, 108–132 (2004)

[22] Berk, R. A., de Leeuw, J.: An evaluation of California's inmate classification system using a regression discontinuity design. J. Am. Stat. Assoc. **94**, 1045–1052 (1999)

[23] Berk, R. A., Rauma, D.: Capitalizing on nonrandom assignment to treatments: a regression- discontinuity evaluation of a crime-control program. J. Am. Stat. Assoc. **78**, 21–27 (1983)

[24] Bernanke, B. S.: The macroeconomics of the Great Depression: a comparative approach. J. Money Cred. Bank **27**, 1–28 (1995). Reprinted: Bernanke, B. S. Essays on the Great Depression. Princeton University Press, Princeton (2000)

[25] Bilban, M., Jakopin, C. B.: Incidence of cytogenetic damage in lead-zinc mine workers exposed to radon. Mutagenesis **20**, 187–191 (2005)

[26] Black, S.: Do better schools matter? Parental valuation of elementary education. Q. J. Econ. **114**, 577–599 (1999)

[27] Bound, J.: The health and earnings of rejected disability insurance applicants. Am. Econ. Rev. **79**, 482–503 (1989)

[28] Bound, J., Jaeger, D. A., Baker, R. M.: Problems with instrumental variables estimation when the correlation between the instruments and the endogenous explanatory variable is weak. J. Am. Stat. Assoc. **90**, 443–450 (1995)

[29] Brew, B. K., Gong, T., Williams, D. M., Larsson, H., Almqvist, C.: Using fathers as a negative control exposure to test the Developmental Origins of Health and Disease Hypothesis: a case study on maternal distress and offspring asthma using Swedish register data. Scand. J. Public Health **45**(Suppl. 17), 36–40 (2017)

[30] Campbell, D. T.: Factors relevant to the validity of experiments in social settings. Psychol. Bull. **54**, 297–312 (1957)

[31] Campbell, D. T.: Prospective: artifact and control. In: Rosenthal, R., Rosnow, R. (eds.) Artifact in Behavioral Research, pp. 351–382. Academic, New York (1969)

[32] Campbell, D. T.: Methodology and Epistemology for Social Science: Selected Papers. University of Chicago Press, Chicago (1988)

[33] Card, D.: The causal effect of education. In: Ashenfelter, O., Card, D., (eds.) Handbook of Labor Economics. North Holland, New York (2001)

[34] Choudhri, E. U., Kochin, L. A.: The exchange rate and the international transmission of business cycle disturbances: some evidence from the Great Depression. J.

Money Cred. Bank **12**, 565–574 (1980)

[35] Cioran, E. M.: History and Utopia. University of Chicago Press, Chicago (1998)

[36] Cochran, W. G.: The planning of observational studies of human populations (with Discussion). J. R. Stat. Soc. A **128**, 234–265 (1965)

[37] Conley, T. G., Hansen, C. B., Rossi, P. E.: Plausibly exogenous. Rev. Econ. Stat. **94**, 260–272 (2012)

[38] Cook, T. D.: Waiting for life to arrive: a history of the regression-discontinuity designs in psychology, statistics and economics. J. Econometrics **142**, 636–654 (2007)

[39] Davey Smith, G.: Negative control exposures in epidemiologic studies. Epidemiology **23**, 350–351 (2012)

[40] Derigs, U.: Solving nonbipartite matching problems by shortest path techniques. Ann. Oper. Res. **13**, 225–261 (1988)

[41] Eichengreen, B., Sachs, J.: Exchange rates and economic recovery in the 1930's. J. Econ. Hist. **45**, 925–946 (1985)

[42] Ertefaie, A., Small, D. S., Flory, J. H., Hennessy, S.: A tutorial on the use of instrumental variables in pharmacoepidemiology. Pharmacoepidemiol. Drug Saf. **26**, 357–367 (2017)

[43] Ertefaie, A., Small, D. S., Rosenbaum, P. R.: Quantitative evaluation of the trade-off of strengthened instruments and sample size in observational studies. J. Am. Stat. Assoc. **113**, 1122–1134 (2018)

[44] Evans, L.: The effectiveness of safety belts in preventing fatalities. Accid. Anal. Prev. **18**, 229–241 (1986)

[45] Fenech, M., Chang, W. P., Kirsch-Volders, M., Holland, N., Bonassi, S., Zeiger, E.: HUMN project: detailed description of the scoring criteria for the cytokinesis-block micronucleus assay using isolated human lymphocyte cultures. Mutat. Res. **534**, 65–75 (2003)

[46] Fogarty, C. B.: Studentized sensitivity analysis for the sample average treatment effect in paired observational studies. J. Am. Stat. Assoc. (2019, to appear).

[47] Fogarty, C. B., Small, D. S.: Sensitivity analysis for multiple comparisons in matched observational studies through quadratically constrained linear programming. J. Am. Stat. Assoc. **111**, 1820–1830 (2016)

[48] Frangakis, C. E., Rubin, D. B.: Addressing complications of intention-to-treat analysis in the combined presence of all-or-none treatment noncompliance and subsequent missing outcomes. Biometrika **86**, 365–379 (1999)

[49] French, B., Cologne, J., Sakata, R., Utada, M., Preston, D. L.: Selection of reference groups in the Life Span Study of atomic bomb survivors. Eur. J. Epidemiol. **32**, 1055–1063 (2017)

[50] Friedman, M., Schwartz, A. J.: A Monetary History of the United States. Princeton University Press, Princeton (1963)

[51] Frye, T., Yakovlev, A.: Elections and property rights: a natural experiment from Russia. Comp. Pol. Stud. **49**, 499–528 (2016)

[52] Gangl, M.: Causal inference in sociological research. Ann. Rev. Sociol. **36**, 21–47 (2010)

[53] Goetghebeur, E., Loeys, T.: Beyond intent to treat. Epidemiol. Rev. **24**, 85–90 (2002)

[54] Gormley, T. A., Matsa, D. A., Milbourn, T.: CEO compensation and corporate risk-taking: evidence from a natural experiment. J. Account. Econ. **56**, 79–101 (2013)

[55] Gould, E. D., Lavy, V., Paserman, M. D.: Immigrating to opportunity: estimating the effect of school quality using a natural experiment on Ethiopians in Israel. Q. J. Econ. **119**, 489–526 (2004)

[56] Gow, I. D., Larcker, D. F., Reiss, P. C.: Causal inference in accounting research. J. Account. Res. **54**, 477–523 (2016)

[57] Greevy, R., Silber, J. H., Cnaan, A., Rosenbaum, P. R.: Randomization inference with imperfect compliance in the ACE-inhibitor after anthracycline randomized trial. J. Am. Stat. Assoc. **99**, 7–15 (2004)

[58] Guo, Z., Kang, H., Cai, T. T., Small, D. S.: Confidence interval for causal effects with invalid instruments using two-stage hard thresholding with voting. J. R. Stat. Soc. B **80**, 793–815 (2018)

[59] Hahn, J., Todd, P., Van der Klaauw, W.: Identification and estimation of treatment effects with a regression-discontinuity design. Econometrica **69**, 201–209 (2001)

[60] Hamermesh, D. S.: The craft of labormetrics. Ind. Labor Relat. Rev. **53**, 363–380 (2000)

[61] Hawkins, N. G., Sanson-Fisher, R. W., Shakeshaft, A., D'Este, C., Green, L. W.: The multiple baseline design for evaluating population based research. Am. J. Prev. Med. **33**, 162–168 (2007)

[62] Heckman, J., Navarro-Lozano, S.: Using matching, instrumental variables, and control functions to estimate economic choice models. Rev. Econ. Stat. **86**, 30–57 (2004)

[63] Hill, A. B.: The environment and disease: association or causation? Proc. R. Soc. Med. **58**, 295–300 (1965)

[64] Ho, D. E., Imai, K.: Estimating the causal effects of ballot order from a randomized natural experiment: California alphabet lottery, 1978–2002. Public Opin. Q. **72**, 216–240 (2008)

[65] Holland, P. W.: Causal Inference, path analysis, and recursive structural equations models. Sociol. Method **18**, 449–484 (1988)

[66] Holland, P. W.: Choosing among alternative nonexperimental methods for estimating the impact of social programs: comment. J. Am. Stat. Assoc. **84**, 875–877 (1989)

[67] Imbens, G. W.: The role of the propensity score in estimating dose response functions. Biometrika **87**, 706–710 (2000)

[68] Imbens, G. W.: Nonparametric estimation of average treatment effects under exogeneity: a review. Rev. Econ. Stat. **86**, 4–29 (2004)

[69] Imbens, G. W.: Instrumental variables: an econometrician's perspective. Stat. Sci. **29**, 323–358 (2014)

[70] Imbens, G. W., Lemieux, T.: Regression discontinuity designs: a guide to practice. J. Econometrics **142**, 615–635 (2008)

[71] Imbens, G., Rosenbaum, P.R.: Robust, accurate confidence intervals with a weak instrument: quarter of birth and education. J. R. Stat. Soc. A **168**, 109–126 (2005)

[72] Imbens, G. W., Rubin, D. B.: Causal Inference in Statistics, Social, and Biomedical Sciences. Cambridge University Press, New York (2015)

[73] Imbens, G. W., Rubin, D. B., Sacerdote, B. I.: Estimating the effect of unearned income on labor earnings, savings, and consumption: evidence from a survey of lottery players. Am. Econ. Rev. **91**, 778–794 (2001)

[74] in 't Veld, B. A., Launer, L. J., Breteler, M. M. B., Hofman, A., Stricker, B. H. C.: Pharmacologic agents associated with a preventive effect on Alzheimer's disease. Epidemiol. Rev. **2**, 248–268 (2002)

[75] Joffe, M. M., Colditz, G. A.: Restriction as a method for reducing bias in the estimation of direct effects. Stat. Med. **17**, 2233–2249 (1998)

[76] Kang, H.: Matched instrumental variables. Epidemiology **27**, 624–632 (2016)

[77] Kang, H., Zhang, A., Cai, T. T., Small, D. S.: Instrumental variables estimation with some invalid instruments and its application to Mendelian randomization. J. Am. Stat. Assoc. **111**, 132–144 (2016)

[78] Kang, H., Peck, L., Keele, L.: Inference for instrumental variables: a randomization inference approach. J. R. Stat. Soc. **181**, 1231–1254 (2018)

[79] Karmakar, B., Small, D. S., Rosenbaum, P. R.: Using approximation algorithms to build evidence factors and related designs for observational studies. J. Comp. Graph. Stat. **28**(3), 698–709 (2019)

[80] Keele, L.: The statistics of causal inference: a view from political methodology. Polit. Anal. **23**, 313–335 (2015)

[81] Keele, L., Morgan, J. W.: How strong is strong enough? Strengthening instruments through matching and weak instrument tests. Ann. Appl. Stat. **10**, 1086–1106 (2016)

[82] Keele, L., Titiunik, R., Zubizarreta, J. R.: Enhancing a geographic regression discontinuity design through matching to estimate the effect of ballot initiatives on voter turnout. J. R. Stat. Assoc. A **178**, 223–239 (2015)

[83] Keele, L., Zhao, Q., Kelz, R. R., Small, D. S.: Falsification tests for instrumental variable designs with an application to the tendency to operate. Med. Care **57**, 167–171 (2019)

[84] Keele, L., Harris, S., Grieve, R.: Does transfer to intensive care units reduce mortality? A comparison of an instrumental variables design to risk adjustment. Med.

Care **57**, e73–e79 (2019)

[85] Khuder, S. A., Milz, S., Jordan, T., Price, J., Silvestri, K., Butler, P.: The impact of a smoking ban on hospital admissions for coronary heart disease. Prev. Med. **45**, 3–8 (2007)

[86] LaLumia, S.: The effects of joint taxation of married couples on labor supply and non-wage income. J. Public Econ. **92**, 1698–1719 (2008)

[87] Lambe, M., Cummings, P.: The shift to and from daylight savings time and motor vehicle crashes. Accid. Anal. Prev. **32**, 609–611 (2002)

[88] Lawlor, D. A., Tilling, K., Davey Smith, G.: Triangulation in aetiological epidemiology. Int. J. Epidemiol. **45**, 1866–1886 (2016)

[89] Li, F., Frangakis, C. E.: Polydesigns and causal inference. Biometrics **62**, 343–351 (2006)

[90] Liew, Z., Kioumourtzoglou, M. A., Roberts, A. L., O'Reilly, E. J., Ascherio, A., Weisskopf, M. G.: Use of negative control exposure analysis to evaluate confounding: an example of acetaminophen exposure and attention-deficit/hyperactivity disorder in Nurses' Health Study II. Am. J. Epidemiol. **188**, 768–775 (2019)

[91] Lipsitch, M., Tchetgen Tchetgen, E. J., Cohen, T.: Negative controls: a tool for detecting confounding and bias in observational studies. Epidemiology **21**, 383–388 (2010)

[92] Lorch, S. A., Baiocchi, M., Ahlberg, C. E., Small, D. S.: The differential impact of delivery hospital on the outcomes of premature infants. Pediatrics **130**, 270–278 (2012)

[93] Lu, B., Rosenbaum, P. R.: Optimal matching with two control groups. J. Comput. Graph Stat. **13**, 422–434 (2004)

[94] Lu, X., White, H.: Robustness checks and robustness tests in applied economics. J. Econometrics **178**, 194–206 (2014)

[95] Lu, B., Greevy, R., Xu, X., Beck, C.: Optimal nonbipartite matching and its statistical applications. Am. Stat. **65**, 21–30 (2011)

[96] Ludwig, J., Miller, D. L.: Does Head Start improve children's life chances? Evidence from a regression discontinuity design. Q. J. Econ. **122**, 159–208 (2007)

[97] Manski, C.: Nonparametric bounds on treatment effects. Am. Econ. Rev. **80**, 319–323 (1990)

[98] Marquart, J. W., Sorensen, J. R.: Institutional and postrelease behavior of Furman-commuted inmates in Texas. Criminology **26**, 677–693 (1988)

[99] McClellan, M., McNeil, B. J., Newhouse, J. P.: Does more intensive treatment of acute myocardial infarction in the elderly reduce mortality? J. Am. Med. Assoc. **272**, 859–866 (1994)

[100] McKillip, J.: Research without control groups: a control construct design. In: Bryant, F. B., et al. (eds.) Methodological Issues in Applied Social Psychology,

pp. 159–175. Plenum Press, New York (1992)

[101] Mealli, F., Rampichini, C.: Evaluating the effects of university grants by using regression discontinuity designs. J. R. Stat. Soc. A **175**, 775–798 (2012)

[102] Meyer, B. D.: Natural and quasi-experiments in economics. J. Bus. Econ. Stat. **13**, 151–161 (1995)

[103] Mill, J. S.: On Liberty. Barnes and Nobel, New York (1859, reprinted 2004)

[104] Milyo, J., Waldfogel, J.: The effect of price advertising on prices: evidence in the wake of 44 Liquormart. Am. Econ. Rev. **89**, 1081–1096 (1999)

[105] Neuman, M. D., Rosenbaum, P. R., Ludwig, J. M., Zubizarreta, J. R., Silber, J. H.: Anesthesia technique, mortality and length of stay after hip fracture surgery. J. Am. Med. Assoc. **311**, 2508–2517 (2014)

[106] Newhouse, J. P., McClellan, M.: Econometrics in outcomes research: the use of instrumental variables. Ann. Rev. Public Health **19**, 17–34 (1998)

[107] NIDA: Washington DC Metropolitan Area Drug Study (DC*MADS), 1992. U.S. National Institute on Drug Abuse: ICPSR Study No. 2347 (1999).

[108] Oreopoulos, P.: Long-run consequences of living in a poor neighborhood. Q. J. Econ. **118**,1533–1575 (2003)

[109] Origo, F.: Flexible pay, firm performance and the role of unions: new evidence from Italy. Labour Econ. **16**, 64–78 (2009)

[110] Peto, R., Pike, M., Armitage, P., Breslow, N., Cox, D., Howard, S., Mantel, N., McPherson, K., Peto, J., Smith, P.: Design and analysis of randomised clinical trials requiring prolonged observation of each patient, I. Br. J. Cancer **34**, 585–612 (1976)

[111] Pimentel, S. D., Small, D. S., Rosenbaum, P. R.: Constructed second control groups and attenuation of unmeasured biases. J. Am. Stat. Assoc. **111**, 1157–1167 (2016)

[112] Pinto, D., Ceballos, J. M., García, G., Guzmán, P., Del Razo, L. M., Gómez, E. V. H., García, A., Gonsebatt, M. E.: Increased cytogenetic damage in outdoor painters. Mutat. Res. **467**, 105–111 (2000)

[113] Reynolds, K. D., West, S. G.: A multiplist strategy for strengthening nonequivalent control group designs. Eval. Rev. **11**, 691–714 (1987)

[114] Rosenbaum, P. R.: From association to causation in observational studies. J. Am. Stat. Assoc. **79**, 41–48 (1984)

[115] Rosenbaum, P. R.: The consequences of adjustment for a concomitant variable that has been affected by the treatment. J. R. Stat. Soc. A **147**, 656–666 (1984)

[116] Rosenbaum, P. R.: Sensitivity analysis for certain permutation inferences in matched observational studies. Biometrika **74**, 13–26 (1987)

[117] Rosenbaum, P. R.: The role of a second control group in an observational study (with Discussion). Stat. Sci. **2**, 292–316 (1987)

[118] Rosenbaum, P. R.: The role of known effects in observational studies. Biometrics

45, 557–569 (1989)

[119] Rosenbaum, P. R.: On permutation tests for hidden biases in observational studies. Ann. Stat. **17**, 643–653 (1989)

[120] Rosenbaum, P. R.: Some poset statistics. Ann. Stat. **19**, 1091–1097 (1991)

[121] Rosenbaum, P. R.: Detecting bias with confidence in observational studies. Biometrika **79**, 367–374 (1992)

[122] Rosenbaum, P. R.: Hodges-Lehmann point estimates in observational studies. J. Am. Stat. Assoc. **88**, 1250–1253 (1993)

[123] Rosenbaum, P. R.: Comment on a paper by Angrist, Imbens, and Rubin. J. Am. Stat. Assoc. **91**, 465–468 (1996)

[124] Rosenbaum, P. R.: Signed rank statistics for coherent predictions. Biometrics **53**, 556–566 (1997)

[125] Rosenbaum, P. R.: Choice as an alternative to control in observational studies (with Discussion). Stat. Sci. **14**, 259–304 (1999)

[126] Rosenbaum, P. R.: Using quantile averages in matched observational studies. Appl. Stat. **48**, 63–78 (1999)

[127] Rosenbaum, P. R.: Replicating effects and biases. Am. Stat. **55**, 223–227 (2001)

[128] Rosenbaum, P. R.: Stability in the absence of treatment. J. Am. Stat. Assoc. **96**, 210–219 (2001)

[129] Rosenbaum, P. R.: Observational Studies, 2nd edn. Springer, New York (2002)

[130] Rosenbaum, P. R.: Covariance adjustment in randomized experiments and observational studies (with Discussion). Stat. Sci. **17**, 286–327 (2002)

[131] Rosenbaum, P. R.: Does a dose-response relationship reduce sensitivity to hidden bias? Biostatistics **4**, 1–10 (2003)

[132] Rosenbaum, P. R.: Design sensitivity in observational studies. Biometrika **91**, 153–164 (2004)

[133] Rosenbaum, P. R.: Heterogeneity and causality: unit heterogeneity and design sensitivity in observational studies. Am. Stat. **59**, 147–152 (2005)

[134] Rosenbaum, P. R.: Exact, nonparametric inference when doses are measured with random errors. J. Am. Stat. Assoc. **100**, 511–518 (2005)

[135] Rosenbaum, P. R.: Differential effects and generic biases in observational studies. Biometrika **93**, 573–586 (2006)

[136] Rosenbaum, P. R.: What aspects of the design of an observational study affect its sensitivity to bias from covariates that were not observed? Festschrift for Paul W. Holland. ETS, Princeton (2009)

[137] Rosenbaum, P. R.: Testing one hypothesis twice in observational studies. Biometrika **99**, 763–774 (2012)

[138] Rosenbaum, P. R.: Nonreactive and purely reactive doses in observational studies. In: Berzuini, C., Dawid, A. P., Bernardinelli, L. (eds.) Causality: Statistical

Perspectives and Applications, pp. 273–289. Wiley, New York (2012)

[139] Rosenbaum, P. R.: Using differential comparisons in observational studies. Chance **26**(3), 18–23 (2013)

[140] Rosenbaum, P. R.: Bahadur efficiency of sensitivity analyses in observational studies. J. Am. Stat. Assoc. **110**, 205–217 (2015)

[141] Rosenbaum. P. R.: How to see more in observational studies: some new quasi-experimental devices. Ann. Rev. Stat. Appl. **2**, 21–48 (2015)

[142] Rosenbaum, P. R.: Observation and Experiment: An Introduction to Causal Inference. Harvard University Press, Cambridge (2017)

[143] Rosenbaum, P. R., Silber, J. H.: Using the exterior match to compare two entwined matched control groups. Am. Stat. **67**, 67–75 (2013)

[144] Rosenzweig, M. R., Wolpin, K. I.: Natural 'natural experiments' in economics. J. Econ. Lit. **38**, 827–874 (2000)

[145] Rothman, K. J.: Modern Epidemiology. Little, Brown, Boston (1986)

[146] Roychoudhuri, R., Robinson, D., Putcha, V., Cuzick, J., Darby, S., Møller, H.: Increased cardiovascular mortality more than fifteen years after radiotherapy for breast cancer: a population-based study. BMC Cancer **7**, 9 (2007)

[147] Rutter, M.: Proceeding from observed correlation to causal inference: the use of natural experiments. Perspect. Psychol. Sci. **2**, 377–395 (2007)

[148] Rutter, M.: Identifying the Environmental Causes of Disease: How Do We Decide What to Believe and When to Take Action? Academy of Medical Sciences, London (2007)

[149] Sekhon, J. S.: Opiates for the matches: matching methods for causal inference. Ann. Rev. Pol. Sci. **12**, 487–508 (2009)

[150] Sekhon, J. S., Titiunik, R.: When natural experiments are neither natural nor experiments. Am. Pol. Sci. Rev. **106**, 35–57 (2012)

[151] Sennett, R.: The Uses of Disorder. Yale University Press, New Haven (1971, 2008)

[152] Shadish, W. R., Cook, T. D.: The renaissance of field experimentation in evaluating interventions. Annu. Rev. Psychol. **60**, 607–629 (2009)

[153] Silber, J. H., Cnaan, A., Clark, B. J., Paridon, S. M., Chin, A. J., et al.: Enalapril to prevent cardiac function decline in long-term survivors of pediatric cancer exposed to anthracyclines. J. Clin. Oncol. **5**, 820–828 (2004)

[154] Small, D. S.: Sensitivity analysis for instrumental variables regression with overidentifying restrictions. J. Am. Stat. Assoc. **102**, 1049–1058 (2007)

[155] Small, D. S., Rosenbaum, P. R.: War and wages: the strength of instrumental variables and their sensitivity to unobserved biases. J. Am. Stat. Assoc. **103**, 924–933 (2008)

[156] Small, D. S., Rosenbaum, P. R.: Error-free milestones in error-prone measurements. Ann. Appl. Stat. **3**, 881–901 (2009)

[157] Sobel, M. E.: An introduction to causal inference. Sociol. Methods Res. **24**, 353–379 (1996)

[158] Sommer, A., Zeger, S. L.: On estimating efficacy from clinical trials. Stat. Med. **10**, 45–52 (1991)

[159] Stuart, E. A., Rubin, D.B.: Matching with multiple control groups with adjustment for group differences. J. Educ. Behav. Stat. **33**, 279–306 (2008)

[160] Sullivan, J. M., Flannagan, M. J.: The role of ambient light level in fatal crashes: inferences from daylight saving time transitions. Accid. Anal. Prev. **34**, 487–498 (2002)

[161] Summers, L. H.: The scientific illusion in empirical macroeconomics (with Discussion). Scand. J. Econ. **93**, 129–148 (1991)

[162] Tan, Z.: Regression and weighting methods for causal inference using instrumental variables. J. Am. Stat. Assoc. **101**, 1607–1618 (2006)

[163] Tchetgen Tchetgen, E. J.: The control outcome calibration approach for causal inference with unobserved confounding. Am. J. Epidemiol. **179**, 633–640 (2013)

[164] Thistlethwaite, D. L., Campbell, D. T.: Regression-discontinuity analysis. J. Educ. Psychol. **51**, 309–317 (1960)

[165] Trochim, W. M. K.: Pattern matching, validity and conceptualization in program evaluation. Eval. Rev. **9**, 575–604 (1985)

[166] van Eeden, C.: An analogue, for signed rank statistics, of Jureckova's asymptotic linearity theorem for rank statistics. Ann. Math. Stat. **43**, 791–802 (1972)

[167] Vandenbroucke, J. P.: When are observational studies as credible as randomized trials? Lancet **363**, 1728–1731 (2004)

[168] Varian, H. R.: Causal inference in economics and marketing. Proc. Natl. Acad. Sci. **113**, 7310–7315 (2016)

[169] Wang, X., Jiang, Y., Zhang, N. R., Small, D. S.: Sensitivity analysis and power for instrumental variable studies. Biometrics **74**, 1150–1160 (2018)

[170] Weed, D. L., Hursting, S. D.: Biologic plausibility in causal inference: current method and practice. Am. J. Epidemiol. **147**, 415–425 (1998)

[171] Weiss, N.: Inferring causal relationships: elaboration of the criterion of dose-response. Am. J. Epidemiol. **113**, 487–490 (1981)

[172] Weiss, N.: Can the 'specificity' of an association be rehabilitated as a basis for supporting a causal hypothesis? Epidemiology **13**, 6–8 (2002)

[173] West, S. G., Duan, N., Pequegnat, W., Gaist, P., Des Jarlais, D. C., Holtgrave, D., Szapocznik, J., Fishbein, M., Rapkin, B., Clatts, M., Mullen, P. D.: Alternatives to the randomized controlled trial. Am. J. Public Health **98**, 1359–1366 (2008)

[174] Wintemute, G. J., Wright, M. A., Drake, C. M., Beaumont, J. J.: Subsequent criminal activity among violent misdemeanants who seek to purchase handguns: risk factors and effectiveness of denying handgun purchase. J. Am. Med. Assoc.

285, 1019–1026 (2001)

[175] Wolpin, K. I.: The Limits of Inference Without Theory. MIT Press, Cambridge (2013)

[176] Wright, M. A., Wintemute, G. J., Rivara, F. P.: Effectiveness of denial of handgun purchase to persons believed to be at high risk for firearm violence. Am. J. Public Health **89**, 88–90 (1999)

[177] Yang, F., Zubizarreta, J. R., Small, D. S., Lorch, S., Rosenbaum, P. R.: Dissonant conclusions when testing the validity of an instrumental variable. Am. Stat. **68**, 253–263 (2014)

[178] Yoon, F. B., Huskamp, H. A., Busch, A. B., Normand, S. L. T.: Using multiple control groups and matching to address unobserved biases in comparative effectiveness research: an observational study of the effectiveness of mental health parity. Stat. Biosci. **3**, 63–78 (2011)

[179] Zubizarreta, J. R., Small, D. S., Goyal, N. K., Lorch, S., Rosenbaum, P. R.: Stronger instruments via integer programming in an observational study of late preterm birth outcomes. Ann. App. Stat. **7**, 25–50 (2013)

[180] Zubizarreta, J. R., Cerda, M., Rosenbaum, P. R.: Effect of the 2010 Chilean earthquake on posttraumatic stress: reducing sensitivity to unmeasured bias through study design. Epidemiology **7**, 79–87 (2013)

[181] Zubizarreta, J. R., Small, D. S., Rosenbaum, P. R.: Isolation in the construction of natural experiments. Ann. Appl. Stat. **8**, 2096–2121 (2014)

[182] Zubizarreta, J. R., Small, D. S., Rosenbaum, P. R.: A simple example of isolation in building a natural experiment. Chance **31**, 16–23 (2018)

第 6 章 透 明 度

摘要 透明度 (transparency) 意味着提供明显的证据. 一项不透明的观察性研究可能是压倒性的或令人生畏的, 但它不太可能是令人信服的. 本文简要讨论了透明度的几个方面.

> 我们最有理由相信的信念, 没有任何保障可以依靠, 而是在不断地邀请全世界来证明它们是没有事实根据的. 如果挑战不被接受, 或者被接受但尝试失败, 我们仍然离确定性很远; 但是我们已经做到了人类理性所能达到的最好的……这是一个容易犯错误的人所能获得的确定性的程度, 也是获得确定性的唯一途径.
>
> John Stuart Mill [4, 第 21 页]

> 一切科学的客观性 (objectivity), 包括数学在内, 都与它的可批判性 (criticizability) 有着不可分割的联系.
>
> Karl R. Popper [6, 第 137 页]

透明度意味着提供明显的证据. 一项试验, 以此类推, 和一项观察性研究, 不是一种个人经验 (private experience), 也不是某种个人信念 (private conviction) 的来源. 在缺乏透明度的情况下, 证据、论点和结论都不能完全用于批判性评价. 对 John Stuart Mill 来说, 批判性的讨论, 意味着破坏证据或论点的长期动机, 但这是对我们最可靠信念的唯一保障. 在 Karl R. Popper 看来, 批判性讨论与科学和数学的客观性密不可分. 就批判性讨论需要透明度而言, 透明度不是一个小问题.

David Cox [2, 第 8 页] 写道:

分析的一个重要方面是透明度, 这一点很难用复杂的方法实现. 也就是说, 原则上, 数据和结论之间的路径应该尽可能清晰. 这在一定程度上是为了分析人员的自我教育, 也是为了防止出错…… 这对于陈述结论也很重要…… 透明度强烈鼓励使用最简单的适当方法.

参见 Cox [1, 第 11 页].

除了"使用最简单的适当方法"之外, 以下几点考虑有助于提高透明度. Mervyn Susser [8, 第 74 页] 引用了一个恰当的短语, 写道: "研究设计的一个主要目标就是 '简化观察条件 (simplify the conditions of observation)'." 在那个标题的章节里, Susser [8, 第 7 章] 讨论了: (1) 将观察限制在总体的相关人群, 以 "隔离假设的因果变量, 并允许单独研究其影响效应" [8, 第 74 页], (2) "选择合适的情境"[8, 第 76 页], 和 (3) 对观察到的协变量进行匹配以消除偏倚. 关于 (1), 请参见 Joffe 和 Colditz [3], 他们使用了术语 "约束 (restriction)". 在讨论临床试验设计时, Richard Peto 等人 [5, 第 590 页] 写道: "如果主要比较的只有两种尽可能不同的治疗方法, 则阳性结果的可能性更大, 而无效结果的信息量更多."

模块性 (modularity) 有助于提高透明度. 如果一项研究解决了几个问题, 每个问题都可能存在争议, 但该研究是由可分离的、简单的模块组成的, 那么这就有现实的前景, 将建设性地聚焦在争论的范围. 模块性限制了泄漏: 争议仍然包含在争论的区域内. 以下是大多数观察性研究中出现的三个模块问题. 关于观察到的协变量, 接受处理和未接受处理的总体是否有足够的重叠, 以允许构造一个可比较的对照组, 或者在尝试进行这样的比较之前, 是否需要对总体进行限制? 匹配 (matching) 是否成功地平衡了观察到的协变量, 因此匹配的处理组和对照组在这些观察到的协变量上是否具有可比性? 处理组和对照组的不同结果是由一个特定的未测量协变量的不平衡造成的, 这是合理的吗? 如果将这些问题分开, 一次解决一个问题, 那么前两个问题就可以毫无争议地得到解决, 然后再提出不可避免地更具争议的第三个问题. 如果在一个宏大的分析中同时解决这三个问题, 那么就连前两个问题也可能不会有什么说服力或难以形成共识.

除了 Cox 提出的追求透明度的诸多理由外, 我想再加一条 [7, 第 12 章].

如果允许较小的问题变得不必要的复杂, 那么在涉及更大的问题之前, 分析可能会在这些复杂性的重压下崩溃. 在观察性研究中, 如果对观察到的协变量的调整变得不必要的复杂 (有时会发生这种情况), 那么分析可能永远不会涉及根本问题, 即未测量协变量可能产生的偏倚. 就像一个好的纸牌戏法一样, 对观察到的协变量进行不必要的复杂调整可能会分散人们对观察性研究中基本问题的注意力, 但它们不太可能对其进行阐述.

一项不透明的实证研究可能会被发表或引用, 但它不太可能经历严肃的批判性讨论, 因此也不太可能在尚存的讨论中得到认可. 相反, 如果对透明研究的批判性讨论揭示了潜在的模棱两可或可供选择的解释, 该讨论可能会刺激消除歧义的复制 (第 4.5 节). 如果一项研究有明确的错误, 但研究是透明的, 它们更有可能被发现, 因此当一项透明研究没有发现错误时, 就更有理由相信透明研究的结论.

参考文献

[1] Cox, D. R.: Planning of Experiments. Wiley, New York (1958)
[2] Cox, D. R.: Applied statistics: a review. Ann. Appl. Stat. **1**, 1–16 (2007)
[3] Joffe, M. M., Colditz, G. A.: Restriction as a method for reducing bias in the estimation of direct effects. Stat. Med. **17**, 2233–2249 (1998)
[4] Mill, J. S.: On Liberty. Barnes and Nobel, New York (1859, reprinted 2004)
[5] Peto, R., Pike, M., Armitage, P., Breslow, N., Cox, D., Howard, S., Mantel, N., McPherson, K., Peto, J., Smith, P.: Design and analysis of randomised clinical trials requiring prolonged observation of each patient, I. Br. J. Cancer **34**, 585–612 (1976)
[6] Popper, K. R.: Objective Knowledge. Oxford University Press, Oxford (1972)
[7] Rosenbaum, P. R.: Observational Studies. Springer, New York (2002)
[8] Susser, M.: Causal Thinking in the Health Sciences. Oxford University Press, New York (1973)

第 7 章 一些反诉损害自身

摘要 一项反诉 (counterclaim) 对"所接受的处理和所表现出的结果之间的关联反映了处理引起的效应"这一主张 (claim) 提出异议. 一些反诉损害 (undermine) 自身. 补充的统计分析可以说明这一点.

7.1 对反诉进行评价

7.1.1 反诉的类型

一首交响乐之后响起了掌声, 一项观察性研究之后就会有异议 (objection). 仅仅提出异议 (不同或反对意见) 这一事实是不值得注意的, 而且其本身也不提供任何信息. 我们必须关注具体细节: 异议的质量; 它们在多大程度上是具体的 (specific)、一致的 (coherent) 和合理的 (plausible)[1], 它们与手头的数据是否具有相容性 (compatibility).

异议是对观察到的关联提出的反诉或看似合理的对立解释, 认为这些关联也许不是由处理引起的效应. 异议可能是严重的或轻率的 (无关紧要的), 具体的或模糊的, 公益的或自私的, 有时很难在这些方面定位. 一个有说服力的反诉可以保护我们免受毫无根据的说法的伤害. 如果唯一的异议是轻率的、模糊的和自私的, 那么它就能加强 (或巩固) 一项观察性研究: 这是一个批评者能够提出的最强烈的批评吗?

---

[1] Hill [5] 建议考虑这些因果关系主张的各个方面, 而当评估异议或反诉时, 它们值得考虑. 参见文献 [12,13].

Irwin Bross [2] 写道：

一些批评者似乎有一种误解，认为如果在一项研究中发现了一些缺陷，那么就会自动使作者的结论无效……仅仅发现一项研究中的缺陷是不够的，一个负责任的批评者会继续说明这些缺陷是如何导致一个可以解释观察结果的相反假设 (counter hypothesis)……科学假设的支持者经常因为他们的"管状视野 (tubular vision)"而受到公正的批评——他们对不利于其假说的证据明显无能为力．批评者也同样会受到这种"视野缺陷 (defective vision)"的影响．

哲学家 J. L. Austin [1, 第 84–87 页] 对需要更多证据的模糊的反对意见提出了以下反驳：

如果你说"这还不够"，那么你心里一定或多或少有一些明确的匮乏……足够就是足够，它并不意味着一切……形而上学者的诡计在于问"这是一张真正的桌子吗？"（一种没有明显伪造的物体）而不具体指出它可能有什么问题，这样我就会感到不知所措，"如何证明"它是一张真正的桌子．

也许令人惊讶的是，一个具体的、严肃的反诉可以成为一个机会，以加强支持最初主张的证据．一些反诉损害自身．

7.1.2 反诉自损的逻辑

反诉如何能损害自身？一个熟悉的甚至是极端的例子出现在反证法 (a proof by contradiction) 中：假设命题 P 为真会导致矛盾，因此我们得出结论说 P 终究不是真的．假设 P 允许演绎，而这个演绎的结果有矛盾，所以我们也得出结论说 P 不是真的．反证法的前提条件 P 导致了一个难以理解的混乱，而这个混乱最好要被避免．

在统计分析中，一个断言的反诉 P 可以通过以下比较有限的方式损害自身．如果研究者不相信 P，那么研究者就无法假设 P 为真，也就无法将 P 作为特定统计分析的基础假设．如果不加以干预，研究者将不会进行任何以 P 为前提的分析．当批评者断言 P 为真的时候，这种情况就改变了．如果一个批评者断言 (assert) 反诉 P，那么研究者可能会合理地回应："好吧，我自己不相信 P，但为了讨论起见，让我们假设 P 是真的．如果我们假设 P，则以下额外的统计分析是允许的，否则是不允许的．所以让我们进行额外的统计分析．利用这些数据，这种假设 P 为真的额外统计分析被认为比不假设 P 为真的原始统计分析提供了更有力的证据来支持最初的主张．从这个意义上说，假设 P 只会加强证据，而不是削弱证据．"

当反诉损害自身时，这仅仅表明反诉未能发挥其作为反诉的作用. 每一项统计分析都承认，其结论存在一定程度的不确定性: 置信区间不是单一的点，小的 P-值可能是由于不寻常的运气. 当反诉自身受到损害时，假设反诉为真会减少而不是增加公认的不确定性的程度. 重要的是，一个损害自身的反诉并不能证明更短的置信区间或更小的 P-值是合理的; 相反，一个损害自身的反诉表明对原始置信区间或 P-值的某些批评是不合理的. 如果表面上看似合理的批评作为评论是不可行的，那么证明这一点就是一种对最初主张的证据强化.

在观察性研究中，这种推理采用了一种特殊的形式. 研究者对由处理引起的效应进行了一项分析，并承认这一分析对某一特定程度的未测量偏倚是敏感的，即第 3.4 节中的 Γ. 一位批评者提出了反诉 P. 研究者注意到，如果 P 为真，那么有必要进行一个额外的统计分析，而且当进行这种分析时，支持最初主张的结论对一个更大的偏倚 $\Gamma' > \Gamma$ 是不敏感的. 在这种情况下，如果 P 为真，那么解释观察到的关联不是因果关系所需要的偏倚就会变得更大，而不是更小; 也就是说，未测量偏倚的不确定性将会减少，而不是增加. 在这个特定的意义上，如果 P 损害了自身，那么 P 就不是对最初提出的证据的一个合理的反诉.

7.2 一个实例: 安全带、伤害和弹射

7.2.1 对一个实例的初步了解: 反诉前的主张

受 Evans 在第 1.4 节和第 5.2.6 小节中关于安全带对车祸影响研究的启发，图 7.1 展示了 2010—2011 年美国死亡分析报告系统 (US Fatality Analysis Reporting System) 的最新数据，其详细讨论如文献 [10] 中的内容.[2] 图 7.1 比较了同一辆车在同一次车祸中，一位司机和一位前排乘客的受伤情况. 没有受伤的情况得 0 分，可能受伤的情况得 1 分, 非致人伤残的情况得 2 分, 致人伤残的情况得 3 分, 死亡的情况得 4 分. 图中显示了司机减去乘客的受伤分数差 (driver-minus-passenger difference in injury score), 取值范围是从 -4 到 4, -4 意味着司机没有受伤而乘客死亡. 图 7.1 根据是否使用安全带定义并区分了四种情况. 在情况 (B,B) 中，司机和乘客都系了安全带; 在情况 (U,U) 中，司机和乘客都没有系安全带; 在情况 (B,U) 中，司机系了安全带，而乘客没有系安

---

[2]由于美国死亡分析报告系统只记录至少有一起死亡事故的信息，它有一定的局限性——某些"确定性问题" [4]——影响了可能得出的推断类型. 这些局限性并不影响本章所阐述的无处理效应假设的检验，但是它们会对效应强度的估计产生影响，这里没有讨论 [10].

全带; 在情况 (U, B) 中, 司机没有系安全带, 而乘客系了安全带. 图 7.1 排除了其他一些不寻常的情况. 非常旧的汽车可能有一个没有肩带的安全带, 这种情况被排除在外.

值得注意的是, 在图 7.1 中, 当司机和乘客都系了安全带即 (B, B) 时, 受伤分数的差异分布从表面上看起来关于零对称. 当两者都没有系安全带即 (U, U) 时, 分布看起来仍然关于零对称, 虽然更分散了. 当司机系了安全带而乘客没有系安全带即 (B, U) 时, 乘客的受伤程度往往更严重. 当司机不系安全带而乘客系了安全带即 (U, B) 时, 司机的受伤程度往往更严重. 在图 7.1 中, 受伤的严重程度似乎与安全带的使用有关. 图 7.1 的视觉效果并不完美: 情况 (B, B) 和 (U, U) 显示出小的但统计显著的不对称 [10, 表 1]. 相比之下, 在情况 (B, U) 和 (U, B) 下, 安全带的表面保护作用是大的, 且对系了安全带的人存在大的未测量偏倚是不敏感的, 在 $\varGamma = 5$ 时, 每一种情况的单测 P-值上界 $\leqslant 0.0125$; 见文献 [10, 表 1].

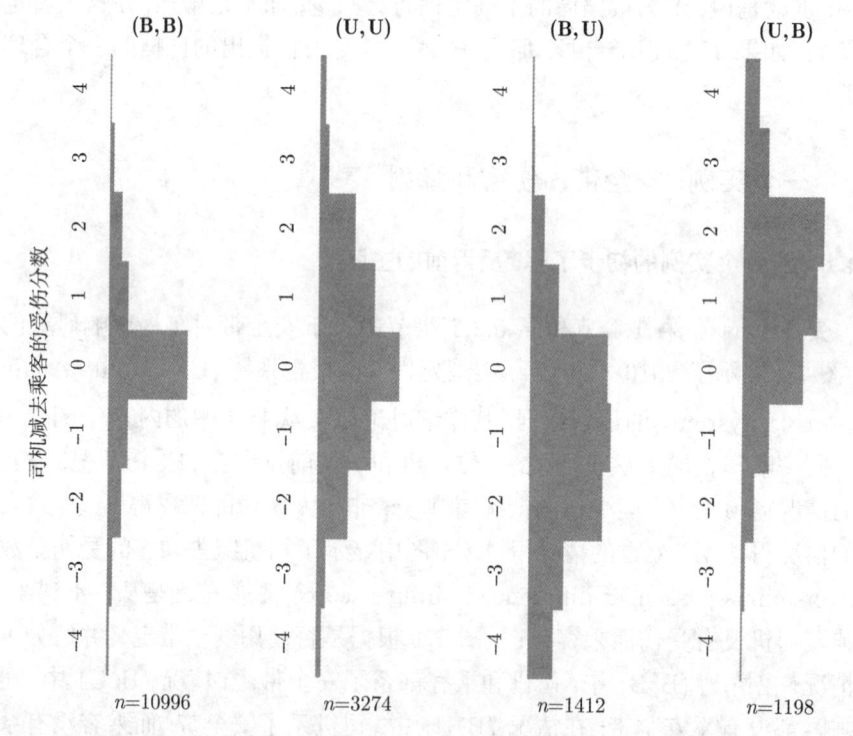

图 7.1 不同的安全带使用模式下司机减去乘客的受伤分数差. 安全带的使用被标记为 (司机、乘客), 所以 (B, U) 表示司机系了安全带, 乘客未系安全带

简而言之，在接受反诉之前，最初声称安全带可以减少受伤的严重程度是有相当有力的证据支持的.

7.2.2 选择偏倚和次要结果的反诉

一种常见的反诉声称，处理完全没有效果，观察到的关联是接受处理的对象自我选择的结果. 这个反诉说，如果在匹配对中强制颠倒处理分配，那么唯一会改变的就是个体接受处理或对照的标签. 如果批评者提出了这种反诉，情况会发生怎样的变化？

在图 7.1 中，这个反诉断言安全带对车祸中发生的事件没有任何影响: 这只是因为身体虚弱、容易受伤的人不愿意系安全带. 给他们系上安全带，且解开他们同伴的安全带，在车祸中不会改变什么，或者至少反诉是这样断言的. 根据这个反诉，在情况 (B,U) 或 (U,B) 的车祸中颠倒系安全带的情况，你改变了处理标签 B 或 U，但车祸或受伤人员没有改变.

和第 2.3 节一样，在 (B,U) 和 (U,B) 的情况下，记 Y_i 为未系安全带减去系安全带的受伤分数差 (unbelted-minus-belted difference in injury score).[3] 在图 7.1 中，Y_i 倾向于是正的，但反诉解释说这是选择偏倚的效应，而不是任何系安全带的安全效应. 此外，反诉声称，颠倒系安全带的情况只会改变 B 或 U 的标签，并转变了 Y_i 的符号；然而，除了标签，它不会影响在车祸中发生的事件.

通过把一切都归因于系安全带的人的自我选择，这个反诉否认了车祸对受伤和其他方面的影响. 次要结果是指在是否从车辆弹出的二分类指标 (binary indicator) 上的未系安全带减去系安全带的差 $\tilde{Y}_i$. 在这里，如果只有未系安全带的人被弹出，则 $\tilde{Y}_i = 1$；如果只有系安全带的人被弹出，则 $\tilde{Y}_i = -1$；如果两个人遭受相同的命运，则 $\tilde{Y}_i = 0$. 通过把一切都归因于自我选择，反诉也否认了对 $\tilde{Y}_i$ 的影响，并声称颠倒系安全带的情况只是通过改变 B 或 U 的标签来改变 $\tilde{Y}_i$ 的符号.

Y_i 和 $\tilde{Y}_i$ 都是结果，研究者和批评者都对受伤分数差 Y_i 感兴趣，而对弹出差 $\tilde{Y}_i$ 不感兴趣. 尽管如此，反诉声称安全带没有安全效应，而且 (观察到的) 误导性关联是由谁系安全带的自我选择产生的. 如果批评者承认安全带确实能减少弹出，那么这将是对这种反诉的重大让步.

研究者认为，安全带可能具有安全效果，可能会减少受伤和弹出. 当检验系安全带对受伤分数差 Y_i 无效应假设时，研究者认为 $\tilde{Y}_i$ 是一种可能受处理影响的结果. 与这些观点一致的是，研究者在检验对受伤分数差 Y_i 无效应假设的时

---

[3]这个记号与文献 [10] 稍有不同，但没有本质区别.

候不会对 $\tilde{Y}_i$ 进行调整, 因为对结果进行调整可能会将偏倚引入一项本无偏倚的研究中 [9].

反诉为进一步分析提供了可能. 反诉声称, 当处理被颠倒时, 弹出差 $\tilde{Y}_i$ 只是改变了符号, 因此它的绝对值 $|\tilde{Y}_i|$ 是固定的, 当处理分配改变时它不会改变. 这样一来, 研究者就可以自由地进行一项分析, 也就是把 $|\tilde{Y}_i|$ 当作是一个协变量——车祸的一个固有属性——而不是一个结果, 而这项分析与研究者自己的信念不相符.

7.2.3 从反诉的角度重新审视一个实例

图 7.2 展示了一个区分研究者和批评者的分析. 如果反诉属实, 这种分析将被证明是合理的. 这个分析研究了一系列车祸, 在这些车祸中恰有一个人被弹出, 即 $|\tilde{Y}_i| = 1$. 请注意, 该分析并没有说明谁被弹出, 而只是说明有一个人被弹出, 另一个没被弹出.

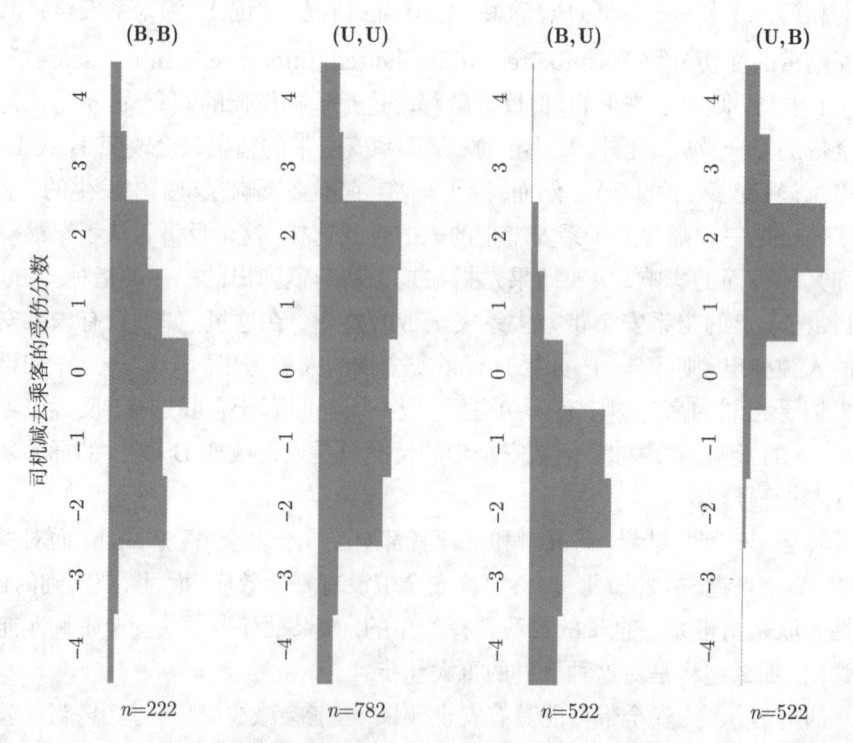

图 7.2 在车祸中, 不同的安全带使用模式下司机减去乘客的受伤分数差, 其中恰好有一人被弹射出车外. 安全带的使用被标记为 (司机, 乘客), 所以 (B,U) 表示司机系了安全带, 乘客未系安全带

图 7.2 中的车祸是图 7.1 中的一小部分车祸. 然而, 在图 7.2 中, 安全带对受伤严重程度的表面效应更大. 在图 7.1 中, 对于 (B,U) 和 (U,B) 的配对情形, Y_i 的平均值约为 1, 但在图 7.2 中, Y_i 的平均值增加到 1.5 以上. 较大的影响通常对较大的未测量偏倚不敏感. 当在图 7.2 中检验系安全带对受伤分数差 Y_i 无效应时, 对于 $\Gamma' = 11$ 的 (B,U) 和 (U,B) 的配对情形, P-值上界都不超过 0.0322, 明显高于图 7.1 对应的 $\Gamma = 5$; 见文献 [10, 表 1 和 2].

与图 7.1 中的比较相比, 图 7.2 中的比较对更大的自我选择偏倚不敏感. 然而, 图 7.2 中的比较只有在假设关联是自我选择的结果这一反诉的情况下才合理. 从这个意义上说, 反诉损害了自己, 它未能起到反诉的作用. 就像用反证法证明前提一样, 相信前提让人陷入了本应避免的困境.

在这个时候, 批评者可能会试图仓促撤退: "系安全带固然有因果效应, 它当然能防止被弹射出去, 但这对受伤情况完全没有影响. 身体虚弱、容易受伤的人拒绝系安全带, 因此更容易被弹出汽车, 但安全带的使用与受伤严重程度之间的关联, 完全是由于他们的脆弱, 而不是从车中被猛摔撞上迎面而来的车辆导致的." 根据次要结果 $\widetilde{Y}_i$ 的背景和性质, 这可能被认为是无关紧要的抑或是重大的后撤. 在任何一种情况下, 其结果都是一个新的反诉, 开放的平行分析将使用额外的次要结果. 参见文献 [10, §3.2] 以不同的方式使用不同的次要结果对这个例子进行的另一个反诉分析.

7.3 讨论

7.3.1 预期反诉

一位研究者预计, 批评者会提出某些反诉. 根据这一点, 研究者提前进行分析, 以确定这些预期的反诉是否会损害自身. 辩论被预期的辩论所取代. 这些分析可能表明, 某些批评是难有好结果的.

7.3.2 一些理论

在第 7.2 节中, 图 7.2 的分析对较大的偏倚 $\Gamma' = 11$ 不敏感, 比图 7.2 的分析的 $\Gamma = 5$ 更大. 这种模式可能会发生, 也可能不会发生 —— 反诉可能会也可能不会损害自身. 这种模式什么时候会出现呢?

本书第 Ⅲ 部分的方法提供了一个在设计灵敏度方面的答案, 即随着样本量的增加对未测量偏倚的极限灵敏度. 在一个简单的中介效应 (mediation effect) 模型下 [6], 图 7.1 和 7.2 中的模式是预期模式 (anticipated pattern): 我们期望在图 7.2 的大样本中对偏倚更不敏感, 见文献 [10, §4.2]. 值得强调的是, 第 7.2 节论证的有效性不以任何方式依赖于中介模型 (mediation model); 然而, 当这样的模型为真时, 可以预期在图 7.2 中对偏倚的不敏感性会增加. 图 7.2 中的样本量比图 7.1 中的样本量要小得多, 这也影响了敏感性分析的结论. 模拟结果表明, 尽管样本量减小了 [10, §4.3], 图 7.2 的敏感性分析通常也比图 7.1 的敏感性分析功效更大.

7.4 延伸阅读

这一章的主要参考文献是 [10].

7.5 数据

在 R 软件包 DOS2 的数据集 frontseat 中, 可找到本章和文献 [10] 中讨论的数据. frontseat 的帮助文件再现了文献 [10] 中的几个分析.

参考文献

[1] Austin, J. L.: Philosophical Papers. Oxford, New York (1979)

[2] Bross, I. D. J.: Statistical criticism. Cancer **13**, 394–400 (1961). Reprinted with Discussion in Obs. Stud. **4**, 1–70 (2018)

[3] Evans, L.: The effectiveness of safety belts in preventing fatalities. Accid. Anal. Prev. **18**, 229–241 (1986)

[4] Fisher, R. A.: The effect of methods of ascertainment upon the estimation of frequencies. Ann. Eugen. **6**, 13–25 (1934)

[5] Hill, A. B.: The environment and disease: Association or causation? Proc. R. Soc. Med. **58**, 295–300 (1965)

[6] Imai, K., Keele, L., Yamamoto, T: Identification, inference and sensitivity analysis for causal mediation effects. Stat. Sci. **25**, 51–71 (2010)

[7] Rindskopf, D.: Plausible rival hypotheses in measurement design. In: Bickman, L. (ed.) Research Design: Donald Campbell's Legacy, Vol. 2, pp. 1–12. Sage, Thousand Oaks, CA (2000)

[8] Rozelle, R. M., Campbell, D. T.: More plausible rival hypotheses in the cross-lagged panel correlation technique. Psych. Bull. **71**, 74–80 (1969)

[9] Rosenbaum, P. R.: The consequences of adjustment for a concomitant variable that has been affected by the treatment. J. R. Stat. Soc. A **147**, 656–666 (1984)

[10] Rosenbaum, P. R.: Some counterclaims undermine themselves in observational stud-

ies. J. Am. Stat. Assoc. **110**, 1389–1398 (2015)

[11] Rosenbaum, P. R., Small, D. S.: Beyond statistical criticism. Obs. Stud. **4**, 63–70 (2018)

[12] Weed, D. L., Hursting, S. D.: Biologic plausibility in causal inference: current method and practice. Am. J. Epidemiol. **147**, 415–425 (1998)

[13] Weiss, N.: Can the 'specificity' of an association be rehabilitated as a basis for supporting a causal hypothesis? Epidemiol **13**, 6–8 (2002)

第Ⅱ部分 匹 配

第 8 章 匹配的观察性研究

摘要 作为描述构造匹配对照组 (matched control group) 的几个章节的序曲, 本章展示了一个可能 (也确实) 出现在科学杂志上的匹配观察性研究的实例. 当报告一项匹配的观察性研究时, 我们将在本章方法部分简要地描述匹配法的内容. 更详细地说, 本章结果部分展示了表格或图形, 表明匹配在平衡某些观察到的协变量方面是有效的, 所以处理组和对照组对于这些特定的变量是具有可比性的. 然后, 本章结果部分比较了处理组和对照组的结果. 由于匹配法是对表面上 (ostensibly) 具有可比性的组别进行比较, 而不是对每个结果的各个方面 (协变量) 分别进行调整, 所以这种情况下的比较结果通常在形式上更简单、在内容上更详细. 处理组和对照组在一组被测量的协变量上看起来具有可比性, 但是表面上具有可比性的组可能在未测量协变量方面有所不同. 虽然本章没有讨论, 但我们将在第 III 部分讨论本实例中的未测量协变量的重要问题.

8.1 更多的化疗是否更加有效?

Jeffrey Silber, Dan Polsky, Richard Ross, Orit Even-Shoshan, Sandy Schwartz, Katrina Armstrong, Tom Randall 和作者 [6,8] 研究了卵巢癌 (ovarian cancer) 的化疗强度 (intensity of chemotherapy) 对患者预后的影响. 我们认为更大的强度可能会延长生存时间, 但代价可能是毒性反应 (toxicity) 增加. 在这个问题上我们有什么证据?

在随机对照临床试验 (randomized controlled clinical trial) 之外, 研究医

学治疗的预期效果 (intended effect) 存在一个基本困难 [9]. 在几乎所有的医学领域中, 大多数治疗的变化都是对患者健康、预后或意愿的变化做出深思熟虑和慎重的反应. 也就是说, 治疗分配不是 "随机" 决定的. 在这方面, 卵巢癌是与众不同的, 因为治疗中存在有意义的变化不是来源于对患者的反应. 卵巢癌的化疗由两种不同的专业人员提供, 即提供各种癌症化疗的内科肿瘤医师 (medical oncologist, MO) 和主要治疗卵巢 (ovary) 癌、子宫 (uterus) 癌和宫颈 (cervix) 癌的妇科肿瘤医师 (gynecologic oncologist, GO). 内科肿瘤医师通常具备内科住院医师 (a residency in internal medicine) 资格, 其次具有强调化疗实施 (管理) 及其副作用处理的研究员职位 (fellowship). 妇科肿瘤医师通常需完成产科 (obstetrics) 和妇科 (gynecology) 的住院医师培训, 然后获得一个妇科肿瘤学 (gynecologic oncology) 的研究员职位, 包括外科肿瘤学 (surgical oncology) 和妇科癌症 (gynecologic cancer) 的化疗方案方面的培训. 与接受过外科手术训练的妇科肿瘤医师不同, 内科肿瘤医师几乎都不是外科医生, 所以内科肿瘤医师会在其他医师做完手术后提供化疗. 事实证明, 无论是在最初诊断时, 还是在数年之后, 如果癌症已从其原发部位扩散, 我们预计内科肿瘤医师将比妇科肿瘤医师使用更密集的 (more intensively) 化疗. 那么, 在内科肿瘤医师的实践中发现的更大强度的 (greater intensity) 化疗对患者预后有好处吗?

这项研究是基于美国国家癌症研究所 (U.S. National Cancer Institute) 的监测、流行病学和最终结果 (Surveillance, Epidemiology and End Result, SEER) 计划与医疗保险索赔 (medicare claim) 相关联的数据. SEER 数据是在美国的 SEER 地点收集, 其中一些地点是城市 (例如, 底特律 (Detroit)), 其他地点是州 (例如, 新墨西哥 (New Mexico)). SEER 数据库包括临床分期 (clinical stage) 和肿瘤分级 (tumor grade). 该研究使用了年龄超过 65 岁的卵巢癌患者的数据, 这些患者在 1991 年至 1999 年之间被诊断出患有卵巢癌, 并接受过适当的手术和至少部分化疗; 详情请参阅文献 [8]. 共有 344 例接受妇科肿瘤医师化疗的女性患者和 2011 例接受内科肿瘤医师化疗的女性患者.

8.2 匹配观察到的协变量

我们将每位接受妇科肿瘤医师化疗 (GO) 的患者与一位接受内科肿瘤医师化疗 (MO) 的患者进行匹配, 产生了两位相似的患者的 344 个匹配对. 表 8.1 描述了匹配中使用的几个协变量. 根据观察到的协变量, 匹配是否能成功地产生具有合理可比性的接受妇科肿瘤医师化疗 (GO) 组和接受内科肿瘤医师化

疗 (MO) 组?

表 8.1 中的第一组变量描述了外科医生的类型. 妇科肿瘤医师是妇科癌症手术的专家, 但手术通常是由妇科医生或普通外科医生实施. 毫不奇怪, 这个变量在匹配之前基本上是不平衡的: 通过一位妇科肿瘤医师实施手术的患者更有可能接受一位妇科肿瘤医师提供的化疗. 匹配后, 外科医生类型的分布几乎相同.

表 8.1 卵巢癌患者基线的可比性: 所有 344 例接受妇科肿瘤医师化疗 (GO) 的患者、344 例匹配的接受内科肿瘤医师化疗 (MO) 的患者, 和所有接受内科肿瘤医师化疗的患者 2011 例. 表中的值表示百分比, 除非标记为平均值. 额外的合并疾病包括贫血 (anemia)、心绞痛 (angina)、心律失常 (arrhythmia)、哮喘 (asthma)、凝血功能障碍 (coagulation disorder)、电解质异常 (electrolyte abnormality)、肝功能异常 (hepatic dysfunction)、甲状腺功能亢进 (hyperthyroidism)、周围血管疾病 (peripheral vascular disease) 和类风湿关节炎 (rheumatoid arthritis). 需要注意的是, 在匹配前, 外科医生类型、SEER 地点和诊断年份在两组间严重失衡 (substantially out of balance), 但在匹配后, 两组间达到了合理的平衡 (in reasonable balance)

		GO $n = 344$	匹配-MO $n = 344$	所有-MO $n = 2011$
外科医生类型	妇科肿瘤医师	76	75	33
	妇科医生	15	16	39
	普通外科医生	8	8	28
临床分期	I 期	9	9	9
	II 期	11	9	9
	III 期	51	53	47
	IV 期	26	26	31
	缺失	3	2	3
肿瘤分级	1 级	5	4	4
	2 级	16	13	17
	3 级	52	55	47
	4 级	9	8	11
	缺失	18	20	21
人口统计特征	年龄, 平均值	72.2	72.2	72.8
	白人	91	94	94
	黑人	8	5	3

续表

		GO $n = 344$	匹配-MO $n = 344$	所有-MO $n = 2011$
选定的合并疾病	慢性阻塞性肺病 COPD	15	12	13
	高血压病 Hypertension	48	46	42
	糖尿病 Diabetes	11	8	8
	充血性心力衰竭 CHF	2	2	4
SEER 地点	康涅狄格州 Connecticut	18	18	15
	底特律 Detroit	26	26	12
	艾奥瓦州 Iowa	17	17	17
	新墨西哥州 New Mexico	7	7	3
	西雅图 Seattle	9	9	16
	亚特兰大 Atlanta	9	9	7
	洛杉矶 Los Angeles	12	12	19
	旧金山 San Francisco	1	1	9
诊断年份	1991 年	4	4	9
	1992 年	7	7	14
	1993 年	10	9	14
	1994 年	11	11	12
	1995 年	11	13	12
	1996 年	10	9	12
	1997 年	16	15	10
	1998 年	13	15	9
	1999 年	18	17	9
倾向性评分	$\hat{e}(x)$, 平均值	0.23	0.21	0.14

临床分期通常被认为是卵巢癌最重要的生存预测因素. 也许是因为患者没有特别的理由寻求接受内科肿瘤医师化疗 (MO) 或接受妇科肿瘤医师化疗 (GO), 故临床分期在匹配之前只是稍微地不平衡 (not greatly out of balance). 对于临床分期, 匹配后的平衡百分比是相当接近的.

事实上, 只要有可能, 我们可对患者的手术类型和临床分期进行精确匹配 (matched exactly). 这意味着, 只要有可能, 一例由妇科医生进行手术的 III 期患者将匹配一例由妇科医生进行手术的 III 期患者. 从表 8.1 的边际分布可以看出, 这并不总是可能的. 最直接的建议应该对每一个变量精确地匹配, 但稍加思考就会发现这是不可能的. 如果基线只考虑 30 个二分类变量 (binary variable), 那么就需要 2^{30} 或大约 10 亿类型的患者用于匹配, 所以要在几乎所有患者的所有 30 个变量上找到精确匹配是极不可能的. 虽然, 表 8.1 中协变量的平衡还是很好的, 但与临床分期和外科医生类型不同, 表 8.1 中的大多数变量并不是精确匹配的. 第 10.1 节将更详细地讨论协变量的平衡. 在实践中, 如果使用精确匹配, 则只保留一个或两个至关重要的变量.

外科医生类型与临床分期有关. 一个专门接受过癌症手术训练的外科医生, 比如妇科肿瘤医师, 可能会将治疗性手术与广泛的淋巴结取样结合起来. 因此, 癌症外科医生可能比普通外科医生发现更多的癌症, 并可能将患者分配到更高的临床分期. 也就是说, 一例被普通外科医生划分为 II 期的患者, 可能被妇科肿瘤医师划分为 III 期. 临床分期这个变量的真正意义取决于另一个变量, 外科医生的类型. 然而, 由于几乎所有的匹配都是对临床分期和外科医生类型的精确匹配, 所以在几乎所有的配对中, 两例患者从同一类型的外科医生那里接受了相同的临床分期.

肿瘤分级、人口统计特征和选定的合并疾病情况被认为达到了很好的平衡, 表 8.1 标题中提到的其他合并疾病情况也是如此. 合并疾病很重要, 因为它们可能对患者的生存构成直接威胁, 也可能使化疗的方案复杂化和实施受限.

妇科肿瘤医师在美国的分布并不均匀, 而且这个职业的需求一直在增长. 因此, 在匹配前, 妇科肿瘤医师和内科肿瘤医师化疗的患者的 SEER 地点和诊断年份往往有很大差异. 在 SEER 地点的妇科肿瘤医师化疗的患者中, 底特律占 26%, 旧金山只占 1%, 而所有内科肿瘤医师化疗的患者中, 底特律占 12%, 旧金山占 9%. 用优势比来表示, 在底特律, 女性被一位妇科肿瘤医师化疗的可能性几乎是旧金山的 20 倍. 据推测, 尽管卵巢癌在底特律和旧金山基本上是同一种疾病, 但在财富、人口统计特征和医疗服务等方面存在差异, 这些差异可能会影响患者的预后. 经过匹配, SEER 地点的分布是相同的. 同样, 接受妇科肿瘤医师化疗的患者最近才被诊断出来肿瘤的可能性更高, 这仅仅是因为最近才有更多的妇科肿瘤医师参与 SEER 计划. 虽然卵巢癌这种疾病本身在 20 世纪 90 年代没有太大变化, 但化疗确实改善了患者的生存状况 [3], 因此, 诊断年份的严重失衡可能会对接受不同药物治疗的患者进行比较. 经过匹配, 在 1991—1992 年、1993—1996 年和 1997—1999 年这三个时间段确诊的患者比例是相同的, 且这些时间段内只有个别年份的患者比例有很小的不平衡

(imbalance). 事实上, 虽然在表 8.1 中不可见, 但三个诊断时间间隔与 SEER 地点完全精确地平衡; 例如, 1991—1992 年艾奥瓦州接受妇科肿瘤医师化疗的患者的数量等于 1991—1992 年艾奥瓦州匹配的接受内科肿瘤医师化疗的患者的数量. SEER 地点和诊断年份的平衡是通过"精细平衡"获得的 [5,6], 该技术将在第 11 章中讨论.

在匹配之前, 外科医生类型、诊断年份和 SEER 地点存在较大的不平衡, 而临床分期、肿瘤分级和合并疾病情况存在较小的不平衡, 这是令人鼓舞的. 它们暗示了一种可能性, 即化疗提供者的类型可能更多地反映了内科肿瘤医师和妇科肿瘤医师的相对可用性, 而不是反映了患者疾病的属性. 在任何情况下, 已测量协变量在匹配后都达到了相当好的平衡 (well balanced).

表 8.1 中的最后一行变量为倾向性评分. 这是在给定观察到的协变量条件下, 接受妇科肿瘤医师化疗 (GO) 而不是接受内科肿瘤医师化疗 (MO) 的条件概率的估计. 当对多个变量进行匹配时 [4], 倾向性评分是一个基本工具. 在第 3.3 节中, 我们对倾向性评分进行了概念上的讨论, 在第 9 章中将进一步讨论其在多元匹配中的作用. 在表 8.1 中, 倾向性评分平均值在两组匹配中比较相似; 事实上, 对多个协变量的平衡是通过对倾向性评分的平衡而实现的; 见 (3.10).

8.3 配对患者的结局指标

正如预期的那样, 在诊断后的第 1 年和诊断后的前 5 年, 许多内科肿瘤医师经常比妇科肿瘤医师使用更大强度的化疗; 见表 8.2 和图 8.1. 虽然化疗周数在中位数上的差异并不大, 但在上四分位数的差异非常明显. 那么, 由内科肿瘤医师提供的更大强度的化疗对患者是否有益?

表 8.2 在第 1 年和第 1—5 年, 344 对匹配患者的化疗周数. 表中的值为平均值、四分位数、最小值和最大值. 采用 Wilcoxon 符号秩检验的双侧 P-值结果

时期	组别	平均值	最小值	下四分位数 25%	中位数 50%	上四分位数 75%	最大值	P-值
第 1 年	GO	6.63	1	5	6	8	19	0.0022
第 1 年	MO	7.74	1	5	6	10	42	
第 1—5 年	GO	12.07	1	5	9	16	70	0.00045
第 1—5 年	MO	16.47	1	6	11	21	103	

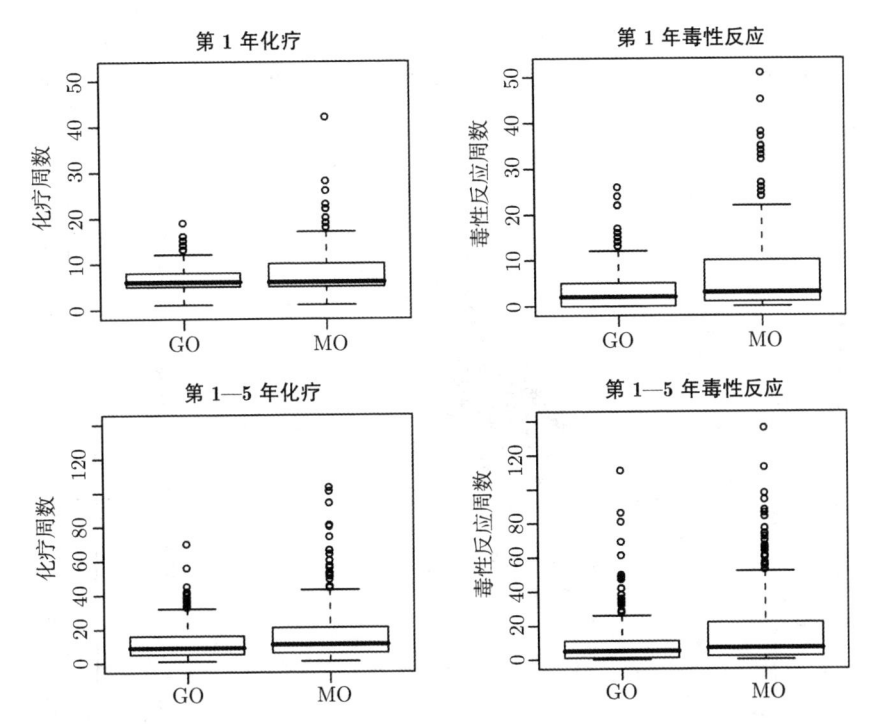

图 8.1 匹配的 344 对卵巢癌患者的化疗及毒性反应研究,一组是接受妇科肿瘤医师化疗,另一组是接受内科肿瘤医师化疗

尽管化疗强度不同,但接受内科肿瘤医师和妇科肿瘤医师化疗的患者的生存率 (survival) 几乎相同; 见表 8.3. 比较配对的截尾生存时间 (paired censored survival time) 的标准检验为 Prentice-Wilcoxon 检验 [7]; 双侧 P-值是 0.45. 表 8.3 还列出了前 5 年每年开始时处于风险中的患者例数, 即在年初仍存活且未删失的患者例数 (初期例数). 在匹配的内科肿瘤医师和妇科肿瘤医师化疗的患者中, 处于风险中的患者例数也非常相似.

MO 组比 GO 组的患者经受了更多 (与化疗相关) 的毒性反应周数; 见表 8.4 和图 8.1. 在表 8.4 中, 第 1 年和第 1—5 年, MO 组的患者的毒性反应周数的上四分位数是 GO 组的患者的两倍.

化疗强度的差与毒性反应的差有关; 参见图 8.2. 图 8.2 展示了 344 个 MO-GO 的毒性反应周数匹配对差与化疗周数匹配对差的关系图. 图中散点水平地投射到毒性反应周数差的边际箱线图中. 统计软件包 R 中实现的曲线为局部加权散点平滑 (回归) 曲线 [1, 第 168–180 页], 毒性反应周数差与化疗周数差之间的 Kendall 等级相关性为 0.39, 显著不为零, 双侧显著性水平 $< 10^{-10}$.

简而言之, 似乎内科肿瘤医师比妇科肿瘤医师通常为患者提供了更高的化

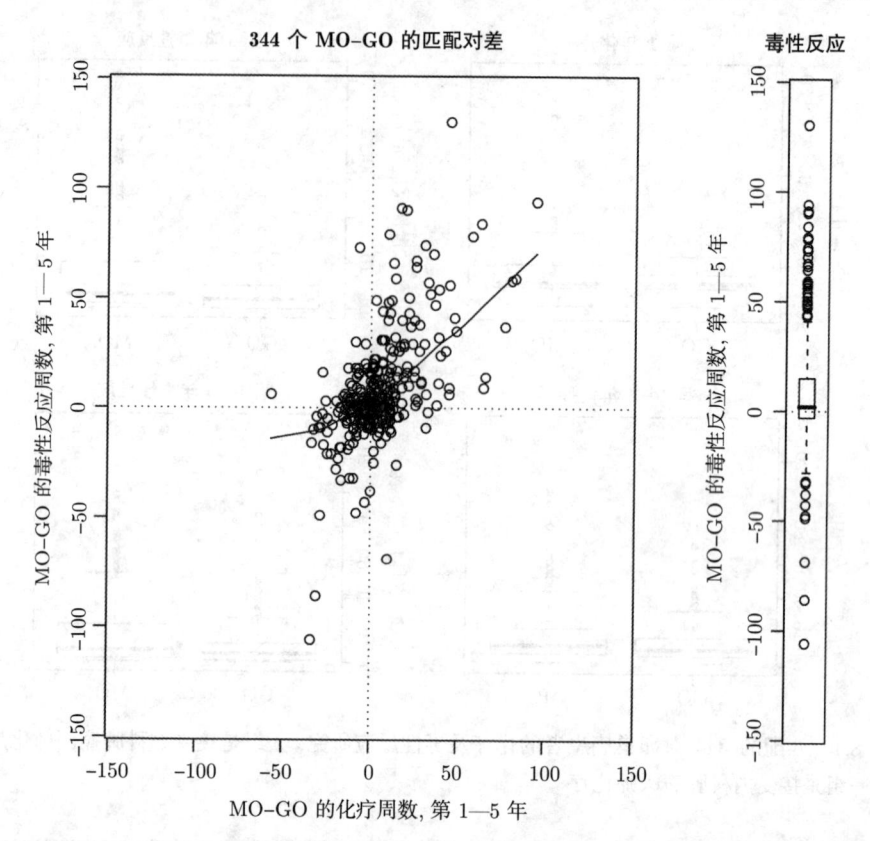

图 8.2 MO–GO 的毒性反应周数匹配对差与化疗周数匹配对差的关系图. 图中曲线是局部加权散点平滑 (回归) 曲线

疗强度并造成了更强的毒性反应, 但两组患者的生存率没有区别.

一个明显的问题是, 表 8.2, 8.3, 8.4 和图 8.1, 8.2 中所显示的情况, 是否可能不是由于对相似患者实施的化疗强度差异的结果, 而是由于患者之间未测量的预处理差异. 从表 8.1 可以看出, 在匹配前, 很多协变量在 GO 组和 MO 组之间严重失衡 (substantially out of balance). 当然也可能是其他协变量, 即一个未测量协变量, 在匹配前也失衡了 (out of balance), 由于该变量不是通过匹配控制的, 它在表 8.2, 8.3, 8.4 和图 8.1, 8.2 中仍然可能失衡. 这是第Ⅲ部分讨论的核心问题, 对卵巢数据我们将会进一步分析.

表 8.3 1 例 GO 组的患者匹配 1 例 MO 组的患者, 共 344 对匹配患者的生存率和风险人数 (number at risk). 比较配对生存时间的 Prentice-Wilcoxon 检验的双侧 P-值为 0.45 [7]

	GO 患者	MO 患者
生存中位数 (年)	3.04	2.98
95% CI	[2.50, 3.40]	[2.69, 3.67]
1 年生存率%	86.6	87.5
95% CI	[83.0, 90.2]	[84.0, 90.1]
2 年生存率%	64.8	66.9
95% CI	[59.8, 69.9]	[61.9, 71.8]
5 年生存率%	35.1	34.2
95% CI	[30.0, 40.2]	[29.2, 39.3]
基线风险例数 (初期例数)	344	344
第 1 年风险例数 (初期例数)	298	301
第 2 年风险例数 (初期例数)	223	230
第 3 年风险例数 (初期例数)	173	172
第 4 年风险例数 (初期例数)	133	128

表 8.4 在第 1 年和第 1—5 年, 344 对匹配患者出现与化疗相关的毒性反应周数. 表中的值为平均值、四分位数、最小值和最大值. 双侧 P-值为采用 Wilcoxon 符号秩检验的结果. 与化疗相关的毒性反应是指住院或门诊诊断为贫血 (anemia)、中性粒细胞减少 (neutropenia)、血小板减少 (thrombocytopenia)、腹泻 (diarrhea)、脱水或黏膜炎 (dehydration or mucositis) 和神经病变 (neuropathy)

时期	组别	平均值	最小值	下四分位数 25%	中位数 50%	上四分位数 75%	最大值	P-值
第 1 年	GO	3.61	0	0	2	5	26	0.00000089
第 1 年	MO	6.67	0	1	3	10	51	
第 1—5 年	GO	8.89	0	1	5	11	111	0.000000026
第 1—5 年	MO	16.29	0	2	7	22	136	

8.4 小结

本章是第 II 部分的导论. 一篇匹配比较的文章可能且确实是已经在科学杂志上发表了 [8], 但几乎不涉及用于构造匹配样本 (matched sample) 的程序 [6]. 匹配程序是第 II 部分的重点内容. 本章提出了 3 个基本观点. 首先, 对多个观察到的协变量进行匹配通常是可行的; 见表 8.1. 其次, 读者可以检查对于观察到的协变量进行匹配的组间可比性, 以及哪些协变量不在观察到的协变量中, 但不涉及用于构造匹配样本的程序; 同样可见表 8.1. 最后, 直接的分析足以在这里仔细观察到几种结局指标, 如表 8.2, 8.3, 8.4 和图 8.1, 8.2 中的生存率、化疗时间、毒性反应, 因为这些分析比较了两组匹配, 在治疗前, 对于观察到的协变量, 它们的基线特征是相似的. 更准确地说, 在关于处理分配的朴素模型 (第 3.3 节) 下进行的分析是显而易见的. 第Ⅲ部分讨论了朴素模型不正确的可能性.

8.5 延伸阅读

整个第Ⅱ部分的其余章节都是本章的延伸阅读. Jeffrey Silber 及其同事对卵巢癌的研究进行了详细的讨论 [6,8].

参考文献

[1] Cleveland, W. S.: The Elements of Graphing Data. Hobart Press, Summit, NJ (1994)

[2] Mayer, A. R., Chambers, S. K., Graves, E., et al: Ovarian cancer staging: Does it require a gynecologic oncologist? Gynecol. Oncol. **47**, 223–337 (1992)

[3] McGuire, W. P., Bundy, B., Wenzel, L., et al.: Cyclophosphamide and cisplatin compared with paclitaxel and cisplatin in patients with stage Ⅲ and stage Ⅳ ovarian cancer. N. Engl. J. Med. **334**, 1–6 (1996)

[4] Rosenbaum, P. R., Rubin, D. B.: The central role of the propensity score in observational studies for causal effects. Biometrika **70**, 41–55 (1983)

[5] Rosenbaum, P. R.: Optimal matching in observational studies. J. Am. Stat. Assoc. **84**, 1024–1032 (1989)

[6] Rosenbaum, P. R., Ross R. N., Silber, J. H.: Minimum distance matched sampling with fine balance in an observational study of treatment for ovarian cancer. J. Am. Stat. Assoc. **102**, 75–83. (2007)

[7] O'Brien, P. C., Fleming, T. R.: A paired Prentice-Wilcoxon test for censored paired data. Biometrics **43**, 169–180 (1987)

[8] Silber, J. H., Rosenbaum, P. R., Polsky, D., Ross, R. N., Even-Shoshan, O., Schwartz, S., Armstrong, K. A., Randall, T. C.: Does ovarian cancer treatment and survival differ by the specialty providing chemotherapy? J. Clin. Oncol. **25**, 1169–1175 (2007); related editorial **25**, 1157–1159 (2007); Related letters and rejoinders **25**, 3552–3558 (2007)

[9] Vandenbroucke, J. P.: When are observational studies as credible as randomized trials? Lancet **363**, 1728–1731 (2004)

第 9 章 多元匹配的基本工具

摘要 本章介绍了多元匹配的基本工具,包括倾向性评分、距离矩阵 (distance matrix)、使用罚函数施加的卡尺 (caliper imposed using a penalty function)、最优匹配 (optimal matching)、多个对照匹配和完全匹配. 这些匹配工具的运用通过遗传毒理学 (genetic toxicology) ($n = 47$) 中的一个小样本实例来说明. 这个实例是如此之小,以至于当使用不同的技术对患者个体进行匹配的时候,我们可以跟踪每位个体的匹配情况.

9.1 一个小实例

通过一个很小的实例就能很好地说明匹配机制,这并不是因为这个实例具有代表性,而是因为它可以检查 (inspect) 发生的事情细节. 这里考虑的实例有 47 位受试者 (subject) 和 3 个协变量. 典型实例会有更多的受试者和更多的协变量.

电焊工接触了 (expose) 铬元素 (chromium) 和镍元素 (nickel). 这些物质会导致人体不恰当的 DNA 和蛋白质组合,进而可能破坏基因表达 (gene expression) 或干扰 DNA 的复制 (replication). Costa, Zhitkovich 和 Toniolo [14] 测量了白细胞样本 (white blood cell) 中的 DNA-蛋白质交联 (DNA-protein cross-link, DPC). 它们来自 21 位接触了铬元素和镍元素的铁路电弧焊工和 26 位未接触 (unexpose) 铬元素和镍元素的对照人群. 所有 47 位受试者均为男性. 表 9.1 有关他们的数据包含三个协变量,即年龄、种族和当前吸烟行为. 响应变量是对 DNA-蛋白质交联的测量.

表 9.1 21 位铁路电焊工和 26 位潜在对照人群的未匹配数据. 协变量为年龄、种族 (C = 白种人 (Caucasian), AA= 非裔美国人 (African American))、当前吸烟者 (Y = 是, N = 否). 响应变量是 DPC=DNA-蛋白质交联在白细胞中的百分比. 所有 47 位受试者均为男性

	电焊工组					对照组			
编号	年龄	种族	吸烟者	DPC	编号	年龄	种族	吸烟者	DPC
1	38	C	N	1.77	1	48	AA	N	1.08
2	44	C	N	1.02	2	63	C	N	1.09
3	39	C	Y	1.44	3	44	C	Y	1.10
4	33	AA	Y	0.65	4	40	C	N	1.10
5	35	C	Y	2.08	5	50	C	N	0.93
6	39	C	Y	0.61	6	52	C	N	1.11
7	27	C	N	2.86	7	56	C	N	0.98
8	43	C	Y	4.19	8	47	C	N	2.20
9	39	C	Y	4.88	9	38	C	N	0.88
10	43	AA	N	1.08	10	34	C	N	1.55
11	41	C	Y	2.03	11	42	C	N	0.55
12	36	C	N	2.81	12	36	C	Y	1.04
13	35	C	N	0.94	13	41	C	N	1.66
14	37	C	N	1.43	14	41	AA	Y	1.49
15	39	C	Y	1.25	15	31	AA	Y	1.36
16	34	C	N	2.97	16	56	AA	Y	1.02
17	35	C	Y	1.01	17	51	AA	N	0.99
18	53	C	N	2.07	18	36	C	Y	0.65
19	38	C	Y	1.15	19	44	C	N	0.42
20	37	C	N	1.07	20	35	C	N	2.33
21	38	C	Y	1.63	21	34	C	Y	0.97
					22	39	C	Y	0.62
					23	45	C	N	1.02
					24	42	C	N	1.78
					25	30	C	N	0.95
					26	35	C	Y	1.59
	平均值年龄	AA %	吸烟者 %			平均值年龄	AA %	吸烟者 %	
	38	10	52			43	19	35	

表 9.1 底部展示了描述协变量的概括性指标. 电焊工组平均年龄比对照组要小 5 岁, 具有相对较少的非裔美国人以及较多的吸烟者. 根据 t-检验, 电焊工组和对照组的年龄差异显著, 其 t 值为 -2.25, 双侧显著性水平为 0.03. 对种族和吸烟的这两个二分类变量产生的 t 值分别为 -0.94 和 1.2, 且通过标准正态检验和 2×2 列联表的 Fisher 精确检验均不显著. 在一项试验中, 取显著性水平为 0.05, 随机分配可导致每 20 个协变量中就有一个变量会呈现出组间统计显著不平衡的预期, 至少基于一个适当的随机化检验 (如 Fisher 精确检验) 时的组间比较是这样的结果.[1]

在改变对照组中 3 个协变量的边际分布的过程中, 通过删除 (discard) 5 位潜在对照者, 一个配对匹配 (pair matching) 会形成 21 对由一位电焊工和一位对照者组成的匹配数据. 在这个特殊的例子中, 配对匹配可能不是最吸引人的方法. 在某种程度上, 移除 5 位对照者只对协变量的分布产生适度的影响, 且在这样一个小样本实例中, 这种做法并不太好. 而且, 对照组中编号 2 的受试者是最年长的受试者, 年龄为 63 岁, 比编号 18 的最年长电焊工大 10 岁, 且比其他所有的电焊工年龄大了至少 19 岁; 按理说, 有些对照者不适合与电焊工进行比较.

表 9.2 电焊工数据中对年龄配对匹配的局限性 (limitation). 即使是 26 位对照组中最年轻的 21 位受试者, 平均而言, 年龄也比电焊工稍大一些, 所以即使是只关注一个协变量, 即年龄的配对也不能完全消除年龄差异. 这种差异在本例中并不大, 但在某些研究中可能会很大. 除了配对匹配之外, 其他形式的匹配还可以进一步发展

	平均值	最小值	下四分位数	中位数	上四分位数	最大值
26 位对照组	42.7	30	36	42	48	63
21 位最年轻的对照组	39.6	30	35	40	44	50
21 位电焊工组	38.2	27	35	38	39	53

正如 Rubin [47] 所观察到的, 配对匹配所能达到的效果有一个明确的局限性. 在许多情况下, 需要的匹配都在可达到的限度之内; 但在其他情况下则不然. 重要的是, 在很大程度上, 更灵活的匹配策略, 比如"完全匹配", 就没有这种局限性 [41]. 从表 9.2 中我们可以看出配对匹配的限制. 21 位电焊工组的平

---

[1]Cochran [12] 讨论了协变量不平衡的 t 统计量的大小与不调整协变量时处理效应 (treatment effect) 置信区间的覆盖率 (coverage rate) 之间的关系. 他的结论是, 在达到传统的 0.05 显著性水平之前, 问题就开始出现了, 应该注意 t 统计量是绝对值为 1.5 的协变量.

均年龄为 38.2 岁, 26 位对照组的平均年龄为 42.7 岁. 即使只考虑降低对照组的平均年龄, 但在这个实例中, 配对匹配也只稍微降低平均年龄, 因为 26 位对照组中最年轻的 21 位受试者的平均年龄是 39.6 岁. 与此同时, 在吸烟方面, 21 位电焊工中有 11 人吸烟, 而 26 位潜在对照组中只有 9 人吸烟, 所以配对匹配最多只能选择 9 位吸烟对照者, 并不能完全达到吸烟比例平衡. 而且, 最年轻的 21 位对照者只包括 9 位吸烟者中的 8 位. 此外, 尽管配对匹配可以消除种族的不平衡, 但如果需做到这点, 那么就不能使用所有 9 位吸烟对照者. 这种差异并不大, 因此在本例中尚可容忍, 但在其他研究中, 可能需要比配对匹配更灵活的匹配策略.

在匹配之前, 表 9.1 中有 $L = 47$ 位受试者, $\ell = 1, 2, \cdots, L$. 在这个实例中, 对受试者 ℓ, 观察到的协变量 $\mathbf{x}_\ell$ 是三维向量, 即 $\mathbf{x}_\ell = (x_{\ell 1}, x_{\ell 2}, x_{\ell 3})^T$, 其中 (i) $x_{\ell 1}$ 是受试者 ℓ 的年龄, (ii) $x_{\ell 2}$ 是对种族的编码, 如果受试者 ℓ 是非裔美国人, 则 $x_{\ell 2} = 1$, 如果受试者 ℓ 是白种人, 则 $x_{\ell 2} = 0$, (iii) $x_{\ell 3}$ 是对吸烟的编码, 如果受试者 ℓ 是一位吸烟者, 则 $x_{\ell 3} = 1$, 否则 $x_{\ell 3} = 0$. 例如, $\mathbf{x}_1 = (38, 0, 0)^T$. 变量 Z_ℓ 可区分处理对象与潜在对照者: $Z_\ell = 1$ 表示受试者接受了处理, 这里指电焊工接触了铬和镍; $Z_\ell = 0$ 表示一位潜在对照者.

9.2 倾向性评分

如第 3.3 节所述, 倾向性评分是给定观察到的协变量条件下暴露于处理的条件概率, $e(\mathbf{x}) = \Pr(Z = 1|\mathbf{x})$. 即使存在总是关注的其他未测量协变量, 倾向性评分只是根据观察到的协变量 $\mathbf{x}$ 定义的. 倾向性评分的性质在第 3.3 节和文献 [36, 37, 39, 42, 46] 中进行了讨论.

在最简单的随机试验中, 由独立抛掷均匀硬币来分配处理, 对所有协变量 $\mathbf{x}$ 的取值, 有倾向性评分 $e(\mathbf{x}) = \Pr(Z = 1|\mathbf{x}) = \frac{1}{2}$. 在这种情况下, 协变量 $\mathbf{x}$ 对于预测一位受试者将接受处理 (治疗) 不提供任何信息. 在这样一项完全随机试验中, 吸烟者与非吸烟者接受处理的可能性是一样的, 即吸烟者和非吸烟者接受处理的概率都为 1/2. 因此, 吸烟者出现在处理组和对照组的机会几乎是一样的, 而吸烟频率的任何差异都是偶然的, 通过抛掷硬币可决定把一位受试者分配到处理组, 把另一位受试者分配到对照组.

通过对表 9.1 的简单检查发现, 至少年龄 x_1, 可能还有种族和吸烟, 即 x_2 和 x_3, 可以用来预测处理分配变量 Z, 所以倾向性评分不是常数. 比如说电焊工往往比对照者更年轻, 就像在说年长的受试者成为电焊工的机会更低, 也就

9.2 倾向性评分

是说, 当 x_1 取值更高时, 则 $e(\mathbf{x})$ 取值更低.

如果两位受试者有相同的倾向性评分 $e(\mathbf{x})$, 但他们可能有不同的 $\mathbf{x}$ 值. 例如, 一位年轻的非吸烟者 (younger nonsmoker) 和一位年长的吸烟者 (older smoker) 可能有相同的倾向性评分 $e(\mathbf{x})$, 因为电焊工通常是年轻的吸烟者. 假设我们有两位个体 (individual), 一位电焊工和一位对照者, 他们具有相同的倾向性评分 $e(\mathbf{x})$, 但不同的协变量 $\mathbf{x}$. 虽然这两位个体在 $\mathbf{x}$ 方面存在差异, 但在 $\mathbf{x}$ 上这种差异对于猜测哪位是电焊工没有帮助, 因为 $e(\mathbf{x})$ 是一样的. 如果通过 $e(\mathbf{x})$ 对受试者进行匹配, 那么他们可能关于 $\mathbf{x}$ 是不匹配的 (mismatched), 但在 $\mathbf{x}$ 上的这种不匹配将是偶然的, 并且会趋于平衡 (tend to balance), 特别是在大样本中将趋向平衡. 如果年轻的非吸烟者和年长的吸烟者有相同的倾向性评分, 那么在倾向性评分上的匹配可能会将一位年轻的非吸烟电焊工和一位年长的吸烟对照者进行配对, 但也会把一位年长的吸烟电焊工和一位年轻的非吸烟对照者进行配对, 这两种匹配出现的可能性相同.

简而言之, 匹配 $e(\mathbf{x})$ 往往会平衡 $\mathbf{x}$; 见第 3.3 节中的 (3.10) 或文献 [36]. 更准确地说, 在给定倾向性评分 $e(\mathbf{x})$ 的条件下, 处理分配变量 Z 条件独立于观察到的协变量 $\mathbf{x}$. 此外, 倾向性评分是具有这种平衡特性的关于 $\mathbf{x}$ 的最粗糙的函数, 因此, 如果倾向性评分 $e(\mathbf{x})$ 是不平衡的, 那么观察到的协变量 $\mathbf{x}$ 将对预测处理分配 Z 继续有用. 换句话说, 忽略偶然的不平衡, 正如在足够大的样本中, 平衡倾向性评分 $e(\mathbf{x})$ 足以平衡观察到的协变量 $\mathbf{x}$, 而且也有必要去平衡 $\mathbf{x}$. 重要的是要理解, 这是关于观察到的协变量 $\mathbf{x}$ 的一个真实的陈述, 而且仅仅针对观察到的协变量, 不论处理分配是否也依赖于未测量到的协变量. 从消极的方面来说, 成功地平衡观察到的协变量 $\mathbf{x}$ 并不能保证未测量协变量是平衡的. 从积极的方面来看, 平衡观察到的协变量——比较组 (comparing group) 至少在观察到的 $\mathbf{x}$ 方面看起来是组间可比的——是一项可以成功完成的独立任务 (discrete task), 而无须考虑未测量协变量可能存在的不平衡. 对于表 9.1 中的男性, 假设一位父亲是一名电焊工, 那么其儿子也会有更高的概率 (chance) 成为一名电焊工, 所以父亲的职业是一个未测量协变量, 可以用来预测处理分配 Z; 那么, 本例中倾向性评分 $e(\mathbf{x})$ 的成功匹配往往只对年龄、种族和吸烟进行平衡, 但没有理由期望它去平衡父亲的职业. 简而言之, (i) 匹配 $e(\mathbf{x})$ 通常是切实可行的, 即使有许多协变量 $\mathbf{x}$, 因为 $e(\mathbf{x})$ 是单一变量 (a single variable) 的函数, (ii) 匹配 $e(\mathbf{x})$ 倾向于平衡所有的 $\mathbf{x}$, (iii) 未能平衡 $e(\mathbf{x})$ 意味着 $\mathbf{x}$ 是不平衡的.

倾向性评分是未知的, 但可从手头数据对它进行估计. 在这个实例中, 倾向

表 9.3 对 21 位铁路电焊工和 26 位潜在对照者的估计倾向性评分 $e(\mathbf{x})$. 协变量为年龄、种族 (C= 白种人, AA= 非裔美国人)、当前吸烟者 (Y= 是, N= 否)

	电焊工组					对照组			
编号	年龄	种族	吸烟者	$\hat{e}(\mathbf{x}_\ell)$	编号	年龄	种族	吸烟者	$\hat{e}(\mathbf{x}_\ell)$
1	38	C	N	0.46	1	48	AA	N	0.14
2	44	C	N	0.34	2	63	C	N	0.09
3	39	C	Y	0.57	3	44	C	Y	0.47
4	33	AA	Y	0.51	4	40	C	N	0.42
5	35	C	Y	0.65	5	50	C	N	0.23
6	39	C	Y	0.57	6	52	C	N	0.20
7	27	C	N	0.68	7	56	C	N	0.15
8	43	C	Y	0.49	8	47	C	N	0.28
9	39	C	Y	0.57	9	38	C	N	0.46
10	43	AA	N	0.20	10	34	C	N	0.54
11	41	C	Y	0.53	11	42	C	N	0.38
12	36	C	N	0.50	12	36	C	Y	0.64
13	35	C	N	0.52	13	41	C	N	0.40
14	37	C	N	0.48	14	41	AA	Y	0.35
15	39	C	Y	0.57	15	31	AA	Y	0.55
16	34	C	N	0.54	16	56	AA	Y	0.13
17	35	C	Y	0.65	17	51	AA	N	0.12
18	53	C	N	0.19	18	36	C	Y	0.64
19	38	C	Y	0.60	19	44	C	N	0.34
20	37	C	N	0.48	20	35	C	N	0.52
21	38	C	Y	0.60	21	34	C	Y	0.67
					22	39	C	Y	0.57
					23	45	C	N	0.32
					24	42	C	N	0.38
					25	30	C	N	0.63
					26	35	C	Y	0.65
平均值年龄	AA %	吸烟者 %	平均值 $\hat{e}(\mathbf{x}_\ell)$		平均值年龄	AA %	吸烟者 %	平均值 $\hat{e}(\mathbf{x}_\ell)$	
38	10	52	0.51		43	19	35	0.39	

性评分是由如下一个线性 logit 模型估计的

$$\log\left\{\frac{e(\mathbf{x}_\ell)}{1-e(\mathbf{x}_\ell)}\right\} = \xi_0 + \xi_1 x_{\ell 1} + \xi_2 x_{\ell 2} + \xi_3 x_{\ell 3}, \tag{9.1}$$

且此模型的拟合值 $\hat{e}(\mathbf{x}_\ell)$ 就是倾向性评分的估计值. 表 9.3 展示了倾向性评分的估计值 $\hat{e}(\mathbf{x}_\ell)$. 对照者 2 号, 63 岁, 白种人, 非吸烟者, 有 $\hat{e}(\mathbf{x}_\ell) = 0.09$, 估计只有 9% 的概率成为一名电焊工. 相比之下, 对照者 12 号, 一位 36 岁的吸烟者, 有 $\hat{e}(\mathbf{x}_\ell) = 0.64$, 即有 64% 的机会成为一名电焊工, 所以这个对照组实际上具有既是非典型特征的对照者又是更典型特征的电焊工. 电焊工 10 号和 18 号有相似的估计倾向性评分 $\hat{e}(\mathbf{x}_\ell)$, 但具有不同取值的特征协变量 $\mathbf{x}_\ell$.

在第 9.1 节中以年龄为例, 说明了配对匹配的局限性, 对任何变量, 包括倾向性评分, 都存在局限性. 对照组中 21 个最大的 $\hat{e}(\mathbf{x}_\ell)$ 的平均值为 0.46, 略低于处理组的 $\hat{e}(\mathbf{x}_\ell)$ 的平均值 0.51, 因此配对匹配无法完全消除这种差距.

9.3 距离矩阵

距离矩阵最简单的形式就是一个表格, 每位处理组受试者对应一行, 每位潜在对照组者对应一列. 对于表 9.3 中的电焊工数据, 其距离矩阵就有 21 行 26 列; 应该为 21×26 阶矩阵. 表中第 i 行和第 j 列的值为第 i 位处理组受试者与第 j 位潜在对照者之间的"距离". 这个"距离"是非负数 (nonnegative number)[2] 或无穷大 (infinity)∞, 它衡量了两位个体在他们的协变量 $\mathbf{x}$ 方面的相似性. 两位 $\mathbf{x}$ 值相同的个体距离为 0. 第 i 行和第 j 列的距离为无穷大 ∞ 表示不把第 i 位处理对象匹配给第 j 位潜在对照者.

对于表 9.3 中的电焊工数据, 表 9.4 展示了该距离矩阵中所有 21 行和 26 列中的前 6 列. 距离是倾向性评分估计值 $\hat{e}(\mathbf{x})$ 的差值的平方. 比如, 第 1 位电焊工有 $\hat{e}(\mathbf{x}) = 0.46$ 和第 1 位对照者有 $\hat{e}(\mathbf{x}) = 0.14$, 因此表 9.4 第一行第一列的距离为 $(0.46 - 0.14)^2 \approx 0.10$. 如果只是关注在 $\hat{e}(\mathbf{x})$ 上获得近距离匹配 (close match), 那么这可能是一个合理的距离. 但缺点是, 具有相同倾向性评分 $\hat{e}(\mathbf{x})$ 的两个对照者可能有不同取值的协变量 $\mathbf{x}$, 这个信息在表 9.4 中却被忽略了. 例如, 在表 9.4 的第一行和第三、第四列中, 距离为从 0 到小数点后两位的数值. 回顾表 9.3, 电焊工 1 号和潜在对照者 3 号及 4 号之间的距离分别为 $(0.46 - 0.47)^2 = 0.0001$ 和 $(0.46 - 0.42)^2 = 0.0016$, 所以对照者 3 号稍微接近

---

[2] "距离"不需要且通常也不是度量空间拓扑结构 (metric space topology) 中使用的距离: 它不需要满足三角形不等式 (triangle inequality).

电焊工 1 号. 然而, 就 x 的具体取值而言, 对照者 4 号似乎更匹配, 即他是一位年龄与电焊工 1 号相差 2 岁的非吸烟者, 而对照者 3 号则是一位年龄与电焊工 1 号相差 6 岁的吸烟者. 由于年轻吸烟者在电焊工组中更常见, 所以在年轻非吸烟者和年长吸烟者之间, 倾向性评分没有差别, 但 x 的具体取值表明对照者 4 号比对照者 3 号更适合匹配电焊工 1 号.

表 9.4 电焊工和对照者之间倾向性评分差值的平方. 行是 21 位电焊工, 列是 26 位潜在对照者的前 6 位

电焊工	对照者 1	对照者 2	对照者 3	对照者 4	对照者 5	对照者 6
1	0.10	0.13	0.00	0.00	0.05	0.06
2	0.04	0.06	0.02	0.01	0.01	0.02
3	0.19	0.23	0.01	0.02	0.12	0.14
4	0.13	0.18	0.00	0.01	0.08	0.09
5	0.26	0.32	0.03	0.06	0.18	0.20
6	0.19	0.23	0.01	0.02	0.12	0.14
7	0.29	0.35	0.05	0.07	0.20	0.23
8	0.12	0.16	0.00	0.01	0.07	0.08
9	0.19	0.23	0.01	0.02	0.12	0.14
10	0.00	0.01	0.07	0.05	0.00	0.00
11	0.15	0.19	0.00	0.01	0.09	0.11
12	0.13	0.17	0.00	0.01	0.07	0.09
13	0.14	0.19	0.00	0.01	0.08	0.10
14	0.11	0.15	0.00	0.00	0.06	0.08
15	0.19	0.23	0.01	0.02	0.12	0.14
16	0.16	0.20	0.01	0.02	0.10	0.11
17	0.26	0.32	0.03	0.06	0.18	0.20
18	0.00	0.01	0.08	0.05	0.00	0.00
19	0.20	0.25	0.02	0.03	0.13	0.15
20	0.11	0.15	0.00	0.00	0.06	0.08
21	0.20	0.25	0.02	0.03	0.13	0.15

另一种距离 [38] 强调个体在倾向性评分 $\hat{e}(\mathbf{x})$ 上应该是很接近的, 但是

9.3 距离矩阵

一旦达到这个目标, $\mathbf{x}$ 的具体取值就会影响距离大小. 对于宽度为 w 的卡尺 (caliper), 如果两位个体 (比如 k 和 ℓ) 的倾向性评分差异大于 w, 即如果 $|\hat{e}(\mathbf{x}_k) - \hat{e}(\mathbf{x}_\ell)| > w$, 则这个距离设置为 ∞, 然而, 如果 $|\hat{e}(\mathbf{x}_k) - \hat{e}(\mathbf{x}_\ell)| \leqslant w$, 则这个距离就是对 $\mathbf{x}_k$ 和 $\mathbf{x}_\ell$ 接近度的测量. 卡尺宽度 w, 经常取值为倾向性评分 $\hat{e}(\mathbf{x})$ 的标准差 (也称标准偏差) (standard deviation) 的一个倍数 (multiple), 因此, 通过改变倍数, 可以改变给定 $\hat{e}(\mathbf{x})$ 和 $\mathbf{x}$ 条件下的相对重要性. 在表 9.3 中, $\hat{e}(\mathbf{x})$ 的标准差是 0.172. 表 9.5 和表 9.6 展示了对倾向性评分使用卡尺的两个距离矩阵, 其中卡尺是倾向性评分标准差的一半, 即 $0.172/2 = 0.086$.

在实际大小的问题上, 卡尺取为倾向性评分标准差的 20% 的情况更常见, 甚至这个数都可能太大. 一个合理的策略是开始时卡尺宽度取为倾向性评分标准差的 20%, 如果需要在倾向性评分上取得平衡, 可以调整卡尺宽度.

在表 9.5 和表 9.6 中, 电焊工 1 号的倾向性评分与潜在对照者 1 号和 2 号的倾向性评分差值的绝对值均大于 0.086, 因此距离设为无穷大. 电焊工 1 号和潜在对照者 3 号和 4 号之间的距离是有限值, 因为他们的倾向性评分很接近, 但是在表 9.5 和表 9.6 中, 潜在对照者 4 号比潜在对照者 3 号与电焊工 1 号的距离却要小得多, 因为该对照者在年龄和吸烟行为方面更接近电焊工 1 号. 对照者 2 号的年龄为 63 岁, 与所有 21 位电焊工的距离都是无穷大. 经验 [38] 和模拟 [17] 表明, 仅在倾向性评分 $\hat{e}(\mathbf{x})$ 上的匹配就足以平衡协变量的分布, 但就 $\mathbf{x}$ 而言, 个体配对可能有很大不同, 如电焊工 1 号和潜在对照者 3 号的情况; 然而, 在足够窄的倾向性评分卡尺内的最小距离匹配也倾向于平衡协变量的分布, 且提供了额外信息的更近的个体配对, 如电焊工 1 号和潜在对照者 4 号的情况.

在表 9.5 中, 卡尺内的距离是马氏距离 (Mahalanobis distance) [30,48]. 它把以标准差为单位的测量距离的熟悉概念推广到若干变量. 非正式地表述, 在马氏距离中, 一个标准差内的差异 (difference) 对于 $\mathbf{x}$ 中的每个协变量都是一样的. 即使只是非正式的描述, 这也不是很正确. 马氏距离考虑了变量之间的相关性. 如果 $\mathbf{x}$ 中的一个协变量是以磅为单位的体重, 将其四舍五入到最接近的磅单位, 另一个协变量是以千克为单位的体重, 将其四舍五入到最接近的千克单位, 那么由于它们的高度相关性, 马氏距离基本上将把这两个协变量作为一个单变量来计算.

如果 $\widehat{\Sigma}$ 为 $\mathbf{x}$ 的样本协方差矩阵 (sample covariance matrix), 则估计的 $\mathbf{x}_k$ 与 $\mathbf{x}_\ell$ 之间的马氏距离 [30,48] 为 $(\mathbf{x}_k - \mathbf{x}_\ell)^T \widehat{\Sigma}^{-1} (\mathbf{x}_k - \mathbf{x}_\ell)$. 在表 9.3 的电焊工数据中, $\mathbf{x}_\ell = (x_{\ell 1}, x_{\ell 2}, x_{\ell 3})^T$, $x_{\ell 1}$ 是年龄, $x_{\ell 2}$ 是二分类指标种族, $x_{\ell 3}$ 为二分类

表 9.5 倾向性评分卡尺内的马氏距离. 行是 21 位电焊工, 列是 26 位潜在对照者的前 6 位. ∞ 表示倾向性评分差值超过卡尺宽度

电焊工	对照者 1	对照者 2	对照者 3	对照者 4	对照者 5	对照者 6
1	∞	∞	6.15	0.08	∞	∞
2	∞	∞	∞	0.33	∞	∞
3	∞	∞	∞	∞	∞	∞
4	∞	∞	12.29	∞	∞	∞
5	∞	∞	∞	∞	∞	∞
6	∞	∞	∞	∞	∞	∞
7	∞	∞	∞	∞	∞	∞
8	∞	∞	0.02	5.09	∞	∞
9	∞	∞	∞	∞	∞	∞
10	0.51	∞	∞	∞	10.20	11.17
11	∞	∞	0.18	∞	∞	∞
12	∞	∞	7.06	0.33	∞	∞
13	∞	∞	7.57	∞	∞	∞
14	∞	∞	6.58	0.18	∞	∞
15	∞	∞	∞	∞	∞	∞
16	∞	∞	8.13	∞	∞	∞
17	∞	∞	∞	∞	∞	∞
18	9.41	∞	∞	∞	0.18	0.02
19	∞	∞	∞	∞	∞	∞
20	∞	∞	6.58	0.18	∞	∞
21	∞	∞	∞	∞	∞	∞

指标吸烟, 样本方差协方差矩阵 (sample variance covariance matrix) 为

$$\widehat{\Sigma} = \begin{bmatrix} 54.04 & 0.39 & -0.94 \\ 0.39 & 0.13 & 0.02 \\ -0.94 & 0.02 & 0.25 \end{bmatrix}, \tag{9.2}$$

其逆矩阵 (inverse matrix) 为

$$\widehat{\Sigma}^{-1} = \begin{bmatrix} 0.021 & -0.077 & 0.084 \\ -0.077 & 8.127 & -1.009 \\ 0.084 & -1.009 & 4.407 \end{bmatrix}. \tag{9.3}$$

9.3 距离矩阵

表 9.6 倾向性评分卡尺内的基于秩的马氏距离. 行是 21 位电焊工, 列是 26 位潜在对照者的前 6 位. ∞ 表示倾向性评分差值超过卡尺宽度

电焊工	对照者 1	对照者 2	对照者 3	对照者 4	对照者 5	对照者 6
1	∞	∞	5.98	0.33	∞	∞
2	∞	∞	∞	0.47	∞	∞
3	∞	∞	∞	∞	∞	∞
4	∞	∞	10.43	∞	∞	∞
5	∞	∞	∞	∞	∞	∞
6	∞	∞	∞	∞	∞	∞
7	∞	∞	∞	∞	∞	∞
8	∞	∞	0.04	3.92	∞	∞
9	∞	∞	∞	∞	∞	∞
10	0.25	∞	∞	∞	3.72	4.01
11	∞	∞	0.28	∞	∞	∞
12	∞	∞	7.61	0.98	∞	∞
13	∞	∞	9.02	∞	∞	∞
14	∞	∞	6.83	0.64	∞	∞
15	∞	∞	∞	∞	∞	∞
16	∞	∞	10.61	∞	∞	∞
17	∞	∞	∞	∞	∞	∞
18	3.33	∞	∞	∞	0.05	0.01
19	∞	∞	∞	∞	∞	∞
20	∞	∞	6.83	0.64	∞	∞
21	∞	∞	∞	∞	∞	∞

马氏距离最初是为使用多元正态数据 (multivariate Normal data) 而开发的, 对于这种类型的数据它运用得很好. 在数据非正态的情况下, 马氏距离会表现出一些相当奇怪的特性 (odd behavior). 如果一个协变量包含极端异常值 (extreme outlier) 或有一个长尾分布 (long-tailed distribution), 其标准差将会被夸大, 马氏距离在匹配时会忽略这个协变量. 使用二分类指标 (事件发生或不发生) 时, 对于发生概率约为一半 (0.5) 的事件, 其方差最大, 而对于发生概率

接近 0 和 1 的事件, 其方差最小. 因此, 马氏距离给予概率接近 0 或 1 的二分类变量比概率接近 1/2 的二分类变量更大的权重. 在电焊工的数据中, 具有相同的年龄和种族但不同的吸烟行为的两位个体之间的马氏距离为 4.407, 而具有相同年龄和吸烟行为但不同的种族的两位个体之间的马氏距离为 8.127, 所以种族的错误匹配 (mismatch) 被认为是吸烟的错误匹配的两倍. 如果两位年龄相差 20 岁的受试者是同一种族且当前吸烟, 那么马氏距离为 $0.021 \times 20^2 = 8.4$, 所以种族上的差异相当于 20 岁的年龄差异. 在另一种情况下, 如果有对美国各州的二分类指标, 那么马氏距离将认为怀俄明州的匹配比加利福尼亚州的匹配重要得多, 因为住在怀俄明州的人更少. 在许多情况下, 少见的二分类协变量 (binary covariate) 并不是最重要的, 而且异常值 (或离群值) 也不会使一个协变量变得不重要, 因此马氏距离可能不适用于这类协变量.

马氏距离的一个简单替代方法是 (i) 用每个协变量的秩 (rank) 依次替换每个协变量的取值, 对出现的"结 (tie)"使用平均秩 (average rank), (ii) 用秩的协方差矩阵左乘 (premultiply) 和右乘 (postmultiply) 一个对角矩阵, 此对角矩阵的对角元素是协变量的无结秩 (untied rank) 到有结秩 (tied rank) 的标准差的比值, $1, \cdots, L$, (iii) 使用秩及这个调整后的协方差矩阵去计算马氏距离. 我们把这个马氏距离称为"基于秩的马氏距离 (rank-based Mahalanobis distance)". 以上步骤 (i) 限制了异常值的影响. 完成步骤 (ii) 后, 调整后的协方差矩阵的对角元素为常数. 步骤 (ii) 在很大程度上防止了有结的协变量, 比如罕见的二分类变量, 由于减少方差而增加影响. 在电焊工的数据中, 两位具有相同的年龄和种族但不同的吸烟行为的个体, 计算的基于秩的马氏距离为 3.2, 而两位具有相同年龄和吸烟行为但不同种族的个体, 计算的基于秩的马氏距离为 3.1, 所以种族的错误匹配等同于吸烟的错误匹配.

表 9.5 和表 9.6 对比了电焊工数据的马氏距离和基于秩的马氏距离. 在两张表格中, 第 18 行和第 1 列中, 一位 53 岁的白种人、非吸烟电焊工和一位 48 岁的非裔美国人、非吸烟对照者之间的距离. 表 9.5 中的距离为 9.41, 表 9.6 中的距离为 3.33. 事实上, 表 9.5 中 4 个最大的有限距离是白种人和非裔美国人之间的 4 个距离, 而在表 9.6 中似乎种族和吸烟是同样重要的.

到目前为止, 我们讨论使用了一个对称的卡尺倾向性评分. 我们考虑一个配对内, 处理减去对照的倾向性评分差. 一个对称的卡尺认为 $+0.1$ 和 -0.1 的差值是同样令人遗憾的, 需要作出同样的努力来避免. 然而, 我们看一下表 9.3 中的 21×26 对可能的组合, 正差值出现的频率要高于负差值: 根据定义, 几乎处理组的倾向性评分更高. 鉴于此, 也许我们应该不对称地看待倾向性评分的差值, 因为我们试图消除的偏倚是不对称的. 如果我们把表 9.3 中的电焊工 3 号与对照组 21 号进行配对, 那么倾向性评分的差就是 $0.57 - 0.67 = -0.1$, 但也许这比把电焊工 3 号与对照组 3 号进行配对的差 $0.57 - 0.47 = 0.1$ 要更好, 因为正差值是常态, 负差值是例外. 因为我们正在努力平衡倾向性评分, 也许我们应该少一些对正差值的容忍, 多一些对负差值的容忍. 对于固定的 $w > 0$, 非对称卡尺可能容忍 $w/2$ 和 $-3w/2$ 之间的任何差值, 并可能惩罚超出该区间的任何差值. 与 w 到 $-w$ 的对称卡尺一样, $w/2$ 和 $-3w/2$ 的非对称卡尺的长度也为 $2w$, 但它倾向于与偏倚的自然方向相反的差值. 有可能表明, 非对称卡尺可以消除实质上比对称卡尺更多的偏倚 [59]; 然而, 不对称的程度必须调整, 以产生预期的效果. 在 R 软件中, Ruoqi Yu 开发的程序包 DiPs 实现了不对称卡尺方法; 另见第 10.5 节.

简而言之, 对距离的一个坚定的选择就是倾向性评分卡尺内的基于秩的马氏距离, 通过对卡尺宽度 w 的调整, 以确保对倾向性评分的良好的平衡.

9.4 最优配对匹配

"最优配对匹配 (optimal pair matching)" 是把每一位处理对象与一位不同的对照者进行匹配, 使得匹配对内的总距离最小化 [40]. 在表 9.3 中的电焊工数据中, 这意味着从 26 位潜在对照者中使用 21 位不同的对照者与电焊工构成 21 个配对, 以使得配对中的 21 个距离的总和最小. 这里对这个问题很关注是因为与一个处理对象最接近的对照者可能也是与另一个处理对象的最接近的对照者. 例如, 在表 9.4 中, 许多接受处理的受试者接近潜在对照者 3 号, 但是对照者 3 号将只与其中一位处理对象配对. 如表 9.7 所示, 最佳优先算法 (best-first algorithm) 或贪婪算法 (greedy algorithm) 通常不会找到最优配对匹配.

表 9.7 一个表明贪婪算法, 或最佳优先算法, 但不能解决最优匹配问题的小实例. 贪婪算法将处理对象 1 号与对照者 1 号配对, 然后强迫处理对象 2 号与对照者 2 号配对, 总距离为 $0 + 1000$, 但也有可能获得总距离为 $0.01 + 0.01$ 的匹配

	对照者 1	对照者 2
处理对象 1	0.00	0.01
处理对象 2	0.01	1000.00

寻找一个最优配对匹配被称为 "分配问题 (assignment problem)", Harold Kuhn [28] 在 1955 年解决了这个问题. 解决分配问题最快的算法之一是由 Dimitri Bertsekas [5-7] 提出的, 由他和 Paul Tseng [6] 编写的 Fortran 代码, 在统计软件包 R (statistical package R) 中被 Ben Hansen [20] 的程序包 optmatch 使用并实现; 有关 R 的免费访问请参见资料 [34], 有关 R 的一般教科书请参见 [31]. Dell'Amico 和 Toth [15] 回顾了关于分配问题的最新综述文献. 另请参阅 Korte 和 Vygen [27, 第 11 章].

对于电焊工数据, 表 9.8 使用表 9.4 中的倾向性评分距离展示了一个最优匹配结果. 正如在 9.3 节讨论中我们认为的那样, 表 9.8 底部的边际均值 (marginal mean) 是相当平衡的, 但个体配对在种族或吸烟上往往没有很好的匹配.

虽然在表 9.3, 表 9.5 和表 9.6 中最优配对匹配效果不明显, 但由于对照者的竞争, 在倾向性评分卡尺内 $|\hat{e}(\mathbf{x}_k) - \hat{e}(\mathbf{x}_\ell)| \leq w$, 这里 $w = 0.086$, 没有形成配对匹配, 所有 21 对匹配受试者都满足此条件. 尽管每位电焊工与至少一位潜在对照者的倾向性评分差值都在 $w = 0.086$ 之内, 但在电焊工之间对相同对照者的竞争的事实是存在的. 因此, 我们不使用表 9.5 和表 9.6 中的无穷大; 它们被附加的 "罚函数 (penalty function)" 所取代, 如果违反约束, 就需要施加一个很大但有限的惩罚 (penalty); 例如, 参见文献 [3, 第 372-373 页] 或 [26, 第 6 章]. 这里使用的惩罚是 $1000 \times \max(0, |\hat{e}(\mathbf{x}_k) - \hat{e}(\mathbf{x}_\ell)| - w)$, 如果 $|\hat{e}(\mathbf{x}_k) - \hat{e}(\mathbf{x}_\ell)| \leq w$, 那么惩罚是零, 但如果 $|\hat{e}(\mathbf{x}_k) - \hat{e}(\mathbf{x}_\ell)| > w$, 那么惩罚是 $1000 \times (|\hat{e}(\mathbf{x}_k) - \hat{e}(\mathbf{x}_\ell)| - w)$. 例如, 电焊工 1 号与潜在对照者 1 号匹配的惩罚为 $1000 \times (|0.4587 - 0.1437| - 0.0860) = 229$. 这个惩罚被加到相应的马氏距离或基于秩的马氏距离上. 最优匹配将试图通过满足卡尺宽度来避免惩罚, 但当这不可能时, 它将宁愿选择只是稍微超出卡尺宽度的几个匹配对.

表 9.9 展示了来自表 9.5 中使用倾向性评分卡尺内的马氏距离的最优匹配结果. 此外, 卡尺不是用 ∞ 而是用罚函数来执行的. 表 9.10 与表 9.9 类似, 除了最优匹配使用表 9.6 中倾向性评分卡尺内的基于秩的马氏距离, 同样也使用罚函数来执行卡尺. 表 9.9 和表 9.10 的匹配结果相似, 且在特定的意义上优于表 9.8, 因为在个体配对中, 匹配的个体更接近.

表 9.8　使用倾向性评分差异的平方的最优配对匹配. 协变量为年龄、种族 (C= 白种人, AA= 非裔美国人)、当前吸烟者 (Y= 是, N= 否) 和估计的倾向性评分 $\hat{e}(\mathbf{x})$

	电焊工组				匹配对照组			
配对	年龄	种族	吸烟者	$\hat{e}(\mathbf{x})$	年龄	种族	吸烟者	$\hat{e}(\mathbf{x})$
1	38	C	N	0.46	45	C	N	0.32
2	44	C	N	0.34	47	C	N	0.28
3	39	C	Y	0.57	39	C	Y	0.57
4	33	AA	Y	0.51	41	C	N	0.40
5	35	C	Y	0.65	34	C	Y	0.67
6	39	C	Y	0.57	31	AA	Y	0.55
7	27	C	N	0.68	35	C	Y	0.65
8	43	C	Y	0.49	41	AA	Y	0.35
9	39	C	Y	0.57	34	C	N	0.54
10	43	AA	N	0.20	50	C	N	0.23
11	41	C	Y	0.53	44	C	Y	0.47
12	36	C	N	0.50	42	C	N	0.38
13	35	C	N	0.52	40	C	N	0.42
14	37	C	N	0.48	44	C	N	0.34
15	39	C	Y	0.57	35	C	N	0.52
16	34	C	N	0.54	38	C	N	0.46
17	35	C	Y	0.65	36	C	Y	0.64
18	53	C	N	0.19	52	C	N	0.20
19	38	C	Y	0.60	36	C	Y	0.64
20	37	C	N	0.48	42	C	N	0.38
21	38	C	Y	0.60	30	C	N	0.63
	平均值	%AA	%Y	平均值	平均值	%AA	%Y	平均值
	38	10	52	0.51	40	10	38	0.46

表 9.9 使用倾向性评分卡尺内的马氏距离的最优配对匹配. 卡尺是倾向性评分标准差的一半, 即 $0.172/2 = 0.086$. 协变量是年龄、种族 (C= 白种人, AA= 非裔美国人)、当前吸烟者 (Y= 是, N= 否) 和估计的倾向性评分 $\hat{e}(\mathbf{x})$

配对	电焊工组				匹配对照组			
	年龄	种族	吸烟者	$\hat{e}(\mathbf{x})$	年龄	种族	吸烟者	$\hat{e}(\mathbf{x})$
1	38	C	N	0.46	44	C	N	0.34
2	44	C	N	0.34	47	C	N	0.28
3	39	C	Y	0.57	36	C	Y	0.64
4	33	AA	Y	0.51	41	AA	Y	0.35
5	35	C	Y	0.65	35	C	Y	0.65
6	39	C	Y	0.57	39	C	Y	0.57
7	27	C	N	0.68	30	C	N	0.63
8	43	C	Y	0.49	45	C	N	0.32
9	39	C	Y	0.57	36	C	Y	0.64
10	43	AA	N	0.20	48	AA	N	0.14
11	41	C	Y	0.53	44	C	Y	0.47
12	36	C	N	0.50	41	C	N	0.40
13	35	C	N	0.52	40	C	N	0.42
14	37	C	N	0.48	42	C	N	0.38
15	39	C	Y	0.57	35	C	N	0.52
16	34	C	N	0.54	38	C	N	0.46
17	35	C	Y	0.65	34	C	Y	0.67
18	53	C	N	0.19	52	C	N	0.20
19	38	C	Y	0.60	34	C	N	0.54
20	37	C	N	0.48	42	C	N	0.38
21	38	C	Y	0.60	31	AA	Y	0.55
	平均值 38	%AA 10	%Y 52	平均值 0.51	平均值 40	%AA 14	%Y 38	平均值 0.45

表 9.10 使用倾向性评分卡尺内的基于秩的马氏距离的最优配对匹配. 卡尺是倾向性评分标准差的一半, 即 $0.172/2 = 0.086$. 协变量为年龄、种族 (C= 白种人, AA= 非裔美国人)、当前吸烟者 (Y= 是, N= 否) 和估计的倾向性评分 $\hat{e}(\mathbf{x})$

	电焊工组				匹配对照组			
配对	年龄	种族	吸烟者	$\hat{e}(\mathbf{x})$	年龄	种族	吸烟者	$\hat{e}(\mathbf{x})$
1	38	C	N	0.46	44	C	N	0.34
2	44	C	N	0.34	47	C	N	0.28
3	39	C	Y	0.57	36	C	Y	0.64
4	33	AA	Y	0.51	41	AA	Y	0.35
5	35	C	Y	0.65	35	C	Y	0.65
6	39	C	Y	0.57	39	C	Y	0.57
7	27	C	N	0.68	30	C	N	0.63
8	43	C	Y	0.49	45	C	N	0.32
9	39	C	Y	0.57	35	C	N	0.52
10	43	AA	N	0.20	48	AA	N	0.14
11	41	C	Y	0.53	44	C	Y	0.47
12	36	C	N	0.50	41	C	N	0.40
13	35	C	N	0.52	40	C	N	0.42
14	37	C	N	0.48	42	C	N	0.38
15	39	C	Y	0.57	36	C	Y	0.64
16	34	C	N	0.54	38	C	N	0.46
17	35	C	Y	0.65	34	C	Y	0.67
18	53	C	N	0.19	52	C	N	0.20
19	38	C	Y	0.60	31	AA	Y	0.55
20	37	C	N	0.48	42	C	N	0.38
21	38	C	Y	0.60	34	C	N	0.54
	平均值	%AA	%Y	平均值	平均值	%AA	%Y	平均值
	38	10	52	0.51	40	14	38	0.45

9.5 多个对照最优匹配

在多个对照匹配中,每一位处理对象至少与一位但可能不止一位对照者相匹配.按固定比例匹配 (match in a fixed ratio),就是将每位处理对象匹配相同数量的对照者;例如,第 9.4 节中的配对匹配是按 1:1 的比例进行匹配的,然而每位处理对象与两位对照者配对就是按 1:2 的比率.按可变比例 (variable ratio) 匹配是允许对照者的数量在不同的处理对象之间变化.在表 9.3 中的电焊工数据中,潜在对照者太少,无法按 1:2 固定比例 (1-to-2 fixed ratio) 匹配,但有可能按可变比例与多位对照者进行匹配,尤其可能使用到所有的对照者.按固定或可变比例匹配的决策具有实质性的意义.它既影响匹配的质量,又影响结果的分析和呈现.对电焊工数据进行可变比例匹配,这些问题在本节的最后进行了概述.

假设在表 9.3 的电焊工数据中有 42 位或更多的潜在对照者;那么就有可能按固定的 1:2 比例 (fixed 1-to-2 ratio) 进行匹配,产生 21 对匹配集,每对匹配包含一位电焊工和两位对照者,其中 42 位对照者都是不同的.一个固定比例为 1:2 的最优匹配将使得处理对象和匹配的对照者在匹配集内的距离的总和最小化,即 42 个距离的总和最小化.类似的考虑也适用于 1:3, 1:4 等固定比例的匹配.

可变对照匹配 (对照数量可变的匹配) (matching with a variable number of control) 方法稍微复杂一些.其优化算法不仅决定谁与谁匹配,还决定给每位处理对象分配多少数量的对照者.因此,可变对照匹配需要做出更多的选择,但是必须以某种合理的方式对这些选择进行约束,以避免产生琐碎的结果.如果所有的距离都是正的,并且没有施加任何约束,那么最小距离的可变对照匹配将始终是配对匹配.因此,一个简单的约束就是坚持使用一定数量的对照者.例如,在电焊工数据中,有人可能坚持要使用全部 26 位对照者.或者,有人可能坚持使用 23 位对照者.这个过程将允许但不要求算法丢弃 3 位比所有电焊工年龄都大的潜在对照者.固定对照者总人数的一个吸引人的特性是,总距离是固定数量的距离的总和.除了限制对照者的总数之外,另一种类型的约束是允许处理对象匹配至少一位但最多 3 位对照者.给定在匹配上的一些约束条件,最优可变对照匹配 (optimal matching with variable control) 可以使匹配集中处理对象和对照者之间的总距离最小化.

对于电焊工数据,表 9.11 是一个最优可变对照匹配的结果,使用了所有 26 位对照者数据,采用了基于倾向性评分卡尺内的马氏距离.卡尺再次使用了在

第 9.4 节中的罚函数. 匹配是由 19 个配对、1 位电焊工匹配 3 位对照者和 1 位电焊工匹配 4 位对照者的匹配组成的. 配对集 10 号是由年长的非裔美国人组成的. 配对集 18 号是由非吸烟的白种人组成的. 在对照组中, 这两组配对的对照者都超过了 1:2 的比例. 正如第 9.3 节中讨论的那样, 使用基于秩的马氏距离的数量可变匹配的结果 (未显示) 通常是相似的, 且对种族和吸烟的重视程度相同, 与表 9.11 中强调种族匹配的结果是相反的.

在一个匹配对中, 一位电焊工与他匹配的对照者相比较. 例如, 表 9.11 的配对 1 号中的电焊工的年龄为 38 岁, 匹配的对照者年龄为 44 岁, 年龄差为 $38 - 44 = -6$ 岁. 将匹配集 10 号中的电焊工与 3 位匹配的对照者的平均值进行比较. 用这种方式, 在匹配集 10 号中的比较, 与使用 3 位对照者中的一位而放弃另外两位对照者的方式相比, 年龄值只是稍微变化了一些. 例如, 匹配集 10 号中的电焊工年龄为 43 岁, 匹配的 3 位对照者的平均年龄为 $(51+56+48)/3 = 51.67$ 岁, 因此, 这个匹配集的年龄差为 $43 - 51.67 = -8.67$ 岁. 同样, 匹配集 18 号中的电焊工年龄为 53 岁, 匹配的 4 位对照者的平均年龄为 $(63+56+52+50)/4 = 55.25$ 岁, 这个匹配集的年龄差为 $53 - 55.25 = -2.25$ 岁. "平均年龄差 (average difference in age)" 是这 21 个匹配差的平均值. 同样, 对照组的 "平均年龄 (average age)" 是对照组的这 21 个平均年龄的平均值. 含蓄地说, 匹配集 1 号中的对照者算作 (count as) 一个人, 但是匹配集 10 号中的每位对照者只算作 1/3 个人. 用这种方法, 尽管使用了所有的对照者, 但是他们被加权来描述一个更年轻、更多白人和更多吸烟者的群体, 即类似 21 位电焊工一样的群体. 按这种方法加权, 对照组的平均年龄为 40 岁, 比电焊工的平均年龄 38 岁只大了约 2 岁. 同样的过程应用于二分类变量, 比如吸烟, 以获得对照组中 40% 的吸烟率. 虽然在表 9.11 中使用了所有的对照者, 但是协变量平均值的平衡类似于第 9.4 节中删除了 5 位对照者的配对匹配过程. 这种加权过程被称为 "直接调整 (direct adjustment)" 法, 这是固定比例匹配和可变比例匹配之间的基本区别之一.[3] 当以固定比例匹配时, 例如第 9.4 节中的配对匹配, 每位匹配的对照者都有相同的权重.

---

[3] 直接调整可以适用于几乎任何统计量, 而不仅仅是平均值和比例. 具体来说, 经验分布函数 (empirical distribution function) 只不过是一个比例序列 (sequence of proportion), 如何对比例进行直接调整也是很清楚的. 从加权经验分布函数 (weighted empirical distribution function) 来看, 几乎任何其他统计量都可以计算出来; 例如中位数 (median) 和四分位数 (quartile). 在 [21] 中, 利用来自直接调整的经验分布函数的中位数和四分位数构造直接调整的箱线图 (boxplot). 在加权经验分布函数中, 匹配集 1 号中 44 岁的对照者具有权重 (mass) 1/21, 而匹配集 18 号中 63 岁的对照者具有权重 $1/(4 \times 21)$.

表 9.11 使用倾向性评分卡尺内的马氏距离的多个对照最优匹配. 卡尺是倾向性评分标准差的一半, 即 $0.172/2 = 0.086$. 协变量是年龄、种族 (C= 白种人, AA= 非裔美国人)、当前吸烟者 (Y= 是, N= 否) 和估计的倾向性评分 $\hat{e}(\mathbf{x})$

匹配集	电焊工组				匹配对照组			
	年龄	种族	吸烟者	$\hat{e}(\mathbf{x})$	年龄	种族	吸烟者	$\hat{e}(\mathbf{x})$
1	38	C	N	0.46	44	C	N	0.34
2	44	C	N	0.34	47	C	N	0.28
3	39	C	Y	0.57	36	C	Y	0.64
4	33	AA	Y	0.51	41	AA	Y	0.35
5	35	C	Y	0.65	35	C	Y	0.65
6	39	C	Y	0.57	36	C	Y	0.64
7	27	C	N	0.68	30	C	N	0.63
8	43	C	Y	0.49	45	C	N	0.32
9	39	C	Y	0.57	35	C	N	0.52
10	43	AA	N	0.20	51	AA	N	0.12
10					56	AA	Y	0.13
10					48	AA	N	0.14
11	41	C	Y	0.53	44	C	Y	0.47
12	36	C	N	0.50	41	C	N	0.40
13	35	C	N	0.52	40	C	N	0.42
14	37	C	N	0.48	42	C	N	0.38
15	39	C	Y	0.57	39	C	Y	0.57
16	34	C	N	0.54	38	C	N	0.46
17	35	C	Y	0.65	34	C	Y	0.67
18	53	C	N	0.19	63	C	N	0.09
18					56	C	N	0.15
18					52	C	N	0.20
18					50	C	N	0.23
19	38	C	Y	0.60	34	C	N	0.54
20	37	C	N	0.48	42	C	N	0.38
21	38	C	Y	0.60	31	AA	Y	0.55
	平均值	%AA	%Y	平均值	平均值	%AA	%Y	平均值
	38	10	52	0.51	40	14	40	0.45

9.5 多个对照最优匹配

固定比例匹配 (例如 1:3 的匹配) 的主要优点是, 可以按通常的方式从处理组和对照组中计算汇总统计量, 包括可能以图表展示的统计量, 而不用给予观察值不等权重进行直接调整 (direct adjustment). 例如, 可以展示治疗组和对照组的箱线图或 Kaplan-Meier 生存曲线. 当潜在对照者数量充足且必须消除的偏倚不大时, 这种优势将非常重要. 一个较小的问题是统计效率 (统计有效性) (statistical efficiency), 它在名义上, 虽然通常不是在实践中, 但相对于可变比例的匹配, 我们稍微偏爱使用固定比例的匹配 [32].

可变比例匹配有几个优点 [32, 40]. 第一, 在以下精度意义上, 匹配集将是更加近距离匹配的. 如果这种方法发现最小距离匹配, 例如每位处理对象有 2 到 4 位对照者的匹配, 即平均有 3 位对照者的匹配, 那么相比固定比例匹配三位对照者而言, 这种情况下匹配集内的总距离永远不会太大, 且通常相当小.[4] 这在表 9.11 中可以看到: 倾向性评分低的 2 位电焊工与倾向性评分低的 7 位对照者配对, 如果试图在电焊工之间更均匀地分配这 7 位焊工, 则会在倾向性评分上产生更大的错误匹配. 第二, 固定比例匹配要求对照者人数是处理对象人数的整数倍 (integer multiple), 由于各种原因, 这种限制可能不方便或不受欢迎; 例如表 9.3 中的电焊工数据, 固定比例唯一可能的匹配是成对匹配. 第三, 正如第 9.1 节所讨论的那样, 配对匹配可以达到的效果具有明确的限制, 而多重匹配也存在这些明确的限制, 但这些限制在可变比例匹配时表现的效果更好 [32].

寻找最优可变对照匹配等价于解决网络中特定的最小成本流问题 [40]. 在统计软件包 R 中, Hansen [20] 的包 optmatch 中的函数 fullmatch 将通过设置参数 min.controls 为 1 而不是其默认值 0, 实现从一个距离矩阵 (distance matrix) 确定最优可变对照匹配; 用户经常希望调整参数 max.controls, 用于限制每位处理对象所匹配的对照数量, 而参数 omit.fraction 确定要用于匹配的对照数量. 另一种方法是使用第 9.4 节中的分配算法, 但使用了经过修改和扩大的距离矩阵 (altered and enlarged distance matrix) [33]. 有关讨论网络优化的教科书, 参见文献 [1, 8, 9, 13].

当与多个对照匹配时, 无论是固定比例还是可变比例, 统计分析并不困难; 参见文献 [29, 第 132–145 页], [16, 第 384–387 页] 或 [43, 第 135–139 页]. 举例来说, 在文献 [21, 22] 中, 一项针对男性青少年的帮派暴力的研究被分析了两次, 第一次分析是固定比例 1:2 的匹配研究, 第二次是分别用了两个分层匹

---

[4]这是正确的, 因为当匹配的对照者数量相同时, 与固定比例匹配相比, 最优可变对照匹配解决了无约束或约束较少 (a less constrained) 优化问题, 但这两种情况都具有相同的目标函数, 所以最优永远不会更糟.

配 (strata matched) 的研究, 一组匹配用了 2 位到 7 位之间数量的对照者即平均 5 位对照者, 另一组匹配用了 1 位至 6 位之间数量的对照者即平均 3 位对照者.

9.6 最优完全匹配

当在第 9.5 节中进行可变对照匹配时, 一位处理对象可与一位或多位对照者相匹配. 但在完全匹配中, 却允许相反的情况: 一位对照可与几位处理对象相匹配 [41]. 表 9.12 显示了完全匹配比配对匹配或可变对照匹配要好得多. 因为完全匹配作为特殊情况包括了在第 9.4—9.5 节中考虑的所有匹配过程 (matching procedure), 所以最优完全匹配 (optimal full matching) 将产生至少和这些过程一样接近的匹配集.

表 9.12　一个距离矩阵表明最优完全匹配 (best full matching) 比最优配对匹配或可变对照最优匹配 (best matching with variable control) 要好得多. 最优完全匹配为 (1,a,b) 和 (2,3,c), 距离为 $0.01 + 0.01 + 0.01 + 0.01 = 0.04$. 最优配对匹配为 (1,a), (2,b), (3,c), 距离为 $0.01 + 1000.00 + 0.01 = 1000.02$. 因为配对匹配要求潜在对照者的数量等于处理对象的数量, 每一次可变对照匹配也就是一次配对匹配, 所以可变匹配 (variable matching) 并不比配对匹配更好

	对照者 a	对照者 b	对照者 c
处理对象 1	0.01	0.01	1000.00
处理对象 2	1000.00	1000.00	0.01
处理对象 3	1000.00	1000.00	0.01

表 9.13 是对表 9.3 中电焊工数据进行最优完全匹配的结果, 使用了全部 26 位对照者, 并使用了倾向性评分卡尺内的马氏距离, 卡尺使用了第 9.4 节中的罚函数. 配对集 1 号是一对受试者. 匹配集 2 号有 1 位电焊工和 7 位对照者. 匹配集 3 号有 1 位对照者和 7 位电焊工. 在每一个匹配集中, 电焊工和对照者看起来都很相似.

当我们进行可变对照匹配时, 必须直接调整完全匹配后对照组的汇总统计量. 与第 9.5 节同时进行的是, 将匹配集 2 号中的电焊工与 7 位对照者的平均值进行比较, 因此这些对照者隐含的权重为 1/7. 在匹配集 3 号中, 7 位电焊工中的每一位都与同一位对照者进行比较, 因此该对照者隐含的权重为 7. 从表 9.13 底部可以看出, 对照组的平均值经过加权或直接调整后与电焊工组的平均值非常相似.

表 9.13 使用倾向性评分卡尺内的马氏距离的最优完全匹配. 卡尺是倾向性评分标准差的一半, 即 0.172/2 = 0.086. 协变量为年龄、种族 (C= 白种人, AA= 非裔美国人)、当前吸烟者 (Y= 是, N= 否) 和估计的倾向性评分 $\hat{e}(\mathbf{x})$

匹配集	电焊工组				匹配对照组			
	年龄	种族	吸烟者	$\hat{e}(\mathbf{x})$	年龄	种族	吸烟者	$\hat{e}(\mathbf{x})$
1	38	C	N	0.46	40	C	N	0.42
2	44	C	N	0.34	47	C	N	0.28
2					45	C	N	0.32
2					44	C	N	0.34
2					41	AA	Y	0.35
2					42	C	N	0.38
2					42	C	N	0.38
2					41	C	N	0.40
3	41	C	Y	0.53	39	C	Y	0.57
3	39	C	Y	0.57				
3	39	C	Y	0.57				
3	39	C	Y	0.57				
3	39	C	Y	0.57				
3	38	C	Y	0.60				
3	38	C	Y	0.60				
4	33	AA	Y	0.51	31	AA	Y	0.55
5	35	C	Y	0.65	35	C	Y	0.65
5					34	C	Y	0.67
6	27	C	N	0.68	30	C	N	0.63
7	43	C	Y	0.49	44	C	Y	0.47
8	43	AA	N	0.20	51	AA	N	0.12
8					56	AA	Y	0.13
8					48	AA	N	0.14
9	36	C	N	0.50	35	C	N	0.52
9	35	C	N	0.52				
10	37	C	N	0.48	38	C	N	0.46
10	37	C	N	0.48				

续表

匹配集	电焊工组				匹配对照组			
	年龄	种族	吸烟者	$\hat{e}(\mathbf{x})$	年龄	种族	吸烟者	$\hat{e}(\mathbf{x})$
11	34	C	N	0.54	34	C	N	0.54
12	35	C	Y	0.65	36	C	Y	0.64
12					36	C	Y	0.64
13	53	C	N	0.19	63	C	N	0.09
13					56	C	N	0.15
13					52	C	N	0.20
13					50	C	N	0.23
	平均值	%AA	%Y	平均值	平均值	%AA	%Y	平均值
	38	10	52	0.51	39	10	55	0.50

虽然表 9.13 中的匹配集是由非常相似的 (quite homogeneous) 受试者组成的, 但是匹配集的大小不相等会导致匹配效率低下 (inefficiency). 表 9.14 和表 9.15 是同一匹配方法下的多个可能变体中的两种情况. 在表 9.14 中, 匹配集可以是配对或三元组 (triple), 与第 9.4 节中配对匹配一样, 只使用了 26 位对照者中的 21 位对照者. 在表 9.15 中, 所有 26 位对照者全部被使用, 在任何匹配集中最多有 2 位电焊工或最多使用 3 位对照者. 在表 9.14 和表 9.15 中, 处在同一匹配集中的电焊工和对照者是相当相似的 (reasonably similar), 且对照组的 (加权) 平均值比第 9.4 节中几个配对匹配的平均值更接近于电焊工的平均值.

在某种特定的意义上, 最优完全匹配是用于观察性研究的最佳设计 (optimal design) [41]. 具体地说, 将分层 (stratification) 定义为基于协变量取值将受试者划分为不同的组 (group) 或层 (stratum), 但要求每组或每层必须至少包含一位处理对象和至少一位对照者. 分层质量 (quality of a stratification) 可以合理地由处理对象和对照者之间的所有层内距离的加权平均加以判断. 例如, 如果一个层内有 2 位处理对象和 3 位对照者, 那么该层中处理对象和对照者之间的平均距离为 2 位处理对象和 3 位对照者之间的 $6(= 2 \times 3)$ 个距离的平均距离. 特定层 (stratum-specific) 平均距离被结合成单个数字, 明确地说就是加权平均距离, 可能是根据处理对象的数量 (这里是 2) 或受试者总数 (这里是 $5 = 2 + 3$) 或对照者的数量 (这里是 3) 进行加权. 但无论使用哪种权重, 无论使用什么距离, 总有一个完全匹配, 使得这种加权平均距离最小化 [41]. 此外, 在连续的协变量和合理的距离函数以及概率为 1 的条件下, 仅有一个完全

表 9.14 使用倾向性评分卡尺内的马氏距离的最优完全匹配, 匹配集的大小限定为 2 或 3 且用到 21 位对照者. 卡尺是倾向性评分标准差的一半, 即 $0.172/2 = 0.086$. 协变量是年龄、种族 (C= 白种人, AA= 非裔美国人)、当前吸烟者 (Y= 是, N= 否) 和估计的倾向性评分 $\hat{e}(\mathbf{x})$

匹配集	电焊工组				匹配对照组			
	年龄	种族	吸烟者	$\hat{e}(\mathbf{x})$	年龄	种族	吸烟者	$\hat{e}(\mathbf{x})$
1	38	C	N	0.46	42	C	N	0.38
1					42	C	N	0.38
2	44	C	N	0.34	45	C	N	0.32
2					44	C	N	0.34
3	39	C	Y	0.57	36	C	Y	0.64
3	38	C	Y	0.60				
4	33	AA	Y	0.51	31	AA	Y	0.55
5	35	C	Y	0.65	35	C	Y	0.65
6	39	C	Y	0.57	39	C	Y	0.57
6	39	C	Y	0.57				
7	27	C	N	0.68	30	C	N	0.63
8	43	C	Y	0.49	44	C	Y	0.47
8	41	C	Y	0.53				
9	43	AA	N	0.20	51	AA	N	0.12
9					48	AA	N	0.14
10	36	C	N	0.50	35	C	N	0.52
10	35	C	N	0.52				
11	37	C	N	0.48	41	C	N	0.40
11					38	C	N	0.46
12	39	C	Y	0.57	36	C	Y	0.64
12	38	C	Y	0.60				
13	34	C	N	0.54	34	C	N	0.54
14	35	C	Y	0.65	34	C	Y	0.67
15	53	C	N	0.19	56	C	N	0.15
15					52	C	N	0.20
16	37	C	N	0.48	40	C	N	0.42
	平均值	%AA	%Y	平均值	平均值	%AA	%Y	平均值
	38	10	52	0.51	39	10	52	0.50

表 9.15 使用所有 26 个对照者且匹配集包含最多 2 位电焊工和最多 3 位对照者的最优完全匹配，采用倾向性评分卡尺内的马氏距离。卡尺是倾向性评分标准差的一半，即 $0.172/2 = 0.086$。协变量是年龄、种族 (C= 白种人, AA= 非裔美国人)、当前吸烟者 (Y= 是, N= 否) 和估计的倾向性评分 $\hat{e}(\mathbf{x})$

匹配集	电焊工组				匹配对照组			
	年龄	种族	吸烟者	$\hat{e}(\mathbf{x})$	年龄	种族	吸烟者	$\hat{e}(\mathbf{x})$
1	38	C	N	0.46	44	C	N	0.34
1					41	AA	Y	0.35
1					42	C	N	0.38
2	44	C	N	0.34	50	C	N	0.23
2					47	C	N	0.28
2					45	C	N	0.32
3	39	C	Y	0.57	36	C	Y	0.64
3	39	C	Y	0.57				
4	33	AA	Y	0.51	31	AA	Y	0.55
5	35	C	Y	0.65	34	C	Y	0.67
6	27	C	N	0.68	30	C	N	0.63
7	43	C	Y	0.49	44	C	Y	0.47
7	41	C	Y	0.53				
8	39	C	Y	0.57	39	C	Y	0.57
8	39	C	Y	0.57				
9	43	AA	N	0.20	51	AA	N	0.12
9					56	AA	Y	0.13
9					48	AA	N	0.14
10	36	C	N	0.50	35	C	N	0.52
10	35	C	N	0.52				
11	37	C	N	0.48	42	C	N	0.38
11					38	C	N	0.46
12	34	C	N	0.54	34	C	N	0.54
13	35	C	Y	0.65	35	C	Y	0.65
14	53	C	N	0.19	63	C	N	0.09
14					56	C	N	0.15
14					52	C	N	0.20
15	38	C	Y	0.60	36	C	Y	0.64
15	38	C	Y	0.60				
16	37	C	N	0.48	41	C	N	0.40
16					40	C	N	0.42
	平均值	%AA	%Y	平均值	平均值	%AA	%Y	平均值
	38	10	52	0.51	39	11	56	0.50

匹配才能使加权平均距离最小 [41]. 非正式但简短地陈述, 使处理对象和对照者尽可能相似的分层总是一个完全匹配.[5]

作为一个网络中最小成本流问题 (minimum cost flow problem), 一个最优完全匹配的方法可在多处文献中找到 [19,41]. 在统计软件包 R 中, 从距离矩阵开始, Hansen [20] 开发的 R 软件包 optmatch 中的函数 fullmatch 能实现一个最优完全匹配. Bertsekas 和 Tseng [6] 为网络优化 (network optimization) 提供了 Fortran 代码; 此代码在 R 中可被 Hansen 的软件包 optmatch 调用. 此方法在 R 中的实现将在第 14 章中说明.

Hyunseung Kang 和他的同事使用了一种工具进行完全匹配 [25]. Peter Austin 和 Elizabeth Stuart [2] 讨论了关于生存结局指标 (survival outcome) 的完全匹配的使用. 另参见文献 [57].

9.7 效率

在观察性研究中, 效率 (efficiency) 是次要考虑的问题; 首要关注的问题是偏倚, 它不会随着样本量的增加而减少 [12]. 如果存在一个固定大小的偏倚, 那么随着样本量的增加, 它很快就控制了均方误差 (mean square error),[6] 所以对错误答案的估计是非常有效的. 尽管效率的作用是次要的, 但有一个重要的事实是, 关于多个对照的效率值得密切关注.

假设我们将以固定比例进行匹配, 在 I 个匹配集的每一个匹配中, 将 k 位对照者匹配每位处理对象. 进一步假设数据满足配对 t 检验相关的假设. 即: (i) 每个匹配集都有一个被差分消除的配对参数 (pair parameter), (ii) 存在一个可加处理效应 τ, (iii) 除了配对效应 (pair effect) 之外, 还有独立且服从正态分布误差, 其期望为零, 常数方差 (constant variance) 为 ω^2. 如果匹配是完美的, 可精确地控制来自观察到的和未观察到的协变量的所有偏倚, 那么处理减去对照的均值差 (treated-minus-control difference in mean) 是对 τ 的无偏估计, 具有方差 $(1+1/k)\omega^2/I$. 表 9.16 展示了在 k 的几个选择下方差的倍数 $(1+1/k)$. $k=2$ 的匹配大大减少了平均差的方差, 即方差倍数从 2 减少到了 1.5, $k=\infty$

---

[5]虽然这些说法的证明需要一些注意细节, 但底层技术可以这样简要描述. 具体来说, 如果一个层不是一个完全匹配, 那么可以在不增加甚至可能减少其平均距离的情况下再细分某一层. 细分将在反复多次后终止在一个完全匹配.

[6]当偏倚的大小不会随着样本量的增加而减少时, 在某种意义上, Pitman 渐近相对效率 (Pitman's asymptotic relative efficiency) 是定义不明确的 (或没有意义的). 见第 16 章, 这个问题是在一个精确的意义上进行讨论和发展的.

的匹配则使其减少到了一半. 取 $k=2$ 之后数量的匹配收益相对就小得多, 从 $k=2$ 到 $k=4$, 方差倍数从 1.5 到 1.25, 从 $k=10$ 到 $k=\infty$, 方差倍数从 1.1 到 1. 相关结果的非正式表示请参见文献 [22]. 详细的有关效率的结果可在文献 [21,32] 中找到. 如果不需何成本便可获得大量接近的潜在对照, 那么使用 $k=2$ 位对照者无疑是值得的, 但使用 $k=4$ 或 $k=6$ 位对照者可能会带来一些对方差的进一步改善.

表 9.16 当 k 位对照者与每位受试者匹配时, 变化比例为 $1+1/k$. 这里, $k=\infty$, 只比 $k=6$ 好一点, 而 $k=6$ 又比 $k=4$ 好一点

匹配的对照者数量	1	2	4	6	10	∞
方差倍数	2.00	1.50	1.25	1.17	1.10	1.00

从理论研究 [32] 和案例研究 [56] 中有大量证据表明, 表 9.16 夸大了来自额外对照的效率增益. 原因很简单: 最优匹配 $k=2$ 位对照者将比最优匹配 $k=10$ 位对照在观察到的协变量上是更加近距离匹配的, 并且匹配的质量会影响偏倚和方差. 表 9.16 的前提 (premise) 是匹配的质量不会因为使用了更多的对照者而改变, 但这个前提假设是错误的.

在第 III 部分中讨论的设计灵敏度, 随着样本量增加对未测量偏倚的敏感性进行限制. 从精确的、可量化的意义上说, 第 III 部分的设计灵敏度问题远比使用所有可用的对照者重要得多, 其中讨论的考虑因素往往可能会鼓励使用某些对照者而不使用其他对照者; 具体见第 16 章和第 18.4 节. 与此同时, 对于连续的结果, 通过增加样本量和增加设计灵敏度两种方式增加敏感性分析的检验效能; 参见文献 [44] 和 [45, 第 222-223 页].

9.8 小结

在单个变量倾向性评分上的匹配, 整体来说, 往往产生处理组和对照组关于观察到的协变量的组间平衡; 然而, 在倾向性评分上接近的个体配对可能在特定的协变量上差异很大. 为了形成更接近的配对, 使用距离来惩罚倾向性评分上的较大差异, 然后找到尽可能接近的个体配对. 配对或匹配集的构造使用了一种优化算法 (optimization algorithm). 可变对照匹配和完全匹配把匹配原理 (element of matching) 和直接调整原理 (element of direct adjustment) 进行了结合. 完全匹配通常比配对匹配产生更接近的匹配.

9.9 延伸阅读

Elizabeth Stuart [58] 回顾了因果推理的匹配方法. 另参见文献 [46].

倾向性评分匹配 (matching for propensity score) 在文献 [36,38] 中进行了讨论. 文献 [40] 讨论了最优匹配的问题. 文献 [32] 讨论了可变对照匹配的问题, 结果表明, 可变对照匹配比固定比例匹配能更好地消除偏倚. 文献 [41] 证明了完全匹配的最优性 (optimality). 参看 Ben Hansen 和 Stephanie Olsen Klopfer [19] 关于完全匹配的最优算法结果的论文. 最优配对匹配的例子见文献 [50, 52—56]; 可变匹配参见文献 [21], 完全匹配参见 Ben Hansen [18], Elizabeth Stuart 和 K. M. Green [57], Ruth Heller, Elisabetta Manduchi 和 Dylan Small [23] 的论文. 有关匹配设计的统计效率 (statistical efficiency) 的详细结果, 请参阅文献 [21] 的附录.

开始学习分配问题和网络优化的一个有吸引力的地方是 Dimitri Bertsekas 的教程 [7], 该教程讨论了他的竞拍算法 (auction algorithm). 分配问题是很重要的, 因为两个被处理的个体可能都想要相同的对照者, 可能都最接近相同的对照者. 竞拍算法实际上是举行一场拍卖, 将对照者出售给接受处理的个人, 当对同样的对照者的"竞争"出现时调整对照者的"价格". 接受处理的个体接近几个对照者, 但其中最接近的对照者的"高价"最终可能会吓退他, 他会选择价格较低的不同的对照者. 竞拍算法性能良好. 竞拍算法的另一个吸引力 (至少作为一个起点) 是, 一些基本的优化技术, 如对偶性 (duality) 和互补松弛 (complementary slackness), 被置于直观的经济叙事中.

9.10 软件

在 R 软件中最优匹配可由 Ben Hansen [20] 开发的软件包 optmatch 实现. 除了 Hansen 的 optmatch 软件包, 在 Ruoqi Yu 开发的软件包 DiPs 中的函数 match 也为观察性研究提供了一个简单的最优匹配版本.

Dimitri Bertsekas 和 Paul Tseng [6] 在麻省理工学院的 Bertsekas 网站上为最优分配问题和网络优化提供 Fortran 代码. Hansen [20] 开发的 R 软件包 optmatch 中的函数 pairmatch 使用这个 Fortran 代码解决了最优分配问题. Samuel Pimentel 开发的 R 软件包 rcbalance 中的函数 callrelax 提供了与 Bertsekas 和 Tseng [6] 的 Relax Ⅳ Fortran 网络优化子程序的直接接口; 但是注意, 因为它的授权 (license), 你必须单独加载 optmatch 包.

9.11 数据

在 R 软件包 DOS2 的数据集 costa 中, 可找到 Costa 等人 [14] 的数据.

参考文献

[1] Ahuja, R. K., Magnanti, T. L., Orlin, J. B.: Network Flows: Theory, Algorithms, and Applications. Prentice Hall, Upper Saddle River, NJ (1993)

[2] Austin, P. C., Stuart, E. A.: Optimal full matching for survival outcomes: a method that merits more widespread use. Stat. Med. **34**, 3949–3967 (2015)

[3] Avriel, M.: Nonlinear Programming. Prentice Hall, Upper Saddle River, New Jersey (1976)

[4] Bergstralh, E. J., Kosanke, J. L., Jacobsen, S. L.: Software for optimal matching in observational studies. Epidemiology **7**, 331–332 (1996)

[5] Bertsekas, D. P.: A new algorithm for the assignment problem. Math. Program. **21**, 152–171 (1981)

[6] Bertsekas, D. P., Tseng, P.: The Relax codes for linear minimum cost network flow problems. Ann. Oper. Res. **13**, 125–190 (1988)

[7] Bertsekas, D. P.: The auction algorithm for assignment and other network flow problems: A tutorial. Interfaces **20**, 133–149 (1990)

[8] Bertsekas, D. P.: Linear Network Optimization. MIT Press, Cambridge, MA (1991)

[9] Bertsekas, D. P.: Network Optimization: Continuous and Discrete Models. Athena Scientific, Belmont, MA (1998)

[10] Braitman, L. E., Rosenbaum, P. R.: Rare outcomes, common treatments: Analytic strategies using propensity scores. Ann. Intern. Med. **137**, 693–695 (2002)

[11] Carpaneto, G., Toth, P.: Algorithm 548: solution of the assignment problem [H]. ACM Trans. Math. Software **6**, 104–111 (1980)

[12] Cochran, W. G.: The planning of observational studies of human populations (with discussion). J. R. Stat. Soc. A **128**, 234–265 (1965)

[13] Cook, W. J., Cunningham, W. H., Pulleyblank, W. R., Schrijver, A.: Combinatorial Optimization. Wiley, New York (1998)

[14] Costa, M., Zhitkovich, A., Toniolo, P.: DNA-protein cross-links in welders: Molecular implications. Cancer Res. **53**, 460–463 (1993)

[15] Dell'Amico, M., Toth, P.: Algorithms and codes for dense assignment problems: the state of the art. Discrete Appl. Math. **100**, 17–48 (2000)

[16] Fleiss, J. L., Levin, B., Paik, M. C.: Statistical Methods for Rates and Proportions. Wiley, New York (2001)

[17] Gu, X. S., Rosenbaum, P. R.: Comparison of multivariate matching methods: Struc-

tures, distances, and algorithms. J. Comput. Graph Stat. **2**, 405–420 (1993)

[18] Hansen, B. B.: Full matching in an observational study of coaching for the SAT. J. Am. Stat. Assoc. **99**, 609–618 (2004)

[19] Hansen, B. B., Klopfer, S. O.: Optimal full matching and related designs via network flows. J. Comput. Graph. Stat. **15**, 609–627 (2006)

[20] Hansen, B. B.: Optmatch: Flexible, optimal matching for observational studies. R. News **7**, 18–24 (2007)

[21] Haviland, A. M., Nagin, D. S., Rosenbaum, P. R.: Combining propensity score matching and group-based trajectory analysis in an observational study. Psychol. Methods **12**, 247–267 (2007)

[22] Haviland, A. M., Nagin, D. S., Rosenbaum, P. R., Tremblay, R.: Combining group-based trajectory modeling and propensity score matching for causal inferences in nonexperimental longitudinal data. Dev. Psychol. **44**, 422–436 (2008)

[23] Heller, R., Manduchi, E., Small, D.: Matching methods for observational microarray studies. Bioinformatics **25**, 904–909 (2009)

[24] Ho, D., Imai, K., King, G., Stuart, E. A.: Matching as nonparametric preprocessing for reducing model dependence in parametric causal inference. Polit. Anal. **15**, 199–236 (2007)

[25] Kang, H., Kreuels, B., May, J., Small, D. S.: Full matching approach to instrumental variables estimation with application to the effect of malaria on stunting. Ann. Appl. Stat. **10**, 335–364 (2016)

[26] Karmanov, V. G.: Mathematical Programming. Mir, Moscow.

[27] Korte, B., Vygen, J.: Combinatorial Optimization, 5th edn. Springer, New York (2012)

[28] Kuhn, H. W.: The Hungarian method for the assignment problem. Nav. Res. Logist. Q. **2**, 83–97 (1955)

[29] Lehmann, E. L.: Nonparametrics. Holden Day, San Francisco (1975)

[30] Mahalanobis, P. C.: On the generalized distance in statistics. Proc. Natl. Inst. Sci. India **12**, 49–55 (1936)

[31] Maindonald, J., Braun, J.: Data Analysis and Graphics Using R. Cambridge University Press, New York (2005)

[32] Ming, K., Rosenbaum, P. R.: Substantial gains in bias reduction from matching with a variable number of controls. Biometrics **56**, 118–124 (2000)

[33] Ming, K., Rosenbaum, P. R.: A note on optimal matching with variable controls using the assignment algorithm. J. Comput. Graph. Stat. **10**, 455–463 (2001)

[34] R Development Core Team.: R: A Language and Environment for Statistical Computing. R Foundation, Vienna (2007).

[35] Papadimitriou, C. H., Steiglitz, K.: Combinatorial Optimization: Algorithms and Complexity. Prentice-Hall, Englewood Cliffs, NJ (1982)

[36] Rosenbaum, P. R., Rubin, D. B.: The central role of the propensity score in observational studies for causal effects. Biometrika **70**, 41–55 (1983)

[37] Rosenbaum, P. R.: Conditional permutation tests and the propensity score in observational studies. J. Am. Stat. Assoc. **79**, 565–574 (1984)

[38] Rosenbaum, P. R., Rubin, D. B.: Constructing a control group by multivariate matched sampling methods that incorporate the propensity score. Am. Stat. **39**, 33–38 (1985)

[39] Rosenbaum, P. R.: Model-based direct adjustment. J. Am. Stat. Assoc. **82**, 387–394 (1987)

[40] Rosenbaum, P. R.: Optimal matching in observational studies. J. Am. Stat. Assoc. **84**, 1024–1032 (1989)

[41] Rosenbaum, P. R.: A characterization of optimal designs for observational studies. J. R. Stat. Soc. B **53**, 597–610 (1991)

[42] Rosenbaum, P. R.: Covariance adjustment in randomized experiments and observational studies (with Discussion). Stat. Sci. **17**, 286–327 (2002)

[43] Rosenbaum, P. R.: Observational Studies. Springer, New York (2002)

[44] Rosenbaum, P. R.: Impact of multiple matched controls on design sensitivity in observational studies. Biometrics **69**, 118–127 (2013)

[45] Rosenbaum, P. R.: Observation and Experiment: An Introduction to Causal Inference. Harvard University Press, Cambridge, MA (2017)

[46] Rosenbaum, P. R.: Modern algorithms for matching in observational studies. Ann. Rev. Stat. Appl. **7**, 143–176 (2020)

[47] Rubin, D. B.: Matching to remove bias in observational studies. Biometrics **29**,159–183 (1973)

[48] Rubin, D. B.: Bias reduction using Mahalanobis metric matching. Biometrics **36**, 293–298 (1980)

[49] Sekhon, J. S.: Opiates for the matches: Matching methods for causal inference. Annu. Rev. Polit. Sci. **12**, 487–508 (2009)

[50] Silber, J. H., Rosenbaum, P. R., Trudeau, M. E., Even-Shoshan, O., Chen, W., Zhang, X., Mosher, R. E.: Multivariate matching and bias reduction in the surgical outcomes study. Med. Care **39**,1048–1064 (2001)

[51] Silber, J. H., Rosenbaum, P. R., Trudeau, M. E., Chen, W., Zhang, X., Lorch, S. L., Rapaport-Kelz, R., Mosher, R. E, Even-Shoshan, O.: Preoperative antibiotics and mortality in the elderly. Ann. Surg. **242**, 107–114 (2005)

[52] Silber, J. H., Rosenbaum, P. R., Polsky, D., Ross, R. N., Even-Shoshan, O., Schwartz, S., Armstrong, K. A., Randall, T. C.: Does ovarian cancer treatment and survival differ by the specialty providing chemotherapy? J. Clin. Oncol. **25**, 1169–1175 (2007)

[53] Silber, J. H., Lorch, S. L., Rosenbaum, P. R., Medoff-Cooper, B., Bakewell-Sachs, S., Millman, A., Mi, L., Even-Shoshan, O., Escobar, G. E.: Additional maturity at

discharge and subsequent health care costs. Health Serv. Res. **44**, 444–463 (2009)

[54] Silber, J. H., Rosenbaum, P. R., Clark, A. S., Giantonio, B. J., Ross, R. N., Teng, Y., Wang, M., Niknam, B. A., Ludwig, J. M., Wang, W., Even-Shoshan, O.: Characteristics associated with differences in survival among black and white women with breast cancer. J. Am. Med. Assoc. **310**, 389–397 (2013)

[55] Silber, J. H., Rosenbaum, P. R., McHugh, M. D., Ludwig, J. M., Smith, H. L., Niknam, B. A., Even-Shoshan, O., Fleisher, L. A., Kelz, R. R., Aiken, L. H.: Comparison of the value of nursing work environments in hospitals across different levels of patient risk. JAMA Surg. **151**, 527–536 (2016)

[56] Smith, H. L.: Matching with multiple controls to estimate treatment effects in observational studies. Sociol. Methodol. **27**, 325–353 (1997)

[57] Stuart, E. A., Green, K. M.: Using full matching to estimate causal effects in non-experimental studies: Examining the relationship between adolescent marijuana use and adult outcomes. Dev. Psychol. **44**, 395–406 (2008)

[58] Stuart, E. A.: Matching methods for causal inference. Stat. Sci. **25**, 1–21 (2010)

[59] Yu R., Rosenbaum P. R.: Directional penalties for optimal matching in observational studies. Biometrics **75**, 1380–1390 (2019)

第 10 章 匹配中的各种实际问题

摘要 构造了一个匹配对照组 (matched control group) 之后,从观察到的协变量平衡的意义上来说,我们必须检查匹配效果是否令人满意. 如果某些协变量不平衡,则需进行调整 (adjustment) 以使其平衡. 三种调整方法是几乎精确匹配 (almost exact matching)、精确匹配 (exact matching) 和使用小惩罚 (use of small penalty). 精确匹配在极端问题中具有特殊的作用,可以用来加速计算. 本章还讨论了一些协变量存在缺失值时的匹配问题.

10.1 检验协变量的平衡性

虽然第 8 章中的表 8.1 在一篇科学论文 [30] 中可能足以描述协变量的平衡性,但在构造匹配样本时,通常需要用更多的表来描述协变量的平衡情况. 匹配中对协变量平衡的检验是一种非正式的诊断,与回归中的残差没有什么不同. 它们有助于考虑处理组和对照组是否有足够的重叠以进行匹配,以及目前考虑的匹配是否达到了合理的平衡,或者是否需要进行一些改进 (refinement). 第 8 章中关于卵巢癌 [30] 的研究被用来阐明本章内容.

协变量不平衡的一个常见的衡量方法是利用一种有点不寻常的统计量即绝对标准化均值差 (absolute standardized difference in mean) [26]. 这个标准化差的分子 (numerator) 仅仅是处理减去对照的协变量平均值或比例差 (treated-minus-control difference in covariate mean or proportion),且它在匹配前和匹配后都被计算. 表 8.1 中的第一个变量外科医生类型妇科肿瘤医师

(surgery-type-GO) 是一个二分类指标, 如果一位妇科肿瘤医师 (GO) 实施了手术, 则为 1, 如果其他医师实施了手术, 则为 0. 匹配前均值差为 $0.76 - 0.33 = 0.43$, 即 43%, 匹配后均值差为 $0.76 - 0.75 = 0.01$, 即 1%. 将匹配前的处理组、匹配前的对照组和匹配后的对照组中协变量 k 的平均值分别写成 $\bar{x}_{tk}, \bar{x}_{ck}, \bar{x}_{mck}$, 则表 8.1 中第一个协变量的 $\bar{x}_{t1} = 0.76, \bar{x}_{c1} = 0.33, \bar{x}_{mck} = 0.75$. 但绝对标准化差的分母在两个方面稍微有点不同寻常. 首先, 分母 (denominator) 总是描述匹配前的标准差, 即使当测量匹配后不平衡时也是如此. 因为我们问的是平均值或比例是否接近; 而我们不想让同时变化的标准差掩盖了真实情况. 其次, 匹配前的标准差的计算方法是对匹配前处理组和对照组的标准差给予相同的权重. 在许多问题中, 潜在对照组的数量比处理组的大得多, 但我们不想给对照组的标准差更多的权重. 匹配前, 将处理组和对照组中协变量 k 的标准差分别写成 s_{tk} 和 s_{ck}. 协变量 k 的合并标准差 (pooled standard deviation) 是 $\sqrt{(s_{tk}^2 + s_{ck}^2)/2}$. 匹配前的绝对标准化差为 $sd_{bk} = |\bar{x}_{tk} - \bar{x}_{ck}|/\sqrt{(s_{tk}^2 + s_{ck}^2)/2}$, 匹配后的绝对标准化差为 $sd_{mk} = |\bar{x}_{tk} - \bar{x}_{mck}|/\sqrt{(s_{tk}^2 + s_{ck}^2)/2}$; 注意, 除了 $\bar{x}_{mck}$ 替换 $\bar{x}_{ck}$ 之外, 两个计算公式其他部分都是相同的. 对于表 8.1 中的第一个协变量, 外科医生类型——妇科肿瘤医师, 匹配前的绝对标准化差为 0.95, 匹配后的绝对标准化差为 0.02, 即匹配前几乎是一个完整标准差, 但匹配后约为一个标准差的 2%.

图 10.1 中箱线图展示了匹配前后 67 个绝对标准化差. 但 67 个协变量的列表有点多余; 例如, 所有 3 种外科医生类型都显示为 3 个二分类变量, 即使其中一个变量的值是由另外两个变量的值决定的. 匹配之前存在相当大的不平衡情况: 有 4 个协变量的差值超过半个标准差. 匹配后, 绝对标准化差中位数 (the median absolute standardized difference) 为 0.03, 即标准差的 3%, 最大值为 0.14. 事实上, 由于精细平衡 (fine balancing) 被用来构造这个匹配样本, 则 67 个绝对标准化差中有 18 个正好等于零.

相对于非标准化差 (例如 $\bar{x}_{tk} - \bar{x}_{mck}$), 绝对标准化差的主要优势在于, 不同尺度的变量 (比如年龄和高血压), 可以在一个单独的图表中绘制, 以便平衡性的快速检验 (quick inspection). 缺点是, 例如年龄这样的协变量, 更多在乎的是年龄方面的意义而不在于标准差. 在实践中, 除了标准化差值图之外, 检查 (examine) 非标准化的表 (如表 8.1) 也是有帮助的.

在可变对照匹配 (如 9.5 节所示), 或完全匹配 (如 9.6 节所示) 时, 匹配对照组的平均值 $\bar{x}_{mck}$ 是一个加权平均值, 如 9.5 节和 9.6 节所述. 然后采用这个加权平均值去计算绝对标准化差 $|\bar{x}_{tk} - \bar{x}_{mck}|/\sqrt{s_{tk}^2 + s_{ck}^2/2}$.

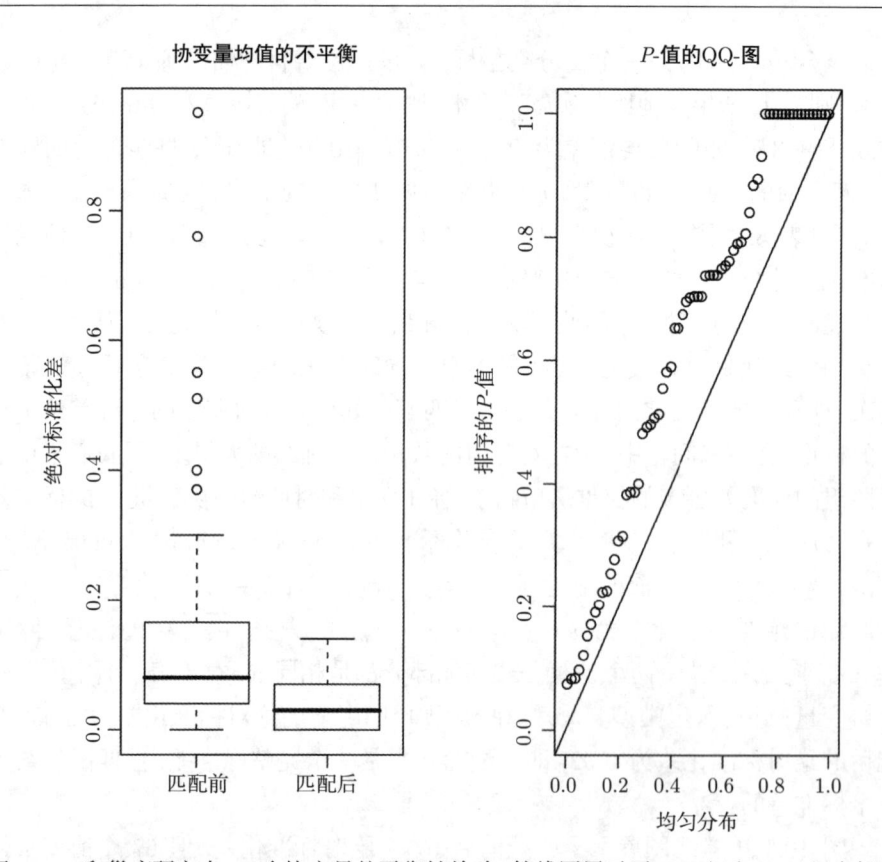

图 10.1 卵巢癌研究中 67 个协变量的平衡性检验. 箱线图展示了 GO 组和 MO 组之间协变量的标准化均值差的绝对值 (即绝对标准化差). 分位数图即 QQ-图是对 67 个协变量的两样本平衡性检验的 P-值与均匀分布进行了比较, 图中带有一条等分线. 箱线图显示, 匹配大大减少了协变量的不平衡性, 而 QQ-图显示, 相比于患者被随机分配到 GO 组或 MO 组的完全随机试验, 匹配后观察到的协变量的不平衡性比预期的要好. 对观察到的协变量的平衡并不意味着对未观察到的协变量的平衡

所有的绝对标准化差都等于零似乎是可取的, 但即使在一项完全随机试验中, 这也不会发生的. 那么, 与完全随机试验中预期的不平衡相比, 箱线图 10.1 中的不平衡情况到底如何呢?

设想一项完全随机试验. 这意味着 688 例未匹配的患者随机被分为两组, 每组 344 例患者. 如果对一个协变量进行随机化检验, 比较协变量在这些随机形成的组中的分布, 将以概率 0.05 产生一个小于或等于 0.05 的 P-值; 实际上, 对于 0 到 1 之间的每个 α, 它会以概率 α 产生一个小于或等于 α 的 P-值.[1] 对

---

[1] 由于随机化分布的离散性, 这种说法并不完全正确, 但它已经足够接近了.

2×2 列联表的 Fisher 精确检验就是这样一种随机化检验, Wilcoxon 秩和检验是另一种随机化检验. 对于 688 例患者, 使用大样本近似足以进行这些检验方法.

图 10.1 中的分位数图即 QQ-图是对 67 个协变量的两样本平衡性检验的 P-值与均匀分布 (uniform distribution) 进行了比较. QQ-图将样本中的分位数与概率分布中的分位数进行比较, 具体如何比较的请参看文献 [6, 第 143–149 页]. 如果样本分布与已知分布相似, 则点将会落在接近于等分线的位置. 在图 10.1 中, 点落在了等分线之上. 这意味着 688 例患者的两样本协变量平衡性检验的 P-值比来自均匀分布的 P-值要大. 换句话说, 如果我们没有对这些患者进行匹配, 而是将他们随机分配到处理组或对照组, 那么与之相比, 对这 67 个协变量进行匹配产生了比我们预期更多的平衡. 当然, 随机化的关键好处是它倾向于平衡那些未测量到的变量, 而匹配只能期望平衡观察到的协变量.

10.2 用于诊断的模拟随机试验

随机化倾向于平衡未观察到的协变量, 而匹配则不然. 暂时把这个重要的问题放在一边, 我们可能会问: 在匹配样本中观察到的协变量的平衡与在完全随机试验中预期的观察到的协变量的平衡是如何比较的? 第 10.1 节通过对观察到的协变量应用众所周知的、已建立的两样本随机化检验来解决这个问题; 再次参见图 10.1 中的 QQ-图. 然而, 我们不需要将注意力局限于众所周知的两样本随机化检验, 也有理由考虑其他比较.

Samuel Pimentel 及其同事 [22, §3.2] 提出了一种简单、通用的技术来测量观察到的协变量的平衡. 假设 I 个接受处理的个体每一位与 $K \geqslant 1$ 个不同的对照进行匹配, 使得 I 个匹配集的每个集合大小为 $K + 1$, 或在匹配样本中总共有 $I \times (K + 1)$ 个不同的个体. 类似的完全随机试验是完全随机选取 $I \times (K + 1)$ 个个体中的 I 个作为处理组, 其余 IK 个个体作为对照组. 利用观察到的 $I \times (K + 1)$ 个匹配个体的协变量, Pimentel 及其同事多次创建了这个随机试验, 产生了一个匹配的观察性研究和许多完全随机试验. 在所有这些研究中, 观察到的协变量的边际分布 (marginal distribution) 是相同的; 只有 "接受处理" 组的定义发生了变化. 然后, 我们可以将匹配比较中观察到的协变量的分布与完全随机试验中的分布进行比较.

特别地, Pimentel 及其同事 [22, §3.2] 从几个名义协变量的交互作用 (interaction) 中创建了一个 M 水平的单一名义协变量 (single nominal covariate).

在极端情况下,他们考虑了 $M = 176 \times 10^{14}$ 或约 290 万个分类. 它们形成了一个 $2 \times M$ 的列联表 (contingency table), 即处理与协变量的交互, 其中第一行的总计数为 I, 第二行的总计数为 IK. 如果有完美的平衡, 第二行 m 列的计数将是 K 乘以第一行的计数, 对 $m = 1, \cdots, M$, 但即使随机化也不能产生如此完美的平衡. 在一项完全随机试验中, 这个表就会有一个多元超几何分布 (multivariate hypergeometric distribution), 从而确定从表中计算出的任何不平衡度量 (measure of imbalance) 的分布. 对于大的 M, 使用前一段的随机试验更容易模拟不平衡度量的分布.

Pimentel 及其同事的实例 [22, §3.2] 考虑了 6 种名义协变量, M 的范围从 176 万到约 290 万. 他们考虑了两个检验统计量: (i) 在 $2 \times M$ 列联表中进行独立性检验的 χ^2 统计量, 以及 (ii) 总变差距离 (total variation distance), 本质上是在 M 列中对 $m = 1, \cdots, M$ 个绝对比例差的求和. 在他们的例子中, 在每一种情况下, 通过每一项度量, 匹配样本比由相同协变量构建的 10,000 个随机试验中最平衡的样本表现出了更好的平衡性. 实际上, 在协变量平衡的检验中, 这是 P-值为 1 的情况, 将匹配样本与完全随机试验中观察到的协变量分布进行比较.

Ruoqi Yu 在她的博士论文中扩展了这一观点. 她放弃了 $2 \times M$ 列联表, 而是考虑将观察到的协变量的任意函数作为不平衡度量. 例如, 对于 P 个协变量, 她考虑 $P(P-1)/2$ 个二元 Kolmogorov-Smirnov 统计量 [4] 应用于协变量配对, 发现二元分布 (bivariate distribution) 中 $P(P-1)/2$ 个绝对差异的最大值. 将最大的绝对差异与由相同协变量构建的模拟随机试验中的分布进行比较. 她的方法的一个吸引人的特点是, 统计上显著的二元 Kolmogorov-Smirnov 统计量表明, 由两个协变量对应 4 个象限定义的 4 类名义协变量存在不平衡. 这表明协变量会被添加到匹配中, 并增加其重要性以使其达到平衡, 并对修正过的匹配重复进行平衡检查. 她的方法可以识别并消除一个协变量的不平衡. 该方法可实现自动化并迭代使用. 更一般地说, 她的方法可以生成许多 P-值来检查协变量平衡, 同时也可以确定这些 P-值中最小的 P-值的零分布, 作为检验许多假设的修正.

通常由完全随机化产生的观察到的协变量的平衡是衡量协变量不平衡的尺度 (yardstick) 上一个可识别的、可理解的标记; 然而, 它只不过是尺度上的一个标记而已. 根据定义, 如果这种观察到的协变量的不平衡程度出现在一个完全随机试验中, 我们会认为这没什么大不了的, 也不会引起关注. 因此这一事实本身并不能保证观察性研究中的因果推断.

10.3 近精确匹配

如果有几个最重要的 (overriding importance) 协变量, 每个变量都只取几个值, 那么只要有可能, 人们就会希望在这些协变量上精确地匹配.[2] 例如, 在表 8.1 中, 如第 8.2 节中讨论的原因, 我们努力地在外科医生类型 (surgeon type) 和临床分期 (stage) 上进行精确匹配, 尽管这并不是在所有情况下都能做到的. 匹配程序类似于第 9.4 节中惩罚的使用. 如果受试者 k 和 ℓ 在这几个关键的协变量上没有相同的值, 那么在距离矩阵中记录的它们之间的距离上施加一个实质性的惩罚. 如果惩罚足够大, 那么最优匹配将尽可能避免惩罚, 当无法避免所有惩罚时, 它将使得引起惩罚的匹配的数量最小化. 也就是说, 如果有可能进行精确匹配, 就会生成一个精确匹配; 如果没有, 匹配将尽可能接近精确. 不论发生何种情况, 一旦匹配尽可能精确, 就会考虑距离矩阵中其他考虑因素来选择最优匹配. 这种方法很灵活: 可以与配对匹配 (9.4 节)、可变对照匹配 (9.5 节) 或完全匹配 (9.6 节) 一起使用.

显然, 随着距离矩阵越来越强调这些关键的协变量, 它也降低了其他协变量的重要性, 可能会导致在其他协变量上的不匹配. 这是强调精确匹配的所有方法的主要缺点: 一个方面的收益要用另一个方面的损失来换取, 有时代价很高. 相反, 强调协变量平衡的方法, 如倾向性评分 (9.2 节) 和精细平衡 (第 11 章), 可能在没有损失的情况下产生收益.

例如, 在表 9.3 中的电焊工数据中, 21 位电焊工中有 11 名吸烟者, 26 位潜在对照者中有 9 名吸烟者. 在配对匹配中, 对吸烟变量的精确匹配是不可能的: 11 名吸烟电焊工中最多 9 名能与吸烟对照者进行匹配. 事实上, 表 9.8, 9.9, 9.10 中的 3 对配对匹配都没有用到所有 9 名吸烟对照者. 表 10.1 是最优配对匹配的结果, 使用了倾向性评分卡尺内的马氏距离, 产生了对吸烟的近精确匹配. 具体来说, 就是采用表 9.5 中用于匹配的距离矩阵; 然而, 如果电焊工和潜在对照者之间的吸烟情况不匹配, 则会为他们之间的距离增加一项惩罚. 这个惩罚为 5322, 是先前用于表 9.5 的距离矩阵中最大距离的 10 倍, 如 9.4 节所述, 其中前一个距离矩阵已经包含了倾向性评分卡尺惩罚.

与表 9.8, 9.9, 9.10 不同, 表 10.1 使用了所有 9 名吸烟对照者. 9 名吸烟对照者中的每一位都与吸烟的电焊工相匹配. 不可避免地, 有 2 名吸烟的电焊工与 2 名非吸烟的对照者进行了匹配; 他们是第 15 位和第 19 位. 在表 10.1 底

---

[2] 近精确匹配 (near-exact matching) 有时被称为几乎精确匹配 (almost-exact matching). 这是两个意思相同的短语.

表 10.1 使用了倾向性评分卡尺内的马氏距离的最优配对匹配,产生了对吸烟的近精确匹配. 卡尺是倾向性评分标准差的一半, 即 $0.172/2 = 0.086$. 协变量是年龄、种族 (C= 白种人, AA= 非裔美国人)、当前吸烟者 (Y= 是, N= 否) 和估计的倾向性评分 $\hat{e}(\mathbf{x})$

配对	电焊工组				匹配对照组			
	年龄	种族	吸烟者	$\hat{e}(\mathbf{x})$	年龄	种族	吸烟者	$\hat{e}(\mathbf{x})$
1	38	C	N	0.46	44	C	N	0.34
2	44	C	N	0.34	45	C	N	0.32
3	39	C	Y	0.57	36	C	Y	0.64
4	33	AA	Y	0.51	41	AA	Y	0.35
5	35	C	Y	0.65	35	C	Y	0.65
6	39	C	Y	0.57	39	C	Y	0.57
7	27	C	N	0.68	30	C	N	0.63
8	43	C	Y	0.49	56	AA	Y	0.13
9	39	C	Y	0.57	36	C	Y	0.64
10	43	AA	N	0.20	48	AA	N	0.14
11	41	C	Y	0.53	44	C	Y	0.47
12	36	C	N	0.50	41	C	N	0.40
13	35	C	N	0.52	40	C	N	0.42
14	37	C	N	0.48	42	C	N	0.38
15	39	C	Y	0.57	35	C	N	0.52
16	34	C	N	0.54	38	C	N	0.46
17	35	C	Y	0.65	34	C	Y	0.67
18	53	C	N	0.19	52	C	N	0.20
19	38	C	Y	0.60	34	C	Y	0.54
20	37	C	N	0.48	42	C	N	0.38
21	38	C	Y	0.60	31	AA	Y	0.55
	平均值	%AA	%Y	平均值	平均值	%AA	%Y	平均值
	38	10	52	0.51	40	19	43	0.45

部的平均值那一栏中, 对吸烟协变量的平衡略好于表 9.8, 9.9, 9.10 的结果, 但种族的平衡结果却更差了.

在几个亚人群中, 当对分别估计处理效应 (或治疗效果) 有兴趣时, 近精确匹配法有时是有用的, 例如对于表 10.1 中的吸烟者和非吸烟者. 对于第 8 章的卵巢癌研究, 在文献 [30, 表 5] 中, 分别报道了均为 III 期或 IV 期癌症的 263 对配对患者的研究结果. 由于临床分期的匹配是 "近精确的 (near-exact)", 344 对癌症患者中只有 10 对患者的 III 或 IV 期癌症与其他分期或缺失分期相匹配, 所以不能直接用于这样的亚组分析.

表 10.2 电焊工数据的精确匹配是否可行? 2×2 列联表表明, 精确匹配对种族是可行的, 但对吸烟不可行. 协变量为种族 (C= 白种人, AA= 非裔美国人) 和当前吸烟者 (Y= 是, N= 否)

	吸烟者 Y	非吸烟者 N
电焊工	11	10
潜在对照者	9	17
	AA	C
电焊工	2	19
潜在对照者	5	21

当处理对象和对照者在一个关键的协变量上存在差异时, 近精确匹配会为距离矩阵增加很大的惩罚. 有时一个协变量会不平衡, 但它不是最重要的协变量. 在这种情况下, 有时会对不匹配的协变量使用小的惩罚. 目前, 很少有理论指导使用小惩罚; 尽管如此, 它们经常用于精确匹配. 从一个服从多元正态分布的总体中随机选取两组个体, 它们之间的马氏距离的期望值等于协变量数量的两倍, 所以可在马氏距离上增加惩罚 2, 可能不太正式地被看作是此协变量重要性的两倍.

10.4 精确匹配

如第 10.3 节所述, 近精确匹配将在任何可用的情况下产生一个精确匹配, 因此, 出于许多目的, 不需要单独讨论精确匹配. 尽管如此, 区分精确匹配和近精确匹配还是有计算方面的原因.

一个简单的列联表将表明是否能进行精确匹配. 对于电焊工数据, 如第 10.3 节所示, 尽管对吸烟的 "近精确匹配" 是可行的, 但由表 10.2 显示, 对种族的精确匹配是可行的 (因为 $5 \geqslant 2$ 和 $21 \geqslant 19$), 但对吸烟的精确匹配是不可行的 (因为 $9 < 11$).

在可行的情况下, 可以通过将匹配问题细分为几个较小的问题, 并将答案拼凑在一起来找到一种精确匹配. 例如, 从表 10.2 出发, 对种族的精确匹配是可行的, 匹配可以分为两个独立的问题, 即分别对 2 名种族为非裔美国人的电焊工和 19 名种族为白种人的电焊工进行匹配.

在小样本匹配问题中, 这样的细分似乎并没有任何优势, 但在非常大的匹配问题中, 无论是在所需的内存存储还是在计算速度方面, 都可以有效地减少计算量. 例如, 假设存在一个名义协变量, 包含 5 个类别, 每个类别包含 m 位处理对象和 n 位潜在对照者, 那么总共有 $5m + 5n$ 位受试者. 所有的 $5m + 5n$ 受试者的距离矩阵是 $5m \times 5n$ 的, 矩阵含有 $25mn$ 个元素, 而 5 个细分的匹配问题的每个距离矩阵是 $m \times n$ 的, 含有 mn 个元素, 所以它是原始距离矩阵大小的 1/25. 分配问题最坏情况的计算时间界限随着受试者数量的立方而增长 [8, 第 147 页], 这里受试者数量为 $5m + 5n$, 因此, 细分后的小问题就被简化为维度大小是 $m \times n$ 的问题, 从而有望大大加快计算速度.

如果一个非常重要的协变量是连续的, 它可以按两种变量类型进行匹配, 一个连续型, 另一个离散型. 例如, 通过在连续变量的分位点处切割, 可形成一个名义变量, 该名义变量可用于对问题进行细分, 以便进行精确匹配. 这样做的唯一原因是为了节省计算机内存或加速计算. 在每一个细分中, 对连续变量依然可以使用一个距离计算, 如 9.4 节所述的马氏距离或卡尺.

大样本量应该是一种奢侈, 而不是一种障碍. 为了在匹配时享受这种奢侈, 考虑对一个或两个重要的协变量进行精确匹配, 将匹配问题细分为几个较小的样本问题.

10.5 定向惩罚

定向惩罚 (directional penalty) 与偏倚的方向相反. 定向惩罚是在距离矩阵中添加的一个小数字, 不对称地作用于偏倚的自然方向 [34]. 定向惩罚通常用于纠正在最初尝试匹配后仍然存在的一或两个协变量中的微小不平衡. 在计算机上花几分钟时间调整方向, 通常可以消除匹配样本中难以用不够聚焦的方法消除的小瑕疵 (small imperfection).

例如, 通过构造, 对接受处理的个体估计的倾向性评分 $\hat{e}(\mathbf{x})$ 往往高于潜在对照者. 对倾向性评分使用卡尺匹配可能大大减少但不能消除这种倾向. 如果初始匹配在倾向性评分中显示出残余的不平衡, 用一个小的定向惩罚重新匹配可以消除这种不平衡. 假设个体 k 接受了处理, 而个体 ℓ 是一个对照, $Z_k = 1$ 和 $Z_\ell = 0$. 当且仅当 $\hat{e}(\mathbf{x}_k) > \hat{e}(\mathbf{x}_\ell)$, 一个简单的定向惩罚增加了一个常数,

$\lambda \geqslant 0$, 到 k 和 ℓ 之间的距离. 这种惩罚往往会抵消对处理组估计的倾向性评分较高的自然趋势. 如果两个潜在对照在马氏距离方面同样接近于 k, 但其中一个对照有倾向性评分 $> \hat{e}(\mathbf{x}_k)$, 另一个对照有倾向性评分 $< \hat{e}(\mathbf{x}_k)$, 那么惩罚距离将略微倾向于匹配第一个对照. 数量 λ 可能需要调整, 不应该是非常大的. 因为 λ 被加到距离矩阵中, λ 应该足够大, 可以改变但不会压倒距离. 正如在第 10.3 节结尾所讨论的那样, 一个 λ 为 2 的值可能是合适的开始, 如果不平衡保持在同一方向, 随后就增加 λ, 或者如果不平衡的方向已逆转, 则随后减少 λ.

数量 λ 与利用拉格朗日 (Lagrange) 算子放宽整数规划 (integer programming) 中的线性约束密切相关 [34, §2.6]. 见文献 [3, §10.3], [10,19] 和 [32, §10.1] 关于整数规划中的拉格朗日量的讨论.

定向惩罚也适用于二分类协变量. 该技术的另一种版本使用不对称卡尺 (asymmetric caliper), 比如对于处理个体 k 和潜在对照 ℓ, 要求 $0.05 \geqslant \hat{e}(\mathbf{x}_k) - \hat{e}(\mathbf{x}_\ell) \geqslant -0.1$. 如果差异与偏倚的自然方向相反, 则不对称的卡尺容忍倾向性评分之间较大的差异 [34]. 与 λ 一样, 不对称的程度可以调整, 以产生对协变量不平衡的预期效果.

在统计软件包 R 中, Ruoqi Yu 的软件包 DiPs 实现了对定向惩罚的匹配.

10.6 缺失的协变量值

如果一个协变量记录了很多人而不是某些人, 那么它的值就会缺失. 缺失数据模式 (pattern of missing data) 指的是哪些值是缺失的 (missing) 和哪些值是存在的 (present), 因此, 尽管你没有观察到缺失值 (missing value), 但你可以观察到缺失数据的模式. 对缺失值的持续担忧是, 你未能观察到的东西与你能观察到的东西可能在重要的方面有所不同. 如果一份手稿漏掉了某些词, 那么它是被雨水损坏的还是被审查员剪辑的, 这就完全不同了. 如果这是由审查员剪辑的, 且如果你知道审查员的动机是什么, 那么, 一个词缺失的事实就充分说明这个词一定是什么, 即使你仍然不知道这个词. 如果一名高中生在一项调查中只报告他母亲的教育水平, 而不报告他父亲的教育水平, 你可能会怀疑他是否见过他的父亲. 缺失数据模式可能说明缺失值的问题, 也可能不说明缺失值的问题, 而且即使知道该模式也并不能告诉你缺失值是多少.

倾向性评分 $e(\mathbf{x})$ 是给定观察到的协变量条件下暴露于处理的条件概率, $e(\mathbf{x}) = \Pr(Z = 1|\mathbf{x})$, 对 $e(\mathbf{x})$ 的匹配倾向于对协变量 $\mathbf{x}$ 的平衡; 见第 3.3 节或文献 [24, 定理 1 和 2]. 如果 $\mathbf{x}$ 的一个坐标 (coordinate) 有时是缺失的, 则若取

值未缺失,就看作一个数字,或者若取值是缺失的,就当作 ∗ 号. 当某些协变量有缺失值时,倾向性评分仍然定义明确: 它指的是给定 $\mathbf{x}$ 的条件下暴露于处理的条件概率, 即 $e(\mathbf{x}) = \Pr(Z=1|\mathbf{x})$, 只是其中有一些维度取值可能等于 ∗ 号. 我们只需要花一点时间回顾一下倾向性评分的平衡性质 (balancing property) 的证明, 从中就会发现这个证明并不关心 $\mathbf{x}$ 的维度是否只取数值或者有时取值 ∗ 号; 明确且详细的讨论见文献 [25, 附录 B]. 这说明了一些有用的性质, 但遗憾的是, 这些性质没有我们想象的多. 比如说, 匹配 $e(\mathbf{x})$ 将倾向于对观察到的协变量和协变量的缺失模式进行平衡; 然而, 缺失值本身可能是平衡的, 也可能是不平衡的.

当一些协变量取值缺失时, 通常估计 $e(\mathbf{x})$ 的方法是 (i) 为缺失数据的模式设置指标变量, (ii) 对每个协变量的每个 ∗ 号, 插入一个任意的但固定的值, 和 (iii) 利用这些协变量拟合一个 logit 模型, 以模型的拟合概率作为 $\hat{e}(\mathbf{x})$ 的估计. 不难证明, 缺失值的存在意味着在步骤 (ii) 插入任意值不影响对 $\hat{e}(\mathbf{x})$ 的估计, 尽管它们确实会影响模型的系数.[3] 这种 logit 模型是一个条件概率 $e(\mathbf{x}) = \Pr(Z=1|\mathbf{x})$ 的特定参数形式, 此条件概率把两个被观察到的数量, 即 Z 值和带有 ∗ 号的 $\mathbf{x}$ 值关联了起来. 它可能正确或可能不正确地表达了 $\Pr(Z=1|\mathbf{x})$ 的形式, 任何此类模型都如此, 但也许模型中应该有一个交互项把对 7 号 (#7) 变量的缺失值指标变量与 19 号 (#19) 变量的指标变量连接起来, 然而, 这里的问题与任何其他尝试建立条件概率的模型没有什么不同. 同样, 参见文献 [25, 附录 B] 了解更多细节.

通过一个实例来辅助本节问题的进一步讨论; 见第 14.4 节.

10.7 匹配的网络与稀疏表示

最优匹配以距离矩阵 (distance matrix) 的形式进行简单描述, 如表 9.6. 矩阵很常见且很适合打印在页面上. 尽管如此, 表 9.6 并不是表示表中所包含信息的有效方法. 表 9.6 第 i 行和第 j 列的记录是对接受处理的个体 i 和潜在对照 j 进行配对的代价, 其中的无穷大距离 (infinite distance) 是为了禁止这种配对. 表 9.6 中的大多数距离是无穷大, 对于这些潜在的配对不需要做出任何决定. 只有当距离是有限的时候才需要做出决定, 所以问题的稀疏表示只记录有限距离 (finite distance). 当在计算机上实现最优匹配时, 如果问题只记录可能配对的有限距离, 则需要的计算机内存要少得多. 更加有效地使用计算机存

---

[3]从技术上讲, logit 回归中拟合的概率在预测因子的仿射变换下是不变的.

储器可以在更大的数据集中进行最优匹配.

最优匹配的另一种替代但等价的表示是以网络的形式来表示这个问题, 即节点和边上带有各种数字的有向图 (directed graph) [2,27]. 在网络中, 确定的边表示可能的配对, 而没有这样的边则禁止这种配对. 在表 9.6 中, 没有无穷大距离的边. 精确匹配和卡尺通常意味着大多数配对是被禁止的, 因此网络表示通常比充满无穷大的距离矩阵要小得多. R 软件中用于最优匹配的软件包通常使用可能配对的网络或其他稀疏表示.

在第 10.4 节中, 有人指出, 一个或多个名义协变量的精确匹配可以将一个大问题划分为几个可以更快地解决的小问题. 减少可能配对的数量——即增加距离矩阵中无穷大距离的数量或减少网络中边的数量——可以产生类似的效果, 即使当问题不能划分为几个不相关的问题时也是如此. 如果有 T 个接受处理的个体和 $C \geqslant T$ 个潜在对照, 那么当 $C \to \infty$ 时寻找最优匹配所需的计算时间可以 $O(C^3)$ 为有界的, 即对某个常数 ω 以 $\omega \times C^3$ 为界. 然而, 如果当 $C \to \infty$ 时, 每一行的有限距离的数量仍然是有界的——比如每个接受处理的个体有 200 个潜在对照——那么在计算时间以 $O\{C^2 \log(C)\}$ 为有界的情况下, 可以更快地找到最优匹配; 见文献 [19]. 显然, 改变网络中的距离矩阵或候选配对会改变优化问题. 关键在于, 更稀疏的问题可以更快地得到解决, 其结果是, 更大的问题也可以得到解决. 在 R 软件中, Samuel Pimentel [22] 的软件包 rcbalance 和 Ruoqi Yu [33] 的软件包 bigmatch 通过减少候选配对的数量来加速计算.

计算马氏距离需要一些代价. 如果我们事先知道要用无穷大距离来代替它, 或者我们要从网络中忽略相应的边, 那么我们就不应该计算距离. 如果卡尺禁止个体 i 和 j 进行匹配, 那么就没有理由计算 i 和 j 之间的马氏距离. 在非常大的匹配问题中, 这一步可以避免大量不必要的计算 [33].

10.8 个体距离的约束

最优匹配使匹配对中的总距离或平均距离最小化. 配对中平均距离小的匹配可能包括一些距离相对大的配对. 可以通过约束匹配来避免所有大的距离, 并在此过程中加速大数据集的计算 [29,33].

首先考虑的是选择一个阈值, $\kappa > 0$, 然后在距离矩阵中对每个超过 κ 的距离用 ∞ 替换, 或者等效地从第 10.7 节的网络中移除相应的边. 这将约束匹配对中的最大距离不超过 κ, 在此约束下, 它将使配对之间的总距离或平均距离最小化. 正如第 10.7 节所讨论的, 在最坏的情况下, 更少的边可以产生一个性能更快的算法.

阈值 κ 应该如何选择呢? 如果 κ 太小, 则不存在配对匹配. 如果 κ 太大, 则最大的配对差可能几乎没有减小, 匹配算法也可能加速很少.

一种方法是确定最小的 κ, 使得配对匹配是可行的. 换句话说, 约束匹配是为了使最大距离最小化, 并且在此约束下, 使配对间距离的总和或平均值最小化 [29]. 利用 Garfinkel [11] 阈值算法可以找到这个最小最大值 (minimax) κ. 我们选择一个相当小的初始 κ, 移除距离大于 κ 的边, 然后看看对于这么少的边, 匹配是否可行. 如果初始 κ 是可行的, 那么我们降低 κ 并再次尝试. 如果初始 κ 不可行, 那么我们就增大 κ 再试一次. 利用二分搜索法 (binary search), 我们快速找到一个必须包含最小最大值 κ 的短区间, 并将这个区间的上端点 (upper endpoint) 设为 κ. 虽然可以非常精确地确定最小最大值 κ, 但在这里要精确地确定 κ 就没有什么实际意义了.

甚至对于包含数十万人的大型管理数据库, 也有一种可行的替代方法. Ruoqi Yu 及其同事 [33] 在一维评分上, 通常是在倾向性评分上, 找到最短的可能卡尺, 然后移除所有超出卡尺的边. 由于评分是一维的, 因此 Glover [12, 20] 提出的一种非常快速的算法可以用来确定对任何指定的卡尺匹配是否可行, 因此二分搜索法再次快速产生一个短区间, 保证包含最短的可能卡尺. 该方法还可以调整为把第 10.4 节中的精确匹配 (exact matching) 和第 11 章中的近精细平衡 (near-fine balance) 包含在内. 在 (美) 医疗补助计划的数据集中, 文献 [33] 中的示例, 在一次优化中, 从一个有 159527 个潜在对照的对照库中, 构建了 38841 个匹配对.

10.9 整群处理分配

在一个群组随机 (group-randomized) 或整群随机 (cluster-randomized) 试验中, 个体不是随机分配到处理组或对照组的; 相反, 自然发生的个体群体被分配到处理组或对照组 [9]. 对学校里的所有孩子提供或不提供一种处理可能是切实可行的, 但对一些孩子提供而对另一些孩子不提供是不切实际的. 同样的事情也可能发生在同一个医疗机构的所有患者身上. 例如, Bruce 等 [5] 为每位患者随机分配医疗行为 (medical practice), 接受或不接受一位精神科护士, 以帮助识别抑郁症患者, 并确保他们得到适当的护理. 一些协变量可能描述个体, 其他可能描述包含个体的群体. 随机化推断可能需要考虑群体之间的差异和同一群体内个体之间的差异,其中只有对群体的处理分配是随机的 [31]. 参见文献 [17].

与此同时, 在观察性研究中, 处理可能被分配给个体群集, 则没有了随机分配的益处 (benefit). José Zubizarreta 和 Luke Keele [35] 提出了在配对学校中匹配相似学校和相似学生的最佳策略. 他们使用动态规划 (dynamic programming) 的两个步骤. 在第一步, 对于每一对接受处理的学校和对照学校, 他们构建了最大的平衡匹配的学生样本, 所谓的基数匹配 (cardinality match); 参见第 11.8 节. 然后, 在第二步, 他们选择最好的配对学校. 在第二步中是否要对两所学校进行配对的一个考虑因素是, 这种配对是否允许这些学校内的学生进行良好的配对, 这个考虑因素在第一步中得到了优化. Samuel Pimentel 及其同事 [23] 提出了一种使用网络优化的相关方法.

从某种意义上说, 一种可以选择处理个体 (individual for treatment) 的偏倚可能比迫使选择一群处理个体 (cluster of individuals for treatment) 的类似规模的偏倚造成的伤害更大. 大学招生负责人可以联系到每一所学校, 录取每所学校最好的学生; 这个选择过程对个体起作用. 如果一所大学必须录取整所高中, 而不是在每所高中里挑选学生, 那么它就不能只招收最好的学生, 而将被迫录取各种各样的学生, 不管它录取的是哪所高中. Ben Hansen 及其同事 [15] 正式地证明了这一点: 被迫选择处理群体会减弱未测量偏倚, 或者正式地, 会增加设计灵敏度.

10.10 延伸阅读

关于检验协变量平衡性的进一步讨论, 请参阅 Cochran 的论文 [7] 中的简短讨论, 以及 Ben Hansen 和 Jake Bowers [13]、Ben Hansen [14]、Kosuke Imai, Gary King 和 Elizabeth Stuart [16] 以及 Sue Marcus 等人 [21] 和 Samuel Pimentel 等人 [22] 的论文中的较长讨论. 缺失数据的倾向性评分在文献 [25, 附录 B] 中进行了讨论. 在优化问题中使用的罚函数是相当标准的方法; 参见文献 [1,18]. 文献 [34] 讨论了定向惩罚. Ruoqi Yu 及其同事 [33] 讨论了大型管理数据库 (large administrative database) 中的匹配, 如第 10.8 节中的简要描述.

10.11 软件

利用美国国家健康与营养检查调查 (US National Health and Nutrition Examination Survery, NHANES) 的数据, Ruoqi Yu 开发的 R 软件包 DiPs 实

现了第 10.5 节中对定向惩罚的匹配 (matching with directional penalty). 程序包还实现了第 10.4 节中的精确匹配和第 10.3 节中的近精确匹配, 以及第 11 章中的精细或近精细平衡匹配.

Ruoqi Yu 开发的软件包 bigmatch 实现了她在文献 [33] 和第 10.8 节中的方法, 用于大型管理数据库的匹配.

R 软件包 matchMulti 实现了 Pimentel 等人 [23] 的多水平匹配的方案.

参考文献

[1] Avriel, M.: Nonlinear Programming. Prentice Hall, Englewood Cliffs, NJ (1976)

[2] Bertsekas, D. P.: Linear Network Optimization. MIT Press, Cambridge, MA (1991)

[3] Bertsekas, D. P.: Network Optimization. Athena Scientific, Belmont, MA (1998)

[4] Bickel, P. J.: A distribution free version of the Smirnov two sample test in the p-variate case. Ann. Math. Stat. **40**, 1–23 (1969)

[5] Bruce, M. L., Ten Have, T. R., Reynolds, C. F. Ⅲ, Katz, I. I., Schulberg, H. C., Mulsant, B. H., Brown, G. K., McAvay, G. J., Pearson, J. L., Alexopoulos, G. S.: Reducing suicidal ideation and depressive symptoms in depressed older primary pare patients: a randomized trial. J. Am. Med. Assoc. **291**, 1081–1091 (2004)

[6] Cleveland, W. S.: The Elements of Graphing Data. Hobart Press, Summit, NJ (1994)

[7] Cochran, W. G.: The planning of observational studies of human populations (with Discussion). J. R. Stat. Soc. A **128**, 234–265 (1965)

[8] Cook, W. J., Cunningham, W. H., Pulleyblank, W. R., Schrijver, A.: Combinatorial Optimization. Wiley, New York (1998)

[9] Donner, A., Klar, N.: Pitfalls of and controversies in cluster randomization trials. Am. J. Public Health **94**, 416–422 (2004)

[10] Fisher, M. L.: The Lagrangian relaxation method for solving integer programming problems. Manag. Sci. **27**, 1–18 (1981)

[11] Garfinkel, R. S.: An improved algorithm for the bottleneck assignment problem. Oper. Res. **9**, 1747–1751 (1971)

[12] Glover, F.: Maximum matching in a convex bipartite graph. Nav. Res. Logist. Q **14**, 313–316 (1967)

[13] Hansen, B. B., Bowers, J.: Covariate balance in simple, stratified and clustered comparative studies. Stat. Sci. **23**, 219–236 (2008)

[14] Hansen, B. B.: The essential role of balance tests in propensity-matched observational studies. Stat. Med. **12**, 2050–2054 (2008)

[15] Hansen, B. B., Rosenbaum, P. R., Small, D. S.: Clustered treatment assignments and sensitivity to unmeasured biases in observational studies. J. Am. Stat. Assoc. **109**, 133–144 (2014)

[16] Imai, K., King, G., Stuart, E. A.: Misunderstandings between experimentalists and observationalists about causal inference. J. R. Stat. Soc. A **171**, 481–502 (2008)

[17] Imai, K., King, G., Nall, C.: The essential role of pair matching in cluster-randomized experiments, with application to the Mexican universal health insurance evaluation. Stat. Sci.**24**, 29–53 (2009)

[18] Karmanov, V. G.: Mathematical Programming. Mir, Moscow (1989)

[19] Korte, B., Vygen, J.: Combinatorial Optimization, 5th edn. Springer, New York (2012)

[20] Lipski, W., Preparata, F. P.: Efficient algorithms for finding maximum matchings in convex bipartite graphs and related problems. Acta Informa **15**, 329–346 (1981)

[21] Marcus, S. M., Siddique, J., Ten Have, T. R., Gibbons, R. D., Stuart, E., Normand, S-L. T.: Balancing treatment comparisons in longitudinal studies. Psychiatr. Ann. **38**, 12 (2008)

[22] Pimentel, S. D., Kelz, R. R., Silber, J. H., Rosenbaum, P. R.: Large, sparse optimal matching with refined covariate balance in an observational study of the health outcomes produced by new surgeons. J. Am. Stat. Assoc. **110**, 515–527 (2015)

[23] Pimentel, S. D., Page, L. C., Lenard, M., Keele, L.: Optimal multilevel matching using network flows: an application to a summer reading intervention. Ann. Appl. Stat. **12**, 1479–1505 (2018)

[24] Rosenbaum, P. R., Rubin, D. B.: The central role of the propensity score in observational studies for causal effects. Biometrika **70**, 41–55 (1983)

[25] Rosenbaum, P. R., Rubin, D. B.: Reducing bias in observational studies using subclassification on the propensity score. J. Am. Stat. Assoc. **79**, 516–524 (1984)

[26] Rosenbaum, P. R., Rubin, D. B.: Constructing a control group by multivariate matched sampling methods that incorporate the propensity score. Am. Stat. **39**, 33–38 (1985)

[27] Rosenbaum, P. R.: Optimal matching in observational studies. J. Am. Stat. Assoc. **84**, 1024–1032 (1989)

[28] Rosenbaum, P. R., Ross R. N., Silber, J. H.: Minimum distance matched sampling with fine balance in an observational study of treatment for ovarian cancer. J. Am. Stat. Assoc. **102**, 75–83. (2007)

[29] Rosenbaum, P. R.: Imposing minimax and quantile constraints on optimal matching in observational studies. J. Comput. Graph Stat. **26**, 66–78 (2017)

[30] Silber, J. H., Rosenbaum, P. R., Polsky, D., Ross, R. N., Even-Shoshan, O., Schwartz, S., Armstrong, K. A., Randall, T. C.: Does ovarian cancer treatment and survival differ by the specialty providing chemotherapy? J. Clin. Oncol. **25**, 1169–1175 (2007)

[31] Small, D. S., Ten Have, T. R., Rosenbaum, P. R.: Randomization inference in a group randomized trial of treatments for depression: covariate adjustment, noncompliance, and quantile effects. J. Am. Stat. Assoc. **103**, 271–279 (2008)

[32] Wolsey, L. A.: Integer Programming. Wiley, New York (1998)
[33] Yu, R., Silber, J. H., Rosenbaum, P. R.: Matching methods for observational studies derived from large administrative databases. Stat. Sci. (2020, to appear)
[34] Yu, R., Rosenbaum, P. R.: Directional penalties for optimal matching in observational studies. Biometrics **75**, 1380–1390 (2019)
[35] Zubizarreta, J. R., Keele, L.: Optimal multilevel matching in clustered observational studies: A case study of the effectiveness of private schools under a large-scale voucher system. J. Am. Stat. Assoc. **109**, 547–560 (2017)

第 11 章 精细平衡

摘要 精细平衡是指约束匹配以达到对一个名义变量的平衡,而不限制谁与谁进行匹配,在匹配时最小化处理对象和对照者之间的距离. 它可以应用于: (1) 一个具有多个取值水平的名义变量,很难用倾向性评分来平衡, (2) 一个罕见的二分类变量,很难采用距离来控制平衡, 或 (3) 几个名义变量的相互作用. 精细平衡约束和距离可以突出不同的协变量. 当精细平衡无法实现时,可以使用近精细平衡来获得对精细平衡的最小可能偏差.

11.1 什么是精细平衡?

精细平衡是对最优匹配的约束,强制对一个名义变量进行平衡 [12,15]. 精细平衡明确地以平衡协变量为目的,但它不需要精确地匹配这个名义变量. 这个配对可以关注其他的协变量,同时知道这个名义变量将被平衡.

在第 8 章和文献 [17] 中对卵巢癌的研究中,8 个 SEER 地点和 1991—1992、1993—1996 和 1997—1999 诊断年的 3 个时间间隔,以及它们的 $24 = 8 \times 3$ 种类别的交互项都被精细平衡 (finely balanced) 了. 换句话说,1991—1992 年期间在康涅狄格州确诊的患者数量,对于接受妇科肿瘤医师化疗 (GO) 的患者和匹配对照组接受内科肿瘤医师化疗 (MO) 的患者的数量是完全一样的,尽管这些患者彼此并不是典型的匹配. 如表 8.1 所示,SEER 地点和诊断年份在匹配之前基本上是不平衡的,但临床医生通常不认为它们很重要. 因此,在这次匹配中,使用距离和各种惩罚是为了寻找具有相同的临床分期 (clinical stage)

的个体配对, 这些个体来自相似倾向性评分且采用同样外科手术医生类型的患者, 并没有明确关注 SEER 地点, 但精细平衡约束确保 SEER 地点在总体上的平衡.

倾向性评分使用概率来平衡协变量 [14], 需符合大数定律的要求 [2, 第 10 章]; 实际上 (从结果上讲), 如果抛硬币的次数足够多, 正面的次数与反面的次数趋于平衡. 尽管倾向性评分在许多情况下表现得很好, 但当试验 (或抛掷) 的次数实际上很小时, 倾向性评分可能无法平衡协变量. 例如, 如果数据只记录很少或没有记录关于收入、教育、污染等信息, 但是却记录了邮政编码, 那么人们可能会认为对邮政编码的匹配可作为各种未测量到的变量的替代指标. 在许多情况下, 来自任何一个邮政编码的人都是屈指可数的, 因此精确地匹配邮政编码将产生对其他协变量不好的匹配效果; 即使大数定律也无济于事. 在这种情况下, 精细平衡可以平衡邮政编码, 而不需要匹配来自相同邮政编码的人. 类似的考虑适用于有几个二分类协变量的情况, 这些协变量取值中有一类是罕见的; 这些变量可以组合成有一些罕见取值水平和一个常见取值水平的一个名义变量, 并且这个合并的协变量可以被很好地平衡. 更一般地, 如果几个重要的名义变量 (nominal variable) 被认为存在相互作用, 那么精细平衡可以用来精确地平衡由它们的相互作用 (例如, 它们的直积 (direct product), 也称为 Descartes 乘积) 形成的许多类别.

在精细平衡扩展的应用中, 所谓的精致平衡 (refined balance) —— Samuel Pimentel 等人 [10] 平衡了 290 万个类别的名义协变量. 精致平衡在第 11.6 节中讨论.

11.2 构造一个精细平衡的对照组

正如第 9 章所述, 我们最好通过一个小例子来理解精细平衡. 对于第 9 章中电焊工数据 [1], 从表 9.3 和表 10.2 中可以清楚地看出, 有可能对种族实现平衡, 但对吸烟实现平衡是不可能的. 第 11.2 节找到了一种能够很好地平衡种族的匹配, 而 11.3 节找到了一种可控制种族和吸烟的联合不平衡情况的匹配.

在表 9.3 和表 10.2 中, 在潜在对照组中, 有 5 名非裔美国人, 需要其中的 2 名与电焊工进行匹配平衡, 另有 21 名白种人, 需要其中的 19 名与电焊工进行匹配平衡, 所以必须移除对照组中的 3 名非裔美国人和 2 名白种人以获得平衡. 这是通过扩展距离矩阵, 即增加 5 行来完成的. 表 11.1 在表 9.5 的基础上增加了 5 行, 记录了 26 位潜在对照者中前 6 位的倾向性评分卡尺内的马氏距离. 这额外的 5 行是 E1 到 E5, 使得距离矩阵形成了平方 (正方形), 即 26×26. 这些额外的行的前两排, E1 和 E2, 是对照组中将拿掉 (take away) 的两名白种人, 而后三排, E3, E4 和 E5, 是对照组中将拿掉的三名非裔美国人. 由于表 11.1 的第 1 列中的 1 号对照者是非裔美国人, 他与两名额外的白种人之间的距离是无限大, 与三名额外的非裔美国人之间的距离是零. 由于表 11.1 的第 2 至 6 列中的对照者 2—6 号是白种人, 他们与两名额外的白种人之间的距离为零, 与 3 名额外的非裔美国人之间的距离为无穷大. 距离矩阵的其余 20 列中也出现了类似的模式.

使用如表 11.1 所示的距离矩阵模式, 可找到一个最优匹配, 并丢弃额外的受试者及与他们匹配的对照者. 为了避免无穷大距离, 3 名非裔美国人和两名白种人的对照者必须匹配给额外的行, 且其余匹配是平衡的.

表 11.2 展示了精细平衡的最小距离匹配 (the minimum distance finely balanced match) 的结果. 虽然种族被完美地平衡了 (perfectly balanced), 但在配对匹配中, 种族没有被完全精确地匹配 (exactly matched). 从某种意义上说, 表 11.2 相比表 9.9 的匹配效果略有改善, 因为两个表中对照组的年龄平均值和吸烟比例都是相同的, 而种族比例接近了电焊工组的比例与之相同, 以及倾向性评分的平均值稍微接近了电焊工组的平均值. 注意, 精细平衡匹配选择了两名非裔美国吸烟者, 尽管一名白种人非吸烟受试者作为配对 10 号中的对照者.

精细平衡的一般程序基本上是相同的. 如果存在一个需要平衡的名义协变量, 那么 (1) 将协变量与处理变量进行交叉列表, 如表 10.2 所示; (2) 为了达到平衡, 从每个协变量取值类别中确定必须移除的对照者的数量; (3) 为每位必须移除的对照者添加一行, 设置其与自身相同类别受试者之间的距离为零, 与其他类别受试者之间的距离为无穷大; (4) 为这个新的方形距离矩阵 (square distance matrix) 找到一个最优匹配; (5) 丢弃额外的行及其匹配的对照者. 被平衡的名义协变量可以由几个其他名义协变量或分割连续变量的区间组合而成.

为了将两位对照者与每一位处理对象进行匹配, 使其精细平衡, 需堆叠两个距离矩阵, 一个在另一个之上, 然后依然添加额外的行以消除名义协变量中的不平衡. 这样, 列或对照者的数量不会改变, 但是每位处理对象都表示两次, 每两行表示一次. 在最优匹配中, 一位对照者与处理对象的第一次副本配对, 另一位对照者与处理对象的第二次副本配对, 结果是 2 比 1 的匹配 (显然, 电焊工数据不能做到这一点, 因为至少需要 42 位潜在对照者, 而实际只有 26 位对

表 11.1　倾向性评分卡尺内的马氏距离与额外的行, 以对种族进行精细平衡

电焊工	对照者 1	对照者 2	对照者 3	对照者 4	对照者 5	对照者 6
1	∞	∞	6.15	0.08	∞	∞
2	∞	∞	∞	0.33	∞	∞
3	∞	∞	∞	∞	∞	∞
4	∞	∞	12.29	∞	∞	∞
5	∞	∞	∞	∞	∞	∞
6	∞	∞	∞	∞	∞	∞
7	∞	∞	∞	∞	∞	∞
8	∞	∞	0.02	5.09	∞	∞
9	∞	∞	∞	∞	∞	∞
10	0.51	∞	∞	∞	10.20	11.17
11	∞	∞	0.18	∞	∞	∞
12	∞	∞	7.06	0.33	∞	∞
13	∞	∞	7.57	∞	∞	∞
14	∞	∞	6.58	0.18	∞	∞
15	∞	∞	∞	∞	∞	∞
16	∞	∞	8.13	∞	∞	∞
17	∞	∞	∞	∞	∞	∞
18	9.41	∞	∞	∞	0.18	0.02
19	∞	∞	∞	∞	∞	∞
20	∞	∞	6.58	0.18	∞	∞
21	∞	∞	∞	∞	∞	∞
E1	∞	0	0	0	0	0
E2	∞	0	0	0	0	0
E3	0	∞	∞	∞	∞	∞
E4	0	∞	∞	∞	∞	∞
E5	0	∞	∞	∞	∞	∞

行是 21 位电焊工加上 5 个额外的 (E), 列是 26 位潜在对照者的前 6 位. "∞ 表示倾向性评分差值超过卡尺宽度."

照者可用). k 到 1 的精细平衡匹配的过程是相似的, 但是有 k 份距离矩阵, 而不是两份. 如果需要, 在文献 [15, §4.2] 中给出了一个精确的算法描述.

表 11.2 使用了倾向性评分卡尺内的马氏距离的最优配对匹配, 对种族达到精细平衡

配对	电焊工组				匹配对照组			
	年龄	种族	吸烟者	$\hat{e}(\mathbf{x})$	年龄	种族	吸烟者	$\hat{e}(\mathbf{x})$
1	38	C	N	0.46	44	C	N	0.34
2	44	C	N	0.34	47	C	N	0.28
3	39	C	Y	0.57	36	C	Y	0.64
4	33	AA	Y	0.51	41	AA	Y	0.35
5	35	C	Y	0.65	35	C	Y	0.65
6	39	C	Y	0.57	36	C	Y	0.64
7	27	C	N	0.68	30	C	N	0.63
8	43	C	Y	0.49	45	C	N	0.32
9	39	C	Y	0.57	39	C	Y	0.57
10	43	AA	N	0.20	50	C	N	0.23
11	41	C	Y	0.53	44	C	Y	0.47
12	36	C	N	0.50	41	C	N	0.40
13	35	C	N	0.52	40	C	N	0.42
14	37	C	N	0.48	42	C	N	0.38
15	39	C	Y	0.57	35	C	N	0.52
16	34	C	N	0.54	38	C	N	0.46
17	35	C	Y	0.65	34	C	Y	0.67
18	53	C	N	0.19	52	C	N	0.20
19	38	C	Y	0.60	34	C	N	0.54
20	37	C	N	0.48	42	C	N	0.38
21	38	C	Y	0.60	31	AA	Y	0.55
	平均值	%AA	%Y	平均值	平均值	%AA	%Y	平均值
	38	10	52	0.51	40	10	38	0.46

这个匹配要求平衡种族. 卡尺是倾向性评分标准差的一半, 即 $0.172/2 = 0.086$. 协变量为年龄、种族 (C= 白种人, AA= 非裔美国人)、当前吸烟者 (Y= 是, N= 否) 和估计的倾向性评分 $\hat{e}(\mathbf{x})$.

很容易证明用这种扩大的距离矩阵进行的最小距离匹配是一个受精细平衡约束的最小距离匹配 (minimum distance match), 且当且仅当后者的问题是不可行时, 最小距离匹配的总距离是无穷大的 [15, 命题 1].

表 11.1 中扩展的距离矩阵提供了一个基本的描述, 用于具有精细平衡约

束的最小距离匹配的快速算法的描述. 尽管在扩展的距离矩阵中的每一行与不同的列进行最优配对确实能产生精细平衡, 但这并不是问题的简明表示. 如第 10.7 节所讨论的, 更有效地使用计算机存储的方式是, 根据网络而不是距离矩阵来表示匹配. 相关网络表示在 [12, §3.2] 中进行了讨论. 目前大多数能够实现精细平衡匹配的 R 软件包使用了一个网络表示; 参见第 11.10 节.

11.3 在精细平衡不可行的情况下控制不平衡

在精细平衡不可能实现的情况下, 精细平衡程序可以用来获得任何指定的、可能的不平衡. 程序基本上与第 11.2 节相同, 只是必须从可能的不平衡中选择可接受的不平衡.

表 11.3 展示了电焊工数据中的种族和吸烟类别. 平衡这两个变量的联合分布的障碍是吸烟白种人的对照者数量不够多: 这样的对照者只有 6 名, 但需要 10 名才能配对. 也就是说, 从表 11.3 列给出的 4 个类别中, 我们想要选择与电焊工组频率 (1, 10, 1, 9) 一致的对照组, 但第二个类别的对照组人数只有 6 名, 所以对于配对匹配, 必须增加一些其他类别给以补偿. 一个有吸引力的选择是 (3, 6, 0, 12), 因为这个选择使用了所有的 9 名吸烟对照者, 此处实际需要 11 名吸烟对照者才能达到平衡, 且只在种族上稍有不平衡, 即 3 名非裔美国人中有 2 名在种族上取得平衡. 这种选择假设吸烟比种族更重要, 这在基因毒理学中很可能, 而且它没有提供关于处理—种族—吸烟交互作用的信息. 在任何情况下, 对于这个纯粹的说明性实例, 重要的一点是精细平衡可以产生任何指定的可能的不平衡, 例如 (3, 6, 0, 12).

表 11.3 电焊工数据按种族 × 吸烟的分组表, 种族为 C= 白种人, AA= 非裔美国人, 当前吸烟者编码为 Yes= 是或 No= 否

吸烟者 种族	Yes AA	Yes C	No AA	No C	总计
电焊工	1	10	1	9	21
对照者	3	6	2	15	26

为了产生不平衡频率 (3, 6, 0, 12), 我们注意到: 从表 11.3 的前两列中不删除任何对照者, 从第 3 列中删除两个, 从第 4 列中删除 3 个. 因此, 表 9.5 中增加了 5 行, 两行与非吸烟非裔美国人的距离为零, 3 行与非吸烟白种人的距离为零, 其他距离项设为 ∞; 见表 11.4. 表 9.3 中的第一位对照者是一位非裔

表 11.4 倾向性评分卡尺内的马氏距离与额外的行, 以对种族和吸烟进行精细平衡

电焊工	对照者 1	对照者 2	对照者 3	对照者 4	对照者 5	对照者 6
1	∞	∞	6.15	0.08	∞	∞
2	∞	∞	∞	0.33	∞	∞
3	∞	∞	∞	∞	∞	∞
4	∞	∞	12.29	∞	∞	∞
5	∞	∞	∞	∞	∞	∞
6	∞	∞	∞	∞	∞	∞
7	∞	∞	∞	∞	∞	∞
8	∞	∞	0.02	5.09	∞	∞
9	∞	∞	∞	∞	∞	∞
10	0.51	∞	∞	∞	10.20	11.17
11	∞	∞	0.18	∞	∞	∞
12	∞	∞	7.06	0.33	∞	∞
13	∞	∞	7.57	∞	∞	∞
14	∞	∞	6.58	0.18	∞	∞
15	∞	∞	∞	∞	∞	∞
16	∞	∞	8.13	∞	∞	∞
17	∞	∞	∞	∞	∞	∞
18	9.41	∞	∞	∞	0.18	0.02
19	∞	∞	∞	∞	∞	∞
20	∞	∞	6.58	0.18	∞	∞
21	∞	∞	∞	∞	∞	∞
E1	0	∞	∞	∞	∞	∞
E2	0	∞	∞	∞	∞	∞
E3	∞	0	∞	0	0	0
E4	∞	0	∞	0	0	0
E5	∞	0	∞	0	0	0

行是 21 位电焊工加上 5 位额外的行 (E), 列是 26 位潜在对照者的前 6 位. "∞ 表示倾向性评分差值超过卡尺宽度."

美国人的非吸烟者, 因此在表 11.4 的第 1 列中, 他与前两个额外的行的距离都为零. 表 9.3 中的第 2 位对照组是一位非吸烟的白种人, 因此, 在表 11.4 的第 2 列中, 他与最后额外 3 行之间的距离为零. 表 9.3 中的第 3 位对照组为白种人的吸烟者, 不能被丢弃, 因此在表 11.4 的第 3 列中, 他与所有 5 行之间都有

无穷大距离. 如 11.2 节, 在扩展的方形 26 × 26 距离矩阵中找到一个最优配对匹配, 然后丢弃额外的行及其匹配对照者.

表 11.5 就是匹配的结果. 它实现了指定的不平衡, 即 (3, 6, 0, 12), 并且在此约束下, 它使所有配对之间的距离最小. 表 11.5 中值得注意的是, 使用了所有 9 名吸烟对照者, 但在种族上没有出现很大的不平衡. 这是通过将非吸烟的

表 11.5 使用了倾向性评分卡尺内的马氏距离的最优配对匹配, 以对种族和吸烟进行精细平衡

配对	电焊工组				匹配对照组			
	年龄	种族	吸烟者	$\hat{e}(\mathbf{x})$	年龄	种族	吸烟者	$\hat{e}(\mathbf{x})$
1	38	C	N	0.46	44	C	N	0.34
2	44	C	N	0.34	47	C	N	0.28
3	39	C	Y	0.57	36	C	Y	0.64
4	33	AA	Y	0.51	41	AA	Y	0.35
5	35	C	Y	0.65	35	C	Y	0.65
6	39	C	Y	0.57	36	C	Y	0.64
7	27	C	N	0.68	30	C	N	0.63
8	43	C	Y	0.49	45	C	N	0.32
9	39	C	Y	0.57	35	C	N	0.52
10	43	AA	N	0.20	56	AA	Y	0.13
11	41	C	Y	0.53	44	C	Y	0.47
12	36	C	N	0.50	41	C	N	0.40
13	35	C	N	0.52	40	C	N	0.42
14	37	C	N	0.48	42	C	N	0.38
15	39	C	Y	0.57	39	C	Y	0.57
16	34	C	N	0.54	38	C	N	0.46
17	35	C	Y	0.65	34	C	Y	0.67
18	53	C	N	0.19	52	C	N	0.20
19	38	C	Y	0.60	31	AA	Y	0.55
20	37	C	N	0.48	42	C	N	0.38
21	38	C	Y	0.60	34	C	N	0.54
	平均值	%AA	%Y	平均值	平均值	%AA	%Y	平均值
	38	10	52	0.51	40	14	43	0.45

卡尺是倾向性评分标准差的一半, 或 0.172/2 = 0.086. 协变量是年龄、种族 (C= 白种人, AA= 非裔美国人)、当前吸烟者 (Y= 是, N= 否) 和估计的倾向性评分 $\hat{e}(\mathbf{x})$. 此匹配被限制为使用所有 3 名 AA 吸烟者, 所有 6 名 C 吸烟者, 没有 AA 非吸烟者, 但有 12 名 C 非吸烟者.

非裔美国人的电焊工 10 号与一位吸烟的非裔美国人的对照者配对产生的, 即使有一位非吸烟的非裔美国人的对照者可用于匹配.

*在表 9.5, 11.1 和 11.4 中, 都使用 ∞ 来表示惩罚, 以便于展示. 在计算中, 使用了较大数值的惩罚. 表 11.6 展示了在产生表 11.5 中匹配时使用的数值惩罚. 回想一下在第 9 章中的倾向性评分卡尺, 如果差值在卡尺宽度内, 那么它不会受到任何惩罚, 对轻微超过卡尺的施以很小的惩罚, 对严重超过卡尺的施以巨大的惩罚; 这可以在表 11.6 的前 21 行中看到. 若倾向性评分卡尺为 0.086, 则表 9.3 中对照者 2 号, 有 $\hat{e}(\mathbf{x}) = 0.09$, 与所有 21 位电焊工的倾向性评分差值都超过了卡尺宽度. 对于电焊工 10 号和 18 号, 分别有 $\hat{e}(\mathbf{x}) = 0.20$ 和 $\hat{e}(\mathbf{x}) = 0.19$, 与对照者 2 号的差值超过卡尺宽度不大, 故表 11.6 第 2 列和第 10, 18 行的惩罚都不大. 为了更强调精细平衡约束而不是卡尺, 表 11.6 中多余行的惩罚是前 21 行和 26 列中最大距离的 5 倍.

表 11.6 倾向性评分卡尺内的马氏距离与额外的行, 以对种族和吸烟进行精细平衡

电焊工	对照者 1	对照者 2	对照者 3	对照者 4	对照者 5	对照者 6
1	237.66	293.68	6.15	0.08	141.69	171.85
2	115.36	166.78	50.06	0.33	17.98	47.65
3	358.16	408.89	20.23	75.94	259.61	289.35
4	287.20	361.09	12.29	18.96	206.61	237.16
5	439.02	492.83	101.71	156.10	341.41	371.48
6	358.16	408.89	20.23	75.94	259.61	289.35
7	467.74	532.22	141.84	184.10	374.36	405.42
8	273.83	321.48	0.02	5.09	174.33	203.74
9	358.16	408.89	20.23	75.94	259.61	289.35
10	0.51	45.85	193.46	134.45	10.20	11.17
11	316.15	365.34	0.18	34.28	217.12	246.70
12	280.67	338.23	7.06	0.33	185.17	215.50
13	302.27	360.61	7.57	20.03	207.01	237.42
14	259.11	315.90	6.58	0.18	163.37	193.61
15	358.16	408.89	20.23	75.94	259.61	289.35
16	323.84	382.94	8.13	41.42	228.81	259.30
17	439.02	492.83	101.71	156.10	341.41	371.48

*小字部分为本书第一版内容, 译者认为有助于读者理解, 所以呈现于此.

电焊工	对照者 1	对照者 2	对照者 3	对照者 4	对照者 5	对照者 6
18	9.41	15.61	196.03	142.97	0.18	0.02
19	378.88	430.37	41.10	96.48	280.55	310.38
20	259.11	315.90	6.58	0.18	163.37	193.61
21	378.88	430.37	41.10	96.48	280.55	310.38
E1	0	2661.08	2661.08	2661.08	2661.08	2661.08
E2	0	2661.08	2661.08	2661.08	2661.08	2661.08
E3	2661.08	0	2661.08	0	0	0
E4	2661.08	0	2661.08	0	0	0
E5	2661.08	0	2661.08	0	0	0

行是 21 位电焊工加上 5 位额外的行 (E), 列是 26 位潜在对照者的前 6 位. 此表展示的是数值惩罚而不是 ∞ 的惩罚.

11.4 精细平衡、精确匹配和近精确匹配

精细平衡可以精确地平衡一个名义协变量而不需要对协变量进行精确地配对 (pairing exactly). 尽管如此, 一个协变量的精确匹配 (exact matching) 可能与另一个协变量的精细平衡这两种技术相结合. 与第 10.4 节一样, 这是在大型匹配问题中实现精细平衡的一种方法: 通过对另一个协变量进行精确匹配, 将问题划分为几个较小的问题.

事实上, 在第 8 章和文献 [17] 中的卵巢癌研究中我们就是这样做的. 构造了 3 个独立的匹配, 分别对应 1991—1992 年、1993—1996 年和 1997—1999 年 3 个间隔的诊断年份, 并对 SEER 地点进行精细平衡. 我们这样做主要不是为了方便计算, 而是因为我们最初设想了一项在文献 [17] 中没有报道的附加分析, 该分析将比较 GO 和 MO 采用新的化疗治疗卵巢癌的速度. 1991—1992 年、1993—1996 年和 1997—1999 年这 3 个时间间隔与卵巢癌化疗方案创新的时间点相一致, 为了进行分析, 最好按这 3 个时间间隔进行配对匹配. 也就是说, 在每个配对中, 用的是同样的化疗方案, 所以询问谁采取了什么化疗是有意义的. 尽管匹配程序很有效, 但我们一直无法确定在采用新的化疗方案时, GO 和 MO 哪个更快. 相反, 我们认为 GO 和 MO 在采用新的化疗方案方面比医疗保险 (medicare) 为新的化疗制定规范方面要快得多.

当精细平衡匹配与精确或近精确匹配相结合时, 会产生各种有用的副作

用. 首先, 假设一个协变量的精确匹配是通过将问题分解为几个不相关的子问题来实现的, 这些子问题由协变量的取值水平定义. 其次, 进一步假设在每个子问题中对另一个协变量施加一个精细平衡约束. 那么, 这两个协变量的相互作用 (或直积) 有很好的平衡. 相反, 如果初始问题不划分为子问题, 并通过在距离矩阵中添加一个较大的惩罚来施加精确匹配, 如第 10.3 节, 那么每个协变量将被单独平衡, 但两个协变量的相互作用通常不会很好地平衡. 所以这两种实现方式是非常不同的, 且当后者可行时, 前者可能是不可行的. 惩罚允许将一个协变量的精细平衡和另一个协变量的近精确匹配相结合, 所以当精确匹配不可行时, 这样做可能是可行的. 如果这两个协变量实际上是相同的协变量, 那么精细平衡与近精确匹配的结合将试图完美地平衡协变量, 同时尽可能地匹配它; 参见文献 [23] 中的示例.

11.5 近精细平衡

在第 11.3 节中, 精细平衡是不可行的, 因此需要一种具体且可行的不平衡. 当名义协变量有多个取值水平时, 这种方法的实现是相当烦琐的. 例如, ICD-10 有数百种外科手术编码, 而为每一种手术编码都指定一个可行的不平衡是极其烦琐的. 相反, 这个任务可以交给计算机: 如果精细平衡是不可行的, 那么就要寻找最接近精细平衡的可行近似. 这就是 Dan Yang 等人 [19] 提出的近精细平衡匹配.

假设一个名义协变量有 L 个水平, $\ell = 1, \cdots, L$. 假设总共有 I 个接受处理的受试者, 每个处理对象将与一个对照者匹配, 因此要从多于 I 个潜在对照者的集合 (对照库) 中选出 I 个对照者. 对于任何可能的匹配, 根据处理个体与对照者的协变量的水平记录处理 Z, 创建一个 $2 \times L$ 列联表; 那么, 每一行总共包含 I 个个体. 对于列 $\ell = 1, \cdots, L$, 精细平衡意味着第一行的计数等于第二行的计数. 如果在对照库中无法找到 I 个个体实现精细平衡, 那么精细平衡是不可行的; 也就是说, 在某些列中, 我们必须容忍对照者不足的问题. 在包含 I 个处理对象的配对匹配中, 我们必须选择潜在对照组中的 I 个对照者, 所以某个类别 ℓ 的对照者匮乏则需要用其他类别 ℓ' 的对照者的冗余来补偿. 对每个类别 ℓ, 算出处理行 ($Z = 1$) 的计数和对照行 ($Z = 0$) 的计数之间的绝对差 (差的绝对值), 再求这 L 个绝对差的和, 称所得的结果为总不平衡度 (total imbalance). 如果总不平衡度尽可能小 (趋近于零), 那么匹配就会呈现出近精细平衡. 如果精细平衡是可行的, 那么总不平衡度可以取到零, 近精细平衡就是精细平衡；一旦精细平衡是不可行的，那么总不平衡度就无法取到零，但近精细平衡会让总不平衡度尽可能地小. 近精细平衡的最小距离匹配在总不平衡度最小的约束下使 I 个配对内的距离总和最小.

例如，在表 11.3 中，无法挑选出 $I = 21$ 个对照者实现精细平衡，因为有 4 个白人吸烟对照者的缺额. 我们可以把所有 6 个白人吸烟者都作为对照者，但要总共匹配 21 个对照者，则 4 个白人吸烟对照者的缺额必须分配其他列的对照者进行匹配，所以可能的最小总不平衡度是 8. 近精细平衡确保总不平衡度是 8，然后根据产生 8 的总不平衡度的距离选择距离最小的配对. 按照这里的定义，近精细平衡并不在乎冗余的受试者在其他类别中如何分配. 我们在第 11.3 节中选择的匹配有一个更大的总不平衡度为 10，而不是 8，因为在总不平衡度以外我们还考虑了其他因素. 除了总不平衡度，Yang 等 [19, §2.1] 还考察了其他度量.

近精细平衡可以通过若干种方式实现. 从概念上讲，最简单的方法是在增广距离表 (augmented distance table) 中寻找最小距离配对匹配. 如表 11.4 所示，增加若干行，施加精细平衡约束，但同时也增加几列，以控制与这些精细平衡约束的偏差. 增加的列与每位处理个体的距离是无穷大，但与一些增加行的距离是零，允许这样的行和额外的列相匹配，而不是与潜在对照者相匹配，见文献 [19, 表 3]. 在实际操作中，这个增广距离矩阵会变得相当大. 对这一问题的一个等价但更简洁的表示是，使用网络而不是距离矩阵，这种网络表示已在很多 R 软件包中被使用，见第 11.10 节.

11.6 精致平衡

第 11.5 节中的近精细平衡将总不平衡度最小化，即最小化对精细平衡的总偏差 (total deviation)，但它与不平衡的具体模式无关. 在第 11.3 节中，我们想要平衡吸烟和种族这两个变量，但我们更关心吸烟，所以我们对这种偏差的模式也并不是不关心.

精致平衡 (refined balance) 允许用户在控制不平衡模式的同时最小化不平衡度. 对于精致平衡，不是一个名义协变量，而是名义协变量的一个序列，序列中的下一个协变量把当前协变量类别进行了细分. 在第 11.3 节中，第一个协变量可能是吸烟，具有两个类别，而第二个协变量可能是吸烟 × 种族，具有 4 个类别. 精确协变量平衡先最小化序列中第一个最粗协变量的不平衡，在此基础上，进而最小化序列中第二个协变量的不平衡，以此类推. 最小距离精致平衡最小化了这一部分有序、词义有序的层次化协变量不平衡,并且通过这种方式,它使配对内的总协变量距离 (total covariate distance) 最小化. 精确协变量平衡由 Samuel Pimentel 等人 [10] 提出.

因为序列中第一个协变量优先级最高,所以在层次化的平衡过程中加入第二个协变量不会降低第一个变量的平衡质量. 类似地,加入第三个协变量不会降低前两个协变量的平衡质量. 在文献 [10] 的例子中,第一个协变量是 176 种外科手术治疗,最后一个 (第六个) 协变量是汞合金,具有 176×2^{11} 即 290 万个类别. 接受治疗的个体只有 $I = 6230$ 位. 在这 6 个层次中的每一层,该层次的协变量不平衡度都小于一万次完全随机化试验所能达到的最小不平衡程度,见文献 [10, 表 1] 以及第 10.2 节. 在这 6 个精确协变量的每个协变量上,匹配显示出了比完全随机化试验预期更好的平衡.

最小距离精确协变量平衡可用一个具有多层平衡节点的网络实现 [10, 图 1];见第 11.10 节.

11.7 强度 K 平衡

José Zubizarreta [22] 提出了平衡每个单独协变量的边际分布 (marginal distribution),或平衡两两协变量配对的联合分布,而不是平衡一个合并了许多其他更简单的名义协变量的单一名义协变量. 通过类比分式析因试验 (fractional factorial experiment) 和正交数组 (orthogonal array),如果这些协变量中任意 K 个协变量的联合分布被完美地平衡,那么就可以说这一匹配对这些协变量表现出强度 K 平衡 [6]. 例如,强度 2 平衡关注的是每次两个协变量的联合分布,而不是一次所有协变量的联合分布. 当协变量具有同等重要性,但不具有第 11.6 节的层次结构时,强度 K 平衡是有用的.

用于构造强度 K 平衡的算法与本章前面所介绍的方法不同. 如上所述,具有精细平衡的最小距离匹配,其各种形式可以通过使用各种不同的方法来找到,比如距离矩阵行和列的最小距离配对 (分配问题),或者在网络中寻找最小损失流. 有些算法可以相对快速地解决这些问题,也就说在多项式时间内可完成. 相比之下,强度 K 平衡是使用混合整数编程 (mixed integer programming) 技术产生的,这些技术不能保证在合理时间内产生一个解决方案. 尽管如此,如果问题是可行的, Zubizarreta [22] 的方法通常会在与网络优化技术差不多的时间内找到具有强度 K 平衡的最小距离匹配样本;否则,他们会将问题界定为不可行. 关于软件的讨论见第 11.10 节.

11.8 基数匹配

11.8.1 什么是基数匹配?

基数匹配 (cardinality matching) [18, 24] 将两项任务分开: (1) 从对照库中选择对照者, (2) 从选取的对照者中为处理个体配对. 在第一步中, 基数匹配寻找满足特定平衡要求的最大匹配样本. 完成第一步后, 利用这些选取的对照者, 基数匹配可能考虑多种为处理个体配对的方式. 基数匹配使精细平衡成为压倒一切的优先事项, 然后再考虑配对.

平衡的分布并不能确保个体之间相互接近. 通过在第一步中只关注平衡, 基数匹配可能会错过一些使个体紧密配对的机会. 另外, 通过在第一步中只关注平衡, 它可能在平衡分布方面做得更好.

当我们希望平衡的协变量与需要紧密配对的协变量不同时, 基数匹配特别有用. 通常, 许多协变量都需要平衡. 然而, 我们也可能想要配对一些对结果有高度预测性的协变量. 另外, 我们可能想要研究效应修正 (effect modification) —— 即一种处理效应, 其大小随观察到的某些协变量而变化 —— 我们可能希望对这些配对在效应修正变量方面完全匹配. 一般来说, 较大的处理效应对较大的未测量偏倚不敏感; 因此, 如果存在效应修正, 那么在某些由观察到的协变量定义的子人群中, 结论可能对较大的偏倚不敏感 [5].

11.8.2 基数匹配和结果异质性

José Zubizarreta 等人 [24] 使用基数匹配来选择一个平衡许多协变量的对照组. 然后, 他们只用几个对结果有高度预测性的协变量将这些选择的对照者与处理个体进行配对. 因为第二步没有改变作为一个整体的匹配对照组, 它既不改变处理减去对照的配对结果差 Y_i 的平均值, 也不改变这个平均值的期望. 然而, 由于第二步对高度预测结果的协变量进行紧密配对, 第二步降低了配对差 Y_i 的变异性 (variability) 或异质性 (heterogeneity). 如第 16 章和文献 [13] 所示, 在不改变 Y_i 期望的情况下降低 Y_i 的异质性, 往往会使观察性研究对较大的偏倚不敏感 (即增加设计灵敏度). José Zubizarreta 等人 [24] 从实证上说明了这一点: 他们以两种方式对一个对照组进行配对, 结果表明, 使用变异性更小的 Y_i 进行配对, 结论对由 Γ 衡量的未测量偏倚的敏感性越低. 需要强调的是, 处理组和对照组并没有变化, 只是个体的配对发生了变化, 但由于配对差 Y_i 更稳定, 更一致地取正值, 所以无效应的 Y_i 的比较对由 Γ 衡量的较大偏倚变得不敏感.

Michael Baiocchi 在其博士论文中提出了一种不同的方法, 即重新配对匹配对以降低 Y_i 的异质性. 他的方法使用了 Ben Hansen [4] 的预后评分 (prognostic score). 与预测处理方案的倾向性评分不同, 预后评分预测的是结果. 与倾向性评分不同, 通常最好是从外部数据集, 即从不属于分析本试验结果的数据中估计预后评分. Baiocchi 首先使用一些传统方法建立匹配对, 而不使用预后得分. 然后, 他从被排除在匹配样本之外的对照组中估计预后得分. 最后, 他通过对预后评分的这个外部估计进行匹配, 或许还可以对初始匹配的其他协变量进行匹配, 从而对现有的匹配对进行重新配对. 如上所述, 对匹配对的重新配对并不会改变处理组和匹配对照组——它只会改变谁与谁进行匹配——因此它不会改变初始匹配所达到的协变量平衡. 让我们期待的是, 那些在预后评分这一外部估计上接近的配对个体将会有相似的结果, 这使得他们的配对结果差 Y_i 更加稳定, 异质性更低, 因此对未测量偏倚更不敏感; 见第 16 章和文献 [13].

11.8.3 基数匹配和效应修正

Jesse Hsu 等人 [6] 使用基数匹配来研究效应修正. 他们首先平衡许多协变量, 其次尝试识别效应修正变量, 重新配对对照组, 使其与识别出的效应修正变量完全精确地匹配. 如果我们在 20 个平衡的协变量中发现了 2 个候选的效应修正变量, 那么就可以直接重新配对, 使得配对在这两个候选变量上极其接近. 当然, 协变量的平衡不会因为重新配对而改变, 所以这 20 个协变量仍然是平衡的. 通过谨慎地限制效应修正变量的搜索范围, 他们无须为两次使用结果付出代价 (一次是寻找效应修正变量, 然后是分析结果). Kwonsang Lee 等人 [8] 将该方法应用于手术死亡率的研究, 另见文献 [5,7].

11.9 延伸阅读

文献 [15] 详细讨论了精细平衡匹配的问题. 文献 [12, §3.2] 中的网络算法对程序员来说将是主要兴趣点, 因为它比本章和文献 [15] 中描述的方法更有效地利用了空间. 精确协变量平衡由 Samuel Pimentel 等人 [10] 讨论. 平衡协变量的一般技术由 José Zubizarreta [22] 提出.

11.10 软件

在 R 软件包 DOS2 中, 函数 fine 的帮助文件中的示例再现了本章中的一些计算. 函数 fine 是本章的一个附加功能, 旨在解决一些问题, 但我们将在精细平衡匹配的实际应用中使用下面描述的一个软件包.

好几个 R 软件包将在精细平衡、近精细平衡、精致平衡或强度 K 平衡的约束下找到最小距离匹配. Ruoqi Yu 开发的软件包 DiPs 中的基本函数 match 很容易学习, 并做到精细或近精细平衡匹配. Samuel Pimentel [9] 开发的软件包 rcbalance 将实现精细、近精细或精致平衡. Cinar Kilcioglu 和 José Zubizarreta 开发的 designmatch 包提供了各种平衡不配对协变量的工具. Ruoqi Yu 开发的软件包 bigmatch 在非常大型的匹配问题中实现了精细和近精细平衡 [20].

11.11 数据

在 R 软件包 DOS2 的数据集 costa 中, 可找到 Costa 等人 [1] 的数据. 为了在实际规模的研究中尝试使用精细平衡匹配, 我们需要运行 Ruoqi Yu 的 R 软件包 DiPs 中的函数 match 的帮助文件的示例.

参考文献

[1] Costa, M., Zhitkovich, A., Toniolo, P.: DNA-protein cross-links in welders: molecular implications. Cancer Res. **53**, 460–463 (1993)

[2] Feller, W.: An Introduction to Probability Theory and Its Applications, vol. 1. Wiley, New York (1968)

[3] Hansen, B. B.: Optmatch: flexible, optimal matching for observational studies. R News **7**, 18–24 (2007)

[4] Hansen, B. B.: The prognostic analogue of the propensity score. Biometrika **95**, 481–488 (2008)

[5] Hsu, J. Y., Small, D. S., Rosenbaum, P. R.: Effect modification and design sensitivity in observational studies. J. Am. Stat. Assoc. **108**, 135–148 (2013)

[6] Hsu, J. Y., Zubizarreta, J. R., Small, D. S., Rosenbaum, P. R.: Strong control of the family-wise error rate in observational studies that discover effect modification by exploratory methods. Biometrika **102**, 767–782 (2015)

[7] Karmakar, B., Heller, R., Small, D. S.: False discovery rate control for effect modification in observational studies. Elect. J. Stat. **12**, 3232–3253 (2018)

[8] Lee, K., Small, D. S., Hsu, J. Y., Silber, J. H., Rosenbaum, P. R.: Discovering effect modification in an observational study of surgical mortality at hospitals with superior nursing. J. R. Stat. Soc. A **181**, 535–546 (2018)

[9] Pimentel, S. D.: Large, sparse optimal matching with R package rcbalance. Obs. Stud. **2**, 4–23 (2016)

[10] Pimentel, S. D., Kelz, R. R., Silber, J. H., Rosenbaum, P. R.: Large, sparse optimal matching with refined covariate balance in an observational study of the health outcomes produced by new surgeons. J. Am. Stat. Assoc. **110**, 515–527 (2015)

[11] Pimentel, S. D., Yoon, F. B., Keele, L.: Variable-ratio matching with fine balance in a study of the peer health exchange. Stat. Med. **34**, 4070–4082 (2015)

[12] Rosenbaum, P. R.: Optimal matching in observational studies. J. Am. Stat. Assoc. **84**, 1024–1032 (1989)

[13] Rosenbaum, P. R.: Heterogeneity and causality: unit heterogeneity and design sensitivity in observational studies. Am. Stat. **59**, 147–152 (2005)

[14] Rosenbaum, P. R., Rubin, D. B.: The central role of the propensity score in observational studies for causal effects. Biometrika **70**, 41–55 (1983)

[15] Rosenbaum, P. R., Ross R. N., Silber, J. H.: Minimum distance matched sampling with fine balance in an observational study of treatment for ovarian cancer. J. Am. Stat. Assoc. **102**, 75–83 (2007)

[16] Rubin, D. B.: Multivariate matching methods that are equal percent bias reducing, Ⅱ: maximums on the bias reduction for fixed sample sizes. Biometrics **32**, 121–132 (1976)

[17] Silber, J. H., Rosenbaum, P. R., Polsky, D., Ross, R. N., Even-Shoshan, O., Schwartz, S., Armstrong, K. A., Randall, T. C.: Does ovarian cancer treatment and survival differ by the specialty providing chemotherapy? J. Clin. Oncol. **25**, 1169–1175 (2007)

[18] Visconti, G., Zubizarreta, J. R.: Handling limited overlap in observational studies with cardinality matching. Obs. Stud. **4**, 217–249 (2018)

[19] Yang, D., Small, D. S., Silber, J. H., Rosenbaum, P. R.: Optimal matching with minimal deviation from fine balance in a study of obesity and surgical outcomes. Biometrics **68**, 628–636 (2012)

[20] Yu, R., Silber, J. H., Rosenbaum, P. R.: Matching methods for observational studies derived from large administrative databases. Stat. Sci. (2020, to appear)

[21] Zaheer, S., Pimentel, S. D., Simmons, K. D., Kuo, L. E., Datta, J., Williams, N., Fraker, D. L., Kelz, R. R.: Comparing international and United States undergraduate medical education and surgical outcomes using a refined balance matching methodology. Ann. Surg. **265**, 916–922 (2017)

[22] Zubizarreta, J. R.: Using mixed integer programming for matching in an observational study of kidney failure after surgery. J. Am. Stat. Assoc. **107**, 1360–1371 (2012)

[23] Zubizarreta, J. R., Reinke, C., Kelz, R. R., Silber, J. H., Rosenbaum, P. R.: Matching for several sparse nominal variables in a case-control study of readmission following surgery. Am. Stat. **65**, 229–238 (2011)

[24] Zubizarreta, J. R., Parades, R. D., Rosenbaum, P. R.: Matching for balance, pairing for heterogeneity in an observational study of the effectiveness of for-profit and not-for-profit high schools in Chile. Ann. App. Stat. **8**, 204–231 (2014)

第 12 章 无组别匹配

摘要 无组别最优匹配 (optimal matching without group) 或最优非二部匹配 (optimal nonbipartite matching) 为观察性研究和试验中的匹配设计 (matched design) 提供了更多的选择. 一种方法是从一个平方对称距离矩阵开始, 矩阵的一行和一列对应每位受试者且记录任意两位受试者之间的距离. 然后将受试者分别配对, 使得配对受试者之间的总距离最小. 该方法可用于治疗剂量匹配 (match with doses of treatment), 或多个对照组匹配, 或作为风险集匹配的辅助手段. 本章用一个关于 Card 和 Krueger 对最低工资研究的扩展讨论说明此方法.

12.1 无组别匹配: 非二部匹配

12.1.1 什么是非二部匹配?

在前几章中, 处理对象与对照者进行匹配. 即受试者被分为两组, 处理组和对照组, 组别在匹配开始之前就形成了, 且这两组成员被成对或以匹配集放置, 从而使得在同一对或同一匹配集中的处理对象和对照者之间的距离最小. 优化算法解决了这个所谓的分配问题或二部图匹配 (bipartite matching) 问题, 这里 "bipartite" 借鉴了 "由两部分构成" 的意思. 另一个优化问题从单组开始, 并将其分为配对, 使得配对个体之间的总距离最小; 这叫作非二部匹配. 教科书中关于这两个匹配问题的对比的讨论, 见 [8, 第 5 章] 或 [25, 第 11 章]. 非二部匹配是高度灵活的, 且大大扩展了观察性研究匹配设计的范畴.

12.1 无组别匹配: 非二部匹配

第 9 章中, 距离矩阵为每位处理对象设置一行, 为每位潜在对照者设置一列. 相比之下, 在非二部匹配中, 距离矩阵是方形的, 每位受试者既有一行又有一列. 表 12.1 是一个小的人造示例, 包含 6 位受试者, 所以距离矩阵是 6×6 矩阵. 此矩阵是对称的, 因为在第 k 行和第 ℓ 列中标记的从 k 到 ℓ 的距离与在第 ℓ 行和第 k 列中标记的从 ℓ 到 k 的距离是一样的, 每位受试者与自身的距离都为零, 但受试者当然不能与自身配对.

表 12.1 对 6 位受试者的非二部匹配的一个 6×6 距离矩阵

ID	1	2	3	4	5	6
1	0	**106**	119	231	110	101
2	**106**	0	207	126	192	68
3	119	207	0	156	247	**25**
4	231	126	156	0	**34**	67
5	110	192	247	**34**	0	212
6	101	68	**25**	67	212	0

与处理—对照匹配不同的是, 每位受试者都显示为这个距离矩阵的行和列. 用**粗体**表示的最优非二部匹配 (1, 2), (3, 6), (4, 5), 其最小总距离为 $106 + 25 + 34 = 165$.

在表 12.1 中, 最优非二部匹配将 6 位受试者配成 3 对, 以使配对内的总距离最小. 最优匹配以粗体显示, 即 (1, 2), (3, 6), (4, 5), 总距离为 $106 + 25 + 34 = 165$. 注意到受试者 1 相比于接近受试者 2 更接近受试者 6, 但如果 1 和 6 匹配, 那么受试者 3 的匹配会更糟糕. 最优非二部匹配可以在统计软件包 R 中完成.[1]

---

[1] 由 Derigs [11] 编写的 Fortran 代码已经在 R 中可用, 此代码是由 Bo Lu 等人 [24] 通过函数 nonbimatch (n, d) 实现, 其中 d 是一个非负整数的 n × n 对称距离矩阵.

```
> dm
    1   2   3   4   5   6
1   0  106 119 231 110 101
2  106   0 207 126 192  68
3  119 207   0 156 247  25
4  231 126 156   0  34  67
5  110 192 247  34   0 212
6  101  68  25  67 212   0
> nonbimatch (6, as.vector(dm))
[1] 2 1 6 5 4 3
```

也就是说, 受试者 1 与受试者 2 配对, 受试者 2 与受试者 1 配对, 受试者 3 与受试者 6 配对, 受试者 4 与受试者 5 配对, 受试者 5 与受试者 4 配对, 受试者 6 与受试者 3 配对.

12.1.2 使用非二部匹配算法的处理 — 对照匹配

在一般情况下，我们不应该使用非二部匹配算法来执行二部图匹配，因为非二部匹配算法需要更大的距离矩阵，而且速度有点慢.尽管如此，展示一次这个算法还是有意义的.假设对表 12.1 中的前 3 位受试者进行处理，后 3 位受试者作为对照组.为了迫使接受处理的受试者与对照者相匹配，在处理对象之间和对照者之间都设置无穷大距离 (infinite distance)，如表 12.2 所示.表 12.2 中的最优非二部匹配避免了无穷大距离且形成配对 (1, 5), (2, 4) 及 (3, 6)，因此只能处理对象与对照者配对.在这个意义上，非二部匹配是二部图匹配的推广.当然，二部图匹配可以使用 3×3 的距离矩阵，而不是表 12.2 中的 6×6 的距离矩阵.

表 12.2 使用非二部匹配执行处理 — 对照匹配 (或二部图匹配)

ID	1	2	3	4	5	6
1	0	∞	∞	231	**110**	101
2	∞	0	∞	**126**	192	68
3	∞	∞	0	156	247	**25**
4	231	**126**	156	0	∞	∞
5	**110**	192	247	∞	0	∞
6	101	68	**25**	∞	∞	0

受试者 1, 2 和 3 是接受了处理，无穷大距离使他们无法相互匹配.受试者 4, 5 和 6 是对照者，无穷大距离使他们也无法相互匹配.最优匹配为 (1, 5), (2, 4), (3, 6)，距离为 $110 + 126 + 25 = 261$. 使用二部图匹配算法只需要一个 3×3 的距离矩阵，预计会运行得更快一些.

12.1.3 剂量匹配

假设我们没有处理对象和对照者，而是个体接受了不同剂量的治疗.在这种情况下，我们可能希望形成在协变量方面相似但在剂量方面大不相同的个体配对.作为示例，想象表 12.1 中 6 个人 $1, 2, \cdots, 6$ 分别接受了剂量为 $1, 2, \cdots, 6$ 的治疗.在这种情况下，我们可能希望进行配对，使配对个体对应的剂量至少相差 2; 例如，这可能将排除个体 1 与 2 的匹配.

在表 12.3 中，当两位受试者的剂量相差小于 2 时，就出现无穷大距离.与表 12.1 不同的是，无穷大距离限制了谁可以与谁匹配.与表 12.2 不同, 这些约束无法通过二部图匹配算法解决; 也就是说，表 12.3 中的 ∞ 模式并没有将 6

位受试者划分为两个不重叠的组. 表 12.3 的最优配对是 (1, 5), (2, 4) 和 (3, 6): 即在受到配对个体对应剂量至少相差 2 的约束下, 这将使得总距离最小化.

Bo Lu, Elaine Zanutto, Robert Hornik 和我 [23] 在一项关于全国性媒体宣传反吸毒 (drug abuse) 运动的研究中给出了剂量匹配的实际例子. 这里的剂量指的是媒体宣传反吸毒运动的曝光程度. 在第 11.3 节中我们讨论了另一个实例.

表 12.3 治疗剂量匹配的 6×6 距离矩阵

ID	1	2	3	4	5	6
1	0	∞	119	231	**110**	101
2	∞	0	∞	**126**	192	68
3	119	∞	0	∞	247	**25**
4	231	**126**	∞	0	∞	67
5	**110**	192	247	∞	0	∞
6	101	68	**25**	67	∞	0

为了简化这个虚构示例, 剂量等于 ID 号, 且要求配对个体的剂量至少相差 2. 当剂量差小于 2 时, 距离设为 ∞. 最优匹配为 (1, 5), (2, 4), (3, 6).

12.1.4 多个组匹配

假设我们不是有一个处理组和一个对照组, 而是有多个组. 在这种情况下, 我们可能希望将来自不同组的相似个体进行配对. 例如, 在表 12.1 中, 假设受试者 1 和 2 在一个组, 3 和 4 在第二组, 5 和 6 在第三组. 在表 12.4 中, 同一组的个体间距离是无穷大的. 最优匹配是 (1, 3), (2, 6), (4, 5). 在最优匹配中, 每位个体都与另一组的一位个体进行配对, 以最小化匹配对之间的距离.

表 12.4 中的最优匹配还有一个额外的特性. 在平衡不完全区组设计 (balanced incomplete block design) 中, 每对处理组以相同频率出现在同一区组中; 见 [6, 第 11 章] 或文献 [9, §4.2]. 表 12.4 中的最优匹配是一个非常小的平衡不完全区组设计, 即三组中的每组与其他组中的每组恰好配对一次. 一个平衡不完全区组设计具有一定的公平性: 对每两组进行直接比较的配对数量都是相同的. Bo Lu 和我 [22] 展示了如何利用最优非二部匹配来构造 3 组平衡不完全区组设计. 有关实例, 请参阅文献 [22], 而有关一些细节, 请参阅 12.2 节.

表 12.4　用于 3 组匹配的一个 6×6 距离矩阵

ID	1	2	3	4	5	6
1	0	∞	**119**	231	110	101
2	∞	0	207	126	192	**68**
3	**119**	207	0	∞	247	25
4	231	126	∞	0	**34**	67
5	110	192	247	**34**	0	∞
6	101	**68**	25	67	∞	0

受试者 1 和 2 在同一组, 受试者 3 和 4 以及受试者 5 和 6 也在同一组. 因为同一组的受试者无法匹配, 所以他们之间具有无穷大距离. 最优匹配为 (1, 3), (2, 6), (4, 5), 总距离为 $119 + 68 + 34 = 221$. 这是一个非常小的平衡不完全区组设计, 即每组与其他每个组恰好配对一次.

12.2　无组别匹配的一些实用性方面

12.2.1　奇数个受试者

奇数个受试者不能配对. 假设表 12.1 中只有前 5 位受试者. 那么只能构造两对, 另外一位受试者被丢弃. 丢弃受试者的最佳选择是使剩下的配对尽可能地接近. 从前 5 位受试者的 5×5 距离矩阵开始, 加入一个"槽 (sink)"与 5 位受试者的距离都为 0, 则得到一个 6×6 距离矩阵; 见表 12.5. 当最优非二部匹配应用于这个 6×6 距离矩阵时, 一位与"槽"配对的受试者被丢弃. 因为任何一位受试者都可能以 0 成本被抛弃, 所以匹配丢弃的受试者将最大程度改善了其余 4 位受试者在两个配对内的总距离.

表 12.5　奇数个受试者的匹配

ID	1	2	3	4	5	槽
1	0	**106**	119	231	110	0
2	**106**	0	207	126	192	0
3	119	207	0	156	247	**0**
4	231	126	156	0	**34**	0
5	110	192	247	**34**	0	0
槽	0	0	**0**	0	0	0

对于 5 位受试者, 在与所有受试者的零距离上添加一个"槽 (sink)". 一个受试者与槽配对并被丢弃. 在本例中, 最优匹配为 (1,2), (4,5), (3,槽), 距离为 $106 + 34 + 0 = 140$, 舍弃受试者 3.

12.2.2 丢弃一些受试者

通过丢弃一些受试者可以获得更接近的匹配. 这是通过为每位丢弃的受试者引入一个"槽"来实现的. "槽"与每位受试者之间的距离为零, 彼此之间的距离为无穷大. 无穷大距离阻止了"槽"之间的匹配. 最优非二部匹配丢弃和配对受试者, 从而使其余配对之间的距离最小化.

匹配过程如表 12.6 所示. 两个"槽"删除两位受试者, 形成两个配对. 就像在这个小实例中看到的, 丢弃最难匹配的受试者可以留下近距离匹配对.

如表 12.4 所示, 当有多个组别时, 人们可能希望从每组中丢弃特定数量的受试者, 也许第一组中有两位受试者, 第二组中有 7 位受试者, 等等. 要做到这一点, 需要引入指定数字的"槽", 这些"槽"与指定的组之间的距离为零, 与其他组之间的距离为无穷大. 为了从第一组丢弃两个受试者, 在与第一组受试者零距离和与其他组受试者无穷大距离的情况下引入两个"槽". 和往常一样, "槽"之间的距离是无穷大的. 这样, 每组中所要求的受试者都与"槽"配对并被丢弃, 其余受试者尽可能接近; 参见文献 [22] 以获得证明和示例.

表 12.6 从 6 位受试者中丢弃 2 位受试者的两个配对的最优选择

ID	1	2	3	4	5	6	槽	槽
1	0	106	119	231	110	101	0	**0**
2	106	0	207	126	192	68	**0**	0
3	119	207	0	156	247	**25**	0	0
4	231	126	156	0	**34**	67	0	0
5	110	192	247	**34**	0	212	0	0
6	101	68	**25**	67	212	0	0	0
槽	0	**0**	0	0	0	0	0	∞
槽	**0**	0	0	0	0	0	∞	0

8×8 距离矩阵引入了两个槽, 它们与每位受试者之间的距离为零, 彼此之间的距离为无穷大. 两位受试者与槽匹配且被丢弃. 最优匹配为 (1, 8), (2, 7), (3, 6), (4, 5), 距离为 $0 + 0 + 25 + 34 = 59$. 受试者 1 和 2 被丢弃.

12.2.3 三组的平衡不完全区组设计

表 12.4 所示和 12.1 节所讨论的匹配程序足以从几个组别中形成配对. 在一般情况下, 为了尽量减少配对内的距离, 组别间的配对可能会很不平衡. 例

如, 组 1 可能总是与组 2 进行配对, 而组 3 总是与组 4 进行配对. 不平衡的比较是否不可取取决于上下文; 考虑到协变量在不同组别中的分布情况, 这可能是合理的.

在某些情况下, 人们可能更喜欢强制某种程度的匹配平衡, 甚至更喜欢一个平衡不完全区组设计, 其中每个组都是均等地与其他组进行配对. 对于三组, 在计算允许的范围内就有可能控制一组与另一组进行配对的受试者人数. 的确, 通过简单的代数运算, 这三组中每一组使用的受试者人数决定了一组与另一组进行配对的受试者人数; 见文献 [22, 式 (2.1)]. 例如, 在文献 [22, §3.2] 的实例中, 三组各自保留 56 位受试者, 这里产生了一个平衡不完全区组设计, 即第一组与第二组进行配对的 28 个匹配, 第一组与第三组进行配对的 28 个匹配, 以及第二组与第三组进行配对的 28 个匹配.

12.2.4 多个组别的倾向性评分

倾向性评分有几种推广方法, 以便在不同剂量或多个组别的场景中使用. 这些推广方法依赖于额外的假设, 并产生各种性质. 一种推广方法是对有序剂量使用有序 logit 模型, 当模型指定正确时, 在倾向性评分的线性部分上的匹配往往能平衡观察到的协变量; 见文献 [18, 第 331 页]. 这种形式的评分已用于非二部匹配 [23, §2.3]. 另一种推广方法是使用多个二分类 logit 模型作为对观察值进行加权的策略 [17]. 产生多维评分的多元模型 (multivariate model) 也是可能用到的; 参见文献 [18, 第 331 页] 和文献 [16].

12.3 两个对照组的剂量匹配

12.3.1 最低工资会降低就业率吗?

这个实例使用了 David Card 和 Alan Krueger [4,5] 关于提高最低工资对就业影响的研究数据; 参见第 4.5 节. 经济学家常说, 最低工资法 (minimum wage law) 损害了法律想要使之受益的人们. 例如, 1946 年, George Stigler [33] 写道:

在竞争中, 每个工人得到他的边际产品的价值. 因此, 如果最低工资对就业是有影响的, 它必然具有以下两种效果之一: 第一, 服务价值低于最低工资的工人会被解雇……; 或者, 第二, 提高了低效率工人的生产率.

在论证了第二种效果不可信之后, Stigler 继续说道: "最低工资越高, 被解雇的员工人数就越多." 在我看来, 在第 4.6 节的意义上, Stigler 是在讨论一个 "效果的原因", 而不是对一个效果提出直接证明. 讨论最低工资的现代教科书, 请参见 Pierre Cahuc, Stéphane Carcilo 和 André Zylberberg [3, §12.2].

这是关于最低工资对就业影响的众多实证研究之一, 1992 年 4 月 1 日, 美国新泽西州将其州最低工资从每小时 4.25 美元提高到 5.05 美元之后, Card 和 Krueger [4] 研究了邻近的美国新泽西州 (New Jersey, NJ) 和宾夕法尼亚州 (Pennsylvania, PA) 的汉堡王 (Burger King) 和肯德基 (Kentucky Fried Chicken) 等快餐店就业情况的变化. 新泽西州最低工资标准的提高是否降低了快餐店 (fast food restaurant) 的就业率?

新泽西州最低工资从 4.25 美元上调至 5.05 美元, 这一举措预计将对新泽西州的餐厅产生最大影响, 因为这些餐厅在工资上调之前的起薪水平达到或接近最低工资水平, 即 4.25 美元, 这对最低工资没有提高的宾夕法尼亚州的餐厅影响很小或几乎没有影响, 且对提高最低工资之前起薪较高的新泽西州的餐厅影响较小. 例如, 新泽西州一家在加薪前支付 4.25 美元时薪的餐厅需要将起薪提高 0.80 美元, 而一家支付 4.75 美元时薪的餐厅则需要将起薪提高 0.30 美元才能符合新法律; 据推测, 后者受法律的影响较小. 最低工资降低就业率的理论产生了两种预测, 一种是关于新泽西州和宾夕法尼亚州的比较, 另一种是关于新泽西州内部的比较.

12.3.2 形成两个独立比较的最优匹配

有 351 家餐厅在加薪前后都有起薪 (starting wage) 和就业数据. 通过丢弃其中一家餐厅, 这些餐厅将被分成 175 对两两配对的餐厅, 其中 $351 = 2 \times 175 + 1$. 在 65 个配对中, 一家宾夕法尼亚州的餐厅与一家新泽西州的餐厅相匹配. 在余下的 110 个配对中, 两家新泽西州的餐厅相匹配, 一家在加薪前起薪较低, 另一家在加薪前起薪较高.

匹配使用了一个 351×351 的距离矩阵, 将每家餐厅和其他每家餐厅进行比较. 这些距离是两部分的组合: 在协变量上的距离, 以及为迫使一个适当的比较而采用的惩罚. 有 5 个协变量: 3 个二分类指标可区分 4 家连锁餐厅 (BK = 汉堡王快餐、KFC = 肯德基快餐、RR = 罗伊·罗杰斯 (Roy Rogers) 快餐、W = 温迪 (Wendy's) 快餐), 一个二分类指标表示餐厅是否为直营连锁 (company owned), 以及一个变量为餐厅每天营业时间.[2] 对这 5 个协变量基于秩的马氏距离的计算见第 9.3 节.

351 × 351 距离矩阵中的一个 66 × 66 的子矩阵表示宾夕法尼亚州餐厅之间的距离. 我们不希望宾夕法尼亚州的餐厅彼此匹配, 因此为 66 × 66 子矩阵中的元素增加了一个大的数字, 具体地说是最大的协变量距离 m = 37.44 的 20 倍, 即 20 × 37.44 = 748.8. 其将会满足任何足够大的惩罚.

如果我们将一家宾夕法尼亚州的餐厅与一家新泽西州的餐厅进行匹配, 我们希望这两家匹配的餐厅在加薪之前具有相似的起薪. 使用了 0.20 美元的卡尺, 并附加了罚函数; 见第 9.4 节. 具体来说, 如果一个新泽西州的餐厅 k 和一个宾夕法尼亚的餐厅 ℓ 在加薪之前的起薪分别为 w_k 和 w_ℓ, 然后通过添加惩罚 $100 \times m \times \max(0, |w_k - w_\ell| - 0.2)$ 来增加它们之间的距离. 如果 $|w_k - w_\ell| \leq 0.2$ 美元, 则惩罚为 0. 如果 $|w_k - w_\ell| = 0.21$ 美元, 则惩罚为 $|w_k - w_\ell| = 100 \times 37.44 \times 0.01 = 37.44$, 而如果 $|w_k - w_\ell| = 0.25$ 美元, 则惩罚为 $|w_k - w_\ell| = 100 \times 37.44 \times 0.05 = 187.2$. 正如在第 9.4 节中所讨论的, 分级的罚函数相对于单一的大惩罚的优点在于, 稍微超出卡尺的模式比超出卡尺很多的模式更能被接受. 当配对完成时, 在由一家新泽西州 (NJ) 餐厅和一家宾夕法尼亚州 (PA) 餐厅匹配的 65 个配对中, NJ 餐厅减去 PA 餐厅的差 $w_k - w_\ell$ 的中位数为 0.00 美元, 绝对差 $|w_k - w_\ell|$ 的中位数也为 0.00 美元, 绝对差的平均值为 0.07 美元, 最大绝对差为 0.25 美元, 因此 0.20 美元的卡尺有几次被超出了, 但超出的并不多.

如果我们把一家新泽西州的餐厅和另一家新泽西州的餐厅相匹配, 我们希望这两家匹配的餐厅在加薪前的起薪有很大的不同. 这也是使用罚函数可实现的, 将对差额小于 0.50 美元的两家餐厅的距离施加一个惩罚. 新泽西州的两家餐厅 k 和 ℓ, 它们加薪前的起薪为 w_k 和 w_ℓ, 通过添加惩罚 $50 \times \max(0, 0.5 - |w_k - w_\ell|)$, 增加了二者之间的距离. 如果 $|w_k - w_\ell| \geq 0.50$ 美元, 则惩罚为零, 但如果 $|w_k - w_\ell| = 0.40$, 则惩罚为 187.2. 当配对完成后, 在由新泽西州一家高

---

[2]对餐厅进行了两次采访, 一次是在 1992 年 2 月, 即在新泽西州提高其最低工资之前, 另一次是在 1992 年 11 月, 即在新泽西州提高其最低工资之后. Card 和 Krueger 将全职等效就业人数 (FTE) 定义为经理人数加上全职员工人数再加上兼职员工人数的一半, 第一次采访中为 NMGRS + EMPFT + EMPPT/2 和第二次采访中为 NMGRS2 + EMPFT2 + EMPPT2/2, 则就业变化就是这两个量的差值, 即 11 月减去 12 月. 一顿正餐 (a full meal) 的价格是指一杯汽水 (soda)、一份薯条 (fries) 和一道主菜 (entree) 的价格之和, 第一次采访是 PSODA + PFRY + PENTREE, 第二次采访是 PSODA2 + PFRY2 + PENTREE2, 则价格变化就是这两个量的差值. 最低工资提高前的起薪从第一次采访开始算起. 使用的其他变量包括连锁餐厅、餐厅是否为直营连锁和餐厅营业时间. 这里有 410 家餐厅, 但分析只使用了 351 家餐厅, 这些餐厅拥有完整的就业和起薪数据. 变量 SHEET 是 Card 和 Krueger 研究中的餐厅编码.

工资和一家低工资组成的 110 对餐厅中, 加薪前的起薪高低差异在 0.25 美元到 1.50 美元, 平均值为 0.58 美元, 中位数为 0.50 美元.

表 12.7 左边是 351 家餐厅中 6 家的基线信息, 而表 12.7 右边是这 6 家餐厅的 351 × 351 距离矩阵的 6 × 6 子矩阵部分. 变量 Sheet 中编号为 301 和 310 的餐厅距离为 7.4, 不会施加惩罚, 因为在加薪前, 它们是新泽西州两家起薪完全不同的餐厅; 然而, 它们在其他协变量上并不接近, 因为一家是肯德基快餐, 另一家是温迪快餐, 一家是直营连锁, 另一家却不是. 编号为 301 和 477 餐厅的距离被施加了很大的惩罚使得这两家餐厅无法匹配, 因为一家餐厅在新泽西州, 另一间在宾夕法尼亚州且它们的起薪相差 0.80 美元, 等等.

表 12.7 展示了 6 家餐厅的距离矩阵

Chain	CO	HRS	State	Wage	Sheet	301	310	477	434	208	253
KFC	Yes	10.5	NJ	5	301	—	7.4	2067.6	2065.5	233.5	698.0
W	No	11.5	NJ	4.25	310	7.4	—	7.3	4.7	254.8	6.4
BK	No	16.5	PA	4.25	477	2067.6	7.3	—	749.5	641.2	1583.1
BK	No	16	PA	4.25	434	2065.5	4.7	749.5	—	642.5	1579.7
RR	Yes	17	NJ	4.62	208	233.5	254.8	641.2	642.5	—	475.7
RR	Yes	13	NJ	4.87	253	698.0	6.4	1583.1	1579.7	475.7	—

协变量为: Chain= 连锁餐厅 (BK= 汉堡王快餐, KFC= 肯德基快餐, RR= 罗伊·罗杰斯快餐, W= 温迪快餐); CO= 直营连锁 (Yes= 是, No= 否); HRS= 每天营业时间. 其他变量为 State (NJ= 新泽西州, PA= 宾夕法尼亚州); Wage= 按每小时美元计算的加薪前的起薪; 以及 Sheet= 餐厅编码. 最后 6 列包含这 6 家餐厅之间的距离.

奇数家餐厅是不能配对的. 351 × 351 距离矩阵通过添加一行和一列的零来增加到 352 × 352. "槽" 与所有实际的餐厅的距离为零. 一家餐厅——最难匹配的餐厅——与 "槽" 相匹配, 成本为零, 剩下的 350 家餐厅被配对成 175 对. 如果增加 51 个 "槽", 而不是一个 "槽", 在餐厅和 "槽" 之间有零距离, 在一个 "槽" 和另一个 "槽" 之间有无穷大距离, 那么最优非二部匹配将会把 51 家餐厅与 "槽" 配对, 留下 300 间餐厅彼此配对, 以形成 150 个配对. 使用额外的 "槽" 会丢弃一些餐厅, 这可能有遗憾, 但它会在剩下的配对上产生更接近的匹配. 在当前的例子中, 使用了一个 "槽", 且丢弃了一家餐厅.[3]

---

[3]事实证明, 这家被丢弃的餐厅是宾夕法尼亚州一家直营连锁的肯德基餐厅, 每天营业 10 小时, 在最低工资上调之前, 该餐厅已经支付了 5.25 美元起薪. 即变量 Sheet 中的编号 481.

采用最优非二部匹配算法对 352 × 352 的距离矩阵进行餐厅配对, 使配对内总距离最小. 该算法暗含地确定: (1) 应该丢弃哪家餐厅, (2) 哪些新泽西餐厅应该与宾夕法尼亚州的餐厅配对, 哪些餐厅应该与其他新泽西州的餐厅配对, (3) 哪些单独的餐厅应该配对.

对于最优匹配, 表 12.8 描述了协变量每天的营业时间. 在表 12.8 中, "受影响较大"指的是 NJ-对-PA 配对中的新泽西州餐厅, 且也指的是 NJ-对-NJ 配对中加薪前起薪较低的餐厅. 当然, "受影响较小"指的是同一配对餐厅中的另一家餐厅. 在 88% 的配对中, 餐厅是同一家连锁餐厅, 在 93% 的配对中, 餐厅在公司直营连锁方面是相同的. 此外, 每天营业时间的分布情况也类似, 见表 12.8.

表 12.8 在所有 175 个配对的受影响较大和受影响较小的餐厅中, 在 65 个 NJ-对-PA 配对中, 以及在 110 个 NJ-对-NJ 配对中, 平衡一个协变量即每天营业时间

组别	类型	最小值	下四分位数	中位数	上四分位数	最大值
受影响较大	All	7.0	11.5	15.5	16.0	24.0
受影响较小	All	8.0	12.0	16.0	16.5	24.0
受影响较大	NJ-对-PA	7.0	11.5	16.0	16.5	19.0
受影响较小	NJ-对-PA	8.0	12.0	16.0	16.5	24.0
受影响较大	NJ-对-NJ	10.0	11.5	15.0	16.0	24.0
受影响较小	NJ-对-NJ	9.5	12.0	15.0	16.0	24.0

除了这个协变量, 对连锁餐厅的配对也进行了匹配, 且有 88% 是精确匹配, 对直营连锁的配对, 有 93% 是精确匹配. NJ-对-PA 配对在新泽西州最低工资上调之前有相似的起薪. NJ-对-NJ 配对在加薪前的起薪差别很大, 受影响较小的餐厅起薪较高. 注: NJ-对-PA 表示一家新泽西州的餐厅与宾夕法尼亚州的餐厅的配对; NJ-对-NJ 表示两家新泽西州的餐厅的配对.

对于最优匹配, 图 12.1 和表 12.9 显示了在加薪之前起薪的分布情况. 根据预期, 在 65 个 NJ-对-PA 配对中的起薪分布是非常相似的. 在 110 个 NJ-对-NJ 配对中的起薪是非常不同的. 平均而言, 在 NJ-对-NJ 配对中受影响较大的餐厅将不得不提高起薪 0.73 美元, 以满足最低工资提高到 5.05 美元的水平, 而受影响较小的餐厅只需要增加 0.14 美元.

12.3 两个对照组的剂量匹配

65 个 NJ-对-PA 配对 **110 个低-对-高的 NJ 配对**

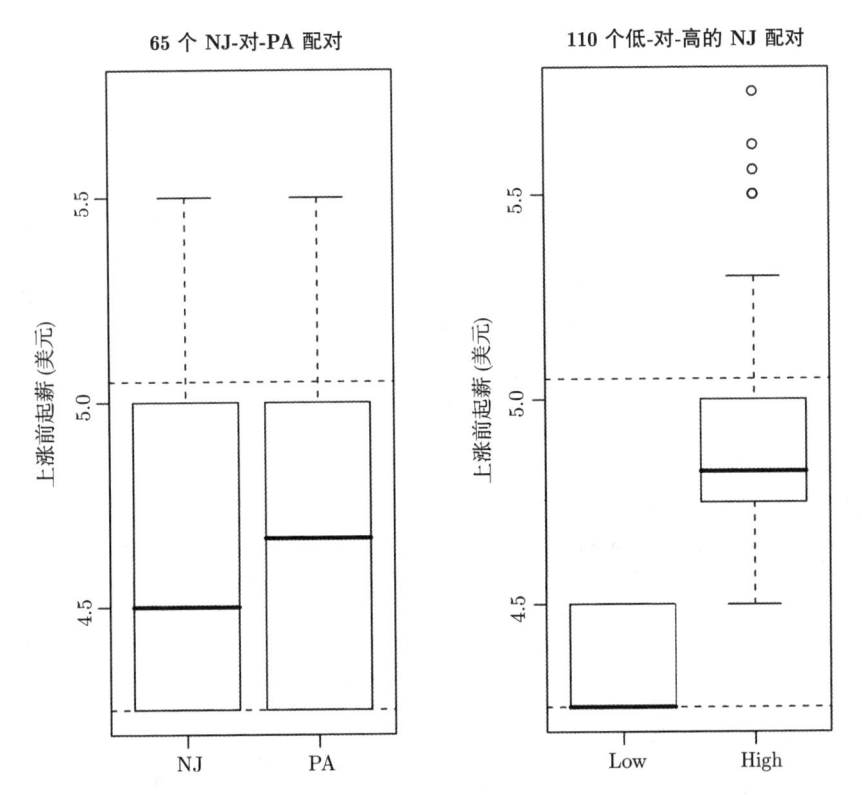

图 12.1 在 1992 年 4 月 1 日新泽西州提高最低工资之前, 在 1992 年 2 月按每小时美元计算的起薪. 在由一家新泽西州 (NJ) 与一家宾夕法尼亚州 (PA) 餐厅匹配的 65 个配对餐厅中, 这些餐厅的起薪、连锁餐厅品牌、直营连锁品牌和营业时间在 1992 年 2 月是相似的. 在由两家新泽西州餐厅匹配的 110 个配对餐厅中, 选择了一家起薪低的餐厅和另一家起薪高的餐厅进行匹配, 因此要求低薪餐厅提高更多的工资, 以符合新泽西州新的最低工资标准. 水平虚线为旧最低工资 4.25 美元和新最低工资 5.05 美元

表 12.9 新泽西州最低工资上调前 110 对低工资 (low-wage) (受影响较大) 餐厅和高工资 (high-wage) (受影响较小) 餐厅的起薪的比较

组别	类型	平均值	最小值	下四分位数	中位数	上四分位数	最大值
受影响较大	NJ-对-NJ	4.33	4.25	4.25	4.25	4.50	4.50
受影响较小	NJ-对-NJ	4.91	4.50	4.75	4.83	5.00	5.75
差值	NJ-对-NJ	0.58	0.24	0.50	0.58	0.50	1.25

最低工资被提高到 5.05 美元, 所以受影响较小的餐厅平均被迫提高起薪 0.14 美元, 而受影响较大的餐厅平均被迫提高起薪 0.72 美元. 如果提高最低工资会降低就业率, 那么它对受影响较大的餐馆可能会产生更大的影响. 注: NJ-对-NJ 表示两家新泽西州的餐厅的配对.

12.3.3 两个对照组的就业变化的差值

新泽西州最低工资的提高是否降低了 175 对餐厅中受影响较大餐厅的就业率？其结果变量是全职等效就业人数 (full-time-equivalent employment, FTE) 在工资上涨后减去上涨前的变化. 在接下来的讨论中，"工人"或"雇员"指的是一名全职工人，即使这意味着两个人每人各工作一半时间. 这家典型的餐厅大约有 20 名员工. 变化值 −1 意味着加薪后餐馆少了一名员工. 表 12.10 和图 12.2 显示了变化的分布情况. 有些变化看起来大得令人难以置信，无论是正的还是负的，可能是由于某种测量误差导致的，但大多数变化值是可信的. 受影响较大和较小的餐厅的变化中值都为零.

表 12.10 在所有 175 对受影响较大和受影响较小的餐厅中，其中有 65 个 NJ-对-PA 配对，有 110 个 NJ-对-NJ 配对，全职等效就业人数 (FTE) 在工资上涨后减去上涨前的变化

组别	类型	最小值	下四分位数	中位数	上四分位数	最大值
受影响较大	All	−20.0	−3.0	0.0	4.2	28.0
受影响较小	All	−41.5	−5.0	0.0	4.0	23.5
受影响较大	NJ-对-PA	−18.5	−4.0	0.5	4.0	15.5
受影响较小	NJ-对-PA	−41.5	−7.0	−0.5	4.0	22.8
受影响较大	NJ-对-NJ	−20.0	−2.2	0.0	4.4	28.0
受影响较小	NJ-对-NJ	−34.0	−3.5	1.0	4.0	23.5

在新泽西州 (NJ) 最低工资上调之前，NJ-对-PA 配对的起薪相似. NJ-对-NJ 配对在加薪前的起薪差别很大，受影响较小的餐厅起薪较高.

表 12.11 比较了受影响较大的餐厅和受影响较小的餐厅的工资变化. 这些变化采用所谓的倍差法 (或双重差分法)(difference-in-difference) 分析: 匹配对差，即受影响较大的餐厅的人数变化减去受影响较小的餐厅的人数变化，即工资上涨前后的人数变化的差值. 表 12.11 的上半部分是指就业情况，下半部分是指一顿正餐的价格，指的是苏打水、薯条和主菜. 统计推断使用 Wilcoxon 符号秩检验、可加效应的相关置信区间和可加效应的 Hodges-Lehmann 点估计; 详见第 2 章. 虽然 Stigler [33] 预测最低工资的增加会减少就业，但是表 12.11 中对就业的点估计是正的，而不是负的，并且在 0.05 水平下与零检验没有显著差异. 在全部 "ALL" 配对的比较中，减少 1 名员工落在就业人数变化的 95% 置信区间之外. 有少量的证据表明，受影响较大的餐厅的正餐价格出现了小幅上涨，但点估计不到 5 美分，在 0.05 的水平上，它与零检验没有显著差异.

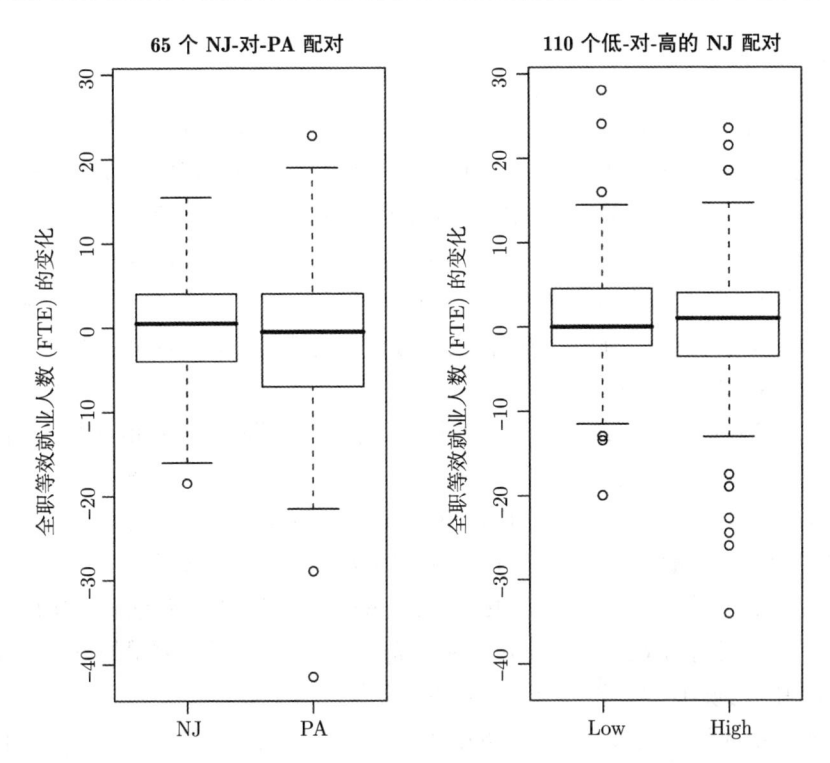

图 12.2 全职等效就业人数 (FTE) 在工资上涨后减去上涨前的变化, 即从新泽西州 (NJ) 最低工资上涨前到上涨后. 如果提高最低工资往往会导致快餐店的就业率下降, 那么人们有理由认为, 在 65 个 NJ-对-PA 配对餐厅中的 65 家新泽西州餐厅里, 以及在 110 个 NJ-对-NJ 配对餐厅中的 110 家新泽西州薪水较低的餐厅里, 就业率会出现更大幅度的下降; 然而, 目前还没有发现这种迹象

表 12.11 对 FTE 就业和一顿正餐 (a full meal) 价格的倍差法估计

结果	类型	HL 估计	95%CI	P-值
就业人数	All	1.00	$[-0.62, 2.63]$	0.22
就业人数	NJ-对-PA	1.25	$[-1.38, 4.25]$	0.40
就业人数	NJ-对-NJ	0.88	$[-1.00, 2.87]$	0.38
价格	All	0.040	$[-0.005, 0.085]$	0.07
价格	NJ-对-PA	0.025	$[-0.045, 0.115]$	0.47
价格	NJ-对-NJ	0.045	$[-0.005, 0.105]$	0.08

使用 Wilcoxon 符号秩检验和相关的 Hodges-Lehmann 点估计和置信区间检查工资上涨后减去上涨前变化的匹配对差 (the matched pair difference in after-minus-before change). 该点估计表明, 受影响较大的餐馆的就业人数有所增加, 而不是预测的减少, 但在 0.05 水平上, 就业人数的差与零检验无显著性差异. 有一点证据表明, 一顿正餐的价格上涨了, 但它, 同样, 在 0.05 的水平上, 与零检验无显著性差异, 价格上涨的幅度估计不到 5 美分.

12.4 延伸阅读

文献 [1,2,13,14,21–24,27,31,32,35] 讨论了最优非二部匹配的统计用途和应用. 从这些文献中可以看出, Bo Lu 和 Robert Greevy 在促进非二部匹配在统计中的应用方面发挥了重要作用; 见文献 [14,21–24]. 第 12.3 节中的具体方法说明了与剂量匹配 [23] 和两个对照组匹配 [22]. 最优非二部匹配在风险集匹配中也很有用, 风险集匹配在第 13 章和文献 [20,21,31,32] 中有讨论. 在随机试验中, 非二部匹配允许在随机化之前进行匹配 [14]. 这也被用来强化工具变量 [1,2,13] 和第 5.4 节.

Jack Edmonds [12] 开发了一些用于最优非二部匹配算法的结果. 教科书中讨论见 [25, §11.3] 和 [8, §5.3], 全面评述文章见文献 [7]. Ulrich Derigs [11] 在 Fortran 中提供了一个代码实现, Bo Lu 等人 [24] 已经使其可以从统计软件包 R 中访问. 文献 [7] 中也可获得实现此方法的 C 语言代码.

第 12.3 节使用了 David Card 和 Alan Krueger [4] 的精细研究中的数据和想法. 另一种使用证据因素 (evidence factor) 分析他们的数据的方法可在文献 [30] 中找到; 有关证据因素的一般性讨论见第 20 章.

非二部匹配是对多个组匹配的几种方法之一. 其他方法参见第 21 章和文献 [19,26]. 类似地, 非二部匹配是用于强化工具的几种技术之一. 其他技术参见文献 [34, 附录 I] 和 [35].

12.5 软件

在 Lu, Greevy, Xu, Beck [24] 开发的 R 软件包 nbpMatching 中使用 Derigs [11] 的算法实现了非二部匹配. 它在 Zubizarreta 开发的 R 软件包 designmatch 中使用混合整数编程实现了附加功能 [35]. Rigdon, Baiocchi 和 Basu [29] 开发的 R 软件包 nearfar 使用非二部匹配来强化工具. Yang 等人 [34, 附录 I] 讨论了使用二部匹配来强化一个工具. 非二部匹配有时用于风险集匹配, 如第 13 章所述.

12.6 数据

在普林斯顿大学劳资关系部门的网页上, 可以找到 David Card 和 Alan Krueger [4,5] 关于最低工资和就业的数据.

参考文献

[1] Baiocchi, M., Small, D. S., Lorch, S., Rosenbaum, P. R.: Building a stronger instrument in an observational study of perinatal care for premature infants. J. Am. Stat. Assoc. **105**, 1285–1296 (2010)

[2] Baiocchi, M., Small, D. S., Yang, L., Polsky, D., Groeneveld, P. W.: Near/far matching: a study design approach to instrumental variables. Health Serv. Outcomes Res. Method **12**, 237–253 (2012)

[3] Cahuc, P., Carcillo, S., Zylberberg, A.: Labor Economics (2nd edn.). MIT Press, Cambridge (2014)

[4] Card, D., Krueger, A. B.: Minimum wages and employment: a case study of the fast-food industry in New Jersey and Pennsylvania. Am. Econ. Rev. **84**, 772–793 (1994)

[5] Card, D., Krueger, A. B.: Myth and Measurement: The New Economics of the Minimum Wage. Princeton University Press, Princeton (1995).

[6] Cochran, W. G., Cox, G. M.: Experimental Designs. Wiley, New York (1957)

[7] Cook, W. J., Rohe, A.: Computing minimum-weight perfect matchings. INFORMS J. Comput. **11**, 138–148 (1999).

[8] Cook, W. J., Cunningham, W. H., Pulleyblank, W. R., Schrijver, A.: Combinatorial Optimization. Wiley, New York (1998)

[9] Cox, D. R., Reid, N.: The Theory of the Design of Experiments. Chapman and Hall/CRC, New York (2000)

[10] Daniel, S., Armstrong, K., Silber, J. H., Rosenbaum, P. R.: An algorithm for optimal tapered matching, with application to disparities in survival. J. Comput. Graph. Stat. **17**, 914–924 (2008)

[11] Derigs, U.: Solving nonbipartite matching problems by shortest path techniques. Ann. Oper. Res. **13**, 225–261 (1988)

[12] Edmonds, J.: Matching and a polyhedron with 0-1 vertices. J. Res. Nat. Bur. Stand. **65B**, 125–130 (1965)

[13] Ertefaie, A., Small, D. S., Rosenbaum, P. R.: Quantitative evaluation of the trade-off of strengthened instruments and sample size in observational studies. J. Am. Stat. Assoc. **113**, 1122–1134 (2018)

[14] Greevy, R., Lu, B., Silber, J. H., Rosenbaum, P. R.: Optimal matching before randomization. Biostatistics **5**, 263–275 (2004)

[15] Hornik, R., Jacobsohn, L., Orwin, R., Piesse, A., Kalton, G.: Effects of the national youth anti-drug media campaign on youths. Am. J. Public Health **98**, 2229–2236 (2008)

[16] Imai, K., van Dyk, D. A.: Causal inference with general treatment regimes: generalizing the propensity score. J. Am. Stat. Assoc. **99**, 854–866 (2004)

[17] Imbens, G. W.: The role of the propensity score in estimating dose-response functions. Biometrika **87**, 706–710 (2000)

[18] Joffe, M. M., Rosenbaum, P. R.: Propensity scores. Am. J. Epidemiol. **150**, 327–333 (1999)

[19] Karmakar, B., Small, D. S., Rosenbaum, P. R.: Using approximation algorithms to build evidence factors and related designs for observational studies. J. Comput. Graph. Stat. **28**, 698–709 (2019)

[20] Li, Y. F. P., Propert, K. J., Rosenbaum, P. R.: Balanced risk set matching. J. Am. Stat. Assoc. **96**, 870–882 (2001)

[21] Lu, B.: Propensity score matching with time-dependent covariates. Biometrics **61**, 721–728 (2005)

[22] Lu, B., Rosenbaum, P. R.: Optimal matching with two control groups. J. Comput. Graph. Stat. **13**, 422–434 (2004)

[23] Lu, B., Zanutto, E., Hornik, R., Rosenbaum, P. R.: Matching with doses in an observational study of a media campaign against drug abuse. J. Am. Stat. Assoc. **96**, 1245–1253 (2001)

[24] Lu, B., Greevy, R., Xu, X., Beck, C.: Optimal nonbipartite matching and its statistical applications. Am. Stat. **65**, 21–30 (2011)

[25] Papadimitriou, C. H., Steiglitz, K.: Combinatorial Optimization: Algorithms and Complexity. Prentice Hall, Englewood Cliffs (1982)

[26] Pimentel, S. D., Small, D. S., Rosenbaum, P. R.: Constructed second control groups and attenuation of unmeasured biases. J. Am. Stat. Assoc. **111**, 1157–1167 (2016)

[27] Pimentel, S. D., Small, D. S., Rosenbaum, P. R.: An exact test of fit for the Gaussian linear model using optimal nonbipartite matching. Technometrics **59**, 330–337 (2017)

[28] R Development Core Team.: R: A Language and Environment for Statistical Computing. R Foundation, Vienna (2007).

[29] Rigdon, J., Baiocchi, M., Basu, S.: Near-far matching in R: the nearfar package. J. Stat. Softw. **86**, 5 (2018).

[30] Rosenbaum, P. R.: Evidence factors in observational studies. Biometrika **97**, 333–345 (2010)

[31] Rosenbaum, P. R., Silber, J. H.: Sensitivity analysis for equivalence and difference in an observational study of neonatal intensive care units. J. Am. Stat. Assoc. **104**, 501–511 (2009)

[32] Silber, J. H., Lorch, S. L., Rosenbaum, P. R., Medoff-Cooper, B., Bakewell-Sachs, S., Millman, A., Mi, L., Even-Shoshan, O., Escobar, G. E.: Additional maturity at discharge and subsequent health care costs. Health Serv. Res. **44**, 444–463 (2009)

[33] Stigler, G. J.: The economics of minimum wage legislation. Am. Econ. Rev. **36**, 358–365 (1946)

[34] Yang, F., Zubizarreta, J. R., Small, D. S., Lorch, S., Rosenbaum, P. R.: Dissonant conclusions when testing the validity of an instrumental variable. Am. Stat. **68**, 253–263 (2014)

[35] Zubizarreta, J. R., Small, D. S., Goyal, N. K., Lorch, S., Rosenbaum, P. R.: Stronger instruments via integer programming in an observational study of late preterm birth outcomes. Ann. Appl. Stat. **7**, 25–50 (2013)

第 13 章 风险集匹配

摘要 当一项处理 (治疗) 可能在不同时期进行时, 重要的是使形成匹配对或匹配集, 其中的受试者在治疗前是相似的, 但要避免在治疗后的事件上进行匹配. 这是通过风险集匹配完成的, 在这种匹配中, 根据时刻 t 之前描述的受试者协变量信息, 将 t 时刻的一位新治疗的受试者与 t 时刻的一位或多位未治疗的对照者进行匹配.

13.1 心脏移植能延长生命吗?

在 20 世纪 60 年代末和 70 年代初, 心脏移植还是一种新的外科手术治疗 (surgical procedure). 1972 年, Mitchell Gail [9] 发表了一篇简短但有影响力和深刻见解的评论, 对当时评估心脏移植的两项实证研究进行了评价. 心脏不是立即就能移植; 一个心脏的候选人必须等待直到可获得一颗心脏. 在 "心脏移植能延长生命吗?" 的重新评估中, Gail 写道:

> 最近的两篇关于心脏移植经验的报道表明, 该手术似乎可以延长生命. 然而, 观察到的差异可以用可能的选择偏倚 (selection bias) 来解释……在这两项研究中, 患者被默认分配到非移植组 (nontransplant group). 也就是说, 一个潜在移植接受者成为非移植组的一员, 因为在潜在接受者死亡之前没有合适的供体 (donor)……这种分配法使结果偏向于被移植的那组 [9, 第 815 页]……非移植组的生存时间比用随机分配法观察到的生存时间要短, 因为该方法不公平地把大量重病患者分配给非移植组……并且移植组的生存时间比

随机分配法观察到的生存时间要长,原因有二.首先,不公平地把大量风险较低的患者分配到移植组,引入了偏倚.其次,移植组的患者可以(根据定义)至少存活到找到供体为止,而这一宽限期已经隐含地加入移植组的生存时间中.[9,第 816 页]

在有心脏可用之前,如果你早已死亡,你就是一个"对照者".如果你能活到有心脏为你所用的时候,那么你就会成为治疗对象.在一项试验中,应当在随机处理分配之前采用排除标准,以确保同样的排除标准适用于处理组和对照组(第 1.2.5 节),但在这里,过早死亡会导致你被纳入对照组,被排除在处理组之外.术语"恒定时间偏倚 (immortal time bias)"有时被用来描述这种情况 [30];参见文献 [23].

手术困难是由拖延造成的,即等待一颗合适的心脏. Gail 随后提出了消除这一困难的一项随机试验设计.当有一颗心脏可用时,与那颗心脏最匹配的两个存活个体被确定且配对,然后随机选择一位接受移植,另一位成为对照者,从随机抽取个体那天起测量生存率 [9,第 817 页].这个随机试验解决了心脏无法立即获得的问题,但也创造了一个适当的随机化对照组,一个可以用于随机化推断的对照组.

随着 Gail 的假设试验开始,一个类似但稍微不同的随机试验也会开始,即当有心脏可用时,将个体配对,随机分配这颗心脏给配对中的一位患者;然而,与 Gail 的试验不同的是,没有接受新心脏的对照组,如果以后有合适的心脏移植,仍然有资格接受合适的心脏移植.

总之,这个"稍微不同的试验"会估计延迟效应,也就是说,现在治疗的效果与等到将来再治疗的效果不同.在某些情况下,这在医学中很常见,这是一种实际的选择:现在治疗或等等看;如果治疗被延迟,还可以选择晚一些治疗.马上治疗有利吗?它能改善结局指标吗?还是等等看更好?延迟治疗是否能让我们对治疗对象做出更好的决定?延迟会消除不必要的治疗而不损害结局指标吗?还是治疗是不可避免的?如果治疗是不可避免的,那么延迟治疗是无意义的且还是有害的?这种形式的随机试验可以回答这些问题.风险集匹配创造了一个类似于这个随机试验的观察性研究.

13.2 间质性膀胱炎手术的风险集匹配研究

间质性膀胱炎 (interstitial cystitis, IC) 是一种慢性泌尿系统疾病 (chronic urologic disorder),以膀胱疼痛 (bladder pain) 和刺激性排尿 (irritative voiding) 为特征, 与尿道感染 (urinary tract infection) 的症状相似, 但没有感染的迹象. 为了更好地了解这种疾病及其治疗, 国家糖尿病、消化和肾脏疾病研究所 (National Institute of Diabetes, Digestive and Kidney Diseases) 建立了间质性膀胱炎数据库 (Interstitial Cystitis Data Base, ICDB) [21]. 在文献 [13] 中, 利用来自 ICDB 的数据, Paul Li, Kathleen Propert 和我提出了风险集匹配的方法, 用于研究手术干预 (surgical intervention)、膀胱镜检查 (cystoscopy) 和膀胱扩张 (hydrodistention) 对间质性膀胱炎 (IC) 症状的治疗效果. 本文描述了这项研究的各个方面.

为了被纳入间质性膀胱炎数据库, 患者必须至少在前 6 个月有间质性膀胱炎症状. 患者在加入 ICDB 时需进行评估, 之后大约每隔 3 个月进行一次评估. 3 个变量被定期测量: 疼痛 (pain) 和急迫感 (urgency), 这两个变量都记录 0 到 9 范围的取值, 数值越大表示强度越大; 以及夜间排尿频率. 一名额外的患者定期接受外科手术 (surgical procedure)、膀胱镜检查和膀胱扩张治疗. 为简短起见, 外科手术、膀胱镜检查和膀胱扩张被称为 "手术" 或 "治疗".

手术患者不是随机挑选的. 据推测, 一位难以忍受当前症状的患者更有可能选择手术. 这就产生了一个问题. 我们不能合理地比较间质性膀胱炎数据库中所有接受手术的患者和所有没有接受手术的患者, 因为知道一位患者从未接受过手术, 就有理由怀疑患者的症状从未变得无法忍受. 含蓄地说, 知道一位患者从未接受过手术, 就相当于知道了患者的整个症状过程. 我们想要创建一对患者, 使得其中一例患者在接受手术之前症状是相似的, 但不涉及他们随后的症状. 治疗前的匹配应该使得配对具有可比性; 后来发生的事情就是一个结果. 因此, 将一名新手术患者与一名在对该患者进行手术之前症状相似的对照患者配对; 然而, 这位对照者可能在以后接受手术. 这种配对比较估计了现在手术 (surgery now) 的效果和推迟手术 (delaying surgery) 到不确定的未来 (可能永远不会进行手术) 的效果. 它估计了患者和外科医生面临选择的效应.

每当患者接受手术时, 将该患者与尚未接受手术但在基线即加入间质性膀胱炎数据库时以及在手术患者接受手术时有类似症状的患者配对. 根据他们的基线和手术前的症状, 很难猜测哪个患者会接受手术, 因为他们当时的症状相似. 根据定义, 这位对照组的患者在手术患者术后的 3 个月记录时间间隔内没有接受手术, 但是对照者可以在此后的任何时间进行手术.[1]

---

[1]该匹配算法使用了如 8.3 节所示的距离, 但有一个重要的变化. 在 t 时刻接受手术的患者与在 t 时刻未接受手术的患者之间的距离由这两位患者到 t 时刻的协变量计算, 而不参考 t 时刻后获得的信息.

图 13.1 描述了用于匹配的基线症状和手术患者术后 6 个月的相同症状. 在图 13.1 中, 基线是指加入间质性膀胱炎数据库的时间, 时间 0 个月是指手术患者术前的时间, 3 个月是指术后 3 个月. 例如, 如果患者在加入 ICDB 后 9 个月接受手术治疗, 那么对于包括该患者在内的配对患者, 时间 0 个月为加入 ICDB 后 9 个月 (治疗时), 时间 3 个月为两例患者加入 ICDB 后 12 个月 (治疗后 3 个月). 在图 13.1 中, 这种匹配在特定意义上似乎是成功的, 因为手术患者及其匹配的风险集对照者 (risk set control) 在基线和手术患者的手术日期之前 (术前) 具有相似的症状分布. 手术前疼痛的分布相对于基线有轻微的上升, 但是匹配确保了手术患者和匹配对照者相对于基线都有上升. 的确, 随着时间的推移, 两位匹配个体的症状是相似的. 具体地说, 两位匹配个体的症状之间的相关性很高: 在基线时, 对于排尿频率、疼痛和急迫感症状, Spearman 秩相关性分别是 0.92, 0.94 和 0.87, 而在时间 0 个月时它们是 0.92, 0.91 和 0.92.

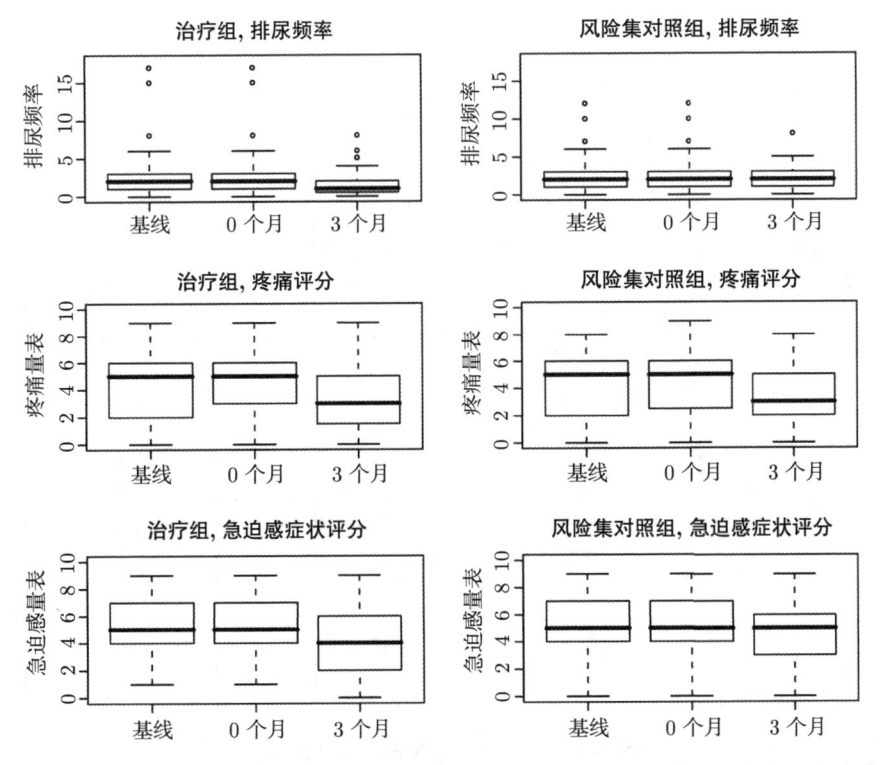

图 13.1 已治疗患者和未治疗的对照组在基线、治疗时和治疗后 3 个月的频率、急迫感和疼痛症状

在图 13.1 中, 手术患者术后 3 个月的疼痛和急迫感症状评分都有所改善, 但匹配对照患者的疼痛和急迫感症状评分的改善幅度几乎差不多. 在图 13.1 中, 手术患者的排尿频率症状有所改善, 但对照组没有改善.

图 13.2 加强了这种比较效果. 针对每位患者的 3 种症状, 排尿频率、疼痛和急迫感, 分别计算 3 个月时的测量值与基线和 0 个月时测量值的平均值之间的变化. 图 13.2 描述了这些处理减去对照的匹配对变化差. 对于疼痛和急迫感症状, 变化差的中位数为零, 表明手术效果不大. 对于排尿频率症状, 变化差的中位数是 −0.75, 一个相当小的变化差. 表 13.1 采用 Wilcoxon 符号秩检验分析了匹配对变化差, 在显著水平 0.05 下, 其排尿频率症状的变化差显著不为零.

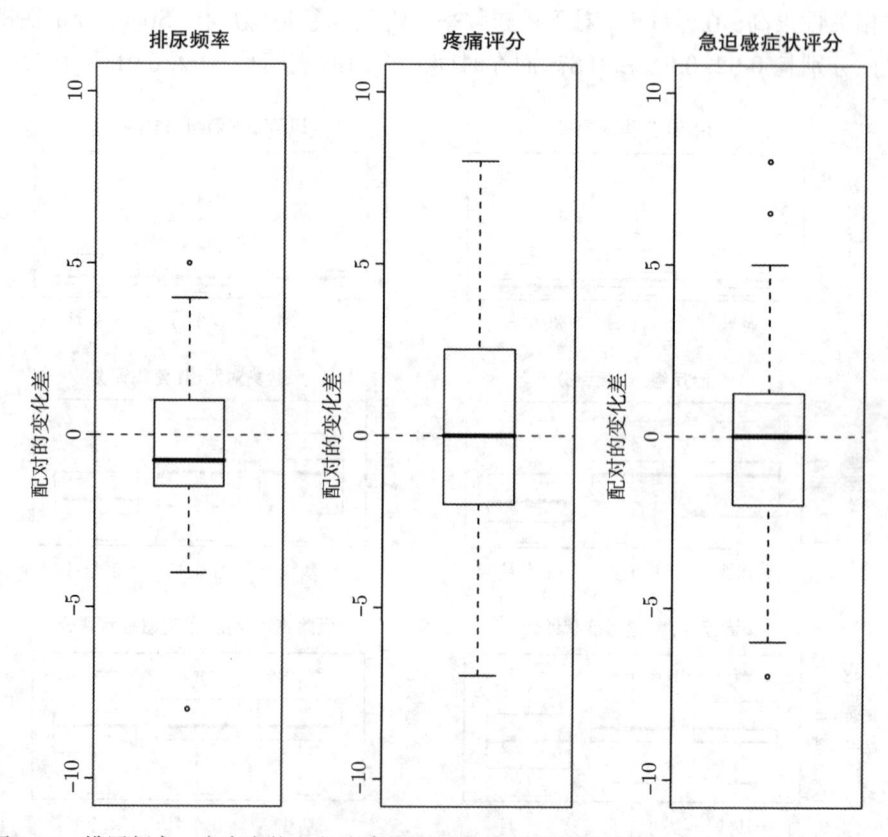

图 13.2 排尿频率、疼痛症状和急迫感的处理减去对照的变化差

表 13.1 关于间质性膀胱炎 (IC) 症状的配对变化差的推断

	排尿频率	疼痛	急迫感
P-值	0.004	0.688	0.249
HL 点估计	-0.50	0.00	-0.50
95% CI	$[-1.00, 0.00)$	$[-0.50, 0.75]$	$[-1.00, 0.25]$

双侧 P-值是来自 Wilcoxon 符号秩检验的结果, 检验了差值关于 0 对称的零假设. 与符号秩检验相关联的是对称中心的 Hodges-Lehmann (HL) 点估计和反向检验形成的 95% 置信区间 (95% CI).

13.3 从新生儿重症监护室到出院时发育成熟

早产儿被隔离在新生儿重症监护室 (NICU), 直到发育成熟才可以回家 [1]. 当婴儿发育足够成熟可以回家时, 为安全起见, 他们通常会多住几天, 但每名婴儿在这 "多住几天" 的天数会有很大的不同. 最近, Jeffrey Silber, Scott Lorch, Barbara Medoff-Cooper, Susan Bakewell-Sachs, Andrea Millman, Lanyu Mi, Orit Even-Shoshan, Gabriel Escobar 和我提出了一个问题 [27,29]: 在 NICU 的婴儿发育成熟后待得更久是否会受益?

我们研究了 1998 年至 2002 年间出生在北加利福尼亚州[*]凯萨医疗机构医疗保健计划 (Northern California Kaiser-Permanente Medical Care Program) 中 5 家医院的 1402 名早产儿 (premature infant). 早产儿的相关年龄不是出生时的年龄, 而是修正月龄 (母亲末次月经期后的年龄) (postmenstrual age, PMA), 而胎龄 (gestational age) 是指婴儿出生时的年龄. 在这项研究中, 所有 1402 名婴儿出生时的胎龄为 34 周或更少, 并顺利出院. 使用风险集匹配 [13,14], 我们把 1402 名婴儿分成 701 对, 每对有两名婴儿, 即一名 "早出院婴儿 (early baby)" 和一名 "晚出院婴儿 (late baby)", 使这两名婴儿在 "早出院婴儿" 从新生儿重症监护室 (NICU) 出院那天具有相似的修正月龄 (PMA), 但 "晚出院婴儿" 在 NICU 再多住几天.[2] 正如预期的那样, "晚出院婴儿" 不仅在出院时胎龄更长, 而且体重也更重, 并且在较长一段时间内保持了各种发育成熟的测量指标. "晚出院婴儿" 是否从在 NICU 多住几天的长大、长重和发育更成熟中受益? 或者, 把这些额外天数里相当可观的费用花在改善这些婴儿的门诊服务上会更好吗?

我们匹配平衡了表 13.2 中的变量. 在表 13.2 中, 前三组变量不随时间变化. 因此, 它们在表 13.2 的最后两列中的值是相同的. 第一组协变量描述了出

---

[*]美国加利福尼亚州北部的大都市圈, 简称北加州. ——译者注

[2]该匹配是一种最优非二部匹配; 见第 12 章.

生时婴儿的情况. 他们出生时平均胎龄为 31 周, 平均体重约 1.7 kg (3.75 磅). 第二组变量描述了婴儿的重要健康问题史. 第三组协变量描述了母亲的情况.

第四组变量测量的是发育成熟度, 因此它们确实随时间而变化; 它们在表 13.2 的最后两列有所不同. 发育成熟度包括: (1) 体温维持, (2) 协调吮吸, (3) 持续体重增加, 和 (4) 心肺功能发育成熟. 每天将发育成熟度的 6 个维度作为二分类变量进行评分, 1 表示这个维度尚未实现, 0 表示这个维度已经实现. 在几乎所有的情况下, 婴儿在出院那天有 6 个零的取值, 所以相关的问题是婴儿在出院前多长时间评分达到 0. 我们通过对二分类变量应用指数平滑 (exponential smoothing) [6] 来测量这一点, 因此平滑分数在 0 和 1 之间, 接近 0 的分数表明婴儿已经达到并保持了相当多天的 0 分. 表 13.2 中分别为 Apnea, Brady, Methyl, Oxygen, Gavage 和 Incubator 平滑分数; 注意, "早出院婴儿" 回家的时候, 这些评分都是相似的, 但是 "晚出院婴儿" 回家的时候, 这些评分都接近 0. 另一个时依协变量 (time-dependent covariate) 是婴儿当前的体重. 它被以多种形式记录在表 13.2 中; "晚出院婴儿" 回家时体重约 100 g. 此外, 还有婴儿的当前年龄或修正月龄; "晚出院婴儿" 在出院时修正月龄大了大约 3.5 天. 时依倾向性评分 [13,14] 是基于使用了固定和时依变量的 Cox 比例风险模型 [7] 建立的; 它是出院模型的线性部分或对数风险, 且每天都在变化.

表 13.2 在 701 对配对的 1402 名早产儿中进行风险集匹配后, 对固定的和时依协变量进行平衡

协变量组	协变量	在"早出院婴儿"出院时的"早出院婴儿"数	在"早出院婴儿"出院时的"晚出院婴儿"数	在"晚出院婴儿"出院时的"晚出院婴儿"数
	婴儿数量	701	701	701
出生时婴儿的情况 (固定的)	出生时胎龄 (周)	31.1	31.1	31.1
	出生时体重 (g)	1669	1686	1686
	SNAP-II 20—59	0.15	0.13	0.13
	SNAP-II 10—19	0.18	0.20	0.20
	SNAP-II 0—9	0.67	0.67	0.67
	男性	0.51	0.52	0.52

续表

协变量组	协变量	在"早出院婴儿"出院时的"早出院婴儿"数	在"早出院婴儿"出院时的"晚出院婴儿"数	在"晚出院婴儿"出院时的"晚出院婴儿"数
婴儿的重要健康问题史(固定的)	支气管肺发育异常 (bronchopulmonary dysplasia)	0.09	0.11	0.11
	坏死性小肠结肠炎 (necrotizing enterocolitis)	0.01	0.01	0.01
	视网膜病变阶段 (retinopathy stage) $\geqslant 2$	0.06	0.06	0.06
	脑室内出血 (intraventricular hemorrhage) $\geqslant 3$	0.02	0.01	0.01
母亲的情况(固定的)	母亲的年龄 (年/岁)	29.9	30.3	30.3
	婚姻状况未婚	0.24	0.24	0.24
	其他孩子 = 0	0.40	0.37	0.37
	其他孩子 = 1	0.34	0.37	0.37
	其他孩子 $\geqslant 2$	0.26	0.26	0.26
	收入 (美元)	59,517	59,460	59,460
	白种人	0.47	0.48	0.48
	黑人	0.10	0.09	0.09
	亚洲人	0.20	0.23	0.23
	西班牙人	0.22	0.18	0.18
婴儿的时依变量	修正月龄 (天)	247.4	247.4	250.9
	出院倾向性	0.67	0.64	1.33
	Apnea 平滑分数	0.04	0.05	0.03
	Brady 平滑分数	0.06	0.07	0.04
	Methyl 平滑分数	0.04	0.03	0.02
	Oxygen 平滑分数	0.11	0.11	0.07
	Gavage 平滑分数	0.22	0.23	0.10
	Incubator 平滑分数	0.15	0.15	0.08
	综合发育成熟度评分	0.62	0.63	0.34
	当前体重	2153	2148	2231
	当前体重 <1700 g	0.02	0.03	0.01
	1700 g $\leqslant$ 当前体重 <1800 g	0.06	0.06	0.02
	当前体重 $\geqslant$ 1800 g	0.92	0.91	0.97

匹配确保了在"早出院婴儿"从新生儿重症监护室 (NICU) 出院的当天, 配对婴儿是相似的, 但是"晚出院婴儿"在晚出院的当天更成熟 (长大、长重). 当然, 固定的协变量在这两个当天是相同的; 只有时依协变量会变化.

表 13.3 描述了表 13.2 的标准化差值的情况; 见第 10.1 节. 对于表 13.2 中的协变量, 绝对标准化均值差见表 13.3. 虽然 "早出院婴儿" 在出院那天的发育成熟情况相似, 但 "晚出院婴儿" 在自己出院那天的发育成熟度要高得多. 对于 3 个时依变量, 其差值均大于 0.6 个标准差.

表 13.3 以 20 个固定的协变量和 13 个时依协变量的标准差为单位的绝对协变量均值差 (即标准化协变量均值差的绝对值)

分位数	最小值	25%	50%	75%	最大值
固定的协变量	0.00	0.01	0.04	0.06	0.09
早出院时的时依协变量	0.00	0.01	0.02	0.06	0.09
自己出院时的时依协变量	0.09	0.16	0.19	0.34	0.75

对于时依协变量, 报告了两个值, 一个是比较 "早出院婴儿" 出院当天的婴儿, 另一个是比较他们自己出院当天的婴儿. 这些婴儿在 "早出院婴儿" 出院的那天非常相似, 但是在他们自己出院的那天却差异较大. 在他们自己出院那天, 13 个变量中有 3 个变量的绝对标准化差在 0.6 以上, 即时依倾向性评分、综合发育成熟度评分和 Gavage 平滑分数.

对结局指标的详细分析见文献 [27, 29]; 也见第 22.2 节和第 23.6 节. 在这里, 它足以说明 "早出院婴儿" 和 "晚出院婴儿" 在出院后有类似的经历, 所以几乎没有迹象表明在新生儿重症监护室 (NICU) 多住几天有益或有害. 当然, 额外多住几天的费用很高.

匹配过程实现如下. 如前所述, 比例风险模型贡献了一个时依倾向性评分 [13, 14]. 然后计算一个 1402×1402 的距离矩阵来比较婴儿之间的距离. 如果第 i 行婴儿与第 j 列婴儿在同一天 (同一修正月龄 (PMA)) 出院, 则两者之间的距离为无穷大. 否则, 其中一名婴儿比另一名婴儿提早出院, 第 i 行和第 j 列的距离描述的是两名婴儿在 "早出院婴儿" 出院当天的情况. 距离使用惩罚来实现时依倾向性评分卡尺 (第 9.4 节), 使用时依协变量的当前值来实现马氏距离, 使用小惩罚来改善难以控制变量的平衡性. 该距离矩阵采用最优非二部匹配, 将 1402 个婴儿分成 701 对, 使配对内的总距离达到最小; 见第 12 章. 使用由 Derigs [8] 开发的 Fortran 代码进行计算, Bo Lu 等人 [15] 已经在 R 软件包 `nbpMatching` 中嵌入了此代码.

13.4 在 14 岁时加入帮派

在 14 岁时加入帮派是一位男孩一生中的重要转折点吗? 它会导致暴力的生活或暴力的职业吗? Amelia Haviland, Daniel Nagin, Richard Tremblay 和

13.4 在 14 岁时加入帮派

我 [12] 使用蒙特利尔男孩纵向研究 (Montréal Longitudinal Study of Boys) [31] 的数据调查了这个问题. 该研究从 1984 年到 1995 年对一群幼儿园的男孩进行了跟踪调查, 当时他们的平均年龄是 17 岁. 这些男孩来自加拿大蒙特利尔社会经济水平较低地区的 53 所学校, 都是出生于加拿大法语家庭的白人. 这项研究的数据是基于父母、老师、同龄人、自我报告以及学校和少年法庭的记录. 暴力被作为暴力事件的加权计数来打分 [12, 第 425 页]. 一开始就应该提到的是, 蒙特利尔并不是地球上最暴力的地方, 我们所研究的男孩也不是蒙特利尔纵向研究中最暴力的男孩; 有关研究中组的详细描述, 请参阅文献 [12].

这项研究的对象是 14 岁之前没有加入帮派的男孩. 他们也不是 14 岁之前有非常严重且持续暴力的极端男孩 (exceptional boy) 中的一员. 在这些男孩中, 59 人在 14 岁时加入了帮派. 这 59 名加入者与 14 岁之前的典型男孩有很大的不同: 他们在 14 岁之前更暴力、不那么受欢迎、更好斗、更抵触、性行为更活跃, 而且他们的母亲更年轻. 每一位加入者 (J) 与来自同一组的两位对照者 (C) 匹配, 这两位对照者在 14 岁时没有加入帮派. 在 59 对匹配组中, 59 名加入者与 $2 \times 59 = 118$ 名匹配对照者的协变量差异不大. 匹配使用了第 9 章中描述的技术以及 Nagin [19] 根据 14 岁之前的暴力行为拟合的潜在轨迹组 (latent trajectory group). 这是风险集匹配的最简单形式, 因为风险集是在单一时间定义的, 即 14 岁.

图 13.3 描绘了加入者 (J) 及其匹配对照者 (C) 在不同年龄阶段的结果. 图的上半部分描述了暴力行为, 下半部分描述了帮派成员百分比. 根据研究小组的定义, 这些男孩在 12 岁和 13 岁时都不是帮派成员, 所有的加入者在 14 岁时都是帮派成员而匹配对照者在 14 岁时都不是帮派成员. 由于这种配对, 男孩们在 12 岁和 13 岁时的暴力行为是相似的. 对于加入帮派的人来说, 14 岁的暴力行为有所增加, 15 岁的暴力行为有所减少, 而 16 岁和 17 岁的暴力行为与零检验没有显著差异. 大多数加入者在 15 岁时就退出了帮派, 还有一些对照组成员加入了帮派. 到了 16 岁和 17 岁, 加入者和对照者的帮派成员百分比差别非常小. 在所有的 4 年中, 59 名加入者中只有 4 人是帮派成员, 年龄在 14—17 岁.

在这个队列中, 14 岁加入一个帮派似乎不会开启暴力的职业生涯: 大多数加入帮派的人很快就退出了, 而且暴力程度没有持久性的提升, 对照者往往随后加入并退出帮派. 从表面上看, 加入一个帮派会产生非常短暂的影响. 只有当在某个时间点上相似的个体随着时间的推移被追踪时, 才有可能得出这样的结论; 也就是说, 组别不是由个体随后发生的情况来定义的. 人们可以想象这样一

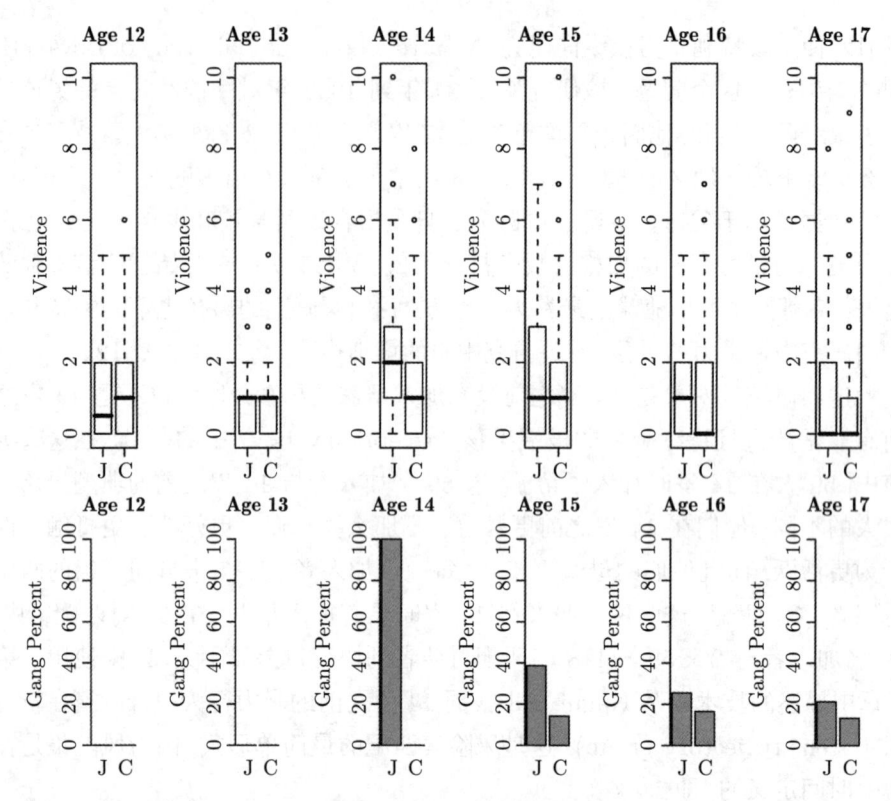

图 13.3 研究对象包括 59 名 14 岁时首次加入帮派的男孩, 以及两名 14 岁前没有加入帮派的男孩; Violence= 暴力行为, Gang Percent= 加入帮派成员的百分比

种分析, 将男孩按年龄划分, 将男孩作为帮派成员的年数计算在内, 并将其他年份作为对照计算, 但这样的分析很容易忽略帮派成员身份在男孩整个生命中的瞬时性.

13.5 一些理论

风险集匹配的理论并不难, 文献 [13, §4] 大约有 4 页进行了详尽阐述. 下面是这个理论的一个简短的、非正式的概述.

你在等待一事件的发生, 但不知道它什么时候会发生. 在最常见的医疗应用中, 事件是死亡, 但在风险匹配中, 事件是治疗的开始, 可能是手术, 或从新生儿重症监护室 (NICU) 出院, 或加入一个帮派. 在任何时刻, 鉴于事件还没有发生, 它在下一个时刻发生的可能性都很小. 如果你读到这句话的时候还活着, 那么你活不到读到它的最后一个字的概率很小. 这些小概率, 除以时间的长短,

就叫作风险 (hazard).³ 对于两个人来说, 如果一个事件到目前为止 (当前即时) 还未发生, 那么这两个人具有发生此事件相同的风险, 即如果事件只恰好发生在一个人身上时, 则每个人有平等的机会 (1/2), 成为这个事件的接受者. 这个逻辑, 以各种方式扩展, 构成对风险所做的大部分工作的基础, 包括 Cox 比例风险模型 [7]. 假设在某一特定时间内, 两个人对于某些测量到的时依协变量是相同的, 比如第 13.2 节中的疼痛, 假设治疗的危险仅取决于这些测量到的协变量, 并假设最后, 恰好其中一人在下一时刻得到治疗; 那么他们每个人都有同等的被治疗的机会, 都是 1/2, 与第 13.1 节最后讨论的那个 "稍微不同的试验" 没什么不同. 这个 "稍微不同的试验" 是以一种不同寻常的方式建立起来的, 但它的随机化推断的基本性质与第 2 章中的基本性质大致相同. 在刚才提到的假设下, 时依协变量的精确风险集匹配重新创造了 "稍微不同的随机试验" 中处理分配的随机化分布; 本质上, 它重新创造了第 3 章的朴素模型. 假设我们已经测量了影响治疗风险的所有协变量, 这是一个不小的假设; 事实上, 它并不是特别可信. 我们可以想象, 存在一个未测量时依协变量, 它影响治疗的风险, 并且没有受观察到的协变量的风险集匹配控制. 只需一个小的结构, 就可以对观察到的时依协变量进行匹配重现第 3 章的敏感性分析模型 (sensitivity analysis model). 换句话说, 测量到的协变量的风险集匹配将我们带回到第 3 章的两个简单模型. 同样, 技术细节并不难, 并在文献 [13, §4] 的几页中有详尽阐述.

13.6 自然实验中的隔离

13.6.1 差别效应和通用偏倚的简要综述

由于未能调整与决定处理 (治疗) 或不处理相关的未观察到的协变量, 处理相对于不处理的效应可能会有偏倚. 在第 5.2.6 小节中, 我们观察到, 在同样的情况下, 用一种处理方法 (治疗方案) 代替另一种处理方法 (治疗方案) 的效应可能不会因这个相同的未观察到的协变量而产生偏倚. 也就是说, 可能存在一种未观察到的通用偏倚 (generic bias), 以同样的方式同时提倡几种治疗. 按照第 5.2.6 小节和文献 [24—26, 第 12 章] 的表述, 用一种处理代替另一种处理的差别效应可能不会受到通用偏倚 (5.2) 的有偏影响, 此偏倚提倡接受两种处理而不是不处理.

---

³这实际上是一个微积分概念: 在持续时间上变得越来越短的过程中, 时间在数量上的瞬间增加, 所以在如此短的时间内, 任何事件发生的概率 (可能性) 都在变小, 但时间间隔也在缩小. 所以或许比率, 也就是风险, 趋向于一个极限; 如果是这样, 则极限为特定时间的瞬时风险函数 (instantaneous hazard function).

例如，第 5.2.6 小节讨论了这样一个假设，即也许非甾体抗炎药 (NSAID)，如布洛芬，可以降低阿尔茨海默病的风险. 布洛芬的使用者很可能是为了缓解某种疼痛，这导致了在将使用者与非使用者进行比较时存在潜在的偏倚. 特别是，处于痴呆早期阶段的人可能对疼痛的意识较弱，或者对这种意识的有效反应能力较弱. 然而，这是一种通用偏倚：它一般会影响止痛药的使用. 扑热息痛（别名对乙酰氨基酚）是一种止痛药，不是非甾体抗炎药. 服用布洛芬与不服用此类药的主效应可能是有偏倚的，但布洛芬与扑热息痛的比较则没有偏倚，然而这两种比较都对服用非甾体抗炎药与不服用非甾体抗炎药的差异进行了比较 [3].

刚才描述的问题有一个在第 5.2.6 小节中没有考虑到的时间维度. 随着时间的推移，一个人很可能在疼痛时服用止痛药，而在不疼痛时不服用止痛药. 随着时间的推移，服用布洛芬而不是不服用此类药的频率和时间，可能表明未测量且波动的疼痛程度、疼痛的意识水平以及对意识的反应水平. 然而，考虑到一个人在特定的时间点服用止痛药，那么服用布洛芬而不是扑热息痛的决定可能不会受到这些未测量且波动的协变量的影响（不会产生偏倚）. 这就导致了 José Zubizarreta 等人提出的隔离 (isolation) 概念 [36]：在风险集匹配中评估差别效应.

13.6.2 什么是隔离

隔离是指在接受两种处理中的一种处理替代另一种处理时，在特定时间内对两种处理的差别效应的检验. 它比较了两个匹配的人：那一刻之前看起来很相似，其中一个人接受了第一种处理，另一个人接受了第二种处理. 隔离想象了这样一种情况：处理的发生、处理的频率、处理的时机都因未测量协变量而产生偏倚；然而，鉴于两个相似的人在某一时刻接受了不同的处理，在谁接受哪种处理方面是没有偏倚的.[4] 隔离产生了匹配对：两个人直到他们都接受处理的那一刻都是相似的，尽管接受的是不同的处理.

---

[4]用更专业的术语来说，隔离指的是随时间推移而延伸的一个标记点过程. 该点过程决定了处理的时间. 标记表示在每次给予某种处理时所给予的特别处理. 隔离假设该点过程具有一种危险，其受到未测量协变量的影响，因此处理的时机是有偏倚的. 然而，假设在某一时刻实施一种处理，那么标记（即当时的特别处理）就不会因这些未测量协变量而产生偏倚. 更一般地说，点和标记都可能是有偏倚的，但通过差别比较 (differential comparison) 的风险集匹配，可去除只影响点而不影响标记的一般未测量偏倚，只留下了继续影响标记的差别未测量偏倚 [36, §2.2]. 实际上，这产生了一个普通的匹配对比较，即去除未测量的通用偏倚后，两种处理的差别效应的匹配对比较.

13.6.3 双胞胎与单胎及其对劳动力供给的影响

妇女在多大程度上会因为生了孩子而退出劳动力市场？对许多妇女来说，生育计划和职业计划是一项计划的两个方面，而不是生育决定的职业生涯结果. 如果我们看到, 有很多孩子的妇女很少参加工作, 那么我们就不知道生了孩子是否会中断一个妇女的职业生涯, 或者说有限的职业生涯和大家庭是否从一开始就是她计划的两个方面. 然而, 生育的某些方面是计划外的, 所以探究生育的计划外方面对职业的影响可能是合理的.

Joshua Angrist 和 William Evans [2] 做了一项有趣的研究, 比较了生育双胞胎 (twins) 的妇女和只生育单胎 (a single child) 的妇女. 在他们的数据所涵盖的时间段内, 生育干预没有今天这么普遍, 而且生双胞胎在很大程度上是一个不可预测的事件. 生了双胞胎的妇女是否会减少工作量？如果是的话, 那么会减少多少？

Zubizarreta 等人 [36] 利用 Angrist 和 Evans 的数据, 将这种情况作为一个隔离的比较重新进行分析. 生育时间在一定程度上受控于妇女的决定, 反映了她对生育和职业的未测量计划. 考虑到一位妇女在某一时刻怀孕了, 并给定描述她在那一刻之前的生育能力、教育和职业的协变量, 生育双胞胎而不是单胎可能只是运气. 为了长话短说并着重于隔离的概念, 下面的描述比文献 [2] 中的分析和文献 [36] 中的重新分析要简单.

从第二次怀孕开始, Zubizarreta 等人 [36] 将每位生育双胞胎的妇女与五位生育单胎的妇女进行匹配, 即得到 3380 个 1:5 的匹配组. 这 6 × 3380 位妇女被及时随访, 但她们在第三次怀孕时不符合匹配条件. 在第三次怀孕时, 将每位生育双胞胎的妇女与 5 位生育单胎的妇女进行匹配, 产生了 1358 个额外的 1:5 的匹配组. 在第四次怀孕时重复这一过程, 产生了额外的 302 个 1:5 的匹配组. 匹配控制的是过去, 而不是未来. 协变量描述了妇女在当前怀孕之前的情况, 所以协变量随时间波动. 同样, 怀孕的时间被认为会受到妇女对事业和家庭的未测量计划的影响 (产生偏倚), 但是给定怀孕和过去相似的协变量, 生育双胞胎而不是单胎被认为是随机的, 即使不是随机的, 至少也不会受到巨大的未测量偏倚的影响. 换句话说, Zubizarreta 等人 [36] 从生育能力的高度非随机方面隔离了几乎随机的元素, 即双胞胎或单胎, 从而创建了一个自然实验, 其包含了 3380 + 1358 + 302 个 1:5 的匹配组.

似乎在第二次怀孕或更晚的时候生下双胞胎会增加最终的家庭规模 (虽然并不总是这样), 以中位数增加一个孩子, 但它似乎只是稍微减少了劳动力的参与率 [36, 图 3]. 尽管估计出来的劳动力参与量降低很少, 但它对谁生育了双胞

胎的小偏倚不敏感 ([36, 表 3] 中 $\varGamma = 1.2$). Angrist 和 Evans [2] 从不同的方法学角度得出了相似的定性结论.

13.6.4 致人死亡的交通事故的质量与安全

我们有可能一直以远低于限速的速度驾驶一辆科迈罗 (Camero), 也有可能在交通信号灯变绿时驾驶沃尔沃 (Volvo) 在道路上留下橡胶摩擦痕迹, 但这些可能性都超出了我们的日常期望. 当我们看到一辆美式肌肉车时, 我们并不期望看到它以一种极其谨慎的方式驾驶. 当我们看到一辆装载了昂贵安全设备的汽车时, 我们不会期望看到它以一种极其鲁莽的方式驾驶. 毫无疑问, 存在一些例外情况; 然而, 这些例外情况仅仅是例外. 在研究汽车属性对车祸死亡风险的影响时, 我们有理由担心, 汽车属性与汽车驾驶方式有关. 人们有理由担心, 安装了昂贵安全设备的汽车在驾驶时更加安全, 因此发生的车祸会更少、也更不严重. 我们需要避免将实际是由更安全的驾驶方式产生的效应归因于安全设备.

工程师通过将车辆撞向不可移动的墙壁来评估防撞性能. 这就消除了车辆驾驶方式的差异性. 大多数交通事故都会撞向一堵不可移动的墙吗? 事实上, 撞上一堵不可移动的墙是一种不常见的死亡方式. 此外, 这些研究消除了车辆与安全有关的方面, 即车辆的质量跟与之相撞的车辆的质量之比. 质量有多重要?

Zubizarreta 及其同事 [37] 使用交通事故死亡分析报告系统 (Fatality Analysis Reporting System, FARS), 研究了两辆车相撞而造成死亡的事故. 沃尔沃汽车可能比科迈罗汽车开得更安全, 但鉴于沃尔沃汽车和科迈罗汽车发生过碰撞, 这一点就不那么重要了. 比较同一次车祸中的两辆车, 就等同于比较一些本来可能非常不同的事情: 在特定的天气和道路条件下, 发生了一场车祸, 需要消耗一定程度的动力才能使车辆停下来. 更安全的驾驶方式可能会对车祸的数量和严重程度产生偏倚, 但鉴于两辆车发生了碰撞, 所有这些都不那么重要了. 假设两辆车发生致命碰撞, 车辆的质量有多大影响? 在两车相撞的情况下, 在质量较小的车辆上生存的差别效应是什么? 隔离出来的效应是什么?

Zubizarreta 等人 [37] 为 2923 起致命车祸分别构建了一个 2×2 表, 其中只涉及一辆有人的轿车和一辆有人的轻型卡车. 轻型卡车包括 SUV、小型货车和皮卡车. 每个 2×2 表把"行"记录为轿车或轻型卡车, 把"列"记录为存活或死亡. 根据定义, 每个 2×2 表都描述了两辆有人的车辆, 所以每一行的总数至少为 1 辆. 由于交通事故死亡分析报告系统只提供有死亡的车祸信息, 每个

2×2 表至少包含 1 例死亡, 因此死亡那一栏 (列) 的计数至少为 1 例. 如果至少有一个人在车祸中存活下来, 那么在存活那一栏 (列) 中的幸存者总数至少是 1 例, 在这种情况下, 该表提供了关于谁生谁死的信息. 这里的信息是什么意思呢?

在 $2\times 2\times k$ 列联表中, 偏关联 (partial association) 的标准检验是 Mantel-Haenszel-Birch 检验 [5,16].[5] 该检验未受边际总数为零的 2×2 子表的影响. 因为这样的表对检验的贡献是退化的或恒定的, 所以我们说这样的子表是无信息的.[6] 用非常不正式的话来说, 如果每个人都在车祸中死亡, Mantel-Haenszel-Birch 检验将这一子表记为特别严重的车祸, 无法提供有关两辆车的相对安全性的信息. 类似地, 如果每个人都在车祸中存活下来, Mantel-Haenszel-Birch 检验将这一子表记成特别轻微的车祸, 也无法提供有关两辆车的相对安全性的信息.

有大量的车祸没有被记录在交通事故死亡分析报告系统中, 因为牵涉车祸中的所有人都活了下来. 这是一个问题吗? 我们无法获得每个人都存活的车祸的 2×2 表, 这是一个问题吗? 毫无疑问, 这些表格在很多方面都是有价值的, 但是对于 Mantel-Haenszel-Birch 检验来说, 它们是没有信息的: 如果我们有这些表格, 那么检验无论如何都会忽略它们.

在 $2\times 2\times 2923$ 表中, 估计在轿车中死亡的优势是在轻型卡车中死亡的优势的 4.76 倍, 95% 置信区间为 [4.34, 5.23]. 如果对安全带的使用进行校正, 那么其优势比从 4.76 增加到 5.35.

不幸的是, 轿车与轻型卡车的比较并不完全正确. 有些轻型卡车并不庞大: 克莱斯勒 PT 漫步者 (Chrysler PT Cruiser) 名义上是一辆"轻型卡车", 但它的重量比本田雅阁 (Honda Accord) 要轻一些, 而本田雅阁也不是特别庞大的汽车. 林肯 (Lincoln) 和梅赛德斯–奔驰 (Mercedes-Benz) 的一些汽车与典型的 SUV 一样重. 所以 $2\times 2\times 2923$ 表被分成了两部分. 第一部分有 1565 个 2×2 表, 轿车不是特别重, 轻型卡车也不是特别轻; 具体来说, 轿车的重量最多是轿车重量的上四分位数, 即 3442 磅, 轻型卡车的重量至少是轻型卡车重量的下四分位数, 即 3847 磅. 第二部分包含剩余的 1358 个 2×2 表, 例如, 重的轿车与非常轻的轻型卡车相撞. 在第一部分中, 估计在轿车中死亡的优势是在轻

---

[5]Birch [5] 发展了与 Mantel 和 Haenszel [16] 早前提出的大样本检验相对应的精确检验. Birch 精确检验的零分布是一种随机化分布. Birch 还证明了, 精确检验是针对某些备择假设的一致最大功效无偏检验. R 软件包 sensitivity $2\times 2 \times k$ 中的函数 mh 可以对精确的 Mantel-Haenszel-Birch 检验进行敏感性分析; 见 [28].

[6]更确切地说, 这样的子表在整个检验统计量中增加了一个常数, 而不是一个随机变量, 因此它的 P-值是不变的.

型卡车中死亡的优势的 8.10 倍, 95% 置信区间为 [6.99, 9.39]. 如果对安全带的使用进行校正, 那么其优势比从 8.10 增加到 9.16. 在第二部分中, 优势比要小得多, 只有 2.91, 其 95% 置信区间为 [2.57, 3.30].

当两辆车相撞时, 相对质量似乎对存活至关重要. 尽管在同一次碰撞中比较两辆不同质量的车辆可以消除许多通用偏倚, 但这种比较也不能避免所有未测量偏倚. 可以想象, 如果不是完全合理的话, 也许身体虚弱的人会开更轻的车. 尽管如此, 上述的差别效应对巨大的未测量偏倚不敏感 [37].

13.7 延伸阅读

心脏移植自 20 世纪 70 年代以来已经取得了进展, 但 Mitchell Gail [9] 的短论文具有持续的方法论的兴趣. 风险集匹配是指对有接受治疗风险的人群进行匹配. 风险集匹配理论与风险模型 (hazard model) 有关, 如 David Cox [7] 的比例风险模型, 治疗的时变危险以类似倾向性评分的方式起作用; 这个理论在文献 [13, §4] 中进行了讨论. Bo Lu [14] 发展了时依倾向性评分 (time-dependent propensity score) 的平衡性质, 并研究了它们结合非二部匹配法的应用. Sue Marcus 等人 [17] 讨论了在纵向研究中平衡协变量. 在风险集匹配中, 文献 [13] 讨论了结论对未测量到的时变协变量的偏倚的敏感性. 第 13.2 — 13.4 节中的例子在文献 [12, 13, 27, 29] 中有更详细的讨论. 在文献 [11] 中讨论了蒙特利尔男孩纵向研究中匹配的另一种方法, 通过对每个加入者匹配可变数量的对照者来使用更多的对照; 参见第 9.5 节. Paul Nieuwbeerta 等人 [20] 在关于首次监禁对犯罪生涯发展可能产生的影响的研究中使用了风险集匹配. Wei Wu 等人 [35] 研究了一年级学生保留率的影响, 他们将保留下来的学生与在一年级结束时表现相似但被升入二年级的学生进行配对, 并在接下来的几年里跟踪他们. Jamie Robins 和他的同事 [22] 已经开发出了一种随时间变化的处理的一般方法; 有关这种方法的详细讨论, 请参阅 Mark van der Laan 和 Jamie Robins 所著的书 [32].

13.8 软件

有时 "时间" 是用粗的单位来衡量的: 全年, 或一年的季度, 或月份, 或第二次怀孕、第三次怀孕、第四次怀孕. 在这些情况下, 风险集匹配可以作为一系列常规的匹配来实现. 先匹配第一年; 移除匹配的个体; 然后匹配第二年; 移除匹配的个体; 等等. 在这些情况下, 需要多次使用标准软件. 这是最简单的方法, 也许是风险集匹配的最佳方法.

另一种方法使用非二部匹配 (第 12 章的主题) 进行一次匹配. 这种方法可以用于连续型的"时间"测量. 由 Derigs 开发的用于非二部匹配的 Fortran 代码 [8] 是通过 Bo Lu 和他的同事 [15] 在 R 软件包 nbpMatching 中实现的. 另见第 12.5 节. 第 13.3 节的匹配使用了最优非二部匹配.

参考文献

[1] American Academy of Pediatrics.: Hospital discharge of the high-risk neonate – proposed guidelines. Pediatrics **102**, 411–417 (1998)

[2] Angrist, J. D., Evans, W. N.: Children and their parents' labor supply: evidence from exogenous variation in family size. Am. Econ. Rev. **88**, 450–477 (1996)

[3] Anthony, J. C., Breitner, J. C., Zandi, P. P., Meyer, M. R., Jurasova, I., Norton, M. C., Stone, S. V.: Reduced prevalence of AD in users of NSAIDs and H_2 receptor antagonists. Neurology **54**, 2066–2071 (2000)

[4] Apel, R., Blokland, A. A. J., Nieuwbeerta, P., van Schelllen, M.: The impact of imprisonment on marriage and divorce: a risk-set matching approach. J. Quant. Criminol. **26**, 269–300 (2010)

[5] Birch, M. W.: The detection of partial association, I: the 2×2 case. J. R. Stat. Soc. B **26**, 313–324 (1964)

[6] Cox, D. R.: Prediction by exponentially weighted moving averages and related methods. J. R. Stat. Soc. B **23**, 414–422 (1961)

[7] Cox, D. R.: Regression models and life-tables. J. R. Stat. Soc. B **34**, 187–220 (1972)

[8] Derigs, U.: Solving nonbipartite matching problems by shortest path techniques. Ann. Oper. Res. **13**, 225–261 (1988)

[9] Gail, M. H.: Does cardiac transplantation prolong life? A reassessment. Ann. Intern. Med. **76**, 815–817 (1972)

[10] Haviland, A. M., Nagin, D. S.: Causal inferences with group based trajectory models. Psychometrika **70**, 557–578 (2005)

[11] Haviland, A. M., Nagin, D. S., Rosenbaum, P. R.: Combining propensity score matching and group-based trajectory analysis in an observational study. Psychol. Methods **12**, 247–267 (2007)

[12] Haviland, A. M., Nagin, D. S., Rosenbaum, P. R., Tremblay, R. E.: Combining group-based trajectory modeling and propensity score matching for causal inferences in nonexperimental longitudinal data. Dev. Psychol. **44**, 422–436 (2008)

[13] Li, Y. F. P., Propert, K. J., Rosenbaum, P. R.: Balanced risk set matching. J. Am. Stat. Assoc. **96**, 870–882 (2001)

[14] Lu, B.: Propensity score matching with time-dependent covariates. Biometrics **61**,

721–728 (2005)

[15] Lu, B., Greevy, R., Xu, X., Beck, C.: Optimal nonbipartite matching and its statistical applications. Am. Stat. **65**, 21–30 (2011)

[16] Mantel, N., Haenszel, W.: Statistical aspects of the analysis of data from retrospective studies of disease. J. Nat. Cancer Inst. **22**, 719–748 (1959)

[17] Marcus, S. M., Siddique, J., Ten Have, T. R., Gibbons, R. D., Stuart, E., Normand, S.-L.: Balancing treatment comparisons in longitudinal studies. Psychiatric Ann. **38**, 805–812 (2008)

[18] Messmer, B. J., Nora, J. J., Leachman, R. D., et al.: Survival-times after cardiac allografts. Lancet **1**, 954–956 (1969)

[19] Nagin, D. S.: Group-Based Modeling of Development. Harvard University Press, Cambridge (2005)

[20] Nieuwbeerta, P., Nagin, D. S., Blokland, A. A. J.: The relationship between first imprisonment and criminal career development: a matched samples comparison. J. Quant. Criminol. **25**, 227–257 (2009)

[21] Propert, K. J., Schaeffer, A. J., Brensinger, C. M., Kusek, J. W., Nyberg, L. M., Landis, J. R.: A prospective study of interstitial cystitis: results of longitudinal followup of the interstitial cystitis data base cohort. J. Urol. **163**, 1434–1439 (2000)

[22] Robins, J. M., Blevins, D., Ritter, G., Wulfsohn, M.: G-estimation of the effect of prophylaxis therapy for pneumocystis carinii pneumonia on the survival of AIDS patients. Epidemiology **3**, 319–336 (1992)

[23] Rosenbaum, P. R.: The consequences of adjustment for a concomitant variable that has been affected by the treatment. J. R. Stat. Soc. A **147**, 656–666 (1984)

[24] Rosenbaum, P. R.: Differential effects and generic biases in observational studies. Biometrika **93**, 573–586 (2006)

[25] Rosenbaum, P. R.: Using differential comparisons in observational studies. Chance **26**(3), 18–23 (2013)

[26] Rosenbaum, P. R.: Observation and Experiment: An Introduction to Causal Inference. Harvard University Press, Cambridge (2017)

[27] Rosenbaum, P. R., Silber, J. H.: Sensitivity analysis for equivalence and difference in an observational study of neonatal intensive care units. J. Am. Stat. Assoc. **104**, 501–511 (2009)

[28] Rosenbaum, P. R., Small, D. S.: An adaptive Mantel–Haenszel test for sensitivity analysis in observational studies. Biometrics **73**, 422–430 (2017)

[29] Silber, J. H., Lorch, S. L., Rosenbaum, P. R., Medoff-Cooper, B., Bakewell-Sachs, S., Millman, A., Mi, L., Even-Shoshan, O., Escobar, G. E.: Additional maturity at discharge and subsequent health care costs. Health Serv. Res. **44**, 444–463 (2009)

[30] Suissa, S.: Immortal time bias in pharmacoepidemiology. Am. J. Epidemiol. **167**, 492–499 (2008)

[31] Tremblay, R. E., Desmarais-Gervais, L., Gagnon, C., Charlebois, P.: The preschool behavior questionnaire: stability of its factor structure between culture, sexes, ages, and socioeconomic classes. Int. J. Behav. Dev. **10**, 467–484 (1987)

[32] van der Laan, M., Robins, J.: Unified Methods for Censored Longitudinal Data and Causality. Springer, New York (2003)

[33] Watson, D., Spaulding, A. B., Dreyfus, J.: Risk-set matching to assess the impact of hospital-acquired bloodstream infections. Am. J. Epidemiol. **188**, 461–466 (2019)

[34] Wermink, H., Blokland, A., Nieuwbeerta, P., Nagin, D., Tollenaar, N.: Comparing the effects of community service and short-term imprisonment on recidivism: a matched samples approach. J. Exp. Criminol., **6**, 325–349 (2010)

[35] Wu, W., West, S. G., Hughes, J. N.: Effect of retention in first grade on children's achievement trajectories over 4 years: a piecewise growth analysis using propensity score matching. J. Educ. Psychol. **100**, 727–740 (2008)

[36] Zubizarreta, J. R., Small, D. S., Rosenbaum, P. R.: Isolation in the construction of natural experiments. Ann. Appl. Stat. **8**, 2096–2121 (2014)

[37] Zubizarreta, J. R., Small, D. S., Rosenbaum, P. R.: A simple example of isolation in building a natural experiment. Chance **31**, 16–23 (2018)

第 14 章　在统计软件包 R 中实现匹配

摘要　在统计语言 R 中的简单计算操作说明了多元匹配的一种简单形式所涉及的计算. 重点是如何使用统计软件包 R 实现匹配, 而不在于观察性研究的设计的诸多方面. 我们通过详细描述技术方法, 一步一步地, 仔细检查中间结果, 使得这个过程变得切实可见; 但是, 从本质上讲, R 实现匹配有 3 个步骤: (1) 创建一个距离矩阵, (2) 在距离矩阵中增加一个倾向性评分卡尺, (3) 寻找最优匹配. 在实践中, 匹配涉及不停 (bookkeeping) 统计和有效使用计算机内存, 最好由专门的软件包进行匹配. 第 14.10 节描述了目前可用的 R 软件包.

14.1　使用统计软件包 R 实现最优匹配

正如本章中的一个简单实例所示, 最优多元匹配 (optimal multivariate matching) 很容易在统计软件包 R 中实现. 使用一个数据集来说明各种类型的匹配是很方便的. 出于这个原因, 也仅出于这个原因, 我们将从 Susan Dynarski [15] 的精细研究中构造 4 个匹配样本. 该项研究是 1982 年终止的社会保障学生福利计划 (Social Security Student Benefit Program), 此计划为已故 (deceased) 社会保障受益人的子女提供学费援助 (助学金) (tuition assistance); 本研究已在第 1.5 节中进行了讨论. 4 个匹配样本中的一个样本的构造过程被一步一步详细地呈现出来. 在第 13.8 节中对结局指标进行了简要比较, 但重点是如何在 R 中构造匹配对照组. 本章的结构是为了说明 R 的各个方面, 而不是为 Dynarski [15] 的研究提供推荐分析.

在 R 软件包 DOS2 中, 数据集 dynarski 的帮助文档中的实例将重现本章中的很多计算. 第 14.10 节推荐了实现其他匹配技术的各种 R 包, 这些软件包还含有其他的实例, 另见第 14.11 节.

在 R 中实现最优匹配很容易, 这主要归功于 Ben Hansen [17]、Bo Lu, Robert Greevy, Xinyi Xu, Cole Beck [23]、José Zubizarreta 和 Cinar Kilcioglu [21,48]、Mike Baiocchi 及其同事 [3,4,30]、Samuel Pimentel [27,28] 以及 Ruoqi Yu [46,47] 等人的努力. 他们为最优匹配的任务创建了 R 软件包. 这些包 gurobi 或 Cplex 使用了 Demetri Bertsekas 和 Paul Tseng [9]、Ulrich Derigs [14] 的代码.

14.2 数据

第一个匹配 (唯一被详细考虑的匹配) 涉及 1979 — 1981 年期间的高中毕业班学生 (senior), 当时社会保障学生福利计划仍在实施; 参见图 1.2 的左半部分. 在此期间, 已故社保受益人的子女可能会从该计划中获得可观的学费补贴.

匹配中使用了 8 个协变量[1]: 家庭收入 (family income, faminc), 家庭收入缺失 (income missing, incmiss), 黑人 (black), 西班牙裔 (hispanic), 军队资格测验 (Armed Forces Qualifications Test, afqtpct), 母亲教育程度 (edm), 母亲教育程度缺失 (edmissm), 性别 (female);[2] 数据集 Xb 包含了这些协变量, 具有 2820 行及 8 列. 处理指标 zb 为一组具有元素 1 和 0 的向量, 1 代表父亲已故的高中毕业班学生, 0 代表其他高中毕业班学生. 处理指标 zb 和 Xb 中协变量的 2820 行的前 20 行见表 14.1. 在 R 中, 数据框 (data.frame) (如 Xb) 中的

---

[1]Dynarski [15, 表 2] 提出了两种分析, 一种没有协变量, 另一种有更多的协变量, 从两种分析中获得类似的效应估计. 在她的论文中, 这是一个合理的方法. 在本章中, 在构造一个匹配对照组时, 我省略了 Dynarski 使用的一些协变量, 包括 "单亲家庭 (single-parent household)" 和 "父亲上过大学 (father attended college)", 这些协变量来自一个由已故父亲定义的组别的比较. 总的来说, 如果想要呈现具有或不具有特定协变量调整的并行分析 (parallel analysis), 比如协变量 "单亲家庭", 那么就不应该匹配这个协变量, 而是应该在一个使用分析技术的并行分析中控制它; 例如, 第 22.2 节或文献 [16,32,37,42] 和文献 [36, §3.6].

[2]具体来说, 匹配中使用的协变量为 (1) faminc: 以 10,000 美元为单位的家庭收入; (2) incmiss: 家庭收入缺失 (如果家庭收入值是缺失的, 则 incmiss=1, 否则 incmiss=0); (3) black (如果是黑人, 则 black=1, 否则 black=0); (4) hispanic (如果是西班牙裔, 则 hispanic=1, 否则 hispanic=0); (5) afqtpct: 军队资格测验; (6) edmissm: 母亲教育程度缺失 (如果母亲教育程度是缺失的, 则 edmissm=1, 否则 edmissm=0); (7) edm: 母亲教育程度 (低于高中 edm=1, 高中 edm=2, 大学 edm=3, 学士学位或以上 edm=4); (8) female (若为女性, 则 female=1, 若为男性, 则 female=0).

表 14.1 对于 1979—1981 年队列中的前 20 名高中毕业班学生, 我们列出了处理组别 zb 和包含 8 个协变量的 Xb

id	zb	faminc	incmiss	black	hisp	afqtpct	edmissm	edm	female
1	0	5.3	0	0	0	71.9	0	2	0
2	0	2.5	0	0	0	95.2	0	2	1
4	0	9.5	0	0	0	95.8	0	2	1
5	0	0.4	0	0	0	90.6	0	2	1
6	0	10.4	0	0	0	81.8	0	2	0
7	0	6.3	0	0	0	97.9	0	4	0
10	1	3.2	0	0	0	61.9	0	2	1
11	0	9.5	0	0	0	20.4	0	2	1
12	0	2.7	0	0	0	57.2	0	1	0
14	0	2.0	1	0	0	8.3	0	1	1
15	0	7.1	0	0	0	50.9	0	2	1
16	0	7.8	0	0	0	71.1	0	2	1
17	0	12.5	0	0	0	74.9	0	2	0
18	0	2.0	1	0	0	98.4	0	2	0
21	0	9.4	0	0	0	98.7	0	4	1
23	0	2.0	1	0	0	99.7	0	4	0
24	0	2.0	1	0	0	73.3	0	3	1
29	0	2.0	1	1	0	1.8	0	1	0
31	0	2.0	1	0	0	42.9	0	2	1
34	1	2.6	0	0	0	99.6	0	2	0

这里, 如果父亲已故, zb=1, 否则 zb=0. 在 R 中, 这个表由 cbind(zb,Xb)[1:20,] 显示, 指示 R 将向量 zb 和矩阵 Xb 按列绑定, 并显示 1 至 20 行所有列. id 编号 (实际上是 R 中的行名) 不是连续存取的, 因为 zb 和 Xb 只包含 1979—1981 年队列, 即在 1982 年取消社会保障学生福利计划之前的那群人. 正如第 10 章所讨论的, 当在匹配中使用缺失值指标 (这里是 incmiss 和 edmissm) 时, 变量本身的缺失值是任意的. 其中 incmiss 为 1 时 faminc 设为 2, 这表示 faminc 是缺失的, 而 edmissm 为 1 时 edm 设为 0, 这表示 edm 是缺失的. 即使填充了不同的值, 其倾向性评分和传统马氏距离的匹配结果应该是相同的.

一个变量比如 faminc 被表示为 Xb$faminc.

使用协变量"母亲教育程度"而不是"父亲教育程度", 是因为其中一个组别是由已故父亲定义的. 在这些协变量中, 军队资格测验是唯一的教育测量指标. 军队资格测验缺失的受试者不到 2%, 这些受试者没有被用于匹配. 在这一限制下[3], 在 1982 年社会保障学生福利计划结束之前, 1979—1981 年的队列中, 有 131 名父亲已故的高中毕业班学生和 2689 名其他高中毕业班学生; 见表 14.2. 即 131 + 2689 = 2820. 因此, R 程序得到:

```
> library(DOS2)
> data(dynarski)
> attach(dynarski)
> length(zb)
  [1] 2820
> Xb <- dynarski[, 3:10]
> dim(Xb)
  [1] 2820 8
> sum(zb)
  [1] 131
> sum(1-zb)
  [1] 2689
```

131 名父亲已故的高中毕业班学生将分别与 10 名父亲在世的对照者进行匹配.

表 14.2 显示可用的高中毕业班学生人数和在匹配中用到的高中毕业班学生人数的频率表

	1979—1981	1982—1983	匹配的 1979—1981
父亲已故 (FD)	131	54	131
父亲在世 (FND)	2689	1038	1038
匹配 FND (10 位对照者)	1310	540	

在 1979—1981 年和 1982—1983 年期间, 将父亲已故的高中毕业班学生分别与 10 名父亲在世的高中毕业班学生进行配对, 分别产生 131 个匹配集和 54 个匹配集, 每个匹配集有 11 名高中毕业班学生. 此外, 还找到了 1038 个父亲在世的高中毕业班学生的配对, 配对中 1 人来自 1979—1981 年, 另 1 人来自 1982—1983 年. 在父亲已故的高中毕业班学生中, 也找到了一个可变匹配, 使用所有的 54+131 名高中毕业班学生, 54 个匹配集包含 1982—1983 年的 1 名高中毕业班学生, 以及 1979—1981 年 1 至 4 名高中毕业班学生.

14.3 倾向性评分

使用 logit 模型估计倾向性评分. 在 R 中, logit 模型采用广义线性模型 (generalized linear model) [25] 进行拟合; 但是, 如果你熟悉 logit 模型, 而不熟悉广义线性模型, 那么你可以认为这是 R 中的 logit 回归语法, 因为它与 logit 回归是相同的. 在 R 中, 估计的倾向性评分是在给定 8 个协变量的条件下高中

---

[3]由于这一限制, 不同组别的高年级毕业生人数与文献 [15] 略有不同.

毕业班学生有已故父亲的概率，这些值可通过具有参数 family=binomial 的广义线性模型 glm 中的 \$fitted.values 获得. 具体来说，向量 p 包含 2820 个估计的倾向性评分 $\hat{e}(\mathbf{x}_\ell)$, $\ell = 1, 2, \cdots, 2820$:

```
> p <- glm(zb~Xb$faminc+Xb$incmiss+Xb$black+Xb$hisp+Xb$afqtpct
    +Xb$edmissm+Xb$edm+Xb$female, family=binomial)$fitted.values
```

改进这个模型是合理的，可能包括交互项 (interaction) 或变换 (transformation) 或多项式 (polynomial) 或其他，但本章将采用一个非常简单的方法，按照几个简单的步骤寻找一个可接受的匹配.

图 14.1 展示了 131 名有已故父亲的高中毕业班学生和 2689 名其他高中毕业班学生的估计的倾向性评分. 在这两种倾向性评分的分布之间存在很大差异: (1) $\hat{e}(\mathbf{x}_\ell)$ 的标准化均值差 (standardized difference in mean) (第 10.1 节) 是 0.67，即一个标准差的三分之二，(2) 在图 14.1 中，处理组 $\hat{e}(\mathbf{x}_\ell)$ 的中位数大约等于潜在对照组 $\hat{e}(\mathbf{x}_\ell)$ 的上四分位数. 尽管如此，图 14.1 中的分布有很大的

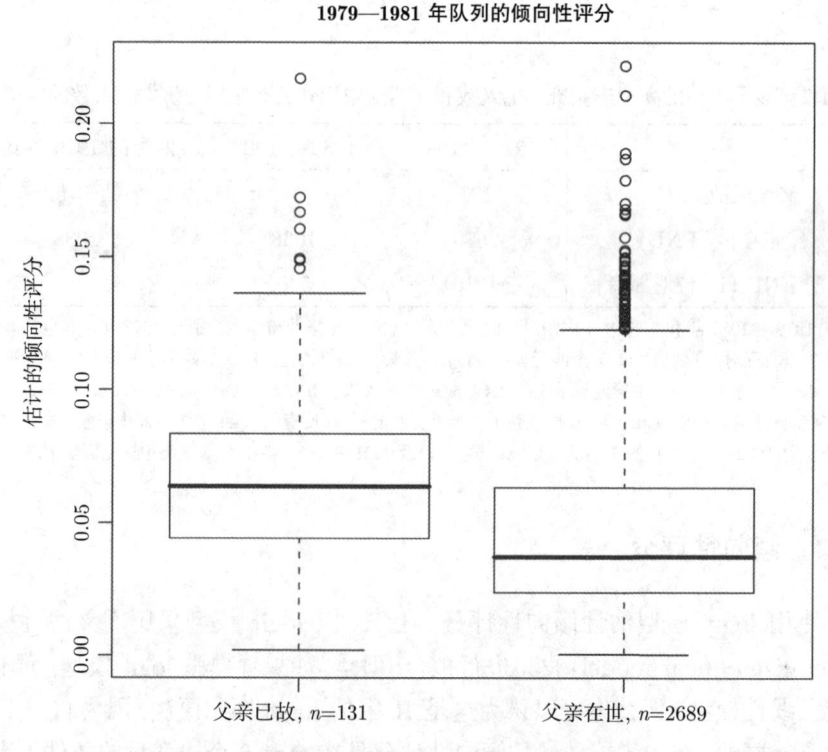

图 14.1 在社会保障学生福利计划取消前, 1979—1981 年调查的 131 名有已故父亲的高中毕业班学生和 2689 名其他高中毕业班学生的估计的倾向性评分

重叠, 因此匹配似乎是可能的.

14.4 带有缺失值的协变量

缺失的协变量值在第 10.6 节中进行了讨论; 请回顾一下当时的讨论. 缺失协变量值的情况是误解的常见来源. 在第 10.6 节中所述, 缺失的协变量值用一个任意但固定的数字填充; 然后, 将缺失值指标增补为额外的协变量; 参见表 14.1 和 14.3 节中倾向性评分的 logit 模型. 如果家庭收入 (faminc) 或母亲教育程度 (edm) 的缺失值用不同的常数填充, 则由于缺失值指标 incmiss 和 edmissm 的存在, 估计的倾向性评分 $\hat{e}(\mathbf{x}_\ell)$ 将是相同的. 如果使用了不同的缺失值, 则 logit 模型中的系数会发生变化, 但它们的变化是为了补偿填充值的变化, 保持 $\hat{e}(\mathbf{x}_\ell)$ 不变.[4] 为了防止在计算机运算过程中出现舍入误差 (四舍五入误差)(round-off error), 填充符合常理的值或不过于极端的值是有意义的, 比如家庭收入, 不建议填充 9999, 但是除了舍入误差之外, 填充的值并不重要. 需要强调的是, 缺失的值仍然是缺失的. 在给定某些特定的测量协变量和缺失协变量的特定模式时, 倾向性评分估计了一名高中毕业班学生有已故父亲的概率; 而不是猜测缺失的协变量值可能是什么. 也就是说, 倾向性评分是对可观察到的事件的特定条件概率的估计, 因为缺失数据的模式 (而不是缺失值本身) 是可观察到的. 根据这个与可观察值相关的特定条件概率进行匹配或分层, 往往会平衡这些观察值, 即观察到的协变量和缺失数据的观察模式, 但是期望它平衡缺失值是没有依据的 [40, 附录]. 具体来说, 一个成功的匹配应该在处理组和对照组中产生相似的观察到的家庭收入分布 (当 incmiss=0 时的 faminc 值), 以及相似的家庭收入缺失的高中毕业班学生比例 (incmiss=1); 然而, 缺失收入本身 (当 incmiss=1 时的 faminc 值) 是否相似尚不清楚. 对于缺失的协变量, 倾向性评分成功地实现了它的目标, 只是因为它的目标是相当有限的, 即平衡可观察到的数量 (observable quantity).

14.5 距离矩阵

距离矩阵的构造分为两步. 第一步计算第 9.3 节中基于秩的马氏距离. 软件包 DOS2 中的函数 smahal $(\cdot, \cdot)$ 创建了 131×2689 的距离矩阵. 表 14.3 给出了距离矩阵 dmat 的前 5 行和前 5 列.

---

[4]从技术上讲, logit 回归中拟合的概率在预测变量的仿射变换下是不变的.

表 14.3　使用基于秩的马氏距离为 131×2689 的距离矩阵的前 5 行和 5 列

ℓ	对照者 1	对照者 2	对照者 3	对照者 4	对照者 5
处理对象 7	3.86	2.61	5.06	6.86	6.72
处理对象 20	3.47	3.03	7.58	6.23	5.82
处理对象 108	9.60	19.47	20.02	24.62	13.03
处理对象 126	6.81	8.05	12.93	10.74	9.88
处理对象 145	8.70	15.09	17.74	18.86	12.37

注意，131 行和 2689 列都用不同的数字标记 $\ell = 1, 2, \cdots, 2820 = 131 + 2689$.

```
> dmat <- smahal(zb, Xb)
> dim(dmat)
[1] 131 2689
```

第二步如第 9.4 节那样增加倾向性评分卡尺. 软件包 DOS2 中的函数 addcaliper $(\cdot,\cdot,\cdot)$ 对 dmat 进行处理，且当倾向性评分相差超过 $\hat{e}(\mathbf{x})$ 的 0.2 倍标准差时增加一个惩罚. 在第 9 章的电焊工数据中，卡尺被设置为 $\hat{e}(\mathbf{x})$ 的 0.5 倍标准差，但除了非常小的问题，取卡尺值 0.1 到 0.25 是更常见的. 结果得到一个新的 131×2689 的距离矩阵. 修订后的 dmat 的前 5 行和 5 列见表 14.4. 在这 25 个元素中，只有两个满足卡尺，没有受到惩罚.

```
> dmat <- addcaliper(dmat, zb, p)
> dim(dmat)
[1] 131 2689
```

表 14.4　增加倾向性评分卡尺后的 131×2689 的距离矩阵的前 5 行和 5 列

ℓ	对照者 1	对照者 2	对照者 3	对照者 4	对照者 5
处理对象 7	18.60	20.64	42.04	79.91	46.10
处理对象 20	46.32	3.03	72.66	51.18	73.30
处理对象 108	82.94	47.40	115.60	39.07	111.01
处理对象 126	57.81	13.64	86.16	47.54	85.51
处理对象 145	8.70	54.51	33.32	113.31	30.34

卡尺为 $0.2 \times \text{sd}(\hat{e}(\mathbf{x}))$. 这 25 项中只有 2 项未受卡尺影响.

14.6　构造匹配

根据距离矩阵 dmat, 利用 Hansen [17] 的软件包 optmatch 中的函数 fullmatch 获得匹配结果. 安装 optmatch 后，我们必须使用 packages 菜单或使用命令加载它.

> library(optmatch)

我们希望为每一位有已故父亲的高中毕业班学生匹配 10 位对照者. 函数 fullmatch 需要知道距离矩阵 (这里是 dmat)、最小对照者数量 (这里是 10)、最大对照者数量 (这里是 10) 以及删除对照者的比例 (这里是 $(2689 - 10 \times 131)/2689 = 0.51283$). 也就是说, 匹配 10 比 1 意味着使用 10×131 位对照者, 删除 $2689 - 10 \times 131$ 位对照者, 删除比例约为 51%.

> 2689 - 10*131
[1] 1379
> 1379/2689
[1] 0.51283

确定了这些数量后, 我们进行匹配:

> m<-fullmatch(dmat,min.controls=10, max.controls=10,omit.fraction=1379/2689, data=dynarski)

几秒钟后, R 将匹配记录放置在对象 m 中. 在 m 中, 2820 名高中毕业班学生每人都有一个匹配编号.

> length(m)
[1] 2820

在 m 中前 10 个元素是

> m[1:10]
    1   2   3   4   5   6   7   8   9   10
1.129 1.100 <NA> 1.54 <NA> 1.121 1.114 <NA> 1.111 1.87

这就是说, 2820 名高中毕业班学生中的第 1 名高中毕业班学生 ($zb = 1$) 在第 129 个匹配集, 第 2 名高中毕业班学生 ($zb = 1$) 在第 100 个匹配集. 第 3 名高中毕业班学生 ($zb = 0$) 是 1379 名未匹配的对照者之一; 这就是 <NA> 的含义. 第 4 名高中毕业班学生在第 54 个匹配集中, 第 5 名是未匹配的高中毕业班学生, 以此类推. 函数 matched(·) 表示匹配的对象. matched(m) 的前 10 个元素为

> matched(m)[1:10]
TRUE TRUE FALSE TRUE FALSE TRUE TRUE FALSE TRUE TRUE

也就是说, 前 2 名高中毕业班学生被匹配了, 而第 3 名没有匹配上, 以此类推. 共有 1441 名匹配的高中毕业班学生, 其中 $1441 = 131 \times 11$, 因为 131 名父亲已故的高中毕业班学生分别与 10 位对照者相匹配, 形成了 131 个匹配集, 故每个匹配集的大小为 11.

```
> sum(matched(m))
 [1] 1441
> 1441/11
 [1] 131
```

前 3 个匹配集如表 14.5 所示. 第一个匹配由 11 名女高中毕业班学生组成, 她们既不是黑人也不是西班牙裔, 她们的母亲受过高中教育, 家庭收入在 3 万至 4 万美元, 大多数人的测验分数在 59% 至 77%. 在第二个匹配集中, 收入较低, 但测验分数较高, 等等.

另外还构造了 3 种匹配: 在社会保障学生福利计划结束后的 1982—1983 年期间的 10 比 1 匹配, 在 1982—1983 年期间和 1979—1981 年期间的父亲在世的高中毕业班学生的 1 比 1 匹配, 以及所有父亲已故的高中毕业班学生的可变匹配 (variable match) (第 9.5 节), 形成了 54 个匹配集, 每个匹配集包含 1982—1983 年期间的 1 名高中毕业班学生和 1979—1981 年期间的 1 至 4 名高中毕业班学生; 见表 14.2. 在产生可变匹配时, 函数 fullmatch 的参数设置如下: min.controls=1 (要求至少一位对照者)、max.controls=4 (允许最多 4 位对照者) 和 omit.fraction=0 (需要用到所有 131 位潜在对照者), 也就是说允许为受试者匹配 1 至 4 位对照者. 为便于说明, 这里包括了这个小的可变匹配.

构造匹配之后, 剩下的工作就可用标准 R 函数完成.

表 14.5 131 个匹配集中的前 3 组, 每组包括 1 位接受处理的受试者和 10 位匹配的对照者

id	set	zb	faminc	incmiss	black	hisp	afqtpct	edmissm	edm	female
10	1380	1	3.22	0	0	0	61.92	0	2	1
350	1380	0	3.56	0	0	0	59.58	0	2	1
365	1380	0	3.60	0	0	0	61.24	0	2	1
465	1380	0	3.56	0	0	0	56.37	0	2	1
518	1380	0	3.79	0	0	0	67.01	0	2	1
550	1380	0	3.79	0	0	0	63.50	0	2	1
1294	1380	0	3.56	0	0	0	67.31	0	2	1
2072	1380	0	3.79	0	0	0	64.98	0	2	1
2082	1380	0	3.79	0	0	0	63.62	0	2	1
2183	1380	0	3.97	0	0	0	76.52	0	2	1
3965	1380	0	3.76	0	0	0	72.58	0	2	1

续表

id	set	zb	faminc	incmiss	black	hisp	afqtpct	edmissm	edm	female
396	1381	1	2.37	0	0	0	88.51	0	2	1
2	1381	0	2.46	0	0	0	95.16	0	2	1
147	1381	0	2.27	0	0	0	77.09	0	2	1
537	1381	0	2.60	0	0	0	95.96	0	2	1
933	1381	0	2.85	0	0	0	96.11	0	2	1
974	1381	0	1.90	0	0	0	99.60	0	3	1
987	1381	0	2.13	0	0	0	81.18	0	2	1
1947	1381	0	2.05	0	0	0	91.45	0	3	1
2124	1381	0	2.30	0	0	0	72.40	0	2	1
2618	1381	0	2.21	0	0	0	68.92	0	2	1
3975	1381	0	2.37	0	0	0	90.74	0	2	1
3051	1382	1	3.41	0	0	1	62.87	0	1	0
606	1382	0	4.18	0	0	1	81.74	0	1	0
664	1382	0	4.39	0	0	1	91.57	0	1	0
884	1382	0	2.85	0	0	1	48.77	0	1	0
995	1382	0	3.13	0	0	1	55.12	0	1	0
1008	1382	0	3.32	0	0	1	51.61	0	1	0
1399	1382	0	3.44	0	0	1	90.02	0	2	0
2908	1382	0	3.80	0	0	1	80.28	0	1	0
3262	1382	0	3.79	0	0	1	57.28	0	1	0
3400	1382	0	2.93	0	0	1	80.88	0	2	0
3624	1382	0	3.32	0	0	1	74.08	0	1	1

14.7 检验协变量的平衡

表 14.6 和图 14.2 展示了匹配前后这 4 种匹配比较中 8 个协变量和倾向性评分的不平衡性. 对于可变匹配, 对照组中的平均值是进行了加权的; 见第 9.5 节.

这 4 种配对的两个组别分布在匹配前是完全不同的, 但是配对后却非常接近. 父亲已故的高中毕业班学生的家庭收入较低, 他们大多为黑人, 而且他们的母亲受教育程度较低. 在 1979—1981 和 1982—1983 年期间, 军队资格测验分数下降. 匹配后的不平衡性程度要小得多.

表 14.6 对于 4 种匹配比较在匹配前后的协变量平衡. FD= 父亲已故, FND= 父亲在世

比较	set	$\hat{e}(\mathbf{x})$	faminc	incmiss	black	hisp	afqtpct	edmissm	edm	female
1979—1981	$\bar{x}_{tk}$	0.07	2.78	0.15	0.35	0.15	49.58	0.08	1.62	0.49
FD 对 FND	$\bar{x}_{mck}$	0.06	2.77	0.15	0.34	0.15	49.10	0.04	1.61	0.50
(131:2689)	$\bar{x}_{ck}$	0.05	4.58	0.19	0.29	0.15	52.39	0.04	1.91	0.50
131 个 10 比 1 的	sd_{bk}	0.67	0.71	0.11	0.13	0.02	0.10	0.19	0.33	0.03
匹配集 (131:1310)	sd_{mk}	0.09	0.00	0.00	0.02	0.03	0.02	0.19	0.02	0.02
1982—1983	$\bar{x}_{tk}$	0.08	2.31	0.30	0.46	0.15	37.41	0.04	1.56	0.46
FD 对 FND	$\bar{x}_{mck}$	0.07	2.53	0.33	0.41	0.13	39.13	0.03	1.62	0.49
(54:1038)	$\bar{x}_{ck}$	0.05	4.31	0.24	0.30	0.16	43.81	0.06	1.83	0.47
54 个 10 比 1 的	sd_{bk}	0.76	0.80	0.12	0.35	0.04	0.22	0.11	0.34	0.02
匹配集 (54:540)	sd_{mk}	0.18	0.09	0.08	0.11	0.06	0.06	0.03	0.07	0.05
FND 1982—1983	$\bar{x}_{tk}$	0.30	4.31	0.24	0.30	0.16	43.81	0.06	1.83	0.47
对 1979—1981	$\bar{x}_{mck}$	0.30	4.33	0.24	0.29	0.15	44.06	0.05	1.81	0.47
(1038:2689)	$\bar{x}_{ck}$	0.27	4.58	0.19	0.29	0.15	52.39	0.04	1.91	0.50
1038 个配对	sd_{bk}	0.37	0.09	0.12	0.01	0.03	0.30	0.10	0.09	0.06
(1038:1038)	sd_{mk}	0.02	0.01	0.00	0.01	0.02	0.01	0.05	0.03	0.00
FD 1982—1983	$\bar{x}_{tk}$	0.35	2.31	0.30	0.46	0.15	37.41	0.04	1.56	0.46
对 1979—1981	$\bar{x}_{mck}$	0.33	2.49	0.25	0.43	0.15	38.55	0.06	1.65	0.43
(54:131)	$\bar{x}_{ck}$	0.27	2.78	0.15	0.35	0.15	49.58	0.08	1.62	0.49
54 个可变匹配集	sd_{bk}	0.67	0.24	0.35	0.23	0.01	0.43	0.20	0.09	0.05
(54:131)	sd_{mk}	0.16	0.09	0.12	0.07	0.00	0.04	0.12	0.12	0.06

对于协变量 k, $\bar{x}_{tk}$ 为比较中第一个组别的平均值, $\bar{x}_{ck}$ 为比较中第二个组别的平均值, $\bar{x}_{mck}$ 为第二个组别构成的匹配对照组的平均值. 如第 9 章所示, sd_{bk} 表示匹配前标准化均值差, sd_{mk} 表示匹配后标准化均值差; 它们有相同的分母但不同的分子. 匹配前 36 个标准化均值差中最大的为 0.80, 匹配后为 0.19.

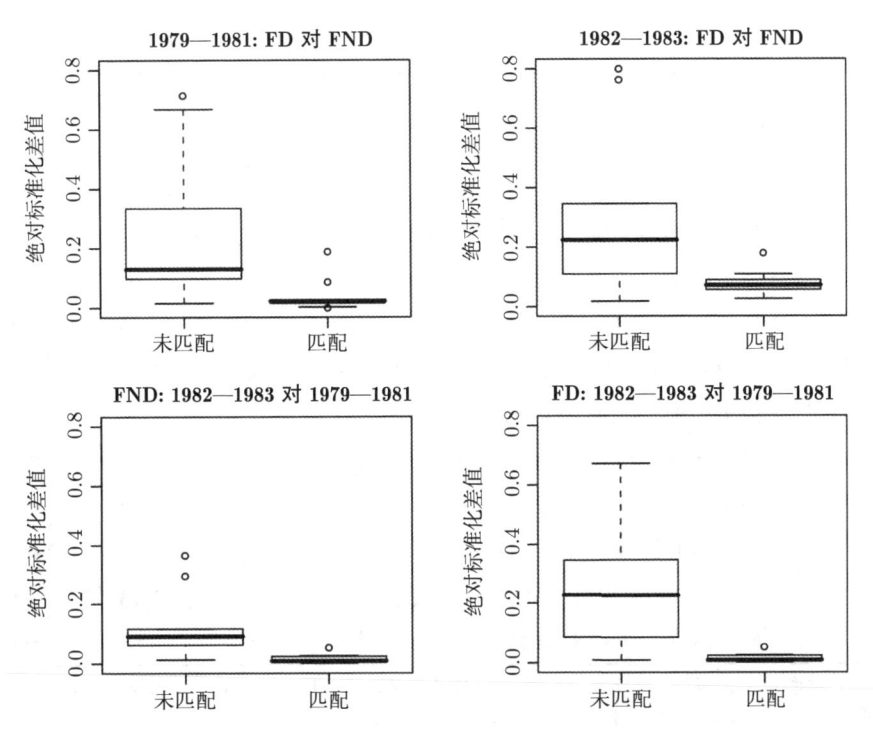

图 14.2 协变量的标准化差值是指在 3 种匹配比较中匹配前后的差异. 每个箱线图显示了对 9 个协变量和倾向性评分的标准化均值差; FD= 父亲已故, FND= 父亲在世

14.8 大学入学结果

处理效应应该能提高受到激励的一组人的大学入学率 (college attendance), 即 1979—1981 年父亲已故的高中毕业班学生. 如果在对观察到的协变量进行匹配后, 与其他组之间存在显著差异, 那么这就不可能是处理的效应, 且一定表明匹配未能使组别之间具有可比性 ([10,31,35] 和 [43, 第 5 章]). 表 14.7 比较了 4 种匹配比较中的 3 个大学入学率指标. 表 14.7 中报告了 Mantel-Haenszel 检验和优势比 [16, §13.3], 可变匹配中百分比是加权计算的结果 (见第 9.5 节).

在 1979—1981 年期间, 当社会保障学生福利计划为已故社保受益人的学生提供学费资助时, 与匹配对照者相比, 父亲已故的高中毕业班学生上过大学并完成一年大学学业的可能性更大, 其优势比约为 1.65, 但在该计划结束后的 1982—1983 年期间并没有这种迹象. 在父亲在世的高中毕业班学生中, 1982—1983 年期间的大学入学结果略好于 1979—1981 年期间的对照组, 但不显著. 1982—1983 年期间父亲已故的高中毕业班学生 ($n = 54$) 和 1979—1981 年期间与他们可变匹配的父亲已故的高中毕业班学生 ($n = 131$)

表 14.7　23 岁时的大学入学结果: 上过大学、完成一年大学学业、完成 4 年大学学业

入学结果	对比	组 1 %	组 2 %	MH-优势比	P-值
上过大学	1979—1981: FD 对 FND	53	43	1.67	0.019
大学入学	1982—1983: FD 对 FND	35	37	0.90	0.853
	FND: 1982—1983 对 1979—1981	43	39	1.21	0.070
	FD: 1982—1983 对 1979—1981	35	46	0.63	0.264
完成一年大学学业	1979—1981: FD 对 FND	50	40	1.65	0.022
	1982—1983: FD 对 FND	31	34	0.87	0.798
	FND: 1982—1983 对 1979—1981	40	37	1.20	0.100
	FD: 1982—1983 对 1979—1981	31	36	0.81	0.369
完成 4 年大学学业	1979—1981: FD 对 FND	15	14	1.03	0.915
	1982—1983: FD 对 FND	9	12	0.70	0.630
	FND: 1982—1983 对 1979—1981	14	13	1.13	0.460
	FD: 1982—1983 对 1979—1981	9	12	0.88	0.805

在匹配组中, 表格给出了百分比、Mantel-Haenszel 优势比和来自 Mantel-Haenszel 检验的双侧 P-值. 可变匹配的百分比是加权计算的结果.

在任何的大学入学结果上没有显著差异, 但是样本量很小, 且这个点估计值 (point estimate) 与 1982—1983 年期间大学入学率的下降并不矛盾, 因为当时学费补贴被取消了. 在任何比较中, 都没有迹象表明 4 年大学学业的完成程度有差异.

14.9　延伸阅读

Dynarski [15] 的精细研究文章非常值得阅读. 这里给出的再 (重新) 分析只是为了说明在 R 中进行匹配的许多内容, 而不建议对这种形式的研究进行分析. 由于 Dynarski [15] 的研究中有多个样本大小, 因此可以对一个数据集使用几种不同形式的匹配.

最优匹配最好通过专用软件来实现, 例如在第 14.10 节中提到的几个 R 软件包. 这些软件包的一些作者撰写了一些帮助文章, 描述和说明了软件包的使用 [17, 23, 27, 30]. 这些软件包实现了前几章讨论过但本章没有说明的技术, 比如精细平衡匹配或强化工具变量的匹配.

特别是最优匹配的数学, 以及一般的组合优化的数学, 既有趣又广泛. Bertsekas [6] 对最优匹配问题或等效最优分配问题作了简明而基本的介绍. 他的竞拍

算法 (auction algorithm) 提供了一个特别具体和熟悉的观点, 即接受处理的个体之间为争夺同样最接近的对照者而展开的竞争. 竞拍算法照字面理解是举行一场拍卖, 将对照者出售给接受处理的个体, 其价格的调整反映了对同一对照者的竞争. 在竞拍算法中, 对偶性 (duality) 和互补松弛性 (complementary slackness) 的技术概念获得了熟悉的经济解释. 详细讨论请见文献 [8].

医学文献中展示最优匹配的两个说明是 Kelz 等人 [20] 的 18200 个匹配对, 以及 Silber 等人 [44] 的 25076 个匹配对.

14.10 软件

如本章摘要所述, 匹配涉及不停统计和有效使用计算机内存, 最好由专门的软件进行匹配. 本章展示了软件可以实现自动化的中间步骤. 专用软件还实现了多元匹配的其他方面.

Ben Hansen 在统计软件 R 中的 optmatch 包可以进行各种类型的最优匹配, 它是完全匹配的最佳选择 [17,18]. Bo Lu 等人 [23] 的一个 R 包 nbpMatching 执行非二部匹配或无组别匹配. Cinar Kilcioglu 和 José Zubizarreta 的 designmatch 包为最优匹配提供了各种各样的新工具 [21,48]. 由于包 designmatch 使用的是混合整数编程而不是网络优化, 所以它在计算速度上缺乏保证, 但它的表现往往具有竞争力. Samuel Pimentel 开发的包 rcbalance 和 rcsubset 可以找到具有精细或精致平衡的最优匹配 [27,28]. Ruoqi Yu 开发的包 bigmatch 可以解决非常大的最优匹配问题 [47]. Ruoqi Yu 开发的软件包 DiPs 实现了带有定向惩罚的匹配 [46]. Rigdon, Baiocchi 和 Basu [29] 开发的 R 包 nearfar 使用非二部匹配强化工具变量.

在 Ruoqi Yu 开发的包 DiPs 中, 函数 match 是相当基本的, 它与本章的结构相似; 因此, 先尝试使用最优匹配是自然的选择. 例如, 要尝试用精细平衡进行最优匹配, 可以运行软件包 DiPs 中函数 match 的帮助文档中的示例. 软件包 DiPs 包含其他较新的功能 [46], 但也可以在不使用这些较新功能的情况下使用函数 match. 请注意, 你必须安装并加载软件包 optmatch 才能使用软件包 DiPs.

14.11 数据

在 R 软件包 DOS2 的数据集 dynarski 中, 包含了本章使用的 Dynarski [15] 的数据, 其帮助文档中的示例重现了本章中的一些计算. 在第 14.10 节讨论的几个 R 软件包中, 包含了说明最优匹配的其他数据集.

附录 1: R 的简介[*]

本章不打算教 R, 尽管我确实在课堂上教过它. 我的印象是 R 很容易学习, 唯一的障碍是, 在一个菜单驱动软件的世界里, R 不是菜单驱动的, 所以你需要知道关键词. 一旦你知道了几个关键词, 了解更多 R 的内容就容易多了, 但是学 R 的前 20 min 可能会导致那些容易沮丧的人心悸. 你可以通过访问网站并按照说明进行安装. 一旦安装了 R, 下面的注释可能对前 20 min 有所帮助.

你会找到合适的关键词 apropos. 例如, 如果你正在寻找 Wilcoxon 符号秩检验, 那么你可以输入

> apropos("wilc")

则返回

[1] "dwilcox"   "pairwise.wilcox.test"   "pwilcox"
[4] "qwilcox"   "rwilcox"   "wilcox.test"

在这里, wilcox.test 看起来是我们要找的检验方法, 所以你键入代码

> help(wilcox.test)

则会收到关于 Wilcoxon 检验的说明文件.

如果你想加载指定的数据集或列出可用的已有数据集, 键入代码

> help(data)
> data( )

是的, 其中 ( ) 中没有任何内容.

早期需要学习的关键字包括 data.frame, NA, ls, rm, summary, plot 和 boxplot. 例如, 键入代码

> help(data.frame)

从非正式角度讲, data.frame 是一个存在于工作区 workspace 中的对象 object. 它包含以变量作为列和以受试者作为行的数据. 缺失的值编码为 NA. 当你使用 R 函数时, 你应该检查它的帮助函数 help 看看它对 NA 如何处理; 在这里, 你会发现其他神秘事件的解决方案. 如果你键入代码 ls( ), 那么你将在当前工作区中看到一个对象列表. 保持一个整洁的工作区 workspace. 用 rm (unwanted) 删除一个不想要或多余的对象 object. 使用"文件"菜单 (file menu) 上的"保存工作区 (SAVE WORKSPACE)"保存任何重要对象的副本. 在不

---

[*]小字部分为第一版内容, 译者认为有助于读者理解, 所以呈现于此.

同的工作空间 workspace 中保存不同的研究项目. 命令 summary(object) 为许多不同类型的对象提供了适当的描述.

统计软件包 R 的一个关键特性是你可以从网络上下载包. 你可以使用 help.search 搜索网络. 例如,

> help.search("match")

产生了很多搜索结果, 其中一些是与当前章节内容有关, 然而

> help.search("fullmatch")

引导你到 Hansen [17] 的函数 fullmatch, 它将在本章中使用.

为了从网络上使用一个软件包, 你必须安装它, 这是使用包菜单最容易做到的, 点击 install package(s). 对于当前章节, 你将希望安装 Hansen [17] 的包 optmatch, 然后键入代码

> library(optmatch)
> help(fullmatch)

则接下来你的分析就可顺利进行了.

在某些情况下, 你可能希望对自己的数据使用 R 函数. 可用一个基本命令 read.table, 所以键入代码

> help(read.table)

当从由其他统计软件创建的文件中读取数据时, 一个有用的包是 foreign. 例如, 为了读取 stata 文件, 需安装 foreign, 并键入代码

> library(foreign)
> help(read.dta)

为了读取 SAS 文件, 请安装 foreign, 并键入代码

> library(foreign)
> help(read.xport)

虽然 read.table 是基本命令, 而 read.dta 是一个扩展命令, 读取一个已经被格式化的文件, 比如, 用 read.dta 读取一个 stata 文件, 通常比使用 read.table 读取数值文件更容易, 这里你可能有更多的细节要注意.

由函数 data( ) 列出存在于 R 中的大多数数据集都不是观察性研究. 在 Jeffrey Woodridge 的著作 [45] 网页上, 包括一些发表在经济学期刊上的有趣的观察性研究的 stata 文件. David Card 和 Alan Krueger 将他们研究 [11] 的最低工资数据发布在普林斯顿网站上. 第 2 章中的国家扶持工作示范 (NSW) 试验的几个版本可以通过下载 R 包获得, 但是你需要从由 Robert LaLonde [22] 的研究衍生的大量文献中的不同论文来识别每个版本. Angrist 和 Lavy 的研究 [2] 数据可以从 Joshua Angrist 在麻省理工学院的网页上找到.

附录 2: 关于距离矩阵的 R 函数

这个附录包含了几个简单的 R 函数, 用于创建距离矩阵 (distance matrix) 或添加惩罚的运算. 这些函数执行了一些向量运算的步骤. 在所有这些函数中, z 是一个长度 $\text{length}(z) = n$ 且 $z[i] = 1$ 为处理和 $z[i] = 0$ 为对照的向量, X 是一个 $n \times k$ 维的协变量矩阵, dmat 是一个由函数 mahal 或 smahal 创建的距离矩阵, p 是一个长度 $\text{length}(p) = n$ 通常包含倾向性评分的向量, 且 f 是一个长度 $\text{length}(f) = n$ 且在几乎完全匹配中用到的几个值的向量.

函数 mahal 使用马氏距离创建一个距离矩阵, 见 9.3 节. 它要求已经安装了包 MASS.

```
> library(DOS2)
> mahal
  function (z, X)
  {
      stopifnot(is.vector(z))
      stopifnot(all((z == 0) | (z == 1)))
      if (is.vector(X))
          X <- matrix(X, length(X), 1)
      if (is.data.frame(X))
          X <- as.matrix(X)
      stopifnot(is.matrix(X))
      stopifnot(length(z) == (dim(X)[1]))
      n <- dim(X)[1]
      rownames(X) <- 1:n
      k <- dim(X)[2]
      m <- sum(z)
      cv <- stats::cov(X)
      out <- matrix(NA, m, n - m)
      Xc <- X[z == 0, ]
      Xt <- X[z == 1, ]
      rownames(out) <- rownames(X)[z == 1]
      colnames(out) <- rownames(X)[z == 0]
      icov <- MASS::ginv(cv)
      for (i in 1:m) out[i, ] <- stats::mahalanobis(Xc, Xt[i, ],
          icov, inverted = TRUE)
      out
  }
  <bytecode: 0x000001ad55586088>
  <environment: namespace:DOS2>
```

函数 smahal 使用基于秩的马氏距离创建一个距离矩阵, 见 9.3 节. 它要求已经安装了包 MASS.

```
> smahal
function (z, X)
{
    stopifnot(is.vector(z))
    stopifnot(all((z == 0) | (z == 1)))
    if (is.vector(X))
        X <- matrix(X, length(X), 1)
    if (is.data.frame(X))
        X <- as.matrix(X)
    stopifnot(is.matrix(X))
    stopifnot(length(z) == (dim(X)[1]))
    n <- dim(X)[1]
    rownames(X) <- 1:n
    k <- dim(X)[2]
    m <- sum(z)
    for (j in 1:k) X[, j] <- rank(X[, j])
    cv <- stats::cov(X)
    vuntied <- stats::var(1:n)
    rat <- sqrt(vuntied/diag(cv))
    cv <- diag(rat) %*% cv %*% diag(rat)
    out <- matrix(NA, m, n - m)
    Xc <- X[z == 0, ]
    Xt <- X[z == 1, ]
    rownames(out) <- rownames(X)[z == 1]
    colnames(out) <- rownames(X)[z == 0]
    icov <- MASS::ginv(cv)
    for (i in 1:m) out[i, ] <- stats::mahalanobis(Xc, Xt[i, ],
        icov, inverted = TRUE)
    out
}
<bytecode: 0x000001ad552f97c0>
<environment: namespace:DOS2>
```

函数 addcaliper 为距离矩阵 dmat 在 p 上超出卡尺添加一个惩罚; 关于这个罚函数的讨论见 9.4. 默认卡尺宽度为 0.2*sd(p). 惩罚的大小是 penalty 乘以超出卡尺的大小, 其中 penalty 默认设置为 1000.

```
> addcaliper
function (dmat, z, p, caliper = 0.1, penalty = 1000)
{
```

```
        stopifnot(is.vector(z))
        stopifnot(all((z == 0) | (z == 1)))
        stopifnot(is.vector(p) & is.numeric(p))
        stopifnot(length(z) == length(p))
        stopifnot(stats::sd(p) > 0)
        stopifnot(is.matrix(dmat))
        stopifnot(length(z) == sum(dim(dmat)))
        stopifnot(sum(z) == (dim(dmat)[1]))
        stopifnot(is.vector(caliper) & (length(caliper) == 1) & (caliper > 0))
        stopifnot(is.vector(penalty) & (length(penalty) == 1) & (penalty > 0))
        sdp <- stats::sd(p)
        adif <- abs(outer(p[z == 1], p[z == 0], "-"))
        adif <- (adif - (caliper * sdp)) * (adif > (caliper * sdp))
        dmat <- dmat + adif * penalty
        dmat
}
<bytecode: 0x000001ad55069e80>
<environment: namespace:DOS2>
```

函数 addalmostexact 在距离矩阵 dmat 上增加了一个惩罚，因为它不能准确匹配 f；见 9.2 节. 惩罚的大小是 mult 乘以 dmat 中的最大值.

```
> addalmostexact
function (dmat, z, f, mult = 10)
{
        stopifnot(is.vector(z))
        stopifnot(is.vector(f) | is.factor(f))
        stopifnot(length(z) == length(f))
        stopifnot(is.matrix(dmat))
        stopifnot(length(z) == sum(dim(dmat)))
        stopifnot(length(z) == length(f))
        stopifnot(is.vector(mult) & (mult > 0))
        stopifnot(all((z == 0) | (z == 1)))
        penalty <- mult * max(dmat)
        mismatch <- outer(f[z == 1], f[z == 0], "!=")
        dmat <- dmat + mismatch * penalty
        dmat
}
<bytecode: 0x000001ad50933e30>
<environment: namespace:DOS2>
```

参考文献

[1] Aitkin, M., Francis, B., Hinde, J., Darnell, R.: Statistical Modelling in R. Oxford University Press, New York (2009)

[2] Angrist, J. D., Lavy, V.: Using Maimonides' rule to estimate the effect of class size on scholastic achievement. Q. J. Econ. **114**, 533–575 (1999)

[3] Baiocchi, M., Small, D. S., Lorch, S., Rosenbaum, P. R.: Building a stronger instrument in an observational study of perinatal care for premature infants. J. Am. Stat. Assoc. **105**, 1285–1296 (2010)

[4] Baiocchi, M., Small, D. S., Yang, L., Polsky, D., Groeneveld, P. W.: Near/far matching: a study design approach to instrumental variables. Health Serv. Outcomes Res. Method **12**, 237–253 (2012)

[5] Bertsekas, D. P.: A new algorithm for the assignment problem. Math. Program **21**, 152–171 (1981)

[6] Bertsekas, D. P.: The auction algorithm for assignment and other network flow problems: a tutorial. Interfaces **20**, 133–149 (1990)

[7] Bertsekas, D. P.: Linear Network Optimization. MIT Press, Cambridge (1991)

[8] Bertsekas, D. P.: Network Optimization: Continuous and Discrete Models. Athena Scientific, Belmont (1998)

[9] Bertsekas, D. P., Tseng, P.: The relax codes for linear minimum cost network flow problems. An. Oper. Res. **13**, 125–190 (1988)

[10] Campbell, D. T.: Factors relevant to the validity of experiments in social settings. Psychol. Bull. **54**, 297–312 (1957)

[11] Card, D., Krueger, A.: Minimum wages and employment: a case study of the fast-food industry in New Jersey and Pennsylvania. Am. Econ. Rev. **84**, 772–793 (1994)

[12] Chambers, J.: Software for Data Analysis: Programming with R. Springer, New York (2008)

[13] Dalgaard, P.: Introductory Statistics with R. Springer, New York (2002)

[14] Derigs, U.: Solving nonbipartite matching problems by shortest path techniques. Ann. Operat. Res. **13**, 225–261 (1988)

[15] Dynarski, S. M.: Does aid matter? Measuring the effect of student aid on college attendance and completion. Am. Econ. Rev. **93**, 279–288 (2003)

[16] Fleiss, J. L., Levin, B., Paik, M. C.: Statistical Methods for Rates and Proportions. Wiley, New York (2001)

[17] Hansen, B. B.: Optmatch: flexible, optimal matching for observational studies. R News **7**, 18–24 (2007)

[18] Hansen, B. B., Klopfer, S. O.: Optimal full matching and related designs via network flows. J. Comp. Graph. Stat. **15**, 609–627 (2006)

[19] Ho, D., Imai, K., King, G., Stuart, E. A.: Matching as nonparametric preprocessing

for reducing model dependence in parametric causal inference. Polit. Anal. **15**, 199–236 (2007)

[20] Kelz, R. R., Sellers, M. M., Niknam, B. A., Sharpe, J. E., Rosenbaum, P. R., Hill, A. S., Zhou, H., Hochman, L. L., Bilimoria, K. Y., Itani, K., Romano, P. S., Silber, J. H.: A National comparison of operative outcomes of new and experienced surgeons. Ann. Surgery (2020)

[21] Kilcioglu, C., Zubizarreta, J. R.: Maximizing the information content of a balanced matched sample in a study of the economic performance of green buildings. Ann. Appl. Stat. **10**, 1997–2020 (2016)

[22] LaLonde, R. J.: Evaluating the econometric evaluations of training programs with experimental data. Am. Econ. Rev. **76**, 604–620 (1986)

[23] Lu, B., Greevy, R., Xu, X., Beck, C.: Optimal nonbipartite matching and its statistical applications. Am. Stat. **65**, 21–30 (2011)

[24] Maindonald, J., Braun, J.: Data Analysis and Graphics Using R. Cambridge University Press, New York (2001)

[25] McCullagh, P., Nelder, J. A.: Generalized Linear Models. Chapman and Hall/CRC, New York (1989)

[26] Ming, K., Rosenbaum, P. R.: A note on optimal matching with variable controls using the assignment algorithm. J. Comput. Graph. Stat. **10**, 455–463 (2001)

[27] Pimentel, S. D.: Large, sparse optimal matching with R package rcbalance. Obs. Stud. **2**, 4–23 (2016)

[28] Pimentel, S. D., Kelz, R. R., Silber, J. H., Rosenbaum, P. R.: Large, sparse optimal matching with refined covariate balance in an observational study of the health outcomes produced by new surgeons. J. Am. Stat. Assoc. **110**, 515–527 (2015)

[29] R Development Core Team.: R: a Language and Environment for Statistical Computing. R Foundation, Vienna (2019)

[30] Rigdon, J., Baiocchi, M., Basu, S.: Near-far matching in R: the nearfar package. J. Stat. Soft. **86**, 5.

[31] Rosenbaum, P. R.: From association to causation in observational studies. J. Am. Stat. Assoc. **79**, 41–48 (1984)

[32] Rosenbaum, P. R.: Permutation tests for matched pairs with adjustments for covariates. Appl. Stat. **37**, 401–411 (1988) (Correction: [36, §3])

[33] Rosenbaum, P. R.: Optimal matching in observational studies. J. Am. Stat. Assoc. **84**, 1024–1032 (1989)

[34] Rosenbaum, P. R.: A characterization of optimal designs for observational studies. J. R. Stat. Soc. B **53**, 597–610 (1991)

[35] Rosenbaum, P. R.: Stability in the absence of treatment. J. Am. Stat. Assoc. **96**, 210–219 (2001)

[36] Rosenbaum, P. R.: Observational Studies (2nd ed.). Springer, New York (2002)

[37] Rosenbaum, P. R.: Covariance adjustment in randomized experiments and observational studies (with Discussion). Stat. Sci. **17**, 286–327 (2002)

[38] Rosenbaum, P. R.: Modern algorithms for matching in observational studies. Annu. Rev. Stat. Appl. **7**, 143–176 (2020)

[39] Rosenbaum, P. R., Rubin, D. B.: The central role of the propensity score in observational studies for causal effects. Biometrika **70**, 41–55 (1983)

[40] Rosenbaum, P. R., Rubin, D. B.: Reducing bias in observational studies using subclassification on the propensity score. J. Am. Stat. Assoc. **79**, 516–524 (1984)

[41] Rosenbaum, P. R., Rubin, D. B.: Constructing a control group by multivariate matched sampling methods that incorporate the propensity score. Am. Stat. **39**, 33–38 (1985)

[42] Rubin, D. B.: Using multivariate matched sampling and regression adjustment to control bias in observational studies. J. Am. Stat. Assoc. **74**, 318–328 (1979)

[43] Shadish, W. R., Cook, T. D., Campbell, D. T.: Experimental and Quasi-Experimental Designs for Generalized Causal Inference. Houghton-Mifflin, Boston (2002)

[44] Silber, J. H., Rosenbaum, P. R., McHugh, M. D., Ludwig, J. M., Smith, H. L., Niknam, B. A., Even-Shoshan, O., Fleisher, L. A., Kelz, R. R., Aiken, L. H.: Comparison of the value of nursing work environments in hospitals across different levels of patient risk. JAMA Surg. **151**, 527–536 (2016)

[45] Wooldridge, J. M.: Econometric Analysis of Cross Section and Panel Data. MIT Press, Cambridge (2002)

[46] Yu, R., Rosenbaum, P. R.: Directional penalties for optimal matching in observational studies. Biometrics **75**(4), 1380–1390 (2019)

[47] Yu, R., Silber, J. H., Rosenbaum, P. R.: Matching methods for observational studies derived from large administrative databases. Stat. Sci. (2019)

[48] Zubizarreta, J. R.: Using mixed integer programming for matching in an observational study of kidney failure after surgery. J. Am. Stat. Assoc. **107**, 1360–1371 (2012)

第Ⅲ部分 设计灵敏度

第 15 章 敏感性分析的功效及其极限

摘要 在一项试验中,当试验数据可用于分析时,功效 (power) 和样本量 (sample size) 的计算预期了将要进行的统计检验的结果. 与此同时, 在观察性研究中, 当观察性数据 (observational data) 可用于分析时, 敏感性分析的功效预期了将要进行的敏感性分析的结果. 在这两种情况下, 假设数据将由一个特定的模型或分布产生, 且预期了来自该模型的数据的检验结果或敏感性分析结果. 这类计算可以指导在设计随机临床试验时制定的许多决策, 类似的计算也可以有效地指导观察性研究的设计. 在试验中, 利用大样本的功效来判断竞争统计程序的相对效率 (relative efficiency). 与此同时, 利用敏感性分析的大样本的功效来判断设计特征 (design feature) 的能力, 即如第 5 章所述, 从未测量协变量引起的偏倚中区分处理效应 (treatment effect) 的能力. 随着样本量的增加, 敏感性分析功效的极限是一个从功效 1 单步降到功效 0 的阶梯函数 (step function), 其中阶梯出现在 $\varGamma$ 的一个值 $\widetilde{\varGamma}$ 处, 称其为设计灵敏度 (design sensitivity). 设计灵敏度是观察性研究 (observational study) 中比较不同设计方案 (可替代设计)(alternative design) 的基本工具.

15.1 一项随机试验中的检验功效

15.1.1 检验功效是什么?

统计检验的功效 (power of a statistical test) 预期了在使用该检验时将由检验作出的判断. 从概念上说, 检验功效是检验识别不成立的零假设 (false null hypothesis) 确实不真并拒绝它的概率*. 如果当检验 P-值小于或等于比如传统的 0.05 水平时, 该检验将拒绝零假设, 那么该检验功效就是当零假设确实不真时 P-值小于或等于 0.05 的概率.

如果该检验是对其零假设的有效检验, 零假设成立, 则 P-值小于或等于 0.05 的概率本身也小于或等于 0.05. 这是一个有效检验或 P-值的定义性质. 如果零假设成立, P-值不大可能小于或等于 0.05——即在 20 次试验中只有一次试验出现这种情况. 我们已经定义了一种检验方法使得拒绝一个真实的零假设是不可能的**, 现在我们想使得拒绝一个不成立的零假设的可能性很高; 也就是说, 我们想有一个大的检验功效.

检验功效取决于许多因素. 首先, 也是最重要的, 这取决于什么是真的. 如果零假设不真, 那么其他假设就会为真. 如果零假设不真, 但几乎不真, 那么功效很可能只比偶然性 (即 0.05) 好一点点. 如果零假设与事实相去甚远, 那么其功效可能会大得多. 其次, 功效还取决于样本量 (sample size)、随访时间 (the duration of follow-up)、试验设计的细节 (the specific of the experimental design) 以及在统计分析中使用的程序.

功效是设计随机试验的基本工具. 随机试验需要多少患者? 可计算出需要 100 例、200 例和 300 例患者的功效. 我们是研究 200 例患者 5 年的生存率更好还是研究 300 例患者 3 年的生存率更好? 需要分别计算出每种情况下的功效. 这种新的治疗方法既昂贵又难以应用. 为了降低成本, 试验人员正在考虑将三分之一的患者随机分配给治疗组, 三分之二的患者随机分配给对照组. 这种设计是否会远不如将一半患者随机分配给治疗组且一半随机分配给对照组? 计算两种不同设计的功效. 有两种测量响应变量值的方法, 一种精确但昂贵, 另一种不精确但便宜. 如果使用便宜的设备, 节省的资金将允许有更大的样本量. 但对于固定的总成本, 哪一种设计更好, 更少的患者更精确, 还是更多的患者反而更不精确? 计算这两种情况下的功效. 在 20 所学校中, 随机分配 10 所学校进行处理, 其余学校进行对照, 并对每所学校的数百名学生采用同样的处理方法, 这可能是很方便的. 但这会是个糟糕的主意吗? 将数百名学生作为个体随机分配会好得多吗? 计算这两种设计下的功效.

功效也是评估统计方法的一个基本工具. 这些统计方法可用于分析一项随机试验的结果. 面对相同统计模型的相同数据, 两种不同的统计检验通常具有不同的功效. 两种不同检验方法在不同情况下的功效通常是选择使用哪种检

---

*零假设 H_0 不成立即备择假设 H_1 为真, 且拒绝零假设 H_0 的概率为 P(拒绝$H_0|H_1$为真).——译者注

**在客观实际中, 使用假设检验方法时, 我们不可能证明假设是否为真. 因此, 如果我们接受或拒绝了零假设, 那么就有可能犯错误.——译者注

验方法的基础. 对于正态分布 (Normal distribution) 的数据, t-检验的功效比 Wilcoxon 检验稍好一点, 但对于长尾分布 (distribution with longer tail) 的数据, 其功效却低得多, 这是首选 Wilcoxon 检验的一个基本原因; 因为它的功效是稳健的.

本节的其余部分简要回顾了在随机试验中使用 Wilcoxon 符号秩统计量时功效的概念及其计算. 功效的概念在整个第 III 部分是非常重要的. 功效计算的细节与第 III 部分讨论的细节有关, 但如果功效的概念清晰, 那么第 III 部分涉及的概念应该是可以理解的.

15.1.2 关于统计功效的鼓舞人心的讲话

设计灵敏度和敏感性分析的功效是对其他两个概念的简单但有用的扩展, 即敏感性分析和统计检验的功效. 敏感性分析的概念已在 3.4 节和 3.5 节中介绍了, 现在可能是再看一下这些章节的好时机. 一些读者对统计检验的功效非常熟悉, 而另一些读者则不太熟悉. 如果对功效很熟悉, 请跳过下面几段, 继续进入"随机试验中的功效计算: 两个步骤"小节.

对于那些不太熟悉统计功效的人来说, 常有一个令人不适和误解的共同原因. 在检验零假设时, 我们试探性地假设零假设为真, 只是为了推进假设检验的逻辑. 也就是说, "假设零假设成立". 如果这是真的, 那么观察到的数据与零假设不一致的概率 ξ^* 有多大? 这个概率就是 P-值, 如果 P-值很小, 那么我们就开始怀疑零假设为真的推测. 这就是假设检验的逻辑. 在计算功效时, 我们假设零假设不成立 (即零假设有错), 然后问的是零假设不真时出现小 P-值的概率 ζ^{**}. 第二个问题是关于功效的问题, 有时看起来合情合理, 但有时却前后不一致, 就像某些不稳定的视错觉 (optical illusion) 一样. 原因是, 功效计算假设了两个相互矛盾的东西 —— 零假设为真和零假设不真 —— 如果假设出现在不同的层面上, 那么这似乎是合理的, 但如果它们瓦解成一个相互矛盾的假设, 那么这似乎是不合逻辑的.

与其谈论功效, 不如谈谈钓鱼. 假如我去湖里钓鱼, 但是假设湖里没有鱼. 我能钓到鱼吗? 一个非常合理的答案是 "不能": 如果湖里没有鱼, 我将钓不到任何鱼 γ^{***}. 另一个答案是: 如果我认为湖里没有鱼, 那么我就不会去那个

---

*即零假设 H_0 成立的情况下, 检验统计量大于或小于由观察到的数据计算的检验统计量的概率, 此时由观察到的数据计算的检验统计量大于或小于分布临界值. ——译者注

**即零假设不真或备择假设为真, 拒绝零假设 (也称无效假设) 的概率 P(拒绝 $H_0|H_0$ 不真) 或 P(拒绝 $H_0|H_1$ 为真). ——译者注

***这里 "湖里没有鱼" 可作为零假设, 但这个零假设有可能是错误的. ——译者注

湖里钓鱼；也许我会去别的湖里钓鱼，然后是的，也许我会钓到一条鱼. 第一个答案是愿意假设一种我认为有些事不真的情况，即这种情况假设我认为湖中有鱼，所以我去湖里钓鱼，但我的推测是错误的. 在第二个答案中，两个层面的假设已经瓦解为一个假设 δ^*，即在没有鱼的湖中钓鱼的想法似乎是不合逻辑的. "湖中有鱼 (fish-in-lake)" 的情况已经很清楚了，但是加上一些技术概念 (technical concept)、一些希腊符号 (Greek symbol)、一些术语 (jargon) 以及假设的瓦解似乎很令人费解. 在功效计算中，我假设零假设不真，但是也假设我不知道它不真的事实，所以检验它. 且在我的一无所知中，在检验零假设的过程中，我假设它为真. 为了考虑错误的可能性，我必须在两个层面上做出假设：必须假设某件事是真的，必须假设我可能对真相一无所知. 如果你觉得功效的概念不合逻辑，那就回到湖里去钓鱼吧. 在我们的一无所知中，我们的科学家花了很多时间在没有鱼的湖里钓鱼，你需要了解基本的概念.

以类似的方式，当在第 15.2 节计算敏感性分析的功效时，我们假设存在一种处理效应 (treatment effect) 且不存在未测量协变量的偏倚，但是我们忽略了这些事实，所以当无所不知的调查员不会处理这种情况时，我们进行敏感性分析.[1] 同样，由于假设瓦解而产生误解的危险也存在. 敏感性分析考虑到无处理效应和对几个 Γ 值即 Γ 大小的偏倚的可能性，但敏感性分析的功效是在假设有处理效应和无偏倚的情况下计算的. 敏感性分析的功效在于：如果处理起作用或治疗有效，且不存在未观察到的协变量的偏倚，那么敏感性分析的结果会如何？这与随机试验中处理不起作用或无治疗效果的检验功效的意义相似：如果处理起作用 (或治疗有效)，那么不起作用或治疗无效应假设的检验结果会如何？

考虑一下你希望敏感性分析做什么. 在观察性研究中，如果你观察的是没有偏倚的处理效应，那么从数据中你是不会知道这一点的，但你希望敏感性分析报告这种处理的表面效应对未观察到的偏倚高度不敏感. 这种情况可能会发生，也可能不会. 敏感性分析的功效在于，当确实存在无偏倚的处理效应时，它将发生的概率. 同样，避免假设瓦解也很重要. 你在想象世界是一个特定的存在方式，但你却对此一无所知，且你正在进行统计分析，在此处就是进行敏感性分析. 你想知道：在什么情况下敏感性分析会做你想要它做的事情？在什么情况

---

*若我认为湖里没有鱼，则是否能钓到鱼的假设就坍塌为一个矛盾的假设，即没鱼的湖里能钓到鱼.——译者注

[1]无所不知的调查员不会检验假设. 然而，无所不知的调查员不会运行实验室或收集的数据. 因此，无所不知的调查员将无法发表论文，并将被剥夺终身职位. 无所不知的调查员会抗议对其终身教职的拒绝，理由是大学经常授予那些不可靠的调查员终身教职，尽管他们的实验室耗资巨大. 无所不知的调查员最终会被关进精神病院. 若你不是一个无所不知的调查员，相反，则你应该试着客观和公开地控制错误的概率.

下, 分析才能正确地解决问题?

需要功效公式来产生数值结果和证明断言. 如果你对公式熟悉, 那么很好, 但如果不是, 那就假设断言和数值结果为真, 重点关注概念问题, 可快速转移到第 16 章, 而不是在这里被公式所困. 例如, 现在请看图 15.1, 并意识到这个图是可理解的, 不需要参考之前和制作它的技术材料. 图 15.1 表明, 在一项随机试验中, 如果处理效应较大 ($\tau = 1/2$ 而不是 $\tau = 1/4$), 则功效更大, 以及功效随着样本量 I 的增加, 功效会增加到 1. 图 15.1 展示了我们对随机试验的理解. 图 15.2 和图 15.3 在无须参考之前和制作它们的技术材料的情况下也可被理解; 看看他们现在的样子. 图 15.2 和图 15.3 显示了随机试验中的功效与观察性研究中的功效之间的关键区别. 图 15.2 和图 15.3 表明对于小的 Γ 值, 随着样本量 I 的增加敏感性分析的功效增加到 1, 但随着样本量 I 对于大的 Γ 值, 敏感性分析的功效减小到 0, 分割点是数量 $\widetilde{\Gamma}$, 称其为设计灵敏度 (在图 15.2 中为 $\widetilde{\Gamma} = 3.171$). 这里 Γ 是分析层面的数值, $\widetilde{\Gamma}$ 是想象世界层面的数值, 它们不能共存于同一个假设层面. 如果你理解了图 15.1, 图 15.2 和图 15.3, 那么你就理解了本章的大部分概念, 即使你不知道如何生成这些图.

15.1.3 随机试验中的功效计算: 两个步骤

在随机试验中, Wilcoxon 符号秩统计量 T 的功效分两步进行计算. 首先, 对于一个特定的 α, 通常 $\alpha = 0.05$, 找到临界值 ζ_α, 这样, 如果零假设成立, 则使得 $T \geqslant \zeta_\alpha$ 的概率为 α.[2] 在单侧检验 0.05 水平下, 如果 $T \geqslant \zeta_{0.05}$, 则零假设将被拒绝, 因为单侧 P-值将小于或等于 0.05. 其次, 当零假设不真, 而备择假设为真时, 计算 $T \geqslant \zeta_\alpha$ 的概率的检验功效. 当零假设实际上不真时, 功效就是 P-值小于等于 0.05 的拒绝零假设的概率.

15.1.4 步骤 1: 在零假设为真的情况下确定临界值

考虑第一步中当无处理效应零假设为真时, 在有 I 对的配对随机试验中的

---

[2]这种说法在概念上是正确的, 但它忽略了一个小的技术细节. 由于 Wilcoxon 统计量 T 的分布是离散的, 所以它的分布在 T 可能的整数取值附加了大量的概率, 即 $0, 1, \cdots, I(I+1)/2$. 因此, 可能没有临界值 $\zeta_{0.05}$ 使得 $\Pr(T \geqslant \zeta_{0.05} | \mathcal{F}, \mathcal{Z}) = 0.05$. 因此, 使用最佳可能值 $\zeta_{0.05}$, 即零假设成立时, 使 $\Pr(T \geqslant \zeta_{0.05} | \mathcal{F}, \mathcal{Z}) \leqslant 0.05$ 的最小值. 用这个值 $\zeta_{0.05}$, 一个真假设被拒绝的概率小于等于 0.05 —— 即该检验具有 0.05 的水平 —— 但错误拒绝的概率可能略低于 0.05 —— 即该检验的大小略小于 0.05. 在比较大的样本 I 中, 在整数值 T 下的概率非常小, 所以为了概念上的目的, 这个技术细节可以被忽略. 当诉诸中心极限定理 ($I \to \infty$) 来证明零假设下的 T 近似服从正态分布时, 这些技术细节就消失了.

Wilcoxon 符号秩统计量 T 的特性. 假设匹配数据中没有结.[3] 回顾第 2.3.3 小节, 如果无效应零假设为真, 则 T 的期望和方差为

$$E(T\,|\,\mathcal{F},\mathcal{Z}) = \frac{I(I+1)}{4}, \tag{15.1}$$

$$\mathrm{var}(T\,|\,\mathcal{F},\mathcal{Z}) = \frac{I(I+1)(2I+1)}{24}, \tag{15.2}$$

并且, 如果配对 I 的数量比较大, 在 T 减期望除以标准差后, T 的分布很好地近似服从标准正态分布, 也就是说, 标准化偏差在分布上收敛于标准正态分布,

$$\text{当 } I \to \infty \text{ 时}, \quad \frac{T - E(T\,|\,\mathcal{F},\mathcal{Z})}{\sqrt{\mathrm{var}(T\,|\,\mathcal{F},\mathcal{Z})}} \to N(0,1); \tag{15.3}$$

见文献 Lehmann [5, §3.2]. 另回顾标准正态累积分布函数记作 $\Phi(\cdot)$, 其逆函数即分位函数记作 $\Phi^{-1}(\cdot)$, 故有 $\Phi(1.65) = 0.95$ 且 $\Phi^{-1}(0.95) = 1.65$.

当 $I = 100$ 对时, 计算 $E(T\,|\,\mathcal{F},\mathcal{Z}) = I(I+1)/4 = 100(100+1)/4 = 2525$, $\mathrm{var}(T\,|\,\mathcal{F},\mathcal{Z}) = I(I+1)(2I+1)/24 = 100(100+1)(2\times 100+1)/24 = 84587.5$. 利用表达式 (15.3) 近似法计算 $T \geqslant 3005$ 的概率, 我们计算 $(3005 - 2525)/\sqrt{84587.5} = 1.65$ 和 $\Pr(T \geqslant 3005\,|\,\mathcal{F},\mathcal{Z}) \doteq 1 - \Phi(1.65) = 1 - 0.95 = 0.05$. 在第 2.3.3 小节中, 沿着这些步骤的计算为 Wilcoxon 统计量得到了近似的单侧 P-值. 更一般地, 在零假设 H_0 下, 对于任意固定的 ζ,

$$\Pr(T \geqslant \zeta\,|\,\mathcal{F},\mathcal{Z}) \doteq 1 - \Phi\left\{\frac{\zeta - E(T\,|\,\mathcal{F},\mathcal{Z})}{\sqrt{\mathrm{var}(T\,|\,\mathcal{F},\mathcal{Z})}}\right\}. \tag{15.4}$$

随着样本量的增加, 即 $I \to \infty$, 正态逼近的效果越来越好; 然而, 对于公式 (15.4) 的大多数实际应用, $I = 100$ 已经足够了.

对于功效计算, 我们不希望得到从公式 (15.4) 计算出的在第 2.3.3 小节中已实现的 P-值, 而是希望得到对应于 P-值小于或等于 α (通常 $\alpha = 0.05$) 的 T 分布的分位数 ζ_α. 重新整理 (15.4), 得到 $\Pr(T \geqslant \zeta_\alpha|\mathcal{F},\mathcal{Z}) \doteq \alpha$, 如果

$$\zeta_\alpha \doteq E(T\,|\,\mathcal{F},\mathcal{Z}) + \Phi^{-1}(1-\alpha)\sqrt{\mathrm{var}(T\,|\,\mathcal{F},\mathcal{Z})}. \tag{15.5}$$

如果 $I = 100$ 对, $\alpha = 0.05$, $\Phi^{-1}(1-0.05) = 1.645$, 则临界值 $\zeta_{0.05}$ 约为 $2525 + 1.645\sqrt{84587.5} = 3005$. 当然, 对于 $I = 100$ 对数据, 有公式 (15.4) 和 (15.5)

---

[3]我们将计算各种连续分布的响应变量, 如一个正态分布, 对连续分布从来不会出现结; 也就是说, 一个结的概率是零. 正如我们多次看到的那样, 结是一个小麻烦, 在实践中很容易解决, 但它们往往会打乱理论论证. 正如通常假定不存在结, 除非出现一种实际情况认为解决这个问题很重要.(没有结是指没有相同的绝对值差异, 即秩不同.——译者注)

一致认为 $\Pr(T \geqslant 3005 \mid \mathcal{F}, \mathcal{Z}) \doteq 0.05$, 但是公式 (15.5) 反求公式 (15.4) 的计算, 以确定对应 α 的 ζ_α 值. 在 $I = 100$ 对的随机试验中, 如果 T 证明至少是 $\zeta_{0.05} = 3005$, 那么我们将在单侧检验 $\alpha = 0.05$ 的水平下拒绝无处理效应 (或无治疗效果) 的零假设.

Wilcoxon 符号秩统计量 T 有一个实用的性质, 即其零假设下分布的分位数 ζ_α 由 α 和 I 决定, 而与 $\mathcal{F}$ 无关. 参见第 2.3.3 小节中关于 "无分布" 统计量的讨论. 特别地, 近似值 (15.5) 是利用标准正态分布 $\Phi(\cdot)$、公式 (15.1) 和 (15.2) 从 α 和 I 中计算得到的.

15.1.5 步骤 2: 在零假设不真的情况下确定功效

现在考虑第二步, 确定当零假设不真时, $T \geqslant \zeta_\alpha$ 的概率的功效. 如果零假设不真, 那么备择假设就为真, 功效取决于什么是真实的. 一种方法是详细说明什么是正确的, 即指定 $\mathcal{F}$, 特别是指定响应值 (r_{Tij}, r_{Cij}), 每位受试者 ij 将接受处理和对照. 这个指定将允许计算给定 $\mathcal{F}$ 的条件功效 (conditional power), 即给定 $\mathcal{F}, \mathcal{Z}$ 条件下 $T \geqslant \zeta_\alpha$ 的条件概率. 更准确地说, 对特定的 $\mathcal{F}$, 条件功效是 $\Pr(T \geqslant \zeta_\alpha \mid \mathcal{F}, \mathcal{Z})$, 此时具有非零的处理效应. 计算两组受试者 $I = 100$ 对的条件功效需要指定 200 位个体的 (r_{Tij}, r_{Cij}), 这听起来像是一项吃力不讨好的任务. 相反, 我们设想 $\mathcal{F}$ 是由一个随机模型产生的, 并计算无条件功效 (unconditional power) —— 不变地称为 "功效" —— 作为该模型产生的所有随机 $\mathcal{F}$ 的 $T \geqslant \zeta_\alpha$ 的概率. 即 Wilcoxon 统计量的 (无条件) 功效为 $\Pr(T \geqslant \zeta_\alpha \mid \mathcal{Z})$, 这是对生成 $\mathcal{F}$ 的指定模型 $\Pr(T \geqslant \zeta_\alpha \mid \mathcal{F}, \mathcal{Z})$ 的期望.

原则上, 有了速度足够快的计算机, 计算功效的问题就 "解决了". 也就是说, (i) 从指定的模型模拟一个分布 $\mathcal{F}$, (ii) 在 I 对个体中随机化处理分配, (iii) 计算处理减去对照的观察响应差 (treated-minus-control difference in observed response) Y_i 的 Wilcoxon 统计量 T, (iv) 如果 $T \geqslant \zeta_\alpha$ 那么得分 1, 如果 $T < \zeta_\alpha$ 那么得分 0, 和 (v) 重复步骤 (i)—(iv) 多次, 以得分 1 的比例来估计功效. 在实践中, 稍微努力得到 $\Pr(T \geqslant \zeta_\alpha \mid \mathcal{Z})$ 的功效的表达式往往是有帮助的.

15.1.6 一个简单的例子: 带有随机误差的常数效应

这种功效的定义是很灵活的, 它的灵活性将在后面的章节中使用, 但为了让事情切实可行, 我们考虑一个最简单但又重要的例子. 在最简单的情况下, 观察到的处理减去对照的响应差, $Y_i = (Z_{i1} - Z_{i2})(R_{i1} - R_{i2})$, 是来自分布 $F(\cdot)$

中抽取的独立同分布观察值. 例如, 一个生成 $\mathcal{F}$ 的简单模型关于对照组的响应有差值 $r_{Ci1} - r_{Ci2}$, 这是来自期望为 0 和方差为 ω^2 的正态分布观察值——即 $r_{Ci1} - r_{Ci2} \sim_{iid} N(0, \omega^2)$——且对于所有个体 ij 是一种可加常数处理效应 $r_{Tij} - r_{Cij} = \tau$. 然后, 在一个随机试验中, 观察到的处理减去对照的响应差, $Y_i = (Z_{i1} - Z_{i2})(R_{i1} - R_{i2})$, 是 $Y_i = \tau + (Z_{i1} - Z_{i2})(r_{Ci1} - r_{Ci2})$, 其中给定 $\mathcal{F}$ 和 $\mathcal{Z}$, 量 $Z_{i1} - Z_{i2}$ 具有等概率 ± 1, 所以 $Y_i \sim_{iid} N(\tau, \omega^2)$. 在这种情况下, 功效是当从 I 个来自 $N(\tau, \omega^2)$ 的独立观察值计算的 Wilcoxon 符号秩统计量 $T \geq \zeta_\alpha$ 时的概率.

当计算独立连续分布 $F(\cdot)$ 的抽样差值 Y_i 的功效时, 文献 Lehmann [5, §4.2] 给出了一个 Wilcoxon 符号秩统计量 T 的功效的近似法. 当样本量 I 增加时, 即 $I \to \infty$, 这种近似法两次诉诸中心极限定理, 第一次得到正如步骤 1 中已经完成的临界值 ζ_α, 第二次近似 T 在零假设不真时表现的行为. 对于 $Y_i \sim_{iid} F(\cdot)$, 定义 $p = \Pr(Y_i > 0)$, $p'_1 = \Pr(Y_i + Y_{i'} > 0)$ 和 $p'_2 = \Pr(Y_i + Y_{i'} > 0, Y_i + Y_{i''} > 0)$, $i < i' < i''$. 然后, Lehmann 证明当零假设不真且 Y_i 来自独立连续分布 $F(\cdot)$ 的抽样时, Wilcoxon 符号秩统计量 T 的期望 μ_F 为

$$\mu_F = \frac{I(I-1)p'_1}{2} + Ip, \tag{15.6}$$

T 的方差为

$$\sigma_F^2 = I(I-1)(I-2)\left(p'_2 - p'^2_1\right) + \tag{15.7}$$

$$\frac{I(I-1)}{2}\left\{2(p - p'_1)^2 + 3p'_1(1 - p'_1)\right\} + Ip(1-p), \tag{15.8}$$

且中心极限定理产生近似功效为 $\Pr(T \geq \zeta_\alpha \mid \mathcal{Z}) \doteq 1 - \Phi\{(\zeta_\alpha - \mu_F)/\sigma_F\}$.[4]

所需的量 p, p'_1 和 p'_2 是由分布 $F(\cdot)$ 决定的. 对于正态分布, p 和 p'_1 有简单的表达式, p'_2 可以通过数值积分或模拟得到. 对于任意分布 $F(\cdot)$, 通过模拟一个从 $F(\cdot)$ 中抽取的非常大的样本 Y_i, 很容易精确地估计 p, p'_1 和 p'_2.[5]

例如, 如果 $Y_i \sim_{iid} N(\tau, \omega^2)$ 有 $\tau = 1/4$ 且 $\omega = 1$ (或更一般的 $\tau/\omega = 1/4$), 则 $p = 0.599$, $p'_1 = 0.638$, $p'_2 = 0.482$. 对于 $I = 100$, 我们之前发现 $\zeta_{0.05} \doteq 3005$. 另外, $I = 100$ 对受试者有 $\mu_F = 3217.16$, $\sigma_F^2 = 76400.5$, 且

---

[4] 这就是文献 Lehmann [5, §4.2] 中的表达式 (4.28), 但不包括对连续性的校正.

[5] 概率统计量 $p'_1 = \Pr(Y_i + Y_{i'} > 0)$ 将会是 3 种概率中最重要的. 注意, 在公式 (15.6) 中, T 的期望的主要部分包括数量 p'_1, 因为 p'_1 乘以 $I(I-1)/2$, 而 p 乘以 I, 所以在大样本中, 当 $I \to \infty$ 时, p'_1 占主导地位. 回顾第 2.5 节, 我们可以看到 p'_1 是关于 $\mathscr{I}$ 或 $\mathscr{J} = \{i, i'\}$ 的 $H_{\mathscr{J}}$ 的期望. 如第 2.5 节所示, 量 $H_{\mathscr{J}}$ 是高度可解释的, 而这种解释性又可以引申到 p'_1.

$\Pr(T \geqslant \zeta_\alpha \,|\, \mathcal{Z}) \doteq 1 - \Phi\{(\zeta_\alpha - \mu_F)/\sigma_F\} = 0.78$. 换句话说, 在这样的随机试验中, 如果无效应零假设不真, 其处理减去对照的观察结果差服从期望等于其四分之一标准差的正态分布, 则当有 100 对受试者时, 在单侧检验 (也称单边检验) 中, 在水平 0.05 下拒绝零假设的概率约为 78%. 同样, 对 $\tau = 1/2$ 且 $\omega = 1$ (或更一般的 $\tau/\omega = 1/2$) 和 $I = 100$ 对, $\mu_F = 3834.67$, $\sigma_F^2 = 57041.2$, $\Pr(T \geqslant \zeta_\alpha \,|\, \mathcal{Z}) \doteq 1 - \Phi\{(\zeta_\alpha - \mu_F)/\sigma_F\} = 0.999$.

图 15.1 绘制了 $I = 20, \cdots, 200$ 对受试者的 $Y_i \sim_{iid} N(\tau, 1)$ ($\tau = 1/4$ 或 $\tau = 1/2$) 的 Wilcoxon 检验功效. 当 $I = 50$ 对时, 如果效应较大, $\tau = 1/2$, 则功效大于 95%, 但如果效应较小, $\tau = 1/4$, 功效大约为 50%.

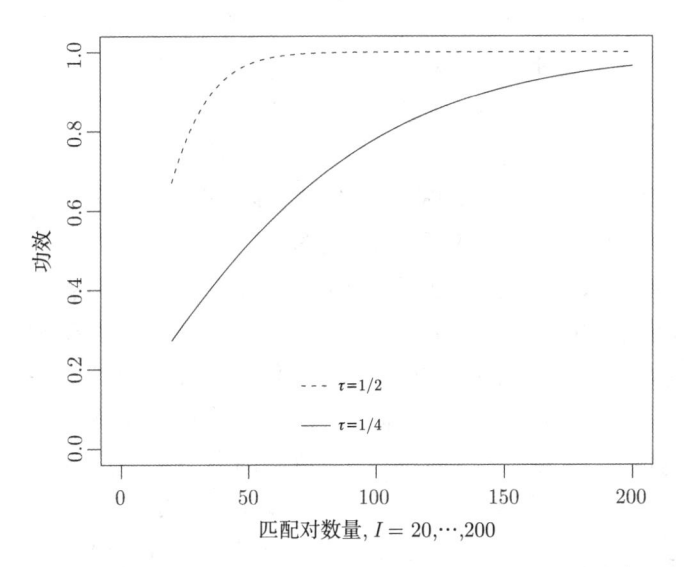

图 15.1 Wilcoxon 符号秩检验统计量 T 的近似功效, 在随机配对试验中有一个可加常数处理效应 τ 和观察到的处理减去对照的响应差 Y_i 是来自正态分布 $N(\tau, 1)$ 的独立样本, 即期望为 τ 和方差为 1, 样本量 $I = 20, 21, \cdots, 200$ 对

15.2 观察性研究中敏感性分析的功效

15.2.1 敏感性分析的功效是什么?

如第 2 章所示, 如果在随机试验中使用 Wilcoxon 符号秩检验来检验无处理效应 (或无治疗效果) 的零假设, 它会产生单一的 P-值, 因为我们知道由处理 (或治疗) 随机分配产生的处理分配 (或治疗分配) 的分布. 如第 3 章所示, 在一项观察性研究中, 没有使用随机化来分配处理, 所以这个单一的 P-值缺乏正当理由或依据; 它在朴素模型下是有效的, 但是朴素性 (naïveté) 并不能作为推断的正当理由. 回顾第 3.4 节和第 3.5 节, 对于 (3.13) 中偏离随机分配的任意给定大小 $\Gamma \geqslant 1$, 可以确定一个可能的 P-值的区间 $[P_{\min}, P_{\max}]$; 见表 3.2. 如果对应的 $P_{\min}$ 较小而 $P_{\max}$ 较大, 例如 $P_{\min} \leqslant 0.01$ 和 $P_{\max} > 0.05$, 则该研究对大小为 Γ 的未测量偏倚很敏感. 在表 3.2 中, Werfel 等人的研究 [17] 对未测量偏倚高度不敏感, 特别是对大小为 $\Gamma = 4$ 的偏倚不敏感, 但是对大小为 $\Gamma = 5$ 的偏倚敏感.

如果一项观察性研究实际上没有未测量的偏倚——如果第 3.3 节的朴素模型 (3.5)—(3.8) 是正确的——那么我们就不能从观察性数据中得知这一点. 我们可能会看到, 观察到的处理减去对照的响应差 Y_i 通常是正的, 但我们不确定这是否反映了由处理引起的效应, 还是由在处理分配方式上存在的一些偏倚引起的效应, 或者是两者的结合. 在这种有利形势下, 我们所能期望的最好结果是, 处理似乎是有效的, 并且这种表象对未测量偏倚高度不敏感, 也就是说, 只有一个非常大的 Γ 值才能单独从偏倚中产生这种现象. 通俗地说, 敏感性分析的功效在于我们的希望实现的可能性 (概率).

更准确地说, 将 "有利形势 (favorable situation)" 定义为一种处理, 这种处理可以在观察性研究中实际产生有意义的效应, 且不存在未测量偏倚. 具体来说, 在有利形势下, 无效应零假设不真, 不仅不真, 而且处理效应大到足以令人感兴趣和具有实质性的重要性. 此外, 在有利形势下, 该研究没有未测量偏倚, 看起来有可比性的人就是具有可比性的, 即模型 (3.5)—(3.8) 是正确的. 也就是说, 处理减去对照的响应差, Y_i, 并不是集中在零假设, 因为处理是在无偏倚的情况下进行的. 如果我们是在有利形势下, 那么我们不会从可观察的数据中知道这一点. 正是在这种有利的情况下, 我们想要报告对未测量偏倚高度不敏感.

在 α 水平下检验无处理效应 (或无治疗效果) 的零假设时, 通常 $\alpha = 0.05$, 当 $P_{\max} \leqslant \alpha$ 时, 拒绝零假设对大小为 Γ 的偏倚不敏感; 再次参见表 3.2 中的示例. 在有利形势下, 用指定的 α 和 Γ 进行敏感性分析的功效是 $P_{\max} \leqslant \alpha$ 的概率. 也就是说, 如果处理有效应 (或治疗有效果) 且不存在未测量偏倚, 那么对指定 α 和 Γ 的敏感性分析的功效就是这样一种概率, 即当在 α 水平下检验时, 我们能够说大小为 Γ 的偏倚不会导致接受无效应零假设的概率. 由表 3.2 可知, 对于 $\Gamma = 4, P_{\max} \leqslant 0.05$; 功效是在检查数据之前计算出的事件发生的概率. 对于 $\Gamma = 1$, 这是第 15.1 节计算的随机试验中无效应检验的功效.

15.2.2　计算敏感性分析的功效：两个步骤

如第 15.1 节所述，分两步计算敏感性分析的功效. 如第 15.1 节所示，第一步是计算一个临界值，现记为 $\zeta_{\Gamma,\alpha}$，当无处理效应零假设为真时，对于所有满足表达式 (3.16)—(3.18) 的处理分配概率，使 $\Pr(T \geqslant \zeta_{\Gamma,\alpha}|\mathcal{F},\mathcal{Z}) \leqslant \alpha$.[6] 如果我们观察到 $T \geqslant \zeta_{\Gamma,\alpha}$，那么我们就会报告，对于所有大小不超过 Γ 的偏倚，用于检验无效应的单侧 P-值上界不超过 α；再次参见表 3.2. 第二步是计算 $T \geqslant \zeta_{\Gamma,\alpha}$ 在"有利形势"下的概率，在这种情况下，存在处理效应且实际不存在未测量协变量的偏倚. 正是在这种有利的情况下，我们希望报告一个对未测量偏倚的高度不敏感，并且如果 $T \geqslant \zeta_{\Gamma,\alpha}$，那么我们将能够报告对零假设的拒绝对大小为 Γ 的偏倚是不敏感的.

如第 15.1 节所述，临界值的计算只不过是对单侧检验 P-值的重新计算. 具体来说，重新安排第 3.5 节中公式 (3.23) 的计算结果

$$\zeta_{\Gamma,\alpha} \doteq E(\overline{\overline{T}}\,|\,\mathcal{F},\mathcal{Z}) + \Phi^{-1}(1-\alpha)\sqrt{\mathrm{var}(\overline{\overline{T}}\,|\,\mathcal{F},\mathcal{Z})}, \qquad (15.9)$$

因此使用 (3.19) 和 (3.20) 产生结果

$$\zeta_{\Gamma,\alpha} \doteq \frac{\Gamma}{1+\Gamma}\frac{I(I+1)}{2} + \Phi^{-1}(1-\alpha)\sqrt{\frac{\Gamma}{(1+\Gamma)^2}\frac{I(I+1)(2I+1)}{6}}. \qquad (15.10)$$

在随机试验中，对于 $\Gamma = 1$，表达式 (15.9) 和 (15.10) 简化为 (15.5).

继续第 15.1 节中的数值说明，当 $I = 100$ 对，$\alpha = 0.05$，且 $\Gamma = 2$ 时，临界值 $\zeta_{2,0.05}$ 近似为

$$\frac{2}{1+2}\frac{100(100+1)}{2} + 1.645\sqrt{\frac{2}{(1+2)^2}\frac{100(100+1)(2\cdot 100+1)}{6}} \qquad (15.11)$$

或 $\zeta_{2,0.05} = 3817.7$，对于一个随机试验在第 15.1 节中的 $\Gamma = 1$ 显著高于 $\zeta_{0.05} = \zeta_{1,0.05} \doteq 3005$. 换句话说，当 $I = 100$ 对时，如果 $T \geqslant 3817.7$，那么对于所有满足表达式 (3.16)—(3.18) 且 $\Gamma = 2$ 的处理分配概率，最大可能的 P-值 $\leqslant 0.05$. 这就完成了第一步.

15.2.3　第二步：当零假设不真且不存在未观察到的偏倚时的功效确定

再次，我们希望计算敏感性分析的功效——不存在未测量协变量的偏倚和存在处理效应的有利情况下，$T \geqslant \zeta_{\Gamma,\alpha}$ 的概率. 在这种情况下，我们希望报

---

[6]精确地说，我们寻找最小的 $\zeta_{\Gamma,\alpha}$，使 $\Pr(T \geqslant \zeta_{\Gamma,\alpha}|\mathcal{F},\mathcal{Z}) \leqslant \alpha$.

告的是,这种处理似乎是有效的,而且这种现象对比较大的偏倚不敏感.

更准确地说,假设朴素模型 (3.5)—(3.8) 成立,或等价于具有 $\Gamma = 1$ 时表达式 (3.16)—(3.18) 成立,数据 $\mathcal{F}$ 由具有一个处理效应的随机模型 (stochastic model) 生成,我们希望确定在生成 $\mathcal{F}$ 的模型上求 $\Pr(T \geq \zeta_{\Gamma,\alpha}|\mathcal{F},\mathcal{Z})$ 的平均值 $\Pr(T \geq \zeta_{\Gamma,\alpha}|\mathcal{Z})$. 当然,这与 15.1 节中随机试验的第二步是相同的,除了临界值 $\zeta_{\Gamma,\alpha}$ 改变了. 因此,第二步的执行方式与 15.1 节中使用新的临界值相同. 如 15.1 节所示,第二步通常可以通过模拟模型中的许多组数据 $\mathcal{F}$ 来执行,确定 $T \geq \zeta_{\Gamma,\alpha}$ 的比例,在特殊情况下,敏感性分析的功效可以分析来确定.

继续这个计算实例,如第 15.1 节所示,如果 $Y_i \sim_{iid} N(\tau, \omega^2)$, $i = 1, \cdots$, $I = 100$ 且 $\tau = \frac{1}{2}$ 和 $\omega = 1$,则 $\mu_{\mathcal{F}} = 3834.67$, $\sigma_{\mathcal{F}}^2 = 57041.2$. 为了计算对于 $\Gamma = 2$ 且 $\alpha = 0.05$ 的 $\Pr(T \geq \zeta_{\Gamma,\alpha}|\mathcal{Z})$,我们在第一步中发现 $\zeta_{2,0.05} = 3817.7$. 在第二步中,我们将 $\Pr(T \geq \zeta_{\Gamma,\alpha}|\mathcal{Z})$ 近似为 $1 - \Phi\{(\zeta_{\Gamma,\alpha} - \mu_{\mathcal{F}})/\sigma_{\mathcal{F}}\}$,即有 $1 - \Phi\{(3817.7 - 3834.67)/\sqrt{57041.2}\} = 0.528$. 如果处理效应 $\tau = \frac{1}{2}$ 且没有来自未观察到的协变量的偏倚,那么当 $\Gamma = 2$ 执行时,有 53% 的机会敏感性分析将产生最大值为 0.05 的 P-值上界. 这与在第 15.1 节的随机试验中 $\Gamma = 1$ 的 99.9% 的功效计算形成了对比.

15.2.4 敏感性分析功效的初看

图 15.2 显示了在有利形势下的 $Y_i \sim_{iid} N(\frac{1}{2}, 1)$, $i = 1, \cdots, I$,对于 $I = 20, 21, \cdots, 2000$ 和 $\Gamma = 1, 1.5, 2, 2.5, 3, 3.5$ 的功效. 再一次,"有利形势"的特点是不存在偏倚的处理效应,所以我们希望在这种情况下报告对小的和中度的未测量偏倚的不敏感性. 图 15.2 中的特殊情况说明了敏感性分析的功效的几个一般性质. 因为不需要考虑非随机处理分配导致的偏倚,在随机试验中,已知 Γ 等于 1 的功效更高. 这个功率随着 Γ 的增加而衰减. 图 15.2 最显著的特征是,对于小的 Γ,其功效随样本量 I 是增加的,而对于 $\Gamma = 3.5$,其功效随样本量 I 是减少的. 事实上,有一个值 $\widetilde{\Gamma}$,使得对所有的 $\Gamma < \widetilde{\Gamma}$,当 $I \to \infty$ 时,功效 $\Pr(T \geq \zeta_{\Gamma,\alpha}|\mathcal{Z})$ 趋近于 1. 对所有的 $\Gamma > \widetilde{\Gamma}$,当 $I \to \infty$ 时,功效 $\Pr(T \geq \zeta_{\Gamma,\alpha}|\mathcal{Z})$ 趋近于 0. 在图 15.2 的情况中,设计灵敏度为 $\widetilde{\Gamma} = 3.171$.

因为 $3 < \widetilde{\Gamma} = 3.171$,对于 $\Gamma = 3$ 的功效,尽管在图 15.2 中样本量 $I = 2000$ 时它还没有达到 30%,但当 $I \to \infty$ 时,功效最终会上升到 1. 在一个足够大的样本 I 中,$Y_i \sim_{iid} N\left(\frac{1}{2}, 1\right)$,$i = 1, \cdots, I$ 的"有利形势"可从大小为 $\Gamma < \widetilde{\Gamma} = 3.171$ 的偏倚中区分开来,但不能从大小为 $\Gamma > \widetilde{\Gamma} = 3.171$ 的偏倚中区分开来. 把这句话看作是"关联并不意味着因果关系"这句话的定量替代.

在 $Y_i \sim_{iid} N\left(\frac{1}{2}, 1\right)$, $i = 1, \cdots, I$ 的 "有利形势" 下，处理 Z 和响应 Y 之间的关联可以从小于 $\widetilde{\Gamma}$ 的偏倚中区分出来，但不能从大于 $\widetilde{\Gamma}$ 的偏倚中区分出来.

现在是时候更详细地考虑设计灵敏度 $\widetilde{\Gamma}$ 了.

15.3 设计灵敏度

15.3.1 设计灵敏度初看

在许多简单的设置下，如果使用一个足够小的 Γ 值来进行分析，那么随着样本量 I 的增加，敏感性分析的功效趋近于 1，但是如果使用一个足够大的 Γ 值来进行分析，那么功效趋近于 0. 这种切换发生在一个值 $\widetilde{\Gamma}$，称之为设计灵敏度 [7]. 在图 15.2 的情况下，设计灵敏度为 $\widetilde{\Gamma} = 3.171$. 很自然地，我们应该寻求导致较大设计灵敏度的设计，而避免导致较小设计灵敏度的设计. 自然想到可根据第 5 章中方法对设计灵敏度的影响来评价它们的性能.

图 15.2 对几个 Γ 值绘制了功效—样本量函数. 虽然这种图类似于随机试验中常见的功效图 (如图 15.1)，但它实际上不如对几个样本量 I 绘制功效作为 Γ 的函数那么有意义. 图 15.3 对 Γ 绘制了样本量 $I = 200, 2000, 20000$ 的

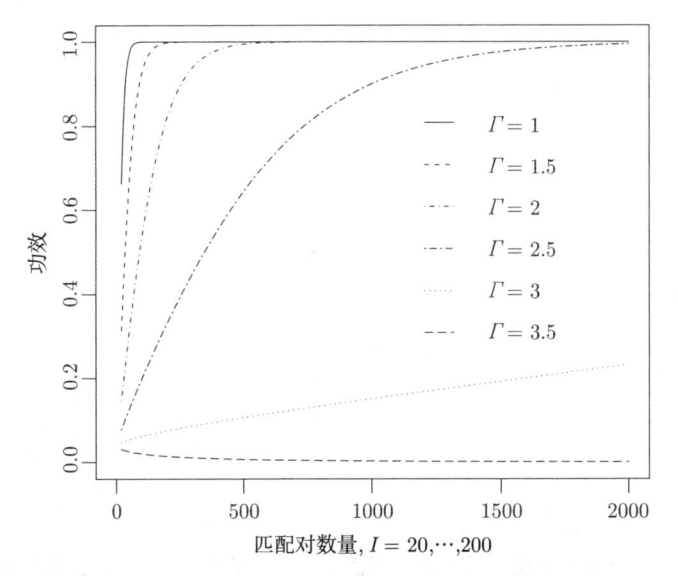

图 15.2 当未测量协变量不存在偏倚时敏感性分析的近似功效，存在可加常数处理效应 $\tau = 0.5$ 和观察到的处理减去对照的响应差 Y_i 是来自正态分布 $N(\tau, 1)$ 的独立样本，即期望为 τ 和方差为 1，样本量 $I = 20, 21, \cdots, 200$ 对. 这几条曲线给出了几个 Γ 值的功效. 当 $\Gamma < 3.171$ 时，其功效随着 I 的增加趋近于 1，而当 $\Gamma > 3.171$ 时，其功效趋近于 0

功效, 它们是在"有利形势"下的结果, 即存在处理效应且不存在未测量的偏倚, 对于 $\tau = \frac{1}{2}$ 和 $\tau = 1$, 有 $Y_i \sim_{iid} N(\tau, 1)$, $i = 1, \cdots, I$.

先要注意到图 15.3, 随着样本量 I 的增加, 在梯级 (步长) 位于设计灵敏度 $\widetilde{\Gamma}$ 处, 功效视为 Γ 的函数趋于一个从功效 1 下降到功效 0 的单步阶梯函数. 对于 $\tau = \frac{1}{2}$, 步长是 $\widetilde{\Gamma} = 3.171$, 而对于 $\tau = 1$, 步长是 $\widetilde{\Gamma} = 11.715$. 对于所有的样本量 I, 对 $\Gamma > \widetilde{\Gamma}$ 的功效可以忽略.

在图 15.3 中的 6 条功效曲线涉及 3 个样本量 $I = 200, 2000, 20000$、两个设计灵敏度 $\widetilde{\Gamma} = 3.171$ (对 $\tau = \frac{1}{2}$) 和 $\widetilde{\Gamma} = 11.715$ (对 $\tau = 1$). 在这个特定的 3×2 列阵的功效曲线中, 尽管样本量确实对功效有实质性影响, 但设计灵敏度的差异比样本量的差异更重要. 例如, 在 $\Gamma = 5$, 当 $I = 200$ 对, 且 $\tau = 1$ 时, 功效接近于 1, 但是当 $I = 20000$ 对, 且 $\tau = \frac{1}{2}$ 时, 功效接近于 0. 大小 $\Gamma = 5$ 的偏倚可以解释当 $\tau = \frac{1}{2}$ 时观察到的处理与结果之间的关联, 无论样本变得多么大, 而当 $\tau = 1$ 时, 只要 $I = 200$ 对, 就可以消除大小 $\Gamma = 5$ 的偏倚, 这

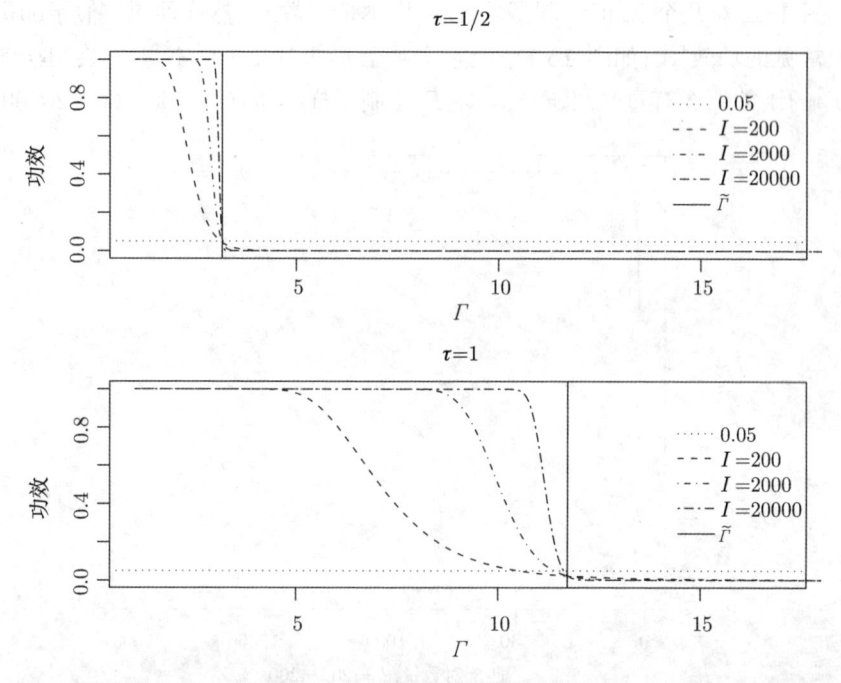

图 15.3 当不存在未测量协变量的偏倚时敏感性分析的近似功效, 存在可加常数处理效应 τ 和观察到的处理减去对照的响应差 Y_i 是来自正态分布 $N(\tau, 1)$ 的独立样本, 即期望为 τ 和方差为 1, 样本量 $I = 200, 2000, 20000$ 对. 实垂直线位于设计灵敏度 $\widetilde{\Gamma}$ 处. 对于 $\Gamma < \widetilde{\Gamma}$, 随着样本量 I 的增加, 功效趋近于 1, 而对于 $\Gamma > \widetilde{\Gamma}$, 随着样本量 I 的增加, 功效趋近于 0. 在检验水平 0.05 下计算功效, 水平虚线为 0.05

是一个合理的解释. 有更大效应的较小样本的研究 ($I = 200, \tau = 1$) 很可能比一个有较小效应的较大样本的研究 ($I = 20000, \tau = \frac{1}{2}$) 对未测量的偏倚不太敏感. 人们经常断言, 在观察性研究中, 来自未测量协变量的偏倚比有限样本量带来的偏倚构成了更大的不确定性来源, 图 15.3 就是定量的表达这种断言的方式.

15.3.2 设计灵敏度公式

设计灵敏度是一个通用概念, 适用于许多统计量, 而不仅仅是 Wilcoxon 符号秩统计量, 也适用于许多抽样设计, 而不仅仅是匹配对 [7]. 然而, 在配对的 Wilcoxon 符号秩统计量的情况下, 设计灵敏度有一个简单的显式公式 [3, 15], 该公式在命题 15.1 中给出. 请注意, 这个显式的形式使用了统计量 $p_1' = \Pr(Y_i + Y_{i'} > 0)$, 在第 15.1 节中, 使用 Lehmann 公式计算随机试验中 Wilcoxon 符号秩统计量的近似功效时, 遇到了这个问题.[7]

命题 15.1 在对观察到的协变量 $\mathbf{x}_{ij}$ 精确匹配 (matched exactly) 的 I 对样本中, 假设处理减去对照的匹配对结果差, Y_i, $i = 1, \cdots, I$, 是来自分布 $F(\cdot)$ 的独立样本, 且不存在来自未测量协变量的偏倚, 从这个意义上说, 处理实际上是由朴素模型 (3.5)—(3.8) 分配的. 在 $\alpha > 0$ 的无效应的单侧 α 水平检验中, 对应用于 Wilcoxon 符号秩统计量 T 的敏感性分析, 其功效 $\Pr(T \geq \zeta_{\Gamma, \alpha} | \mathcal{Z})$ 满足

$$\text{对于 } \Gamma < \widetilde{\Gamma}, \text{ 当 } I \to \infty \text{ 时, 有 } \Pr(T \geq \zeta_{\Gamma, \alpha} | \mathcal{Z}) \to 1 \tag{15.12}$$

和

$$\text{对于 } \Gamma > \widetilde{\Gamma}, \text{ 当 } I \to \infty \text{ 时, 有 } \Pr(T \geq \zeta_{\Gamma, \alpha} | \mathcal{Z}) \to 0, \tag{15.13}$$

其中

$$\widetilde{\Gamma} = \frac{p_1'}{1 - p_1'}, \quad p_1' = \Pr(Y_i + Y_{i'} > 0), \ i \neq i'. \tag{15.14}$$

证明在本章的附录中给出.

15.3.3 计算带有可加效应和独立同分布误差的设计灵敏度

如果 Y_i, $i = 1, \cdots, I$, 是从分布 $F(\cdot)$ 中独立抽样, 那么总是很容易确定 $p_1' = \Pr(Y_i + Y_{i'} > 0)$, $i \neq i'$, 因此也可以通过模拟得到 $\widetilde{\Gamma}$. 在可加效应 τ 具

---

[7] 参见第 15.1 节中的注释 5.

有正态或 Cauchy 误差的情况下, 可以得到设计灵敏度的显式公式. 回想 $\Phi(\cdot)$ 为标准正态累积分布 $N(0,1)$, 记 $\Upsilon(\cdot)$ 为累积 Cauchy 分布. 如文献 [5, 第 166–167 页], 如果 $Y_i \sim_{iid} N(\tau,\omega^2)$, 那么

$$(Y_i - \tau)/\omega \sim_{iid} N(0,1) \text{ 和 } (Y_i + Y_{i'} - 2\tau)/\sqrt{2\omega^2} \sim_{iid} N(0,1),$$

所以

$$\Pr(Y_i + Y_{i'} > 0) = \Pr\left(\frac{Y_i + Y_{i'} - 2\tau}{\omega\sqrt{2}} > \frac{-2\tau}{\omega\sqrt{2}}\right) = \Phi\left(\sqrt{2}\frac{\tau}{\omega}\right). \tag{15.15}$$

例如, 如果 $Y_i \sim_{iid} N\left(\frac{1}{2},1\right)$, 如图 15.2 和图 15.3 所示, 那么 $\Pr(Y_i + Y_{i'} > 0) = \Phi\left(\sqrt{2} \cdot \frac{1}{2}\right) = 0.76025$ 和 $\widetilde{\Gamma} = 0.76025/(1 - 0.76025) = 3.171$. 如果 $(Y_i - \tau)/\omega \sim \Upsilon(\cdot)$, 那么 $\{(Y_i - \tau)/\omega + (Y_{i'} - \tau)/\omega\}/2 \sim \Upsilon(\cdot)$, 所以

$$\Pr(Y_i + Y_{i'} > 0) = \Pr\left(\frac{Y_i + Y_{i'}}{2} > 0\right)$$

$$= \Pr\left(\frac{Y_i + Y_{i'} - 2\tau}{\omega\sqrt{2}} > \frac{-2\tau}{\omega\sqrt{2}}\right) = \Upsilon\left(\frac{\tau}{\omega}\right). \tag{15.16}$$

例如, 如果 $Y_i - \frac{1}{2} \sim \Upsilon(\cdot)$, 那么 $\Pr(Y_i + Y_{i'} > 0) = \Upsilon\left(\frac{1}{2}\right) = 0.64758$ 和 $\widetilde{\Gamma} = 0.64758/(1 - 0.64758) = 1.838$.

15.4 小结

如图 15.3 和命题 15.1 所示, 无论样本量 I 有多大, 如果一项研究的设计灵敏度 $\widetilde{\Gamma}$ 满足 $\Gamma > \widetilde{\Gamma}$, 那么它对大小为 Γ 的偏倚是敏感的. 更准确地说, 当检验无效应零假设时, 对于所有的 $\Gamma < \widetilde{\Gamma}$, 当 $I \to \infty$ 时, 敏感性分析的功效将趋向于 1, 而对于所有 $\Gamma > \widetilde{\Gamma}$, 敏感性分析的功效将趋向于 0. 从这个意义上说, $\widetilde{\Gamma}$ 度量了特定研究设计区分处理效应和由于无法控制未测量协变量 u_{ij} 而产生的偏倚的能力的极限. 因此, 设计灵敏度 $\widetilde{\Gamma}$ 是一种自然的数值度量, 用于比较希望区分处理效应和未测量偏倚的设计策略, 例如第 5 章中讨论的策略. 第 III 部分的其余部分将进行这样的比较.

15.5 延伸阅读

第 III 部分的其余部分是本章的进一步阅读. 设计灵敏度在文献 [7] 中被引入, 并在文献 [2,3,8,9,11,12,14—16] 中得到进一步发展.

设计灵敏度与 Bahadur 效率密切相关, Bahadur 效率是由 Raghu Raj Bahadur 引入的大样本效率的概念; 例如, 文献 [1]. 最熟悉的大样本效率的概念是 Pitman 效率, 它考虑了随着样本量的增加 $I \to \infty$, 而产生的一系列越来越小的处理效应. 在敏感性分析中直接解释 Pitman 效率的困难在于, 微小的治疗效应总是对微小的偏倚敏感. 如果我们专注于小的 (因此, 相对不重要的) 处理效应, 那么我们就会远离这种情况. 在这种情况下, 我们有希望找到对小偏倚不敏感的结果. 相比之下, Bahadur 效率考虑的是, 随着样本量的增加 $I \to \infty$, 我们可以自信地区分出重要的处理效应和零处理效应.Bahadur 效率与设计灵敏度是一致的: 具体地说, 随着 Γ 向设计灵敏度 $\widetilde{\Gamma}$ 的增加, 敏感性分析的 Bahadur 效率逐渐下降到零. 此外, Bahadur 效率提供了有关 $\Gamma < \widetilde{\Gamma}$ 敏感性分析行为的有用信息; 即 $\widetilde{\Gamma}$ 不能提供的信息; 见第 19.5 节和文献 [13].

附录: 命题 15.1 的技术说明及证明

本附录包含了 15.3 节中命题 15.1 的证明. 对于 Wilcoxon 符号秩统计量的公式和证明 [3,15] 是一般结果的特殊情况 [7, §3], 具有一个吸引人的特性, 即设计灵敏度 $\widetilde{\Gamma}$ 有一个显式的封闭公式 (15.14).

近似的功效是 $\Pr(T \geqslant \zeta_{\Gamma,\alpha} \mid \mathcal{Z}) \doteq 1 - \Phi\{(\zeta_{\Gamma,\alpha} - \mu_F)/\sigma_F\}$, 其中 μ_F 是在"有利形势"下的统计量 T 的期望. 一个直观的, 启发式的推导 [7,15] 使用这样的概念: 如果 $\zeta_{\Gamma,\alpha} > \mu_F$, 那么在大样本中, 当 $I \to \infty$ 时, 符号秩统计量 T 最终将小于 $\zeta_{\Gamma,\alpha}$, 然而如果 $\zeta_{\Gamma,\alpha} < \mu_F$, 那么 T 最终将大于 $\zeta_{\Gamma,\alpha}$. 所以启发式的推导等同式 (15.10) 中的 $\zeta_{\Gamma,\alpha}$ 和公式 (15.6) 中的 μ_F 并对 Γ 求解. 令 $I \to \infty$, 将 $\zeta_{\Gamma,\alpha}/\mu_F$ 等于 1 稍微好一点, 这样忽略了相比 I^2 的较小的项, 并对 Γ 求解,

$$\frac{\zeta_{\Gamma,\alpha}}{\mu_F} \doteq \frac{\frac{\Gamma I(I+1)}{2(1+\Gamma)} + \Phi^{-1}(1-\alpha)\sqrt{\frac{\Gamma I(I+1)(2I+1)}{6(1+\Gamma)^2}}}{I(I-1)p_1'/2 + Ip} \tag{15.17}$$

$$\doteq \frac{\Gamma}{p_1'(1+\Gamma)}, \tag{15.18}$$

其中等式 $1 = \Gamma/\{p_1'(1+\Gamma)\}$ 有解 $\widetilde{\Gamma} = p_1'/(1-p_1')$, 如公式 (15.14) 中所示. 启发式算法在有利条件下仅使用 T 的期望 μ_F, 计算简单, 具有很强的吸引力. 然而, 启发式方法是"启发式的", 正是因为它的功效函数依赖于 $(\zeta_{\Gamma,\alpha} - \mu_F)/\sigma_F$, 而不依赖于 $\zeta_{\Gamma,\alpha} - \mu_F$, 并且启发式方法忽略了 σ_F, 希望这个问题能够得到解决. 的确, 这个问题是有解决办法的, 下面证明了这一点 [3]. 在文献 [7, §3] 中

的一般结果表明, 启发式计算是具有普遍性的, 但下面的证明是完备的 (self-contained), 并不以一般结果为依据.

证明 对于大的样本量 I, 功效 $\Pr(T \geqslant \zeta_{\Gamma,\alpha} \mid \mathcal{Z})$ 近似等于 $1 - \Phi\{(\zeta_{\Gamma,\alpha} - \mu_F)/\sigma_F\}$, 因此当 $I \to \infty$ 时, 如果 $(\zeta_{\Gamma,\alpha} - \mu_F)/\sigma_F \to -\infty$, 则功效趋近于 1; 当 $I \to \infty$ 时, 如果 $(\zeta_{\Gamma,\alpha} - \mu_F)/\sigma_F \to \infty$, 则功效趋近于 0. 记 $\kappa = \Gamma/(1+\Gamma)$. 使用第 15.1 节中来自公式 (15.6) 和 (15.7) 的 μ_F 和 σ_F^2 的表达式, 以及第 15.2 节中来自公式 (15.10) 中的 $\zeta_{\Gamma,\alpha}$ 得到

$$\frac{\zeta_{\Gamma,\alpha} - \mu_F}{\sigma_F} \tag{15.19}$$

$$= \frac{\kappa I(I+1)/2 + \Phi^{-1}(1-\alpha)\sqrt{\kappa(1-\kappa)I(I+1)(2I+1)/6} - I(I-1)p_1'/2 - Ip}{\sqrt{I(I-1)(I-2)(p_2'-p_1'^2) + \frac{I(I-1)}{2}\{2(p-p_1')^2 + 3p_1'(1-p_1')\} + Ip(1-p)}} \tag{15.20}$$

表达式 (15.20) 一开始看起来不整洁. 但是请注意, 表达式 (15.20) 的分子 (numerator) 和分母 (denominator) 中的每一项都涉及 I, 且 $I \to \infty$. 所以 (15.20) 的分子分母同时除以 $I\sqrt{I}$, 且令 $I \to \infty$. 当 $I \to \infty$ 时, 分子的最后一项 $-Ip$ 变为 $-Ip/I\sqrt{I} \to 0$, 而分子的第一项 $\kappa I(I+1)/2$ 变为 $\kappa I(I+1)/(2I\sqrt{I}) \approx \sqrt{I}\kappa/2$, 即当 $I \to \infty$ 时, 它们的比值趋近于 1. 继续这样下去, 我们发现

$$\text{当 } I \to \infty \text{ 时}, \quad \frac{\zeta_{\Gamma,\alpha} - \mu_F}{\sigma_F} \approx \frac{\sqrt{I}(\kappa - p_1')}{2\sqrt{p_2' - p_1'^2}}, \tag{15.21}$$

在 $\kappa \neq p_1'$ 的情况下, 当 $I \to \infty$ 时, 公式 (15.21) 的左右两边的比值趋近于 1. 如果 $\kappa > p_1'$, 当 $I \to \infty$ 时, 公式 (15.21) 趋于 ∞, 故功效趋近于 0. 如果 $\kappa < p_1'$, 当 $I \to \infty$ 时, 公式 (15.21) 趋于 $-\infty$, 则功效趋近于 1. 此外, 当且仅当 $\Gamma > p_1'/(1-p_1')$, $\kappa = \Gamma/(1+\Gamma) > p_1'$.

参考文献

[1] Bahadur, R. R.: Rates of convergence of estimates and test statistics. Ann. Math. Stat. **38**, 303–24 (1967)

[2] Ertefaie, A., Small, D. S., Rosenbaum, P. R.: Quantitative evaluation of the trade-off of strengthened instruments and sample size in observational studies. J. Am. Stat. Assoc. **113**, 1122–1134 (2018)

[3] Heller, R., Rosenbaum, P. R., Small, D.: Split samples and design sensitivity in observational studies. J. Am. Stat. Assoc. **104**, 1090–1101 (2009)

[4] Hodges, J. L., Lehmann, E. L.: Estimates of location based on ranks. Ann. Math. Stat. **34**, 598–611 (1963)

[5] Lehmann, E. L.: Nonparametrics. Holden Day, San Francisco (1975). Reprinted: Springer, New York (2006)

[6] Rosenbaum, P. R.: Hodges-Lehmann point estimates of treatment effect in observational studies. J. Am. Stat. Assoc. **88**, 1250–1253 (1993)

[7] Rosenbaum, P. R.: Design sensitivity in observational studies. Biometrika **91**, 153–164 (2004)

[8] Rosenbaum, P. R.: Heterogeneity and causality: unit heterogeneity and design sensitivity in observational studies. Am. Stat. **59**, 147–152 (2005)

[9] Rosenbaum, P. R.: What aspects of the design of an observational study affect its sensitivity to bias from covariates that were not observed? Festshrift for Paul W. Holland. ETS, Princeton (2009)

[10] Rosenbaum, P. R.: A new U-statistic with superior design sensitivity in matched observational studies. Biometrics **67**, 1017–1027 (2011)

[11] Rosenbaum, P. R.: Nonreactive and purely reactive doses in observational studies. In: Berzuini, C., Dawid, A. P., Bernardinelli, L. (eds.) Causality: Statistical Perspectives and Applications, pp. 273–289. Wiley, New York (2012)

[12] Rosenbaum, P. R.: Impact of multiple matched controls on design sensitivity in observational studies. Biometrics **69**, 118–127 (2013)

[13] Rosenbaum, P. R.: Bahadur efficiency of sensitivity analyses in observational studies. J. Am. Stat. Assoc. **110**, 205–217 (2015)

[14] Rosenbaum, P. R.: Using Scheffé projections for multiple outcomes in an observational study of smoking and periodontal disease. Ann. App. Stat. **10**, 1147–1471 (2016)

[15] Small, D., Rosenbaum, P. R.: War and wages: the strength of instrumental variables and their sensitivity to unobserved biases. J. Am. Stat. Assoc. **103**, 924–933 (2008)

[16] Small, D. S., Cheng, J., Halloran, M. E., Rosenbaum, P. R.: Case definition and design sensitivity. J. Am. Stat. Assoc. **108**, 1457–1468 (2013)

[17] Werfel, U., Langen, V., Eickhoff, I., Schoonbrood, J., Vahrenholz, C., Brauksiepe, A., Popp, W., Norpoth, K.: Elevated DNA single-strand breakage frequencies in lymphocytes of welders. Carcinogenesis **19**, 413–418 (1998)

第 16 章 异质性和因果关系

摘要 在 R. A. Fisher 引入随机试验之前, 关于因果推断的文献强调减少试验单位 (experimental unit) 的异质性 (heterogeneity). 当随机分配处理不道德或不可行时, 观察性研究中的异质性在多大程度上与因果的主张有关?

16.1 J. S. Mill 和 R. A. Fisher: 减少异质性或引入随机分配

John Stuart Mill 在他的《逻辑体系: 科学调查证据和方法原理》(*System of Logic: Principles of Evidence and Methods of Scientific Investigation*) 书中, 提出了 "4 种试验研究方法 (four methods of experimental inquiry)", 包括 "差异法":

> 如果一个实例中的现象…… 出现发生和不发生的情况…… 那每种情况都有一个共同点…… [那么] 在这种情况下两个实例唯一不同的是…… 原因或原因的必要部分……, [Mill 希望] "两个实例…… 在所有情况下完全相似, 除了 [在研究中] 的情况" [11, III, §8].

请注意 Mill 对完全不存在异质性的强调: "每种情况都有一个共同点." 也就是说, 接受处理的试验单位和接受对照的试验单位是相同的, 只是处理方式不同. 在现代生物实验室里, 经过基因工程改造的 (genetically engineered) 几乎相同的 (nearly identical) 小鼠在处理和对照下进行比较, 这是 Mill "差异法"的一种现代表达. 从这句话中可以清楚地看出, Mill 认为, 无论对错, 试验单位的异质性与因果关系直接相关, 而不仅仅是指减少估计的标准误差.

R. A. Fisher [3, 第 2 章] 提出了截然不同的看法. 1935 年, Fisher 在《试验设计》的第 2 章中首次以书本形式介绍了随机试验, 讨论了他的著名的女士品茶的试验. Fisher 直接批评 "差异法":

> 坚持要求 "所有杯子必须在每个方面都完全一样" 是不够的补救措施, 除非能被检验出来. 因为这在我们的示例中是完全不可能的要求, 在所有其他形式的试验中也是如此……. 这些只是可能存在的差异的例子; 要详尽列出这些可能的差异是不可能的……, 因为 [他们] …… 严格说来总是数不清的. 只要一提到这种原因时, 人们通常就会认为, 通过增加劳动力和费用, 就可以在很大程度上消除它. 人们常常认为这种改进就是对试验的改进…… [3, 第 18 页]

在第一个省略号 "……" 处, 在这句话中, Fisher 讨论了两杯茶可能存在的许多不同之处.

当然, Fisher 正在从事一项极其重要的任务: 第一次向广大观众介绍了随机试验的逻辑. 此外, 可以合理地说, Fisher 在某些关键方面是正确的, 而 Mill 是错误的. 在一家医院进行的随机临床试验中, 患者是异质性的, 对此我们无能为力. 没有机会用基因工程改造、近乎相同的患者来取代医院的患者. 然而, 可以按照 Fisher 主张的方式, 对异质的患者随机分配处理, 并得出有效的因果推论, 是有可能的.

尽管如此, 我们还是能感觉到, 在 Mill 的差异法中, 至少有一些是合理的, 在基础科学实验室消除异质性的狂热努力中, 在使用近乎相同的老鼠时, 这种做法有一些是合理的. 我们可以感觉到, Fisher 对他的新方法充满了热情, 这是可以理解的, 但他对 Mill 消除异质性的努力的批评有点过头了. 事实上, 这个问题在观察性研究中可能特别重要, 因为在观察性研究中, 随机分配处理要么是不道德的, 要么是不可行的.

在讨论异质性时需要谨慎一些. 异质性本身就是异质的; 异质性有几种类型. 在生物实验室里, 通常明智的做法是使用几种不同的品系或种类的经过基因工程改造、近乎相同的实验室动物, 确保每种品系或种类在处理组和对照组中的代表性相同, 以验证任何结论都不是单一品系的特性. 减少或消除的目标是不可控的异质性, 而不是可控的异质性. 可控的异质性是有很多用途的.[1]

关于 Mill 和 Fisher 观点的进一步对比, 请参阅 Paul Holland [8] 的文章 "统计和因果推断".

---

[1] 回顾第 5.2.2 小节中 Bitterman 关于 "系统变异控制" 概念的相关讨论, 通过系统地改变某些因素来证明该因素是无关紧要的.

16.2 一项规模较大、异质性较高的研究与一项规模较小、异质性较低的研究的对比

16.2.1 大 I 或小 σ: 哪个更好?

为了探讨第 16.1 节中提出的问题,考虑以下简单情况. 在一项观察性研究中有 I 个匹配对, $Y_i, i = 1, 2, \cdots, I$ 为处理减去对照的结果差. 由于这是一项观察性研究, 而不是随机试验, 我们不能假设对观察到的协变量的匹配已经消除了非随机分配中的所有偏倚——我们不能假设第 3 章的朴素模型, 并将报告一个敏感性分析. 虽然我们不能从观察到的数据中知道这一点, 但事实上, 这种情况是 "有利形势", 在这种情况下, 存在处理效应, 且匹配成功地消除了偏倚, 因此, 朴素模型是正确的, 处理分配在配对中是有效的随机化; 见第 15.2 节. 在这种有利形势下, 研究者希望报告说, 处理似乎是有效的, 它的表现是对小的和中度的偏倚不敏感. 实际上, 情况还要简单得多: 处理有一个可加常数效应 $\tau = r_{Tij} - r_{Cij}$, 因此 $Y_i = \tau + (2Z_{i1} - 1)(r_{Ci1} - r_{Ci2})$; 见第 2.4.1 小节. 此外, $r_{Ci1} - r_{Ci2}$ 是从关于零对称的连续分布抽取的独立同分布观察值; 见第 15.1 节. 因为这是有利形势, $2Z_{i1} - 1 = \pm 1$, 每个都以概率 $1/2$ 独立于 $r_{Ci1} - r_{Ci2}$, 所以 $Y_i - \tau$ 本身也有相同的关于零对称的连续分布.

研究者面临着一个选择, 要么选择一个 (程度) 更高异质响应的大型研究, 要么选择一个 (程度) 较低异质响应的小型研究, 两者都处于 "有利形势". 在第 16.1 节中, Mill 提倡规模较小、异质性较低的研究. Mill 的说法有什么可取之处吗? 这里的异质性是指对观察到的协变量进行匹配后仍然存在的异质性, 即配对内的异质性; 配对之间的异质性不是问题. 具体来说, 研究者面临以下公认的程式化的选择: 是选择观察 $4I$ 对的可加效应 τ 和 $(r_{Ci1} - r_{Ci2})/\omega \sim F(\cdot)$, 其中 $F(\cdot)$ 是一个关于零对称的连续分布, 还是观察 I 对的可加效应 τ 和 $(r_{Ci1} - r_{Ci2})/(\omega/2) \sim F(\cdot)$. 换句话说, 可以在离散度 (dispersion) 为 ω 的 $4I$ 对和离散度为 $\omega/2$ 的 I 对之间进行选择. 如果 $F(\cdot)$ 为标准正态分布, 则样本平均差 $\overline{Y} = (1/I)\sum_{i=1}^{I} Y_i$ 在规模较大、异质性较高的研究和规模较小、异质性较低的研究中均服从正态分布 $\overline{Y} \sim N\{\tau, \omega^2/(4I)\}$, 期望为 τ, 方差为 $\omega^2/(4I)$. 如果在随机试验中已知 ω, 那么规模较大、异质性较高的研究和规模较小、异质性较低的研究几乎不值得区分, 因为充分统计量 $\overline{Y}$ 在这两项研究中具有相同的分布.

当然, 这不是一个随机试验. 这对我们的选择有影响吗? 如果有, 那又有什么关系呢?

16.2.2 一个模拟的实例

图 16.1 描述了对于 $i = 1, \cdots, I = 100$ 具有 $Y_i \sim N\{\tau, (\omega/2)^2\}$ 分布的规模较小、异质性较低的研究 (SL) 和对于 $i = 1, \cdots, I = 400$ 具有 $Y_i \sim N\{\tau, \omega^2\}$ 分布的规模较大、异质性较高的研究 (LM) 之间的选择的模拟实例. 在图 16.1 中, $\tau = 1/2, \omega = 1$. SL 和 LM 的箱线图分别有 100 对和 400 对.

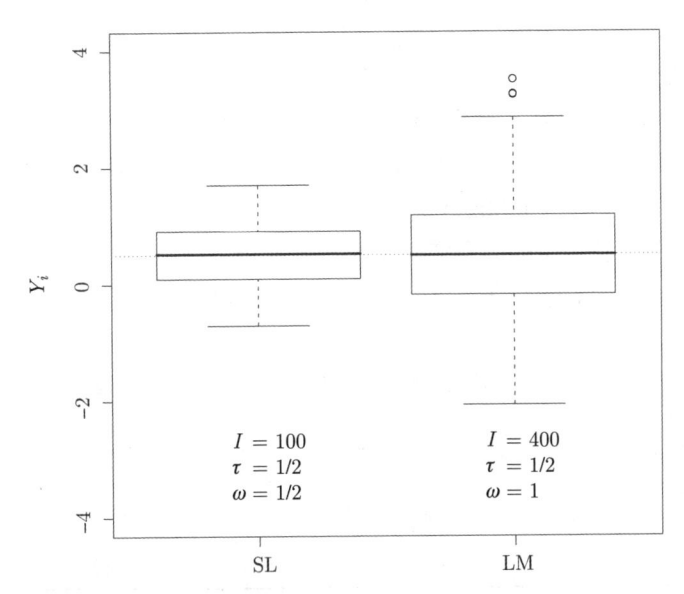

图 16.1 这是一个在规模较小、异质性较低的研究 (SL) 和规模较大、异质性较高的研究 (LM) 之间进行选择的模拟实例. 在 SL 中有 $I = 100$ 个独立的匹配对差 Y_i, 它们服从期望为 τ 和标准差为 $\omega = 1/2$ 的正态分布. 在 LM 中有 $I = 400$ 个独立的匹配对差 Y_i, 它们服从期望为 τ 和标准差为 $\omega = 1$ 的正态分布. 水平虚线 (horizontal dotted line) 在 $Y_i = 1/2$

如果将异质性较低的研究 (SL) 和异质性较高的研究 (LM) 当作随机试验一样来分析, 那么得出的结论会非常相似. 在 SL 中, 平均差为 $\overline{Y} = 0.487$, 估计标准误差为 0.054; 而在 LM 中, 平均差为 $\overline{Y} = 0.485$, 估计标准误差为 0.049; 然而, SL 和 LM 中的真实标准误差均为 0.05. 使用 Wilcoxon 符号秩统计量检验无效应零假设在 SL 和 LM 中都产生了一个非常小的 P-值, 小于 10^{-10}. τ 的 Hodges-Lehmann 点估计 $\hat{\tau}$, 对 SL 为 $\hat{\tau} = 0.485$, 对 LM 为 $\hat{\tau} = 0.489$. Wilcoxon 统计量随机化分布的 95% 置信区间分别为 $[0.374, 0.600]$ (SL) 和 $[0.390, 0.587]$ (LM). 如果要在 SL 和 LM 分布如图 16.1 所示的两个随机试验中进行选择, 那么几乎没有理由选择其中的一个而不是另一个.

然而，如果异质性较低的研究 (SL) 和异质性较高的研究 (LM) 来自观察性研究，那么 Y_i 的行为可能反映了一种处理效应，或者是一种未测量偏倚，或者两者的结合. 从 SL 和 LM 得出的结论对偏离朴素模型 (3.5) — (3.8) 有多敏感? 朴素模型是前一段推论的基础.

表 16.1 显示了对异质性较高的研究 (LM) 和异质性较低的研究 (SL) 的两个敏感性分析，给出了使用 Wilcoxon 符号秩统计量检验无处理效应假设的单侧 P-值上界; 见第 3.4 节. 如上所述, LM 和 SL 的随机化推论 ($\Gamma = 1$) 非常相似. 与之形成鲜明对比的是, 规模较小、异质性较低的研究 SL 对来自未测量协变量的偏倚的敏感性要低得多. 大小为 $\Gamma = 3$ 的偏倚可以生成类似于图 16.1 中 LM 的箱线图 (P-值上界为 0.39), 但大小为 $\Gamma = 3$ 的偏倚不太可能生成 SL 的箱线图 (P-值上界为 0.0021). 在此背景下, SL 研究只是比 Hammond [5] 的关于大量吸烟是肺癌诱因的研究对未测量偏倚稍微敏感一点 (见文献 [16, §4]), 后者是最不敏感的观察性研究之一, 而 LM 研究则要敏感得多.

表 16.1 对规模较大、异质性较高的研究 (LM) 和规模较小、异质性较低的研究 (SL) 进行敏感性分析

Γ	1	2	3	4	5
LM	$< 10^{-10}$	0.00046	0.39	0.97	1.00
SL	$< 10^{-10}$	0.000016	0.0021	0.022	0.083

给出了检验无处理效应零假设时 Wilcoxon 符号秩检验的单侧 P-值上界. 虽然随机化推断相似 ($\Gamma = 1$), 但规模较小、异质性较低的研究对未测量协变量的偏倚的敏感性要低得多 ($\Gamma \geqslant 3$).

与表 3.4 一样, 表 16.2 显示了对异质性较高的研究 (LM) 和异质性较低的研究 (SL) 的两个敏感性分析, 给出了处理效应 τ 的可能点估计的区间 $[\hat{\tau}_{\min}, \hat{\tau}_{\max}]$. 对于 $\Gamma = 1$, 区间是一个点, 即 Hodges-Lehmann 点估计 $\hat{\tau}_{\min} = \hat{\tau}_{\max} = \hat{\tau}$, 对于 LM 和 SL 研究, 大致相同. 对于 $\Gamma = 2$, LM 研究的区间 $[0.19, 0.79]$, 比 SL 研究的区间 $[0.32, 0.66]$ 要长得多.

在表 16.1 和表 16.2 中, 规模较小、异质性较低的研究 (SL) 比规模较大、异质性较高的研究 (LM) 更好, 因为它对未测量偏倚不那么敏感. 重要的是要记住, 图 16.1 描述了两种"有利形势", 即没有未测量偏倚的处理效应. 因为这些是观察性研究, 研究者不知道什么时候处于"有利形势", 因此不能断言图 16.1 描述的是效应, 而不是偏倚. 然而, 研究者可以断言, 大小为 $\Gamma = 4$ 的偏倚对应的 P-值太小, 不足以解释在规模较小、异质性较低的研究中出现的表

表 16.2 对规模较大、异质性较高的研究 (LM) 和规模较小、异质性较低的研究 (SL) 进行敏感性分析

	$\Gamma = 1$ $\hat{\tau}$	$\Gamma = 2$ $[\hat{\tau}_{\min}, \hat{\tau}_{\max}]$	$\Gamma = 2$ $\hat{\tau}_{\max} - \hat{\tau}_{\min}$
LM	0.489	[0.19, 0.79]	0.60
SL	0.485	[0.32, 0.66]	0.34

对于 $\Gamma = 1$, 该表给出了处理效应 τ 的 Hodges-Lehmann 点估计值 $\hat{\tau}$. 对于 $\Gamma = 2$, 该表给出了可能的点估计的置信区间 $[\hat{\tau}_{\min}, \hat{\tau}_{\max}]$, 以及该区间的长度 $\hat{\tau}_{\max} - \hat{\tau}_{\min}$. 对于大小为 $\Gamma = 2$ 的偏倚, 规模较大、异质性较高的研究的可能的点估计范围要比规模较小、异质性较低的研究的点估计范围大得多.

面效应为未测量偏倚, 但不能断言这一点适用于规模较大、异质性较高的研究.

16.2.3 正态误差、logistic 误差和 Cauchy 误差的功效对比

表 16.3 对比了规模较大、异质性较高的研究 (LM) 和规模较小、异质性较低的研究 (SL) 在敏感性分析方面的功效. 表 16.3 采用单侧 0.05 水平检验无处理效应零假设. 功效是单侧 P-值上界至多为 0.05 的概率. 功效按第 15.2 节的方法计算.

随机化检验 ($\Gamma = 1$) 对 LM 和 SL 研究的功效相似, 但对于较大的 Γ, 特别是对于 $\Gamma = 2$, 规模较小、异质性较低的研究 (SL) 的功效较高. 表 16.1 中所示的模式不是某一模拟的特例; 相反, 它是基于 LM 和 SL 的功效比较的预期模式.

16.2.4 设计灵敏度

命题 15.1 和表达式 (15.15) 和 (15.16) 可用于确定规模较大、异质性较高的研究 (LM) 和规模较小、异质性较低的研究 (SL) 的设计灵敏度 $\widetilde{\Gamma}$, 对正态误差为

$$\widetilde{\Gamma} = \frac{\Phi\left(\sqrt{2}\frac{\tau}{\omega}\right)}{1 - \Phi\left(\sqrt{2}\frac{\tau}{\omega}\right)} \tag{16.1}$$

且对 Cauchy 误差为

$$\widetilde{\Gamma} = \frac{\Upsilon\left(\frac{\tau}{\omega}\right)}{1 - \Upsilon\left(\frac{\tau}{\omega}\right)}. \tag{16.2}$$

对于 $\tau=1/2$ 的正态误差,设计 LM ($\omega=1$) 和 SL ($\omega=2$) 研究的设计灵敏度 $\widetilde{\Gamma}$ 分别为 3.171 和 11.715. 由此可见,对于表 16.3 中的 Γ 值,当 $I\to\infty$ 时,具有正态误差的两个研究设计的功效都趋于 1,但对于 $\Gamma=5$, LM 研究的功效将趋于 0,而 SL 研究的功效将趋于 1. 相似地,对于 $\tau=1/2$ 的 Cauchy 误差,设计 LM ($\omega=1$) 和 SL ($\omega=2$) 研究的设计灵敏度 $\widetilde{\Gamma}$ 分别为 1.838 和 3. 有鉴于此,在具有 Cauchy 误差的情况下,对于表 16.3 中的 $\Gamma=2$,当 $I\to\infty$ 时,SL 研究的功效趋于 1,而 LM 研究的功效趋于 0.

表 16.3 在 $\{r_{Ci1}-r_{Ci2}\}/\omega \sim_{iid} F(\cdot)$ 的有利形势下,具有同样可加常数处理效应,$\tau=1/2$,一个规模较大、异质性较高的研究 (LM, $4I$ 对, $\omega=1$) 和一个规模较小、异质性较低的研究 (SL, I 对, $\omega=1/2$) 的敏感性分析的功效

研究	分布 $F(\cdot)$	配对数	离散度 ω	功效 $\Gamma=1$	$\Gamma=1.5$	$\Gamma=2$
LM	正态	120	1	1.00	0.96	0.60
SL	正态	30	1/2	1.00	1.00	0.96
LM	logistic	120	1	0.93	0.31	0.04
SL	logistic	30	1/2	0.93	0.61	0.32
LM	Cauchy	200	1	0.98	0.32	0.02
SL	Cauchy	50	1/2	0.95	0.60	0.28

16.3 点估计的异质性和敏感性

在本章中,处理具有可加常数效应,$\tau=r_{Tij}-r_{Cij}$,在随机试验中,Hodges-Lehmann 估计 $\hat{\tau}$ 是 τ 的一致 (相合) 估计. 对于给定的来自随机处理分配的偏差 Γ,表 3.4 和表 16.2 显示了 τ 的可能的 Hodges-Lehmann 点估计的区间 $[\hat{\tau}_{\min}, \hat{\tau}_{\max}]$,其中当 $\Gamma=1$ 时,$\hat{\tau}_{\min}=\hat{\tau}_{\max}=\hat{\tau}$;见第 3.5 节和文献 [15]. 随着样本量的增加,$I\to\infty$,该区间的端点依概率收敛于固定区间 $[\hat{\tau}_{\min}, \hat{\tau}_{\max}]$ 的端点;该区间反映了 τ 的不确定性,当不再有任何采样不确定性时,该不确定性是由于大小为 Γ 的潜在偏倚造成的.

在"有利形势"下,误差具有正态累积分布 $\Phi(\cdot)$ 或 Cauchy 累积分布 $\Upsilon(\cdot)$,下面的命题给出了这个极限区间的形式. 关于命题 16.1 的证明[2]见文献 [18, 附录].

命题 16.1 如果 $(D_i - \tau)/\omega \sim_{iid} \Phi(\cdot)$,则 $[\tau_{\min}, \tau_{\max}]$ 为 $\tau \pm \omega\Phi^{-1}(\kappa)/\sqrt{2}$,其中 $\kappa = \Gamma(1+\Gamma)$. 如果 $(D_i - \tau)/\omega \sim_{iid} \Upsilon(\cdot)$,则 $[\tau_{\min}, \tau_{\max}]$ 为 $\tau \pm \omega\Upsilon^{-1}(\kappa)$.

命题 16.1 与 Mill 的观点一致, 即试验单位的异质性 ω 与因果声明直接相关. 因为命题 16.1 指的是当 $I \to \infty$ 时的极限, 所以在命题 16.1 中没有抽样变异性 (sampling variability). 命题 16.1 中所述的不确定性由极限区间的长度 $\tau_{\max} - \tau_{\min}$ 来量化, 尽管没有抽样变异性, 但该区间的长度与 ω 成正比.

命题 16.1 并不与 Fisher 的观点相矛盾, 但它确实强调, 这种观点只有在通过随机化避免了非随机处理分配的偏倚时才适用. 减少异质性 ω 和增加样本量 I 在随机试验中竞争资源, 因为已知的偏倚已经避免了, 所以可以使用 $\Gamma = 1$ 进行分析. 更准确地说, 在命题 16.1 中, 如果已知 $\Gamma = 1$, 那么 $\kappa = 1/2$, 则 $\Phi^{-1}(\kappa)/\sqrt{2} = \Phi^{-1}(1/2)/\sqrt{2} = 0$ 且 $\Upsilon^{-1}(\kappa) = \Upsilon^{-1}(1/2) = 0$, 并且对于每一个 ω 值的极限区间的长度均为 $\tau_{\max} - \tau_{\min} = 0$.

区间的长度还通过 $\kappa = \Gamma(1+\Gamma)$ 受潜在偏倚大小 Γ 的影响. 这两个分量以乘法方式确定了极限区间的长度 $\tau_{\max} - \tau_{\min}$; 对于正态分布, $\tau_{\max} - \tau_{\min} = 2\omega\Phi^{-1}(\kappa)/\sqrt{2}$. 当试验单位异质性更高时, 即 ω 更大时, 来自随机试验的给定大小为 Γ 的偏倚会造成更大的危害. 如果你试图通过在 (3.16)—(3.18) 中的 Γ 暗中倾斜处理分配概率来误导随机试验, 那么如果试验单位是临床试验中的异质患者, 而不是实验室中的同质基因工程小鼠, 你可能会造成更大的伤害.

在观察性研究的"有利形势"下, 增加样本量 I 会减小标准误差, 但不会实质上降低对未测量偏倚的敏感性. 相反, 在这种情况下, 降低试验单位的异质性 ω, 既减小了标准误差, 又降低了对未测量偏倚的敏感性. 在一项观察性研究中, 图 16.1 中的异质性较高的研究 (LM) 和异质性较低的研究 (SL) 完全不同:SL 研究要好得多.

---

[2]虽然证明具有一些细节, 但它在概念上的理解很简单. 通过将由 $Y_i - \tau_0$ 计算出的 Wilcoxon 符号秩统计量 T (比说说 T_{τ_0}) 等于 T 的最大零期望, 即来自式 (3.19) 的 $E(\overline{T} | \mathcal{F}, \mathcal{Z}) = \Gamma I(I+1)/\{2(1+\Gamma)\}$, 并对 $\hat{\tau}_{\min}$ 求解该方程得到可能点估计区间的下端点 $\hat{\tau}_{\min}$. 将方程除以 $I(I+1)/2$ 得到等价的方程 $2T_{\tau_0}/\{I(I+1)\} = \Gamma/(1+\Gamma)$. 如果 $(Y_i - \tau)/\omega \sim \Phi(\cdot)$ 或 $(Y_i - \tau)/\omega \sim \Upsilon(\cdot)$, 则当 $I \to \infty$ 时, 方程的左边 $2T_{\tau_0}/\{I(I+1)\}$ 依概率收敛于 $(\tau - \tau_0)/\omega$, 其余的证明致力于表明该方程可以解出命题 16.1 陈述的解.

16.4 尝试降低异质性的实例

16.4.1 双胞胎

额外教育 (additional education) 的经济回报是什么? 你不能比较外科医生和高中辍学生的中年收入 (mid-life earning), 因为辍学生离校之前的中学阶段, 他们的成绩有所不同. 并非所有情况都是如此, 但通常, 后来成为外科医生的孩子在高中时取得了更好的成绩和更高的标准化测试得分, 去学校学习的积极性更强, 父母受过更好的教育, 也更富有, 并且在某些相关基因上存在不可思议的差异. 你想比较的是同一对父母, 接受不同教育程度的两个孩子, 他们在同一时间、同一家庭、有着相同的基因. Ashenfelter 和 Rouse [1] 比较了接受不同教育程度的同卵双胞胎的收入, 估计了接受额外教育每年收入会增加约 9%.

双胞胎的使用是以样本量为交换用于降低异质性的典型实例. 双胞胎在配对之间是相当异质的, 但在几个重要方面在配对内部是相当同质的, 因此双胞胎的使用反映了本章讨论的异质性类型.

16.4.2 道路危险

道路的什么永久性特征会影响与路边物体碰撞的风险? 道路危险是事故风险中相当小的一部分. 同时还涉及: 驾驶员的清醒度、技能和风险承受能力; 环境光照; 天气情况 —— 冰、雪、雨和雾; 安全设备 —— 安全带的使用, 刹车、轮胎、气囊、牵引和稳定性控制装置的质量和状况. 这些因素是相关的. 规避风险的驾驶员会在接近法定限速的情况下驾驶, 但也会投资购买安全设备并系安全带. 在雨雪天气, 人们会在高速公路上开车上班, 但不会在去野餐区的土路上开车, 因此天气情况和道路危险等因素会各不相同. 中午清醒的情况比在午夜时更常见, 所以清醒的情况和周围的光线一起变化. 你会比较同一位司机、同一辆车、相同的天气、相同的环境光线、相同的清醒状态、相同的安全带使用状态下的不同道路危险. 这有可能吗?

Wright 和 Robertson [24] 采用了一种简单而聪明的研究设计, 做到了这一点. 他们将 1974—1975 年发生在佐治亚州的 300 起致命的路边撞车事故与 300 起非交通事故进行了比较, 这些事故涉及同一位司机、在同一辆车里、在相同的环境光线下等因素. 非交通事故发生在距离撞车地点 (crash site) 一英里的地方, 就在撞车发生前不久, 司机从那里经过, 没有发生任何事故. 在撞车地点, Wright 和 Robertson 发现大量弯度超过 6 度、下坡坡度超过 2% 的道路.(从技术上讲, 这是 Maclure [12] 提出的那种 "病例交叉 (case-crossover)"

研究类型, 只不过它是由地理而不是时间定义的; 另见 Greenland [4] 的 "案例镜像 (case-specular)" 研究设计.)

16.4.3 微观经济学的基因工程小鼠

许多在大范围内提供产品或服务的企业采用了一种被称为 "复制" 的策略, 即在不同的地点高速复制几乎相同的销售点 (outlet) [23]. 星巴克 (Starbucks) 和乐购 (Tesco) 是众多此类企业中的两家. 这种策略给使用它的企业带来了各种好处, 而它也会在可能采取不同法规、税收或其他政策的地点创建几乎完全相同的企业副本. 例如, Card 和 Kreuger 的关于最低工资和就业的研究 [2] 比较了新泽西州的汉堡王和宾夕法尼亚州的汉堡王, 新泽西州的肯德基和宾夕法尼亚州的肯德基, 等等, 并通过这种方式消除了两个州之间的几个无关差异的来源之一; 关于这项研究的进一步讨论, 请参阅第 4.5 节和第 12.3 节.

16.4.4 摩托车头盔

戴头盔能降低摩托车撞车事故中的死亡风险吗? 撞车在不同的力下以不同的速度发生, 且速度和力都不太可能被测量. 在交通密集或稀疏以及具有附近或远处紧急服务的情况下, 骑摩托车的人会撞到不同的物体——行人或悍马. 有人想要比较两个人, 一个戴头盔, 另一个不戴头盔, 骑着相同类型的摩托车, 以相同的速度行驶, 在相同的交通以及同样接近医疗救助的条件下, 撞上相同的物体. 这有可能吗?

就是两个人骑一辆摩托车, 一个戴头盔, 另一个不戴头盔. Norvell 和 Cummings [14] 研究了这类撞车事故, 发现使用头盔可降低约 40% 的风险.

16.5 小结

在随机试验中, 处理效应的无偏估计是可获得的, 因此增加样本量 I, 或降低试验单位异质性 ω, 都有助于减小无偏估计的标准误差. 在一项观察性研究中, 情况截然不同. 在观察性研究的 "有利形势" 下, 处理是有效的, 且不存在未测量偏倚. 如果有利形势出现了, 研究者不会知道, 充其量只能报告处理似乎是有效的, 而且表现出对小而适中的偏倚不敏感. 在这种情况下, 降低异质性, 即使是纯随机异质性 ω, 所带来的好处是通过增加样本量 I 无法获得的. 具体地说, 降低异质性会降低对未测量偏倚的敏感性. 几项设计巧妙的研究已经说明了降低异质性的尝试.

16.6 延伸阅读

本章基于文献 [18]. 读者可在其中找到更多的讨论.

设计和分析中的各种策略会影响 Y_i 的异质性, 从而影响设计灵敏度. 在基本层面上, 我们应该对用于预测 Y_i 的协变量进行紧密配对, 也许我们只能平衡其他协变量. 例如, 如果患有糖尿病能预测手术结果, 但美国地区不能, 那么就需要与糖尿病患者相匹配的配对, 这可能足以平衡美国地区. 匹配在结构上可以降低异质性, 从而增加对未测量偏倚的不敏感性; 参见第 11.8 节和 José Zubizarreta 及其同事的论文 [25].

有时, Y_i 的期望或方差随着作为匹配的观察协变量的函数而变化. Jesse Hsu 及其同事 [9] 提出了 $|Y_i|$ 的探索性分析 (exploratory analysis) 和 Y_i 的验证性分析 (confirmatory analysis) 相结合的方法, 旨在定位具有更大典型效应或降低效应异质性的匹配对的亚组 (subgroup), 从而使这些亚组对未测量偏倚表现出更大的不敏感性. 这些亚组由匹配控制的观察协变量的值定义. Lee 和他的同事们 [10] 应用了这种方法.

参考文献

[1] Ashenfelter, O., Rouse, C.: Income, schooling and ability: evidence from a new sample of identical twins. Q. J. Econ. **113**, 253–284 (1998)

[2] Card, D., Krueger, A.: Minimum wages and employment: a case study of the fast-food industry in New Jersey and Pennsylvania. Am. Econ. Rev. **84**, 772–793 (1994)

[3] Fisher, R. A.: Design of Experiments. Oliver and Boyd, Edinburgh (1935)

[4] Greenland, S.: A unified approach to the analysis of case-distribution (case-only) studies. Stat. Med. **18**, 1–15 (1999)

[5] Hammond, E. C.: Smoking in relation to mortality and morbidity. J. Natl. Cancer Inst. **32**, 1161–1188 (1964)

[6] Heller, R., Rosenbaum, P. R., Small, D.: Split samples and design sensitivity in observational studies. J. Am. Stat. Assoc. **104**, 1090–1101 (2009)

[7] Hodges, J. L., Lehmann, E. L.: Estimates of location based on ranks. Ann. Math. Stat. **34**, 598–611 (1963)

[8] Holland, P. W.: Statistics and causal inference. J. Am. Stat. Assoc. **81**, 945–960 (1986)

[9] Hsu, J. Y., Zubizarreta, J. R., Small, D. S., Rosenbaum, P. R.: Strong control of the family-wise error rate in observational studies that discover effect modification by exploratory methods. Biometrika **102**, 767–782 (2015)

[10] Lee, K., Small, D. S., Hsu, J. Y., Silber, J. H., Rosenbaum, P. R.: Discovering effect modification in an observational study of surgical mortality at hospitals with superior nursing. J. R. Stat. Soc. A **181**, 535–546 (2018)

[11] Lehmann, E. L.: Nonparametrics, Holden Day, San Francisco (1975). Reprinted: Springer, New York (2006)

[12] Maclure, M.: The case-crossover design: a method for studying transient effects on the risk of acute events. Am. J. Epidemiol. **133**, 144–152 (1991)

[13] Mill, J. S.: A System of Logic: The Principles of Evidence and the Methods of Scientific Investigation. Liberty Fund, Indianapolis (1867)

[14] Norvell, D. C., Cummings, P.: Association of helmet use with death in motorcycle crashes: a matched-pair cohort study. Am. J. Epidemiol. **156**, 483–487 (2002)

[15] Rosenbaum, P. R.: Hodges-Lehmann point estimates of treatment effect in observational studies. J. Am. Stat. Assoc. **88**, 1250–1253 (1993)

[16] Rosenbaum, P. R.: Observational Studies (2nd ed.). Springer, New York (2002)

[17] Rosenbaum, P. R.: Design sensitivity in observational studies. Biometrika **91**, 153–164 (2004)

[18] Rosenbaum, P. R.: Heterogeneity and causality: unit heterogeneity and design sensitivity in observational studies. Am. Stat. **59**, 147–152 (2005)

[19] Rosenbaum, P. R.: What aspects of the design of an observational study affect its sensitivity to bias from covariates that were not observed? In: Festshrift for Paul W. Holland. ETS, Princeton (2009)

[20] Salsburg, D.: The Lady Tasting Tea. Freeman, San Francisco (2001)

[21] Small, D., Rosenbaum, P. R.: War and wages: the strength of instrumental variables and their sensitivity to unobserved biases. J. Am. Stat. Assoc. **103**, 924–933 (2008)

[22] Werfel, U., Langen, V., Eickhoff, I., Schoonbrood, J., Vahrenholz, C., Brauksiepe, A., Popp, W., Norpoth, K.: Elevated DNA single-strand breakage frequencies in lymphocytes. Carcinogenesis **19**, 413–418 (1998)

[23] Winter, S. G., Szulanski, G.: Replication as strategy. Organ. Sci. **12**, 730–743 (2001)

[24] Wright, P. H., Robertson, L. S.: Priorities for roadside hazard modification. Traffic Eng. **46**, 24–30 (1976)

[25] Zubizarreta, J. R., Parades, R. D., Rosenbaum, P. R.: Matching for balance, pairing for heterogeneity in an observational study of the effectiveness of for-profit and not-for-profit high schools in Chile. Ann. App. Stat. **8**, 204–231 (2014)

第 17 章 不常见但巨大的处理响应

摘要 中型到大型研究中的大效应通常对小的和中度的未观察到的偏倚 (unobserved bias) 不敏感, 但 "大效应 (large effect)" 的概念是模糊的. 如果大多数受试者没有受到处理的太大影响, 而只是一小部分, 可能是 10% 或 20% 的受试者, 受到了严重的影响, 该怎么办? 平均而言, 这种效应可能很小, 但对于受影响的部分受试者来说, 一点也不小. 这种效应对小而中度的未观察到的偏倚是不敏感的吗?

17.1 偶尔出现的大效应

17.1.1 大的但罕见的效应对未测量偏倚是不敏感的吗?

在第 2.5 节的国家支持工作试验中, 如图 2.1 所示, 许多男性似乎从处理中很少或没有获益, 但少数收入高的男性差不多始终出现在处理组. 在第 2.5 节中, 如果一次调查 2 对男性 (即 4 名男性), 那么在 61% 的配对中, 一致收入最高的男性接受了处理, 如果是随机的, 那么预计有 50% 的偶然机会出现这种情况; 但如果一次调查 20 对男性 (即 40 名男性), 那么在 86% 的配对中, 一致收入最高的男性接受了处理, 如果是随机的, 那么也预计有 50% 的偶然机会出现这种情况. 收入大幅上涨的男性都在处理组的那一类.

在第 8 章的图 8.1 中, Jeffrey Silber 等人 [18] 在 $I = 344$ 对卵巢癌患者中的化疗强度 (intensity of chemotherapy) 进行了研究. 我们也看到类似的化疗毒性模式: 接受内科肿瘤医师化疗 (MO) 组和接受妇科肿瘤医师化疗 (GO) 组的毒性水平中位数差异不大, 但在接受内科肿瘤医师化疗组中高毒性水平更常见. 如果一次调查 2 对卵巢癌患者 (即 4 名女性), 那么在 65% 的配对中, 毒性最高的女性接受了内科肿瘤医师化疗的治疗; 但如果我们一次调查 20 对卵巢癌患者 (即 40 名女性), 那么在 90% 的配对中, 毒性最高的女性接受了内科肿瘤医师化疗的治疗. 图 17.1 描述了接受内科肿瘤医师化疗减去接受妇科肿瘤医师化疗的毒性水平差 Y_i 的分布. 从图 8.1 和图 17.1 中可以看出, 许多内科肿瘤医师和妇科肿瘤医师用相似的化疗强度进行治疗, 会产生相似的毒性, 但一小部分内科肿瘤医师化疗强度更高, 产生更强的毒性反应.

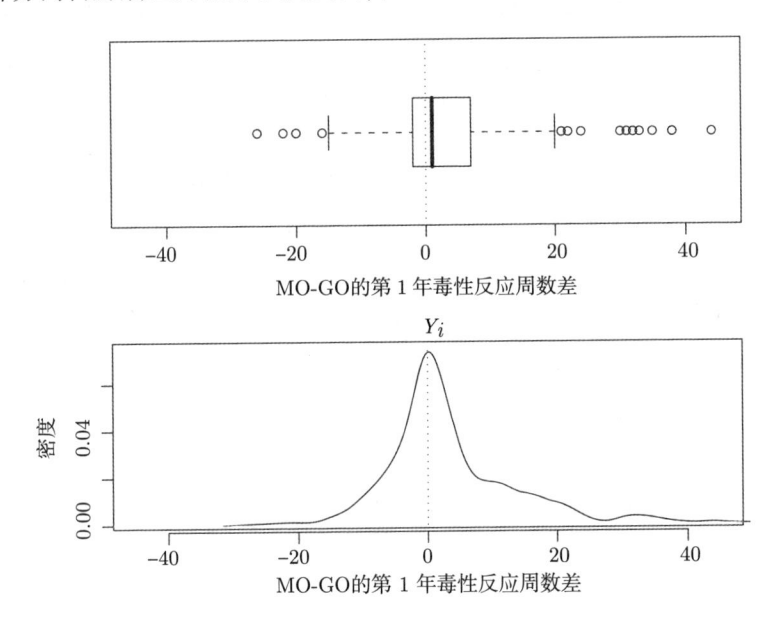

图 17.1 在 $I = 344$ 对卵巢癌患者中, 其 MO-GO 的第 1 年毒性反应周数差 Y_i 的箱线图和密度估计; 见第 8 章和文献 [18]. 垂直虚线是差等于零的位置. 密度估计使用 R 中的默认设置

在这些情况下, 对所有的 i, j, 一个常数效应 $\tau = r_{Tij} - r_{Cij}$ 的假设, 看起来不可信. 正如第 2.5 节中所讨论的, 一个更合理的假设是, 对很多受试者 i, j, $r_{Tij} - r_{Cij}$ 为零或是小的, 但对一些受试者 $r_{Tij} - r_{Cij}$ 是大的. David Salsburg [15] 认为, 这类效应相当常见, 通常也很重要, 且我们往往会忽略它们, 因为我们的方法倾向于关注典型效应, 但在这种情况下, 虽然确实会出现大的效应, 但大效应不是典型的. 本章讨论的问题是, 这种效应是否对未测量偏倚高度敏感. 在图 2.1 和图 8.1 中, 结果的典型差异不大, 但结果的分布却有很大差异.

17.1.2 第 2.5 节的回顾: 测量较大但不常见的效应

基于 Eric Lehmann [3, (6.1)] 的某些技术成果, David Salsburg [15]、William Conover 和 David Salsburg [1] 提出了一个有力的论点, 在不匹配的处理组和对照组的比较中, 大的、不常见的 (uncommon) 效应模式不能恰当地与"变换"或"异常值"或其他类似的数据分析的概念联系在一起, 因为这种模式可以在秩中观察到: 处理组始终具有非常高的秩. 在第 2.5 节的概述和文献 [8] 的详细说明中, 我们发现 W. Robert Stephenson [19] 提出的具有高度可理解性的式 (2.7) 中秩评分 $\tilde{q}_i$ 近似于 Conover 和 Salsburg [1] 的局部最优秩评分 (locally optimal rank score). 例如, 本章第一段所说的 20 对男性, 在第 2.5 节中是通过对 Stephenson 秩的解释而得出的.

回想 Stephenson 秩评分每次配对数 m, 当 $m = 2$ 时它本质上与 Wilcoxon 秩相同; 见第 2.5 节. 在第 8 章 Silber 等人 [13,18] 的研究中, 对于 $I = 344$ 个匹配对, 图 17.2 描述了公式 (2.7) 中的 Stephenson 秩 $\tilde{q}_i$, 对于 $m = 2, 5, 10, 20$, 按 $\tilde{q}_i / \max \tilde{q}_j$ 值的递增顺序排序, 并缩放到 0 到 1 之间. 在 $m = 20$ 的情况下, 一次同时研究 20 对受试者, 如果这 20 对中的 40 位受试者的最大一致响应是

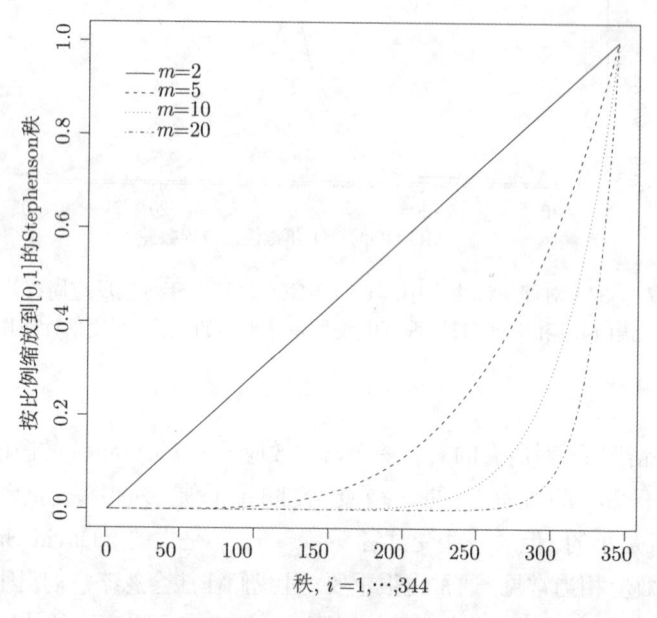

图 17.2 在 Silber 等 [18] 有关卵巢癌化疗强度的研究中, 对于 $m = 2, 5, 10, 20$ 和 $I = 344$ 对匹配, 来自式 (2.7) 的 Stephenson 秩为 $\tilde{q}_i$; 见第 8 章. Wilcoxon 秩与 $m = 2$ 的秩是一样的. 对于 $m = 5$, 最小的 100 个左右的 $|Y_i|$ 几乎被忽略. 对于 $m = 20$, 最小的 300 个左右的 $|Y_i|$ 几乎被忽略

处理组受试者的响应, 就算 "成功". 对于图 17.2 中的 $m=10$, Stephenson 的 $\tilde{q}_i$ 很大程度上忽略了 344 个响应绝对差 $|Y_i|$ 中最小的 200 个值, 通过剩下的 144 对绝对差来判断处理效应. Salsburg 和 Conover 为他们讨论的应用提出了 $m=5$ 的等价情况.

17.2 两个实例

17.2.1 卵巢癌治疗的化疗强度和毒性

表 17.1 比较了第 8 章中卵巢癌研究的 4 种敏感性分析 [13, 18]. 4 次敏感性分析均采用 Stephenson [19] 符号秩检验, m 取 4 个值, 即图 17.2 中的绝对秩. Wilcoxon 秩与 Stephenson 秩在 $m=2$ 时相似. $m=20$ 的秩与 20 对中 40 名女性的最大一致响应有关, 因此它们强调了一些女性所经历的相当高的毒性水平.

表 17.1 报告了检验无治疗效果零假设的单侧 P-值上界. Wilcoxon 统计量 ($m=2$) 对 $\Gamma=1.5$ 的偏倚敏感, 但是 Stephenson 统计量在 $m=20$ 时对 $\Gamma=3.5$ 的偏倚不敏感. 在这个实例中, 对偏倚的敏感性受到该分析是强调典型效应还是强调不太常见但较大的效应的强烈影响. 小的偏倚不会产生图 17.1 所示的巨大但不常见的效应.

表 17.1 在第 8 章和文献 [18] 中的卵巢癌数据, 利用具有多个 m 值的 Stephenson 统计量, 给出了检验无治疗效果零假设的单侧 P-值上界

Γ	$m=2$	$m=5$	$m=10$	$m=20$
1	9.0×10^{-7}	5.2×10^{-9}	1.1×10^{-8}	1.1×10^{-6}
1.5	0.051	0.00017	0.000024	0.00019
2	0.71	0.016	0.0010	0.0020
2.5		0.14	0.0087	0.0081
3			0.035	0.021
3.5			0.088	0.041

对于 $m=2$, Stephenson 秩与 Wilcoxon 秩非常相似, 但对于较大的 m 值, Stephenson 秩更强调大的 $|Y_i|$. 在这种情况下, $m=20$ 的结果比 $m=2$ 的结果的敏感性要低得多.

除了用 Stephenson 秩 $\tilde{q}_i$ 代替 Wilcoxon 秩 q_i, 生成表 17.1 的计算与 Wilcoxon 符号秩统计量的计算非常相似. Stephenson 统计量 $\widetilde{T}=\sum \operatorname{sgn}(Y_i)\tilde{q}_i$

的零期望和方差以用 $\tilde{q}_i$ 代替 q_i 的表达式 (3.25)—(3.26) 为界, 并将标准化偏差与公式 (3.23) 的正态分布进行比较.

17.2.2 铝生产工人中的 DNA 加合物

Bernadette Schoket, David Phillips, Alan Hewer 和 István Vincze [17] 比较了生产铝的工人和未接触铝的对照工人的淋巴细胞中的 DNA 加合物. 图 17.3 显示了一位铝生产工人的年龄、每日吸烟量与一位对照工人匹配的 25 对匹配工人. 图 17.3 的显著特征是, DNA 加合物在下四分位数的差异很小或没有差异, 而在上四分位数的差异很大.[1]

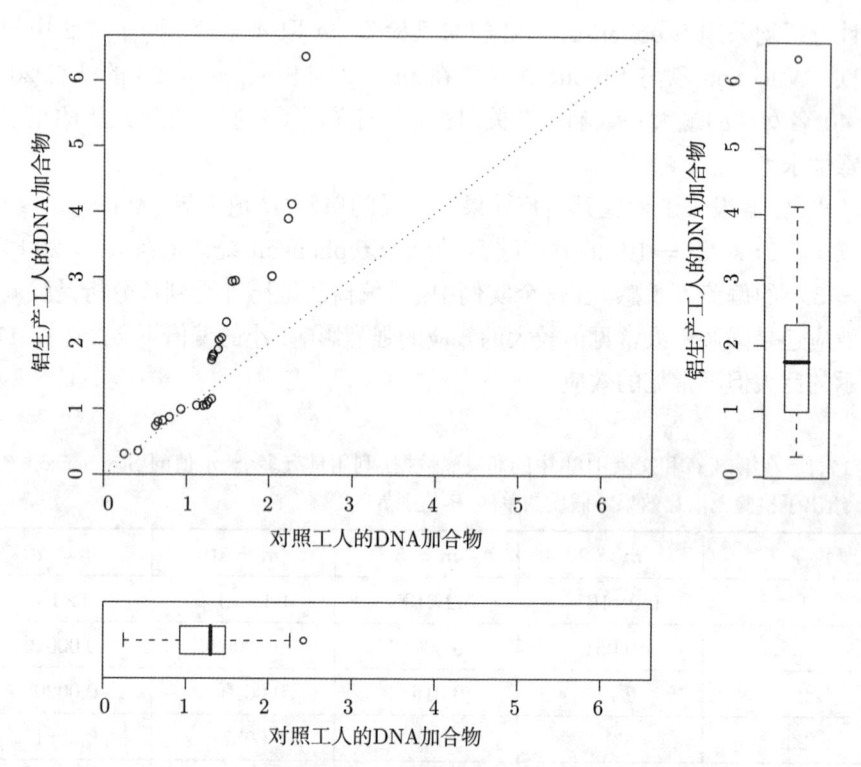

图 17.3 用年龄和每日吸烟量匹配的 25 位铝生产工人和 25 位对照工人的 DNA 加合物/10^8 核苷酸 [17]. 中心图是忽略配对的分位比较图 (QQ-图). 虚线是 $x = y$ 线. DNA 加合物在下四分位数的差异似乎很少或没有差异, 而在上分位数急剧上升

表 17.2 展示了使用 Stephenson 符号秩统计量的两个敏感性分析, 一个是 $m = 2$, 这与 Wilcoxon 统计量相似, 另一个是 $m = 5$. (只有 $I = 25$ 对, 一次

---
[1] 文献 [8] 列出了这 25 对配对工人的数据.

比较 $m = 20$ 对来确定最大校准响应似乎不合理.) 该表展示了单侧 P-值的上界, 用于检验无处理效应零假设. 如图 17.3 所示, 结果对 $m = 5$ 的敏感性低于对 $m = 2$ 的敏感性.

表 17.2 图 17.3 所示的 25 对铝生产工人和匹配的对照工人, 在 $m = 2$ 和 $m = 5$ 的 Stephenson 检验中, 单侧 P-值上界

Γ	$m = 2$	$m = 5$
1	0.0076	0.0078
1.5	0.054	0.030
1.8	0.10	0.048
2	0.14	0.061

结果对 $m = 5$ 的偏倚不太敏感, 大概是因为 DNA 加合物分布的差异只在上四分位数处明显.

17.3 Salsburg 模型的配对版本的性质

David Salsburg [15] 提出了一种在未匹配组中有关治疗效果的模型, 其中一部分 $0 \leqslant \lambda \leqslant 1$ 的治疗对象体验到明显的治疗效果, 而其余受试者则没有任何效果. 下面的模型是对 Salsburg 的未匹配组模型的匹配对进行轻微的修改. 每一对 i 都由一个固定的配对参数 η_i 来刻画, 它解释了配对内的依赖性, 并在计算匹配对差 Y_i 时予以消除. 然后从密度为 $g(\cdot)$ 的连续分布 $G(\cdot)$ 中采样 $r_{Cij} - \eta_i$, 从 $(1-\lambda)G(\cdot) + \lambda\{G(\cdot)\}^\nu$ (其中 $0 \leqslant \lambda \leqslant 1$, $\nu \geqslant 2$ 为正整数) 中采样 $r_{Tij} - \eta_i$. 不同受试者的响应是相互独立的.[2]

该模型有一个简单的解释. 该模型表明, 实际上, 一部分 $1 - \lambda$ 的治疗对象没有体验到治疗效果——他们的响应值是从 $G(\cdot)$ 中采样的, $G(\cdot)$ 是对照组响应值的分布. 另一部分 λ 的治疗对象确实有治疗效果. 受治疗影响的那部分受试者不是从 $G(\cdot)$ 中采样的响应, 而是从 $\{G(\cdot)\}^\nu = G(\cdot) \times \cdots \times G(\cdot)$ 中采样的响应 $r_{Tij} - \eta_i$. 如果你从分布 $G(\cdot)$ 中采样 ν 个独立的 $r_{Cij} - \eta_i$, 并取它们的最

---

[2] $r_{Tij} - \eta_i$ 的密度为 $(1-\lambda)g(\lambda) + \lambda\nu g(\lambda)\{G(\lambda)\}^{\nu-1}$. 在有利条件下, 处理分配 $Z_{i1} - Z_{i2}$ 取值 ± 1, 具有独立于 $(r_{Ci1}, r_{Ti1}, r_{Ci2}, r_{Ti2})$ 的概率 $1/2$, 且 $Y_i = (Z_{i1} - Z_{i2})(R_{i1} - R_{i2})$ 服从两个独立观察值的差的分布, 一个来自 $(1-\lambda)G(\cdot) + \lambda\{G(\cdot)\}^\nu$, 另一个来自 $G(\cdot)$. 匹配对差 Y_i 具有概率密度

$$\int g(r)[(1-\lambda)g(r+y) + \lambda\nu g(r+y)\{G(r+y)\}^{\nu-1}]dr,$$

这很容易用数值积分求解. 在图示的计算中, $G(\cdot)$ 为标准正态累积分布 $\Phi(\cdot)$.

大值, 该最大值将服从分布 $\{G(\cdot)\}^\nu$. 直觉表明, $\{G(\cdot)\}^\nu$ 是比 $G(\cdot)$ "更大"的分布[3], 从这个意义上说, 因为 $\nu \geqslant 2$, 对所有的 r 有 $\{G(r)\}^\nu \leqslant G(r)$; 也就是说, 从 $G(\cdot)$ 中采样的 ν 个独立观察值的最大值小于 r 的机会即 $\{G(r)\}^\nu$, 小于或等于从 $G(\cdot)$ 采样的一个观察值小于 r 的机会即 $G(r)$, 这对所有的 r 都成立. 图 17.4 描述了在 $\nu = 20$ 时, 当 $G(\cdot)$ 是标准正态累积分布 $G(\cdot) = \Phi(\cdot)$ 时, 以权重 λ 和 $1 - \lambda$ 混合的两个概率密度, 形成了治疗反应 (treated response), $r_{Tij} - \eta_i$ 的概率密度. 在图 17.4 中, 一部分 $1-\lambda$ 的治疗对象的响应 $r_{Tij} - \eta_i$ 服从标准正态密度 $\Phi(r)$, 即虚的曲线, 而另一部分 λ 的治疗对象的响应 $r_{Tij} - \eta_i$ 服从密度 $\nu\phi(r)\Phi(r)^{\nu-1}$, 其为 $\nu = 20$ 个独立标准正态分布的观察值的最大值, 即实的曲线. 配对 i 中的处理减去对照的差 Y_i 是由这种混合密度形成的治疗响应 $r_{Tij} - \eta_i$ 和独立服从标准正态密度 $\phi(r)$ 的对照响应 $r_{Cij} - \eta_i$ 的差值.

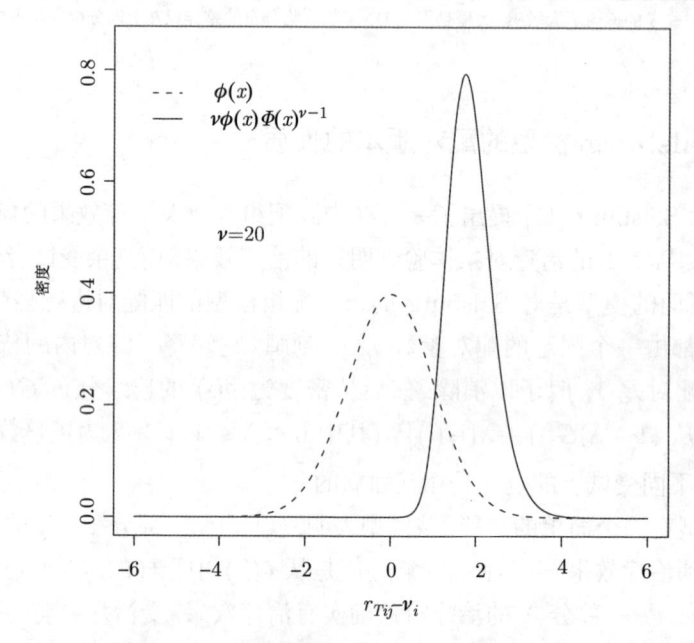

图 17.4 在 Salsburg 模型中, 两种密度混合形成了 $\nu = 20$ 时的 $r_{Tij} - \eta_i$ 的分布. 虚线密度函数是标准正态密度. 实线密度函数是 $\nu = 20$ 个独立的标准正态分布观察值的最大值的密度

在未匹配的两样本问题中, Eric Lehmann [3, (6.1)] 研究了 $\nu = 2$ 的模型, 表明在大样本中, 具有 $m = 2$ 的 Wilcoxon 秩在小 λ 下表现良好. William Conover 和 David Salsburg [1] 表明, 对于一般的 ν, 如果对于大样本中的小 λ

---

[3]它随机地更大; 见第 3 章中的注释 15.

17.3 Salsburg 模型的配对版本的性质

有 $m = \nu$, 则类似于 Stephenson 秩的秩表现得很好.[4]

在 $G(\cdot)$ 等于标准正态分布即 $G(\cdot) = \Phi(\cdot)$ 的情况下, 图 17.5 描述了在 Salsburg 模型 $\lambda = 0.2$ 和 $\nu = 50$ 下匹配对差 Y_i 的分布. 为了比较, 图 17.5 还展示了具有相同期望和方差的正态分布. 从视觉上看, 这两个分布之间的区别是非常微妙的: Salsburg 模型稍微向右倾斜, 期望稍微向右倾斜. 从概念上讲, 这些分布非常不同. 在 Salsburg 模型中, $1 - \lambda = 80\%$ 的治疗对象没有体验到治疗效果: 他们的治疗响应 $r_{Tij} - \eta_i$ 与对照组响应 $r_{Cij} - \eta_i$ 从相同的正态分布中采样. 在 Salsburg 模型中, 只有 $\lambda = 20\%$ 的治疗对象经历了非零效应, 并且他们的响应是 $\nu = 20$ 个来自正态分布的独立观察值的最大值, 而不是一个来自正态分布的独立观察值. 在图 17.4 中, 受治疗影响的组有更高值的响应分布, 但这在图 17.5 中隐藏了两次, 一次是因为只有一部分 λ 的治疗对象经历

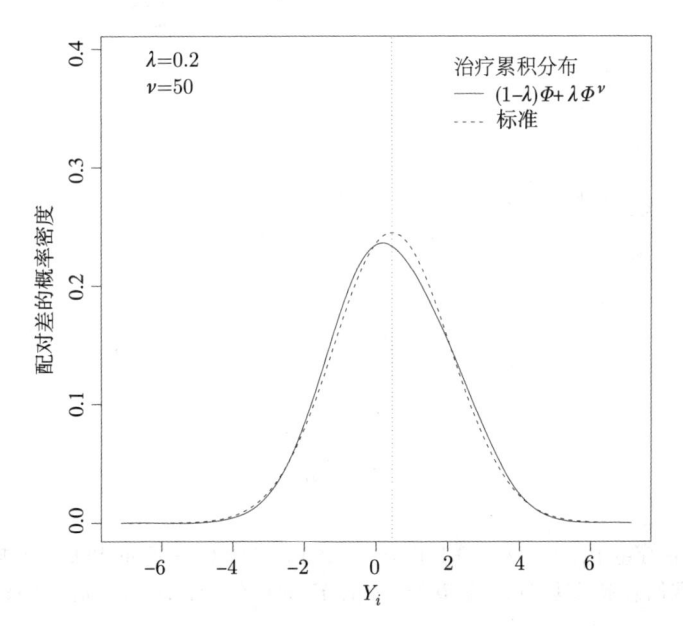

图 17.5 在治疗组中, 具有 $\lambda = 0.2$ 和 $\nu = 50$ 的匹配对差 Y_i 的 Salsburg 模型 (实线). 为了比较, 绘制了具有相同期望和方差的 Y_i 的正态密度 (虚线). 垂直的虚线表示它们的共同期望

---

[4]更准确地说, 随着样本量的增加, 对于两样本问题, 当 $\lambda \to 0$ 时 Conover 和 Salsburg 发现固定 ν 的局部最大功效秩检验. 从文献 [8] 中可以看出, 这些局部最大功效的秩在大样本中与 Stephenson [19] 秩几乎相同, 尽管后者在治疗效果上更容易解释. Stephenson 和 Ghosh [20] 讨论了 Stephenson 秩在不匹配两样本问题中的使用. 两个比较 $(1 - \lambda)G(\cdot) + \lambda\{G(\cdot)\}^\nu$ 和 $G(\cdot)$ 的样本模型是 "Lehmann 备择" 的一个实例, 因为秩的分布依赖于 ν 和 λ, 而不依赖于 $G(\cdot)$; 参见文献 [3]. 文献 [8] 不限于匹配的配对, 但在目前的书中, 只讨论配对的情况.

了治疗, 而第二次则是需要将治疗对象与对照对象进行比较, 通过求差消除 η_i, 形成匹配对差 Y_i. 图 17.6 与图 17.5 相似, 除了 $\lambda = 0.1$ 和 $\nu = 1000$; 在这里, 差别更明显, 但仍然相当微妙. 将图 17.6 与图 17.1 中的估计密度进行比较.

图 17.5 和图 17.6 中的治疗效果对未测量偏倚是高度敏感的吗? 一方面, 图 17.4 中受治疗影响的组受到较大影响. 另一方面, 这种强效应在图 17.5 中的可观察到的分布中被隐藏了两次. 在表 17.1 和表 17.2 中, 通过 Wilcoxon 统计量 ($m = 2$) 判断效果是相当敏感的, 它只强调典型效果. 但当使用较大 m 值的 Stephenson 统计量时, 它对偏倚明显不太敏感. 表 17.1 和表 17.2 中的模式在 Salsburg 模型下是可以预期的吗?

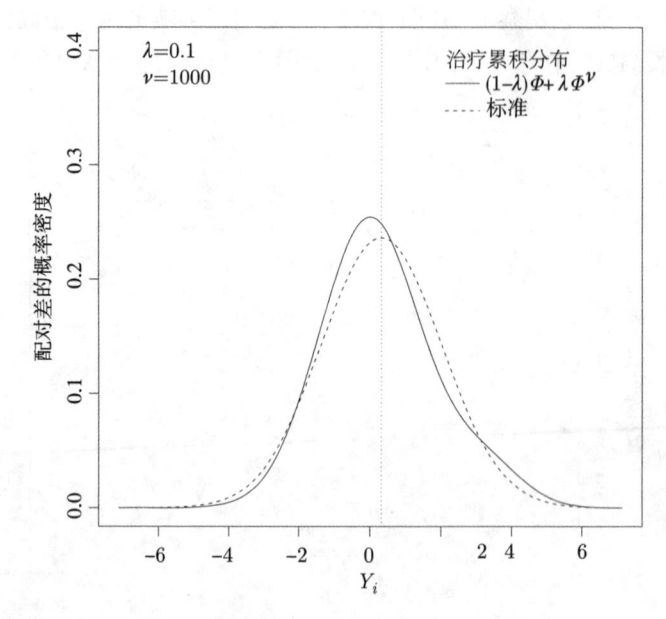

图 17.6 在治疗组中, 具有 $\lambda = 0.1$ 和 $\nu = 1000$ 的匹配对差 Y_i 的 Salsburg 模型 (实线). 为了比较, 我们绘制了具有相同期望和方差的 Y_i 的正态密度 (虚线). 垂直的虚线表示它们的共同期望

17.4 对不常见但巨大效应的设计灵敏度

17.4.1 Stephenson 检验的设计灵敏度

为了回答这个问题, 一般确定 Stephenson [19] 检验的设计灵敏度 $\widetilde{\Gamma}$. 然后, 用 Salsburg 模型计算 $\widetilde{\Gamma}$.

如第 15 章所述, 假设了 "有利形势", 在没有未测量偏倚的情况下存在处理效应, 因此我们希望报告拒绝无处理效应零假设对小的和中度的未测量偏倚不敏感. 因此, 假设 Y_i 是来自某个连续分布 $H(\cdot)$ 的独立观察值, 并且不存在未测量偏倚, 从这个意义上说, 处理是由朴素模型 (3.5)—(3.8) 分配的.

考虑从 $H(\cdot)$ 采样的 m 个独立观察值 Y_i. 这些 m 个观察值中的一个, 比如 Y_ℓ, 其绝对值是 $|Y_i|$ 的最大值; 也就是, $Y_\ell = \max_{1 \leqslant i \leqslant m} |Y_i|$. 定义 $\tilde{p}_m$ 为在 m 个观察值中具有 $|Y_i|$ 最大值的一个 Y_ℓ 是正的概率, 即 $Y_\ell > 0$ 的概率.

关于 $\tilde{p}_m$, 先要注意的是, 我们已经在第 15 章中广泛地使用了 $\tilde{p}_2$, 因为 $\tilde{p}_2 = p'_1 = \Pr(Y_i + Y_{i'} > 0)$; 也就是说, 对于 $i \neq i'$, 如果 $|Y_i| > |Y_{i'}|$, 那么 $Y_i + Y_{i'}$ 的符号由 Y_i 决定; 而如果 $|Y_i| < |Y_{i'}|$, 那么 $Y_i + Y_{i'}$ 的符号由 $Y_{i'}$ 决定. 的确, 根据命题 15.1, Wilcoxon 统计量 ($m=2$) 的设计灵敏度 $\widetilde{\Gamma}$ 为 $p'_1/(1-p'_1) = \tilde{p}_2/(1-\tilde{p}_2)$. 关于 $\tilde{p}_m$ 需要注意的第二件事是, 它可以很容易地通过对任意分布 $H(\cdot)$ 的模拟来计算.

下面的命题推广了命题 15.1 的内容.

命题 17.1 在对观察到的协变量 $\mathbf{x}_{ij}$ 精确匹配 (matched exactly) 的 I 对样本中, 假设处理减去对照的匹配对结果差, Y_i, $i=1,\cdots,I$, 是来自分布 $H(\cdot)$ 的独立样本, 且不存在来自未测量协变量的偏倚, 从这个意义上说, 处理实际上是由朴素模型 (3.5)—(3.8) 分配的. 利用 Stephenson 符号秩统计量 $\widetilde{T}$ 对 m 和 Γ 的特定值进行敏感性分析. 对于 $\alpha > 0$ 无效应的单侧 α 水平检验, 当 $I \to \infty$ 时, 对于 $\Gamma < \widetilde{\Gamma}$, 该敏感性分析的功效趋向于 1, 而对于 $\Gamma > \widetilde{\Gamma}$, 其功效趋向于 0, 这里

$$\widetilde{\Gamma} = \frac{\tilde{p}_m}{1-\tilde{p}_m}. \tag{17.1}$$

命题 17.1 的证明类似于第 15 章中命题 15.1 的证明, 在文献 [9] 中给出了详细的说明, 并在本章附录中进行了概述.

17.4.2 Salsburg 模型下 Stephenson 检验的设计灵敏度

表 17.3 报告了应用到 Salsburg [15] 模型的配对情况时, Stephenson 符号秩统计量 [19] 的设计灵敏度 $\widetilde{\Gamma}$. 在表 17.3 中, $\lambda = 10\%$ 或 $\lambda = 20\%$ 的接受处理的受试者受到处理的影响, 并从对照分布 $G(\cdot)$ 接收到 $\nu = 50$ 或 $\nu = 1000$ 个独立响应的最大值, $G(\cdot)$ 等于正态分布或 Cauchy 分布. 其中两种分布的密度如图 17.5 和图 17.6 所示.

如果只有一小部分治疗对象对治疗有反应, 那么使用 Wilcoxon 秩 ($m=2$)

是错误的. 在这种情况下, 通过使用集中精力于 $|Y_i|$ 的大值上的检验, 可以得到更大的设计灵敏度 $\tilde{\Gamma}$ 值. 这个结论是针对特定的情况, 即许多治疗对象没有受到治疗的影响, 而一小部分治疗对象受到强烈的影响.

表 17.3 基于 Salsburg 模型的 m 对子集的 Stephenson 检验的设计灵敏度, 在该模型中只有一小部分 λ 的治疗对象受到治疗的影响, 其治疗反应是来自对照响应分布 $G(\cdot)$ 采样的 ν 个观察值的最大值, $G(\cdot)$ 等于正态分布或 Cauchy 分布

	正态分布 $\lambda=0.2, \nu=50$	正态分布 $\lambda=0.1, \nu=1000$	Cauchy 分布 $\lambda=0.2, \nu=50$	Cauchy 分布 $\lambda=0.1, \nu=1000$
$m=2$	1.8	1.4	2.0	1.5
$m=5$	2.6	2.0	3.3	2.3
$m=10$	3.4	3.0	4.7	4.4
$m=20$	4.4	4.9	5.7	11.5

17.5 小结

一种处理只可能会影响某些对象, 而不会影响其他对象. 在这种情况下, 典型的效应可能很小, 尽管对某些对象有很大的影响. 传统的统计方法寻找典型的处理效应, 可能会错过对一小部分受影响的对象的巨大效应 (dramatic effect). 这个问题不仅在随机临床试验 [1, 15, 16] 中出现, 而且在观察性研究 [8, 9] 中也会出现. 在观察性研究中, 当处理具有这种形式的效应时, 专注于检测这种效应的分析, 例如, 与专注于典型效应的分析相比, 使用 Stephenson [19] 检验对未测量偏倚的敏感性可能要低得多. 这个问题与第 IV 部分讨论统计分析计划有关.

17.6 延伸阅读

本章由 Eric Lehmann [3, (6.1)]、W. Robert Stephenson [19]、David Salsburg [1, 15, 16] 和 William Conover [1] 的论文中发现的内容构成; 关于这些内容在观察性研究中的应用的讨论参见文献 [8, 9].

Stephenson 统计量属于一个更大类的 U-型统计量, 是为超设计灵敏度 (superior design sensitivity) 而建立的. 见第 19.2 节和 [10, 11].

由于一些尚未完全了解的原因, 一个极度紧张的事件会在一些人身上产生创伤后应激症状 (posttraumatic stress symptom), 而在另一些人身上则不会.

也许"同样的"事件对不同处境的人有不同的生理或社会后果,或者也许人们在面对压力时表现出不一样的韧性. 本章的方法被应用于 José Zubizarreta 及其同事 [22] 对 2010 年智利地震后的创伤后应激的研究.

另一种方法强调处理效应的大小 $r_{Tij} - r_{Cij}$ 不是恒定的, 而是随 r_{Cij} 增加 (所谓扩大的处理效应) 的可能性, 并估计在 r_{Cij} 的不同分位数处的处理效应; 见文献 [4, 6, §5]. 对于扩大的处理效应, 上分位数的效应可能比下分位数的效应对偏倚更不敏感.

17.7 软件

通过适当的设置, R 软件包 DOS2 中的函数 senU 可以执行 Stephenson 检验及其敏感性分析. 另见第 19.2 节中关于 U-统计量的相关讨论. Stephenson 统计量是 U-统计量的一个特例, 由 senU 实现.

第 17.6 节中对扩大效应的敏感性分析需要在处理组和对照组的结果合并分布的上四分位数处切割一个连续结果, 从而产生一个二值结果; 简单步骤见 [4]. 对产生的二值结果的敏感性分析由 R 软件包 sensitivity2x2xk 中的 mh 函数实现.

17.8 数据

在 R 软件包 DOS2 的数据集 schoke 中, 包含了图 17.3 中 Schoket 等人 [17] 的数据. 有关 schoke 帮助文档中的实例再现并扩展了表 17.2.

附录: 命题 17.1 的证明概述

如第 15 章命题 15.1 的证明一样, 该证明有两种版本. 一个版本使用启发式, 并诉诸文献 [7, §3] 的一般事实, 即启发式方法很普遍. 另一个版本是完整的, 与第 15 章的证明相似. 无论哪种情况, 我们都可以从 Stephenson [19] 的观察开始: 在有利形势下, $\widetilde{T}$ 的按比例缩放形式依概率收敛到 $\widetilde{p}_m$, 具体来说,

$$\frac{m!(I-m)!}{I!}\widetilde{T} \to \widetilde{p}_m.$$

然后, 在敏感性分析模型下, 以同样的方式缩放后, $\widetilde{T}$ 的最大零期望等于 $\Gamma/(1+\Gamma)$. 令 $\widetilde{p}_m = \Gamma/(1+\Gamma)$ 并求解就完成了启发式推导. 如果不考虑文献 [7, §3], 那么详细的证明必须再次验证. 如果 $\widetilde{p}_m \neq \Gamma/(1+\Gamma)$, 那么当 $I \to \infty$ 时, 期望

中的差压倒了方差项.

参考文献

[1] Conover, W. J., Salsburg, D. S.: Locally most powerful tests for detecting treatment effects when only a subset of patients can be expected to 'respond' to treatment. Biometrics **44**, 189–196 (1988)

[2] Koenker, R.: Rank tests for heterogeneous treatment effects with covariates. In: Nonparametrics and Robustness, pp. 134–142. IMS, Hayward (2010)

[3] Lehmann, E. L.: The power of rank tests. Ann. Math. Stat. **24**, 23–43 (1953)

[4] Rosenbaum, P. R.: Reduced sensitivity to hidden bias at upper quantiles in observational studies with dilated treatment effects. Biometrics **55**, 560–564 (1999)

[5] Rosenbaum, P. R.: Effects attributable to treatment: inference in experiments and observational studies with a discrete pivot. Biometrika **88**, 219–231 (2001)

[6] Rosenbaum, P. R.: Observational Studies (2nd ed.). Springer, New York (2002)

[7] Rosenbaum, P. R.: Design sensitivity in observational studies. Biometrika **91**, 153–164 (2004)

[8] Rosenbaum, P. R.: Confidence intervals for uncommon but dramatic responses to treatment. Biometrics **63**, 1164–1171 (2007)

[9] Rosenbaum, P. R.: What aspects of the design of an observational study affect its sensitivity to bias from covariates that were not observed? In: Dorans, N. J., Sinharay, S. (eds.) Looking Back: Proceedings of a Conference in Honor of Paul W. Holland. Lecture Notes in Statistics Book **202**, pp. 87–114. Springer, New York (2011)

[10] Rosenbaum, P. R.: A new U-statistic with superior design sensitivity in matched observational studies. Biometrics **67**, 1017–1027 (2011)

[11] Rosenbaum, P. R.: Bahadur efficiency of sensitivity analyses in observational studies. J. Am. Stat. Assoc. **110**, 205–217 (2015)

[12] Rosenbaum, P. R., Silber, J. H.: Amplification of sensitivity analysis in observational studies. J. Am. Stat. Assoc. **104**, 1398–1405 (2009)

[13] Rosenbaum, P. R., Ross R. N., Silber, J. H.: Minimum distance matched sampling with fine balance in an observational study of treatment for ovarian cancer. J. Am. Stat. Assoc. **102**, 75–83 (2007)

[14] Rosenblatt, J. D., Benjamini, Y.: On mixture alternatives and Wilcoxon's signed-rank test. Am. Stat. **72**, 344–347 (2018)

[15] Salsburg, D. S.: Alternative hypotheses for the effects of drugs in small-scale clinical studies. Biometrics **42**, 671–674 (1986)

[16] Salsburg, D. S.: The Use of Restricted Significance Tests in Clinical Trials. Springer, New York (1992)

[17] Schoket, B., Phillips, D. H., Hewer, A., Vincze, I.: ^{32}P-Postlabelling detection of aromatic DNA adducts in peripheral blood lymphocytes from aluminum production plant workers. Mutat. Res. **260**, 89–98 (1991)

[18] Silber, J. H., Rosenbaum, P. R., Polsky, D., Ross, R. N., Even-Shoshan, O., Schwartz, S., Armstrong, K. A., Randall, T. C.: Does ovarian cancer treatment and survival differ by the specialty providing chemotherapy? J. Clin. Oncol. **25**, 1169–1175 (2007)

[19] Stephenson, W. R.: A general class of one-sample nonparametric test statistics based on subsamples. J. Am. Stat. Assoc. **76**, 960–966 (1981)

[20] Stephenson, W. R., Ghosh, M.: Two sample nonparametric tests based on subsamples. Commun. Stat. **14**, 1669–1684 (1985)

[21] Wilcoxon, F.: Individual comparisons by ranking methods. Biometrics **1**, 80–83 (1945)

[22] Zubizarreta, J. R., Cerda, M., Rosenbaum, P. R.: Effect of the 2010 Chilean earthquake on posttraumatic stress: reducing sensitivity to unmeasured bias through study design. Epidemiol **7**, 79–87 (2013)

第 18 章　预期且已发现的响应模式

摘要　设计灵敏度用于量化在第 5 章中讨论的策略的有效性. 其中一些策略可以预期一种特定的结果模式, 可能是几个结果之间的一致性, 或者是一种量效关系. 这些考虑在多大程度上降低了对未测量偏倚的敏感性? 是否一定要预期一种一致的关联模式? 或者, 是否有可能对多重检验进行适当的校正, 在手头的数据中发现一种一致的模式?

18.1　使用设计灵敏度来评估策略

在第 5.2 节中, 一些用于研究未测量偏倚的策略提及预期的响应模式. 在第 5.2.3 小节中, 我们预期几个结果将以类似的方式受到影响, 即一致性模式 (the pattern of coherence). 在第 5.2.5 小节中, 预计更大剂量的处理 (暴露) 将产生更大的反应, 即剂量效应模式. 如果这样的模式是预期的, 并且在观察到的数据中实现了预期, 那么对未测量偏倚的敏感性是否会降低? 这在表 5.3 和表 5.5 中的特定示例中确实发生过. 那么在什么情况下会出现类似的结果?

如果要影响设计灵敏度, 必须预期一致的关联模式吗? 或者是否有可能在手头的数据中发现一致性? 假设使用多重检验来发现一致性, 但对检验多重假设进行适当的修正. 数据中一致性的发现可以降低对未测量偏倚的敏感性吗? 已发现的一致性的设计灵敏度是否低于预期的一致性的设计灵敏度?

18.2 一致性

18.2.1 多个响应的表示法

在第 5.2.3 小节中, 一致符号秩统计量 (coherent signed rank statistic) ([12] 和 [13, §9]) 仅仅是朝着预期方向的几个结果的数个符号秩统计量的总和. 例如, 在表 5.3 中, 数学和语言测试成绩的符号秩统计量被加在一起, 创建一个统计量, 它对数学和语言成绩的提高反应强烈, 而对数学成绩的提高和语言成绩的下降反应微弱.

这样定义的一致符号秩统计量在分析中具有优点: 每个结果的单独排序是对结果标准化的一种稳健方法, 对每个结果给予大约相等的权重. 在研究一致性的设计灵敏度时, 如果使用一个稍微不同的统计量, 则是最简单的: 将 Wilcoxon 符号秩统计量应用于结果的加权组合. 在第一种方法中, 对单独的符号秩统计量应用权重, 而在第二种方法中, 从结果的加权组合计算出单一符号秩统计量. 如果采用第二种方法, 那么在多元正态情况下, 给定权重的设计灵敏度有一个显式公式, 最优权重下的设计灵敏度也有一个显式公式, 等等. 在分析中, 数据通常不服从多元正态分布, 第二种方法留给研究者的任务是找到一个合适的、稳健的标准化结果. 这两种方法都可以计算设计灵敏度, 但第一种方法需要一些无启发性的 Monte Carlo 工作; 然而, 当这样做时, 两种方法的结果是相似的. Ruth Heller, Dylan Small 和我 [4] 对这两种方法都做了相当详细的研究; 也可参见文献 [15,20]. 这里, 我们给出了来自文献 [4] 的一些比较简单的结果. 读者可以从文献 [4] 和 [15] 中获得更多的方法和数值结果.[1]

现在, 从第 i 对第 j 个人那里观察到的不再是单一响应 R_{ij}, 这个人现在有 M 个观察到的响应 $\mathbf{R}_{ij} = (R_{ij1}, \cdots, R_{ijM})$. 在表 5.3 中, $M = 2$, 且 R_{ij1} 为数学成绩, R_{ij2} 为语言成绩. Wilcoxon 符号秩统计量将应用于响应的加权组合 $\sum_{m=1}^{M} \lambda_m R_{ijm}$, 其中需在数据收集之前选定权重 λ_m. 第 18.3 节讨论了 λ_m 的一种依赖于数据的选取方式. 记 $\boldsymbol{\lambda} = (\lambda_1, \cdots, \lambda_M)^T$ 是一个 M 维坐标系的列向量, 由元素 λ_m 构成. 更准确地说, Wilcoxon 符号秩统计量 T 是从处理减去对照的组合响应差计算出来的,

---

[1]如果将符号秩统计量应用于结果的加权组合, 而不是将权重应用于几个符号秩统计量, 为什么可以得到更简单的结果? 如第 2.3.3 小节所讨论的, 符号秩统计量是无分布的; 也就是说, 可以在收集任何数据之前确定其零分布. 相反, 一致符号秩统计量是随机试验中的随机化检验, 但就像第 2 章中的样本均值一样, 它是服从某个分布的: 它的随机化分布取决于观测数据的特征. 当考虑设计时, 如果手头没有数据, 那么检验统计量的零分布是已知的, 并且不依赖于你没获取的数据, 这是很方便的. 另外, 原则上, 设计灵敏度在两种情况下都有很好的定义, 但可能需要更多的 Monte Carlo 工作来确定其值. 一些比较结果见文献 [4].

$$Y_i = (Z_{i1} - Z_{i2})\left(\sum_{m=1}^{M}\lambda_m R_{i1m} - \sum_{m=1}^{M}\lambda_m R_{i2m}\right) \tag{18.1}$$

$$= \sum_{m=1}^{M}\lambda_m Y_{im}, \tag{18.2}$$

其中

$$Y_{im} = (Z_{i1} - Z_{i2})(R_{i1m} - R_{i2m}). \tag{18.3}$$

同样, 这与表 5.3 稍有不同, 表 5.3 将权重 $\lambda_1 = 1$ 和 $\lambda_2 = 1$ 应用于两个符号秩统计量, 一个从 R_{ij1} 计算, 另一个从 R_{ij2} 计算.

18.2.2 多元正态分布响应

如第 15 章所述, 设计灵敏度是在"有利形势"下的计算, 在这种情况下, 存在处理效应, 且没有来自未测量协变量的偏倚. 正是在这种有利的情况下, 我们希望报告拒绝无效应的假设对未测量的偏倚不敏感.

对于多元正态响应 $\mathbf{R}_{ij}$, 这个结果非常简单.[2] 多元正态分布可以用各种等价的方式来定义, 其中一种定义是: 对于每一个权重 $\boldsymbol{\lambda} = (\lambda_1, \cdots, \lambda_M)^T$ 的选择, $\sum_{m=1}^{M}\lambda_m R_{ijm}$ 都服从某个正态分布. 特别地, 假定每个响应 R_{ijm} 都受到一个可加处理效应 τ_m 的影响, 因此 $R_{ijm} = r_{Cijm} + Z_{ij}\tau_m$, 以及 Y_{im} 之间的期望、方差、协方差和相关性分别由 $E(Y_{im}) = \tau_m$, $\mathrm{var}(Y_{im}) = \omega_m^2$, $\mathrm{cov}(Y_{im}, Y_{im'}) = \omega_{mm'}$ 和 $\mathrm{corr}(Y_{im}, Y_{im'}) = \rho_{mm'} = \omega_{mm'}/(\omega_m \omega_{m'})$ 给出, 因此 $\omega_m^2 = \omega_{mm}$. 协方差矩阵 $\boldsymbol{\Omega}$ 是一个 $M \times M$ 数组, 在第 m 行和第 m' 列的元素为 $\omega_{mm'}$, 在这种情况下, $Y_i = \sum_{m=1}^{M}\lambda_m Y_{im}$ 服从正态分布, 具有期望 $\mu_{\boldsymbol{\lambda}} = \sum_{m=1}^{M}\lambda_m \tau_m$ 和方差 $\omega_{\boldsymbol{\lambda}}^2 = \sum_{m=1}^{M}\sum_{m'=1}^{M}\lambda_m \lambda_{m'} \omega_{mm'}$. Wilcoxon 符号秩统计量是由 Y_i 计算出来的.

现在的情况与第 15 章相同, 且设计灵敏度为

$$\widetilde{\Gamma} = \frac{p_1'}{1 - p_1'}, \tag{18.4}$$

其中对 $i \neq i'$

$$p_1' = \mathrm{Pr}(Y_i + Y_{i'} > 0)$$

---

[2]关于多元正态分布和相关矩阵处理的基本事实, C. R. Rao 的文献 [9] 是一篇很好的参考. 特别是他对多元正态分布的定义 [9, 第 8 章, 定义 1].

$$= \Pr\left(\frac{Y_i + Y_{i'} - 2\mu_\lambda}{\sqrt{2\omega_\lambda^2}} > \frac{-2\mu_\lambda}{\sqrt{2\omega_\lambda^2}}\right) = \Phi\left(\frac{\sqrt{2}\mu_\lambda}{\omega_\lambda}\right). \tag{18.5}$$

而且, 产生最大的设计灵敏度 $\widetilde{\varGamma}_{\mathrm{opt}}$ 的 $\boldsymbol{\lambda}$ 最优值即 $\boldsymbol{\lambda}_{\mathrm{opt}}$ 可由协方差矩阵 $\boldsymbol{\Omega}$ 逆的一个简单公式给出; 具体来说, $\boldsymbol{\lambda}_{\mathrm{opt}}$ 是与 $\boldsymbol{\Omega}^{-1}\boldsymbol{\tau}$ 成正比的任何向量, 其中 $\boldsymbol{\tau} = (\tau_1, \cdots, \tau_m)^T$; 参见文献 [4].[3]

18.2.3 二元正态响应的数值结果

表 18.1 用可加处理效应 (τ_1, τ_2)、标准差 (ω_1, ω_2) 和相关系数 ρ_{12} 计算了二元正态响应 ($M = 2$) 的设计灵敏度; 也可参看文献 [4,15], 其中考虑了 $M > 2$ 和其他情况. 表 18.1 计算了 4 种设计灵敏度: (i) $\widetilde{\varGamma}_1$ 和 $\widetilde{\varGamma}_2$ 为两个单独使用的结果 Y_{i1} 和 Y_{i2} 的设计灵敏度; (ii) $\widetilde{\varGamma}_=$ 是等权重 $\boldsymbol{\lambda} = (1,1)$ 的设计灵敏度, 类似于表 5.3 中使用的一致符号秩统计量; (iii) $\widetilde{\varGamma}_{\mathrm{opt}}$ 为最优设计灵敏度, $\boldsymbol{\lambda}_{\mathrm{opt}}$ 为产生最优设计灵敏度的权重. 需要注意的是, 研究者不知道 $\boldsymbol{\lambda}_{\mathrm{opt}}$, 因此研究者可能希望通过某种方式更接近 $\widetilde{\varGamma}_{\mathrm{opt}}$, 但不大可能达到 $\widetilde{\varGamma}_{\mathrm{opt}}$.

在情况 A—C 下, 两个结果的效应 (τ_1, τ_2) 和标准差 (ω_1, ω_2) 相等, 且最优权重相等, 因此 $\widetilde{\varGamma}_1 = \widetilde{\varGamma}_2 \leqslant \widetilde{\varGamma}_{\mathrm{opt}} = \widetilde{\varGamma}_=$. 对于不相关的结果即 $\rho_{12} = 0$ 来说, 使用等权重的两个结果具有巨大的优点, 而且随着 $\rho_{12} \to 1$, 这种优点消失了.

情况 D—F 与第 16 章的情形相似, 即效应相等, $\tau_1 = \tau_2$, 但 Y_{i2} 的标准差为 Y_{i1} 的标准差的一半; 然而, 在这里, 研究者不必在样本量变化的情况下选择一个结果, 而是可以在全样本量下使用两个结果. 在这些情况下, 对于 $\rho_{12} = \frac{1}{2}$, 有 $\widetilde{\varGamma}_1 \leqslant \widetilde{\varGamma}_= \leqslant \widetilde{\varGamma}_2 \leqslant \widetilde{\varGamma}_{\mathrm{opt}}$. 当 $\rho_{12} = \frac{1}{2}$ 时, 最优过程不使用第一个结果.

情况 G—I 的标准差相等, 但效应不相等, $\tau_1 = \frac{3}{4}$, $\tau_2 = \frac{1}{4}$, 因此, $\tau_1 + \tau_2$ 与 A—C 的情况相同, 但 τ_1 更大. 在这种情况下, $\widetilde{\varGamma}_2 \leqslant \widetilde{\varGamma}_= \leqslant \widetilde{\varGamma}_1 \leqslant \widetilde{\varGamma}_{\mathrm{opt}}$, 且对于 $\rho_{12} = \frac{1}{2}$, 最优过程给 Y_{i2} 赋予了负权重.

在情况 J—M 中, 第二个结果未受处理影响, $\tau_2 = 0$. 在这些情况中, 与仅使用第一个结果相比, 使用等权重具有更低的设计灵敏度. 如果 $\tau_2 = 0$ 但 $\rho_{12} > 0$, 那么最优权重 $\boldsymbol{\lambda}_{\mathrm{opt}}$ 给未受处理影响的第二个结果赋予了负权重; 对于 $\rho_{12} = 0.75$, 最优设计灵敏度的提升很大, $\widetilde{\varGamma}_{\mathrm{opt}} = 6.0$, 而 $\widetilde{\varGamma}_1 = 3.2$. 如果 $\tau_2 = 0$ 但 $\rho_{12} > 0$, 第二个结果 Y_{i2} 是一个未受影响的结果, 或者等价地说, 是一个对

---

[3]在公式 (18.5) 中的比例常数约掉了. 当 $\boldsymbol{\lambda}_{\mathrm{opt}} = \boldsymbol{\Omega}^{-1}\boldsymbol{\tau}$ 被 $2\boldsymbol{\lambda}_{\mathrm{opt}}$ 代替时, μ_λ 和 ω_λ 均乘以 2, 且公式 (18.5) 不变. 因此用 $\boldsymbol{\lambda}_{\mathrm{opt}}$ 乘以一个常数是很有吸引力的, 这样数值就很容易处理. 在可能的情况下, 用整数向量表示 $\boldsymbol{\lambda}_{\mathrm{opt}}$.

表 18.1　二元正态结果和可加处理效应的设计灵敏

情况	标准差 (ω_1, ω_2)	相关系数 ρ_{12}	效应 (τ_1, τ_2)	最优权重 λ_opt	最优设计灵敏度 $\widetilde{\Gamma}_\text{opt}$	结果 1 $\widetilde{\Gamma}_1$	结果 2 $\widetilde{\Gamma}_2$	等权重 $\widetilde{\Gamma}_=$
A	(1, 1)	0.0	(0.5, 0.5)	(1, 1)	5.3	3.2	3.2	5.3
B	(1, 1)	0.25	(0.5, 0.5)	(1, 1)	4.4	3.2	3.2	4.4
C	(1, 1)	0.5	(0.5, 0.5)	(1, 1)	3.8	3.2	3.2	3.8
D	(1, 0.5)	0.0	(0.5, 0.5)	(1, 4)	16.6	3.2	11.7	8.7
E	(1, 0.5)	0.25	(0.5, 0.5)	(1, 7)	12.9	3.2	11.7	7.1
F	(1, 0.5)	0.5	(0.5, 0.5)	(0, 1)	11.7	3.2	11.7	6.0
G	(1, 1)	0.0	(0.75, 0.25)	(3, 1)	6.6	5.9	1.8	5.3
H	(1, 1)	0.25	(0.75, 0.25)	(11, 1)	6.0	5.9	1.8	4.4
I	(1, 1)	0.5	(0.75, 0.25)	(5, −1)	6.1	5.9	1.8	3.8
J	(1, 1)	0.0	(0.5, 0.0)	(1, 0)	3.2	3.2	1.0	2.2
K	(1, 1)	0.25	(0.5, 0.0)	(4, −1)	3.3	3.2	1.0	2.1
L	(1, 1)	0.5	(0.5, 0.0)	(2, −1)	3.8	3.2	1.0	1.9
M	(1, 1)	0.75	(0.5, 0.0)	(4, −3)	6.0	3.2	1.0	1.8

给出了 4 种设计灵敏度: 最优权重、仅结果 1、仅结果 2 以及等权重. 同时给出了设计灵敏度的最优权重.

照结果, 并且与第一个结果存在关联, 正如第 5.2.4 节和文献 [10, 11, 26] 讨论的那样. 因此, 情况 K—M 提出了一种方法, 可以使用未受影响的结果, 这样可以增加设计灵敏度. 未受影响的 Y_{i2} 与受影响的 Y_{i1} 相关的最简单的例子是该结果的基线, 即治疗前的测量. 值得注意的是, 附加在未受影响的 Y_{i2} 上的最优负权重在绝对值上小于附加在 Y_{i1} 上的正权重, 所以最优组合不是双重差分 (difference-in-difference), $Y_{i1} − Y_{i2}$.

根据定义, $\widetilde{\Gamma}_\text{opt}$ 总是最大的设计灵敏度. 在 A—M 考虑的所有情况中, 等权重情况优于两个结果中较差的情况, $\min(\widetilde{\Gamma}_1, \widetilde{\Gamma}_2) \leqslant \widetilde{\Gamma}_=$. 等权重情况 $\widetilde{\Gamma}_=$, 有时优于且有时劣于两个结果中较好的情况, 即 $\max(\widetilde{\Gamma}_1, \widetilde{\Gamma}_2)$. 最优权重情况 $\widetilde{\Gamma}_\text{opt}$ 有时比次优备选项情况 $\max(\widetilde{\Gamma}_1, \widetilde{\Gamma}_2, \widetilde{\Gamma}_=)$ 好得多, 有时也没有更好. 在情况 A—M 中, 设计灵敏度在 1.0 到 16.6 之间变化很大, 因此, 知道将出现哪种情况, 以及如何使分析适应这种情况, 将对设计灵敏度产生重大影响.

表 18.1 中的情况 A—M 具有各种实际意义. 在有利的情况下, 与专注于单一结果的分析相比, 具有等权重的一致统计量 (coherent statistic) 对未测量协变量的敏感性明显要低; 然而, 在这个意义上, 并不是所有的情况都是有利

的. 文献 [4] 中类似的结果表明, 在有利的情况下, 通过使用一个等权重的一致统计量, 在 $\widetilde{\varGamma}$ 中的增益可以随着额外的结果 ($M > 2$) 大幅增加, 而更稳健、更实用的一致符号秩统计量 (第 5.2.3 小节, [12] 和 [13, §9]) 的性能类似于表 18.1 中评估的简单但不实用的统计量. 同时, 在表 18.1 中, 最优权重减小了一个结果的重要性, 该结果要么是不稳定的 (即较大的 ω), 要么是仅受轻微影响的 (即较小的 τ), 可能忽略了这样一个具有零权重的结果, 甚至可能给这个结果附加上负权重; 另一种不同但相关的现象见第 16 章. 最后, 在情况 A—M 中, 设计灵敏度从 1.0 到 16.6 的大幅度变化表明, 正确的分析计划可能会在很大程度上影响结果对未测量偏倚的敏感性, 因此应该分配时间和资源来制定分析计划; 参看第 22.1 节.

18.2.4 一般 $\boldsymbol{\lambda}$ 的实际实现

第 18.2 节考虑的统计量在理论上很容易研究: 它把 Wilcoxon 符号秩统计量应用于结果的 $\boldsymbol{\lambda}$ 线性组合上. 例如, 设计灵敏度 $\widetilde{\varGamma}$ 有一个简单的公式 (18.4), 产生了表 18.1 中的计算结果. 这个统计量在实践中不太有用, 因为 $\boldsymbol{\lambda}$ 的解释取决于 M 个结果的测量尺度. 例如, 在某种合适的意义上, $\boldsymbol{\lambda} = (1,1)$ 只有在两个结果具有相同的测量 "比例" 时, 才可以理解为对 $M = 2$ 个结果给予等权重.

在第 5.2.3 小节中, 一致符号秩统计量不是将 Wilcoxon 统计量应用于结果的线性组合, 而是 M 个符号秩统计量之和. Wilcoxon 统计量中使用的绝对秩将几个结果放在一个共同的尺度上, 并且是以一种未受异常值影响的方式进行的. 一般 $\boldsymbol{\lambda}$ 的实际实现采用 M 个符号秩统计量的加权组合作为其检验统计量, 这是以公式 (18.3) 中的结果 m 计算的统计量, 其中权重为 λ_m ($m = 1, \cdots, M$).

令 q_{im} 表示公式 (18.3) 中结果 m 的绝对配对差 $|Y_{im}|$ 的秩, 如果 $|Y_{im}| = 0$, 则设定 $q_{im} = 0$. 当 $y > 0, y = 0$ 或 $y < 0$, 分别定义 $\text{sign}(y) = 1, 0$ 或 -1. 注意 $\text{sign}(y)$ 与第 2.3.3 小节中的 $\text{sgn}(y)$ 略有不同, $\text{sgn}(y)$ 出现在 Wilcoxon 的符号秩统计量的通常定义中. 对于结果 m, Wilcoxon 符号秩统计量 [7] 的中心化形式是 $T_m = \sum_{i=1}^{I} \text{sign}(Y_{im}) q_{im}$. 这种中心化并不会改变符号秩统计量的后续性能, 但它会在下面的讨论中产生更整齐的符号.

对于 $\boldsymbol{\lambda} = (\lambda_1, \cdots, \lambda_M)^T \neq \boldsymbol{0}$, 定义中心化符号秩统计量的加权组合, $T_{\boldsymbol{\lambda}} = \sum_{m=1}^{M} \lambda_m T_m$. 本质上, 第 5.2.3 节的一致符号秩统计量是 $\boldsymbol{\lambda} = (1, 1, \cdots, 1)^T$ 所对应的 $T_{\boldsymbol{\lambda}}$. 方便的是, $T_{\boldsymbol{\lambda}}$ 并不是一个根本性的新统计量, 而只是另一个具有不

同秩得分的符号秩统计量，这一点现在将被证明.

如果个体 ij 接受了处理，即 $Z_{ij}=1$，那么结果 m 的观察值 R_{ijm} 是 r_{Tijm}；如果个体 ij 接受了对照，即 $Z_{ij}=0$，那么 R_{ijm} 是 r_{Cijm}. 在零假设 H_0 下，对所有的 i,j 和 m，每个结果的这两个潜在值相等，$r_{Tijm}=r_{Cijm}$. 如果有 M 个结果，$\mathcal{F}$ 包含对所有 m 的潜在结果 r_{Tijm} 和 r_{Cijm}.

定义 $c_{im}=\mathrm{sign}(R_{i1m}-R_{i2m})$，注意到当 H_0 成立时，$c_{im}=\mathrm{sign}(r_{Ci1m}-r_{Ci2m})$. 利用公式 (18.3)，当 H_0 成立时，$Y_{im}=(Z_{i1}-Z_{i2})(r_{Ci1m}-r_{Ci2m})$，所以 $\mathrm{sign}(Y_{im})=\mathrm{sign}(Z_{i1}-Z_{i2})c_{im}$，并且

$$\mathrm{sign}(Y_{im})q_{im}=\mathrm{sign}(Z_{i1}-Z_{i2})c_{im}q_{im}. \tag{18.6}$$

记 $q_{\lambda i}=\sum_{m=1}^{M}\lambda_m c_{im}q_{im}$. 利用公式 (18.6)，我们可以把 T_λ 写成一个中心化符号秩统计量，即

$$T_\lambda=\sum_{m=1}^{M}\lambda_m T_m=\sum_{i=1}^{I}\sum_{m=1}^{M}\lambda_m \mathrm{sign}(Y_{im})q_{im}=\sum_{i=1}^{I}\mathrm{sign}(Z_{i1}-Z_{i2})q_{\lambda i}. \tag{18.7}$$

因为 T_λ 只是另一个符号秩统计量的中心化版本，故对第 3.5 节中的方法进行小调整就能产生它的敏感性分析.

由于两个原因，对 T_λ 的敏感性分析公式与第 3.5 节的那些公式略有不同. 首先，$q_{\lambda i}$ 并不是数字 $1,2,\cdots,I$ 的重排列，所以 $q_{\lambda i}$ 的公式类似于第 3.5 节中的带"结"的不整齐公式，而不是"无结"的整齐公式. 其次，中心化意味着 $\mathrm{sign}(Z_{i1}-Z_{i2})q_{\lambda i}$ 的取值为 $\pm q_{\lambda i}$，而不是 0 或 $|q_{\lambda i}|$.

定义 $\overline{\overline{T}}_\lambda$ 是 I 个独立随机变量的和，如果 $|q_{\lambda i}|=0$，则第 i 个随机变量以概率 1 取值 0；如果 $|q_{\lambda i}|\neq 0$，则第 i 个随机变量以概率 $\Gamma/(1+\Gamma)$ 取值 $|q_{\lambda i}|$，或者以概率 $1/(1+\Gamma)$ 取值 $-|q_{\lambda i}|$. 如果 H_0 成立，且处理分配的偏倚最大为 Γ，那么 $\overline{\overline{T}}_\lambda$ 太大了：它随机大于 T_λ.

当 H_0 成立时，$\overline{\overline{T}}_\lambda$ 的期望是

$$E(\overline{\overline{T}}_\lambda\,|\,\mathcal{F},\mathcal{Z})=\frac{\Gamma-1}{1+\Gamma}\sum_{i=1}^{I}|q_{\lambda i}|. \tag{18.8}$$

类似地，当 H_0 成立时，$\overline{\overline{T}}_\lambda$ 的方差是

$$\mathrm{var}(\overline{\overline{T}}_\lambda\,|\,\mathcal{F},\mathcal{Z})=\frac{4\Gamma}{(1+\Gamma)^2}\sum_{i=1}^{I}q_{\lambda i}^2. \tag{18.9}$$

计算标准化偏差

$$Q_{\boldsymbol{\lambda}} = \frac{T_{\boldsymbol{\lambda}} - \frac{\varGamma-1}{1+\varGamma}\sum_{i=1}^{I}|q_{\boldsymbol{\lambda} i}|}{\sqrt{\frac{4\varGamma}{(1+\varGamma)^2}\sum_{i=1}^{I}q_{\boldsymbol{\lambda} i}^2}}, \tag{18.10}$$

在处理分配的偏倚最大为 $\varGamma$ 的情况下, $1-\varPhi(Q_{\boldsymbol{\lambda}})$ 是检验 H_0 的近似单侧 P-值上界.

现在, 再一次考虑第 5.2.3 节中所讨论的 Angrist 和 Lavy [1] 的研究结果的一致性. 数学成绩单独的标准化偏差是计算具有 $\boldsymbol{\lambda} = (1,0)^T$ 的公式 (18.10), 语言成绩单独的标准化偏差是计算具有 $\boldsymbol{\lambda} = (0,1)^T$ 的公式 (18.10), 一致符号秩统计量的标准化偏差是计算具有 $\boldsymbol{\lambda} = (1,1)^T$ 的公式 (18.10). 在表 5.2 中, 在 $\varGamma = 1.65$ 处, 数学成绩单独的标准化偏差是具有 $\boldsymbol{\lambda} = (1,0)^T$ 的 $Q_{\boldsymbol{\lambda}} = 1.0913$, P-值界限为 $1-\varPhi(1.0913) = 0.138$, 语言成绩单独的标准化偏差是具有 $\boldsymbol{\lambda} = (0,1)^T$ 的 $Q_{\boldsymbol{\lambda}} = 1.442$, P-值界限为 $1-\varPhi(1.442) = 0.075$, 但对于一致符号秩统计量的标准化偏差是具有 $\boldsymbol{\lambda} = (1,1)^T$ 的 $Q_{\boldsymbol{\lambda}} = 1.713$, P-值界限为 $1-\varPhi(1.713) = 0.043$.

18.3 一致性能被发现吗?

你能在手头的数据中发现一致的响应模式, 或者必须预期这种模式吗? 如果你知道表 18.1 中的 $\boldsymbol{\lambda}_{\text{opt}}$, 那么在每种情况下, 设计灵敏度都是 $\widetilde{\varGamma}_{\text{opt}}$, 它通常比单一结果的设计灵敏度大, 有时甚至大得多. 在不看数据的情况下, 你怎么能知道 $\boldsymbol{\lambda}_{\text{opt}}$ 等于 $(2,-1)^T$, 就像表 18.1 中的情况 L 那样?

18.3.1 使用分割的样本为一致性做计划

一个简单的策略是随机地将 I 个匹配对分成两组配对, 使用一组来计划分析, 并在另一组上执行分析; 见第 22.1 节和文献 [3]. 权重 $\boldsymbol{\lambda}$ 由一组配对建议, 然后作为固定权重应用于另一组. Heller 等人 [4] 考虑 $I/10$ 个配对这样的分割来计划分析, 以找到一个好的 $\boldsymbol{\lambda}$, 然后用这个固定的 $\boldsymbol{\lambda}$ 对剩余的 $9I/10$ 个配对进行分析. Zhang 等人 [30] 使用分割样本来改进一个观察性研究的设计, 大约 $I = 130{,}000$ 对, 所以 $I/10 = 13{,}000$. 另见 Zhao 等人 [31] 对样本分割的不同做法.

设计灵敏度 $\widetilde{\varGamma}$ 是当 $I \to \infty$ 时的极限, 因此在分割策略中未受样本量减少的影响. 然而, 在实际中, 样本量的减少需要被考虑. 当 $I \to \infty$ 时, $I/10$ 个配对的计划样本足以制定一个好的计划, 而 $9I/10$ 个配对的互补样本足以进行分析; 然而, 对于有限的 I, 其中一个样本, 或两个样本, 都可能太小而无法完成各自的任务. 当需要许多计划决策时, 包括难以正式研究的主观决策, 分割样本可能是有吸引力的. 相比之下, 如果唯一的任务是选择 $\boldsymbol{\lambda}$, 那么我们可以避免样本分割, 并使用所有的数据对现在将要描述的多重检验进行校正.

18.3.2 考虑每一个可能的 $\boldsymbol{\lambda}$

与其说分割样本是为了提高我们对 $\boldsymbol{\lambda}$ 的最佳选择的猜测, 不如说是 Scheffé (事后检验) [23] 的一种通用技术允许考虑每一个可能的 $\boldsymbol{\lambda}$, 并用于对检验无限多个 $\boldsymbol{\lambda}$ 的校正. 实际上, 检验统计量是公式 (18.10) 中 Q_λ 的最大值, 也就是 $\max_{\boldsymbol{\lambda} \neq \boldsymbol{0}} Q_\lambda$. 接下来的程序为多重检验付出了代价, 但它达到了最优设计灵敏度 $\widetilde{\varGamma}_{\text{opt}}$, 也就是通过选择 $\boldsymbol{\lambda}$ 所能达到的最大设计灵敏度.

多重检验的校正能达到什么效果? 我们希望将拒绝无处理效应的真实零假设的概率控制在 α 水平, 通常取 $\alpha = 0.05$. 对于一个单一结果, 在给定 $\varGamma$ 值下进行的敏感性分析以最多 α 的概率错误地拒绝无效应零假设, 前提是处理分配中的偏倚最多为 $\varGamma$. 在有 M 个结果而不是一个结果的情况下, 一个零假设 H_0 断言处理对这些结果没有影响, 但这一假设以无限多的方式进行了检验, 每个 $\boldsymbol{\lambda} \neq \boldsymbol{0}$ 对应一个检验. 多重检验的校正保证了至少一个 $\boldsymbol{\lambda} \neq \boldsymbol{0}$ 导致错误拒绝无效应零假设 H_0 的概率. 如果 H_0 为真, 那么当处理分配的偏倚最大为 $\varGamma$ 时, 所有 $\boldsymbol{\lambda} \neq \boldsymbol{0}$ 都不能拒绝 H_0 的概率至少为 $1-\alpha$. 研究者可以在查看数据后选择一个 $\boldsymbol{\lambda}$, 或者可以尝试每一个可能的 $\boldsymbol{\lambda} \neq \boldsymbol{0}$, 但可以确信错误拒绝的概率不超过 α.

多重检验需要多大的校正? 考虑大样本的情况, $I \to \infty$, 这样我们就可以根据中心极限定理的结果, 用正态分布来近似 Wilcoxon 统计量的分布. 对于单一结果或事先选择的单一 $\boldsymbol{\lambda}$, 在单侧检验中, 公式 (3.23) 中的标准化偏差如果超过临界值 1.65, 就会在水平 $\alpha = 0.05$ 下拒绝零假设. 在双侧检验 (也称双边检验)(two-sided test) 中, 临界值是 1.96. 因为多重检验程序考虑了所有可能的 $\boldsymbol{\lambda}$, 且它同时考虑了 $\boldsymbol{\lambda}$ 和 $-\boldsymbol{\lambda}$; 所以, 在这个有限的意义上, 它是双侧的, 或者说是全侧的 (all-sided). 在 $\alpha = 0.05$ 时, 对于 $M = 2$ 个结果, 如果存在哪怕一个 $\boldsymbol{\lambda}$, 使类似于公式 (3.23) 的标准化偏差超过 2.45, 而不是 1.65 或 1.96, Scheffé (事后检验) 方法就会拒绝零假设. 在 $M = 3$ 个结果的情况下, 对于某些 $\boldsymbol{\lambda}$ 来说, 标准化偏差必须超过 2.80. 一般来说, 要拒绝 H_0, 必须至少有一个

$\boldsymbol{\lambda}$ 的偏差等于或超过 M 个自由度上的 χ^2 分布的上 α 分位数点的平方根. 因此, 为了对所有的 $\boldsymbol{\lambda} \neq \mathbf{0}$ 进行无限的探索, 需要付出一个不小的但有限的代价.

说得更精确一点, 假设有 M 个结果, 令 $\chi^2_{\alpha,M}$ 表示 M 个自由度的 χ^2 分布的上 α 分位数点. 在 H_0 下, 如果处理分配的偏倚最多为 Γ, 则在 I 个配对的样本中考虑概率 $\varpi_I = \Pr\left(\max_{\boldsymbol{\lambda} \neq \mathbf{0}} Q_{\boldsymbol{\lambda}} \geqslant \sqrt{\chi^2_{\alpha,M}}\right)$. 如果 $\epsilon > 0$, 那么对于足够大的 I, 有 $\varpi_I \leqslant \alpha + \epsilon$; 见文献 [20, 命题 1].

容易看出, 这一方法达到了最大的设计灵敏度 $\widetilde{\Gamma}_{\mathrm{opt}}$; 见文献 [20, §4.3]. 我们不知道 $\boldsymbol{\lambda}_{\mathrm{opt}}$, 但如果我们尝试了每一个 $\boldsymbol{\lambda}$, 我们早晚会试出 $\boldsymbol{\lambda}_{\mathrm{opt}}$. 如果敏感性分析是在 $\Gamma < \widetilde{\Gamma}_{\mathrm{opt}}$ 实施的, 那么随着 $I \to \infty$, $\boldsymbol{\lambda}_{\mathrm{opt}}$ 处的偏差将趋向于无穷, 所以最终偏差会超过多重检验校正的临界值, 当 $M = 2$ 和 $\alpha = 0.05$ 时这一临界值是 2.45. 也就是说, 对于所有的 $\Gamma < \widetilde{\Gamma}_{\mathrm{opt}}$, 当 $I \to \infty$ 时, Scheffé (事后检验) 方法的功效趋向于 1.

对于固定的 $\Gamma > 1$, 在有利形势 (如表 18.1) 下考虑基于 $\max_{\boldsymbol{\lambda} \neq \mathbf{0}} Q_{\boldsymbol{\lambda}}$ 的敏感性分析的功效. 因为 $\max_{\boldsymbol{\lambda} \neq \mathbf{0}} Q_{\boldsymbol{\lambda}}$ 达到了最大的设计灵敏度 $\widetilde{\Gamma}_{\mathrm{opt}}$, 我们期待当 Γ 朝向 $\widetilde{\Gamma}_{\mathrm{opt}}$ 增加时它对较大的 I 表现很好. 也就是说, 对于固定的 $\boldsymbol{\lambda}$, 固定的统计量 $Q_{\boldsymbol{\lambda}}$ 具有设计灵敏度 $\widetilde{\Gamma}_{\boldsymbol{\lambda}}$. 如果 $\widetilde{\Gamma}_{\boldsymbol{\lambda}} < \widetilde{\Gamma}_{\mathrm{opt}}$, 那么对于严格介于 $\widetilde{\Gamma}_{\boldsymbol{\lambda}}$ 和 $\widetilde{\Gamma}_{\mathrm{opt}}$ 之间的 Γ, 当 $I \to \infty$ 时, $Q_{\boldsymbol{\lambda}}$ 的功效趋向于 0, 而 $\max_{\boldsymbol{\lambda} \neq \mathbf{0}} Q_{\boldsymbol{\lambda}}$ 的功效趋向于 1. 有关有限样本下功效的模拟研究, 见文献 [20, 表 3].

随着结果数量 M 的增加, Sheffé 方法为考虑每一个可能的 $\boldsymbol{\lambda}$ 付出越来越大的代价. 因此, 该方法对小的 M (例如 $M = 2$ 或 $M = 3$) 以及相当大的 I 来说是有用的. 我们似乎面临着一个难以处理 (棘手的) 的选择: 猜测 $\boldsymbol{\lambda}$, 也许猜错了, 或者在并非所有 $\boldsymbol{\lambda}$ 看起来都同样合理或有趣时, 付出代价考虑每一个 $\boldsymbol{\lambda}$. 是否还有第三种选择?

18.3.3 关于 $\boldsymbol{\lambda}$ 的对冲赌注

Scheffé (事后检验) 方法的另一种替代方法 [21] 结合了一个固定比较, 比如 $\boldsymbol{\kappa}$, 选择了一个先验, 并对所有可能的 $\boldsymbol{\lambda}$ 进行了详尽考虑. 实际上, 我们下了一个对冲赌注: 我们在猜测 $\boldsymbol{\kappa}$ 上下注, 但我们保留考虑每一个 $\boldsymbol{\lambda}$ 的权利. 在最简单的情况下, $\boldsymbol{\kappa} = (1, 1, \cdots, 1)^T$ 产生了第 5.2.3 节中的一致符号秩统计量, 所以我们打赌所有的 M 个结果都受到处理的相似影响; 但是, 我们保留了一次看 M 个结果的权利, 以及保留了结果的 $2^M - 1$ 个子集和其他比较的权利.

该方法适用于 $Q_{\boldsymbol{\kappa}}$ 和 $\max_{\boldsymbol{\lambda} \neq \mathbf{0}} Q_{\boldsymbol{\lambda}}$ 的联合分布, 但对这两个统计量给予同等重视. 因此, $Q_{\boldsymbol{\kappa}}$ 与一个较小的临界值相比较, 而 $\max_{\boldsymbol{\lambda} \neq \mathbf{0}} Q_{\boldsymbol{\lambda}}$ 与一个较大的

临界值相比较.

考虑在水平 $\alpha = 0.05$ 的检验中 $M = 2$ 个结果的情况. 如果我们只关注选择了先验 κ 的 Q_κ, 那么对于单侧检验 (也称单尾检验) (one-tailed test), 如果 $Q_\kappa \geqslant 1.65$, 则拒绝 H_0, 或者对于双侧检验 (也称双尾检验) (two-tailed test), 如果 $|Q_\kappa| \geqslant 1.96$, 则拒绝 H_0. 我们同时考虑 Q_κ 和 $\max_{\lambda \neq 0} Q_\lambda$, 如果 $Q_\kappa \geqslant 1.89$ 或者 $\max_{\lambda \neq 0} Q_\lambda \geqslant 2.66$, 则拒绝 H_0. 隐含地, 我们对 κ 做了双侧检验, 因为 $\max_{\lambda \neq 0} Q_\lambda$ 确实将 $-\kappa$ 视为无限多个 λ 中的一个, 但是我们强调了 Q_κ 分布的一侧而忽略了另一侧. 这两个统计量 Q_κ 和 $\max_{\lambda \neq 0} Q_\lambda$ 中的每一个超过其临界值的概率为 0.029, 但是至少有一个统计量超过其临界值的概率为 $0.050 < 0.029 + 0.029 = 0.058$. 我们可以使用 Bonferroni 不等式来校正同时使用 Q_κ 和 $\max_{\lambda \neq 0} Q_\lambda$ 所产生的后果, 但这种方法可能是保守的, 对两个统计量都有较大的临界常数 (critical constant). Scheffé(事后检验) 方法不区分 Q_κ, 并将每个 Q_λ 与相同的临界常数进行比较, 即 2.45, 它略低于 2.66, 但远高于 1.89.

与 Scheffé (事后检验) 方法一样, 随着结果数量 M 的增加, $\max_{\lambda \neq 0} Q_\lambda$ 的临界常数也会增加. 然而, 随着 M 的增加, Q_κ 的临界常数几乎没有变化, 保持在双侧 α-水平检验的上临界值 $\Phi^{-1}(1 - \alpha/2)$ 以下, 也就是说, 在 $\alpha = 0.05$ 的情况下, 低于 $\Phi^{-1}(1 - 0.025) = 1.96$. 非正式地讲, 对 κ 下注的成本几乎不随 M 增加, 但对冲这个赌注的成本确实随 M 增加.

与 Scheffé (事后检验) 方法一样, 对冲赌注也通过本质上相同的论据 [21, §6] 实现了最大的设计灵敏度, $\widetilde{\Gamma}_{\mathrm{opt}} = \max_{\lambda \neq 0} \widetilde{\Gamma}_\lambda$.

考虑表 5.2 中 $M = 2, \Gamma = 1.5$ 的情况. 一致符号秩统计量在 $\kappa = (1,1)^T$ 时具有 $Q_\kappa = 2.054$, 所以对冲赌注导致在 0.05 水平上拒绝 H_0, 因为 $2.054 > 1.89$, 但其他比较 Q_λ 在与 2.66 比较时没有拒绝 H_0. Scheffé (事后检验) 方法对任何 Q_λ 都不拒绝 H_0, 因为它将 Q_κ 与 2.45 比较, 而不是与 1.89 比较.

这个猜测, κ, 必须是先验选择的, 也就是说, 不使用 Z_{ij}; 然而, 当 H_0 为真时, κ 可能依赖于固定的量 [21, §4.3]. 例如, 如果 H_0 为真, 那么在置换检验中, 通过条件作用于 $\mathcal{F}$ 上, $R_{ijm} = r_{Cijm}$ 是固定的, 所以 κ 可以被设置为定义 R_{ijm} 的第一个主成分的权重. 事实上, $\max_{\lambda \neq 0} Q_\lambda$ 可以被限制在由前 3 个主成分所张成的空间内, 所以有一个对冲赌注, 即处理影响第一个主成分, 穷尽搜索在由前 3 个成分所张成的空间内的效应. 由于 λ 被限制在前 3 个主成分上, 临界常数较小: 它们来自 3 个自由度的 χ^2 分布, 而不是 M 个自由度, 如果结果的数量 M 比较大的话, 那么这是一个实质性的区别. 另外, 我们可以使用第 18.6 节中的 $c_{im}q_{im}$ 的主成分. 见文献 [21] 中一个涉及老年人认知功能下降的 3 个测量指标的实例.

18.3.4 小结

假如明智地选择了 λ, 那么 M 个结果之间的一致性可以实质性地提高设计灵敏度 $\widetilde{\Gamma}$. 在不知道最优 λ 的情况下, 我们仍然可以通过检验每一个 λ 来提高设计灵敏度, 同时对检验许多假设进行校正. 也许最好的是, 我们可以在考虑每一个 λ 的同时, 对一个比较 κ 下一个对冲赌注, 只需付出适度的代价来对冲赌注. 当结果 R_{ijm} 的数量 M 不是很小时, 我们可以押注在这些结果的低维汇总上, 比如在没有参考处理分配 Z_{ij} 的情况下定义的前几个主成分.

18.4 剂量

回顾第 5.2.5 节, 关于剂量效应关系在评估由处理引起效应的证据时是否重要, 文献中有相互矛盾的说法. 此外, 回顾表 5.5 中的实例, 剂量似乎确实降低了对未测量偏倚的敏感性. 本节对设计灵敏度的计算将阐明各种相互矛盾的观点 (various conflicting claim). 在这些计算中, 我们将从一个连续分布中得出 Y_i 值, 因此不会出现 "结".

18.4.1 另一种记写符号秩统计量的方法

Wilcoxon 符号秩统计量为 $T = \sum_{i=1}^{I} \text{sgn}(Y_i)q_i$, 其中 q_i 是 $|Y_i|$ 的秩, 且剂量加权符号秩统计量 (dose-weighted signed rank statistic) [12, 14, 27] 为 $T_{\text{dose}} = \sum_{i=1}^{I} \text{sgn}(Y_i)q_id_i$, 其中 $d_i > 0$ 是应用于第 i 对处理对象的处理剂量.[4] 在计算设计灵敏度 $\widetilde{\Gamma}$ 时, 它有助于以一种等价但略有不同的形式表达 T 和 T_{dose}. 这样做的原因是, 在 "有利形势" 中需要 T_{dose} 的期望, 而当 T_{dose} 以不同的形式记写时, 期望就有了一个简单的形式.

记

$$W_{ik} = \begin{cases} 1, & \text{如果 } |Y_i| \geqslant |Y_k| \text{ 且 } Y_i > 0, \\ 0, & \text{否则}. \end{cases} \tag{18.11}$$

只需片刻就能认识到剂量加权符号秩统计量 $T_{\text{dose}} = \sum_{i=1}^{I} \text{sgn}(Y_i)q_id_i$ 也等于

---

[4] 回顾第 5.2.5 节的脚注 8.

$\sum_{i=1}^{I}\sum_{k=1}^{I}d_iW_{ik}$.[5] 当所有的剂量 d_i 都等于 1 时, 这简化为 Wilcoxon 符号秩统计量 $T=\sum_{i=1}^{I}\mathrm{sgn}(Y_i)q_i$ 等于 $\sum_{i=1}^{I}\sum_{k=1}^{I}W_{ik}$. 这样记 T_{dose} 的好处是, 它产生了一个关于 $E(T_{\mathrm{dose}})$ 的简单公式, 即 $E(T_{\mathrm{dose}})=\sum_{i=1}^{I}\sum_{k=1}^{I}E(d_iW_{ik})$.

还需要另外一个类似的量 V_{ik}, 记

$$V_{ik}=\begin{cases}1, & \text{如果 } |Y_i|\geqslant|Y_k|,\\ 0, & \text{否则}.\end{cases} \quad (18.12)$$

与公式 (18.11) 中的 W_{ik} 不同, V_{ik} 忽略了 Y_i 的符号. 也只需片刻就可认识到 $q_i=\sum_{k=1}^{I}V_{ik}$ 且 $d_iq_i=\sum_{k=1}^{I}d_iV_{ik}$.[6] 很明显, $W_{ik}\leqslant V_{ik}$.

18.4.2 剂量的有利形势

如第 15 章所述, 我们要问: 当处理确实有效应且不存在来自未测量协变量的偏倚时, 我们是否可以报告结论对未测量的偏倚不敏感? 在这种情况下, 我们希望报告的结果对小的和适度的偏倚不敏感. 换句话说, 假设从观察到的协变量 $\mathbf{x}_{ij}$ 来看具有可比性的受试者确实具有可比性, 故朴素模型 (3.5)—(3.8) 是正确的. 此外, 还需要一个有处理效应的模型. 将考虑两种这样的模型, 一种是另一种更一般情况的特殊情况.

在 "有利形势" 的一般情况下, 有 $L\geqslant 1$ 个可能的阳性剂量 (positive dose), $\delta_1,\cdots,\delta_L$. 当然, $L=1$ 表示 "无剂量" 的情况, 即每个接受处理的受试者都接受了相同的剂量. 第 I 对匹配的第 I 个剂量 d_i 是从这 L 个可能剂量独立采样得到的, $\delta_1,\cdots,\delta_L$ 的概率为 $\Pr(d_i=\delta_l)=\varphi_l$, 这里 $l=1,\cdots,L$; 实际上, 剂量是通过抽样一个具有 L 个类别的多项分布 (multinomial distribution) 来确定的. 给定 $d_i=\delta_\ell$ 的条件下, 处理减去对照的观察响应差为 $Y_i=\tau_\ell+\epsilon_i$, 其中 ϵ_i 是从一个关于零对称的连续分布 $F_\ell(\cdot)$ 中独立采样的. 也就是说, 对于每个固定剂量, "有利形势" 与第 15 章中的情况相同, 即一个可加常数处理效应 τ_ℓ, 具有独立的、同分布对称的且连续的误差 ϵ_i; 特别是, 当 $L=1$ 的剂量时, 情况与第 15 章相同. 新的元素是处理效应的大小 τ_ℓ, 可能随剂量 $d_i=\delta_\ell$ 而变化, 故误差分布 $F_\ell(\cdot)$ 也如此. 刚才描述的模型首先抽取剂量样本 $d_i=\delta_\ell$, 然后

---

[5] 为了理解这一点, 比较 $d_i\mathrm{sgn}(Y_i)q_i$ 和 $\sum_{k=1}^{I}d_iW_{ik}$. 如果 $Y_i\leqslant 0$, 则 $\mathrm{sgn}(Y_i)=0$, 故 $d_i\mathrm{sgn}(Y_i)q_i=0$, 但对每个 k 也有 $d_iW_{ik}=0$, 因此 $0=\sum_{k=1}^{I}d_iW_{ik}$. 如果 $Y_i>0$, 那么 $\mathrm{sgn}(Y_i)=1$, 故 $d_i\mathrm{sgn}(Y_i)q_i=d_iq_i$ 是 d_i 乘以 $|Y_i|$ 的秩 q_i. 也就是 $d_i\sum_{k=1}^{I}W_{ik}$ 等于 d_i 乘以使 $|Y_i|\geqslant|Y_k|$ 的 $|Y_k|$ 的数量, 也就是 d_i 乘以 $|Y_k|$ 的秩 q_i. 对于每一个 i, $d_i\mathrm{sgn}(Y_i)q_i=\sum_{k=1}^{I}d_iW_{ik}$. 由此可知, $T_{\mathrm{dose}}=\sum_{i=1}^{I}\sum_{k=1}^{I}d_iW_{ik}$. 如果对所有的 i 设 $d_i=1$, 那么这就变成了 $T=\sum_{i=1}^{I}\sum_{k=1}^{I}W_{ik}$.

[6] 如同前面的脚注 5, $\sum_{k=1}^{I}V_{ik}$ 是 $|Y_k|$ 小于或等于 $|Y_i|$ 的数目, 即 $|Y_i|$ 的秩 q_i.

在给定剂量的条件下, 对结果差 Y_i 进行抽样, 但这意味着一种联合抽样方案, 其中剂量结果配对 (d_i, Y_i) 是独立同分布双变量测量.

在这个一般模型中, 两个量, Ψ 和 Λ, 将被定义为对设计灵敏度 $\widetilde{\Gamma}$ 很重要的量. 选择一个 i 和一个 k, 有 $i \neq k$. 因为二元变量 (d_i, Y_i) 是独立同分布的, 只要 i 和 k 不一样, 哪个变量使用 i 和 k 就没有区别. 定义 $\Psi = E(d_i W_{ik})$ 和 $\Lambda = E(d_i V_{ik})$, 其中 W_{ik} 在公式 (18.11) 中已定义, V_{ik} 在式 (18.12) 中已定义. 对于指定的 $\delta_1, \cdots, \delta_L, \tau_1, \cdots, \tau_L$ 和 $F_1(\cdot), \cdots, F_L(\cdot)$, 量 Ψ 和 Λ 有很好的定义; 例如, 它们可以通过 Monte Carlo 方法来确定.[7] 因为 $d_i W_{ik} \leqslant d_i V_{ik}$, 所以有 $\Psi \leqslant \Lambda$; 而且, 如果 $\Pr(Y_i > 0) < 1$, 则 $\Psi < \Lambda$.

除了这个一般模型之外, 有一个更明确、更具体的模型是有帮助的, 它允许将一些数值结果制成表格. 在该模型中, 剂量为 $\delta_1 = 1, \delta_2 = 2, \cdots, \delta_L = L$, 且它们的概率相等, 对 $\ell = 1, \cdots, L$, 有 $\varphi_\ell = 1/L$. 那么剂量期望值和中位数均为 $(L+1)/2$. 而且, 剂量的效应是线性的, 即 $\tau_\ell = \beta \delta_\ell$, 且对所有 ℓ 的误差分布 $F_\ell(\cdot)$ 都是相同的, 记为 $F(\cdot)$. 于是, 处理效应中位数 (median treatment effect) 是 $\beta(L+1)/2$, 当 $F(\cdot)$ 的期望值有限时, 这也是处理效应的期望值. 如果中位效应 (median effect), $\beta(L+1)/2$, 保持固定, 我们可能会问: 有更多的剂量类别 L 是不是更好? 如果你可以选择一个更大的中位效应, 即 $L = 1$ 剂量类别的效应 $\beta(L+1)/2$, 或者选择一个更小的中位效应, 即几个剂量类别 (更大的 L) 的效应 $\beta(L+1)/2$, 那么哪个是更好的选择? 如果有的话, 样本量 I 是如何影响这些选择的呢? 在查看数值结果之前, 在推测这些问题时, 可以再看看表 5.5 中的实例.

18.4.3 剂量的设计灵敏度公式

下面的命题给出了剂量加权符号秩统计量 T_{dose} 的设计灵敏度. 在本章的附录中给出了它的证明. 回顾一下, 当且仅当 $\Pr(Y_i > 0) = 1$ 时 $\Lambda \geqslant \Psi$ 取等号.

命题 18.1 假设 (i) 在 I 个配对中, 剂量 d_i 从具有 $L \geqslant 1$ 个可能的阳性剂量的离散分布中独立采样, $\delta_1, \cdots, \delta_L$ 的概率为 $\Pr(d_i = \delta_\ell) = \varphi_\ell, \ell = 1, \cdots, L$; (ii) 在条件 (3.5)—(3.8) 为真的意义上, 不存在未测量协变量的偏倚, (iii) 在给定 $d_i = \delta_\ell$ 的条件下, 即处理减去对照的观察响应差为 $Y_i = \tau_\ell + \epsilon_i$, 其中 ϵ_i 从关于零对称的连续分布 $F_\ell(\cdot)$ 中独立采样. 那么, 当 $I \to \infty$ 时, 使用

---

[7]你可以把 Ψ 或 Λ 记为配对 i 和 k 的 L^2 个可能剂量组合的加权和, 在简单的情况下, 这个总和中的每一项要么是封闭的形式, 要么可以用数值计算. 详情请参见文献 [17]. 这些公式有助于数值计算, 但它们没有提供任何深刻见解 (insight), 所以这里不作介绍.

剂量加权符号秩统计量 T_{dose} 的敏感性分析的功效, 对于 $\Gamma < \widetilde{\Gamma}$ 趋向于 1, 对于 $\Gamma > \widetilde{\Gamma}$ 趋向于 0, 其中

$$\widetilde{\Gamma} = \frac{\Psi}{\Lambda - \Psi}, \tag{18.13}$$

$\Psi = E(d_i W_{ik})$ 和 $\Lambda = E(d_i V_{ik})$, 其中 $i \neq k$.

命题 18.1 在以下意义上推广了第 15 章中的命题 15.1. 考虑单一剂量 $L = 1$ 的情况, 对所有的 i, 有 $d_i = 1$. 在这样的单一剂量下, 剂量加权符号秩统计量 T_{dose} 等于 Wilcoxon 符号秩统计量 T. 在这种情况下, $\Lambda = 1/2$ 和 $\Psi = p_1'/2 = \Pr(Y_i + Y_k > 0)/2$; 所以当只有单一剂量时, 命题 18.1 包含了命题 15.1.[8]

回想一下, 当且仅当 $\Pr(Y_i > 0) = 1$ 时 $\Lambda \geqslant \Psi$ 取等号. 在这种情况下, 公式 (18.13) 中 $\widetilde{\Gamma} = \infty$ 是正确的.

18.4.4 设计灵敏度的数值评估

在 L 个等可能、等间距、整数剂量 $\delta_1 = 1, \cdots, \delta_L = L$ 的情况下, 表 18.2 给出了公式 (18.13) 中的设计灵敏度的数值, 效应 $\tau_l = \beta \delta_\ell$ 在剂量 δ_ℓ 处的误差是正态分布、logistic 分布或 Cauchy 分布. 处理效应中位数为 $\beta(L+1)/2$.

在表 18.2 中的情况 A—D 中, 处理效应中位数为 $\beta(L+1)/2 = 1/2$, 但剂量水平的数量从情况 A 中的 1 到情况 D 中的 9 各不相同. 也就是说, 在情况 A 中, 剂量和效果是常数 $1/2$, 但在情况 D 中, 剂量范围从 1 到 9, 中位效应为 $1/2$, 且在剂量 1 处的效应 $1/10$ 变化到在剂量 9 处的 $9/10$. 剂量加权符号秩统计量 T_{dose} 给予剂量较大的配对更大的权重, 但在情况 A 下, 它等于 Wilcoxon 符号秩统计量, 因为只有一个剂量. 在剂量中位数固定的情况下, 有几个剂量水平是有一些益处的, 但益处不是特别大.

在情况 E—G 中, 只有一个单剂量, 但具有一个稍微大的中位效应. 单一剂量 (中位效应为 0.60) 与 $L = 5$ 个剂量 (中位效应为 0.50) 的设计灵敏度相当. 在情况 F 和 G 中, 中位效应为 0.75 或 0.83 的单一剂量产生的设计灵敏度 $\widetilde{\Gamma}$ 比在情况 A—D 中剂量发现效应的设计灵敏度 $\widetilde{\Gamma}$ 更大. 若在单一较大剂量

---

[8]为了理解这一点, 假设对每个 i 都有 $d_i = 1$. 观察到, 对于连续分布的 Y_i, 当 $i \neq k$ 时, $|Y_i| = |Y_k|$ 的概率是零. 因为 Y_i 和 Y_k 是两个来自同一连续分布的独立观察值, 所以 $\Pr(|Y_i| > |Y_k|) = \Pr(|Y_i| < |Y_k|) = 1/2$. 因此, 由于 $d_i = 1$, 所以 $\Lambda = E(d_i V_{ik}) = E(V_{ik}) = 1/2$. 另外, $Y_i + Y_k > 0$ 只能以两种互相排斥的方式发生: 要么 $|Y_i| > |Y_k|$ 且 $Y_i > 0$, 要么 $|Y_k| > |Y_i|$ 且 $Y_k > 0$, 且这两种情况发生的概率相等, 即当 $d_i = d_k = 1$ 时 $E(W_{ik}) = E(W_{ki})$ 等于 Ψ. 这说明 $\Psi = p'/2$.

或中位剂量较小的连续剂量之间作出选择, 则最好选择前者. 这解决了第 5.2.5 节中的争议之一.

认识到从情况 E—G 都是完全切实可行的, 这十分重要. 实际上, 在情况 B 中的研究者可以只使用高剂量配对, 即 $\delta_3 = 3$ 的剂量配对, 转换到情况 F, 因为在该剂量类别中, 中位效应是 $\beta\delta_3 = (1/4) \times 3 = 0.75$. 与此同时, 在情况 C 中的研究者实际上可以通过仅使用高剂量配对, 即 $\delta_3 = 5$ 的剂量配对, 转换到情况 G, 因为在该剂量类别中, 中位效应是 $\beta\delta_3 = (1/6) \times 5 = 0.83$. 丢弃了低剂量配对会减少样本量, 但在敏感性分析中增加设计灵敏度往往更为重要, 这在各种情况下都已看到, 包括表 5.5 和第 16 章.

表 18.3 考虑了如果丢弃剂量低于中位数的配对, 并对剩下的配对应用统计量 T_{dose}, 将导致表 18.2 中情况 B, C 和 D 的设计灵敏度. 设计灵敏度 $\widetilde{\Gamma}$ 的增加对于正态误差是适度的, 对于 logistic 误差是比较明显的, 而对于 Cauchy 误差则是可以忽略不计的.

表 18.2 和表 18.3 列出了影响效应大小的剂量. 并不是所有的剂量都能做到这一点. 在某种情况下, 多年的剂量暴露可能不重要, 而昨天的剂量可能是最重要的. 在另一种情况下, 十年前的剂量可能很重要, 但昨天的剂量可能与今天的响应无关. 剂量的测量可能会有很大的误差, 因此间接使用剂量要优于直接将其纳入检验统计量 [16, 25]. 可能测量了错误的剂量, 也可能没有准确测量正确的剂量.

可以论证的是, 表 18.2 和表 18.3 没有说明单独服用剂量的值, 而是当处

表 18.2 剂量的设计灵敏度

情况	L	β	$\beta(L+1)/2$	正态误差	logistic 误差	Cauchy 误差
A	1	1/2	0.50	3.2	2.0	1.8
B	3	1/4	0.50	3.8	2.2	2.0
C	5	1/6	0.50	4.0	2.2	2.1
D	9	1/10	0.50	4.2	2.3	2.1
E	1	3/5	0.60	4.0	2.2	2.0
F	1	3/4	0.75	5.9	2.7	2.4
G	1	5/6	0.83	7.4	3.1	2.6

有 L 个等可能、等间距、整数剂量, $\delta_1 = 1, \cdots, \delta_L = L$, 且效应与剂量成正比, 斜率为 β, 故中位效应为 $\beta(L+1)/2$. 该表给出了关于剂量的符号秩统计量的设计灵敏度, 当只有一个剂量 $L = 1$ 时, 它将还原为 Wilcoxon 符号秩统计量.

表 18.3 剂量的设计灵敏度，丢弃剂量低于中位剂量的配对

情况	L	β	$\beta(3L+1)/4$	正态误差	logistic 误差	Cauchy 误差
H	3	1/4	0.625	4.5	2.4	2.2
I	5	1/6	0.667	5.0	2.5	2.3
J	9	1/10	0.700	5.5	2.7	2.3

最初，有 L 个等可能、等间距、整数剂量，$\delta_1 = 1, \cdots, \delta_L = L$，且效应与剂量成正比，斜率为 β，与表 18.2 不同的是，剂量严格低于 $(L+1)/2$ 的配对被丢弃，因此剩余配对的中位剂量是 $(3L+1)/4$，这些配对的中位效应是 $\beta(3L+1)/4$。该表给出了关于应用于未丢弃的配对剂量的符号秩统计量的设计灵敏度。

理效应是异质的时，仅受到较小影响的处理对象的剂量值。当剂量实际上表明了效应大小时，它们有助于确定将受到小的效应的处理对象。在这里和第 17 章中，如果对受到可忽略不计的影响的受试者给予较小的权重，设计灵敏度就会更大。

18.5 实例：Maimonides 规则

回想一下在第 1.3 节和第 5.2.3 节中，Angrist 和 Lavy [1] 对 Maimonides 规则操纵班级规模的研究。到目前为止，讨论只考虑了图 1.1 中的 86 对受试者，其中一所五年级有 41 到 50 名学生的学校与一所五年级有 31 到 40 名学生的学校进行配对。这些是"高剂量"的配对，按照 Maimonides 规则，如果再增加一名学生，那么一个有 40 名学生的班级就会被分成两个平均人数为 20.5 人的班级。在图 1.1 中，对 Maimonides 规则的遵守并不完善，因此班级规模通常少于 20 人。表 18.4 考虑的是增加了 49 对学生，学校五年级的学生人数控制在 70 到 90 名。这些是"低剂量"的配对，按照 Maimonides 规则，如果再增加一名学生，两个有 40 名学生的班就会被分成 3 个班，平均人数为 27 人。表 18.4 给出了 86 对"高剂量"、49 对"低剂量"和由它们组合成的 135 对

表 18.4 高剂量、低剂量和混合剂量配对在由 Maimonides 规则操纵的 Angrist 和 Lavy 的班级规模研究

	86 对高剂量	49 对低剂量	135 对混合剂量
班级规模	−10.88	−5.33	−7.38
数学测试	3.97	3.47	3.66
语言测试	2.98	1.45	2.55

该表描述了较大队列减去较小队列的匹配对差。表格中的值是三均值，一种稳健的位置估计，是中位数的两倍且加上两个四分位数再除以 4 得到的。

"混合剂量",即 135 = 86 + 49,较大队列减去较小队列的班级规模和测试分数的典型差异. 在表 18.4 中,"高剂量"组 (10.9 名学生) 与"低剂量"组 (5.3 名学生) 相比,班级规模的典型差异更大,语文测试成绩的差异也更大.

表 18.5 将表 5.3 中的敏感性分析与另外两项敏感性分析进行了比较. 一项分析使用了适用于 135 对"混合剂量"的 Wilcoxon 符号秩统计量和一致符号秩统计量. 另一项分析使用了分别应用于 135 对"混合剂量"的剂量为 2 和"高剂量"的剂量为 1 的剂量加权的符号秩统计量和一致符号秩统计量 [12]. 在这个实例中,与其他分析相比,使用 86 对"高剂量"的一致性统计量对偏离随机处理分配的敏感性较低. 我们不应过多地举个别的例子,如表 5.5 和表 18.5; 然而, 这些表格中的结果与本章关于设计灵敏度的理论结果并不矛盾.

表 18.5 在由 Maimonides 规则操纵的 Angrist 和 Lavy 的学术测试成绩与班级规模研究的敏感性分析与一致性

$\varGamma$	86 对高剂量			135 对混合剂量			135 对剂量加权		
	数学	语言	一致性	数学	语言	一致性	数学	语言	一致性
1.00	0.0012	0.00037	0.00018	0.00034	0.00023	0.000081	0.00034	0.00014	0.000050
1.45	0.057	0.027	0.015	0.058	0.046	0.015	0.049	0.029	0.013
1.65	0.138	0.075	0.043	0.17	0.142	0.078	0.145	0.096	0.051

该表给出了单侧 P-值上界. 第 5.2.3 节中的表 5.3 的敏感性分析是 86 对"高剂量"的分析. 剩下的分析增加了 49 对"低剂量",形成 135 对"混合剂量". 一项分析是使用符号秩统计量,赋予所有配对相等的权重. 另一项分析给出的是"高剂量"配对的权重是"低剂量"配对的两倍. 在 $\varGamma = 1.65$ 时,唯一小于 0.05 的上界是为了与 86 对"高剂量"的一致性.

18.6 反应性剂量

在大多数随机试验中, 处理剂量是施加在试验对象身上的处理的一个方面. 这样的剂量被称为"非反应性 (nonreactive)". 非反应性剂量需要与"反应性剂量 (reactive dose)"和"纯反应性剂量 (purely reactive dose)"区分开来, 后者在试验中很少出现, 但在观察性研究中可能出现 [6,19].

在观察性研究中, 处理的"剂量"可能具有模糊的地位, 因为研究者没有控制剂量; 相反, 研究者观察到一个数字并声称它是一个剂量. 如果剂量的记录值既反映了施加在个体身上的处理的某个方面, 又反映了个体对该处理的反应, 那么这个剂量就是"反应性 (reactive)"的. 毒素暴露的生物标志物, 如可替宁 (cotinine) 作为烟草暴露的测量指标, 反映了毒素暴露的强度和个体对毒

素的反应的结合 [8]. 完全有可能的是, 基因不同的人暴露在相同剂量的毒素下, 其测量毒素代谢反应的生物标志物的水平会有所不同, 而且完全有可能的是, 这些基因差异将与毒素造成的影响相混淆 [22]. 由于这个原因, Weisskopf 和 Webster [28] 更倾向于使用粗略但非反应性的剂量, 而不是可能更精确但也可能是反应性的剂量, 也见文献 [6].

与非反应性剂量相反的是纯反应性剂量. 纯反应性剂量完全未受所研究的具体处理的影响; 也就是说, 无论一个人被分配到处理组还是对照组, 这种 "剂量" 的数值都是一样的, 但它因人而异. 纯反应性剂量可能真正反映了某种东西的剂量, 但它不是对所研究的具体处理的强度的测量. 声称一个剂量是纯反应性的, 就是声称结果与该剂量的关联是虚假的, 它是研究中的处理所引起的效应的指标. 考虑一项关于某种戒烟咨询及其对健康结果 (如肺功能) 影响的研究. 进一步假设, 这种戒烟咨询是无效的, 它并没有改变吸烟的数量. 可替宁可能确实反映了未测量的烟草暴露, 但可替宁和烟草暴露可能都未受这种戒烟咨询的影响. 如果重度吸烟者不接受戒烟咨询, 那么接受咨询的人中可替宁水平可能会更低, 肺功能可能相应地也会更好, 但这些较低的可替宁水平并不能反映咨询的强度 (intensity) 或有效性 (effectiveness); 相反, 它们反映了接受咨询者的选择偏倚. 即使可替宁水平确实反映了烟草暴露, 并且由于反映了烟草暴露, 确实预测了健康结局指标, 情况也是如此.

换句话说, 非反应性剂量是对个体进行处理的一个方面. 反应性剂量是由于对个体的处理而改变的结果. 纯反应性剂量是一种未受影响的结果, 即一个不随对个体的处理而改变的结果.

第 18.4 节的剂量加权符号秩统计量 [12,14,27], 即 $T_{\text{dose}} = \sum_{i=1}^{I} \text{sgn}(Y_i) q_i d_i$, 仅在剂量 d_i 为非反应性时适用. 其他分析方法及其设计灵敏度在文献 [19] 中进行了讨论.

18.7 延伸阅读

第 5 章讨论了一致性和剂量, 可以找到一般参考文献. 在文献 [4,15,17,20,21] 中讨论了设计灵敏度和一致性之间的关系. 在文献 [12] 中提出了一致符号秩统计量. 第 18.3 节中用于发现一致性的一般方法在文献 [20,21] 中讨论. 这些一般方法使用第 2.8 节的 m-统计量而不是秩检验, 且它们不需要匹配对. 在 Scheffé (事后检验) 方法中, 考虑无限多检验统计量的另一种方法是将注意力限制在两个特定的统计量上, 对多重检验进行较小的校正, 这种方法被称为两次检验 (testing twice); 见第 19.3 节和文献 [18]. 文献 [15,17] 讨论了设计灵敏度和剂量之间的关系. 密切相关的问题在文献 [12,14] 和 [13, §9] 中讨论. 反应性剂量、它们的分析, 以及设计灵敏度的相关方面在文献 [19] 中讨论; 也见文献 [6]. K. Joreskog 和 Arthur Goldberger [5] 给出了另一种一致性公式. 剂量误差在文献 [16, 25] 中讨论. Christopher Wild [29] 调查了现代癌症流行病学中出现的多种类型的剂量. 附录中的证明来自文献 [17].

18.8 软件

一致符号秩统计量可由 R 软件包 DOS2 中的函数 cohere 实现. 第 18.3 节中的方法, 包括 Scheffé (事后检验) 方法, 都是由函数 cohere 使用一致符号秩统计量, 以及使用包 sensitivitymult 中更广泛的一类统计量实现的. 这类更广泛的统计量包括平均值和其他 m-统计量.

18.9 数据

在 R 软件包 DOS2 的数据集 angristlavy 中, 包含了来自 Angrist 和 Lavy 的文献 [1] 的数据, 函数 cohere 的帮助文件再现了本章所做的几个分析. R 软件包 DOS2 还包括一项来自文献 [20] 的具有二元结果 (bivariate outcome) 的观察性研究数据集 teeth. 这项研究涉及吸烟对牙周病的影响, 其中对上牙和下牙的影响可能不同. 函数 cohere 的帮助文件将本章的方法应用于数据集 teeth.

附录: 命题 18.1 的证明

证明 定义 $\Psi_1 = E(d_i W_{ii})$ 和 $\Lambda_1 = E(d_i V_{ii}) = E(d_i)$. 在命题 18.1 陈述的有利形势下, T_{dose} 的期望为

$$E(T_{\text{dose}}) = E\left(\sum_{i=1}^{I} \sum_{k=1}^{I} d_i W_{ik}\right) = \sum_{i=1}^{I} E(d_i W_{ii}) + \sum_{i=1}^{I} \sum_{k \neq i} E(d_i W_{ik})$$

$$= I\Psi_1 + I(I-1)\Psi.$$

在对 T_{dose} 的敏感性分析中, 通过将 T_{dose} 与 $\overline{\overline{T}}_{\Gamma,\text{dose}}$ 的分布进行比较, 得到了单侧 P-值的上界, 而 $\overline{\overline{T}}_{\Gamma,\text{dose}}$ 为 I 个以概率 $\theta = \Gamma/(1+\Gamma)$ 取值 $d_i q_i$ 的独立随机变量 ($i = 1, \cdots, I$) 的和, 且以概率 $1 - \theta$ 取值 0, 故 $E(\overline{\overline{T}}_{\Gamma,\text{dose}} \mid \mathcal{F}) = \theta \sum_{i=1}^{I} d_i q_i$; 参见文献 [12,14]. 因为 $d_i q_i = \sum_{k=1}^{I} d_i V_{ik}$,

$$E(\overline{\overline{T}}_{\Gamma,\mathrm{dose}} \mid \mathcal{F}, \mathcal{Z}) = \theta \sum_{i=1}^{I} d_i q_i = \theta \sum_{i=1}^{I} \sum_{k=1}^{I} d_i V_{ik},$$

使

$$E(\overline{\overline{T}}_{\Gamma,\mathrm{dose}}) = E\{E(\overline{\overline{T}}_{\Gamma,\mathrm{dose}} \mid \mathcal{F}, \mathcal{Z})\} = \theta \sum_{i=1}^{I} \sum_{k=1}^{I} E(d_i V_{ik})$$

$$= \theta\{I\Lambda_1 + I(I-1)\Lambda\}.$$

使用文献 [15, §3] 中的结果, 设计灵敏度 $\widetilde{\Gamma}$ 是当 $I \to \infty$ 时等式 $E(T_{\mathrm{dose}}) = E(\overline{\overline{T}}_{\Gamma,\mathrm{dose}})$ 的解的极限, 或等价于

$$\frac{\Gamma}{1+\Gamma} = \frac{I\Psi_1 + I(I-1)\Psi}{I\Lambda_1 + I(I-1)\Lambda}, \tag{18.14}$$

其中当 $I \to \infty$ 时, 公式 (18.14) 的右边趋向于 Ψ/Λ, 得到公式 (18.13).

参考文献

[1] Angrist, J. D., Lavy, V.: Using Maimonides' rule to estimate the effect of class size on scholastic achievement. Q. J. Econ. **114**, 533–575 (1999)

[2] Caughey, D., Dafoe, A., Seawright, J.: Nonparametric combination (NPC): a framework for testing elaborate theories. J. Polit. **79**, 688–701 (2017)

[3] Cox, D. R.: A note on data-splitting for the evaluation of significance levels. Biometrika **62**, 441–444 (1975)

[4] Heller, R., Rosenbaum, P. R., Small, D.: Split samples and design sensitivity in observational studies. J. Am. Stat. Assoc. **104**, 1090–1101 (2009)

[5] Joreskog, K. G., Goldberger, A. S.: Estimation of a model with multiple indicators and multiple causes of a single latent variable. J. Am. Stat. Assoc. **70**, 631–639 (1975)

[6] Karmakar, B., Small, D. S., Rosenbaum, P. R.: Using evidence factors to clarify exposure biomarkers. Am. J. Epidemiol. **189**, 243–249 (2020)

[7] Noether, G. E.: Elements of Nonparametric Statistics. Wiley, New York (1967)

[8] Perera, F. P., Weinstein, I. B.: Molecular epidemiology: recent advances and future directions. Carcinogenesis **21**, 517–524 (2000)

[9] Rao, C. R.: Linear Statistical Inference and Applications. Wiley, New York (1973)

[10] Rosenbaum, P. R.: From association to causation in observational studies. J. Am. Stat. Assoc. **79**, 41–48 (1984)

[11] Rosenbaum, P. R.: The role of known effects in observational studies. Biometrics **45**, 557–569 (1989)

[12] Rosenbaum, P. R.: Signed rank statistics for coherent predictions. Biometrics **53**, 556–566 (1997)

[13] Rosenbaum, P. R.: Observational Studies, 2nd edn. Springer, New York (2002)

[14] Rosenbaum, P. R.: Does a dose-response relationship reduce sensitivity to hidden bias? Biostatistics **4**, 1–10 (2003)

[15] Rosenbaum, P. R.: Design sensitivity in observational studies. Biometrika **91**, 153–164 (2004)

[16] Rosenbaum, P. R.: Exact, nonparametric inference when doses are measured with random errors. J. Am. Stat. Assoc. **100**, 511–518 (2005)

[17] Rosenbaum, P. R.: What aspects of the design of an observational study affect its sensitivity to bias from covariates that were not observed? In: Dorans, N. J., Sinharay, S. (eds.) Looking Back: Proceedings of a Conference in Honor of Paul W. Holland. Lecture Notes in Statistics Book, vol. **202**, pp. 87–114. Springer, New York (2011)

[18] Rosenbaum, P. R.: Testing one hypothesis twice in observational studies. Biometrika **99**, 763–774 (2012)

[19] Rosenbaum, P. R.: Nonreactive and purely reactive doses in observational studies. In: Berzuini, C., Dawid, A. P., Bernardinelli, L. (eds.) Causality: Statistical Perspectives and Applications, pp. 273–289. Wiley, New York (2012)

[20] Rosenbaum, P. R.: Using Scheffé projections for multiple outcomes in an observational study of smoking and periodontal disease. Ann. Appl. Stat. **10**, 1147–1471 (2016)

[21] Rosenbaum, P. R.: Combining planned and discovered comparisons in observational studies. Biostatistics **21**, 384–399 (2020).

[22] Savitz, D. A., Wellenius, G. A.: Exposure biomarkers indicate more than just exposure. Am. J. Epidemiol. **187**, 803–805 (2017)

[23] Scheffé, H.: A method for judging all contrasts in the analysis of variance. Biometrika **40**, 87–104 (1953)

[24] Small, D., Rosenbaum, P. R.: War and wages: the strength of instrumental variables and their sensitivity to unobserved biases. J. Am. Stat. Assoc. **103**, 924–933 (2008)

[25] Small, D. S., Rosenbaum, P. R.: Error-free milestones in error-prone measurements. Ann. Appl. Stat. **3**, 881–901 (2009)

[26] Tchetgen Tchetgen, E. J.: The control outcome calibration approach for causal inference with unobserved confounding. Am. J. Epidemiol. **179**, 633–640 (2013)

[27] van Eeden, C.: An analogue, for signed rank statistics, of Jureckova's asymptotic linearity theorem for rank statistics. Ann. Math. Stat. **43**, 791–802 (1972)

[28] Weisskopf, M. G., Webster, T. F.: Trade-offs of personal versus more proxy exposure measures in environmental epidemiology. Epidemiology **28**, 635–643 (2017)

[29] Wild, C. P.: Environmental exposure measurement in cancer epidemiology. Mutagenesis **24**, 117–125 (2009)

[30] Zhang, K., Small, D. S., Lorch, S., Srinivas, S., Rosenbaum, P. R.: Using split samples

and evidence factors in an observational study of neonatal outcomes. J. Am. Stat. Assoc. **106**, 511–524 (2011)
[31] Zhao, Q., Small, D. S., Rosenbaum, P. R.: Cross-screening in observational studies that test many hypotheses. J. Am. Stat. Assoc. **113**, 1070–1084 (2018)

第 19 章 检验统计量的选择

摘要 选择一种检验统计量而不是另一种检验统计量会影响设计灵敏度, 因为它能影响随机化检验的功效 (power) 和效率 (efficiency). 在相同的抽样场景下, 对几个不同的检验统计量的计算设计灵敏度可以说明这一点. 熟悉的检验统计量, 如 Wilcoxon 符号秩统计量和匹配对差的平均值, 通常不如构造出的具有较大设计灵敏度的检验统计量. 在设计灵敏度方面, 没有一致最佳检验统计量, 这就引出了自适应推断 (adaptive inference) 的可能性, 利用数据来指导检验统计量的选择. 在敏感性分析中, 对于使用的两个检验统计量, 当 $\varGamma$ 值低于它们两个设计灵敏度的最小值时, Bahadur 效率提供了这两个检验统计量的性能比较.

19.1 检验统计量的选择影响设计灵敏度

19.1.1 设计预期分析

设计预期分析 (设计是分析的前提). 一个更有效的研究设计产生的数据在分析时将更具有决定性. 一个有效的设计必须预期一个有效的分析. 但是, 是什么使分析有效呢?

计划进行观察性研究的研究者希望实质性结论对未测量协变量的小而适度偏倚不敏感. 在前面几章中, 调查了影响设计灵敏度的研究设计要素.

事实证明, 分析技术的选择也会影响设计灵敏度. 这并不奇怪. 分析技术的选择影响了随机试验的功效和效率. 在随机试验中, 选择一个较好的检验统计量会有更大的概率拒绝错误的零假设, 从而将该假设排除在置信区间之外, 由此产生一个更短、更有信息量的置信区间. 为什么分析技术的选择不应该影响敏感性分析和设计灵敏度的结果呢? 事实上, 它们会影响, 我们以前确实也见过这种情况.

第 17 章考虑的情况是, 只有一部分个体对处理 (治疗) "有反应", 其余个体未受影响 [6]. 在这种情况下, 命题 17.1 和表 17.3 发现检验统计量的选择对设计灵敏度 $\widetilde{\Gamma}$ 有较大的影响: Wilcoxon 符号统计量比 Stephenson 统计量 [43] 有更低的设计灵敏度. 对于有反应 (应答者) 的亚人群 (也称子总体或亚群)(subpopulation), Wilcoxon 统计量在大样本中会夸大未观察到的小偏倚可以解释表面处理效应 (治疗效果) 的程度, 但 Stephenson 统计量 [43] 不会发生这一点. 在随机试验中, 当一种处理对每个人都有几乎相同的小的效应时, Wilcoxon 统计量有一些吸引人的性质, 但当只有一小部分亚人群对处理表现出很大的反应时, 它不是最好的分析方法. 如果大多数人未受处理影响, 那么平均处理效应 (average treatment effect) 可能很小, 但是对应答者 (responder) 的亚人群的效果可能很大.

第 17 章的情况是否不同寻常? 还是检验统计量的选择通常在确定敏感性分析的结论中起重要的作用?

19.1.2 一个简单的例子: 分段秩统计量、可加效应、正态误差

假设我们处于观察性研究的有利形势, 具有真实存在的处理效应 (治疗效果), 且没有来自未测量协变量的偏倚. 当我们处于有利形势时, 我们是不会知道的. 在这种情况下, 我们希望报告表面的处理效应不能用小的或中等的偏倚来解释. 设计灵敏度 $\widetilde{\Gamma}$ 是一个指导: 在非常大的样本中, 我们可能会报告拒绝无效应零假设对偏倚 $\Gamma < \widetilde{\Gamma}$ 是不敏感的, 但拒绝零假设对偏倚 $\Gamma > \widetilde{\Gamma}$ 是敏感的.

为了进一步简化, 假设有利形势有 I 个处理减去对照的匹配对差 Y_i, $i = 1, \cdots, I$, 独立地从期望为 τ、方差为 1 的正态分布中抽取, 因此平均处理效应为 τ. 要声称表面上的处理效应是 τ, 就必须解决不可避免的反诉 (counterclaim), 即有偏的处理 (治疗) 分配可能产生有处理效应 (治疗效果) 的假象 (misleading appearance).

在第 15 章中, 当 $\tau = 0.5$ 时, 检验 $H_0: \tau = 0$ 的 Wilcoxon 符号秩统计量的设计灵敏度为 $\widetilde{\Gamma} = 3.17$. 这与统计文献中的其他统计量相比如何?

有些统计量更糟糕. 符号检验统计量 (sign test statistic) 计算 Y_i 为正的

数量，并将该计数与 I 次独立抛掷的均匀硬币的二项分布进行比较，即一枚硬币有 $1/2$ 的概率正面朝上. 在 $\tau = 0.5$ 的情况下，符号检验的设计灵敏度 $\widetilde{\varGamma} = 2.24$，远远低于 Wilcoxon 检验的 $\widetilde{\varGamma} = 3.17$ [30, 表 2]. 当 $I \to \infty$ 时，如果使用 Wilcoxon 统计量，则在 $\varGamma = 2.5$ 的情况下进行的敏感性分析的功效将增加到 1，如果使用符号检验，则功效下降到 0. 也许这并不完全令人惊讶: 对于随机试验中的正态数据, Wilcoxon 检验的 Pitman 效率[1]要比符号检验高很多. 因此，在这种情况下, Pitman 效率和设计灵敏度的方向是一致的. 这总是真的吗? 并非如此.

Bruce Brown [5] 提出了 Wilcoxon 符号秩统计量的一个简单替代统计量. 该统计量将 I 对数据按其绝对差 $|Y_i|$ 增加的顺序排列. Brown 忽略了大约 $I/3$ 对最小的 $|Y_i|$. 对于中间的 $I/3$ 对，如果 Y_i 为正，则 Brown 计数为 1，否则计数为 0. 对于最大的 $I/3$ 对，如果 Y_i 为正，则 Brown 计数为 2，否则计数为 0. 他的检验统计量是总计数 (total count). 在 $H_0: \tau = 0$ 下，这个统计量的分布是两个二项分布的加权和. 在检验 Fisher 的无处理效应假设的配对随机试验中，同样的零假设分布作为随机化分布出现了. Brown [5, 表 1] 表明他的统计量具有良好的稳健性，但对于正态数据来说，其效率略低于 Wilcoxon 统计量. 对于 $\tau = 0.5$, Brown 统计量的设计灵敏度 $\widetilde{\varGamma} = 3.60$，明显高于 Wilcoxon 统计量的 $\widetilde{\varGamma} = 3.17$. Brown 统计量的设计灵敏度的提高 (改进) 是由于忽略了小的 $|Y_i|$ 配对.

Edward Markowski 和 Thomas Hettmansperger [21] 考虑了类似的一类统计量，但没有将 $|Y_i|$ 分为 3 等份; 另见文献 [8,10]. 在这一大类统计量中，会出现更高的设计灵敏度. 考虑一个统计量，它忽略了 $|Y_i|$ 中最小的 $3/4 = 6/8$ 对数据，在接下来最小的 $1/8$ 对数据中正 Y_i 得 1 分，在最大的 (排前面的)$1/8$ 对数据中正 Y_i 得 2 分. 在随机试验中，该统计量的 Pitman 效率很差，但它的设计灵敏度 $\widetilde{\varGamma} = 6.55$，是 Wilcoxon 统计量的 $\widetilde{\varGamma} = 3.17$ 的两倍多 [30, 表 6]. 如果 Y_i 服从 logistic 分布而不是正态分布，则这种特殊统计量的收益仍然存在，但较小; 如果 Y_i 是服从自由度为 3 的 t-分布，则收益消失 [30, 表 6]. 刚刚描述的统计量非常适合于正态误差，能大幅提高设计灵敏度; 然而，同一类分布族的其他统计量对正态误差在设计灵敏度上产生较小但仍然大幅的提高，但对于长尾误差分布 (long-tailed error distribution)，如自由度为 3 的 t-分布，则保持了设计灵敏度的这种提高.

---

[1]各种形式的效率，包括 Pitman 效率，将在第 19.5 节中解释. 如果对 Pitman 效率不熟悉，那么在第 19.5 节之前，可以暂且把"效率"非正式地理解为"充分利用数据". Pitman 效率是大样本效率的最标准形式，或者说是渐近效率; 事实上，它是如此常用，以至于未指名的效率一般都被理解为 Pitman 效率.

Gottfried Noether [23] 考虑了一个更简单的检验. 他计算了 $\eta \times I$ 个最大 $|Y_i|$ 中的正 Y_i 的数量. 在随机试验的零假设下, 这个计数是服从二项分布的, 样本量为 $\eta \times I$, 成功概率为 $1/2$. 在观察性研究的敏感性分析中, 单侧 P-值上界是由样本量为 $\eta \times I$、成功概率为 $\Gamma/(1+\Gamma)$ 的二项分布得到的. 考虑到 $\eta = 1/3$, 因此重点关注 $1/3$ 的最大 $|Y_i|$ 的匹配对.[2] 另外, 对于正态分布、logisitc 分布和自由度为 3 的 t-分布, 设定可加效应 τ 为 Y_i 标准差的 $1/2$. 那么 Noether 统计量的设计灵敏度 $\widetilde{\Gamma}$ 对于正态分布为 4.97, 对于 logistic 分布为 4.72, 对于自由度为 3 的 t-分布为 5.77; 而 Brown 统计量的设计灵敏度对于正态分布为 3.60, 对于 logistic 分布为 3.83, 对于 t-分布为 5.39 [30, 表 2]. Noether 统计量的 Pitman 效率比 Brown 统计量差得多, 但由于它忽略了 $2/3$ 的最小 $|Y_i|$ 的配对, 其设计灵敏度却高得多.

简而言之, 为了使这个问题具体化, 从一个期望为 $\tau = 1/2$、方差为 1 的正态分布中抽取了 $I = 1000$ 个独立的差值 Y_i. 所以, I 很大, 但不是不切实际的大. 让我们计算一下, 在存在至多 $\Gamma = 3.2$ 的偏倚的情况下, 检验无处理效应零假设的单侧 P-值上界是多少. 这将分 3 次进行, 使用 Wilcoxon 符号秩统计量, 使用 Brown 统计量 [5], 以及使用具有 $\eta = 1/3$ 的 Noether 统计量 [23]. 在这种抽样情况下, 这 3 个统计量的设计灵敏度 $\widetilde{\Gamma}$ 分别为 3.17, 3.60 和 4.97. 正如人们从其设计灵敏度所预期的那样, 在 $\Gamma = 3.2$ 时, Wilcoxon 检验的 P-值上界为 0.387, Brown 检验为 0.081, Noether 检验为 0.0087. 当 $I \to \infty$ 时, Wilcoxon 检验的 P-值上界将趋于 1, 因为 $\widetilde{\Gamma} = 3.17 < 3.2 = \Gamma$, 但 Brown 检验和 Noether 检验的 P-值上界将趋于 0, 因为在这两种情况下 $\widetilde{\Gamma} > 3.2 = \Gamma$. 这个试验在不同样本量下重复 10000 次的结果, 见文献 [30, 表 3].

这种现象并不难理解. 在研究符号秩统计量的功效时, Willem Albers 等人 [1] 考虑了一个对于 $y > 0$ 定义的函数 $\mathrm{abz}(y)$, 作为在给定 $|Y_i| = y$ 的条件下 Y_i 为正的概率. 函数 $\mathrm{abz}(y)$ 告诉你, 如果目标是大的设计灵敏度 $\widetilde{\Gamma}$, 那么应该忽略哪些 $|Y_i|$. 规则很简单: 如果 $\mathrm{abz}(y) > \Gamma/(1+\Gamma)$, 那么在这个 y 值上, 正 Y_i 出现的频率太高了, 无法解释大小为 Γ 的偏倚. 你要忽略那些 $\mathrm{abz}(y) < \Gamma/(1+\Gamma)$ 的 $|Y_i| = y$ 的配对. 有关各种分布和进一步开发的 $\mathrm{abz}(y)$ 图, 请参阅文献 [28].

---

[2] 读过 Noether 论文 [23] 的读者应该注意到, Noether 采用了不同的符号, 并且提倡 $\eta = 2/3$ 而不是 $\eta = 1/3$.

19.2 为优越的设计灵敏度而构建的统计量

19.2.1 构建新的统计量用于敏感性分析

第 19.1 节中讨论的统计量分布族并不是为了提高设计灵敏度而构造的; 然而, 这些大类包含的特定统计量具有比 Wilcoxon 检验高得多的设计灵敏度. 能否构建出在敏感性分析中表现良好的统计量? 第 19.1 节中的统计量比 Wilcoxon 统计量具有更高的设计灵敏度, 但是对于正态误差, 随机化检验即 $\Gamma = 1$ 的 Pitman 效率较低. 设计灵敏度的提高是否总是意味着随机化检验的效率损失? 对于 $1 < \Gamma < \widetilde{\Gamma}$ 的敏感性分析是否存在一个有用的关于效率的概念?

19.2.2 具有优越设计灵敏度的新型 U-统计量

选取三个整数 $(m, \underline{m}, \overline{m})$, 满足 $1 \leqslant \underline{m} \leqslant \overline{m} \leqslant m < I$. 假设我们检查 I 个匹配对差 Y_i 中的 m 个, 将它们按 $|Y_i|$ 的递增顺序排序, 然后数一数在 $\underline{m}, \underline{m}+1, \cdots, \overline{m}$ 的位置上的正 Y_i 的数量, 得到一个整数, 取值可能是 $0, 1, \cdots, \overline{m} - \underline{m} + 1$. 总共有 $I!/m!(I-m)!$ 种方式从 I 个差 Y_i 中挑选 m 个. 假设我们用所有可能的方式进行计算, 并计算它们的平均值, 将结果称为 T. 统计量 T 是 U-统计量的一个实例. U-统计量是由 Wassily Hoeffding [13] 提出的一类统计量. Erich Lehmann [17] 提供了关于 U-统计量的介绍, Robert Serfling [41, §5] 提供了详细的讨论.

特别地, Lehmann [17] 观察到统计量 $(m, \underline{m}, \overline{m}) = (2, 2, 2)$ 与 Wilcoxon 符号秩统计量几乎相同, 统计量 $(m, \underline{m}, \overline{m}) = (1, 1, 1)$ 是符号检验统计量, 统计量 $(m, \underline{m}, \overline{m}) = (m, m, m)$ 是 Stephenson 统计量 [43], 在第 17 章中发挥了重要作用. 一般统计量 $(m, \underline{m}, \overline{m})$ 在文献 [29] 中有介绍, 在文献 [34] 中被进一步研究. 与 Wilcoxon 统计量和 Stephenson 统计量一样, 一般统计量 $(m, \underline{m}, \overline{m})$: (1) 是符号秩统计量, (2) 随着 $|Y_i|$ 秩的变化而逐渐变化, 与第 19.1 节的组秩统计量 (group-rank statistic) 不同, (3) 对于设计灵敏度 $\widetilde{\Gamma}$ 有一个简单的公式 [29, 命题 1], (4) 允许对 $1 \leqslant \Gamma < \widetilde{\Gamma}$ 进行效率计算 [34].

例如, 考虑统计量 $(m, \underline{m}, \overline{m}) = (5, 4, 5)$. 对于前 $m = 5$ 对, 该统计量对这 5 个处理减去对照的配对结果差进行排序并重新编号, 使得 $|Y_1| < \cdots < |Y_5|$. 如果 $Y_4 < 0$ 且 $Y_5 < 0$ 则计 0 分, 如果 $Y_4 > 0$ 且 $Y_5 > 0$ 则计 2 分, 否则计 1 分. 这个量是从 I 对的每一个 $m = 5$ 的子集中计算出来的, 并取其平均值. 一旦在 $I!/5!(I-5)!$ 种选择 $m = 5$ 个 Y_i 的选择上取平均值, 该统计量强调了

具有较大 $|Y_i|$ 的 Y_i 的符号, 但它只完全忽略了 3 个最小的 $|Y_i|$ 的符号, 这与第 19.1 节中忽略许多 $|Y_i|$ 的符号的统计量不同. 虽然这种描述忽略了 $|Y_i|$ 之间存在"结"的可能性以及某些 $Y_i = 0$ 的可能性, 但这些可能性只需要进行更细致的讨论即可, 而不会产生任何问题 [29].

如果 Y_i 独立同分布且服从正态分布, 具有常数处理效应 τ 和方差 1, 那么 Wilcoxon 符号秩检验和统计量 $(m, \underline{m}, \overline{m}) = (5, 4, 5)$ 在一个随机化检验 $\Gamma = 1$ 中的 Pitman 相对效率为 1.00 (保留 2 位小数), 所以这个计算表明没有理由偏好其中的一个检验, 见文献 [29, 表 1]. 然而, 如果处理效应是配对差的标准差的一半, $E(Y_i) = \tau = 1/2$, 那么 Wilcoxon 检验的设计灵敏度是 $\widetilde{\Gamma} = 3.17$, 但 $(m, \underline{m}, \overline{m}) = (5, 4, 5)$ 的设计灵敏度更高, 是 $\widetilde{\Gamma} = 3.9$, 见文献 [29, 表 3].

如果误差是长尾分布比如自由度为 3 的 t-分布而不是正态分布, 则会发生什么呢? 自由度为 3 的 t-分布的方差为 3, 因此标准差为 $\sqrt{3} = 1.732$, 所以我们考虑 $\tau = 1$ 或者配对差 Y_i 的 $1/1.732 = 0.577$ 倍标准差的可加效应. 在这种情况下, Wilcoxon 统计量具有设计灵敏度 $\widetilde{\Gamma} = 6.0$, 但 $(m, \underline{m}, \overline{m}) = (5, 4, 5)$ 具有更高的设计灵敏度 $\widetilde{\Gamma} = 6.8$, 见文献 [29, 表 3].

有比 $(m, \underline{m}, \overline{m}) = (5, 4, 5)$ 更好的选择吗? 在具有正态误差的随机化检验 $\Gamma = 1$ 中, 统计量 $(m, \underline{m}, \overline{m}) = (8, 6, 8)$ 相对于 Wilcoxon 统计量的 Pitman 效率是 0.98, 所以它只是略差于 Wilcoxon 检验. 然而, 当 $\tau = 1/2$ 且具有正态误差时, $(m, \underline{m}, \overline{m}) = (8, 6, 8)$ 的设计灵敏度为 $\widetilde{\Gamma} = 4.2$, $(m, \underline{m}, \overline{m}) = (8, 7, 8)$ 的设计灵敏度为 $\widetilde{\Gamma} = 5.1$. 在上一段的长尾 t-分布情况下, $(m, \underline{m}, \overline{m}) = (8, 6, 8)$ 的设计灵敏度为 $\widetilde{\Gamma} = 7.1$, $(m, \underline{m}, \overline{m}) = (8, 7, 8)$ 的设计灵敏度为 $\widetilde{\Gamma} = 6.8$. 有关其他比较, 请参阅文献 [29, 表 1 和表 3]. 因此 $(m, \underline{m}, \overline{m}) = (8, 7, 8)$ 对于正态误差的设计灵敏度大于 $(m, \underline{m}, \overline{m}) = (8, 6, 8)$, 但对于自由度为 3 的 t-分布误差的设计灵敏度较低; 然而, 在这两种情况下, 它们都优于 Wilcoxon 统计量.

对随机化检验和敏感性分析求逆, 得出可加处理效应 τ 的置信区间和点估计值, 见第 2.4 和 3.5 节. 对于 Wilcoxon 统计量是如此, 对于 U-统计量 $(m, \underline{m}, \overline{m})$ 也是如此, 见文献 [29, §5.1]. 在固定 $\Gamma > 1$ 的敏感性分析中, 随着样本量的增加, $I \to \infty$, 置信区间和点估计区间收敛到一个长度不为零的真实区间, 见第 16.3 节. 如果 $1 < \Gamma < \widetilde{\Gamma}$, 那么 τ 的真实区间不包括零. 因此, 在敏感性分析中, 当 $I \to \infty$ 时, 设计灵敏度较大的统计量, 如 $(m, \underline{m}, \overline{m}) = (8, 6, 8)$, 将比设计灵敏度较小的统计量, 如 Wilcoxon 统计量, 提供更具信息的点估计和置信区间.

19.2.3 实例: 化疗相关的毒性反应

第 8 章比较了内科肿瘤医师 (MO) 和妇科肿瘤医师 (GO) 在 $I = 344$ 对匹配的两类卵巢癌妇女中提供的治疗. 回顾一下, 内科肿瘤医师比妇科肿瘤医师更密集地使用化疗, 但生存率几乎相同, 而化疗相关的毒性更高.

具体来说, 回顾表 8.4 的第 1—5 年, 当 Wilcoxon 符号秩检验与其在 $\Gamma = 1$ 时的随机化分布相比较时, 毒性差异非常显著. 在 $\Gamma = 1.5$ 时, 单侧 P-值上界仍然很小, 为 0.009, 但在治疗分配中, 大小为 $\Gamma = 1.7$ 的偏倚足以导致在常规水平 $\alpha = 0.05$ 时接受无治疗效果的假设, 因为此时 P-值上界为 0.080.

事实上, Wilcoxon 统计量已经夸大了对未测量偏倚的敏感性. 在 $\Gamma = 1.7$ 时, 如果使用统计量 $(m, \underline{m}, \overline{m}) = (8, 6, 8)$, P-值上界是 0.004, 所以大小为 $\Gamma = 1.7$ 的偏倚并没有大到足以使无效应的假设可信. 使用 $(8, 6, 8)$, 在 $\Gamma = 2$ 时 P-值上界为 0.042. 关于这些计算以及其他计算和实例, 见文献 [29, 表 2].

19.2.4 实例: 吸烟者的血铅水平

吸烟常被发现与血液中的铅水平升高有关 [42]. 图 19.1 描述了 671 对匹配的每日吸烟者 (daily cigarette smoker) 和从未吸烟者 (never-smoker) 的血铅水平 (blood lead level), 匹配的变量有年龄、性别、教育、收入和种族等. 在过去 30 天内, 吸烟者每天都吸烟, 且每天至少吸 10 支烟. 从未吸烟者在他们的生活中吸烟少于 100 支, 且在过去 30 天中完全不吸烟. 数据来自 2007—2008 年美国国家健康和营养检查调查, 并在文献 [31] 中被用作实例. 血铅单位为 μg/dl. 图 19.1 中左边的箱线图是血铅水平的差; 右边的箱线图是血铅水平自然对数的差.

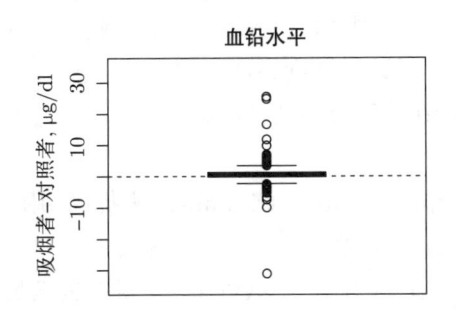

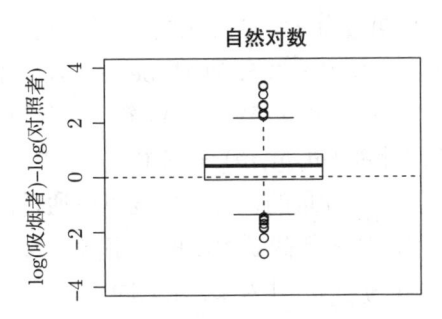

图 19.1 每日吸烟者和匹配的从未吸烟者的血铅水平. 左边的箱线图是血铅水平的差, 单位是 μg/dl. 右边的箱线图是血铅水平自然对数的差. 虚线的水平线表示零差异

考虑对无效应检验的 3 种敏感性分析,它们适用于铅水平对数差的检验.第一种分析使用 Wilcoxon 符号秩检验,第二种分析使用第 19.1 节中的 Brown [5] 统计量,第 3 种分析使用 U-统计量 $(m, \underline{m}, \overline{m}) = (8, 7, 8)$. 这 3 种分析都是在 $\varGamma = 3.4$ 时进行评估的. Wilcoxon 统计量的 P-值上界为 0.324, Brown 统计量为 0.048, $(m, \underline{m}, \overline{m}) = (8, 7, 8)$ 为 0.009, 见文献 [31, 表 2]. 因此, 检验统计量的选择再次对报告的未测量偏倚的敏感性程度有影响, 具有设计灵敏度所预期的影响模式.

19.2.5　m-统计量

m-统计量是在定义 Peter Huber 的 m-估计量时被等于零的量 [14]. Maritz [19, 20] 开发了配对的 m-统计量的精确随机化分布, 稍加调整就可以得到有一个或多个对照的匹配集中 m-统计量的随机化分布及其相关的敏感性分析 [26]. 第 2.8 节讨论并说明了 m-统计量及其随机化分布.

考虑关于处理减去对照的匹配对差 Y_i 的可加性效应 τ 的推断. 正如在第 2.8 节讨论的, 检验 $H_0: \tau = \tau_0$ 的 m-统计量由它的 ψ 函数和一个尺度因子 s_{τ_0} 所定义, 最常见的情况是取 $s_{\tau_0} = \text{median}(|Y_i - \tau_0|)$. 在这里的讨论中, ψ 函数是单调递增的奇函数, 也就是说 $y < y'$ 隐含着 $\psi(y) \leqslant \psi(y')$, 并且 $\psi(y) = -\psi(-y)$. 于是, m-统计量 $T = \sum_{i=1}^{I} \text{sign}(Y_i - \tau_0) \psi(|Y_i - \tau_0|/s_{\tau_0})$, 其中如果 $y > 0$ 则 $\text{sign}(y) = 1$, 如果 $y = 0$ 则 $\text{sign}(y) = 0$, 如果 $y < 0$ 则 $\text{sign}(y) = -1$.

取 $\psi(y) = y$, 产生与样本均值 $\overline{Y} = I^{-1} \sum_{i=1}^{I} Y_i$ 的置换分布相同的推断, 也就是所谓的置换 t-检验 (permutational t-test). Huber [15] 建议对某个 $\omega > 0$ 取 $\psi_{\text{hu}}(y) = \max\{-\omega, \min(\omega, y)\}$, 第 2.8 节说明了 $\omega = 1$ 的情况.

匹配对中的 m-统计量的设计灵敏度有一个简单的公式 [32, 推论 1]. 如果 Y_i 是期望为 $\tau = 1/2$ 和方差为 1 的独立正态观察值, 那么置换 t-检验的设计灵敏度为 $\widetilde{\varGamma} = 3.5$, 而 Huber 的 $\psi_{\text{hu}}(y)$ 的设计灵敏度为 $\widetilde{\varGamma} = 3.3$, 见文献 [32, 表 3]. 回想一下, Wilcoxon 符号秩统计量在这种相同的情况下有 $\widetilde{\varGamma} = 3.17$, 但 U-统计量 $(m, \underline{m}, \overline{m}) = (8, 6, 8)$ 有 $\widetilde{\varGamma} = 4.2$.

m-统计量的设计灵敏度可以通过内部截断 (inner trimming) 来提高. 用 ι 表示定义内部截断程度的数字, $0 \leqslant \iota < \omega$. 奇函数 $\psi_{\text{in}}(y)$ 在 $-\iota \leqslant y \leqslant \iota$ 时为零, 在 $y \geqslant \omega$ 时为 ω, 在区间 $\iota \leqslant y \leqslant \omega$ 上从 0 到 ω 线性上升, 当然也满足 $\psi_{\text{in}}(y) = -\psi_{\text{in}}(-y)$, 因为它被要求是奇函数. 这里, $\psi_{\text{in}}(y)$ 忽略了接近零的 y. 如果 Y_i 是期望为 $\tau = 1/2$、方差为 1 的正态观测, 那么由 $\iota = 0.5$ 和 $\omega = 2$ 定

义的 $\psi_{in}(y)$ 的 m-统计量的设计灵敏度 $\widetilde{\varGamma} = 4.0$, 大大高于置换 t-检验.

如同在讨论 U-统计量时一样, 考虑用具有 3 个自由度的 t-分布的长尾误差代替正态观测 Y_i, 以及 $\tau = 1$ 的可加效应, 因此该效应是配对差 Y_i 的 0.577 倍标准差. 在 $\iota = 0.5$ 和 $\omega = 2$ 的情况下, 设计灵敏度 $\widetilde{\varGamma}$: 置换 t-检验为 5.6, $\psi_{hu}(\cdot)$ 为 6.0, $\psi_{in}(\cdot)$ 为 7.0. 关于这里所引用的 m-统计量的设计灵敏度, 见 [32, 表 3].

19.2.6 总结

到目前为止, 在本章中, 我们已经看到报告的对未测量偏倚的敏感性程度不仅取决于抽样情况 —— 世界的状况 —— 而且也取决于研究者对检验统计量的选择. 更确切地说, 在同一抽样情况下, 两个统计量可能具有非常不同的设计灵敏度 $\widetilde{\varGamma}$, 因此, 在足够大的样本中, 具有较大设计灵敏度的统计量几乎肯定会报告对未测量偏倚更加不敏感.[3]

具有卓越设计灵敏度的统计量对 Y_i 接近零的情况并不重视, 无论是正数还是负数. 在第 19.1 节中的分段秩统计量族、U-统计量族、m-统计量族中, 都有这样的稳健统计量. 对于某些统计量来说, 在随机化检验 $\varGamma = 1$ 中, 设计灵敏度的提高伴随着 Pitman 效率的降低; 然而, 还有一些统计量在这两方面都表现良好.

19.3 自适应推断

19.3.1 用数据选择检验统计量

尽管 Wilcoxon 检验的设计灵敏度通常比其他检验低, 但没有一种检验永远是最好的. 在大样本中, 当误差具有短尾的正态分布时, 此时最好的检验在当误差具有长尾分布时就不再是最佳检验了. 例如, U-统计量 $(m, \underline{m}, \overline{m}) = (8, 7, 8)$ 在正态误差下表现非常好, 但 $(m, \underline{m}, \overline{m}) = (8, 6, 7)$ 降低了离群值 (异常值) 的权重, 在长尾误差下表现得更好 [29, 表 3].

---

[3]这一点可以准确地陈述和证明. 在有处理效应且没有未测量偏倚的有利形势下, 假设检验统计量 T_1 和 T_2 分别具有设计灵敏度 $\widetilde{\varGamma}_1$ 和 $\widetilde{\varGamma}_2$, 其中 $\widetilde{\varGamma}_1 > \widetilde{\varGamma}_2$. 根据一个标准, 即设计灵敏度来判断, T_1 是设计灵敏度较大的统计量; 但是, 正如我们所看到的, T_1 在其他标准下可能要差一些, 比如随机化检验 $\varGamma = 1$ 中的 Pitman 效率. 在 $\varGamma$ 处进行敏感性分析, 其中 $\widetilde{\varGamma}_1 > \varGamma > \widetilde{\varGamma}_2$. 用 $\mathcal{E}_I$ 表示这样的事件: 在 $\varGamma$ 的灵敏度分析中, 使用 T_2 拒绝了水平 α 的无效应, 但使用 T_1 却接受了. 如果事件 $\mathcal{E}_I$ 发生了, 那么设计灵敏度就误导了你, 鼓励你使用 T_1, 而此时只有 T_2 能导致拒绝在大小为 $\varGamma$ 的偏倚下的无效应零假设. 不难看出, 随着样本量的增加, 事件 $\mathcal{E}_I$ 发生的概率会迅速下降到 0, $I \to \infty$, 具体来说是以指数速度下降的 [34, 命题 3].

假设我们正在考虑两个相互竞争的检验 T_1 和 T_2，并且我们知道 T_1 的设计灵敏度在某些情况下比 T_2 更高，而在其他情况下则更低。有没有什么办法让我们总能使用更好的检验，即具有更大设计灵敏度的检验？在有限样本中，答案是否定的。然而，我们可以在 T_1 和 T_2 之间做一个自适应选择 (adaptive choice) —— 一个由数据告知的选择 —— 这样，当 $I \to \infty$ 时，我们的自适应过程 (adaptive procedure) 总是具有 T_1 和 T_2 这两个检验中较大的设计灵敏度，见文献 [30, 31, 40]。

这其中的利害关系是什么？如果你选择了一个错误的统计量，即选择了一个设计灵敏度较小的统计量，那么你就会夸大研究结果中容易被认为是处理分配中的偏倚所否定的可能性，而不是由处理引起的效应。此外，随着样本量的增加，当 $I \to \infty$ 时，这种对研究结果弱点的夸大将持续下去。从这个意义上说，观察性研究比随机试验的风险要大得多。在一个随机试验中，如果你选择了两个相一致的检验中效率较低的那一个，那么你会因为选择不当而浪费一些样本，但如果试验规模足够大，$I \to \infty$，那么你最终会把事情理顺。相反，在 $I \to \infty$ 的观察性研究中，假设 Y_i 是期望为 $\tau = 1/2$、方差为 1 的正态观测，如果你选择使用 Wilcoxon 检验，那么你最终会报告研究对大小为 $\varGamma = 3.2$ 的偏倚敏感，而你只要改用 $\eta = 1/3$ 的 Noether [23] 检验，就可以报告对大小为 $\varGamma = 4.9$ 的偏倚不敏感。当然，我们可以做得更好。当 $I \to \infty$ 时，最终会清楚 Y_i 是否不是正态而是长尾的，所以对于足够大的 I，我们最终应该能够从两个检验中挑选出更好的。在第 22.1 节中，我们考虑了将数据随机分割成两部分的一般方法，一部分用于计划研究，另一部分用于分析和结论 [12, 48]。这些分割样本的方法牺牲了部分样本，但它们对足够大的 I 的设计灵敏度 $\varGamma$ 做出了正确的选择，因此很明显，如果 T_1 的设计灵敏度不如 T_2，我们就不需要在 $I \to \infty$ 的时候坚持使用 T_1。自适应方法采取了不同的途径来达到相同的目标：它们避免了样本分割，只进行一次分析，而不是两次；然而，它们最终使用了设计灵敏度更高的统计量。

自适应过程是如何工作的？我们想在水平 α 上检验无处理效应零假设 H_0，默认取 $\alpha = 0.05$，在处理分配中存在大小不超过 $\varGamma$ 的偏倚，因此假定 H_0 为真，且偏倚的大小最多为 $\varGamma$。非正式地说，我们要确定最佳联合临界值 $t_{\varGamma 1}$ 和 $t_{\varGamma 2}$，在两个检验之间公平地分享 α，从而使

$$\Pr(T_1 \geqslant t_{\varGamma 1} \text{ 或 } T_2 \geqslant t_{\varGamma 2} \,|\, \mathcal{F}, \mathcal{Z}) \leqslant \alpha, \tag{19.1}$$

同时最小化

$$|\Pr(T_1 \geqslant t_{\varGamma 1} \,|\, \mathcal{F}, \mathcal{Z}) - \Pr(T_2 \geqslant t_{\varGamma 2} \,|\, \mathcal{F}, \mathcal{Z})|. \tag{19.2}$$

表达式 (19.2) 的最小化表示各检验平均地分配 α. 我们可以使用 Bonferroni 不等式实现不等式 (19.1), 在水平 $\alpha/2$ 上执行每个检验, 但这将是个浪费. 毕竟, T_1 和 T_2 是针对同一零假设的两个非常相似的检验, 由相同的数据计算而来, 所以它们是高度相关的, 使用 Bonferroni 不等式将是相当保守的 [31, 表 4]. 因为在不等式 (19.1) 中使用了 T_1 和 T_2 的联合分布, 所以自适应检验 (adaptive test) 并不保守, 并且只需要付出很小的代价来考虑两个检验. 此外, 自适应检验比两组合检验 (the two component test) 具有更大的设计灵敏度.

如果我们知道在生成数据的机制下哪个检验具有更大的设计灵敏度, 那么我们当然会使用那个检验; 然而, 对于竞争性检验, 我们并不清楚这一点. 在 $I = 100$ 或 $I = 250$ 或 $I = 500$ 个配对的模拟中, 自适应检验在 $\varGamma = 2$ 或 $\varGamma = 3$ 处的功效接近但略低于较好检验的功效; 但是, 自适应检验的功效高于且往往显著高于较差检验的功效 [30, 表 3]. 事实上, 如果 $\varGamma$ 严格地介于两组合检验的设计灵敏度之间, 那么当 $I \to \infty$ 时, 较差检验的功效趋于 0, 而较好检验的功效和自适应检验的功效都趋于 1.

19.3.2 实例: 化疗相关毒性的自适应推断

再考虑一下在第 19.2 节中重新分析的第 8 章卵巢癌的例子. 假设我们在第 19.1 节的两个统计量之间进行调整, 即 Brown 统计量和 $\eta = 1/3$ 的 Noether 统计量. 在这里, Noether 统计量 T_1 侧重于具有最大 $|Y_i|$ 的 1/3 的 Y_i, 而 Brown 统计量 T_2 不仅强调那些相同的配对 ($|Y_i| = 0$), 而且也给予中间三分之一大小的 $|Y_i|$ 一半的权重. 在这种情况下, 通过对两个二项分布的基本运算 [30], 可以找到不等式 (19.1) 中 $t_{\varGamma 1}$ 和 $t_{\varGamma 2}$ 的精确值 (exact value). 自适应检验在水平 $\alpha = 0.05$ 上拒绝了 MO 组减去 GO 组的化疗相关毒性反应的无效应假设, 使用了 Noether 检验而不是 Brown 检验 [30, 第 100 页]. 回顾一下, 在这个实例中, Wilcoxon 检验对大小为 $\varGamma = 1.7$ 的偏倚变得敏感. 尽管对两次检验进行了校正 (correcting for testing twice), 但自适应检验比 Wilcoxon 检验对未测量偏倚更加不敏感.

19.3.3 实例: 吸烟者血铅水平的自适应推断

回到图 19.1, 有很多方法可以检验无处理效应零假设. 我们可以分析血铅水平的差或血铅水平自然对数的差. 我们可以忽略吸烟者吸烟的数量, 或者我们可以把吸烟剂量纳入检验统计量中 [45], 就像在第 18.4 节中使用 T_{dose} 那样. 我们可以使用 Wilcoxon 统计量, 或者使用 Brown [5] 统计量, 或者使用对短尾

误差 (short-tailed error) 表现良好的 U-统计量 $(m, \underline{m}, \overline{m}) = (8, 7, 8)$，或者使用对长尾误差 (long-tailed error) 表现良好的 U-统计量 $(m, \underline{m}, \overline{m}) = (8, 6, 7)$. 每种统计量的选择都可能导致不同的设计灵敏度，而该选择哪种统计量并不具有明显的益处.

文献 [31, 表 3] 中的分析使用两个 U-统计量、Wilcoxon 统计量和 Brown 统计量，总共应用了 12 个检验统计量对图 19.1 进行检验，有些检验结果是有差异的，有些是有对数差异的，有些是有剂量效应的，有些是无剂量效应的. 该分析校正了与不等式 (19.1) 相似的 12 个统计量的使用，但是现在，需要在 12 个而不是 2 个统计量中公平地分配 α. 因为这种对 α 的分配使用了 12 个高度相关的统计量的联合分布，它与使用 Bonferroni 不等式并将 $\alpha/12$ 分配给每个统计量的做法完全不同. 在 $\Gamma = 3.4$ 时，自适应检验的 P-值上界为 0.033，它是由第 19.2 节中考虑的统计量产生的，即 $(m, \underline{m}, \overline{m}) = (8, 7, 8)$ 应用于血铅水平的自然对数差，忽略了剂量效应. 如果我们在看到数据之前就知道这个检验统计量是最好的，那么我们就会像第 19.2 节那样，在 $\Gamma = 3.4$ 时报告 P-值的界限为 0.009，因此考虑 12 次检验而不是一次检验的代价是把 0.009 移到了 0.033. 相比之下，使用 Bonferroni 不等式的校正 P-值为 $12 \times 0.009 \doteq 0.11$.

在 $\Gamma = 3.4$ 时，12 个单独的、未经校正的分析中只有 3 个的 P-值界限小于或等于 0.05. 这 3 个统计量都: (1) 忽略剂量效应, (2) 使用血铅水平的自然对数差, (3) 避免使用各种形式的 Wilcoxon 统计量. 有两种诚实的分析方法: 在不查看数据的情况下，事先选择一个统计量，或者进行自适应检验，以纠正多个检验统计量 (multiple test statistic) 的使用. 在这个实例中，对多重检验的校正并不大，而且猜测最佳统计量的任务是很艰巨的.

19.4 设计灵敏度和剂量效应

19.4.1 剂量效应和因果关系证据

在更高的处理 (治疗) 剂量下，我们预期产生更大的处理效应 (治疗效果)，这也许是正确的. 回顾第 5.2.5 节中引用的争论. 在那里，Austin Bradford Hill 说，观察到的剂量效应关系是一个考虑因素，它可能会加强处理引起表面效应这一说法. Kenneth Rothman 对此提出异议. Rothman 说，偏倚可能会产生剂量效应关系，而一致高剂量可能会造成实质性的影响，但没有剂量效应关系. 剂量效应关系仅仅是另一种关联吗？还是因果关系 (causality) 的证据？

在第 5.2.5 节中，这个问题被重新表述为一个经验问题，一个关于手头数据的问题, 而不是一个抽象的问题. 观察到的剂量效应关系是否会导致对未测量偏倚 (大小由 $\varGamma$ 衡量) 更加不敏感? 表 5.5 只关注了 12 个高剂量的配对, 发现这些配对比所有 22 个匹配对, 对未测量偏倚更不敏感. 因此, 在这个特定的意义上, 在那个特定的研究中, 剂量效应关系确实加强了证据, 即需要存在实质性的偏倚来解释表面上的处理效应.

我们在表 5.5 中看到的东西是我们应该看到的吗? 在第 18.4 节中, 从设计灵敏度方面提供了一个答案. 在简单的模型中, 较大的效应往往对较大的偏倚不敏感. 在简单的模型中, 如果高剂量确实产生了更大的效应 (这是一个很大的假设), 那么在足够大的样本中, 对接受高剂量处理的个体的关注将会增加对未测量偏倚的不敏感性.

假设我们正在考虑剂量和反应之间的关系. 我们应该使用什么检验统计量? 检验统计量的选择与设计灵敏度有什么关系? 也许答案取决于抽样情况. 如果是这样, 那么我们是否可以使用自适应检验来对冲赌注?

19.4.2 吸烟和牙周病

利用第三次国家健康与营养检查调查 (third National Health and Nutrition Examination Survey, NHANES III) 的数据, Scott Tomar 和 Samira Asma [44] 研究了吸烟作为牙周病 (periodontal disease) 的一个可能原因. 图 19.2 使用最近 2011—2012 年 NHANES 的数据研究了同一问题.

图 19.2 描述了 441 名每日吸烟者 (S) 与 441 名非吸烟对照组 (C) 相匹配的情况. 吸烟者在过去 30 天里每日都吸烟, 其中 90% 的人烟龄在 14.9 年及以上. 非吸烟者 (nonsmoker) 一生中吸烟少于 100 支, 现在不吸烟, 并且在过去 5 天中没有吸过任何种类的烟草. 研究者根据年龄、性别、受教育程度 (分成 5 类)、收入和种族等方面进行匹配配对. 对于由匹配产生的协变量平衡的度量, 见文献 [37, 表 1 和图 1].

按照文献 [44], 对牙周病在 28 颗牙齿上每颗的 6 个位置进行评估, 如果存在智齿则不考虑智齿, 如果一个位置要么有 $\geqslant 4$ mm 的牙周附着丧失 (loss of attachment) 或要么有 $\geqslant 4$ mm 的牙周袋深度, 则该位置表现为牙周病. 与文献 [38] 一样, 结果指标是表明有牙周病的测量百分比, 0—100, 因此匹配对差的范围在 -100 到 100 之间. 在图 19.2 中, 吸烟者比对照组有更严重的牙周病: 图 19.2 的面板 (i) 中的配对差倾向于正的.

图 19.2 的面板 (ii) 展示了患有牙周病的吸烟者减去对照者的配对差与每个匹配对中的吸烟者每日吸烟数量的关系图. 水平线和垂直线位于上、下四分

位数. 外角 (outer corner) 的点为黑色, 其余为灰色. 在面板 (ii) 中, 较大的配对差往往发生在吸烟者吸烟量大的配对中.

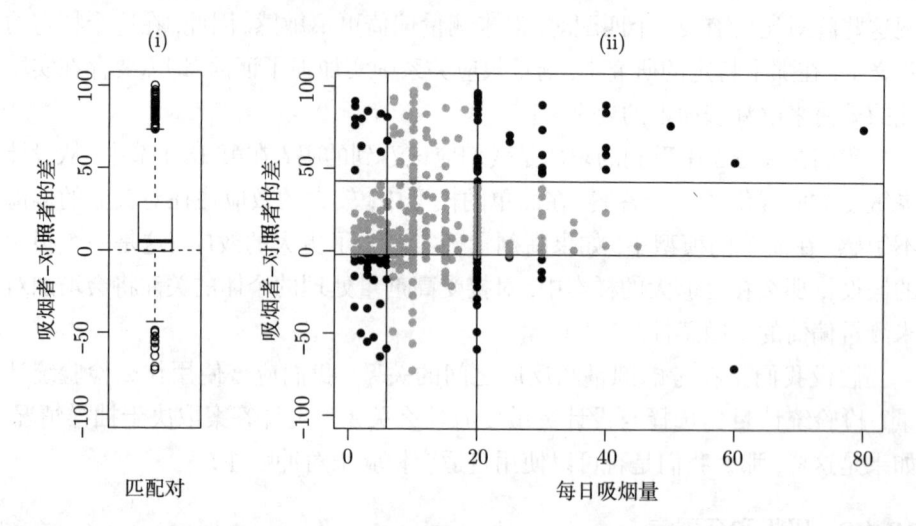

图 19.2 患有牙周病的 441 名每日吸烟者 (S) 和 441 名匹配的非吸烟对照者 (C). 面板 (i) 描述了吸烟者减去对照者 = S − C 的配对差 Y_i. 面板 (ii) 绘制了这些配对差 Y_i 与吸烟者每日吸烟量 d_i 的关系图, 用灰色的点来弱化严格介于两个变量的上下四分位数之间的点.

19.4.3 忽略剂量: 牙周病的配对差

考虑图 19.2 的面板 (i) 中患有牙周病的 $I = 441$ 个吸烟者减去对照者的差 Y_i, 忽略了面板 (ii) 中的剂量. 当将 Wilcoxon 符号秩统计法应用于 Y_i 时, 随机化检验以极小的 P-值拒绝无效应假设 H_0, 且该检验对大小约为 $\Gamma = 2.8$ 的未测量偏倚变得敏感, 单侧 P-值的界限为 0.061. 如果用 U-统计量 (8,7,8) 代替 Wilcoxon 统计量, 那么在 $\Gamma = 2.8$ 时 P-值的界限为 0.00012, 在 $\Gamma = 4.35$ 时为 0.049. 因此, 在合适的检验统计量下, 图 19.2 的面板 (i) 在 0.05 水平上拒绝 H_0 对相当大的未测量偏倚不敏感.

图 19.2 的面板 (ii) 中的剂量 d_i 是否提供了其他额外的信息呢?

19.4.4 横切检验

横切检验 (crosscut test) [36] 基于图 19.2 的面板 (ii) 的外角黑点的 4 次计数, 见表 19.1. 它是一种对剂量效应的检验, 或者更准确地说, 是大剂量下有大效应的检验. 该检验的设计是为了获得优越的设计灵敏度.

更一般地说, 横切检验基于超出剂量变量 d_i 和结果变量 Y_i 的 η 分位数的角落里的计数, 其中图 19.2 的 $\eta = 0.25$. 从中位数处切入, 有 $\eta = 0.5$, 可以得到 Paul Olmstead 和 John Tukey [24] 的角落检验 (corner test).

表 19.1 图 19.2 中横切检验的四分位数角 (quartile corner) 计数, 其中结果 Y_i 是牙周病的配对差, d_i 是配对中吸烟者每日的吸烟量

结果	每日吸烟量 d_i		
Y_i	$d_i \leqslant 7$	$d_i \geqslant 20$	总计
$Y_i \geqslant 29.00$	21	43	64
$Y_i \leqslant -0.60$	39	30	69
总计	60	73	133

在表 19.1 中, 我们固定或限定了配对中吸烟者的身份, 并询问是否在吸烟者吸烟较多的配对中发现了吸烟者与对照组在牙周病方面存在较大差异. 如果剂量是随机分配给配对者的, 并且如果关于改变剂量对牙周病没有影响的 Fisher 假设 H_0 是真的, 那么表 19.1 里面的计数在边际总计数的条件下将遵循超几何分布 (hypergeometric distribution). 假设剂量不是随机分配的, 而是以一种有偏的方式分配的, 这样一来, 配对的人接受一种剂量而不是另一种剂量的概率至多有 $\Gamma \geqslant 1$ 的差别. 那么, 在 H_0 下, 表 19.1 中计数的分布受参数分别为 Γ 和 Γ^{-1} 的两个广义超几何分布 (extended hypergeometric distribution) 的约束; 具体内容和证明见文献 [36, 命题 2]. 这就导致了对 H_0 的检验以及对该检验的敏感性分析.

在表 19.1 中, 对无剂量效应关系的假设 H_0 进行随机化检验 ($\Gamma = 1$), 得到的单侧 P-值为 0.0049, 如果是双侧检验, 那么 P-值可能会翻倍. 就牙周病的程度而言, 重度吸烟者比轻度吸烟者与他们的匹配对照者有更大的差异. 如果在给配对分配剂量时的偏倚的大小至多为 $\Gamma = 1.38$, 则该单侧 P-值上界为 0.049.

图 19.2 和表 19.1 在四分位数上对一个连续分布进行了切割. 然而, 横切检验其实可以应用于列联表的有序类别, 例如, 文献 [36, 表 1].

图 19.2 和表 19.1 在四分位数即 $\eta = 1/4$ 处切割. 如果我们改为在中位数切割, 即 $\eta = 1/2$, 那么表 19.1 将包括所有 $I = 441$ 对吸烟者 – 对照者, 但结果对较小的偏倚敏感. 对于在 $\Gamma = 1.38$ 处的中位数 $\eta = 1/2$, 单侧 P-值上界为 0.853, 远远大于 $\eta = 1/4$ 时的 0.049. 如果我们在 20% 而不是 25%, 即 $\eta = 1/5$ 而不是 $\eta = 1/4$ 时, 结果对更大的偏倚不敏感: 在 $\Gamma = 1.38$ 时, 单侧 P-值上界

是 0.0196, 而在 $\varGamma = 1.63$ 时是 0.0487. 切点 η 与对未测量偏倚的敏感性之间的关系是什么?

19.4.5 横切检验的设计灵敏度

如果实际的处理效应产生了剂量效应关系, 并且在给配对分配剂量时不存在偏倚, 那么我们问: 横切检验的敏感性分析结果会如何? 随着样本量的增加, 即当 $I \to \infty$ 时, 对未测量偏倚的极限敏感性是什么? 设计灵敏度 $\varGamma$ 是什么? 正如预期的那样, 答案取决于剂量 d_i 和反应 Y_i 之间关系的强度. 它还取决于 η, 即定义切角 (切割角落) 的四分位数.

表 19.2 对 η 的几个值给出了相关系数为 ρ 的二元正态变量 (d_i, Y_i) 的设计灵敏度 $\widetilde{\varGamma}$. 关于有限样本下的设计灵敏度和敏感性分析的模拟功效的更多表格, 包括长尾分布的情形, 见文献 [36].

表 19.2 二元正态剂量效应变量 (d_i, Y_i) 的横切检验的设计灵敏度 $\widetilde{\varGamma}$, 其中相关系数为 ρ, 在外 η 分位数切割

η	相关系数 ρ		
	0.1	0.3	0.5
1/2	1.3	2.2	4.0
1/4	1.9	7.7	44.5
1/5	2.2	12.0	106.7
1/8	3.0	32.1	740.4

正如预期的那样, 表 19.2 中的设计灵敏度随着剂量和反应之间的相关系数 ρ 的增加而增加. 在表 19.2 中, 设计灵敏度随着 η 的降低而增加. 在相关系数 $\rho = 0.3$ 时, 设计灵敏度从在中位数切入 ($\eta = 1/2$) 时的 $\widetilde{\varGamma} = 2.2$, 增加到在外八分之一分位数切割 ($\eta = 1/8$) 时的 $\widetilde{\varGamma} = 32.1$.

正如在文献 [36, 表 3] 中所示, 具有 3 个自由度的长尾二元 t-分布中也出现在表 19.2 中的模式; 然而, 随着 η 的降低, 设计灵敏度的增加有些不明显. 随着 η 的降低, 处于外角的观察值较少, 所以对横切检验有贡献的观察值较少; 但是, 在 $I = 300$ 或 $I = 500$ 个配对的模拟样本中, 若 $\eta = 1/5$, 则敏感性分析的功效仍然很高, 见文献 [36, 表 4].

简而言之, 在适度的相关性下 (如 $\rho = 0.3$), 只要 η 不大, 就能产生较大的设计灵敏度 $\varGamma$. 设计灵敏度是指随着样本量的增加到 $I \to \infty$ 时的极限. 当然,

对于有限的 I, 如果 η 太小, 那么类似于表 19.1 中的数据会非常少. 因此, 这里存在一种权衡, 可以使用自适应推断来探索, 如下所述.

19.4.6 分层横切检验

表 19.1 中的分析对观察到的协变量做出了解释, 比较了在观察到的协变量方面相似的吸烟者和匹配的对照者. 尽管如此, 表 19.1 中的不同配对在观察到的协变量方面通常有所不同: 在一配对中, 吸烟者和对照者都是 30 岁的女性, 但在另一对中, 吸烟者和对照者都是 70 岁的男性. 表 19.1 问的是, 对于观察到的协变量相匹配的配对, 剂量是否能预测配对的结果差异.

横切分析可以用一个 $2 \times 2 \times S$ 的表取代表 19.1 中的 2×2 表. 该表从一些已经通过匹配控制的观察到的协变量中形成 S 个层. 在这个 $2 \times 2 \times S$ 表中, 每一个匹配对都是一个计数, 但现在 30 岁的女性配对和 70 岁的男性配对分开了. 通过分层, 对观察到的协变量以两种不同的方式进行了两次调整. 在这种情况下, 对于每个 $\Gamma \geqslant 1$, 每个 S 子表都被两个广义超几何分布所约束. 在这些 S 子表的左上角单元格的 S 个计数总计是 Mantel-Haenszel-Birch 统计量的基础 [4,18], 在敏感性分析中, 其零分布由广义超几何分布的卷积 (convolution) 所约束 [36].

不需要对匹配对进行横切分析. 相反, 它可能对吸烟量不同的个体进行分析. 当对个体而不是配对进行横切分析时, 分层就成为对观察到的协变量的唯一调整.

19.4.7 自适应横切检验

表 19.2 显示, 对未测量偏倚的敏感性可以随着确定切角的分位数 η 的选择而发生巨大的变化. 自适应横切检验 [40, §6] 切割剂量 d_i 的分布或结果 Y_i 的分布或两者的分布, 这是在四个分位数 ($0 < \eta_1 < \eta_2 < 1/2 < 1 - \eta_2 < 1 - \eta_1 < 1$) 上而不是在两个分位数上切割. 然后, 它使用 Mantel-Haenszel-Birch 统计量 [4,18] 的自适应方法 [40] 来考虑相同的剂量和反应的联合分布的几个不重叠的 2×2 "角落". 自适应检验做了两个检验, 一个只使用 "外角", 另一个同时使用 "外角" 和 "内角", 并给予 "外角" 更大的权重.

受到表 19.2 中设计灵敏度的启发, 自适应检验使用小的 η_1 进行了一次检验. 由于担心小的 η_1 会导致只使用一小部分数据, 自适应检验用较大的 η_2 进行第二次试验, 因此该检验使用了额外的匹配对. 在每个 $\Gamma \geqslant 1$ 的情况下, 这两个检验在不等式 (19.1) 和表达式 (19.2) 意义上对真实的无效应零假设错误拒绝的可能性均等.

自适应检验使用两个检验统计量的精确联合分布对两次检验进行校正, 但校正幅度很小, 因为两个检验使用了相同的数据, 并且它们高度相关. 尽管进行了两次检验, 但只要处理分配中的偏倚不超过 Γ, 在 Γ 下进行的水平 α 的自适应检验就会以至多 α 的概率错误地拒绝真实的无效应零假设.

假设剂量 d_i 在 η_1 和 η_2 处被切割, 但反应 Y_i 只在 η_1 处被切割, 产生了一个以剂量 d_i 为列、结果 Y_i 为行的 3×5 的计数表格. 这个 3×5 的表格在位置 $(1, 1), (1, 5), (3, 1), (3, 5)$ 有一个 2×2 的外角子表 (subtable of outer corner). 这个 3×5 的表格也有一个 2×2 的内角子表 (subtable of inner corner), 位置是 $(1, 2), (1, 4), (3, 2), (3, 4)$. 这两个 2×2 的表格不重叠. 这两个 2×2 的子表形成一个 $2 \times 2 \times 2$ 的表格, 有两个层 (外角或内角), 并对该表进行自适应的 Mantel-Haenszel-Birch 检验. 在 d_i 处切割一次但 Y_i 切割两次的情况是类似的, 这样做将产生一个 5×3 的表格, 以及一个不同的 $2 \times 2 \times 2$ 的表格. 在文献 [40, §6] 中分析了一个关于维生素 D 和乳腺癌的列表实例.

如果剂量 d_i 和反应 Y_i 都在 η_1 和 η_2 处切割, 其结果是一个 5×5 的计数表格. 这个 5×5 的表格有两个 2×2 的外角子表, 位于 $(1, 1), (1, 5), (5, 1), (5,5)$ 的位置. 这个 5×5 的表格有两个 2×2 的内角子表, 一个位置在 $(1,2), (1, 4), (5, 2), (5, 4)$, 另一个位置在 $(2, 1), (2, 5), (4, 1), (4,5)$. 这 3 个 2×2 的子表不重叠, 且将它们合并成一个 $2 \times 2 \times 3$ 的表格, 并对其进行自适应的 Mantel-Haenszel-Birch 检验.

考虑不止在四分位数处对图 19.2 切割一次, 而是在 $\eta_1 = 1/5 = 0.2$ 和 $\eta_2 = 2/5 = 0.4$ 处对图 19.2 切割两次. 表 19.3 显示了这种双重切割 (double cut) 的计数. 表 19.3 中的外切 (outer cut) 比表 19.1 中的更远, 排除了更多的配对, 而表 19.3 中的内切 (inner cut) 比表 19.1 中的更远, 包含更多的配对. 我们可以让数据来决定外切和内切吗?

表 19.4 选择性地将表 19.3 重新排列成一个 $2 \times 2 \times 3$ 的表格. 该表由表 19.3 中的外角加上两个内角组成. 请注意, 与表 19.1 相比, 表 19.4 中 3 个 2×2 的表格中的第一个表格有更小的计数但有更大的优势比, 即等于 $3.65 = (36 \times 28)/(12 \times 23)$, 而不是 $2.66 = (43 \times 39)/(21 \times 30)$. 与表 19.1 中在 $1/4$ 处切割相比, 在 $1/5$ 处切割得到的结果对偏倚不太敏感, 这与表 19.2 中的理论计算一致. 具体来说, 表 19.1 中检验无效应假设 H_0 在 $\Gamma = 1.38$ 时的单侧 P-值上界是 0.049; 但如果仅使用表 19.4 中的第一个 2×2 表格, 则在 $\Gamma = 1.55$ 时的 P-值上界是 0.038. 当然, 也有可能是另一种情况, 我们在查看数据之前不可

能知道结果会是怎样的.

表 19.3 在图 19.2 中横切检验的角落计数,其中 d_i 为配对中吸烟者每日吸烟量,Y_i 为牙周病的配对差

结果	剂量 d_i, 每日吸烟量					
Y_i	(0, 6]	(6, 10]	(10, 15)	[15, 20)	[20, ∞)	总计
[42.3, ∞)	12	29	7	5	36	89
[12.0, 42.3)	23	22	7	9	27	88
(0.9, 12.0)	24	23	6	9	25	87
(−2.2, 0.9)	22	25	3	15	23	88
(−∞ − 2.2]	28	27	1	10	23	89
总计	109	126	24	48	134	441

表 19.4 在 $\eta_1 = 1/5$ 和 $\eta_2 = 2/5$ 处切割,将表 19.3 中的 5×5 计数转换为外角和内角的 $2 \times 2 \times 3$ 的表格. 在自适应检验中,可以单独使用第一个 2×2 的表格,也可以与另外两个 2×2 的表格结合使用并给予双倍权重

结果	剂量 d_i, 每日吸烟量	
外角的 Y_i, 外角的 d_i		
Y_i	(0, 6]	[20, ∞)
[42.3, ∞)	12	36
(−∞, −2.2]	28	23
外角的 Y_i, 内角的 d_i		
Y_i	(6,10]	[15, 20)
[42.3, ∞)	29	5
(−∞, −2.2]	27	10
内角的 Y_i, 外角的 d_i		
Y_i	(0, 6]	[20, ∞)
[12.0, 42.3)	23	27
(−2.2, 0.9)	22	23

应用于表 19.4 的自适应横切检验进行了两个检验: (i) 使用表 19.4 中的第一个 2×2 的表格进行刚才的检验;(ii) 对 $2 \times 2 \times 3$ 的表格进行 Mantel-

Haenszel-Birch 检验, 对表 19.4 中的第一个 2×2 的表格给予双倍权重. 在 $\Gamma = 1.55$ 时, 自适应检验在 0.05 水平上拒绝了 H_0, 而且它是基于检验 (i) 而不是检验 (ii) 的结果. 如果我们知道只使用第一个 2×2 表得到的 P-值, 那么在 $\Gamma = 1.55$ 时, 自适应检验的 P-值为 0.0499, 而不是 0.038; 因此, 一个诚实的、自适应检验付出的代价并不高.

19.4.8 横切检验和证据因素

有一种直观的感觉, 图 19.2 的面板 (i) 中牙周病的配对差 Y_i 的箱线图几乎没有告诉你 Y_i 和图 19.2 的面板 (ii) 中吸烟量 d_i 之间的剂量效应关系. 第 20 章将从证据因素的概念上探讨这一直觉及其含义. 更确切地说, 第 20 章将追问基于表 19.1 的剂量效应检验与仅基于配对差 Y_i 的吸烟者减去对照者而忽略剂量的比较 (例如使用 Wilcoxon 符号秩检验) 之间的关系. 事实证明, 这两种检验提供了完全独立的、几乎统计学上独立的信息, 它们受制于不同的未观察到的偏倚: 这就好像是由不同的研究者、使用了不同的数据、采用了不同的研究设计进行的两项不相关的研究.

19.5 敏感性分析的 Bahadur 效率

19.5.1 事情的进展如何?

在本章中, 随机化检验 $\Gamma = 1$ 的 Pitman 效率, 以及设计灵敏度 $\widetilde{\Gamma}$, 都倾向于不同的检验统计量. 例如, 假设 Y_i 是来自期望为 τ 和方差为 1 的正态分布的独立观察值, 将 $\eta = 1/3$ 的 Noether 统计量 [23] 与 Wilcoxon 统计量进行比较. 就 Pitman 效率而言, Noether 检验要差得多, 与 Wilcoxon 检验相比, 其相对效率为 0.78 [30, 表 1], 因此在一项研究治疗效果非常小的大型随机试验中, Wilcoxon 检验是更好的选择. 然而, 如果 $\tau = 1/2$, 那么 Wilcoxon 检验的设计灵敏度为 $\Gamma = 3.17$, 远低于 Noether 统计量的 $\Gamma = 4.97$, 因此在一项治疗效果有意义的大型观察性研究中, Noether 检验是更好的选择. 这种对比并不令人惊讶. 随机化检验的 Pitman 效率假定不存在未测量偏倚, 它担心的是样本量 I 的有效利用; 而设计灵敏度 $\widetilde{\Gamma}$ 假设样本量充足即 $I \to \infty$, 它担心的是未测量偏倚. 有没有一种方法可以同时考虑到偏倚和样本量? 与其从大小为 $\Gamma = 1$ 的无偏倚跳到大小为 $\Gamma = \widetilde{\Gamma}$ 的极限偏倚, 我们是否可以讨论在中间大小的 Γ $(1 < \Gamma < \widetilde{\Gamma})$ 进行的敏感性分析的效率?

19.5.2 几种类型的效率

假设我们有两个检验 T_1 和 T_2, 对无处理效应零假设 H_0 进行检验. 我们应该使用哪个检验?

第 15 章计算了敏感性分析的功效, 当然 T_1 和 T_2 在相同的抽样情况下可能有不同的功效. 回顾图 15.2 和 15.3 中的敏感性分析的功效图.

为了计算功效, 必须明确几件事. (i) 抽样情况, (ii) 检验统计量, 这里是 T_1 或 T_2, (iii) 样本量 I, (iv) 检验水平, 传统的水平 $\alpha = 0.05$, 最后 (v) 敏感性参数 Γ 的值. 鉴于 (i)—(v), 我们应用一个返回功效的公式, 比如说 Π. 在这里, Π 是在 Γ 下进行的敏感性分析将返回最多为 α 的 P-值上界的概率. 也就是说, Π 是我们能够报告在水平 α 下拒绝 H_0 对处理分配中大小为 Γ 的偏倚不敏感的概率.

在前面的章节中, 我们考虑了各种"有利的"抽样情况, 即具有处理效应且没有未测量偏倚的情况. 有利形势是我们关注的重点, 因为在有利形势下, 我们希望报告的结论对小的和中等的偏倚 (其大小由 Γ 衡量) 不敏感. 例如, 一种可能的有利形势是 Y_i 独立地从正态分布中抽取, 期望值或处理效应为 τ, 方差为 1. 我们并不知道 (i)—(v) 中的真值或正确值; 事实上, 功效 Π 是 (i)—(v) 的函数, 因此我们要通过改变 (i)—(v) 并观察功效是如何变化的来深入了解功效.

我们可以反向阅读图 15.2 和 15.3, 指定 (i), (ii), (iv), (v) 和功效 Π, 并找到相应的样本量 I. 例如, 我们可能要求功效为 $\Pi = 0.8$. 换句话说, 我们可以问: 什么样的样本量 I 能得到我们要求的功效, 即 $\Pi = 0.8$? 假设我们这样做了两次, 一次是用 T_1, 一次是用 T_2, 得到两个样本量, 分别为 I_1 和 I_2. 就 Γ 的敏感性分析而言, 用样本量为 I_1 的 T_1 检验 H_0 与用样本量为 I_2 的 T_2 检验 H_0 是差不多的. 在这两种情况下, 在相同的抽样情况下, 我们在相同的 Γ 处有相同的功效 Π、相同的水平 α. 因此我们创造了一个衡量标准 (度量), 一种"货币", 用来比较 T_1 和 T_2, 即样本量. 更好的检验可以用更小的样本量完成同样的工作. 如果 $I_1 < I_2$, 那么 T_1 就比 T_2 更有效率. 如果 Wilcoxon 统计量与 Noether 统计量的相对效率是 1.28, 或者说 Noether 统计量与 Wilcoxon 统计量的相对效率是 $0.78 = 1/1.28$, 那么 Wilcoxon 统计量可以用 Noether 统计量所需 78% 的样本量出色地完成同样的工作.

数量 I_2/I_1 是相对效率. 如果我们有无限的能力和耐心来进行这样的计算, 那么我们就会对每种 (i), (ii), (iv), (v) 和 Π 的设定进行计算并记住相对效率. 于是我们就会知道关于 T_1 和 T_2 的相对性能的一切. 由于缺乏对这种计算的无限能力和耐心, 我们寻求简化的方式. 通常, 我们发现效率 I_2/I_1 在某种意义上趋向于一个极限, 而且通常这个极限比效率 I_2/I_1 的无限集更容易理解和记忆.

不正式地讲, Pitman 效率考虑的是一个处理效应的无穷序列 $\tau_1, \tau_2, \cdots$, 向效应为零的方向递减. 对这个序列的每个 τ 计算效率 I_2/I_1. 如果效率序列 I_2/I_1 收敛到一个极限, 那么这个极限就是 T_1 和 T_2 的 Pitman 渐近相对效率.[4] 在这个计算中, Pitman 效率保持水平 α 和功效 Π 固定不变, 沿着 τ 递减的方向移动, 因此两个样本量 I_2 和 I_1 都在增加, 以抵消处理效应的不断下降, 但它们的比值 I_2/I_1 可能趋向于一个极限. 通常情况下, I_2/I_1 的极限值对于所有水平 α 和功效 Π 都是一样的, 因此 Pitman 效率产生了一个对所有效率的简明总结, 即 I_2/I_1. Pitman 效率被广泛使用, 以至于"效率""大样本效率"和"渐近相对效率"等术语都被理解为对 Pitman 效率的引用.

从字面上看, Pitman 效率的叙述并不完全适用于敏感性分析. 随着处理效应量级变小, 当 τ_ℓ 接近零时, 我们的研究对越来越小的偏倚变得敏感——偏倚大小由 Γ 衡量. 从字面上看, Pitman 效率理论认为, 最小的偏倚是一个巨大的问题, 因为我们不能再对无限小的处理效应做出不敏感的推断. 事实上, 没有人关心无限小的处理效应. 无限小的处理效应太小, 不值得关心; 如果这些你都错过了, 那么你就没有错过太多. 在观察性研究中, 要对中等大小 (moderate size) 的处理效应得出正确的结论是一个挑战, 而这些效应可能大到足以影响某些人.

Raghu Raj Bahadur [2] 提出了一种不同形式的渐近效率. 他也采用了 I_2/I_1 的极限, 但却是一个不同的极限. 与 Pitman 效率不同, Bahadur 效率固定了处理效应 τ. 例如, 我们可能会确定一个中等大小的处理效应 τ, 一个大到足以影响某些人的效应, 一个有希望对小的或中等的且大小由 Γ 衡量的偏倚不敏感的效应. 此外, Bahadur 还固定了功效, 例如 $\Pi = 0.8$. 然后, Bahadur 考虑了一个水平的序列 $\alpha_1, \alpha_2, \cdots$, 向水平为零的方向递减. 对这个序列中的每个 α_ℓ 计算效率 I_2/I_1. 如果效率序列 I_2/I_1 收敛到一个极限, 那么这个极限就是 T_1 和 T_2 的 Bahadur 相对效率.[5] 通常情况下, Bahadur 相对效率不取决于功效 Π, 但取决于处理效应 τ.

非常小的水平 α_ℓ 是有实际意义的, 而非常小的处理效应 τ_ℓ 则不然. 想象一下, 一位研究者计划检验许多零假设 (也许是在基因组学方面), 并计划用 Bonferroni 不等式来校正多重检验. 这样一位研究者需要在一个小的未校正水

---

[4] 更确切地说, 对于每一个趋向于零的 τ_ℓ 序列, 极限都必须是相同的.

[5] 正同前面的脚注, 我们还需要一点, 即对于每一个趋向于零的 α 的序列都有相同的极限.

平 α_ℓ 上检验每个假设, 因此有理由希望 α_ℓ 是随着样本量的增加而尽可能快地下降. 漏掉一个极小的处理效应不是一个大问题, 但由于许多假设被检验而漏掉一个大的效应则是一个问题.

19.5.3 在敏感性分析中使用 Bahadur 效率

更重要的是, 在观察性研究中, 中等大小的处理效应 τ 有可能对小的偏倚和中等的偏倚不敏感. 与 Pitman 效率理论不同, Bahadur 效率理论适用于敏感性分析. 随机化检验 $\varGamma = 1$ 的 Bahadur 效率是一个熟悉的概念了, 因此考虑 $\varGamma > 1$ 的敏感性分析的 Bahadur 效率. 假设 T_2 的设计灵敏度 $\widetilde{\varGamma}_2$ 大于 T_1 的设计灵敏度 $\widetilde{\varGamma}_1$, 即 $\widetilde{\varGamma}_2 > \widetilde{\varGamma}_1$. 当 $\varGamma$ 向 $\varGamma_1$ 增加时, T_1 相对于 T_2 的 Bahadur 相对效率将下降到零. 因此, Bahadur 效率将为 $1 \leqslant \varGamma \leqslant \widetilde{\varGamma}_1$ 提供建议. 该建议与我们已有的关于极端情况 ($\varGamma = 1$ 和 $\widetilde{\varGamma}_1 < \varGamma < \widetilde{\varGamma}_2$) 的建议一致.

让我们最后一次比较 Wilcoxon 检验 T_1 和 $\eta = 1/3$ 的 Noether 检验 T_2 的性能, 设 Y_i 是从期望为 $\tau = 1/2$、方差为 1 的正态分布中独立抽取的. 在随机化检验 $\varGamma = 1$ 中, Wilcoxon 检验比 Noether 检验的效率高 35%, I_2/I_1 趋向于极限 1.35, 即 Bahadur 相对效率. 在 $\varGamma = 1$ 的极限中, Noether 检验需要多 35% 的样本才能与 Wilcoxon 检验具有相同的性能. 在 $\varGamma = 2$ 时, 情况发生了逆转, 尽管这两个统计量的设计灵敏度都远高于 2, 即 Wilcoxon 检验的 $\widetilde{\varGamma}_1 = 3.17$, Noether 检验的 $\widetilde{\varGamma}_2 = 4.97$. 在 $\varGamma = 2$ 时, Bahadur 相对效率为 0.68, 因此 Noether 检验只需用 68% 的样本就能达到 Wilcoxon 检验需要完整样本才能达到的性能. 在 $\varGamma = 3$ 时, Bahadur 相对效率为 0.03, 因为 $\varGamma = 3$ 接近于 Wilcoxon 检验的设计灵敏度 $\widetilde{\varGamma}_1 = 3.17$. 对于 $3.17 < \varGamma < 4.97$, Bahadur 效率为 0. 关于这些结果和许多其他结果, 见文献 [34, 表 2].

在实际应用中, 对于远低于 $\widetilde{\varGamma}$ 的 $\varGamma$, 设计灵敏度 $\widetilde{\varGamma}$ 小的统计量性能不佳已经很明显了. 这个问题可以通过敏感性分析的 Bahadur 效率来量化.

由 Robert Berk 和 Douglas Jones [3] 提出的一个重要定理涉及在不等式 (19.1) 中类型的自适应推断的 Bahadur 效率. 该定理表明, 自适应检验与它的几个组合检验中的最佳检验具有相同的 Bahadur 效率. 这是很了不起的. 最佳检验取决于抽样情况, 而在实践中你并不知道抽样情况. 尽管你不知道哪种检验将是最佳的, 但自适应检验与它的组合中的最佳检验具有相同的大样本性能. 该定理之所以引人注目, 是因为自适应检验必须对多重检验进行校正, 但在大样本中, 这种校正不需要付出任何代价. 非正式地说, 根据定义, 具有最大 Bahadur 效率的组合检验的 P-值比其竞争对手更快地趋近于零, 所以在足够大的样本中, 其 P-值几乎肯定会在这场竞赛中领先, 因此对多重检验的校正可以忽略不计. 在对敏感性分析的有限样本功效的模拟中, 自适应检验经常落后于其组合中的最佳检验一小段距离, 但自适应检验却远远领先于组合中的其他检验 [30, 表 3], 这表明 Berk-Jones 定理在实际规模的问题中具有吸引力.

虽然这里的简要讨论集中在正态误差的可加处理效应上, 但这种情况并没有什么特别之处, 对于非可加效应和其他误差分布也可以进行类似的计算 [34, 表 2 和表 3]. Ashkan Ertefaie 及其同事 [7] 使用 Bahadur 效率来考察强化工具变量的性能. Bikram Karmaker 及其同事 [16] 应用 Bahadur 效率来考察证据因素的敏感性分析.

19.6 延伸阅读

本章是对一个大主题的简要概述. 为了建立直觉, 文献 [28, §3] 的图 3 是开始进一步阅读的好地方: 它绘制了 Albers, Bickel 和 van Zwet [1] 的函数 abz(y) 与服从正态分布、logistic 分布、双指数分布和 Cauchy 分布的 y 的关系图, 表明接近零的 $|Y_i|$ 通常对大小为 Γ 的偏倚很敏感, 而离零稍远的 $|Y_i|$ 对其则不敏感.

关于自适应敏感性分析的介绍, 见文献 [31]. 关于横切检验的性质及其敏感性分析, 见文献 [36]; 关于自适应横切检验, 见文献 [40, §6]. 关于敏感性分析的 Bahadur 效率, 见文献 [34].

19.7 软件

R 软件包 DOS2 包含函数 senU. 它实现了第 19.2 节中的 U-统计量, 包括置信区间和点估计. 通过适当的设置, 函数 senU 可以执行 Stephenson 检验和基于 U-统计量的检验, 该检验基本上等同于 Wilcoxon 符号秩检验. 在软件包 DOS2 中的函数 senWilco 执行原始的 Wilcoxon 检验及其置信区间和点估计的计算. 函数 senU 和 senWilco 都实现了敏感性分析.

虽然软件包 sensitivitymult 中的函数 senm 和 senmCI 可能是最容易使用的, 但软件包 sensitivitymv, sensitivitymw 和 sensitivitymult 都实现了第 19.2 节中的 m-统计量. 参见文献 [35].

关于 m-统计量的敏感性分析的交互式 shinyApp 是一个图形用户界面, 带有文字解释, 通过在后台运行 sensitivitymult 来分析匹配的观察性研究. 特别是, 你可以看到改变内部修饰参数 ι 是如何改变对未测量偏倚的敏感性.

R 中的软件包 senstrat 对协变量分层的未匹配比较进行敏感性分析 [39]. 该包可以使用秩统计量或 m-统计量.

R 软件包 DOS2 中的函数 crosscut 可以进行横切检验及其敏感性分析.

软件包 sensitivity2x2xk 中的函数 mh 在一个 $2 \times 2 \times S$ 的表格中对 Mantel-Haenszel-Birch 检验 [4, 18] 进行了敏感性分析. 该函数 mh 可用于对分层横切检验进行敏感性分析 [36].

横切检验使用在外四分位数 (outer quartile) 处的切割 ($\eta = 0.25$) 来举例说明. 文献 [40, §6] 中的自适应横切检验同时使用两个或多个切割, 比如 $\eta = 1/5$ 和 $\eta = 1/3$. 这个检验可以通过计算相关的 $2 \times 2 \times S$ 的表格并对其应用软件包 sensitivity2x2xk 中的函数 adaptmh 来实现. 函数 adaptmh 的实例使用了文献 [40] 中的一个实例来执行自适应横切检验.

19.8 数据

R 软件包 DOS2 的数据集 smokerlead 包含了图 19.1 中的血铅数据, 一些计算结果在其帮助文档中可重现.

R 软件包 DOS2 的数据集 periodontal 包含了图 19.2 中的牙周病和吸烟数据, 并在其函数 crosscut 的帮助文档中出现了对此数据的分析结果.

参考文献

[1] Albers, W., Bickel, P. J., van Zwet, W. R.: Asymptotic expansions for the power of distribution free tests in the one-sample problem. Ann. Stat. **4**, 108–156 (1976)

[2] Bahadur, R. R.: Rates of convergence of estimates and test statistics. Ann. Math. Stat. **38**, 303–324 (1967)

[3] Berk, R. H., Jones, D. H.: Relatively optimal combinations of test statistics. Scand. J. Stat. **5**, 158–162 (1978)

[4] Birch, M. W.: The detection of partial association, I: the 2×2 case. J. R. Stat. Soc. B. **26**, 313–324 (1964)

[5] Brown, B. M.: Symmetric quantile averages and related estimators. Biometrika **68**, 235–242 (1981)

[6] Conover, W. J., Salsburg, D. S.: Locally most powerful tests for detecting treatment effects when only a subset of patients can be expected to 'respond' to treatment. Biometrics **44**, 189–196 (1988)

[7] Ertefaie, A., Small, D. S., Rosenbaum, P. R.: Quantitative evaluation of the trade-off of strengthened instruments and sample size in observational studies. J. Am. Stat.

Assoc. **113**, 1122–1134 (2018)

[8] Gastwirth, J. L.: On robust procedures. J. Am. Stat. Assoc. **61**, 929–948 (1966)

[9] Groeneboom, P., Oosterhoff, J.: Bahadur efficiency and small-sample efficiency. Int. Stat. Rev. **49**, 127–141 (1981)

[10] Groeneveld, R. A.: Asymptotically optimal group rank tests for location. J. Am. Stat. Assoc. **67**, 847–849 (1972)

[11] Hansen, B. B., Rosenbaum, P. R., Small, D. S.: Clustered treatment assignments and sensitivity to unmeasured biases in observational studies. J. Am. Stat. Assoc. **109**, 133–144 (2014)

[12] Heller, R., Rosenbaum, P. R., Small, D.: Split samples and design sensitivity in observational studies. J. Am. Stat. Assoc. **104**, 1090–1101 (2009)

[13] Hoeffding, W.: A class of statistics with asymptotically Normal distribution. Ann. Math. Stat. **19**, 293–325 (1948)

[14] Huber, P. J.: Robust estimation of a location parameter. Ann. Math. Stat. **35**, 73–101 (1964)

[15] Huber, P. J.: Robust Statistics. Wiley, New York (1981)

[16] Karmakar, B., French, B., Small, D. S.: Integrating the evidence from evidence factors in observational studies. Biometrika **106**, 353–367 (2019)

[17] Lehmann, E. L.: Nonparametrics. Holden Day, San Francisco (1975). Reprinted Springer, New York (2006)

[18] Mantel, N., Haenszel, W.: Statistical aspects of the analysis of data from retrospective studies of disease. J. Nat. Cancer Inst. **22**, 719–748 (1959)

[19] Maritz, J. S.: A note on exact robust confidence intervals for location. Biometrika **66**, 163–166 (1979)

[20] Maritz, J. S.: Distribution-Free Statistical Methods. Chapman and Hall, London (1995)

[21] Markowski, E. P., Hettmansperger, T. P.: Inference based on simple rank step score statistics for the location model. J. Am. Stat. Assoc. **77**, 901–907 (1982)

[22] Nikitin, I.: Asymptotic Efficiency of Nonparametric Tests. Cambridge, NewYork (1995)

[23] Noether, G. E.: Some simple distribution-free confidence intervals for the center of a symmetric distribution. J. Am. Stat. Assoc. **68**, 716–719 (1973)

[24] Olmstead, P. S., Tukey, J. W.: A corner test for association. Ann. Math. Stat. **18**, 495–513 (1947)

[25] Rosenbaum, P. R.: Using quantile averages in matched observational studies. J. R. Stat. Soc. C (Appl. Stat.) **48**, 63–78 (1999)

[26] Rosenbaum, P. R.: Sensitivity analysis for m-estimates, tests, and confidence intervals in matched observational studies. Biometrics **63**, 456–464 (2007)

[27] Rosenbaum, P. R.: Confidence intervals for uncommon but dramatic responses to

treatment. Biometrics **63**, 1164–1171 (2007)

[28] Rosenbaum, P. R.: Design sensitivity and efficiency in observational studies. J. Am. Stat. Assoc. **105**, 692–702 (2010)

[29] Rosenbaum, P. R.: A new U-statistic with superior design sensitivity in matched observational studies. Biometrics **67**, 1017–1027 (2011)

[30] Rosenbaum, P. R.: An exact adaptive test with superior design sensitivity in an observational study of treatments for ovarian cancer. Ann. Appl. Stat. **6**, 83–105 (2012)

[31] Rosenbaum, P. R.: Testing one hypothesis twice in observational studies. Biometrika **99**, 763–774 (2012)

[32] Rosenbaum, P. R.: Impact of multiple matched controls on design sensitivity in observational studies. Biometrics **69**, 118–127 (2013)

[33] Rosenbaum, P. R.: Weighted m-statistics with superior design sensitivity in matched observational studies with multiple controls. J. Am. Stat. Assoc. **109**, 1145–1158 (2014)

[34] Rosenbaum, P. R.: Bahadur efficiency of sensitivity analyses in observational studies. J. Am. Stat. Assoc. **110**, 205–217 (2015)

[35] Rosenbaum, P. R.: Two R packages for sensitivity analysis in observational studies. Observ. Stud. **1**, 1–17 (2015)

[36] Rosenbaum, P. R.: The crosscut statistic and its sensitivity to bias in observational studies with ordered doses of treatment. Biometrics **72**, 175–183 (2016)

[37] Rosenbaum, P. R.: Using Scheffe projections for multiple outcomes in an observational study of smoking and periodontal disease. Ann. Appl. Stat. **10**, 1447–1471 (2016)

[38] Rosenbaum, P. R.: The general structure of evidence factors in observational studies. Stat. Sci. **32**, 514–530 (2017)

[39] Rosenbaum, P. R.: Sensitivity analysis for stratified comparisons in an observational study of the effect of smoking on homocysteine levels. Ann. Appl. Stat. **12**, 2312–2334 (2018)

[40] Rosenbaum, P. R., Small, D. S.: An adaptive Mantel-Haenszel test for sensitivity analysis in observational studies. Biometrics **73**, 422–430 (2017)

[41] Serfling, R. J.: Approximation Theorems of Mathematical Statistics. Wiley, New York (1980)

[42] Shaper, A. G., Pocock, S. J., Walker, M., Wale, C. J., Clayton, B., Delves, H. T., Hinks, L.: Effects of alcohol and smoking on blood lead in middle-aged British men. Brit. Med. J. **284**, 299–302 (1982)

[43] Stephenson, W. R.: A general class of one-sample nonparametric test statistics based on subsamples. J. Am. Stat. Assoc. **76**, 960–966 (1981)

[44] Tomar, S. L., Asma, S.: Smoking-attributable periodontitis in the United States: findings from NHANES III. J. Periodont. **71**, 743–751 (2000)

[45] van Eeden, C.: An analogue, for signed rank statistics, of Jureckova's asymptotic linearity theorem for rank statistics. Ann. Math. Stat. **43**, 791–802 (1972)

[46] Wilcoxon, F.: Individual comparisons by ranking methods. Biometrics **1**, 80–83 (1945)

[47] Zhao, Q.: On sensitivity value of pair-matched observational studies. J. Am. Stat. Assoc. **114**, 713–722 (2019)

[48] Zhao, Q., Small, D. S., Rosenbaum, P. R.: Cross-screening in observational studies that test many hypotheses. J. Am. Stat. Assoc. **113**, 1070–1084 (2018)

[49] Zhao, Q., Small, D. S., Su, W.: Multiple testing when many p-values are uniformly conservative, with application to testing qualitative interaction in educational interventions. J. Am. Stat. Assoc. **114**, 1291–1304 (2019)

# 第Ⅳ部分　增 强 设 计

第 20 章 证据因素

摘要 如果一项观察性研究允许对无处理效应零假设进行两个本质上独立的检验, 那么该研究就有两个证据因素 (evidence factor), 其中每个检验都未受到一些未测量偏倚的影响, 而这些偏倚会使另一个检验无效. 因为这两个检验在本质上是独立的, 所以它们提供的证据——它们的假设检验和敏感性分析——可以用荟萃分析 (meta-analytic) 技术结合起来, 就好像这两个检验是由不同的研究者在不同的研究中进行的一样.

[我们应该] 只从可以接受仔细检查的具体假设 (tangible premise) 出发, 并且 …… 宁可相信多种多样的 …… 论据, 也不要相信任何一个论据的结论性. [我们的] 推理不应该形成一根不比最薄弱的环节更坚固的链条, 而应该形成一条电缆, 其纤维可以非常纤细, 只要它们的数量足够多且紧密相连.

—— Charles Sanders Peirce [24]

对于一个主要由观察性研究决定的问题, 其综合证据通常由不同质量各异的结果组成, 每个结果都与因果假设的某些结果有关 …… [研究者] 无法避免试图权衡支持和反对 (正反两方面) 的证据, 因为有些结果很容易受到偏倚的影响, 即使得到常规显著性检验的支持, 也应该给予它们较低的权重.

—— William G. Cochran[3, 第 252–253 页]

20.1 什么是证据因素?

20.1.1 复制应该破坏可能的偏倚

偏倚可以复制, 而且经常如此. 在复制一项观察性研究时, 我们试图复制处理效应, 但不复制在最初研究中存在的任何偏倚, 见第 4.5 节. 在不复制偏倚的情况下复制处理效应, 需要在新的环境下以新的方式独立地研究同一效应 [27,39,40]. 当再次研究时, 处理效应的重新出现本身并不能令人信服; 相反, 我们确信, 它在新的环境下反复出现, 有意地和深思熟虑地破坏了一些可能的偏倚来源. 正如第 4.5 节所述, Mervyn Susser [39, 第 148 页] 写道: "这种方法的优点在于不同的方法可以产生类似的结果."

复制处理效应的尝试往往失败. 在一种环境中明显存在的效应, 在另一种环境中显然是不存在的. 试图在破坏偏倚的同时复制效应的努力经常失败, 因此, 试图复制一项发现的结果并不是一个必然的结论. 如果在一项以新方式进行的新研究中, 同样的效应再次出现, 那这就是一个有意义的新闻了.

20.1.2 复制和证据因素

以这种方式理解复制, 现在要问的是: 一项研究能否自我复制? 一项研究能否对无效应零假设进行两个独立的检验, 从而使第一个检验的偏倚与第二个检验的偏倚完全不同? 尽管这两个检验使用的是相同的数据, 但因为这两个检验在统计上是独立的, 即使给定第一个检验的结果, 第二个检验的结果并不是一个必然的结论. 因为这两个检验容易受到不同偏倚的影响, 只有当这两种偏倚机缘巧合产生相同的对处理效应的错误印象时, 这两个检验才会错误地同时产生相同的结果. 一项研究能不能包含它自己的破坏性复制?

两个检验的统计独立性很重要, 但不是关键因素. 如果我们想要的只是对一个无处理效应的假设进行两个统计上独立的检验, 那么我们可以简单地将样本随机分成两半, 分别对每一半样本独立地进行检验. 这样做毫无意义. 一项研究的两个随机部分都受到同样的偏倚影响——确切地说根本没有做任何事情来破坏这些偏倚. 如果随机划分出的一半样本有偏倚, 那么另一半样本也有偏倚, 而且以同样的方式出现. 在这种情况下, 随机划分是完全错误的: 这是你可以绝对确定两个独立检验的偏倚完全相同的唯一方法.

如果一项研究为一个无处理效应的假设提供了两个统计上独立的检验, 并且如果这两个检验容易受到处理分配的不同偏倚的影响, 那么就有两个证据因素 [30,31,36]. 在理想情况下, 这两个因素的敏感性分析也提供了不重叠的信息, 其意义将在本章中展开讨论.

20.1.3 实例: 吸烟和牙周病

再考虑一下第 19.4 节中关于吸烟可能导致牙周病的实例. 特别地, 重新审视图 19.2 的两个面板. 有一种强烈的直觉, 图 19.2 的面板 (i) 中患牙周病的吸烟者减去对照者的配对差 Y_i 的箱线图, 几乎没有告诉你面板 (ii) 中 Y_i 与吸烟者吸烟量 d_i 之间的关系. 在图 19.2 的面板 (i) 中, Y_i 可能朝正向转变, 但在面板 (ii) 中, Y_i 与 d_i 之间没有关系. 反之, Y_i 在面板 (ii) 中可能随着 d_i 的增加而增加, 但 Y_i 在面板 (i) 中可能是关于零对称的. 图 19.2 中是否有两个独立的信息? 如果是, 这种信息在什么意义上是独立的? 两个独立的信息能否结合起来形成吸烟对牙周病影响的强化证据? 它们的敏感性分析可以结合起来吗?

20.1.4 本章阐述的问题

如果我们有两个证据因素, 情况就会变得简单. 我们可以对一项研究进行两次分析——两次使用相同的数据——就像我们做了两项独立的研究一样, 复制我们自己的工作. 允许这样做的条件需要一定的谨慎, 首先是理解这些条件, 然后是设计满足这些条件的研究. 本章提出了几个问题:

- 在随机试验的某些比较中会出现严格独立的证据因素, 前提是提供了应用于"无结 (free of tie)"数据的某些秩统计量. 例如, 想象一下图 19.2 中的随机试验, 其中将 441 个"无结的 (untied)"剂量 d_i 进行随机置换并分配给 $I = 441$ 个匹配对. 然后在每个配对中随机挑选一个人接受该剂量的处理, 另一个人接受对照. 如果这 $I = 441$ 个绝对配对结果差 $|Y_i|$ 也是"无结"的, 而且恒不为零, 并且如果 Fisher 无处理效应假设为真, 那么在这个随机试验中, 符号秩统计量和第 19.4 节中的横切统计量 (crosscut statistic) 是独立的 [30].
- 两个因素的严格独立性很容易不满足, 也许是由于 d_i 中的"结", 或 $|Y_i|$ 中的"结", 或由于选择了错误的一对秩统计量, 或由于用平均值或 m-统计量取代了符号秩统计量. 这似乎是不愉快和乏味的. 设置上的微小变化似乎会使整个方法失效. 然而, 事实证明, 我们不需要严格的独立性, 一个较弱但同样有用的结果是可以得到的, 而不必担心"结"或秩统计量的问题.
- 什么取代了两个因素的严格独立性? 每个因素都提供一个 P-值来检验无处理效应的零假设 H_0, 比如 P_1 和 P_2. 在随机试验的 H_0 条件下, 这一对的两个 P-值只要随机地大于单位面积上的均匀分布就足够了 [2,31].

虽然两个 P-值可以是不独立的, 但也可以随机地大于正方形上的均匀分布, 后一个条件是假设检验中所需要的——也就是说, 我们不需要严格的独立性. 为了获得两个随机地大于正方形上均匀分布的 P-值, 我们不需要担心 "结" 或秩统计量; 相反, 只需要关注研究设计中的某些对称性就足够了, 见第 20.4 节和文献 [36].

- 我们不仅想要结合随机试验 ($\Gamma = 1$) 中的 P-值, 而且还想要结合观察性研究中敏感性分析 ($\Gamma > 1$) 的 P-值的界限. 要做到这一点需要什么? 当存在来自未测量协变量 u 的偏倚时, 我们无法计算出真正的 P-值 (P_1, P_2), 因为我们无法得知 u. 假设处理分配中的偏倚在大小上受一个 (也许是二维的) 敏感性参数值的约束, 并且鉴于这一假设, 我们已经计算出两个 P-值的单独界限, $\overline{P}_1 \geqslant P_1$ 和 $\overline{P}_2 \geqslant P_2$. 如果未知的、真实的 P-值 (P_1, P_2) 共同随机地大于单位面积上的均匀分布, 那么已知的界限 $(\overline{P}_1, \overline{P}_2)$ 也是如此, 仅仅是因为它们确定性地大于 (P_1, P_2). 为了把界限 $(\overline{P}_1, \overline{P}_2)$ 当作有效的 (如果是保守的) 联合 P-值, 我们需要证明真实的、未知的 P-值 (P_1, P_2) 随机地大于单位面积上的均匀分布. 如果 P_1 和 P_2 上单独的精确界限 (sharp bound) 也是 (P_1, P_2) 上联合的精确界限, 这将简化问题; 这样, 简单地将两个单独的敏感性分析结合起来就不会有损失.

第 20.2 节和第 20.3 节在两个科学实例的背景下激励并澄清了这些问题. 本章略带技术性的附录, 即第 20.4 节, 给出了来自文献 [36] 中一般论证的简化版本.

20.2 最简单的非平凡情况: Renyi 偏秩

20.2.1 制革厂工人的 DNA 损伤

(鞣) 制 (皮) 革工人经常暴露接触到三价铬 (trivalent chromium), 这可能会损害 DNA (脱氧核糖核酸). Zhang 及其同事 [44] 比较了 3 个组: 30 位男性工人因在工厂的制革部门 (tannery department) 工作而暴露于高水平的铬 (E1), 30 位男性因在同一工厂的精加工部门 (finishing department) 工作而可能暴露于水平低得多的铬 (E2), 以及 30 位被认为没有大量暴露于铬的男性对照者 (C). 这 3 组男性年龄相仿, 在表 20.1 中, 他们被分为 30 个大小为 3 的区组 (block), 以尽可能地控制吸烟这一变量.

在表 20.1 中, DNA 损伤是通过彗星试验 (comet assay) 的平均尾矩 (mean tail moment) 来测量的, 该方法常用于测量 DNA 链断裂 (strand break) [5,23].

彗星试验将 DNA 置于电场中, 将较小的、断裂的 DNA 片段从完整的 DNA 中拉出, 产生类似彗星尾巴的图像. 断裂的片段通常被拖拉到彗尾, 完整的 DNA 通常留在彗头, 因此彗尾的大小被用作衡量 DNA 损伤的程度. 平均尾矩 (mtm) 的数值越高, 表明尾部越大, DNA 损伤范围越广 (图 20.1).

表 20.1 在两个组 E1 组和 E2 组中的 DNA 损伤, 在 30 个 3 位个体的区组中, 每组包含 30 位制革厂工人, 以及 30 位对照者. 数值是彗星试验的平均尾矩 (mtm). 资料来源: Zhang 等人 [44]

部门	制革厂工人		对照
	制革	精加工	
区组	E1	E2	C
1	3.02	1.79	1.45
2	6.60	2.15	2.48
3	4.32	5.15	0.20
4	10.70	7.46	0.35
⋮		⋮	
30	5.57	2.59	0.29

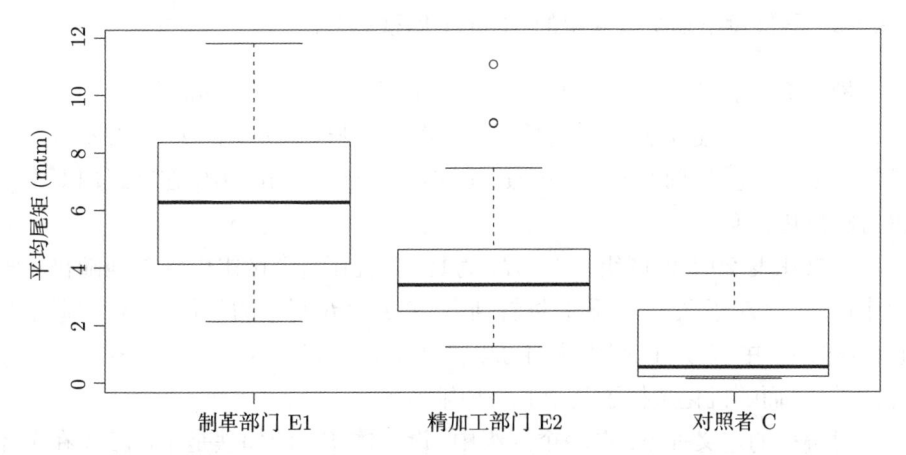

图 20.1 制革部门的 30 位工人 (E1)、精加工部门的 30 位工人 (E2) 和 30 位未暴露的对照者 (C) 的彗星试验的平均尾矩. 在精加工部门, 三价铬的暴露要比制革部门低得多

表 20.1 提供了几种比较, 也许需要多做几种比较. 也许工厂里的每个人都在一定程度上暴露于三价铬, 因此 E1 组和 E2 组的比较低估了制革厂中暴露

于高水平铬的危害 (图 20.2). 也许工厂里的每个人都在不同程度上暴露于各种毒素, 因此与其他来源的对照者进行比较, 就夸大了在制革厂工作所造成的伤害. 表 20.1 中是否有两个证据因素?

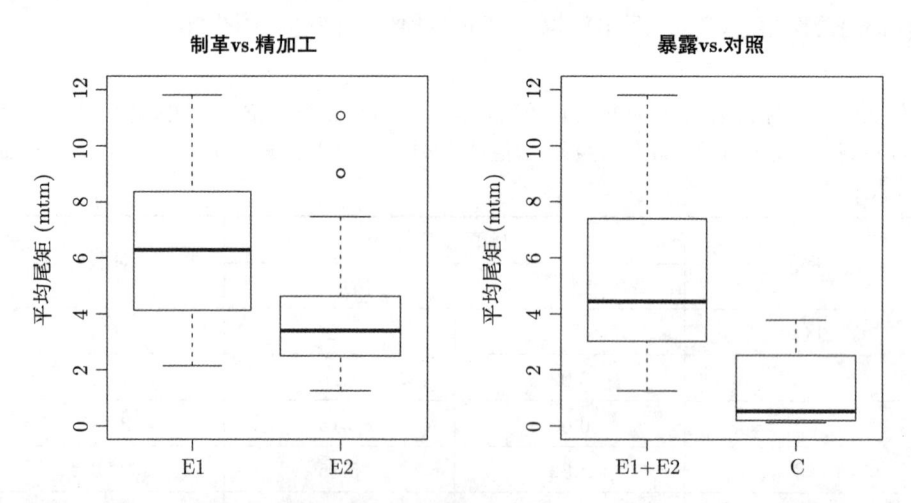

图 20.2 将图 20.1 重新整理为两种比较, 一种比较是将制革部门的 30 位工人 (E1) 与精加工部门的 30 位工人 (E2) 进行比较, 另一种比较是将这 60 位工人与 30 位未暴露的对照者 (C) 进行比较

20.2.2 零假设下随机试验中的 Renyi 偏秩

最简单的情况是一个随机试验, 在这个试验中, 假定 Fisher 无处理效应零假设 H_0 为真. 在这种最简单的情况下, 对个体进行随机化置换, 但并不改变其结果. 在区组随机试验 (blocked randomized experiment) 中, 在区组内对个体进行随机化置换.

如果在表 20.1 的区组 1 中 H_0 为真, 并且在每个区组内独立地随机化置换个体, 那么对于区组 1, 我们将看到表 20.2 的 6 行中的一行, 每行的概率是 1/6. 表 20.2 中有 6 行, 因为我们可以将 3 个人以 $3! = 3 \times 2 \times 1 = 6$ 种可能的方式排列, 而随机化选择了其中的一种排列.

对偏秩的定义如下. 在一个区组中, 设个体 E2 的偏秩是个体 E2 在个体 {E1, E2} 中的秩, 因此这个秩为 1 或 2. 在一个区组中, 设个体 C 的偏秩是个体 C 在个体 {E1, E2, C} 中的秩, 因此这个秩是 1 或 2 或 3. 表 20.2 展示了将个体随机分配到处理位置的 6 种等概率的随机分配的偏秩.

表 20.2 在无处理效应的随机试验中, 偏秩是独立的. 表 20.1 是第 1 个区组中 3 个人的 $6 = 3!$ 种置换. 在随机试验中, 6 种置换中的每一种排列都有 $1/6$ 的概率, 所以最后两列的秩是独立的

排列	结果			偏秩	
	E1	E2	C	E1, E2 中的 E2	E1, E2, C 中的 C
1	3.02	1.79	1.45	1	1
2	1.79	3.02	1.45	2	1
3	3.02	1.45	1.79	1	2
4	1.45	3.02	1.79	2	2
5	1.79	1.45	3.02	1	3
6	1.45	1.79	3.02	2	3

在表 20.2 中, E2 和 C 的偏秩是独立的, 见表 20.3. 例如, 无论 E2 的偏秩是 1 还是 2, 给定 E2 的偏秩, C 的偏秩等于 3 的条件概率都是 $1/3$. 这是 Alfred Renyi 的一个更一般的结果的最简单说明; 例如, 见 Alam [1] 或 Resnick [26, §4.3.1]. 对 Renyi 的结果有许多有用的推广和修改 [7, 20, 25, 42].

表 20.3 在随机试验中无效应零假设 H_0 的情况下, 表 20.2 中偏秩的联合分布

E1, E2 中 E2 的秩	E1, E2, C 中 C 的秩			总计
	1	2	3	
1	1/6	1/6	1/6	1/2
2	1/6	1/6	1/6	1/2
总计	1/3	1/3	1/3	1

尽管表 20.2 和表 20.3 是最简单的情况, 但它们为表 20.1 的分析提供了一种有用的方法.

20.2.3 Wilcoxon 分层秩和检验

Frank Wilcoxon 开发了两种随机化检验 [41], 用于匹配对的符号秩检验 (signed rank test) 和用于两组比较的秩和检验 (rank sum test). 第 2.3.3 节、第 3 章和第 15 章已经讨论了符号秩检验. 通常形式的符号秩统计量不适用于表 20.1 中匹配的三元组 (matched triple).

一项完全随机试验开始时有 N 位个体可以接受处理 (治疗), 随机选择

m 位个体接受处理 1, 把剩下的 $N-m$ 位个体分配到处理 2. 在表 20.2 中把对照组视为处理 1, 因此 $N=3$, $m=1$, 在区组 1 中有 3 种选择 1 位个体接受对照的方式, 在完全随机试验中, 每个选择的概率是 1/3. 一般来说, 有 $N!/\{m! \times (N-m)!\}$ 种方式从 N 位个体中挑选出 m 位个体接受处理 1, 在完全随机试验中, 这 $N!/\{m! \times (N-m)!\}$ 种可能的处理分配具有相同的概率, 即 $[N!/\{m! \times (N-m)!\}]^{-1}$. 在表 20.2 中, 为了选出 1 位个体接受对照, 即 $N=3$, $m=1$, 有 $N!/\{m! \times (N-m)!\} = 3!/\{1! \times (3-1)!\} = 6/2 = 3$ 种可能的选择.

在完全随机试验中, 如果 Fisher 无处理效应精确零假设 H_0 为真, 那么每个人无论被分配到处理 1 还是处理 2, 都会表现出相同的反应. 因此, 在完全随机试验中, 当无处理效应时, 将一些个体随机化标记为处理 1, 其他个体标记为处理 2, 但并不改变他们的反应. 在无处理效应的完全随机试验中, 处理组 1 的反应是从 N 个反应中抽取 m 个反应的随机样本.[1] 如果表 20.2 描述了一个无处理效应的完全随机试验, 那么从 $N=3$ 个人中选出 $m=1$ 个人的反应将是 $N=3$ 个数字 3.02, 1.79 和 1.45 中的一个, 每个数字的概率为 1/3.

在一项完全随机试验中, Wilcoxon 秩和统计量对所有 N 位个体的反应进行排序, 从 1 到 N, 用平均秩来表示 "结", 统计量是处理组 1 中 m 位个体的 m 个秩之和. Wilcoxon 秩和检验问: 处理组 1 中的 m 个秩看起来像从 N 个秩中随机抽取的 m 个数字吗? 或者处理组 1 中的秩太高, 不像是从 N 个秩中随机抽取的? 或者太低?

与第 2.3.3 节的符号秩统计量类似, 随机化创造了 Fisher 无效应假设 H_0 下 Wilcoxon 秩和统计量的分布. 如果表 20.2 描述了一项无效应的完全随机试验, 那么从 $N=3$ 位个体中选出的 $m=1$ 位个体的反应的秩将是 $N=3$ 个数字 3, 2 和 1 中的一个, 每个都有 1/3 的概率, 因此, 在这种简单的情况下, 秩和统计量的分布是在 3, 2 和 1 这 3 个点上分别赋予 1/3 的概率. 当然, 这与表 20.3 中对照组的偏秩分布是一样的.

20.2.4 使用 Wilcoxon 秩和检验的两个证据因素

在表 20.1 中是否可以使用一种 Wilcoxon 统计量? 与完全随机试验不同, 表 20.1 有 30 个区组, 因此 Wilcoxon 秩和统计量不能直接适用 [9]. 与配对随机试验不同, 表 20.1 在 30 个区组的每个区组中都有 3 个人, 而不是配对的 2 个人, 因此 Wilcoxon 符号秩统计量无法直接适用.

---

[1] 更确切地说, 在一项无处理效应的完全随机试验中, 有一个 N 个固定反应组成的总体, 而处理组 1 中的 m 个反应是一个大小为 m 的简单随机样本, 它们是从大小为 N 的总体中无放回抽取出来的.

20.2 最简单的非平凡情况：Renyi 偏秩

类似于表 20.1 的随机试验是随机区组试验 (randomized block experiment). 在一项随机区组试验中, 对表 20.1 中的 30 个区组的每个区组独立地进行随机, 实质上是将表 20.2 中的过程重复了 30 次. 在每个区组中, 随机挑选一个人作为对照, 然后从剩余的个体中为 E2 组随机挑选一个人.

每个区组产生一个将对照组 C 和 {E1, E2, C} 进行比较的秩和统计量, 总共有 30 个统计量. 事实上, 这 30 个秩和统计量中的第 1 个, 即区组 1 的统计量, 就是表 20.2 中对照组的偏秩和. 每个区组都会产生另一个将 E2 和 {E1, E2} 进行比较的秩和统计量. 这 30 个秩和统计量中的第 1 个是表 20.2 中 E2 的偏秩.

在表 20.1 中, 所有 30 个区组都有相同的结构: 3 组中每组都有 1 位个体. 当所有区组都有相同的结构时, 这种设计就被称为平衡设计 (balanced design). 在平衡设计中, 分层 Wilcoxon 秩和统计量 (stratified Wilcoxon rank sum statistic) 只是单个区组的 Wilcoxon 秩和统计量的总和 [18, 第 132–135 页].

在无处理效应的随机区组试验中, 分层 Wilcoxon 统计量有一个由随机化产生的分布. 例如, 假设表 20.1 是来自一个无处理效应的随机区组设计, 那么用于比较 C 和 {E1, E2, C} 的分层秩和统计量将是 30 个独立秩和统计量的总和, 每个统计量有 $N=3$ 位个体, 其中 $m=1$ 位被选为对照. 30 个秩和统计量中每个统计量的期望值为 $1\times(1/3)+2\times(1/3)+3\times(1/3)=2$, 因此 30 个这样的统计量的总和的期望值为 $30\times 2=60$. 这 30 个秩和统计量中每个统计量的方差是 $(1-2)^2\times(1/3)+(2-2)^2\times(1/3)+(3-2)^2\times(1/3)=2/3$, 因此 30 个这样的独立统计量的总和的方差是 $30\times 2/3=20$, 标准差是 $\sqrt{20}=4.472$. 事实上, 对照组的分层秩和是 35, 而不是 60, 其标准化偏差为 $(35-60)/\sqrt{20}=-5.59$, 正态分布的近似 P-值为 1.134×10^{-8}. 可以用精确零假设分布来代替正态近似 (Normal approximation). 在一项随机试验中, 我们会判断无处理效应零假设是难以置信的, 因为 30 位对照者的 DNA 损伤比 60 位工人的要少, 单侧 P-值非常小.

还有第二个 Wilcoxon 秩和统计量, 将 E2 与 {E1, E2} 进行比较, 或者说是 E2 的偏秩和. 在 30 个分层的每层中, 秩为 1 或 2. 在无效应的分层随机试验中, 分层统计量的期望值为 $30\times\{1\times(1/2)+2\times(1/2)\}$ 即 $30\times 1.5=45$, 方差为 $30\times\{0.5^2\times(1/2)+0.5^2\times(1/2)\}$ 即 $30\times 0.25=7.5$. 事实上, 比较 E2 和 {E1, E2} 的分层 Wilcoxon 统计量是 37, 而不是 45, 标准化偏差 $(37-45)/\sqrt{7.5}=-2.921$, 其近似单侧 P-值为 0.00174. 在一项随机试验中, 我

们会判断无处理效应零假设是难以置信的, 因为在精加工部门的 30 位工人比在制革部门的 30 位工人的 DNA 损伤更少, 单侧 P-值非常小.

因此, 在一项随机试验中, 对无效应零假设 H_0 的两个检验都会提供相当有力的证据来拒绝 H_0. 值得注意的是, 如果零假设 H_0 成立, 那么这两个检验在随机区组试验中是统计独立的. 这是根据表 20.3 或者 Renyi 关于偏秩的结果得出的. 该研究已经复制了自己, 使用了两个可能受到不同偏倚影响的独立检验.

因为这两个 P-值是独立的, 所以它们可以用各种方法结合成独立的 P-值, 比如用 Fisher 方法将它们结合. 用 Fisher 方法将 1.134×10^{-8} 和 0.00174 的 P-值结合起来, 得到的综合 P-值要小得多, 为 5.072×10^{-10}.

简而言之, 这些计算展示了两个证据因素的最简单、重要的实例.

20.2.5 偏秩的局限性

到目前为止, 我们已经考虑了最简单的情况: 在大小为 3 的随机平衡区组中, 采用分层 Wilcoxon 统计量, 有来自 3 个组的两个证据因素. 我们有一些简单直接的扩展. Renyi 的结果不限于来自 3 个组的两个独立因素 [1,7,20]. Wilcoxon 统计量对秩进行求和, 但如果统计量对秩的函数进行求和, 同样的论点也适用. 例如, 第 17 章考虑了 Conover 和 Salsburg [6] 提出的变换秩, 当只有总体的一部分人对处理有反应时, 这些变换秩会增加功效和设计灵敏度. 这些秩也可用于区组设计的分层统计量 [29, §2], 并且 Renyi 的结果仍然适用, 因此变换秩可用于构造证据因素.

尽管这样, 许多证据因素不能从 Renyi 的结果中得出. 有些证据因素结合了配对或区组内的比较以及配对或区组间的比较, 见第 20.3 节和文献 [30]. 在这种情况下, Renyi 的结果并不适用. 是否还有其他方法?

Renyi 的结果将关注点集中在偏秩上, 如表 20.2 所示, 但这一重点大大限制了检验统计量的选择. 也许我们并不希望把偏秩作为检验的基础. 表 20.1 中用于比较 $\{E1, E2\}$ 中 E2 的分层 Wilcoxon 统计量在每个匹配对中使用 1 或 2 的偏秩, 因此它实际上与匹配对的符号检验统计量相同. 如果表 20.1 中的 E2 减去 E1 的配对差是来自期望为 τ、方差为 1 的正态分布的独立观察值, 那么在随机试验中, 相对于 t-检验, Wilcoxon 符号秩检验的 Pitman 效率为 $3/\pi = 0.95$, 而符号检验的效率为 $2/\pi = 0.64$; 因此, 按照这一准则, Wilcoxon 符号秩检验将是比符号检验更好的选择 [8]. 然而, Wilcoxon 符号秩统计量不是偏秩的函数, 所以 Renyi 的结果并不适用于它. 在 $\tau = 0.5$ 的敏感性分析中,

20.2 最简单的非平凡情况：Renyi 偏秩

我们在第 19.1 节中看到了，Wilcoxon 符号秩统计量的设计灵敏度 $\tilde{\Gamma} = 3.17$；然而，在同样的情况下，符号检验的设计灵敏度 $\tilde{\Gamma} = 2.24$；因此，符号检验夸大了大小为 $\Gamma = 2.5$ 的未测量偏倚可能造成的损害 [33, 表 2]. 此外，其他统计量比 Wilcoxon 符号秩统计量具有更大的设计灵敏度 $\tilde{\Gamma}$，见第 19.1 节和文献 [32]. 我们更倾向于根据理论性能来选择一个检验统计量，而不是局限于使用偏秩. 在不局限于使用偏秩作为秩检验的基础的情况下，是否有可能拥有证据因素？

使用偏秩的统计量是秩统计量族的一个子集. 许多统计量，如平均值、比例和 m-统计量，不使用任何形式的秩，但它们可以作为随机化检验和敏感性分析的基础；例如，见第 2.8 节和文献 [28,37]. 这些统计量是否有不涉及任何秩的证据因素？

最重要的是，Renyi 的结果描述了两个各自随机的因素. 在表 20.1 中，我们几乎没有理由相信任何一个因素是随机的. 这里，对每个因素分别进行敏感性分析，重点是单独对该因素进行非随机处理分配. 当处理不是随机分配时，当需要对每个因素进行敏感性分析时，试问：表 20.1 是否产生两个本质上独立的敏感性分析？如果是，这两个独立的敏感性分析是否可以像两个来自独立研究一样结合在一起？

本节中提出的问题在基于文献 [31, 36] 的技术性稍强的附录 (第 20.4 节) 中得到了回答，但我们先在第 20.3 节中给出了答案.

20.2.6 证据因素的敏感性分析

根据第 20.4 节中命题 20.2 的结果，我们可以对表 20.1 中的制革厂工人的实例 [44] 应用两个分层秩和检验，以进行敏感性分析. 正如我们所看到的，当在随机化检验 $\Gamma = 1$ 中检验无效应零假设 H_0 时，这两个因素，C 对 {E1, E2, C} 和 E2 对 {E1, E2}，产生了小的 P-值. 第一个因素，C 对 {E1, E2, C}，在大约 $\Gamma = 6$ 时变得敏感，其单侧 P-值上界为 0.0505. 第二个因素，E2 对 {E1,E2}，在大约 $\Gamma = 1.7$ 时变得敏感，其单侧 P-值上界为 0.0601. Fisher 的结合两个独立 P-值的方法实际上使用了两个独立的均匀随机变量的乘积的抽样分布. 将两个 P-值的界限 0.0505 和 0.0601 结合起来，得到的综合 P-值是 0.0206，因此第一个因素中的大小为 $\Gamma = 6$ 的偏倚和第二个因素中的大小为 $\Gamma = 1.7$ 的偏倚，根据其中任何一个因素，只能勉强导致接受 H_0，但在 0.05 水平上使用这两个因素就会导致拒绝 H_0.

Fisher 的方法在应用于敏感性分析时往往是保守的. Fisher 的方法假设 P-值在零假设下是均匀分布的，但对于足够大的 Γ，P-值上界很可能固定在接近 1 的位置. Jesse Hsu 及其同事 [10] 表明, 如果使用 Dmitri Zaykin, Lev Zhivotovsky, Peter Westfall 和 Bruce Weir [43] 的截断乘积方法 (truncated product method) 将结合 P-值, 敏感性分析就会有更高的功效, 其中结合统计量是那些小于或等于某个截断点 (trun, 可能是 0.1 或 0.2) 的 P-值的乘积. Fisher 的方法等价于设置 trun 为 1. Fisher 的方法将 0.0505 和 0.0601 的 P-值结合为 0.0206, 在 0.1 处的截断得到的综合 P-值为 0.012.

如前所述, 分层 Wilcoxon 检验成为比较 E2 与 {E1, E2} 的符号检验, 而符号检验在随机化检验 $\Gamma = 1$ 中具有较差的 Pitman 效率, 在 $\Gamma > 1$ 的敏感性分析中具有较差的设计灵敏度. 或者, 假设我们使用 Huber 的 m-统计量的随机化分布 [11, 21, 22, 28], 其中 Huber 的 ψ 函数如第 2.8 节中的定义; 另见第 19.2 节 [14]. 在这种情况下, 两个因素失去了严格的独立性, 但命题 20.2 表明, 如果 m-统计量取代了分层 Wilcoxon 统计量, 那么上述分析仍然有效.

使用 Huber-Maritz 的 m-统计量的置换分布来检验 H_0, 将 C 与 {E1, E2, C} 进行比较, 在 $\Gamma = 11.7$ 时, 单侧 P-值上界为 0.049, 因此如果使用 m-统计量来代替分层 Wilcoxon 统计量, 第一个因素对更大的偏倚不敏感. 在第二个因素中, 将 E2 与 {E1, E2} 进行比较, 在 $\Gamma = 2$ 时, 单侧 P-值上界为 0.035, 因此 m-统计量也比分层 Wilcoxon 统计量对更大的偏倚不敏感. 使用截断乘积结合这两个 P-值, 在 0.1 处的截断得到的综合 P-值为 0.0079.

关于本节讨论的计算细节, 见第 20.7 节和文献 [31, 34].

20.3 第二个实例: 吸烟和牙周病

回顾第 19.4 节的图 19.2 中关于吸烟是导致牙周病的可能原因的研究. 图 19.2 的面板 (i) 描述了在牙周病的测量中吸烟者减去对照者的配对差 Y_i, 忽略了吸烟者的吸烟量 d_i. 图 19.2 的面板 (ii) 问到, 当吸烟者每日吸烟量 d_i 更多时, 是否会出现更大的 Y_i. 从直观上看, 这似乎是两个不同的问题: 面板 (i) 是否倾向于正的 Y_i, 与面板 (ii) 中较大的 Y_i 是否随着较大的 d_i 而出现, 似乎是完全不同的. 事实上, 这种直觉是正确的, 而面板 (i) 和 (ii) 提供了两个证据因素.

正如第 20.4 节和文献 [30, 36] 所讨论的, 通过对图 19.2 的面板 (i) 应用符号秩统计量, 对面板 (ii) 应用横切统计量, 形成了两个证据因素. 表 20.4 将第 19.2 节中的 U-统计量 (8, 6, 8) 应用于图 19.2 的面板 (i), 将第 19.4 节中的横切统计量应用于面板 (ii), 其中设定 $\eta = 0.2$.

表 20.4 吸烟是导致牙周病的原因的证据因素分析. 列为应用于图 19.2 面板 (i) 的 U-统计量 (8,6,8) 的灵敏度参数 Γ_1. 行为应用于图 19.2 面板 (ii) 的 $\eta = 0.2$ 的横切统计量的敏感性参数 Γ_2. P-值的第一行界限是单独使用的 U-统计量, P-值的第一列界限是单独使用的横切统计量. 表的内部结合了 U-统计量的界限和横切统计量的界限, 用 P-值的截断乘积方法结合, 截断点为 0.1.

横切统计量的 Γ_2	横切 ↓; U→	\multicolumn{6}{c}{U-统计量的 Γ_1}
		1.0	3.0	3.3	3.5	3.7	∞
		0.0000	0.0030	0.0136	0.0304	0.0591	1.0000
1	0.0022	0.0000	0.0001	0.0003	0.0005	0.0009	0.0095
1.4	0.0214	0.0000	0.0005	0.0018	0.0036	0.0061	0.0484
1.6	0.0443	0.0000	0.0009	0.0034	0.0065	0.0108	0.0898
1.8	0.0781	0.0000	0.0015	0.0054	0.0101	0.0165	0.1507
∞	1.0000	0.0000	0.0119	0.0345	0.0647	0.1163	1.0000

P-值的第一行界限指的是单独使用的 U-统计量, P-值的第一列界限指的是单独使用的横切统计量. 表的内部使用截断乘积法将这两个 P-值结合起来, 截断点为 0.1. U-统计量的敏感性参数 Γ_1 描述了图 19.2 的面板 (i) 中吸烟者的潜在偏倚, 横切统计量的敏感性参数 Γ_2 描述了面板 (ii) 中吸烟者吸烟数量的潜在偏倚.

Bikram Karmakar 及其同事 [13] 建议, 应该使用封闭检验 (closed testing) [19] 来解释两个证据因素的 P-值. 具体来说, 在 (Γ_1, Γ_2) 处, 如果来自截断乘积的 P-值大于 α (一般取 $\alpha = 0.05$), 则在水平 α 下他们就不拒绝无效应假设 H_0; 否则, 他们就拒绝 H_0, 说拒绝是由每个因素的边际 P-值界限不超过 α 所证实的. 例如, 在 $(\Gamma_1, \Gamma_2) = (3.5, 1.6)$ 的 0.05 水平检验中, 拒绝 H_0, 综合 P-值的界限为 0.0065, 每个因素都证实了这个拒绝. 相比之下, 在 $(\Gamma_1, \Gamma_2) = (3.7, 1.8)$ 处, 拒绝 H_0, 综合 P-值的界限为 0.0165, 但这两个因素都不会导致单独的拒绝结果. Karmakar 及其同事 [13] 讨论了这种方法的 Bahadur 效率. 他们的方法在 3 个证据因素下变得更加复杂.

值得注意的是, 在表 20.4 中, 如果 $\Gamma_2 \leqslant 1.4$, 那么即使 $\Gamma_1 = \infty$ 也会导致拒绝 H_0, 因为在表 20.4 的最后一列中, 综合 P-值最多只有 0.0484. 另外, 如果 $\Gamma_1 \leqslant 3.3$, 即使 $\Gamma_2 = \infty$ 也会导致拒绝 H_0, 因为在表 20.4 的最后一行中, 综合 P-值最多只有 0.0345. 只要影响另一个因素的偏倚不是太大, 任何一个因素的完全无效都不会导致接受 H_0.

20.4 附录: 一些理论

20.4.1 一个小实例

本附录提供了一些关于两个证据因素的一般理论,简化了文献 [36] 中的某些论点. 我们的目标是得出命题 20.2, 它为两个敏感性分析构成两个本质上独立的证据因素提供了简单的充分条件.

考虑一个涉及 N 位个体 $1, \cdots, N$ 的试验,将其 N 个标签放置在一个列向量中, $\mathbf{n} = (1, 2, \cdots, N)^T$. 该试验也有 N 个处理位置. 处理分配只是意味着将每位个体分配到一个处理位置. 例如, 如果 $N = 4$, 那么 $(3, 4, 2, 1)^T$ 将个体 3 分配到第 1 个处理位置, 将个体 4 分配到第 2 个处理位置, 以此类推.

本节讨论的实例包括第 19.4 节中讨论的吸烟和牙周病的观察性研究实例, 如图 19.2 所示, 选取其中的两个配对. 有了这两个配对数据, 我们就可以检查相关的 4×4 置换矩阵 (permutation matrix), 但类似的讨论作为一个整体适用于图 19.2, 其中置换矩阵将是 $2I \times 2I = 882 \times 882$ 的矩阵. 下面的讨论是在两个配对中进行两个剂量的置换, 并在两个配对中各执行一个吸烟者–对照者的处理分配, 所以有 $2 \times 2^2 = 8$ 个置换矩阵需要考虑. 在图 19.2 中, 有 $I! \times 2^I = 441! \times 2^{441}$ 个置换矩阵需要考虑; 但是, 当 I 从 $I = 2$ 移动到 $I = 441$ 时, 没有出现新问题.

表 20.5 描述了一个有 $N = 4$ 个处理位置的配对试验. 个体在处理前根据协变量配对, 我们只考虑保留这种配对的处理分配, 所以我们不考虑所有的 $N! = 4! = 4 \times 3 \times 2 \times 1 = 24$ 个处理分配, 而是考虑其中的一个子集. 表 20.5 中的每一对将包含一位吸烟者和一位非吸烟对照者. 在配对 1 中, 吸烟者每日吸烟 40 支. 在配对 2 中, 吸烟者每日吸烟 8 支.

表 20.5 两个配对中的 4 个处理位置

结构		处理	
位置	配对	吸烟者	吸烟量
1	1	1	40
2	1	0	0
3	2	1	8
4	2	0	0

表 20.6 描述了在两位个体两个配对中 $N = 4$ 位个体的情况. 他们是在第

19.4 节和图 19.2 中描述的非随机观察性研究中的 4 个人. 这两对人根据性别、年龄、黑人种族、教育和收入进行匹配. 第 1 对包含两位 50 多岁的男人, 他们受过大学教育, 家庭收入至少等于贫困水平的 5 倍. 第 2 对包含两位 60 多岁的妇女, 拥有高中或同等学力, 家庭收入低于贫困水平.

表 20.6 在两个匹配对中的 4 个人, 根据性别 (1= 女性)、年龄 (岁)、种族 (1= 黑人)、教育程度以及收入 (记录为家庭收入与贫困水平的比率, 上限为 5 倍贫困水平) 方面的匹配

个体		协变量				
编号		匹配的协变量				
i	配对	女性	年龄	黑人	教育	收入
1	1	0	54	0	大学	5.00
2	1	0	53	0	大学	5.00
3	2	1	61	1	高中 (HS) / 同等学力 (GED)	0.67
4	2	1	64	1	高中 (HS) / 同等学力 (GED)	0.72

同样, 我们将把表 20.6 中的 4 位个体分配到表 20.5 中的 4 个位置, 而不拆开这些配对. 有 $8 = 2 \times 2^2$ 种方法实现这样的操作: 把表 20.6 中的配对 1 或配对 2 分配给表 20.5 中的配对 1; 然后, 在表 20.5 的每一对中分配一个人去吸烟或作为对照. 图 19.2 中的类似情况需要在 441 个配对中进行剂量 d_i 的 441! 个置换, 并在配对内进行 2^{441} 次处理分配, 总共 $441! \times 2^{441}$ 次处理分配.

表 20.7 在两个匹配对中的 4 个人的结果. 结果是表明有牙周病的牙齿测量的百分比

个体		结果
i	配对	患病测量的百分比
1	1	63.04
2	1	0.00
3	2	21.50
4	2	10.42

结果表明, 在实际研究中, 表 20.6 中的 4 个人按照他们目前的顺序 ( ) 被分配到表 20.5 中的 4 个处理位置. 结果发现, 在表 20.7 中, 个体 1 在对其牙齿和牙龈分离测量的 63.04% 处有牙周病, 个体 2 是在 0.00%, 个体 3 是在

21.50%, 而个体 4 是在 10.42%. 这个结果提供了两个与吸烟导致牙周病增加一致的关联. 首先, 在这两个配对中, 吸烟者的牙周病都比匹配的对照者更严重, 即 63.04 − 0.00 = 63.04 > 0 和 21.50 − 10.42 = 11.08 > 0. 其次, 吸烟者每日吸烟 40 支的配对与吸烟者每日吸烟 8 支的配对相比, 处理减去对照的差更大, 即 63.04 > 11.08. 我们可能看到了其中一个关联而没有看到另一个关联, 因此它们的共同出现很说明问题. 如果我们把 Wilcoxon 符号秩检验应用于这两个匹配对差, 那么它会忽略两个吸烟者的吸烟量, 因此它忽略了第二个关联所提供的信息. 在另一种意义上, 如果我们应用 Kendall 相关性将吸烟量 $(40, 8)$ 与牙周病的差 $(63.04, 11.08)$ 联系起来, 那么它就会忽略对 Wilcoxon 检验重要的信息. 事实上, 如果我们从 $8 = 2 \times 2^2$ 个可能的处理分配中随机选择一个, 并且 Fisher 的无处理效应假设成立, 那么 Wilcoxon 符号秩统计量将独立于 Kendall 相关性; 见文献 [30, §5.1]. 所以, 尽管我们对同一个人的相同数据看了两次, 但这就像我们对不相关的人做了两次独立的研究一样. 当有证据因素时, 一项研究可以提供对自身的独立复制. 本附录的目的是更全面地理解这类问题.

一个 $N \times N$ 的置换矩阵 **g** 是包含 0 和 1 的矩阵, 它的每一行都包含一个 1, 每一列都包含一个 1. 如果 $\mathbf{n} = (1, 2, \cdots, N)^T$, 那么 **gn** 就是数字 $1, \cdots, N$ 的一个置换. 例如, 表达式 (20.1) 中的置换矩阵

$$\mathbf{g} = \begin{bmatrix} 0 & 0 & 1 & 0 \\ 0 & 0 & 0 & 1 \\ 0 & 1 & 0 & 0 \\ 1 & 0 & 0 & 0 \end{bmatrix}, \tag{20.1}$$

它对 $\mathbf{n} = (1, 2, 3, 4)^T$ 进行置换以产生处理分配 $\mathbf{gn} = (3, 4, 2, 1)^T$. 这一处理分配保持了表 20.6 中的配对, 把个体 3 分配为每日吸烟 40 支, 个体 4 作为同一配对中的对照者, 把个体 2 分配为每日吸烟 8 支, 个体 1 作为同一配对中的对照者.

在 (20.2) 中, $\mathfrak{H}$ 包含 $2 = |\mathfrak{H}|$ 个置换矩阵, 即 $\mathbf{h}_1$ 和 $\mathbf{h}_2$:

$$\mathfrak{H} = \left\{ \mathbf{h}_1 = \begin{bmatrix} 1 & 0 & 0 & 0 \\ 0 & 1 & 0 & 0 \\ 0 & 0 & 1 & 0 \\ 0 & 0 & 0 & 1 \end{bmatrix}, \mathbf{h}_2 = \begin{bmatrix} 0 & 1 & 0 & 0 \\ 1 & 0 & 0 & 0 \\ 0 & 0 & 0 & 1 \\ 0 & 0 & 1 & 0 \end{bmatrix} \right\}. \tag{20.2}$$

h_1 和 h_2 都对 $n=(1,2,3,4)^T$ 进行置换，产生了保持表 20.6 中配对的处理分配，即 $h_1 n=(1,2,3,4)^T$, $h_2 n = (3,4,1,2)^T$.

20.4.2　置换矩阵群的基本理论

$N \times N$ 置换矩阵的集合 $\mathfrak{G}$ 是一个群 (group)，如果：(i) 它包含单位矩阵，(ii) $\mathfrak{G}$ 中任意两个矩阵的乘积也在 $\mathfrak{G}$ 中，且 (iii) $\mathfrak{G}$ 中任意矩阵的逆矩阵也在 $\mathfrak{G}$ 中. 表达式 (20.2) 中的 $\mathfrak{H}$ 是一个群吗？首先，$h_1 \in \mathfrak{H}$ 是单位矩阵 $\mathbf{I}$；其次，检查两个矩阵的乘积是否在 $\mathfrak{H}$ 中：$h_1 h_1 = h_1 \in \mathfrak{H}$，$h_2 h_2 = h_1 \in \mathfrak{H}$，$h_1 h_2 = h_2 h_1 = h_2 \in \mathfrak{H}$；最后，检查 $\mathfrak{H}$ 中矩阵的逆矩阵是否也在 $\mathfrak{H}$ 中：因为 $h_2 h_2 = h_1 = \mathbf{I}$，所以有 $h_2^{-1} = h_2 \in \mathfrak{H}$，并且显然有 $h_1^{-1} = h_1 \in \mathfrak{H}$. 因此，$\mathfrak{H}$ 是一个置换矩阵的群.

用同样的方式，很容易证明表达式 (20.3) 中的 $\mathfrak{K}$ 是一个置换矩阵的群：

$$\mathfrak{K} = \{k_1, k_2, k_3, k_4\}, \tag{20.3}$$

其中

$$k_1 = \begin{bmatrix} 1 & 0 & 0 & 0 \\ 0 & 1 & 0 & 0 \\ 0 & 0 & 1 & 0 \\ 0 & 0 & 0 & 1 \end{bmatrix}, \quad k_2 = \begin{bmatrix} 0 & 1 & 0 & 0 \\ 1 & 0 & 0 & 0 \\ 0 & 0 & 1 & 0 \\ 0 & 0 & 0 & 1 \end{bmatrix}$$

$$k_3 = \begin{bmatrix} 1 & 0 & 0 & 0 \\ 0 & 1 & 0 & 0 \\ 0 & 0 & 0 & 1 \\ 0 & 0 & 1 & 0 \end{bmatrix}, \quad k_4 = \begin{bmatrix} 0 & 1 & 0 & 0 \\ 1 & 0 & 0 & 0 \\ 0 & 0 & 0 & 1 \\ 0 & 0 & 1 & 0 \end{bmatrix}.$$

进一步，$k_1 n = (1,2,3,4)^T$，$k_2 n = (2,1,3,4)^T$，$k_3 n = (1,2,4,3)^T$，$k_4 n = (2,1,4,3)^T$. 它们都保持了表 20.6 中配对的每个处理分配. 此外，如果我们将保持表 20.6 中配对的两个置换矩阵相乘，那么它们的乘积也是保持表 20.6 中配对的一个置换矩阵. 例如，$k_2 k_4$ 保持了表 20.6 中的配对关系.

对于两个集合 $\mathfrak{H}$ 和 $\mathfrak{K}$，它们的元素都是 $N \times N$ 置换矩阵，记 $\mathfrak{H}\mathfrak{K}$ 为 $\{hk : h \in \mathfrak{H}, k \in \mathfrak{K}\}$ 形式的矩阵乘积集合. 在表达式 (20.2) 和 (20.3) 中，$h \in \mathfrak{H}$ 和 $k \in \mathfrak{K}$ 产生的 8 个乘积 hk 是各不相同的，它们形成了把表 20.6 中的个体分配到表 20.5 中的处理位置的 $8 = 2 \times 2^2$ 种方式.

注意到 $h_2 k_2 \neq k_2 h_2$，所以 $\mathfrak{H}\mathfrak{K}$ 中的矩阵不一定可交换. 事实上，$h_2 k_2 =$

$k_3 h_2$. 另外, $\mathfrak{H}\mathfrak{K}$ 只包含 8 个置换矩阵, 而不是所有 $4! = 24$ 个大小为 4×4 的置换矩阵的全集. 尽管如此, 也许令人惊讶的是, $\mathfrak{H}\mathfrak{K} = \mathfrak{K}\mathfrak{H}$, 或者等价地说, $\{hk : h \in \mathfrak{H}, k \in \mathfrak{K}\} = \{kh : h \in \mathfrak{H}, k \in \mathfrak{K}\}$, 因此 $\mathfrak{H}\mathfrak{K}$ 和 $\mathfrak{K}\mathfrak{H}$ 都包含 8 个保持表 20.6 中配对的置换矩阵.

只要有点耐心, 在表达式 (20.2) 和 (20.3) 中, 我们就可以证明 $\mathfrak{H}\mathfrak{K}$ 本身是一个置换矩阵的群. 然而, 其实还有一种不那么烦琐的方法来证明 $\mathfrak{H}\mathfrak{K}$ 是一个群. 事实上, Isaacs [12, 引理 2.18, 第 22 页] 证明了:

命题 20.1 令 $\mathfrak{H}$ 和 $\mathfrak{K}$ 是两个 $N \times N$ 置换矩阵的群. 那么 $\mathfrak{H}\mathfrak{K}$ 是一个 $N \times N$ 置换矩阵的群, 当且仅当 $\mathfrak{H}\mathfrak{K} = \mathfrak{K}\mathfrak{H}$.

令 $\mathfrak{G}$ 是一个 $N \times N$ 置换矩阵的群, 如果 $\mathfrak{H}$ 也是一个群, 则称子集 $\mathfrak{H} \subseteq \mathfrak{G}$ 是一个子群 (subgroup). 例如, 表达式 (20.2) 中的 $\mathfrak{H}$ 是 $\mathfrak{G} = \mathfrak{H}\mathfrak{K}$ 的一个子群, 表达式 (20.3) 中的 $\mathfrak{K}$ 也是 $\mathfrak{G} = \mathfrak{H}\mathfrak{K}$ 的一个子群. 此外, $\{\mathbf{k}_1\} = \{\mathbf{I}\} \subseteq \mathfrak{G}$ 是 $\mathfrak{G}$ 的子群, $\{\mathbf{k}_1, \mathbf{k}_2\} \subseteq \mathfrak{K} \subseteq \mathfrak{G}$ 是 $\mathfrak{K}$ 和 $\mathfrak{G}$ 的子群. 平凡地, $\mathfrak{G}$ 是 $\mathfrak{G}$ 的子群. 但是, $\{\mathbf{k}_2\} \subseteq \mathfrak{K} \subseteq \mathfrak{G}$ 不是 $\mathfrak{G}$ 的子群, 因为 $\mathbf{k}_2 \mathbf{k}_2 = \mathbf{I} \notin \{\mathbf{k}_2\}$.

令 $\mathfrak{G}$ 是一个 $N \times N$ 置换矩阵的群, 且令 $\mathfrak{H} \subseteq \mathfrak{G}$ 为一个子群. 对于任意置换矩阵 $\mathbf{g} \in \mathfrak{G}$, 简记 $\mathfrak{H}\{\mathbf{g}\} = \{h\mathbf{g} : h \in \mathfrak{H}, \mathbf{g}\}$ 为 $\mathfrak{H}\mathbf{g}$. 集合 $\mathfrak{H}\mathbf{g} \subseteq \mathfrak{G}$ 被称作 $\mathfrak{G}$ 的陪集 (coset). 例如, 表达式 (20.2) 中的 $\mathfrak{H}$ 是陪集 $\mathfrak{H}\mathbf{I} \subseteq \mathfrak{G} = \mathfrak{H}\mathfrak{K}$, 且 $\mathfrak{H}\mathbf{k}_2$ 是陪集

$$\mathfrak{H}\mathbf{k}_2 = \{\mathbf{k}_2, h_2 \mathbf{k}_2\} = \left\{ \begin{bmatrix} 0 & 1 & 0 & 0 \\ 1 & 0 & 0 & 0 \\ 0 & 0 & 1 & 0 \\ 0 & 0 & 0 & 1 \end{bmatrix}, \begin{bmatrix} 0 & 0 & 1 & 0 \\ 0 & 0 & 0 & 1 \\ 0 & 1 & 0 & 0 \\ 1 & 0 & 0 & 0 \end{bmatrix} \right\}.$$

对于一个固定的 $N \times N$ 置换矩阵 $\mathbf{g} \in \mathfrak{G}$, 元素 $h\mathbf{g}$ ($h \in \mathfrak{H}$) 是各不相同的 (因为 $\mathbf{g}$ 有逆), 所以每个陪集包含了相同数量的 $N \times N$ 置换矩阵, 即 $|\mathfrak{H}\mathbf{g}| = |\mathfrak{H}|$. 表达式 (20.2) 和 (20.3) 定义的 $\mathfrak{H} \subset \mathfrak{G} = \mathfrak{H}\mathfrak{K}$ 的每个陪集包含两个 4×4 置换矩阵. 如果 $\mathbf{g}_1, \mathbf{g}_2 \in \mathfrak{G}$, 那么 $\mathfrak{H}\mathbf{g}_1$ 和 $\mathfrak{H}\mathbf{g}_2$ 是相同的陪集, $\mathfrak{H}\mathbf{g}_1 = \mathfrak{H}\mathbf{g}_2$, 当且仅当 $\mathfrak{H}\mathbf{g}_1\mathbf{g}_2^{-1} = \mathfrak{H}$, 而这一情况当且仅当 $\mathbf{g}_1\mathbf{g}_2^{-1} \in \mathfrak{H}$ 时出现. 重复使用 $\mathfrak{H}$ 是群这一事实, 条件 $\mathbf{g}_1\mathbf{g}_2^{-1} \in \mathfrak{H}$ 如下所示, 定义 $\mathfrak{G}$ 上的一个等价关系 $\simeq$: (i) $\mathbf{g}\mathbf{g}^{-1} = \mathbf{I} \in \mathfrak{H}$, 因此对每个 $\mathbf{g} \in \mathfrak{G}$, 有 $\mathbf{g} \simeq \mathbf{g}$, (ii) $\mathbf{g}_1\mathbf{g}_2^{-1} \in \mathfrak{H}$ 隐含着 $(\mathbf{g}_1\mathbf{g}_2^{-1})^{-1} = \mathbf{g}_2\mathbf{g}_1^{-1} \in \mathfrak{H}$, 因此 $\mathbf{g}_1 \simeq \mathbf{g}_2$ 隐含着 $\mathbf{g}_2 \simeq \mathbf{g}_1$, (iii) $\mathbf{g}_1\mathbf{g}_2^{-1} \in \mathfrak{H}$ 和 $\mathbf{g}_2\mathbf{g}_3^{-1} \in \mathfrak{H}$ 共同推出 $\mathbf{g}_1\mathbf{g}_3^{-1} = \mathbf{g}_1\mathbf{g}_2^{-1}\mathbf{g}_2\mathbf{g}_3^{-1} \in \mathfrak{H}$, 因此 $\mathbf{g}_1 \simeq \mathbf{g}_2$ 和 $\mathbf{g}_2 \simeq \mathbf{g}_3$ 一起推出 $\mathbf{g}_1 \simeq \mathbf{g}_3$. 因此 $\mathfrak{H} \subseteq \mathfrak{G}$ 的陪集把 $\mathfrak{G}$ 划分成互斥且穷尽的等价类, 每个类或

陪集包含 $|\mathfrak{H}|$ 个置换矩阵, 得到 $|\mathfrak{G}|/|\mathfrak{H}|$ 个不同的陪集. 对于表达式 (20.2) 和 (20.3) 中的 $\mathfrak{H} \subset \mathfrak{G} = \mathfrak{H}\mathfrak{K}$, 其 $|\mathfrak{G}| = 8$ 个置换矩阵分成了 $|\mathfrak{G}|/|\mathfrak{H}| = 8/2 = 4$ 个陪集 $\mathfrak{H}\mathbf{g}$, 每个陪集包含 $|\mathfrak{H}| = 2$ 个置换矩阵.

正如刚才所指出的, 对于 $N \times N$ 置换矩阵群 $\mathfrak{G}$ 的一个子群 $\mathfrak{H}$, 我们有 $L = |\mathfrak{G}|/|\mathfrak{H}|$ 个不同的陪集, 但可惜它们总共有 $|\mathfrak{G}|$ 个不同的名称, 即对于 $\mathbf{g} \in \mathfrak{G}$ 有 $\mathfrak{H}\mathbf{g}$. 如果每个陪集只有一个名称, 而不是有很多不同的名称, 那将会很方便. 一个横切 $\mathfrak{T} = \{\mathbf{k}_1, \cdots, \mathbf{k}_L\} \subseteq \mathfrak{G}$ 是一组包含 $L = |\mathfrak{G}|/|\mathfrak{H}|$ 个置换矩阵的集合, 这样每个 $\mathfrak{H}\mathbf{k}_\ell$ 都是一个不同的陪集, 其结果是每个陪集有一个不同的名称, 即 $\mathfrak{H}\mathbf{k}_\ell$. 如果对每个 ℓ, 有 $\ell \neq \ell'$ 和 $|\mathfrak{H}\mathbf{k}_\ell| = |\mathfrak{H}|$, 则 $\mathfrak{G}$ 是 $\mathfrak{H}\mathbf{k}_\ell$ 的不相交并集, 即 $\mathfrak{G} = \mathfrak{H}\mathbf{k}_1 \bigcup \cdots \bigcup \mathfrak{H}\mathbf{k}_L$ 具有 $\mathfrak{H}\mathbf{k}_\ell \bigcap \mathfrak{H}\mathbf{k}_{\ell'} = \emptyset$. 因此, 每个 $\mathbf{g} \in \mathfrak{G}$ 都可以用一种确切的方式表示为 $\mathfrak{H}$ 的一个元素和 $\mathfrak{T}$ 的一个元素的乘积, 即 $\mathbf{g} = \mathbf{hk}$, 其中 $\mathbf{h} \in \mathfrak{H}, \mathbf{k} \in \mathfrak{T}$. 构造一个横切很容易: 列出不同的陪集, 从第 ℓ 个陪集中选取任意一个元素 $\mathbf{k}_\ell$. 关于群、子群、陪集和横切的回顾, 见 Kurzweil 和 Stellmacher 的文献 [17, §1.1].

一般来说, 一个横切不必是一个子群. 然而, 表达式 (20.3) 中的 $\mathfrak{K}$ 恰好是 $\mathfrak{G} = \mathfrak{H}\mathfrak{K}$ 的一个子群, 同时也是表达式 (20.2) 中 $\mathfrak{H}$ 的 $4 = |\mathfrak{K}| = |\mathfrak{G}|/|\mathfrak{H}| = 8/2$ 个陪集的一个横切.

20.4.3 置换矩阵群上的概率分布

$N \times N$ 置换矩阵群 $\mathfrak{G} = \{\mathbf{g}_1, \cdots, \mathbf{g}_{|\mathfrak{G}|}\}$ 上的概率分布就是一个维数为 $|\mathfrak{G}|$ 的向量 $\mathbf{p} = (p_{\mathbf{g}_1}, \cdots, p_{\mathbf{g}_{|\mathfrak{G}|}})^T$, 其中对每个 $\mathbf{g} \in \mathfrak{G}$ 有 $p_\mathbf{g} \geqslant 0$, 并且 $1 = \sum_{\mathbf{g} \in \mathfrak{G}} p_\mathbf{g}$. 这里, $p_\mathbf{g}$ 是我们选择 $\mathbf{g} \in \mathfrak{G}$ 的概率.

考虑 $\mathfrak{G}$ 的一个子群 $\mathfrak{H}$ 以及一个横切 $\mathfrak{T} = \{\mathbf{k}_1, \cdots, \mathbf{k}_L\} \subseteq \mathfrak{G}$. 回想一下, 每个 $\mathbf{g} \in \mathfrak{G}$ 都可以唯一地写成 $\mathbf{g} = \mathbf{hk}$ 的形式, 其中 $\mathbf{h} \in \mathfrak{H}, \mathbf{k} \in \mathfrak{T}$, 所以抽样一个 $\mathbf{g} \in \mathfrak{G}$ 需要抽样唯一 $\mathbf{h} \in \mathfrak{H}$ 和唯一 $\mathbf{k} \in \mathfrak{T}$, 使得 $\mathbf{g} = \mathbf{hk}$. 因此, $\mathfrak{G}$ 上的分布 $\mathbf{p}$ 产生了 $\mathfrak{T}$ 上的一个边际分布, 以及给定 $\mathfrak{T}$ 值后 $\mathfrak{H}$ 的一个条件分布. $\mathfrak{T}$ 上的边际分布把所有 $\mathbf{g} = \mathbf{hk}$ 的总概率附加到 $\mathbf{k} \in \mathfrak{T}$ 上, 当 $\mathbf{h}$ 在 $\mathfrak{H}$ 上变化时, 保持 $\mathbf{k} \in \mathfrak{T}$ 不变, 所以 $\mathbf{k} \in \mathfrak{T}$ 的边际概率是陪集 $\mathfrak{H}\mathbf{k}$ 中所有 $\mathbf{g} = \mathbf{hk}$ 的总概率. 如果 $\mathfrak{G}$ 上的 $|\mathfrak{G}|$ 维分布是 $\mathbf{p} = (p_1, \cdots, p_{|\mathfrak{G}|})^T$, 那么定义了 $\mathfrak{T}$ 上边际分布的 L 维向量 $\bar{\mathbf{p}} = (\bar{p}_{\mathbf{k}_1}, \cdots, \bar{p}_{\mathbf{k}_L})^T$ 把概率 $\bar{p}_\mathbf{k}$ 附加到了 $\mathbf{k}$ 上, 其中 $\bar{p}_\mathbf{k} = \sum_{\mathbf{g} \in \mathfrak{H}\mathbf{k}} p_\mathbf{g}$. 另外, 如果 $\bar{p}_\mathbf{k} \geqslant 0$, 则给定 $\mathbf{k} \in \mathfrak{T}$ 时 $\mathbf{h} \in \mathfrak{H}$ 的条件分布 $\tilde{\mathbf{p}}_\mathbf{k} = (\tilde{p}_{\mathbf{h}_1}, \cdots, \tilde{p}_{\mathbf{h}_{|\mathfrak{H}|}})^T$ 由 $p_\mathbf{g}/\bar{p}_\mathbf{k} = p_{\mathbf{hk}}/\bar{p}_\mathbf{k}$ 给出, 其中 $\mathbf{g} = \mathbf{hk}$.

假设我们通过以概率 $p_\mathbf{g}$ 选取 $\mathbf{g} \in \mathfrak{G}$ 来分配处理, 并将个体 $\mathbf{n} = (1, 2, \cdots,$

$N)^T$ 放在处理位置 $\mathbf{g}\mathbf{n}$ 上. 那么, 这与以概率 $\bar{p}_\mathbf{k} = \sum_{\mathbf{g}\in\mathfrak{H}\mathbf{k}} p_\mathbf{g}$ 选取 $\mathbf{k}\in\mathfrak{T}$、以条件概率 $p_\mathbf{g}/\bar{p}_\mathbf{k} = p_{\mathbf{hk}}/\bar{p}_\mathbf{k}$ 选取 $\mathbf{h}\in\mathfrak{H}$ 并且把个体 $\mathbf{n}=(1,2,\cdots,N)^T$ 放在处理位置 $\mathbf{g}\mathbf{n} = \mathbf{h}\mathbf{k}\mathbf{n}$ 上是一样的. 在表 20.5 和表 20.6 中的完全随机试验中, 我们可以在表达式 (20.3) 中随机选取 $\mathbf{k}$, 所以对每个 $\mathbf{k}$ 有 $\bar{p}_\mathbf{k} = 1/4$ 或 $\bar{\mathbf{p}} = (1/4, 1/4, 1/4, 1/4)^T$, 以及在表达式 (20.2) 中随机选取 $\mathbf{h}\in\mathfrak{H}$, 所以对每个 $\mathbf{k}$ 有 $\tilde{\mathbf{p}}_\mathbf{k} = (1/2, 1/2)^T$; 于是, $p_\mathbf{g} = 1/8$, $\mathbf{p} = (1/8, \cdots, 1/8)^T$. 在后面这一事实会很重要: $\bar{\mathbf{p}}$ 可以是完全随机的, 而 $\tilde{\mathbf{p}}_\mathbf{k}$ 偏离完全随机, 或者给定 $\mathbf{k}$ 时 $\tilde{\mathbf{p}}_\mathbf{k}$ 可以是完全随机的, 而 $\bar{p}_\mathbf{k}$ 不是完全随机的. 无论哪种情况, $\mathbf{p}$ 都偏离了完全随机. 另外, $\bar{\mathbf{p}}$ 和 $\tilde{\mathbf{p}}_\mathbf{k}$ 这两个部分可以在不同的程度上偏离完全随机分配.

20.4.4　不变检验统计量

表 20.7 展示了表 20.6 中 4 位个体的牙周病结果. 如果吸烟对这些人的牙齿没有影响, 那么根据无效应的定义, 在表 20.5 中调换他们的处理位置不会改变他们的结果. 因此, 在 Fisher 的零假设 H_0 下, 将表 20.7 中的 4 个人置换到表 20.5 中的位置, 会在处理位置之间的结果进行置换, 但不会改变结果本身. 相反, 如果吸烟确实有影响, 也许在表 20.5 的位置 1 中, 每日吸烟 40 支的人, 可能会有最严重的牙周病.

本附录讨论了对 Fisher 假设 H_0 的检验, 以及相关的检验统计量的零分布, 这里假定 Fisher 的假设 H_0 为真. 当 H_0 为真时, 检验统计量 T 是处理分配 $\mathbf{g}\in\mathfrak{G}$ 和表 20.7 中不变结果的函数, 所以我们可以写 $T = t(\mathbf{g})$.

对于 $\mathfrak{G}$ 的一个子群 $\mathfrak{H}$, 以及它的陪集的一个横切 $\mathfrak{T} = \{\mathbf{k}_1, \cdots, \mathbf{k}_L\} \subseteq \mathfrak{G}$, 对所有 $\mathbf{h}\in\mathfrak{H}$ 和 $\mathbf{k}\in\mathfrak{T}$, 如果 $t(\mathbf{hk}) = t(\mathbf{k})$, 那么统计量 $T = t(\mathbf{g})$ 对 $\mathfrak{H}$ 是不变的. 例如, 表 20.5 和表 20.7 中比较吸烟者和匹配的对照者的 Wilcoxon 符号秩统计量没有考虑吸烟量, 所以用 $\mathbf{h}\in\mathfrak{H}$ 交换两对人的身份不会改变其数值——它是不变的.

20.4.5　忽略一个证据因素

一般来说, 在观察性研究中, 我们确实知道处理是如何分配的. 敏感性分析考虑了处理分配的一组可能分布集合, 并询问在无处理效应的情况下, 这组分布集合中是否至少有一种分布可以合理地产生观察到的处理与结果之间的关联. 在处理分配群 $\mathfrak{G}$ 中, 有一个子群 $\mathfrak{H}$, 以及 $\mathfrak{H}$ 的陪集的一个横切 $\mathfrak{T} = \{\mathbf{k}_1, \cdots, \mathbf{k}_L\} \subseteq \mathfrak{G}$.

令 $\mathcal{P}$ 是处理分配 $\mathbf{g}\in\mathfrak{G}$ 的可能分布的集合 $\mathbf{p} = (p_{\mathbf{g}_1}, \cdots, p_{\mathbf{g}_{|\mathfrak{G}|}})^T$. 因此

集合 $\mathcal{P}$ 的每个元素 $\mathbf{p}$ 都是 $|\mathfrak{G}|$ 维向量, $\mathbf{p}$ 是一个概率分布, 对每个 $\mathbf{g} \in \mathfrak{G}$ 有 $p_{\mathbf{g}} \geqslant 0$, 并且 $1 = \sum_{\mathbf{g} \in \mathfrak{G}} p_{\mathbf{g}}$. 另外, 我们还要求集合 $\mathcal{P}$ 是封闭的; 因此, 由于闭集加上有界, 所以 $\mathcal{P}$ 是紧的. 通常情况下, 我们会考虑几个这样的集合 $\mathcal{P}$, 这些集合随着敏感性参数值的变化而变化, 但是为了保证符号简单, 我们这里只考虑一个集合 $\mathcal{P}$, 它与敏感性参数的一个特定值相对应. 对于每个 $\mathbf{p} \in \mathcal{P}$, 在 $\mathfrak{T}$ 上有一个相应的边际分布 $\bar{p}_{\mathbf{k}} = \sum_{\mathbf{g} \in \mathfrak{H}\mathbf{k}} p_{\mathbf{g}}$. 令 $\mathcal{P}_{\mathfrak{T}}$ 为 $\mathfrak{T}$ 上的 $|\mathfrak{T}|$ 维边际分布 $\bar{\mathbf{p}}$, 使得每一个 $\bar{\mathbf{p}} \in \mathcal{P}_{\mathfrak{T}}$ 都是对应着至少一个 $\mathbf{p} \in \mathcal{P}$ 的边际分布. 需要强调的是, $\bar{\mathbf{p}} \in \mathcal{P}_{\mathfrak{T}}$ 当且仅当 $\bar{\mathbf{p}}$ 是至少一个 $\mathbf{p} \in \mathcal{P}$ 的边际分布. 如果事件 E 发生, 则 $\chi(E) = 1$, 否则 $\chi(E) = 0$.

对于至少有一个 $\mathbf{p} \in \mathcal{P}$ 来说, 统计量 $t(\mathbf{g})$ 至少是 a 的尾部概率的上界是

$$\max_{\mathbf{p} \in \mathcal{P}} \sum_{\mathbf{g} \in \mathfrak{G}} \chi\{t(\mathbf{g}) \geqslant a\} p_{\mathbf{g}} = \max_{\mathbf{p} \in \mathcal{P}} \sum_{\mathbf{h} \in \mathfrak{H}} \sum_{\mathbf{k} \in \mathfrak{T}} \chi\{t(\mathbf{hk}) \geqslant a\} p_{\mathbf{hk}}, \qquad (20.4)$$

因为每个 $\mathbf{g} \in \mathfrak{G}$ 都有唯一的表示 $\mathbf{g} = \mathbf{hk}$, 其中 $\mathbf{h} \in \mathfrak{H}$, $\mathbf{k} \in \mathfrak{T}$. 一个小的技术问题值得简单评论. 表达式 (20.4) 指的是最大值 (maximum), 而不是上确界 (supremum). 这样做有道理吗? 作为 $\mathbf{p} \in \mathcal{P}$ 的函数来看, 表达式 (20.4) 中被优化的函数是 $\mathbf{p}$ 的一些坐标的总和, 所以表达式 (20.4) 是 $\mathbf{p}$ 的一个连续函数在紧集 $\mathcal{P}$ 上的最优值; 在 $\mathcal{P}$ 中达到最优值, 因此使用最大值是合理的.

当然, 表达式 (20.4) 中的联合分布 $\mathbf{p} \in \mathcal{P}$ 并不是只涉及 $\mathbf{k}$ 的敏感性分析的通常基础, 例如忽略吸烟量, 使用 Wilcoxon 符号秩统计量对每日吸烟者和从未吸烟者进行比较. 如果我们忽略了吸烟量, 我们很可能会使用 $\mathbf{k}$ 的边际分布. 如果我们确实简单地忽略了 $\mathbf{h} \in \mathfrak{H}$, 把它看作是固定的, 用 $\mathbf{k} \in \mathfrak{T}$ 及其相应的边际分布 $\bar{\mathbf{p}} \in \mathcal{P}_{\mathfrak{T}}$ 进行敏感性分析, 尾部概率的上界将是

$$\max_{\bar{\mathbf{p}} \in \mathcal{P}_{\mathfrak{T}}} \sum_{\mathbf{k} \in \mathfrak{T}} \chi\{t(\mathbf{k}) \geqslant a\} \bar{p}_{\mathbf{k}}. \qquad (20.5)$$

引理 20.1 给了检验统计量 $t(\mathbf{g})$ 一个自然的条件, 使得表达式 (20.4) 和表达式 (20.5) 相等.

引理 20.1 如果 $t(\mathbf{g})$ 对 $\mathfrak{H}$ 是不变的, 那么表达式 (20.4) 和 (20.5) 相等.

证明 回忆 $\bar{\mathbf{p}} \in \mathcal{P}_{\mathfrak{T}}$ 当且仅当存在一个 $\mathbf{p} \in \mathcal{P}$ 使得 $\bar{\mathbf{p}}$ 是联合分布 $\mathbf{p}$ 中 $\mathbf{k}$ 的边际分布. 因为 $t(\cdot)$ 对 $\mathfrak{H}$ 是不变的, 所以对每个 $\mathbf{h} \in \mathfrak{H}$ 和 $\mathbf{k} \in \mathfrak{T}$ 有 $t(\mathbf{hk}) = t(\mathbf{k})$. 因此, 表达式 (20.4) 等于

$$\max_{\mathbf{p} \in \mathcal{P}} \sum_{\mathbf{h} \in \mathfrak{H}} \sum_{\mathbf{k} \in \mathfrak{T}} \chi\{t(\mathbf{k}) \geqslant a\} p_{\mathbf{hk}} = \max_{\mathbf{p} \in \mathcal{P}} \sum_{\mathbf{k} \in \mathfrak{T}} \chi\{t(\mathbf{k}) \geqslant a\} \sum_{\mathbf{h} \in \mathfrak{H}} p_{\mathbf{hk}}$$

$$= \max_{\bar{\mathbf{p}} \in \mathcal{P}_{\mathfrak{T}}} \sum_{\mathbf{k} \in \mathfrak{T}} \chi\{t(\mathbf{k}) \geqslant a\} \bar{p}_{\mathbf{k}}.$$

引理 20.1 有多种含义. 最基本的是, 如果 $t(\cdot)$ 对 $\mathfrak{H}$ 不变, 那么在选取 $\mathbf{h} \in \mathfrak{H}$ 方面的偏倚, 不管有多大, 对检验统计量 $t(\mathbf{g})$ 的灵敏度界限都没有任何影响. 在表 20.5 和表 20.7 中, Wilcoxon 符号秩统计量对表达式 (20.2) 的 $\mathfrak{H}$ 中的置换不变, 所以吸烟者吸烟量的偏倚不影响对该统计量的敏感性分析: $\mathcal{P}$ 中的联合偏倚 $\mathbf{p}$ 只通过 $\mathcal{P}_{\mathfrak{T}}$ 中的相应边际分布 $\bar{\mathbf{p}}$ 影响吸烟者和对照组的比较.

20.4.6 对可能是不对称偏倚的对称敏感性分析

一个对称的集合可能包含本身不对称的对象. 举一个最简单的例子. 考虑作为单位正方形 $[0,1] \times [0,1]$ 上的坐标 (x,y), 或者等价于 $\{(x,y): 0 \leqslant x \leqslant 1, 0 \leqslant y \leqslant 1\}$. 单位正方形是一个对称集: 如果 (x,y) 在单位正方形上, 那么 (y,x) 也在单位正方形上. 在单位正方形上, 函数 $(x-y)^2$ 是对称的: 它在 (x,y) 和 (y,x) 处的取值相同. 听起来好像关于单位正方形上的 $(x-y)^2$ 的所有东西都是对称的, 从某种意义上说这是真的. 单位正方形上 $(x-y)^2$ 的极小值集合是 $\{(x,x): 0 \leqslant x \leqslant 1\}$, 所以这个集合包含的元素 (x,x) 都是对称的. 另外, $(x-y)^2$ 在单位正方形上的极大值集合是 $\{(0,1),(1,0)\}$, 所以极大值集合也是对称的, 但它的单个元素是不对称的. 一般来说, 对称性并不都是一样的, 我们在把一个地方的对称性与另一个地方的不同对称性联系起来的时候需要小心. 具体来说, 一个对称集可能包含本身不对称的对象.

具体而言, 如果一开始说得含糊些, 那么一个对称的概率分布集 $\mathcal{P}$ 可能包含明显不对称的分布 $\mathbf{p}$. 要成为 $\mathfrak{G}$ 上的概率分布, $\mathbf{p}$ 必须位于一个 $|\mathfrak{G}|-1$ 维的单纯形 $\mathcal{S}$ 中, 其中 $p_{\mathbf{g}} \geqslant 0$ 且 $1 = \sum_{\mathbf{g} \in \mathfrak{G}} p_{\mathbf{g}}$. 敏感性分析可以考虑一个使 $\mathbf{p}$ 偏离完全随机处理分配的族 $\mathcal{P}$, 这样的族是对称的, 但其元素 $\mathbf{p} \in \mathcal{P}$ 明显偏向一个方向或其他方向. 例如, 在表 20.5 和表 20.6 中, 以 $\mathbf{p} = (1/8, \cdots, 1/8)^T$ 为中心的 $\mathcal{S}$ 内部的 7 维小球 $\mathcal{P}$ 作为一个集合具有一定的对称性, 但只有 $(1/8, \cdots, 1/8)^T$ 具有相等坐标意义的对称性. 到目前为止所考虑的情况是初步的, 比我们感兴趣的情况稍微简单一些, 但这些简单的情况是为了防范一些不正确的直觉.

假设我们已经进行了两项敏感性分析, 也许一项是对图 19.2 的面板 (i) 中吸烟者减去对照者的配对差 Y_i 应用符号秩统计量, 另一项是对图 19.2 的面板 (ii) 中 Y_i 与吸烟量 d_i 之间的关系计算横切统计量. 第一项敏感性分析涉及在配对 $\mathbf{k} \in \mathfrak{T}$ 内的吸烟者/对照者分配的边际分布, 而第二项敏感性分析固定了 $\mathbf{k}$, 并涉及剂量 d_i 分配给匹配对 $\mathbf{h} \in \mathfrak{H}$. 换一种方式表达, 第一项敏感性分析发现了符号秩统计量的 P-值的界限, 比如说 P, 这一界限是忽略了 $\mathbf{h} \in \mathfrak{H}$, 对于 $\mathbf{k} \in \mathfrak{T}$ 的可能边际分布 $\bar{\mathbf{p}}$ 的集合 $\mathcal{P}_{\mathfrak{T}}$ 上的最大值. 第二项敏感性分析发现了横切统计量的 P-值的界限, 比如说 P', 这一界限是把 $\mathbf{k} \in \mathfrak{T}$ 视为固定的, 对于 $\mathbf{h} \in \mathfrak{H}$ 的可能条件分布的集合 $\mathcal{P}_{\mathfrak{H}}$ 上的最大值. 我们的任务是在不引入关于 $\mathbf{h} \in \mathfrak{H}$ 和 $\mathbf{k} \in \mathfrak{T}$ 的关系的新假设的情况下, 把这两项敏感性分析结合起来. 确切地说, 我们的任务是避免任何关于 $\mathbf{h} \in \mathfrak{H}$ 和 $\mathbf{k} \in \mathfrak{T}$ 是不相关或独立的假设. 这个任务是通过形成 $\mathfrak{G} = \mathfrak{H}\mathfrak{T}$ 上的所有联合分布 $\mathcal{P}$ 的集合来完成的, 这些联合分布与 $\mathbf{k} \in \mathfrak{T}$ 的边际分布 $\mathcal{P}_{\mathfrak{T}}$ 和 $\mathbf{h} \in \mathfrak{H}$ 的条件分布 $\mathcal{P}_{\mathfrak{H}}$ 兼容. 因为 $\mathcal{P}$ 将包含每一个可能的联合分布, 除了假设 $\mathbf{k}$ 的边际分布 $\bar{\mathbf{p}}$ 在 $\mathcal{P}_{\mathfrak{T}}$ 中, 以及给定 $\mathbf{k}$ 后 $\mathbf{h}$ 的每一个条件分布 $\tilde{\mathbf{p}}_{\mathbf{k}}$ 在 $\mathcal{P}_{\mathfrak{H}}$ 中之外, 将 $\mathbf{p}$ 限制在 $\mathcal{P}$ 中没有增加任何假设. 简而言之, $\mathcal{P}$ 将是所有联合分布的集合, 与两个单独的敏感性分析中已经假定的内容一致.

更详细地说, 存在 $N \times N$ 置换矩阵群 $\mathfrak{G}$ 的一个子群 $\mathfrak{H}$, 以及一个横切 $\mathfrak{T} = \{\mathbf{k}_1, \cdots, \mathbf{k}_L\} \subseteq \mathfrak{G}$. 敏感性分析涉及 $\mathfrak{G}$ 上分布 $\mathbf{p}$ 的集合 $\mathcal{P}$. 集合 $\mathcal{P}$ 是 $\mathfrak{H}$ 和 $\mathfrak{T}$ 上的分布的一种乘积, 但不是直积 (direct product). 直积形成的 $\mathcal{P}$ 是由 $\mathfrak{H}$ 和 $\mathfrak{T}$ 上的独立选择组成的, 是 $\mathfrak{H}$ 上单一分布和 $\mathfrak{T}$ 上单一分布的乘积, 但这不是我们想要的. 在表 20.6 中, 这两种偏倚似乎完全有可能是相关的: 也许一个缺乏自律的人比从未吸烟的人更有可能成为每日吸烟者, 也更有可能成为重度吸烟者而不是轻度吸烟者. 没有理由认为 $\mathbf{p} \in \mathcal{P}$ 在挑选 $\mathbf{g} = \mathbf{hk} \in \mathfrak{G}$ 时应该对 $\mathbf{h} \in \mathfrak{H}$ 和 $\mathbf{k} \in \mathfrak{T}$ 进行独立选择.

存在 $\mathfrak{T}$ 上可能的 L 维边际分布 $\bar{\mathbf{p}}$ 的一个集合 $\mathcal{P}_{\mathfrak{T}}$. $\mathfrak{T}$ 上的完全随机化将意味着 $\mathcal{P}_{\mathfrak{T}}$ 只包含单一元素, 即 L 维向量 $\bar{\mathbf{p}} = (1/L, \cdots, 1/L)^T$, 但是更大的集合 $\mathcal{P}_{\mathfrak{T}}$ 将允许我们从 $\mathfrak{T}$ 中进行有偏倚的选择.

还有第二个集合 $\mathcal{P}_{\mathfrak{H}}$, 它是给定 $\mathbf{k} \in \mathfrak{T}$, $\mathbf{h} \in \mathfrak{H}$ 的 $|\mathfrak{H}|$ 维条件分布 $\tilde{\mathbf{p}}_{\mathbf{k}}$ 的集合. 如果 $\mathcal{P}_{\mathfrak{H}}$ 只包含单一的 $|\mathfrak{H}|$ 维向量 $\tilde{\mathbf{p}}_{\mathbf{k}} = (1/|\mathfrak{H}|, \cdots, 1/|\mathfrak{H}|)^T$, 那么这第二个集合 $\mathcal{P}_{\mathfrak{H}}$ 将意味着在给定 $\mathbf{k}$ 的情况下对 $\mathfrak{H}$ 完全随机化, 但更大的集合 $\mathcal{P}_{\mathfrak{H}}$ 将允许我们在给定 $\mathbf{k} \in \mathfrak{T}$ 的情况下对 $\mathbf{h} \in \mathfrak{H}$ 进行有偏倚的选择.

现在可以对群 $\mathfrak{G}$ 上分布的集合 $\mathcal{P}$ 进行描述了. 每个 $\mathbf{p} \in \mathcal{P}$ 是通过以下方式形成的: (i) 在 $\mathfrak{T}$ 上选择一个边际分布 $\bar{\mathbf{p}} \in \mathcal{P}_{\mathfrak{T}}$, 并且 (ii) 在给定 $\mathbf{k} \in \mathfrak{T}$ 的情况下, 对于每个 $\mathbf{k} \in \mathfrak{T}$, 选择 $\mathbf{h} \in \mathfrak{H}$ 的条件分布 $\tilde{\mathbf{p}}_{\mathbf{k}} \in \mathcal{P}_{\mathfrak{H}}$. 根据定义, 集合 $\mathcal{P}$ 包含以这种方式形成的每个分布. 重要的是, 因为我们可能, 而且经常, 为不同的 $\mathbf{k} \in \mathfrak{T}$ 选择不同的 $\tilde{\mathbf{p}}_{\mathbf{k}} \in \mathcal{P}_{\mathfrak{H}}$, 所以 $\mathbf{h} \in \mathfrak{H}$ 和 $\mathbf{k} \in \mathfrak{T}$ 的分布可能是相关的, 也许是明显的相关. 集合 $\mathcal{P}$ 具有某些对称性: 每个 $\bar{\mathbf{p}} \in \mathcal{P}_{\mathfrak{T}}$ 都是可能的, 并且每个

$\tilde{p}_k \in \mathcal{P}_{\mathfrak{H}}$ 对于每个 $k \in \mathfrak{T}$ 都是可能的. 然而, 元素 $p \in \mathcal{P}$ 可能明显偏离完全随机化, 在 $g = hk$ 的各组成部分之间有很强的依赖性. 通过与 Rosenbaum [36] 中更加代数化的讨论相类比, 将由上述 (i) 和 (ii) 形成的 $\mathfrak{G}$ 上所有分布的集合 $\mathcal{P}$ 称为 $\mathcal{P}_{\mathfrak{T}}$ 和 $\mathcal{P}_{\mathfrak{H}}$ 的结积 (knit product).[2]

20.4.7 固定一个证据因素

假设我们研究了表 20.7 中患牙周病的两个吸烟者减去对照者的配对差, 并问在表 20.5 中吸烟者每日吸烟 40 支的配对是否存在更大的差异. 更一般地, 我们可能会问, 图 19.2 中 441 个吸烟者减去对照者的结果差是否趋向与不同配对吸烟者的吸烟量呈正相关, 在第 19.4 节中, 我们用横切统计量方法回答了这个问题. 这个分析是在每个配对内固定吸烟者和对照者的身份, 即固定 $k \in \mathfrak{T}$, 并检查在配对中的剂量分配, 即 $h \in \mathfrak{H}$. 引理 20.2 给出了群 $\mathfrak{G}$ 上联合分布的集合 $\mathcal{P}$ 的一个自然条件, 这样就可以随意地将 $k \in \mathfrak{T}$ 视为固定的, 产生与以 $k \in \mathfrak{T}$ 的值为条件相同的灵敏度界限. 这个条件是: $\mathcal{P}$ 是条件分布 $\mathcal{P}_{\mathfrak{H}}$ 的集合和边际分布 $\mathcal{P}_{\mathfrak{T}}$ 的集合的结积, 使单个条件分布 $\tilde{p}_k \in \mathcal{P}_{\mathfrak{H}}$ 确实依赖于 k, 但这些条件分布的集合 $\mathcal{P}_{\mathfrak{H}}$ 对所有 $k \in \mathfrak{T}$ 是相同的集合. 如果 $\tilde{p} \in \mathcal{P}_{\mathfrak{H}}$, 那么 $\tilde{p} = (p_{h_1}, \cdots, p_{h_{|\mathfrak{H}|}})$ 就是给定 k 后 h 的一个可能的条件分布. 在图 19.2 中, 引理 20.2 中的统计量 $t'(g)$ 是横切统计量.

引理 20.2 假设群 $\mathfrak{G}$ 上分布的集合 $\mathcal{P}$ 是子群 $\mathfrak{H}$ 上的条件分布 $\mathcal{P}_{\mathfrak{H}}$ 和横切 $\mathfrak{T}$ 上的边际分布 $\mathcal{P}_{\mathfrak{T}}$ 的结积, 那么, 给定 k 后从 $\mathcal{P}$ 中得出的统计量 $t'(g) = t'(hk)$ 的条件灵敏度界限, 即

$$\max_{p \in \mathcal{P}} \frac{\sum_{h \in \mathfrak{H}} \chi\{t'(hk) \geqslant a\} p_{hk}}{\sum_{h \in \mathfrak{H}} p_{hk}}, \tag{20.6}$$

等于简单地从将 k 视为固定的 $\mathcal{P}_{\mathfrak{H}}$ 中得到的灵敏度界限, 即

$$\max_{\tilde{p} \in \mathcal{P}_{\mathfrak{H}}} \sum_{h \in \mathfrak{H}} \chi\{t'(hk) \geqslant a\} \tilde{p}_h. \tag{20.7}$$

---

[2] 如上所述, $\mathcal{P}$ 是由已存在的 $\mathcal{P}_{\mathfrak{T}}$ 和 $\mathcal{P}_{\mathfrak{H}}$ 构造的. 在这个意义上, 构造的 $\mathcal{P}$ 除了由两个单独的敏感性分析已经假定的内容外, 没有增加任何假设. 另一个起点是从 $\mathfrak{G}$ 上的联合分布的一个任意集合 $\mathcal{Q}$ 开始, 然后, 这种方法继续寻找与 $\mathcal{Q}$ 兼容的 $k \in \mathfrak{T}$ 的所有可能的边际分布. 接着, 这种方法找到 $h \in \mathfrak{H}$ 的所有分布 $\tilde{p}$ 的集合 $\mathcal{P}_{\mathfrak{H}}$, 这些分布曾经由 $\mathcal{Q}$ 产生, 作为给定 k 后对 h 的条件分布. 显然, $\mathcal{Q} \subseteq \mathcal{P}$. 由此可见, 由 $\mathcal{P}$ 得出的两个 P-值 (P, P') 的上界也是由 $\mathcal{Q}$ 得出的两个 P-值 (P, P') 的上界. 在实践中, 我们从两个敏感性分析开始, 分别针对每个因素进行分析, 并试图将它们结合起来.

证明 因为 $\mathcal{P}$ 是条件分布 $(p_{\mathbf{h}_1}, \cdots, p_{\mathbf{h}_{|\mathfrak{H}|}}) \in \mathcal{P}_{\mathfrak{H}}$ 和边际分布 $\bar{\mathbf{p}} \in \mathcal{P}_{\mathfrak{T}}$ 的结积, 所以对于每个 $\mathbf{k} \in \mathfrak{T}$, 给定 $\mathbf{k}$ 后 $\mathbf{h} \in \mathfrak{H}$ 的可能条件分布 $p_{\mathbf{hk}}/\sum_{\mathbf{h} \in \mathfrak{H}} p_{\mathbf{hk}}$ 的集合恰好就是 $\mathcal{P}_{\mathfrak{H}}$. 因此, 无论哪个 $\mathbf{k}$ 出现, 表达式 (20.6) 中考虑的概率分布集与表达式 (20.7) 中的分布集相同, 且最大界限相等.

20.4.8 两个 P-值界限的联合行为

下面的基本引理是关于 P-值的界限和条件 P-值的界限的联合行为. 它是文献 [31] 中一个更一般但同样基本的引理的特例. 具体来说, 在图 19.2 中, 统计量 $t(\mathbf{g})$ 可能是 Wilcoxon 符号秩统计量, 产生了引理 20.1 中的 P-值 P, 而统计量 $t'(\mathbf{g})$ 可能是横切统计量, 产生了引理 20.2 中的 P-值 P'.

引理 20.3 假设 P 是 $\mathbf{K}$ 的函数, P' 是 $(\mathbf{H}, \mathbf{K})$ 的函数, 满足对所有的 $0 \leqslant \alpha \leqslant 1$ 有 $\Pr(P \leqslant \alpha) \leqslant \alpha$, 并且对每个 $\mathbf{k}$ 以及所有的 $0 \leqslant \alpha' \leqslant 1$ 有 $\Pr(P' \leqslant \alpha' \mid \mathbf{K} = \mathbf{k}) \leqslant \alpha'$. 那么, (P, P') 随机大于单位正方形上的均匀分布.

证明 令 (Q, Q') 在单位正方形上服从均匀分布, 从而是独立的, 因此任务是证明 (P, P') 随机大于 (Q, Q'), 其中 $\Pr(Q \leqslant \alpha, Q' \leqslant \alpha') = \alpha\alpha'$. 根据假设, $\Pr(P \leqslant \alpha) \leqslant \alpha = \Pr(Q \leqslant \alpha)$. 使用 $\Pr(P' \leqslant \alpha' \mid \mathbf{K}) \leqslant \alpha'$, Q 和 Q' 的独立性以及 P 是 $\mathbf{K}$ 的函数这些事实, 我们有

$$\Pr(P' \leqslant \alpha' | P) = E\{\Pr(P' \leqslant \alpha' | P, \mathbf{K}) \mid P\}$$
$$= E\{\Pr(P' \leqslant \alpha' |, \mathbf{K}) \mid P\} \leqslant \alpha' = \Pr(Q' \leqslant \alpha' | Q).$$

根据 Cohen 和 Sackrowitz [4, 定理 2.5] 以及 Q 和 Q' 的独立性, 我们得出此结论.

在临床试验自适应设计的背景下, Brannath, Posch 和 Bauer [2] 讨论了二元 P-值 (P, P'), 其随机地大于单位正方形上的均匀分布. 注意对所有的 $0 \leqslant \alpha \leqslant 1$ 和 $0 \leqslant \alpha' \leqslant 1$, $\Pr(P \leqslant \alpha, P' \leqslant \alpha') \leqslant \alpha\alpha'$ 这一结论并不意味着 (P, P') 是独立的; 相反, 它隐含着 (P, P') 具有一个可能相关的联合分布, 其分布大于两个独立均匀随机变量的联合分布.

20.4.9 两个证据因素的 P-值界限的联合分布

我们观察到一个特定的处理分配 $\mathbf{G} \in \mathfrak{G}$, 它在一个已知的集合 $\mathcal{P}$ 中具有一个未知的分布 $\mathbf{p}$. 如果 Fisher 无效应假设 H_0 是真的, 那么 $\mathbf{G}$ 就会重新安排 N 个试验对象, 将他们分配到研究设计中的新角色, 但分配个体接受处理不会

改变他们的结果. 群 $\mathfrak{G}$ 有一个子群 $\mathfrak{H}$, 其陪集具有横切 $\mathfrak{T} = \{\mathbf{k}_1, \cdots, \mathbf{k}_L\} \subseteq \mathfrak{G}$, 因此每个 $\mathbf{g} \in \mathfrak{G}$ 具有唯一的表示形式, 即 $\mathbf{g} = \mathbf{hk}$, 其中 $\mathbf{h} \in \mathfrak{H}$, $\mathbf{k} \in \mathfrak{T}$. 根据未知分布 $\mathbf{p}$, 我们实现选择一个特定的 $\mathbf{G} = \mathbf{HK}$, 产生两个检验统计量的观察值, $t(\mathbf{G})$ 和 $t'(\mathbf{G})$, 其中 $t(\cdot)$ 是 $\mathfrak{H}$ 不变的, 因此 $t(\mathbf{hk}) = t(\mathbf{k})$. 例如, 在图 19.2 中, 统计量 $t(\mathbf{g})$ 可能是 Wilcoxon 的符号秩统计量, 而统计量 $t'(\mathbf{g})$ 可能是横切统计量.

如果 $\mathbf{p}$ 是已知的, 那么我们可以计算两个相应的 P-值, 由 $t(\mathbf{G})$ 的边际 P-值

$$P = \sum_{\mathbf{g} \in \mathfrak{G}} \chi\{t(\mathbf{g}) \geqslant a\} p_{\mathbf{g}}, \quad \text{有 } a = t(\mathbf{G}),$$

以及给定 $\mathbf{K}$ 由 $t'(\mathbf{G})$ 的条件 P-值

$$P' = \frac{\sum_{\mathbf{h} \in \mathfrak{H}} \chi\{t'(\mathbf{hk}) \geqslant a'\} p_{\mathbf{hk}}}{\sum_{\mathbf{h} \in \mathfrak{H}} p_{\mathbf{hk}}}, \quad \text{有 } a' = t'(\mathbf{G}) \text{ 和 } \mathbf{k} = \mathbf{K}.$$

因为 $\mathbf{p}$ 是未知的, 所以我们计算两个单独的灵敏度界限, 一个是有 $a = t(\mathbf{G})$ 的表达式 (20.5), 即

$$\overline{P} = \max_{\bar{\mathbf{p}} \in \mathcal{P}_\mathfrak{T}} \sum_{\mathbf{k} \in \mathfrak{T}} \chi\{t(\mathbf{k}) \geqslant t(\mathbf{K})\} \bar{p}_{\mathbf{k}},$$

另一个是有 $a = t'(\mathbf{G})$ 和 $\mathbf{k} = \mathbf{K}$ 的表达式 (20.7),

$$\max_{\tilde{\mathbf{p}} \in \mathcal{P}_\mathfrak{H}} \sum_{\mathbf{h} \in \mathfrak{H}} \chi\{t'(\mathbf{hk}) \geqslant t'(\mathbf{HK})\} \tilde{p}_{\mathbf{h}}.$$

命题 20.2 假设 Fisher 的无处理效应零假设 H_0 为真, 为了对它进行检验. 令 $\mathfrak{G}$ 是 $N \times N$ 置换矩阵的群, 令 $\mathfrak{H}$ 是群 $\mathfrak{G}$ 的一个子群, 令 $\mathfrak{T} = \{\mathbf{k}_1, \cdots, \mathbf{k}_L\} \subseteq \mathfrak{G}$ 是 $\mathfrak{H}$ 的陪集的横切. 令 $\mathcal{P}_\mathfrak{H}$ 是 $\mathfrak{H}$ 上概率分布的一个闭集, 令 $\mathcal{P}_\mathfrak{T}$ 是 $\mathfrak{T}$ 上概率分布的一个闭集, 令 $\mathcal{P}$ 是 $\mathcal{P}_\mathfrak{H}$ 和 $\mathcal{P}_\mathfrak{T}$ 的结积, 因此 $\mathcal{P}$ 是 $\mathfrak{G}$ 上分布的一个集合. 用某个未知分布 $\mathbf{p} \in \mathcal{P}$ 对 $\mathbf{G} = \mathbf{HK} \in \mathfrak{G}$ 进行抽样. 令 $t(\cdot)$ 和 $t'(\cdot)$ 是两个检验统计量, 即两个定义在 $\mathfrak{G}$ 上的实值函数, 其中 $t(\cdot)$ 是 $\mathfrak{H}$ 不变的. 那么 $(\overline{P}, \overline{P}')$ 随机大于单位正方形上的均匀分布.

证明 未知但真实的 P-值 (P, P') 满足引理 20.3 的条件, 因此 (P, P') 随机大于单位正方形上的均匀分布. 根据引理 20.1, $\overline{P} \geqslant P$. 根据引理 20.2, $\overline{P}' \geqslant P'$. 所以 $(\overline{P}, \overline{P}')$ 随机大于单位正方形上的均匀分布.

20.4.10 另一个实例: 大小为 3 的区组

到目前为止, 本节中的实例是表 20.5, 表 20.6, 表 20.7 中的图 19.2 的微小版本. 对于这个小例子和图 19.2, 命题 20.2 得出的结论是: 符号秩统计量和横切统计量构成两个证据因素. 对于表 20.1 中的制革厂数据, 命题 20.2 是怎么说的?

考虑表 20.1 中的一个 3 位个体的区组 (也许是第 1 个区组). 这个区组中的 3 个人可以用 3! = 6 种方式分配到处理 E1, E2 和 C, 这 6 种分配方式与所有 $|\mathfrak{G}| = 6$ 个 3×3 大小的置换矩阵对称群 $\mathfrak{G}$ 相对应. $\mathfrak{G}$ 的一个子群是 $\mathfrak{H}$, 它由下式给出:

$$\mathfrak{H} = \left\{ \mathbf{h}_1 = \begin{bmatrix} 1 & 0 & 0 \\ 0 & 1 & 0 \\ 0 & 0 & 1 \end{bmatrix}, \mathbf{h}_2 = \begin{bmatrix} 0 & 1 & 0 \\ 1 & 0 & 0 \\ 0 & 0 & 1 \end{bmatrix} \right\}. \tag{20.8}$$

注意 $\mathbf{n}$ 是 3×1 列向量 $\mathbf{n} = (1,2,3)^T$. 在表达式 (20.8) 中, 第二个置换矩阵 $\mathbf{h}_2$ 交换了分配给 E1 和 E2 的两个个体. 也就是说, $\mathbf{h}_2\mathbf{n} = (2,1,3)^T$.

现在定义

$$\mathfrak{K} = \left\{ \mathbf{k}_1 = \begin{bmatrix} 1 & 0 & 0 \\ 0 & 1 & 0 \\ 0 & 0 & 1 \end{bmatrix}, \mathbf{k}_2 = \begin{bmatrix} 0 & 0 & 1 \\ 1 & 0 & 0 \\ 0 & 1 & 0 \end{bmatrix}, \mathbf{k}_3 = \begin{bmatrix} 0 & 1 & 0 \\ 0 & 0 & 1 \\ 1 & 0 & 0 \end{bmatrix} \right\}. \tag{20.9}$$

在表达式 (20.8) 中, $\mathbf{k}_1\mathbf{n} = (1,2,3)^T$ 把个体 3 放置在位置 C, $\mathbf{k}_2\mathbf{n} = (3,1,2)^T$ 把个体 2 放置在位置 C, $\mathbf{k}_3\mathbf{n} = (2,3,1)^T$ 把个体 1 放置在位置 C. 这 6 个 $\mathbf{g} \in \mathfrak{G}$ 中的每一个 $\mathbf{g}$ 都有唯一的表示 $\mathbf{g} = \mathbf{hk}$, 其中 $\mathbf{h} \in \mathfrak{H}$ 和 $\mathbf{k} \in \mathfrak{K}$, 这里 $\mathfrak{K}$ 是 $\mathfrak{H}$ 的陪集的横切. 换句话说, $\mathfrak{K}$ 挑选了一个人放在处理 C, 然后 $\mathfrak{H}$ 把剩下的两个人分配给 E1 和 E2.

考虑对 C 组与 {E1, E2, C} 进行比较的分层 Wilcoxon 统计量. 该统计量受到分配给 C 组的个体身份的影响, 但一旦确定了这个问题, 该统计量就会忽略谁分配给 E1 组、谁分配给 E2 组. 虽然将 C 组与 {E1, E2, C} 进行比较的置换 m-统计量不是秩统计量, 但表现行为是相同的. 一般来说, 将 C 与 {E1, E2, C} 进行比较的统计量 $t(\mathbf{g})$ 忽略了谁分配给 E1 或 E2, 且统计量 $t(\mathbf{g}) = t(\mathbf{hk})$ 是 $\mathfrak{H}$ 不变的; 也就是说, 对于每个 $\mathbf{h} \in \mathfrak{H}$ 和 $\mathbf{k} \in \mathfrak{K}$, $t(\mathbf{hk}) = t(\mathbf{k})$.

在表达式 (20.8) 和 (20.9) 中, 如果我们对 $\mathbf{G} = \mathbf{HK} \in \mathfrak{G}$ 进行抽样, 然后以 $\mathbf{K}$ 的值为条件, 那么我们已经固定了处理 C 中个体的身份, 让 $\mathbf{H}$ 在 E1 和 E2 中交换剩余的两个个体. 给定 $\mathbf{K}$, 统计量 $t'(\mathbf{G})$ 的置换分布检查了对不在

处理组 C 中的两个个体改变处理分配的效果. 这里 $t'(\mathbf{G})$ 可能是比较 E2 和 {E1, E2} 的分层 Wilcoxon 统计量或 m-统计量, 保持了在 C 中的第三个个体身份不变.

到目前为止, 我们已经考虑了在表 20.1 中一个区组的命题 20.2 的意义, 但该表中有 30 个区组. 一个随机区组试验将在这 30 个区组中进行 30 次独立的处理分配, 每次分配都具有上述结构. 每个这样的分配都对应着一个 90×90 置换矩阵, 其中每个矩阵都是分块对角 (block diagonal) 矩阵, 有 30 个区组 (分块), 每个区组 (分块) 由一个 3×3 置换矩阵组成. 相关的群 $\mathfrak{G}$、$\mathfrak{H}$ 和 $\mathfrak{K}$ 是表达式 (20.8) 和 (20.9) 的 30 倍直积. 例如, $\mathfrak{G}$ 包含 $(3!)^{30}$ 个分块对角的 90×90 置换矩阵, 里面有 30 个大小为 3×3 的区组 (分块). 同样地, $\mathfrak{H}$ 包含 2^{30} 这样的矩阵, $\mathfrak{K}$ 包含 3^{30}, 且 $\mathfrak{G} = \mathfrak{H}\mathfrak{K}$.

20.4.11　不整齐的区组

表 20.1 中的设计是整齐的: 每个区组 (分块) 都是相同的大小, 每个区组 (分块) 都为 E1, E2 和 C 分配一位个体. 整齐的区组 (分块) 不是论证的核心. 一个区组 (分块) 可能有 1 个 E1、2 个 E2 和 1 个 C, 下一个区组 (分块) 可能有 5 个 E1, 没有 E2 和 3 个 C, 等等. 在这种情况下, 作用于第一个区组 (分块) 的置换群与作用于第二个区组 (分块) 的置换群不同, 因此作用于整个设计的分块对角置换矩阵具有不同大小和结构的区组 (分块).

20.5　延伸阅读

关于证据因素的基本理论, 见文献 [30, 31, 36]. 另一个实例见文献 [15]. Bikram Karmakar 及其同事 [13] 讨论了由两个证据因素形成的两个敏感性分析结合的 Bahadur 效率. Karmakar 等人 [14] 讨论了使用计算机建立一个具有证据因素的匹配设计. Zubizarreta 及其同事 [46] 以不同的方式建立了两个证据因素: 第一个因素是比较在机构 (特别是医院) 内使用的两种处理方法 (治疗方案), 这些机构都同时使用了这两种处理方法; 第二个因素是比较机构 (特别是医院), 这些机构几乎总是使用两种处理方法之一. 在一个机构内运作的选择偏倚可能与引导个人到某个机构去的选择偏倚非常不同, 因此这两个因素很可能受到不同偏倚的影响. Kai Zhang 及其同事 [45] 考虑了两个证据因素, 一个是由时间界定的, 另一个是由地理位置界定的: 一些婴儿因为出生时间而免于治疗, 另一些婴儿因为出生地点而免于治疗.

20.6 软件

使用证据因素的分析结合了两个本质上独立的敏感性分析. 一旦有人证明了这两个分析在命题 20.2 的意义上是本质上独立的, 这两个独立的分析就可以使用常规的敏感性分析来进行置换推断. 只有组合步骤需要额外的软件. 关于使用 R 软件进行两个证据因素的分析, 见文献 [34, §4].

在 R 软件包 sensitivitymv 中, 文献 [43] 的 P-值的截断乘积可用函数 truncatedP 或 truncatedPbg 实现. 这两个函数是针对同一计算的两个公式, 所以它们返回相同的结果. 函数 truncatedP 使用的是文献 [43] 中的公式, 而函数 truncatedPbg 使用的是文献 [10, 表达式 (6)] 中的 Γ 分布二项混合 (binomial mixture). 作为一种特殊情况, 这些函数实现了将 P-值结合起来的 Fisher 方法.

20.7 数据

在 R 软件包 DOS2 中的数据集 tannery 中, 包含了文献 [44] 中的制革厂数据, 并在 tannery 的帮助文件中给出了对此数据的分析.

在 R 软件包 DOS2 中的数据集 periodontal 中, 包含了牙周病和吸烟的数据, 在其函数 crosscut 的帮助文件中出现了对此数据的分析.

参考文献

[1] Alam, K.: Some nonparametric tests of randomness. J. Am. Stat. Assoc. **69**, 738–739 (1974)

[2] Brannath, W., Posch, M., Bauer, P.: Recursive combination tests. J. Am. Stat. Assoc. **97**, 236–244 (2002)

[3] Cochran, W. G.: The planning of observational studies of human populations (with Discussion). J. R. Stat. Soc. A **128**, 234–265 (1965)

[4] Cohen, A., Sackrowitz, H. B.: On stochastic ordering of random vectors. J. Appl. Prob. **32**, 960–965 (1995)

[5] Collins, A. R: The comet assay for DNA damage and repair: principles, applications, and limitations. Mol. Biotech. **26**, 249–261 (2004)

[6] Conover, W. J., Salsburg, D. S.: Locally most powerful tests for detecting treatment effects when only a subset of patients can be expected to 'respond' to treatment. Biometrics **44**, 189–196 (1988)

[7] Dwass, M.: Some k-sample rank-order tests. In: Contributions to Probability and

Statistics, pp. 198–202. Stanford University Press, Stanford, CA (1960)

[8] Hodges, J. L., Lehmann, E. L.: The efficiency of some nonparametric competitors of the t-test. Ann. Math. Stat. **27**, 324–335 (1956)

[9] Hollander, M., Pledger, G., Lin, P. E.: Robustness of the Wilcoxon test to a certain dependency between samples. Ann. Stat. **2**, 177–181 (1974)

[10] Hsu, J. Y., Small, D. S., Rosenbaum, P. R.: Effect modification and design sensitivity in observational studies. J. Am. Stat. Assoc. **108**, 135–148 (2013)

[11] Huber, P. J.: Robust estimation of a location parameter. Ann. Math. Stat. **35**, 73–101 (1964)

[12] Isaacs, I. M.: Algebra: A Graduate Course. American Mathematical Society, Providence, RI (1994)

[13] Karmakar, B., French, B., Small, D. S.: Integrating the evidence from evidence factors in observational studies. Biometrika **106**, 353–367 (2019)

[14] Karmakar, B., Small, D. S., Rosenbaum, P. R.: Using approximation algorithms to build evidence factors and related designs for observational studies. J. Comput. Graph. Stat. **28**, 698–709 (2019)

[15] Karmakar, B., Small, D. S., Rosenbaum, P. R.: Using evidence factors to clarify exposure biomarkers. Am. J. Epidemiol. **189**, 243–249 (2020)

[16] Kopjar, N, Garaj-Vrhovac, V.: Application of the alkaline comet assay in human biomonitoring for genotoxicity: a study on Croatian medical personnel handling antineoplastic drugs. Mutagenesis **16**, 71–78 (2001)

[17] Kurzweil, H., Stellmacher, B.: The Theory of Finite Groups: An Introduction. Springer, New York (2004)

[18] Lehmann, E. L.: Nonparametrics: Statistical Methods Based on Ranks. Holden-Day, San Francisco (1975)

[19] Marcus, R., Peritz, E., Gabriel, K. R.: On closed testing procedures with special reference to ordered analysis of variance. Biometrika **63**, 655–660 (1976)

[20] Marden, J. I.: Use of nested orthogonal contrasts in analyzing rank data. J. Am. Stat. Assoc. **87**, 307–318 (1992)

[21] Maritz, J. S.: A note on exact robust confidence intervals for location. Biometrika **66**, 163–166 (1979)

[22] Maritz, J. S.: Distribution-Free Statistical Methods. Chapman and Hall, London (1995)

[23] Olive, P. L., Banath, J. P.: The comet assay: a method to measure DNA damage in individual cells. Nat. Protoc. **1**, 23–29 (2006)

[24] Peirce, C. S.: Some consequences of four incapacities. J. Specul. Philos. **2**, 140–157 (1868). Reprinted in 2011 in: Talisse, R. B., Aikin, S. F. (eds.) The Pragmatism Reader: From Peirce through the Present. Harvard University Press, Cambridge, MA

[25] Randles, R. H., Hogg, R. V.: Certain uncorrelated statistics and independent rank

statistics. J. Am. Stat. Assoc. **66**, 569–574 (1971)

[26] Resnick, S. I.: A Probability Path. Springer, New York (2014)

[27] Rosenbaum, P. R.: Replicating effects and biases. Am. Stat. **55**, 223–227 (2001)

[28] Rosenbaum, P. R.: Sensitivity analysis for m-estimates, tests, and confidence intervals in matched observational studies. Biometrics **63**, 456–464 (2007)

[29] Rosenbaum, P. R.: Confidence intervals for uncommon but dramatic responses to treatment. Biometrics **63**, 1164–1171 (2007)

[30] Rosenbaum, P. R.: Evidence factors in observational studies. Biometrika **97**, 333–345 (2010)

[31] Rosenbaum, P. R.: Some approximate evidence factors in observational studies. J. Am. Stat. Assoc. **106**, 285–295 (2011)

[32] Rosenbaum, P. R.: A new U-statistic with superior design sensitivity in matched observational studies. Biometrics **67**, 1017–1027 (2011)

[33] Rosenbaum, P. R.: An exact adaptive test with superior design sensitivity in an observational study of treatments for ovarian cancer. Ann. Appl. Stat. **6**, 83–105 (2012)

[34] Rosenbaum, P. R.: Two R packages for sensitivity analysis in observational studies. Observational Stud. **1**, 1–17 (2015)

[35] Rosenbaum. P. R.: How to see more in observational studies: Some new quasi-experimental devices. Ann. Rev. Stat. Appl. **2**, 21–48 (2015)

[36] Rosenbaum, P. R.: The general structure of evidence factors in observational studies. Stat. Sci. **32**, 514–530 (2017)

[37] Rosenbaum, P. R., Small, D.S.: An adaptive Mantel–Haenszel test for sensitivity analysis in observational studies. Biometrics **73**, 422–430 (2017)

[38] Rosenbaum, P. R.: Sensitivity analysis for stratified comparisons in an observational study of the effect of smoking on homocysteine levels. Ann. Appl. Stat. **12**, 2312–2334 (2018)

[39] Susser, M.: Causal Thinking in the Health Sciences: Concepts and Strategies in Epidemiology. Oxford University Press, New York (1973)

[40] Susser, M.: Falsification, verification and causal inference in epidemiology: Reconsideration in the light of Sir Karl Popper's philosophy. In: Susser, M. (ed.), Epidemiology, Health and Society: Selected Papers, pp. 82–93. Oxford University Press, New York (1987)

[41] Wilcoxon, F.: Individual comparisons by ranking methods. Biometrics **1**, 80–83 (1945)

[42] Wolfe, D. A.: Some general results about uncorrelated statistics. J. Am. Stat. Assoc. **68**, 1013–1018 (1973)

[43] Zaykin, D. V., Zhivotovsky, L. A., Westfall, P. H., Weir, B. S.: Truncated product method for combining P-values. Genet. Epidemiol. **22**, 170–185 (2002)

[44] Zhang, M., Chen, Z., Chen, Q., Zou, H., Lou, J. He, J.: Investigating DNA damage

in tannery workers occupationally exposed to trivalent chromium using comet assay. Mutat. Res. Genet. Toxicol. Environ. Mutagen. **654**, 45–51 (2008)

[45] Zhang, K., Small, D. S., Lorch, S., Srinivas, S., Rosenbaum, P. R.: Using split samples and evidence factors in an observational study of neonatal outcomes. J. Am. Stat. Assoc. **106**, 511–524 (2011)

[46] Zubizarreta, J. R., Neuman, M. D., Silber, J. H., Rosenbaum, P. R.: Contrasting evidence within and between institutions that provide treatment in an observational study of alternate forms of anesthesia. J. Am. Stat. Assoc. **107**, 901–915 (2012)

第 21 章 构造多个比较组

摘要 证明一种处理实际上是其表面效果的原因的证据, 往往通过涉及几个组的比较来对其加强. 计算机可以帮助构造这些比较组吗? 这里介绍了几种方法: 外部匹配 (exterior match), 最优锥形匹配 (optimal tapered matching), 匹配多个组 (matching several groups) 的近似算法, 以及通过保留一些不匹配的协变量来减弱偏倚影响的可能性.

21.1 为什么比较多个组

21.1.1 多个比较组的使用

使用多个比较组已经说明过好多次了. 例如, 第 5.2.2 节和第 12.3 节讨论了使用两个或多个对照组来检测和评估未测量偏倚的可能性 [4,10,13–15,24]. 在文献 [18] 中, 通过增加由同样共性的未观察到的偏倚提倡的两种处理的差别效应的比较, 加强了处理组和对照组的直接比较; 见第 5.2.6 节和文献 [16]. 第 20 章将多个组之间的比较作为证据因素.

锥形匹配 (tapered matching) 使用多个组来探索故意不匹配观察到的协变量的后果 [6,21]. 例如, Rachel Kelz 等人 [8] 比较了患者的健康结局指标, 这是患者接受由新培训的外科医生进行的手术和在美国同一家医院工作的有经验的外科医生进行的手术. 新培训的外科医生刚刚完成了他们的外科培训. 当匹配只控制了少数几个协变量 (如外科手术治疗) 时, 新培训的外科医生的患者结局指标 (包括死亡率) 要糟糕得多; 然而, 当匹配控制了患者的其他健康问题和急诊住院等协变量时,死亡率的差异可以忽略不计.新培训的外科医生经常治疗一些病情最严重和最复杂的患者,往往是在非工作时间的急诊,而有经验的外科医生对这些患者的治疗效果提升可以忽略不计,这是一个有趣的事实,让人看到了锥形匹配.

有时有人认为,保留一个不重要的协变量不匹配将会减弱 (attenuate) 未测量偏倚 [3,20],这种可能性在第 21.5 节和文献 [11] 中讨论.

计算机可以用来构造多个组的比较吗?在第 12.3 节中,我们使用了非二部匹配的方法,从平衡不完全区组设计的 3 个组中形成匹配对 [9]. 在这样一个不完全区组设计 (incomplete block design) 中,每个配对包含两个处理,而不是 3 个处理,但在某些配对中,任何两个处理确实是一起出现的.除了不完全区组设计,还有其他方法吗?

21.1.2 构造多个比较组时的问题

在第 21.2 节中讨论的一种简单方法是,一次构建两个比较组,允许两个组重叠,因此有些对照者出现两次,在每组出现一次.这种简单的方法既有优点也有缺点.一个优点是,在两个组内都能找到最近的对照者.当接近的对照者数量不足时,这是一个重要的考虑因素.第二个优点是,每个比较组的构造不会改变另一个比较组的构造,当两个比较组都打算代表某种自然人群时,这是一个重要的考虑因素.这种做法的一个缺点是,两个对照组的比较必须要处理重叠问题.解决这个缺点的策略是第 21.2 节中的外部匹配 [19].

第 12.3 节中的三组最小距离不完全区组设计可以在多项式时间内快速构造 [9];然而,它产生了一个平衡的匹配对集合,而不是三元组.在形成完全区组——匹配三元组时——最小化总距离在计算上是困难的;具体来说,这个问题是 NP-完全的,因此人们认为没有多项式时间算法可以解决它 [5]. 近似算法在多项式时间内产生一个优化问题的解,使其解不会比无法获得的最优解差很多 [25,27]. 第 21.4 节和文献 [5,7] 中讨论了针对匹配三元组的近似算法.

21.2 重叠的比较组和外部匹配

21.2.1 两个相互纠缠的比较组

建立两个匹配的比较组的最简单方法是将每位接受处理 (治疗) 的个体按某种准则与一位对照者进行匹配,然后对相同的接受处理的个体重复这一过程,但可能用不同的准则来选择不同的匹配对照者.也就是说,通过不同的准则, 从一个单一潜在的对照者库中两次选择对照者. 这个过程隐含地产生由同一处理个体固定的匹配三元组. 例如, 正如第 21.1 节所讨论的, 在一个锥形匹配中, Kelz 等人 [8] 将新培训的外科医生的患者与有经验的外科医生的患者进行匹配, 并在两个匹配中的第二个匹配中控制了更多的协变量. 文献 [8] 得出的一个重要结论是, 新培训的外科医生的患者死亡率较高, 反映了他们患者的初始的健康和急症状况都很差, 这一结论是通过与两个由经验丰富的外科医生治疗的患者组进行比较得出的. 关于差异研究中锥形匹配的其他例子, 见文献 [21–23].

由于研究者两次进入同一个潜在的对照组库, 一些相同的对照者可能会出现在两个对照组中. 两个对照组与同一处理组成对匹配, 如果在这两个对照组中出现了一些相同的对照者, 那么我们就称它们是相互纠缠的. 当每次只用一个对照组时, 这不会出现任何问题. 然而, 我们经常想问一个基本问题: 两个对照组的结果是否不同? 例如, 这是文献 [8, 21] 中的一个重要问题. 为了回答这个基本问题, 必须解决两个对照组的重叠问题. 这是使用外部匹配 [19] 完成的.

21.2.2 外部匹配

概括地说, 对一个处理组进行了两次匹配, 为第一位处理个体产生两位对照, 为第二位处理个体产生两位对照, 以此类推. 因此, 存在由同一个处理对象固定的匹配三元组, 这样, 来自两个对照组的两位对照者由于与同一位处理对象配对而相互配对. 一个人可能出现两次, 一次是作为第一组中的对照, 另一次是作为第二组中的对照. 也许那个重复的个体的两个副本彼此配对; 然而, 事实通常并非如此, 因为两个副本与不同的处理个体配对. 在文献 [8,21] 中, 两个对照组是通过对不同的协变量集进行匹配而形成的, 因此重复的对照者经常与不同的处理个体相匹配.

关于两个对照组的结果是否不同的基本问题, 这里有几个明显的考虑. 如果定义两个对照组的两个准则挑选出了完全相同的对照者, 那么两个对照组的结果当然并无不同. 对照组的重叠越多, 对照组表现出不同结果的机会就越少. 如果对收入的匹配与对收入和教育的匹配选择出了相同的对照者, 那么仅对收入进行匹配得到的对照组与同时对收入和教育都进行匹配得到的对照组的结果是相同的. 所以, 重叠的程度是对这个基本问题的一部分回答. 答案的另一部分涉及非重叠部分, 即恰好只出现在一个对照组中的对照者. 他们的结果相似还是不同? 对两个对照组进行完整的统计检验是没有意义的, 因为那是在问重叠中的一个人是否与自己不同; 当然, 他确实没有不同. 我们可以简单地从两组中删除同时出现在两个对照组中的个体, 但一般来说, 这样做破坏了匹配对, 留下了残缺的匹配数据集. 外部匹配 [19] 解决了这个问题, 它返回了一个新的匹配样本, 没有重叠的部分, 对个体的配对调整尽可能地小.

假设有 I 个接受处理的个体, 因此有 I 个匹配三元组, 从而有 I 个来自两个对照组的两位对照者的配对, $i = 1, \cdots, I$. 令 $a_1, \cdots, a_I$ 是第一个对照组中 I 位对照者的唯一识别号码 (例如社会保障号码 (美国人出生时得到的正式身份号码)), 令 $b_1, \cdots, b_I$ 是第二个对照组中 I 位对照者的唯一识别号码. 这里, 个体 a_i 与个体 b_i 配对, $i = 1, \cdots, I$. 如果对于某个 i 和 j, 有 $a_i = b_j$, 那么个体 $a_i = b_j$ 就属于同时出现在两个对照组中的对照者.

外部匹配消除了重叠, 同时最小限度地调整了配对关系. 这是如何做到的呢? 如果 a_i 和 b_i 都只在一个对照组中出现, 那么我们就为外部匹配保留配对 (a_i, b_i). 如果 $a_i = b_i$, 那么我们就删除配对 (a_i, b_i), 因此它不是外部匹配的一部分. 这些是明显的情况. 现在考虑其他的情况.

如果 a_i 只在第一个对照组中出现, 而 b_i 在两个对照组中都出现, 那么我们要保留 a_i, 但删除 b_i. 因此, 存在某个 $j \neq i$, 有 $b_i = a_j$. 如果 b_j 只在第二个对照组中出现, 那么我们就删除 b_i, 并形成一个新的配对 (a_i, b_j). 如果 b_j 在两个对照组中都出现呢? 那么对于某个 $k \neq j$ 和 $k \neq i$, 有 $b_j = a_k$. 如果 b_k 只出现在第二个对照组中, 那么我们就删除 b_i 和 b_j, 并形成一个新的配对 (a_i, b_k). 这个过程继续下去, 但最终必须产生某个只在第二个对照组出现的 b_n, 且形成一个新的配对 (a_i, b_n).

对每个只在第一个对照组出现的 a_i 重复上一段的过程, 所得到的配对就是外部匹配. 当这个过程完成后, 可能会有一些剩余的 a_i 在两个对照组中都出现. 如果我们对这个 a_i 应用上一段的步骤, 那么这个过程最终会回到 a_i, 形成一个重复个体的循环, 所有这些个体都被删除了.

刚刚描述的过程是由 R 中的软件包 exteriorMatch 完成的. 具体来说, 软件包 exteriorMatch 把两个列向量 $a_1, \cdots, a_I$ 和 $b_1, \cdots, b_I$ 作为输入, 并返回外部匹配的结果.

两个对照组的结果是否相似? 这个基本问题可以通过外部匹配的匹配对分析来回答, 它同时注意到重复的对照者被删除的程度.

外部匹配保留了原始匹配的一些属性. 如果个体在性别上是完全匹配的, 那么外部匹配也在性别上完全匹配. 如果原始匹配对 10 个类别的名义变量 (例如倾向性评分的十分位数 (decile)) 进行了精细平衡, 那么外部匹配也对这个名义变量进行了精细平衡. 有关外部匹配的这些性质和其他性质, 见文献 [19].

21.3　最优锥形匹配

第 21.2 节中的简单方法形成了两个比较组, 每次用一个, 允许两个比较组重叠. 这个方法很容易实现, 并且可以立即扩展到 3 个或更多的比较组. 这种方法可以防止一个比较组的构造影响另一个比较组的构造. 这些重叠的比较组可以使用外部匹配来相互比较.

当潜在的对照库很大时, 另一种方法是同时构建两个对照 (比较) 组, 以防止重叠 [6]. 这种替代方法是将潜在的对照者最优地分配给一个比较组或另一个比较组, 同时也将每位处理个体与两位对照者 (每个比较组选择一位对照者) 进行最优配对.

与第 21.2 节中的方法相比, 这种替代方法有优点也有缺点. 通过删除第 21.2 节中的重复, 外部匹配小于处理组的两个比较组, 因此两个对照组的比较通常会比处理组与每个对照组比较的功效要低. 相反, 防止重叠会产生 3 个大小相同的非重叠组. 此外, 删除重复意味着外部匹配可能描述的是与处理组不同的人群. 例如, 如果处理组多为女性, 而可用的对照组库多为男性, 那么第 21.2 节中的方法更可能在两个比较组中使用同一名女性, 而不是使用同一名男性; 因此, 在形成外部匹配时, 女性比男性更有可能作为重复的部分被删除.

防止重叠的主要缺点是, 每个比较组都去掉了可能对另一个比较组有用的对照者. 这种损耗可能会去掉一些最接近的对照者, 而第二个对照组的存在可能会改变第一个对照组所代表的人群.

Shoshana Daniel 等人 [6] 的工作详细描述了最优锥形匹配. 下面给出了一个简短的总结, 但在应用该方法之前, 应该考虑该论文中的其他细节. 假设在对照库中有 T 位接受处理的个体和 $C \geqslant 2 \times T$ 位潜在的对照者可以选用. 我们希望将每位处理个体与两位对照者进行匹配, 以产生由不同准则 (criterion) 定义的两个比较组.

有两个匹配准则来定义两个潜在的比较组. 每个准则由一个 $T \times C$ 距离矩阵定义. 例如, 一个距离矩阵可能是基于一些协变量的马氏距离, 而另一个距离矩阵可能是基于这些协变量加上额外协变量的马氏距离矩阵. 通常情况下, 距离矩阵会因为几乎精确匹配或倾向性评分卡尺而受到惩罚. 关于"兼容"距离矩阵的讨论见文献 [6].

两个 $T \times C$ 距离矩阵堆叠在一起, 一个叠加在另一个上面, 形成一个 $2T \times C$ 距离矩阵. 对于这个 $2T \times C$ 距离矩阵, 解最优分配问题, 将每一行与不同的列配对, 使总距离最小. 这可以使用 R 软件包 optmatch 中的函数

pairmatch 来完成. 正是在这一步, 两个距离矩阵必须是"兼容的", 因为最优分配算法是最小化 $2T$ 个距离的总和, 其中 T 个来自第一个距离矩阵, 而另外 T 个来自第二个距离矩阵. 因此, "兼容"意味着这个总和是一个合理的最小化准则, 当两个距离矩阵是基于扩大的协变量集的两个马氏距离矩阵时, 确实如此; 见文献 [6, §3.4].

$2T \times C$ 距离矩阵的最优分配是从现有的 C 位对照者中挑选出 $2T$ 位不同的对照者, 其中 T 位对照者是按第一条准则挑选的, 而另外 T 位对照者是按第二条准则挑选的. 与第 1 行和第 $T+1$ 行配对的两位对照者是第一位处理个体的两位对照者, 类似地, 与第 i 行和第 $T+i$ 行配对的两个对照者是与处理个体 i 配对的两位对照者.

正如在文献 [6] 中所讨论的, 刚才描述的方法在最小化 $2T$ 个处理与对照的总距离的情况下, 对 C 位对照者进行了最优分割和最优配对. 在这个特定的意义上, 该方法以最优方式避免了对照者的重复.

正如在文献 [6] 中所讨论的, 最优锥形匹配可用于形成两个以上的比较组, 或从每个比较组中选择一个以上的个体. 这些任务只需要对这里描述的方法稍作调整, 例如, 堆叠两个以上的距离矩阵.

21.4 用近似算法构建匹配集

21.4.1 一个难题的近似最优解

在第 21.2 和 21.3 节中, 将一个单一潜在的对照库划分为两个或多个具有不同属性的匹配比较组. 在本节中, 有 3 个定义明确的组, 我们希望形成匹配三元组, 每组取一个人, 同时控制协变量.

如第 21.1 节所述, 寻找匹配三元组以最小化三元组内的总距离, 这是一个计算起来很困难的问题, 但我们有可能构造出以多项式时间运行的近似算法. 在 Yves Crama 和 Frits Spieksma [5] 以及 Bikram Karmakar 等人 [7] 的工作基础上, 我们针对三组精细平衡最小距离匹配的计算难点问题, 提出了一种近似算法. 一般算法 [7] 可以用于 3 组以上, 或者从每个组中抽取多位对照者, 但这里将在最简单的情况下进行描述, 即由 3 个组组成的精细平衡匹配三元组.

21.4.2 什么是 3 组的近精细平衡?

给定一个有多个或许多类别的名义协变量, 匹配对的精细平衡意味着在处理组和匹配对照组中, 每个类别都具有相同的频率, 见第 11 章. 如果有 K 个类别, 则有一个 $2 \times K$ 列联表, 即按类别划分的处理与对照的匹配表, 记录每个类别中处理个体或匹配对照者的人数. 精细平衡意味着每一列中的两个计数相等. 精细平衡约束了 K 类协变量的边际分布, 但它并不约束谁与谁配对. 一个单独的协变量距离用于配对那些在最重要的协变量上接近的个体.

对于两个组的情形, 即处理组或对照组, 精细平衡的配对并不总是可行的. 只要对照库中的对照者多于处理个体, 配对就是可行的, 但要使精细平衡可行, 这种模式必须在每个类别中都成立. 假设第一类中有 10 位处理个体; 然而, 整个对照库中在第一类中只有 9 位对照者, 那么精细平衡在第一类中就是不可行的. 对精细平衡的总偏差是 $2 \times K$ 列联表第一行和第二行计数的绝对差之和. 精细平衡意味着总绝对偏差 (total absolute deviation) 为零. 近精细平衡是指总绝对偏差尽可能地小. 在假定的情况下, 总绝对偏差至少是 2, 因为第一类中的 $1 = |10 - 9|$ 的亏损必须由其他类别中的 1 的盈余来抵消, 结果就是 $2 = 1 + 1$. 一对匹配是一个最小距离、近精细匹配 (near-fine match), 如果它: (1) 表现出近精细平衡, (2) 使所有表现出近精细平衡的配对中的总协变量距离最小.

有第二种等价的方法来描述匹配对中的近精细平衡, 这第二种描述可以推广到 3 个或更多的组. 除了描述匹配对的 $2 \times K$ 列联表 (匹配表) 外, 还有一个 $2 \times K$ 列联表 (储存库表), 描述了处理组和整个对照库. 在上一段的例子中, 第二张表即储存库表的第一列中第一行是 10, 第二行是 9. 在一个近精细匹配中, 匹配表的第一列第一行也是 10, 第二行也是 9, 因为这是你能够得到的最接近第一列所需的 (10,10) 计数的值. 在储存库表中, 找出每一列中两个计数的最小值, 对于例子中的第一列来说就是 9. 近精细平衡意味着匹配表每一列中的两个计数都大于或等于储存库表中相应列中两个计数的最小值. 在这个例子中, 储存库表第一列中的最小计数是 9, 而匹配表第一列中的计数 (10,9) 都大于或等于 9. 我们想要 10, 但我们不可能有超过 9 的数字, 所以我们就选择了 9. 在匹配对的匹配表中, 第一行的总计数等于第二行的总计数. 因此, 如果我们最小化亏损的绝对值, $9 - 10 = -1 < 0$, 那么盈余就会自行解决.

精细平衡和近精细平衡的定义现在只需要对 3 组的匹配三元组进行微小调整. 现在有一个 $3 \times K$ 匹配表和一个 $3 \times K$ 储存库表. 如果匹配表的每一列中的 3 个计数相等, 那么就有了精细平衡. 如果匹配表每一列中的 3 个计数都大于或等于储存库表相应列中的最小计数, 那么就存在近精细平衡. Karmakar 等人 [7] 的算法在这个意义上实现了近精细平衡. 因此只要精细平衡是可行的, 它就能实现精细平衡.

21.4.3 一种近似算法

现在将介绍近似算法的思路. 该算法需要满足三角不等式 (triangle inequality) 的协变量距离. 这意味着, 个体 i 和个体 k 之间的距离不超过另外两个距离的总和, 即个体 i 和个体 j 之间的距离加上个体 j 和个体 k 之间的距离. 换句话说, 我们可以直接去找个体 k, 或者我们可以先去找个体 j, 然后再去找个体 k, 但是绕道去找个体 j 只会延长行程. 许多距离确实满足三角不等式. 满足三角不等式的距离有: 欧氏范数 (Euclidean norm)、马氏范数 (Mahalanobis norm) 和汉明距离 (Hamming distance). 在匹配中, 我们在定义协变量距离时通常不考虑三角不等式, 但这在匹配三元组的近似算法中很重要. 关于可能的距离和惩罚的详细讨论, 见文献 [7].

这 3 组按其储存库的大小排序: 最小的、中间的、最大的. 最小组中的每个人都是匹配的, 所以匹配三元组的数量等于最小组的大小. 如上一小节所定义的, 这 3 组需要同时进行近精细平衡.

有两个步骤. 第一步, 在最小组和中间组之间找到一个最小距离、近精细匹配. 这基本上可以用第 11 章的方法在多项式时间内完成. 第二步从计算一个新的距离矩阵开始, 其行 (i,j) 是来自第一步的配对, 其列 k 是来自最大组的对照库. 行 (i,j) 和列 k 之间的距离是 i 和 k 之间以及 j 和 k 之间两个距离的总和. 也就是说, 如果 k 与 i 和 j 都很接近, 那么 k 将是配对 (i,j) 的一个很好的对照. 第二步的结论是在配对 (i,j) 和最大组的成员 k 之间找到一个最小距离、近精细匹配. 同样, 这可以用第 11 章的方法在多项式时间内完成.

两步算法不需要产生一个最优匹配, 即在近精细平衡的约束下, 使匹配三元组内部的总距离最小. 在考虑引入 k 的后果之前, 我们先承诺了配对 (i,j), 因此也许我们的一些 (i,j) 配对并不是匹配三元组的最佳起点. 然而, 正如文献 [5] 和第 21.1 节中所述, 寻找最优匹配在计算上是不可行的.

虽然两步算法不需要产生最优匹配, 但它的解不可能很差. Karmakar 等人 [7] 借鉴了文献 [5] 的思想, 证明了来自两步算法的总距离最多是无法获得最优解的总距离的两倍. 它的证明 [7, 命题 1] 使用了三角不等式. 直观地说, 但非正式地说, 如果 k 与 i 和 j 都很接近, 那么我们可能会后悔把 i 和 j 配对, 但三角不等式限制了我们后悔的程度.

文献 [7] 中的方法比这里的描述更通用. 只需要三角不等式的一个有限方面, 这在定义协变量距离时具有实际意义. 该方法并不局限于匹配三元组: 它可以用固定比例进行匹配, 例如形成 1:2:4 对 3 个组进行匹配, 生成大小为 1+2+4 = 7 的区块. 一般的方法在 Karmakar 的 R 软件包 approxmatch 中实现.

21.5 是否有可能减弱未测量偏倚?

21.5.1 减弱: 逻辑上有可能, 但幅度很小

假设观察到的协变量 $\mathbf{x}$ 由两部分组成, $\mathbf{x} = (\mathbf{x}_1, \mathbf{x}_2)$, 其中 $\mathbf{x}_2$ 与处理分配 Z 相关, 但与潜在结果 (r_T, r_C) 或未观察到的协变量 u 无关。[1] 匹配 $\mathbf{x}_1$ 而不匹配 $\mathbf{x}_2$ 是否是明智的做法? 这个问题已经被辩论过了 [3,20].

那些主张让 $\mathbf{x}_2$ 不匹配的人认为, $\mathbf{x}_2$ 不产生偏倚, 但却在处理分配中引入了一个随机因素. 你想要从处理分配中消除偏倚, 而不是随机因素, 或者说这种推理是这样的. 撇开愚蠢的协变量不谈, 反对让 $\mathbf{x}_2$ 不匹配的最常见的论点是, 所要求的条件大量引用了不可观测的量 (r_T, r_C, u), 因此这些条件都是倾向于推测的, 即使不是不可能检查, 但也很难核实. 你怎么能确定 $\mathbf{x}_2$ 与 u 是无关的?

Samuel Pimentel 等人 [11] 证明了一个定性的结果, 并辅以定量的评价. 定性结果表明, 如果关于 $\mathbf{x}_2$ 的严格条件为真, 那么来自 u 的未测量偏倚就会减弱 (衰减): 第 3.4 节中 Γ 的相关值会严格减小 [11, 命题 1]. 然而, 定量评估表明: Γ 虽然减小了, 但减小的幅度不大. 如果初始偏倚很大 —— 比如说 $\Gamma = 10$, 那么有意义的偏倚减弱可能是 $\Gamma = 9$, 但仍然存在很大的偏倚. 如果初始偏倚大小适中 —— 比如说 $\Gamma = 1.5$, 那么减弱就很小 —— 也许是 $\Gamma = 1.47$. 这些数字引自文献 [11, 表 1], 其中可以找到更多的细节. Pimentel 等人 [11] 得出结论是, 太小的偏倚衰减是由太过推测性的假设产生的.

如果让 $\mathbf{x}_2$ 不匹配是朝着正确的方向迈出了一步, 但这一步太小了, 那么请问: 强制分离 $\mathbf{x}_2$ 是否会使未测量偏倚 u 产生更大的减弱?Pimentel 等人 [11, 表 2] 表明, 强迫处理组和匹配对照组在 $\mathbf{x}_2$ 上有很大差异, 会产生更大的偏倚减弱, 但大部分来自 u 的未测量的偏倚仍然存在. 此外, 由于现在匹配组在 $\mathbf{x}_2$ 方面有很大的不同, 如 $\mathbf{x}_2$ 有不相关的假设, 稍有不慎就会造成很大的伤害.

除了对 $\mathbf{x}_2$ 进行推测性的假设, 以作为不匹配 $\mathbf{x}_2$ 的依据外, 是否还有其他有用的替代方法?

21.5.2 多观察, 少推测

我们是否应该推测 $\mathbf{x}_2$ 和 (r_T, r_C, u) 之间的关系? 我们是否应该根据推测决定为 $\mathbf{x}_1$ 匹配, 而不是为 $\mathbf{x} = (\mathbf{x}_1, \mathbf{x}_2)$ 匹配? 或者我们应该把推测放在

---

[1] 关于这些相当严格的条件的精确表述, 见文献 [11, §2.1, §3.1].

一边,从两个角度来看待这个世界?如果我们构造两个比较组,一组匹配 $\mathbf{x} = (\mathbf{x}_1, \mathbf{x}_2)$,另一组匹配 $\mathbf{x}_1$,也许这会强制分离 $\mathbf{x}_2$,那么我们将看看有什么是可看到的. 理论告诉我们去哪里看、怎么看;但理论不能代替我们看.

一个简单的方法 [11] 是构造匹配三元组,也许是第 21.2 节中的重叠三元组 (overlapping triple),也许是第 21.3 节中的非重叠三元组 (nonoverlapping triple),其中每个三元组中的一位对照与处理个体关于 $\mathbf{x} = (\mathbf{x}_1, \mathbf{x}_2)$ 相匹配,而另一位对照与处理个体关于 $\mathbf{x}_1$ 相匹配. 对于第二位对照者,可以选择不匹配 $\mathbf{x}_2$ 或强制分离 $\mathbf{x}_2$. 通过这种方式,研究者看到了两种分析,能够而必须解释并调和这两种分析;但是,研究者不需要认可或依赖关于 $\mathbf{x}_2$ 的推测性假设.

在 $\mathbf{x}_2$ 上不同的第二位对照者,称其为诱导对照者 (prodded control) [11, §3.1]. 我们的想法是,$\mathbf{x}_2$ 诱使其中一些对照者放弃接受处理. 通常情况下,诱导对照者是派不上用场的;通常情况下,他们与 $\mathbf{x}_2$ 上的处理个体相距甚远,因此,对 $\mathbf{x} = (\mathbf{x}_1, \mathbf{x}_2)$ 匹配的样本无论如何都将他们排除在外. 观察诱导对照者通常需要观察可用的数据,否则可能就会忽略这些数据.

以这种方式使用两位对照者,需要有一个计划来控制进行两个或多个分析时的错误率;关于几个可能的计划,见文献 [11, §6] 和第 23 章. 如果在"按顺序检验"时优先考虑一个对照组,那么当考虑高优先级组时,就没有对多重检验进行校正,所以低优先级的对照组又没有派上用场. 如果在"按顺序检验"的第一步中结合了对照组,那么在第二步中分别考虑两个对照组,功效可能会随着样本量的增加而提高. 具体细节见文献 [11, §6]、文献 [14] 和第 23.3 节.

21.5.3 吸烟与高半胱氨酸水平升高

Bazzano 等人进行了一项有趣的研究 [2],利用国家健康和营养调查 (National Health and Nutrition Examination Survey, NHANES) 的数据,来调查吸烟是否会导致血液中高半胱氨酸水平 (homocysteine level) 的升高. 高半胱氨酸水平升高被认为是包括心血管疾病在内的多种疾病的风险因素. 作为说明,Pimentel 等人 [11] 使用最近的 NHANES 调查 (即 NHANES 2005 — 2006) 测量高半胱氨酸,进行了相似的分析. 这个相似的分析说明了匹配对照者和诱导对照者的联合使用.

Bazzano 等人 [2] 对一些可能与高半胱氨酸水平相关的直接生物学协变量进行了调整,包括年龄、性别和体重指数 (body-mass index, BMI),称这些协变量为 $\mathbf{x}_1$. 他们没有强调对教育程度和收入水平等社会经济学协变量的调整,称这些协变量为 $\mathbf{x}_2$. 在当今的美国,吸烟在教育程度和收入水平相对较高的人群中是相对少见的. 让 x_2 不匹配会减弱偏倚还是引入偏倚呢? 我们是否应该比较生物学上相似的吸烟者和对照者, 即使对照组有更高的教育程度和收入水平? 我们是否应该强制分离 x_2, 以希望产生未测量偏倚的更大幅度减弱? 或者强制分离只会扩大来自 x_2 的偏倚?

为什么有些人吸烟而有些人不吸烟? 在美国收入水平和教育程度较低的人中, 吸烟似乎是一种个人选择: 许多这样的人吸烟, 也有更多的人不吸烟. 在收入水平和教育程度较高的人中, 不吸烟的决定要一致得多: 吸烟的人相对较少. 也许受过更多教育的人做出了更明智的选择, 或者与吸烟有关的社会耻辱感压倒了他们.

为了影响高半胱氨酸水平, 教育程度和收入水平必须通过一些具有生物学后果的机制发挥作用. 这种机制可能存在. 教育程度和收入水平可能会对饮食、运动和医疗保健的质量产生影响. 让 x_2 不匹配是安全的吗? 我们应该推测和争论吗? 还是我们应该看一看? 与其推测, 不如从这两个角度来看一下情况. 因为高收入和高学历的吸烟者相对较少, 所以不匹配 x_2 的对照组大多是由本来会被抛弃的潜在对照者 (即低收入和低学历的非吸烟者) 组成的.

吸烟者在过去 30 天内每天都吸烟, 而且平均每日吸烟至少 10 支. 非吸烟者在过去 30 天内不吸烟, 一生中吸烟少于 100 支.

表 21.1 描述了数值协变量, 展示了它们的八分位数、四分位数和中位数. 数值协变量是年龄、体重指数 (BMI)、教育程度和收入水平. 教育程度有 5 个数字类别, 1 为九年级以下, 3 为高中, 5 为学士 (BA) 或以上学位. 收入水平是家庭收入与贫困线的比率, NHANES 规定的上限为 5. 此外, 还有 3 个二分类协变量: 性别、黑人种族和西班牙裔. 这里, x_1 包含年龄、BMI、性别、黑人种族和西班牙裔, 而 x_2 包含教育程度和收入水平. 最后, 表 21.1 展示了结局指标, 即血浆中高半胱氨酸含量 (单位为 μmol/l) 的对数.

在表 21.1 中, 对于所有的 $\mathbf{x} = (\mathbf{x}_1, \mathbf{x}_2)$, 匹配对照者与吸烟者是相似的. 诱导对照者在 x_1 方面与吸烟者相似, 但他们被迫拥有更高的教育程度和收入水平 x_2. 通过反向使用精细平衡, 可以引入强制分离, 约束匹配为不平衡的而不是平衡的 [11]. 另外, 对距离增加定向惩罚可以鼓励不平衡 [29].

值得注意的是, 在表 21.1 中, 吸烟者的高半胱氨酸水平的对数高于匹配和诱导对照者. 诱导对照者的收入水平和教育程度较高, 有这种情况似乎也没什么关系. 无论使用匹配还是诱导对照者, 吸烟者与对照者的比较对大小为 $\varGamma = 1.5$ 的偏倚不敏感, 具有 P-值上界都不超过 0.05. 这里, $\varGamma = 1.5$ 是指吸烟的优势增加一倍而高半胱氨酸升高的优势增加 4 倍的偏倚, 见第 3.6 节. 了解

表 21.1 吸烟会增加高半胱氨酸吗?

	分位数				
	1/8	1/4	1/2	3/4	7/8
	协变量				
	x_1 中的年龄				
吸烟者	26	34	45	57	64
匹配者	25	32	45	59	70
诱导者	28	33	44	57	65
	x_1 中的 BMI				
吸烟者	20.7	22.7	26.2	31.1	35.7
匹配者	21.7	23.2	26.4	31.1	36.2
诱导者	22.0	24.2	26.8	31.5	35.4
	x_2 中的教育程度				
吸烟者	2	2	3	4	4
匹配者	2	2	3	4	4
诱导者	4	4	5	5	5
	x_2 中的家庭收入/贫困线				
吸烟者	0.7	1.1	2.0	3.6	4.9
匹配者	0.8	1.1	2.1	3.8	5.0
诱导者	2.3	3.5	5.0	5.0	5.0
	结局指标				
	log (高半胱氨酸)				
吸烟者	6.1	6.8	8.4	10.4	11.9
匹配者	5.6	6.4	7.5	9.3	10.9
诱导者	5.3	6.2	7.6	9.2	10.7

吸烟者和对照者在 512 个匹配三元组中。"匹配"对照者在生物学协变量 x_1 和社会经济学协变量 x_2 方面进行匹配。"诱导"对照者在生物学协变量 x_1 方面进行匹配，但将其推到具有更高水平的社会经济学协变量 x_2，即教育程度和收入水平。请注意，诱导对照者比处理对象有更高的教育程度和收入水平。

细节以及控制族群误差率 (family-wise error rate, FWER) 对两个组的计划敏感性分析，见 Pimentel 等 [11, 表 4]。

Campbell [4] 写道: "推断的明确性有时可以通过故意降低部分数据的质量来提高。" 尽管人们可能对表 21.1 中匹配 $\mathbf{x} = (\mathbf{x}_1, \mathbf{x}_2)$ 的对照者更有信心，但当使用受教育程度更高、更富裕的对照者时, 看到答案没有变化, 还是有一些令人欣慰的地方.

21.6 延伸阅读

外部匹配在文献 [19] 中讨论, 在文献 [21] 中应用. Shoshana Daniel 等人提出了最优锥形匹配 [6]. Bikram Karmakar 等人 [7] 讨论了多个组匹配的近似算法, 也可见文献 [5]. 关于近似算法的一般讨论, 见文献 [25, 27]. 第 21.5 节中的方法和高半胱氨酸的实例来自 Samuel Pimentel 等人 [11].

21.7 软件

给定来自两个相互纠缠的匹配对照组的匹配对, R 软件包 exteriorMatch 删除重复的对照, 最小限度地调整配对, 并返回第 21.2 节中讨论的外部匹配.

Bikram Karmakar 的 R 软件包 approxmatch 可以使用第 21.4 节中描述的方法为 3 个或多个组生成一个具有近精细平衡的匹配.

参考文献

[1] Baiocchi, M., Small, D. S., Lorch, S., Rosenbaum, P. R.: Building a stronger instrument in an observational study of perinatal care for premature infants. J. Am. Stat. Assoc. **105**, 1285–1296 (2010)

[2] Bazzano, L. A., He, J., Muntner, P., Vupputuri, S., Whelton, P. K.: Relationship between cigarette smoking and novel risk factors for cardiovascular disease in the United States. Ann. Int. Med. **138**, 891–897 (2003)

[3] Brooks, J. M., Ohsfeldt, R. I.: Squeezing the balloon: propensity scores and unmeasured covariate balance. Health Serv. Res. **48**, 3078–3094 (2013)

[4] Campbell, D. T.: Prospective: artifact and control. In: Rosenthal, R., Rosnow, R. (eds.) Artifact in Behavioral Research, pp. 351–382. Academic, New York (1969)

[5] Crama, Y., Spieksma, F. C.: Approximation algorithms for three-dimensional assignment problems with triangle inequalities. Eur. J. Oper. Res. **60**, 273–279 (1992)

[6] Daniel, S., Armstrong, K., Silber, J. H., Rosenbaum, P. R.: An algorithm for optimal tapered matching, with application to disparities in survival. J. Comput. Graph. Stat. **17**, 914–924 (2008)

[7] Karmakar, B., Small, D. S., Rosenbaum, P. R.: Using approximation algorithms to build evidence factors and related designs for observational studies. J. Comput. Graph. Stat. **28**, 698–709 (2019)

[8] Kelz, R. R, Sellers, M. M., Niknam, B. A., Sharpe, J. E., Rosenbaum, P. R, Hill, A. S., Zhou, H., Hochman, L. L., Bilimoria, K. Y., Itani, K., Romano, P. S., Silber, J. H.: A national comparison of operative outcomes of new and experienced surgeons. Ann. Surg. (2019, to appear).

[9] Lu, B., Rosenbaum, P. R.: Optimal matching with two control groups. J. Comput. Graph. Stat. **13**, 422–434 (2004)

[10] Meyer, B. D.: Natural and quasi-experiments in economics. J. Bus. Econ. Stat. **13**, 151–161 (1995)

[11] Pimentel, S. D., Small, D. S., Rosenbaum, P. R.: Constructed second control groups and attenuation of unmeasured biases. J. Am. Stat. Assoc. **111**, 1157–1167 (2016)

[12] R Development Core Team.: R: A Language and Environment for Statistical Computing. R Foundation, Vienna (2007).

[13] Rosenbaum, P. R.: From association to causation in observational studies. J. Am. Stat. Assoc. **79**, 41–48 (1984)

[14] Rosenbaum, P. R.: The role of a second control group in an observational study (with Discussion). Stat. Sci. **2**, 292–316 (1987)

[15] Rosenbaum, P. R.: On permutation tests for hidden biases in observational studies. Ann. Stat. **17**, 643–653 (1989)

[16] Rosenbaum, P. R.: Differential effects and generic biases in observational studies. Biometrika **93**, 573–586 (2006)

[17] Rosenbaum, P. R.: Testing hypotheses in order. Biometrika **95**, 248–252 (2008)

[18] Rosenbaum, P. R.: Using differential comparisons in observational studies. Chance **26**(3), 18–23 (2013)

[19] Rosenbaum, P. R., Silber, J. H.: Using the exterior match to compare two entwined matched comparison groups. Am. Stat. **67**, 67–75 (2013)

[20] Sani, A., Groenwold, R. H. H., Klungel, O. H.: Propensity score methods and unobserved covariate balance. Health Serv. Res. **49**, 1074–1082 (2014)

[21] Silber, J. H., Rosenbaum, P. R., Clark, A. S., Giantonio, B. J., Ross, R. N., Teng, Y., Wang, M., Niknam, B. A., Ludwig, J. M., Wang, W., Even-Shoshan, O., Fox, K. N.: Characteristics associated with differences in survival among black and white women with breast cancer. J. Am. Med. Assoc. **310**, 389–397 (2013)

[22] Silber, J. H., Rosenbaum, P. R., Ross, R. N., Niknam, B. A., Ludwig, J. M., Wang,W., Clark, A. S., Fox, K. N., Wang, M., Even-Shoshan, O., Giantonio, B. J.: Racial disparities in colon cancer: a matched cohort study. Ann. Int. Med. **161**, 845–854 (2014)

[23] Silber, J. H., Rosenbaum, P. R., Ross, R. N., Niknam, B. A., Hill, A. S., Bongiorno, D., Even- Shoshan, O., Fox, K. N.: Disparities in breast cancer survival by socioeconomic status despite medicare and medicaid insurance. Milbank Q. **96**, 706–754 (2018)

[24] Stuart, E. A., Rubin, D. B.: Matching with multiple control groups with adjustment

for group differences. J. Educ. Behav. Stat. **33**, 279–306 (2008)

[25] Vazirani, V. V.: Approximation Algorithms. Springer, New York (2010)

[26] Walker, A. M.: Matching on provider is risky. J. Clin. Epidemiol. **66**, 565–568 (2013)

[27] Williamson, D. P., Shmoys, D. B.: Design of Approximation Algorithms. Cambridge University Press, New York (2011)

[28] Yang, F., Zubizarreta, J. R., Small, D. S., Lorch, S., Rosenbaum, P. R.: Dissonant conclusions when testing the validity of an instrumental variable. Am. Stat. **68**, 253–263 (2014)

[29] Yu, R., Rosenbaum, P. R.: Directional penalties for optimal matching in observational studies. Biometrics (2019, to appear).

第Ⅴ部分　计 划 分 析

第 22 章 匹配后, 分析前

摘要 3 项设计任务可以在样本匹配之后和分析计划之前有效地完成. 将 I 对样本分割成一个小的计划样本和一个大的分析样本, 可能有助于以一种增加设计灵敏度的方式计划分析. 如果要对一些未匹配变量进行分析调整 (analytic adjustment), 谨慎的做法是检查匹配样本在未匹配变量上是否有足够的重叠, 以允许进行分析调整. 对匹配样本的定量分析 (quantitative analysis), 可以有效地结合对少数几个近距离匹配对的定性调查研究 (qualitative examination) 和叙事描述 (narrative description).

22.1 分割样品和设计灵敏度

在第 15 — 18 章中, 我们发现一项观察性研究的设计对未测量偏倚 (unmeasured bias) $\widetilde{\Gamma}$ 的敏感性取决于许多因素: 单元异质性 (unit heterogeneity), 结果间的一致性 (coherence among outcome), 剂量 (dose), 不常见但巨大的处理响应, 工具变量的强度, 等等. 在某些情况下, 这些考虑可能很难在设计过程中以及检查结果之前进行评估. 一个具有良好性能的有趣选择需要将样本随机划分为一个小的计划样本 (planning sample) 和一个大的分析样本 (analysis sample), 基于计划样本做出一些设计决策, 并在分析样本中应用这些决策. 本节以 Ruth Heller 等人的一篇论文 [17] 为基础, 简要地讨论这个问题.

交叉验证 (cross-validation) 中最常见的是样本分割 [42]. 在交叉验证中, 一个样本通常是被随机分割的, 在一部分样本中开发预测, 在另一部分样本中进行测试. 通常, 这个过程会重复许多次随机的分割, 以努力对某些预测方法的性能进行可靠的评估.

我们不太熟悉的是使用样本分割来决定研究什么问题、检验哪个假设. David Cox [6] 研究了在随机试验中使用分割样本作为多重检验校正的替代方法, 比如基于 Bonferroni 不等式 (inequality) 的校正. 我们分割样本不是为了检验许多假设, 而是用第一部分样本来选择一个有希望的假设, 用第二部分样本来检验这个假设. 在随机试验中, Cox 发现在简单的程式化的设置下, 就多重检验校正的功效而言, 分割的能力稍差一些. 但 Cox 注意到分割的灵活性, 它允许确认意外的探索性发现.

与随机试验相比, 样本分割在观察性研究中具有更好的性能, 优于 Bonferroni 不等式 [17]. 在一个理想的随机试验中, 没有来自未测量协变量的偏倚, 传统检验的功效是值得关注的焦点. 相反, 在观察性研究中, 由于未能对未测量协变量进行调整而产生的偏倚是一直存在的担忧, 而敏感性分析的功效成了相关的关注点. 如第 15 章所述, 在有利形势下, 存在处理效应, 但没有未测量偏倚, 随着样本量 I 的增加, 即当 $I \to \infty$ 时, 对所有的 $\Gamma < \tilde{\Gamma}$, 敏感性分析的功效趋近于 1, 而对所有的 $\Gamma > \tilde{\Gamma}$, 功效趋近于 0, 其中 $\tilde{\Gamma}$ 是设计灵敏度 [27]. 同样, 设计灵敏度 $\tilde{\Gamma}$ 依赖于设计的许多方面; 见第 15—18 章和文献 [27-30,41]. 假设我们可以交换样本的一部分, 比如 $(1-\varrho)I$ 个观察值 $(0 < \varrho < 1)$, 以获得在剩余样本中的一个更大的设计灵敏度, 比如 $\tilde{\Gamma}^* > \tilde{\Gamma}$. 也就是说, 假设观察的 $10\% = (1-\varrho)$ 的"计划样本"能够产生更好的设计决策, 在剩余的 90% 的"分析样本"中, 这反过来从 $\tilde{\Gamma}$ 到 $\tilde{\Gamma}^*$ 提高了设计灵敏度. 如果样本量 I 很大, 那么这是一个很好的交换. 毕竟, 当 $I \to \infty$ 时, 在没有分割的情况下, 对于开区间 $(\tilde{\Gamma}, \tilde{\Gamma}^*)$ 内的 Γ, 其功效趋近于 0, 而分割后, 在同一区间内, 其功效趋近于 1. 不可否认, 这是一个关于大样本的极限论述, 但直觉可能表明且文献 [14] 中的详细计算也证实, 对于一个更大的设计灵敏度 $\tilde{\Gamma}^*$ 而不是 $\tilde{\Gamma}$, 它并不需要非常大的样本量 I, 以克服样本量从 I 到 ϱI 的小幅减少.

前一段的讨论假定大小为 $(1-\varrho)I$ 的计划样本可以提高大小为 ϱI 的分析样本的设计灵敏度. 这种假定有两个方面的前提, 它们都比损失 $(1-\varrho)I$ 个观察值更为重要. 第一个方面是, 如果正确地做出这些决策, 那么就必须有能够增加 $\tilde{\Gamma}$ 的设计决策. 关于第一个方面, 第 15—18 章提供了一些希望, 但没有保证. 第二个方面是, 当需要做出正确决策时, 计划样本必须足够大, 以得到正确的设计决策. 在文献 [17] 中给出了与第二个方面有关的数值结果. 在一些情况下, $(1-\varrho)I = 100$ 个计划观察, $\varrho I = 900$ 个分析观察的效果非常好; 请参阅

文献 [17] 了解细节和详细的建议. 可以说, 如果在设计灵敏度上有很大的增益, 那么就需要一个大小为 $(1-\varrho)I$ 的计划样本足以做出正确的设计决策, 而通过再增加计划样本的大小, 则几乎不会有什么收获.

似乎文献 [17] 中的实例样本量太小, 不能抱太多希望. 只有 $I = 36$ 个配对, 其中 $(1-\varrho)I = 6$ 对用作计划样本, $\varrho I = 30$ 对用作分析样本. 作为例证, 该分析重复进行了 30 次独立分割. 在 30 次分割的每次分割中, 6 对计划观察都正确地指导了一个重要的设计决策. 该决策对未测量偏倚的敏感性产生了重大影响. 一般来说, 从 6 对观察得出这样的结论未免期望太高了, 但在更大样本规模的研究中, 样本分割可以提供很多信息.

Zhang 等人讨论了观察性研究的设计中样本分割的一个更大样本的实例 [46]. Zhao 等人讨论了样本分割的另一种方法 [47].

22.2 分析调整可行吗?

在观察性研究中, 匹配建立了某种比较、某种类似的试验: 它在观察性研究的设计中对观察到的协变量进行了调整. 用 Mervyn Susser 的话说, 匹配 "简化了观察的条件", 有助于提高透明度 (见第 6 章).

在设计中进行调整以后不能轻易删除. 在某些情况下, 我们可以计划两种分析, 一种分析对某一变量进行调整, 另一种分析不进行调整. 在这种情况下, 变量不是通过匹配来控制的, 而是通过统计分析来控制的. 观察性研究的设计的一个方面就是需要验证这两种分析都是可行的. 这意味着检查一个未匹配变量在处理组和对照组中表现出足够的重叠, 从而证明分析调整是一种内插 (interpolation), 而不是一种外推 (extrapolation) 或构造 (fabrication).

通常情况下, 不对状态不明确的变量进行匹配. 这样, 不同的分析可能会给变量分配不同的角色 [6]. 如果一个伴随变量不是一个真正的协变量, 它可能受到了处理或治疗的影响, 那么对它的调整可能会引入一种本不存在的偏倚 [22]. 也就是说, 一个变量可能有一个模糊的状态, 可能受到处理或治疗的轻微影响, 但似乎可以作为一个重要的协变量的替代, 而这个协变量没有被测量到. 例如, 1982 年由 James Coleman 等人 [7] 以及 Arthur Goldberger 和 Glen Cain [16] 进行的两项研究, 探索天主教会和其他私立高中在提高学生认知测试成绩方面是否比公立学校做得更多. 在这一背景下, 重要的协变量是高中之前的认知测试成绩, 但这些数据在当时无法获得. 这两项研究都对高二和高三的测试成绩进行了各种比较, 认为高二的测试成绩虽然可能受到 "公立" 对 "私立" 学校的影响,但可能以某种方式充当了高中之前测试成绩的未测量协变量的替代变量.一个状态不明确的重要变量并不一定意味着结论不明确:也许通过改变变量的状态,结论是不变的.如果不匹配状态模糊的变量,那么分析可能会检查这类问题.

另一种状态不明确的变量表现出"看似无害的混杂".也就是说,协变量预测了处理分配的很大一部分变化,但似乎相当"无害",对研究结果没有明显的重要性.与此同时,观察到处理与一些"无害"因素混杂,它也可能与一些"有害"的未测量协变量混杂.在某些情况下,"无害"的混杂——用谚语的话说就是"你知道的魔鬼"——与未测量协变量的混杂——"你不知道的魔鬼"相比似乎没有那么令人担忧.[1]是否应该删除"看似无害的混杂"?也许是的.也许这并不是"无害"的,只是看起来如此而已.然而,如果去掉了所有"无害"的混杂,那么可能也去掉了处理分配的偶然方面,而处理分配的其余方面则受相关的未测量协变量的偏倚支配.同样,当一个变量具有不明确的状态时,如果表明了未受这种不明确的影响,那么结论可能会更坚定.接下来考虑一个实例.

回顾第 13.3 节中 Jeffrey Silber 及其同事 [33,40] 对 1998 年至 2002 年间北加州凯萨医疗机构医疗保健计划中 5 家新生儿重症监护室 (NICU) 中 1402 名早产儿"早出院或晚出院"的研究.将这些婴儿匹配成 701 对,使得每对两名婴儿在第一名婴儿(即"早出院婴儿")出院那天,就测量的(时依)协变量看起来是相似的,而另一名婴儿(即"晚出院婴儿")在 NICU 多待了几天,慢慢成长且变得更加成熟.出院日 (discharge day) 的一些变异 (variation) 似乎受一周中的星期几的影响:周四住院到期,周五回家;周六住院到期,但周二才回家,至少看起来是这样的.在北加州凯萨医疗机构医疗保健计划中有 5 家医院为这项研究提供了数据,说明每家医院有一家 NICU,共 5 家 NICU.出院日的一些变异似乎反映了不同家 NICU 的临床实践风格:有些 NICU 比其他 NICU 办理出院手续更快.当然,你可以提出理由说,这些变异的来源是有害的.你可以提出理由说新生儿科主治医生 (attending neonatologist) 认为周五早上出院的婴儿比直到周二出院的婴儿更健康,但观察到的协变量与之相反.尽管这些协变量都是关于凯萨医疗机构旗下医院的母亲们,但你可以提出理由说某些医院里的母亲或医院本身并不完全一样.与此相反,你可以提出理由说通过 NICU 分类或一周中的星期几预测出院日的变异比无法解释的变异更令人担忧.我们应该推测和争论,还是应该去观察看看?那就让我们观察看看.

表 22.1 显示了 5 家新生儿重症监护室 (NICU) 的 701 对婴儿的分布情

---

[1] Erasmus 说:"这不是最糟糕的 (众所周知的恶事是最好的)."[8, #85, 第 123 页]

况. 该表以配对计数, 而不以婴儿计数, 所以总数是 701 对, 而不是 1402 名婴儿. 在 701 对婴儿中, 233 对落在对角线上: 在同一家 NICU 的 "早出院和晚出院" 的婴儿配对. 一方面, 有些 NICU 的出院时间早于其他家 NICU: NICU C 的 "晚出院婴儿" 的数量多于 "早出院婴儿", 而 NICU D 则相反. 另一方面, 尽管有这种数量趋势, 但还是有很多的 "早出院婴儿" 来自 NICU C, 确切地说是 95 名婴儿, 也有很多的晚出院婴儿来自 NICU D, 确切地说是 89 名婴儿. 在 NICU 之间出院率的变异只占出院天数变异的部分而非全部; 因此, 由 NICU 而引起的变异可以通过分析来消除. 这样, 我们就可以看到有 "无害" 混杂和没有 "无害" 混杂的两种情况.

表 22.1 是设计的一部分. 表 22.1 中没有关于结局指标的信息. 表 22.1 的模式显示, 不匹配新生儿重症监护室 (NICU) 是安全的; 在这 701 对匹配的婴儿和母亲的许多特征中, 不同家 NICU 之间有足够多的重叠以允许调整. 我们可以进行两种分析, 一种分析是忽略 NICU 的作用, 将 NICU 视为出院日变异的 "无害" 来源, 另一种分析是完全消除可从 NICU 预测的出院日变异. 决定是否关于 NICU 匹配是设计的一部分, 表 22.1 是做出决策的一部分信息.

表 22.1 对 701 个匹配对按 "早出院婴儿" 和 "晚出院婴儿" 的新生儿重症监护室 (NICU, A—E) 分类进行配对的情况

早出院婴儿	晚出院婴儿 A	B	C	D	E	总计	百分比%	晚出院/早出院比率
A	18	23	31	13	29	114	16	0.79
B	20	65	24	17	36	162	23	0.93
C	10	19	30	12	24	95	14	1.69
D	26	24	41	36	38	165	24	0.54
E	16	19	35	11	84	165	24	1.28
总计	90	150	161	89	211	701		
百分比%	13	21	23	13	30		100	

该表以配对计数, 因此总计数是 701. NICU C 有 161 名 "晚出院婴儿" 和 95 名 "早出院婴儿", 晚出院/早出院的比率为 161/95 = 1.69; NICU D 有 89 名 "晚出院婴儿" 和 165 名 "早出院婴儿", 晚出院/早出院的比率为 89/165 = 0.54. 百分比是经过四舍五入的.

正如在第 23.6 节中详细讨论的那样, Silber 等人 [33, 40] 研究的结果之一是, 在 "晚出院婴儿" 出院后大约 6 个月的时间间隔内的婴儿患病服务 (sick-baby service), 这一时段两名婴儿都在家中. "早出院"是否导致出院后对婴儿患病服务的更大需求? 婴儿保健服务 (well-baby service) 如体检 (checkup) 不包括在内. 婴儿患病产生的费用包括小病的费用和大病的费用, 如再次入住新生儿重症监护室 (NICU) 产生的巨大费用. 这些服务都是根据固定的时间表换算成美元金额 (dollar amount), 使得接受相同服务的婴儿对这些服务有相同的美元分数 (dollar score). 在这里, 出院后婴儿患病的服务费用 (postdischarge sick-baby cost) 起到衡量健康问题的严重程度的作用, 这不是一个坏的替代指标. 参见第 23.6 节和文献 [33,40] 了解具体情况和其他结局指标.

表 22.2 是这 701 个匹配对差的一个字母值 (letter value) 表示法 [44], 即 "晚出院"减去"早出院"的出院后婴儿患病服务费用的匹配对差. 5 例死亡被记录为无限费用, 其中 3 例发生在 "早出院婴儿" 中, 2 例发生在 "晚出院婴儿" 中; 请参阅第 23.6 节和文献 [40] 了解有关死亡的更多信息. 费用差的中位数是 5 美元 ($) 且分位数的平均值是 32 美元. 从表 22.2 中的伪价差 (pseudo-spread) 可以看出, 该分布相对于正态分布具有极端长尾的形状, 对于来自正态分布的一个非常大的样本, 伪价差近似为常数. 没有迹象表明 "早出院婴儿" 出院后的费用增加.

表 22.2 字母值表示 701 个配对的 "晚出院和早出院" 婴儿的出院后婴儿患病费用 (以美元计价) 差

分位数%	字母值	下限值	上限值	中间值	价差/差值	伪价差
5	1/2	5	5	5	0	
25	1/4	−223	287	32	510	378
12.5	1/8	−1063	2313	625	3376	1467
6.25	1/16	−4089	4956	433	9045	2948
3.125	1/32	−9893	12944	1526	22836	6130

"晚出院"减去"早出院"的费用差. 表格显示了各种分位数, 连同它们的中间值 (Mid), 价差/差值 (Spread) (= 上限值 (Upper) − 下限值 (Lower)), 以及价差与相应标准正态分布价差的比例 (即伪价差 (Pseudo-spread)). 5 例死亡被记录为无限费用, 其中 3 例发生在 "早出院婴儿" 中, 2 例发生在 "晚出院婴儿" 中; 关于死亡的详细讨论见第 23.6 节.

一种分析是忽略新生儿重症监护室 (NICU) 的影响. 它允许不同家 NICU 的临床实践风格的变异影响出院日. 碰巧出生在 NICU C 的婴儿可能会多住几天, 而出生在 NICU D 的婴儿可能会提前几天出院. 对于第 13.3 节中具有相同匹配协变量的两名婴儿, 该分析认为 NICU 与结局指标无关, 除非加速或延缓出院. 忽略了 NICU, 与 Wilcoxon 符号秩统计量 (第 2.4 节) 相关的过程给出可加效应 τ 的点估计为 17 美元以及 95% 置信区间为 [−20\$,56\$]; 关于忽略 NICU 的其他分析, 包括敏感性分析, 请参见第 23.6 节.

使用 Wilcoxon 统计量的分析将 701 个配对中的所有 2^{701} 种可能的处理分配视为同等可能. 表 22.1 表明它们并不是等可能的; 相反, 它们通过新生儿重症监护室 (NICU) 的分类是可预测的. 例如, 将表 22.1 的 D 行 C 列与 C 行 D 列的数值进行比较, 表 22.1 的两个单元格中有 $41+12=53$ 对婴儿, 一名出生在 NICU C, 另一名出生在 NICU D. 在这 53 对婴儿中, 估计"早出院婴儿"在 NICU D 的优势为 $41/12 = 3.4:1$. 替代分析 ([24] 和 [26, §3]) 没有考虑所有 2^{701} 种可能的处理分配, 而是考虑了表 22.1 中观察到的表现出同样不平衡的处理分配的子集. 例如, 在这 53 对新生儿研究中, 一名在 NICU C 且另一名在 NICU D, Wilcoxon 统计量认为所有 $2^{53} = 9 \times 10^{15}$ 种可能的处理分配都是同等可能的, 并全部使用, 但替代方法只考虑了 $53!/(41!12!) = 2.7 \times 10^{11}$ 种可能的处理分配让 12 名"早出院婴儿"和 41 名"晚出院婴儿"留在 NICU C. 对于表 22.1 中对角线上的 233 对婴儿, 所有可能的处理分配都被考虑了, 但对于非对角线上的配对, 保留了观察到的不平衡. Wilcoxon 统计量或任何其他统计量的分布, 与这个受限或条件置换分布相比较.[2]

对新生儿重症监护室 (NICU) 进行调整的替代分析得出可加效应 τ 的点估计为 −6 美元以及 95% 置信区间为 [−36\$,53\$]. 出院日的一些变异可以从 NICU 中预测出来, 这是一种似乎无害的混杂形式. 我们进行了两种分析, 一种忽略了可预测的变异, 另一种移除了可预测的变异. 这两种分析产生了关于 τ 的相似推断. 虽然目前 NICU 的分类状况尚不明确, 但结论并非如此. 的确, 这两份分析报告提供了一些保障: 出院日的不同来源的变异对稍微推迟出院的效应 (effect of slightly delayed discharge) 产生了相似的估计.

让协变量不匹配的分析是可靠的吗? 对协变量的分析调整是可行的吗? 在一个未匹配协变量 (unmatched covariate) 上有足够的重叠吗? 分析调整需要内插, 而不是外推或构造吗? 在观察性研究的设计中, 正如表 22.1 记录处理分配和未匹配协变量的交叉表提供了这些问题的答案.

---

[2]这种分析在什么时候是合适的? 假设新生儿重症监护室 (NICU) 属于观察到的协变量, 则在包含了 NICU 后, 式 (3.5) — (3.8) 为真. 进一步, 作为 logit 尺度上的可加常数, 假设 NICU 纳入倾向性评分. 然后, 刚才描述的条件消除了附加的 NICU 参数, 留下一个已知的处理分配分布, 使其余分配的概率相等. 然后, 使用容易计算的矩来近似地计算 Wilcoxon 统计量的分布. 配对情形见文献 [24] 和文献 [26, §3], 如此处内容; 一般情形见文献 [23, 25] 和文献 [26, §3].

22.2.1 锥形匹配和外部匹配

一种让模糊效应的协变量不匹配的替代方法是构造匹配三元组,一位处理对象和两位对照者,为使一位对照者匹配协变量而另一位对照者不匹配协变量. 这确保了两种分析都是可行的,并提供了一种正式的检验,以确定它们的结果是否存在差异,以及关于差异大小的置信度. 这个主题在第 21.2 节、21.3 节和 21.5 节以及文献 [9,19,21,34] 中讨论过.

22.3 匹配和深度描述

22.3.1 深度描述

匹配比较处理组和对照组,通常是处理对象和对照者的配对,他们在测量协变量 $\mathbf{x}_{ij}$ 方面看起来具有可比性. 一个持续的担忧是,看起来具有可比性的受试者可能并不具有可比性,他们之所以看起来具有可比性,只是因为在观察到的协变量 $\mathbf{x}_{ij}$ 中忽略了重要的区别 (important distinction),而这些区别只有在未观察到的协变量 u_{ij} 中才能发现,对受试者的这些协变量没有进行匹配.

在匹配时,人是完整的人. 相反,在基于模型的调整中,人消失或退隐到背景中,被模型的特征所取代. 曾经是人的地方,现在是模型中的参数. 匹配的一个相对被忽视但潜在的重要方面是,仔细观察一些匹配配对良好的人的可能性,并提供这些人配对的叙事 (narrative account).[3] 也就是说,可以提供给配对小子集一个"深度描述 (thick description)". Jeffrey Silber 和我在一项关于宾夕法尼亚州医疗保险人群手术后死亡率的研究中尝试了这种方法,本部分内容是对论文 [32] 结果的简要总结.

在医学、商业、法律等领域,对少数几个精心挑选的案例进行叙述往往具有启发性 (enlightening) 和教育性 (instructive),这是职业教育的主要内容. 例如,本着这种精神,《新英格兰医学杂志》(*New England Journal of Medicine*) 经常发表 "马萨诸塞州总医院的病例报告"; 参见 Jan Vandenbroucke 的文章 [45]. 专业人士不相信只要对少数几个案例的考察研究就能得出广泛的结论

---

[3]正如我们多次讨论过的那样,现代匹配方法试图在处理组和对照组的高维观察协变量之间取得平衡,将接近的个体匹配对视为次要的考虑. 有鉴于此,处理组和对照组可能在观察到的协变量方面达到平衡,即使用许多观察到的协变量上而不是个体分别地接近观察到的协变量的配对. 本节中讨论的方法最适用于匹配对的子集,其中个体配对是近距离匹配的. 通常情况下,会有许多这样的配对,即使许多其他配对有助于协变量的平衡,但配对关于协变量不是近距离匹配的. 如果使用一个距离,例如马氏距离,进行匹配 (见第 9 章),那么通过配对之间的一个小距离就可以识别出一个近距离匹配对.

(broad generalization); 相反, 他们认为, 经常使用泛化 (概括性) 结论, 而不涉及那些结论应该适用的特定案例情况, 就会冒着形成一种相当学究视角的风险.

在某些社会科学中, 存在着劳动分工, 一些研究者, 有时被称为"定性研究者", 从少数案例中创造叙事, 而另一些研究者, 有时被称为"定量研究者", 从描述许多人的数据中创造分析. 匹配提供了一个框架, 在这个框架内, 定性和定量研究可以在单一调查研究中有效地相互作用. 针对少数几个配对的叙事可以与针对许多配对的统计分析相结合.

22.3.2　什么是深度描述?

"深度描述"一词是由哲学家 Gilbert Ryle 提出的 [35, 第 479 页], 并由人类学家 Clifford Geertz [13] 使之普及开来; 请参阅文献 [32, 第 221–222 页], 获得 Ryle 和 Geertz 对他们所关注问题的本质的简单说明. 根据 Geertz 的观点 [12, 第 152 页], 深度描述的目的是 "通过提供信息背景, 使模糊的事物变得清晰" [14, 第 152 页]. Howard Becker [2, 第 58 页] 的以下段落传达了信息背景的重要性:

【如果】我们不能从人身上找到他们赋予事物的真正意义, 那么我们仍然会讨论那些意义. 在这种情况下, 我们必然会编造 (invent), 推理我们所写的人一定有这样或那样的意思, 否则他们就不会做他们所做的事情. 但是, 猜测可以直接观察到的东西在认识论上是不可避免的危险. 危险在于我们可能会猜错, 在我们看来合理的东西在他们看来并不合理. 这种情况一直在发生, 很大程度上是因为我们不是那些人, 没有生活在他们的环境中.

来自大型电子数据集 (large electronic data set) 的数据是很容易被曲解的 [3]. 对少数几个案例进行叙事的尝试, 可能有助于检验对数据的解释以及这些解释所依据的概念. 一个实例如下.

22.3.3　实例: 手术后死亡率

Silber 等人 [37–39] 对手术后死亡率的研究使用 (廉价的) 管理数据从宾夕法尼亚州的医疗保险人群中创建了匹配样本, 随后对匹配样本进行 (昂贵的) 病历或图表提取. 在这项研究中, 根据医疗保险的管理数据, 手术后不久死亡的患者与表面上相似的幸存者相匹配. 虽然对于匹配的样本, 最好的数据来自病历提取, 但重要的是基于管理数据有一个合理的匹配, 这样才能提取出合适患者的病历图表.

文献 [32] 构造了一个初步匹配的样本，并将少数匹配良好的配对的医疗保险记录与医院病历图表中更为详细的信息进行了对比．从医疗保险管理记录的测量变量来看，初步匹配看起来是合理的．然而，尽管只调查了少数几个病例，但从病历图表数据中立即清楚地看出，最初的匹配是不够的，我们为解释管理记录而创建的许多定义需要修订．我们发现的许多错误，从医院病历图表逐步的叙事角度 (narrative perspective) 来看，都是明显的错误，但从计算机管理记录的角度来看，则不明显，或者至少对我们来说不明显．

例如，我们通常希望避免对手术后的事件进行匹配，因为这些可能是手术或后续护理的结果．虽然这一原则是合理的，但我们最初使用它时是机械的、轻率的．例如，如果手术揭示患者患有转移性癌症 (metastatic cancer)，那么该癌症在手术发现它之前就已经存在了．当然，转移性癌症对患者预后和对患者随后接受治疗的正确解释是很重要的．鉴于此，我们改变了对不可能在住院期间开始的癌症和其他几种疾病的定义．在面对一个患者叙事描述时，没有人会犯这样的错误，但在计算机管理记录中就不那么明显了，而且它可能不容易从模型的系数中辨别出来．如果从叙事角度看待疾病情况时，我们很难犯某些错误，那么我们就有理由花时间和精力从叙事角度观察疾病情况．

我们还重新定义了"手术后不久死亡"．其中一份被检查的病历图表描述了一位患者，按照我们最初的定义，他在"手术后存活了下来"，但在住院很长一段时间后，他没有离开医院就去世了．这个病例促使我们重新检查管理数据，结果发现这例患者的命运非常普遍，值得给"手术后不久死亡"下个不同的定义．

有关其他实例和进一步讨论，请参见文献 [32]．文献 [32] 中的实例是将匹配与叙事描述结合起来的相当有限的使用，但广泛的使用是可能的．关于 3 个引人注目的扩展叙事 (没有匹配) 的实例，见文献 [1,4,12]．

22.4 延伸阅读

第 22.1 节是 Ruth Heller 等人 [17] 的一篇论文的概要．Kai Zhang 等人 [46] 讨论了一个借助分割样本设计的大型观察性研究．Qingyuan Zhao 等人 [47] 讨论了另一种分割样本的方法，即所谓的交叉筛选 (cross-screening)．Ashkan Ertefaie 等人 [11] 在强化工具变量时使用了分割样本，这一点在第 5.4 节中讨论了．

第 22.2 节中的调整方法来自文献 [24]．虽然该方法在文献 [24] 中得到了正确和详细的描述，但其中一个假设存在错误陈述，在文献 [26, §3.6] 中予以纠正，并在本章注释 2 中简要说明．具体来说，通过对配对进行分层匹配来控制未匹配的名义协变量, 如第 22.2 节的表 22.1、文献 [24] 和文献 [26, §3.6], 在 logit 尺度上, 要求倾向性评分是两个部分的总和, 即一个由匹配控制的协变量的任意的、通常未知的函数加上另一个由分层配对控制的名义协变量的任意的、通常未知的函数; 见文献 [26, 式 (3.13)]. 在这个假设下, 匹配消除了由匹配控制的协变量的偏倚, 以及在未匹配但分层的协变量中观察到的不平衡的条件上, 消除了该协变量的偏倚 [26, §3.6]. 第 22.2 节的方法是文献 [23, 25] 中讨论的一般方法的最简单情形. 相关的方法在文献 [5, 18, 20] 中得到了发展.

第 22.3 节摘自 Jeffrey Silber [32] 的一篇论文, 其中包含了进一步的讨论和其他参考文献. John Gerring 和 Jason Seawright [15, 36] 以及 Sidney Tarrow [43] 讨论了定性调查研究中信息性案例的选择问题. 关于深度描述、人种学 (ethnography) 和定性研究 (qualitative research) 的文献非常多. Lonnie Athens [1]、Charles Bosk [4] 和 Sue Estroff [12] 的著作是涉及犯罪学 (criminology)、外科学 (surgery) 和精神病学 (psychiatry) 的人种学的优秀实例, 包含 Becker 的文章 [2] 的那一卷也包含了许多其他有趣的文章.

22.5 软件

Ruoqi Yu 的 R 软件包 thickmatch 建立了一个大型的最优匹配, 其中包含了少量非常近距离匹配对用于深入描述. 该软件包使用了一个在文献 [31, §5.1] 中简要描述的技术.

参考文献

[1] Athens, L.: Violent Criminal Acts and Actors Revisited. University of Illinois Press, Urbana, IL (1997)

[2] Becker, H. S.: The epistemology of qualitative research. In: Jessor, R., Colby, A., Shweder, R. (eds.) Ethnography and Human Development, pp. 53–72. University of Chicago Press, Chicago (1996)

[3] Bittner, E., Garfinkel, H.: 'Good' organizational reasons for 'bad' organizational records. In: Garfinkel, H. (ed.) Studies in Ethnomethodology, pp. 186–207. Prentice Hall, Englewood Cliffs, NJ (1967)

[4] Bosk, C. L.: Forgive and Remember: Managing Medical Failure. University of Chicago Press, Chicago (1981)

[5] Branson, Z., Miratrix, L. W.: Randomization tests that condition on non-categorical covariate imbalance. J. Causal Infer. 7, 1–29 (2019)

[6] Cochran, W. G.: Analysis of covariance: its nature and uses. Biometrics **13**, 261–281

(1957)

[7] Coleman, J., Hoffer, T., Kilgore, S.: Cognitive outcomes in public and private schools. Soc. Educ. **55**, 65–76 (1982)

[8] Cox, D. R.: A note on data-splitting for the evaluation of significance levels. Biometrika **62**, 441–444 (1975)

[9] Daniel, S., Armstrong, K., Silber, J. H., Rosenbaum, P. R.: An algorithm for optimal tapered matching, with application to disparities in survival. J. Comput. Graph. Stat. **17**, 914–924 (2008)

[10] Erasmus: The Collected Works of Erasmus, vol. 34, Adages IIviil to IIIiii100. University of Toronto Press, Toronto (1992)

[11] Ertefaie, A., Small, D. S., Rosenbaum, P. R.: Quantitative evaluation of the trade-off of strengthened instruments and sample size in observational studies. J. Am. Stat. Assoc. **113**, 1122–1134 (2018)

[12] Estroff, S. E.: Making It Crazy: An Ethnography of Psychiatric Clients in an American Community. University of California Press, Berkeley (1985)

[13] Geertz, C.: Thick description: toward an interpretative theory of culture. In: Geertz, C. (ed.) The Interpretation of Cultures, pp. 3–30. Basic Books, New York (1973)

[14] Geertz, C.: Local Knowledge. Basic Books, New York (1983)

[15] Gerring, J: Is there a (viable) crucial-case method. Comp. Polit. Stud. **40**, 231–253 (2007)

[16] Goldberger, A. S., Cain, G. S.: The causal analysis of cognitive outcomes in the Coleman, Hoffer and Kilgore report. Soc. Educ. **55**, 103–122 (1982)

[17] Heller, R., Rosenbaum, P. R., Small, D.: Split samples and design sensitivity in observational studies. J. Am. Stat. Assoc. **104**, 1090–1101 (2009)

[18] Hennessy, J., Dasgupta, T., Miratrix, L., Pattanayak, C., Sarkar, P.: A conditional randomization test to account for covariate imbalance in randomized experiments. J. Causal Inference **4**, 61–80 (2016)

[19] Karmakar, B., Small, D. S., Rosenbaum, P. R.: Using approximation algorithms to build evidence factors and related designs for observational studies. J. Comp. Graph. Stat. **28**, 698–709 (2019)

[20] Miratrix, L. W., Sekhon, J. S., Yu, B.: Adjusting treatment effect estimates by post-stratification in randomized experiments. J. R. Stat. Soc. B **75**, 369–396 (2013)

[21] Pimentel, S. D., Small, D. S., Rosenbaum, P. R.: Constructed second control groups and attenuation of unmeasured biases. J. Am. Stat. Assoc. **111**, 1157–1167 (2016)

[22] Rosenbaum, P. R.: The consequences of adjustment for a concomitant variable that has been affected by the treatment. J. R. Stat. Soc. A **147**, 656–666 (1984)

[23] Rosenbaum, P. R.: Conditional permutation tests and the propensity score in observational studies. J. Am. Stat. Assoc. **79**, 565–574 (1984)

[24] Rosenbaum, P. R.: Permutation tests for matched pairs with adjustments for covari-

ates. Appl. Stat. **37**, 401–411 (1988) (Correction: [26, §3.6.2, Expression (3.13)])

[25] Rosenbaum, P. R.: Covariance adjustment in randomized experiments and observational studies (with Discussion). Stat. Sci. **17**, 286–327 (2002)

[26] Rosenbaum, P. R.: Observational Studies, 2nd edn. Springer, New York (2002)

[27] Rosenbaum, P. R.: Design sensitivity in observational studies. Biometrika **91**, 153–164 (2004)

[28] Rosenbaum, P. R.: Heterogeneity and causality: unit heterogeneity and design sensitivity in observational studies. Am. Stat. **59**, 147–152 (2005)

[29] Rosenbaum, P. R.: What aspects of the design of an observational study affect its sensitivity to bias from covariates that were not observed? In: Dorans, N. J., Sinharay, S. (eds.) Looking Back: Proceedings of a Conference in Honor of Paul W. Holland. Lecture Notes in Statistics Book, vol. 202, pp. 87–114. Springer, New York (2011)

[30] Rosenbaum, P. R.: Impact of multiple matched controls on design sensitivity in observational studies. Biometrics **69**, 118–127 (2013)

[31] Rosenbaum, P. R.: Imposing minimax and quantile constraints on optimal matching in observational studies. J. Comp. Graph. Stat. **26**, 66–78 (2017)

[32] Rosenbaum, P. R., Silber, J. H.: Matching and thick description in an observational study of mortality after surgery. Biostatistics **2**, 217–232 (2001)

[33] Rosenbaum, P. R., Silber, J. H.: Sensitivity analysis for equivalence and difference in an observational study of neonatal intensive care units. J. Am. Stat. Assoc. **104**, 501–511 (2009)

[34] Rosenbaum, P. R., Silber, J. H.: Using the exterior match to compare two entwined matched comparison groups. Am. Stat. **67**, 67–75 (2013)

[35] Ryle, G.: Collected Papers, vol. 2. Hutchinson, London (1971)

[36] Seawright, J., Gerring, J.: Case selection techniques in case study research. Polit. Res. Quart. **61**, 294–308 (2008)

[37] Silber, J. H., Rosenbaum, P. R., Trudeau, M. E., Even-Shoshan, O., Chen, W., Zhang, X., Mosher, R. E.: Multivariate matching and bias reduction in the surgical outcomes study. Med. Care **39**, 1048–1064 (2001)

[38] Silber, J. H., Rosenbaum, P. R., Trudeau, M. E., Chen, W., Zhang, X., Lorch, S. L., Rapaport-Kelz, R., Mosher, R. E, Even-Shoshan, O.: Preoperative antibiotics and mortality in the elderly. Ann. Surg. **242**, 107–114 (2005)

[39] Silber, J. H., Rosenbaum, P. R., Zhang, X., Even-Shoshan, O.: Estimating anesthesia and surgical time from medicare anesthesia claims. Anesthesiology **106**, 346–355 (2007)

[40] Silber, J. H., Lorch, S. L., Rosenbaum, P. R., Medoff-Cooper, B., Bakewell-Sachs, S., Millman, A., Mi, L., Even-Shoshan, O., Escobar, G. E.: Additional maturity at discharge and subsequent health care costs. Health Serv. Res. **44**, 444–463 (2009)

[41] Small, D. S., Rosenbaum, P. R.: War and wages: the strength of instrumental vari-

ables and their sensitivity to unobserved biases. J. Am. Stat. Assoc. **103**, 924–933 (2008)

[42] Stone, M.: Cross-validatory choice and assessment of statistical predictions. J. R. Stat. Soc. B **36**, 111–147 (1974)

[43] Tarrow, S.: The strategy of paired comparison: toward a theory of practice. Comp. Polit. Stud. **43**, 230–259 (2010)

[44] Tukey, J. W.: Exploratory Data Analysis. Addison-Wesley, Reading, MA (1977)

[45] Vandenbroucke, J.: In defence of case reports and case series. Ann. Intern. Med. **134**, 330–334 (2001)

[46] Zhang, K., Small, D. S., Lorch, S., Srinivas, S., Rosenbaum, P. R.: Using split samples and evidence factors in an observational study of neonatal outcomes. J. Am. Stat. Assoc. **106**, 511–524 (2011)

[47] Zhao, Q., Small, D. S., Rosenbaum, P. R.: Cross-screening in observational studies that test many hypotheses. J. Am. Stat. Assoc. **113**, 1070–1084 (2018)

第 23 章 计划分析

摘要 R. A. Fisher 认为, 在观察性研究中"详细阐述你的理论", 这样, 对这种理论的许多预测可能会消除处理和结果之间关联的歧义. 我们应该如何规划一项观察性研究的分析, 以检验一个详尽的理论做出的预测?

23.1 制定计划

随机临床试验遵循一个方案, 该方案描述了试验设计和分析计划. 分析计划将确定一个主要终点或结果 (结局指标), 以及可能的次要终点, 并描述将要进行的比较, 等等. 临床试验计划由资助机构审查, 对于大型重要试验, 该计划可能在试验开始前公布. 从这个意义上说, 该计划是一项公开的计划. 对观察性研究的分析进行计划是没有障碍的, 而且从计划中可以获得很多好处.

制定计划很有用. 在生活的各个方面, 有了计划, 很多事情都可以很好地完成, 而没有计划就几乎不可能完成.

John Tukey [43] 写道:

重要的问题可能要求对验证性分析进行最仔细的计划……预先计划主要分析 (即使有两个主要分析也可能太多!)……我认为, 在大多数真正的验证性研究中, 除了采用单一的主要问题之外, 没有其他真正的选择——在这种情况下, 一个问题由所有的设计、收集、监测和分析来指定.

一项遵循公开计划的研究, 要比一项从数据迷雾中含糊不清呈现的研究更有说服力. 一项公开计划在研究开始前就受到公众的监督 (public scrutiny), 因此，原本会在研究之后出现的批评，在研究开始前就出现了，这可能导致一项更好的研究，且更能抵制合理的批评。如果有一个公开计划，且如果批评者对该计划没有提出异议，那么在具体结论公布后，原本会在第一次对该计划提出的批评，突然在此时提出批评就会显得话语空洞了。

有计划的分析比计划外的分析更透明。正如第 6 章所讨论的那样，透明度（决策及信息高度透明）意味着证据确凿。如果有一个公开的分析计划，那么研究者要么遵循了他们的计划，要么偏离了计划。如果他们偏离了计划，那么他们将有义务解释并证明这种偏离的合理性。也许这种偏离会被认为是适当的，也许从实际的发展情况来看比按坚持计划行事更适当。不论怎样，做了什么以及为什么这样做都是可公开查看的。

如果没有计划，那么分析人员将首先使用最熟悉、最现成的方法，然后当出现未预见到的但又可预见的困境时，就会面临缺乏条理地改变 (disorganized retreat) 到合适的方法 (appropriate method)。即使最终使用了合适的方法，这样的分析看起来就是：围绕数据、方法和结论的可疑循环。下面是一个常见的例子。我们都更熟悉差异的检验和置信区间，而不是近乎等效性 (near equivalence) 的检验和区间，尽管对于这两个任务 [2,6,16] 都有合理的、简单的、标准的方法可用。因此，我们在数据集中漫无目的或不加区别地应用差异检验，那么请记住，差异检验会使尝试证明近乎等效性的检验变得混乱，然后以一种方式对合适的方法做出改变，但这种方式很难说服我们，更难说服其他人了。然而，在事实发生之前只要稍微思考一下，就会发现，要为某个结论提供证据，就意味着发现这里的差异和那里的近乎等效性。在事实发生前的片刻思考是容易的；这只需要花点时间思考而已。这种困境不在于数据，而在于缺乏计划。[1]

一项分析计划并不排除计划外的分析。分析计划将已计划的和计划外的分析区分开来。[2]

应当承认，你无法计划一个华丽 (ornate) 而精致的 (delicate) 分析。你可以对一项随机试验制定分析计划，因为随机化已经在确保比较人群具有可比性方面起了很大作用；不需要华丽的分析。如果设计中的匹配已经完成了确保比较人群表面上具有可比性方面的艰巨任务，那么你就可以对一项观察性研究制

---

[1]例如，见第 5 章的注释 2，我故意做了蜿蜒曲折的分析，我打算在本章中纠正。

[2]John Tukey："我们既不敢放弃探索性数据分析 (exploratory data analysis)，也不敢把它作为我们唯一的兴趣目标。" [44, 第 72 页] "我们经常忘记科学和工程是如何运作的。灵感更多是来自之前的探索，而不是来自突发奇想 (lightning stroke)。重要的问题可能需要对验证性分析 (confirmatory analysis) 进行最仔细的计划。" [43, 第 23 页]

定分析计划; 但对观察到的协变量的结果进行华丽的调整并不是必要的.[3] 如果匹配执行恰当, 则无须检查结果; 因此, 它是设计的一部分. 说你不能计划一个华丽而精致的分析, 就是对华丽而精致的分析提出一个有力的反驳.

在一个计划中, 新颖性 (novelty) 和独创性 (originality) 可能是可以接受的, 但在计划分析中, 稳健性 (soundness), 而不是新颖性或独创性, 才是优秀的标志. 对标准设计的分析可以遵循标准方案.

23.2 详尽的理论

23.2.1 R. A. Fisher 的建议

William Cochran 在他的论文《人口观察性研究的计划》(*The planning of observation studies of human populations*) [11, §5] 中写道:

> 大约 20 年前, 在一次会议上, 当被问及在观察性研究中如何才能阐明从关联 (关系) 到因果关系这一步时, Ronald Fisher 爵士回答说: "详细阐述你的理论."起初, 这个回答使我感到困惑, 因为根据奥卡姆剃刀原理 (Occam's razor), 通常给出的建议是让理论尽可能简单, 只要与已知数据一致就行. 正如随后的讨论所表明的那样, Fisher 的意思是, 当构造一个因果假设时, 人们应该尽可能地设想其真实性的各种不同结果, 并计划观察性研究, 以发现结果是否都成立……【这】种多相攻击 (multiphasic attack) 的方式是观察性研究中最有力的武器之一.

Fisher 的建议与第 5.2 节中消除因果关联歧义的方法非常吻合 [33], 也与第 18 章中处理效应的预期模式对降低未测量偏倚 (unmeasured bias) 的敏感性相吻合. 在 Fisher 的建议中, 时间顺序很重要: 一个人设想一个因果假设的结果, 然后计划研究, 从而发现结果是否成立.

第 5.2.2 小节、第 12.3 节和第 21 章中讨论的一个简单例子就是使用两个对照组的情况. 如果处理是其表面效应 (ostensible effect) 的原因, 那么两个对照组的预期模式就很清楚了: 处理组与两个对照组有本质上的不同, 而这两个对照组之间没有本质上的不同. 这里的预测就是一个对两组实质性差异的比较和一个对两组近乎等效性的比较. 什么样的研究计划适合这种分析呢?

第 5.2.3 小节和第 18.2 节中讨论的第二个简单的例子涉及两个结果的一

---

[3] 所谓"表面上可比性", 我指的是在测量的协变量 x 上的可比性, 这就留下了一个问题, 那就是在 x 上看起来具有可比性的个体在未测量协变量 u 上是否具有可比性. "表面上可比性"只是一个缩写.

致性, 例如 Maimonides 规则提示的班级规模越小, 数学和语言测试分数越高. 一种是一致性关联的假设, 另一种是有关两个结果的假设. 什么样的研究计划适合这种分析呢?

23.2.2 有计划的分析应该完成什么?

一个详尽的理论可以做出一个复杂的预测, 在第 18 章中可以看到, 与一个详尽的理论的某种形式的相容性可能会使研究对未测量偏倚不那么敏感. 研究者希望使用两组对照而不是一组对照, 或者在两个结果之间寻找一致性, 将扩大而不是削弱可信的说法, 但对于粗心大意的研究会有隐患.

在第一种情况下, 数据可能会证实详尽的理论的一部分, 反驳另一部分, 而第三部分则处于模棱两可的状态. 二分类取值"确认"或"否则"是不合适的. 因此, 对一个详尽的理论的评价将涉及不止一次的比较. 如果使用统计程序进行多次比较, 那么每一次比较都有出错的风险, 其结果可能是一系列小的出错风险累积到一个较大的出错风险. 如果对多重检验进行校正以控制这种误差的积累, 比如使用 Bonferroni 不等式 (Bonferroni inequality) (事后检验), 那么令研究者震惊和沮丧的是, 他们可能会发现, 如果单独使用第一个对照组, 那么其结果会与处理组显著不同, 如果单独使用第二个对照组, 那么其结果也会与处理组显著不同, 但由于使用了两个对照组, 并做了两次检验, 在多重检验校正后, 这两种差异都不显著. 这也是不合适的.

此外, 如果详尽的理论做出近乎等效性的预测, 并且如果在需要进行近乎等效性的检验的地方进行差异检验, 那么成功可能被错误地分类为失败, 而失败可能被错误地分类为成功. 在一项大型研究中, 两个对照组可能有近乎等效的 (nearly equivalent) 结果, 但可能还存在显著差异; 这是一次可能被误认为失败的成功. 相反, 两个对照组的结果可能没有显著差异, 但由于功效低, 可能无法提供证据表明两组的结果是相似的; 这是一次可能被误认为成功的失败. 近乎等效性的检验是一种可以拒绝实质非等效 (substantial inequivalence) 的检验.

因此, 一项分析计划必须做几件事. 要想成为一种合理的统计分析, 它必须在某种适当的意义上控制不正确推断的风险. 它必须在做到这一点的同时进行多次比较, 从而得出与这个详尽的理论相容的分级评估, 而不是简单的"是"或"否". 如果某些比较优先于其他比较, 那么分析就应该尊重这种优先级: 在某种意义上, 最重要的比较应该放在首位, 而不应该被其他比较的额外兴趣所阻碍, 就像上文关于 Bonferroni 不等式的情况一样.

为了使它们各自的作用具有可信度,在对结果进行检查之前,必须在一份计划中提出详尽的理论和评估的重点. 这个详尽的理论旨在进行预测,但如果它是为了拟合评估这些预测的数据而建立的,那么它就不是在进行预测. 只有当优先事项是对分析制定计划而不是为了分析而计划时,它们才有助于控制错误推断的风险.

23.3 两个对照组的 3 项简单的分析计划

23.3.1 两个对照组的简单分析计划

为了在实际案例中检验最简单分析计划的逻辑, 再次考虑 Bilban 和 Jakopin [7] 对铅锌矿工 (lead-zinc miner) 与两个对照组比较遗传损伤 (genetic damage) 的研究, 即表 5.1. 事实上, 这个最简单的分析计划对于最基本的情况来说都太简单了. 更好的分析计划将很快被考虑. 目前的焦点是分析计划的逻辑, 而不是找到一个好的分析计划.

让我们设想一下, Bilban 和 Jakopin 最初计划使用一个对照组, 比如远离矿井的斯洛文尼亚居民. 让我们进一步想象一下, 他们增加了第二个对照组, 这组人是煤矿附近的当地居民 (不是矿工), 因为他们担心煤矿附近的污染 (而不是担心煤矿本身) 可能会对矿工的基因造成更大的遗传损伤. 第二个对照组是对这一特定担忧的合理响应. 最后, 让我们假设他们想要优先考虑这两个对照组中的第一组.

考虑下面的分析计划. 比如以显著性水平为 0.05 检验矿工和第一个对照组的微核频率相等的假设. 如果这个假设没有被拒绝, 则停止. 如果该假设被拒绝, 则宣布它被拒绝, 然后以显著性水平 0.05 检验矿工和第二个对照组的微核频率相等的假设, 宣布它被拒绝或不适当.

无可否认, 作为分析计划而言, 这都算不上什么好的计划. 它没有研究效应的大小——这当然很重要; 它也没有评估两个对照组的可比性——这也很重要. 也没有提及对未测量偏倚的敏感性问题. 尽管如此, 这个分析计划并没有计划太多. 也许它所计划的并没有它所忽略的重要. 不管怎样, 这个计划在尽可能简单的背景中体现了某种原则.

在文献 [7] 的表 5.1 中, 第一个检验的 t 统计量是 16.13, 第二个检验的 t 统计量是 13.87. 如果微核频率的分布是独立且正态的, 那么在处理组和两个对照组中, 分别具有期望为 μ_t, μ_{c1} 和 μ_{c2}, 标准差为 ω_t, ω_{c1} 和 ω_{c2}, 其中 $c1$ 指斯洛文尼亚的居民, $c2$ 指当地居民, 然后, 在显著性水平 0.05 下, 该计划将拒绝第一个假设,然后检验且拒绝第二个假设。[4]

需要注意的是,在这个计划中,增加第二个对照组不会给研究者带来任何损失。在没有第二个对照组的情况下,如果矿工与第一个对照组比较无差异的假设已被拒绝,那么在与第二个对照组比较的情况下,无差异的假设也会被这个计划拒绝。因此,这种情况不同于上面描述的使用 Bonferroni 不等式来校正多重检验。第二个对照组允许表达更多的观点,但绝不会表达更少的观点。

其次需要注意的事情是,假如两个独立的检验各自完成控制错误拒绝概率的工作,那么这项计划在两个检验中控制了至少一个假设被错误拒绝的概率。重要的是要理解你的观点是什么,以及这种观点为什么是正确的。假设每个检验的水平为 0.05,每 20 次有一次错误拒绝,那么两步计划 (two-step plan) 检验两个假设,但至少产生一次错误拒绝,且概率不超过 0.05。这就像买两张彩票而不是一张彩票,没有增加你中奖的机会,虽然不完全是那样。有些计划只是防止了错误拒绝的风险积累。那是什么计划呢?考虑一下其中的逻辑。

有两个零假设,H_0 和 $\widetilde{H}_0$。具体来说,单侧检验的零假设为:$H_0: \mu_t \leqslant \mu_{c1}$ 和 $\widetilde{H}_0: \mu_t \leqslant \mu_{c2}$。这里,$H_0$ 指的是第一个对照组,$\widetilde{H}_0$ 指的是第二个对照组,但是它们指的是什么并不重要;它们可以是任意两个假设。计划是去检验 H_0,只有在 H_0 被拒绝时才检验 $\widetilde{H}_0$。考虑这些情况,每次一个。如果 H_0 和 $\widetilde{H}_0$ 都不真,那么你不能"错误地"拒绝任何假设,所以不存在错误拒绝的风险;即任何拒绝都是正确的拒绝。如果 H_0 不真,但 $\widetilde{H}_0$ 为真,那么你不能"错误地"拒绝 H_0,所以为了错误地拒绝任何假设,除了其他检验外,你必须错误地拒绝 $\widetilde{H}_0$,但是这个概率不超过 0.05。如果 H_0 和 $\widetilde{H}_0$ 都为真,那么当且仅当你拒绝 H_0 时,你就犯了一个错误拒绝,并且这个概率也不超过 0.05。因此,无论哪种情况为真,错误地拒绝至少一个真假设的概率不超过 0.05。[5]

这第一点逻辑延伸到许多有用的方向 [3, 15, 16, 20, 22, 36]。Gary Koch,

---

[4]表 5.1 中,似乎 ω_t, ω_{c1} 和 ω_{c2} 是不相等的,因此没有使用合并标准差 (pooled standard deviation),t 统计量实际上并不是 t 分布。由于自由度相当大,使用单独的标准误差,t 统计量与标准正态分布进行比较,在这里以及表 5.1 的所有计算中都是如此。虽然这是一个不完美的方法,但我的分析中最大的缺陷是假设数据是正态的,因为只报告了平均值和标准差。这个示例用于说明某些概念,同时尽量减少与这些概念无关的事件。

[5]Frank Yoon 及其同事 [47,48] 以一种合理的方式对这个计划进行了改进。假设我们可以指定一个 $\tau_{mf} \geqslant 0$ 的"有意义的差异 (meaningful difference)"(有时称为"临床显著性差异 (clinically significant difference)")。其概念是,一个小于 τ_{mf} 的差异可能存在,但太小而不值得注意。Yoon 建议,在 α 水平下对于 $\tau \in (-\infty, \tau_{mf}]$ 按顺序 [36] 检验 $H_0^{(\tau)}: \mu_t - \tau \leqslant \mu_{c1}$,以 $H_0^{(\tau)}$ 未被拒绝的最小 τ 处停止,即 τ_{nr},然后以 $1-\alpha$ 置信度声明 $\mu_t - \mu_{c1} \geqslant \tau_{nr}$;然而,如果所有 $\tau \in (-\infty, \tau_{mf}]$ 都被拒绝,那么以 $1-\alpha$ 置信度声明 $\mu_t - \mu_{c1} \geqslant \tau_{mf}$,且继续在 α 水平下对于 $\tau \in (-\infty, \tau_{mf}]$ 按顺序检验 $\widetilde{H}_0^{(\tau)}: \mu_t - \tau \leqslant \mu_{c2}$,并进行相似的解释。他的方法试图为第一个对照组建立一个有意义的差异,如果成功的话,那么就试图为第二个对照组建立一个有意义的差异。

S. A. Gansky [22] 以及 Peter Bauer [3] 在临床试验的背景下明确讨论了这种逻辑, 但似乎早在 20 年前 Ruth Marcus 等人 [28] 就已经理解了这一逻辑. 他们当时正在做一些相关但更微妙的研究; 另见 Jelle Goeman 和 Aldo Solari [15] 的统一文章. 该逻辑还与多参数检验 (multiparameter test) 有关 [5,23,25], 并以一种有趣的方式与 Bonferroni 不等式结合在一起 [19, 46, §3].

还有第二点逻辑.

23.3.2 两个对照组的对称分析计划

第一个分析计划的尴尬之处在于, 研究者必须优先考虑其中的一个对照组. 那么两个对照组可以被对称地看待吗?

考虑第二个分析计划. 以水平 0.05 检验假设 $\overline{H}_0: \mu_t \leqslant (\mu_{c1} + \mu_{c2})/2$, 即处理组的预期微核水平不高于两个对照组的平均值. 如果 $\overline{H}_0$ 没有被拒绝, 则停止. 如果 $\overline{H}_0$ 被拒绝, 则声明其被拒绝, 并以 0.05 水平检验 $H_0: \mu_t \leqslant \mu_{c1}$ 和 $\widetilde{H}_0: \mu_t \leqslant \mu_{c2}$, 视情况可能均不拒绝, 或拒绝其中之一, 或两者都拒绝.

第二个分析计划比第一个好不了多少, 但它确实在最简单的情况下证明了第二点逻辑. 在这里, 两个对照组是对称处理的, 如果对照组是相似的, 那么检验 $\overline{H}_0$ 可能比检验 H_0 或 $\widetilde{H}_0$ 中的任何一个都有更大的功效, 因为在检验 $\overline{H}_0$ 中, 所有的对照组都是同时被使用的.

如果每个检验的水平都是 0.05, 那么即使可以进行 3 次检验, 至少一次错误拒绝的概率不超过 0.05. 为了理解这一点, 考虑一下可能的情况. 如果 $\overline{H}_0$ 为真, 那么当且仅当拒绝 $\overline{H}_0$ 时, 你错误拒绝至少一个真假设, 这个概率不超过 0.05. 现在假设 $\overline{H}_0$ 不真, 那么你就不能错误地拒绝 H_0; 任何对 $\overline{H}_0$ 的拒绝都是正确的拒绝. 此外, 如果 $\overline{H}_0$ 不真, 则 $\mu_t > (\mu_{c1} + \mu_{c2})/2$, 所以 $H_0: \mu_t \leqslant \mu_{c1}$ 和 $\widetilde{H}_0: \mu_t \leqslant \mu_{c2}$ 不可能同时为真; 要么 H_0 或 $\widetilde{H}_0$ 不真, 或两者都不真. 如果 H_0 和 $\widetilde{H}_0$ 都不真, 则不可能出现错误拒绝. 如果 H_0 和 $\widetilde{H}_0$ 中恰好有一个为真, 那么为了错误地拒绝至少一个假设, 你必须错误拒绝那个真假设, 这个概率最多是 0.05.

在 Bilban 和 Jakopin [7] 研究的表 5.1 中, 假设 $\overline{H}_0$ 的检验方法是用样本均值代替总体均值估计对比值 $1 \times \mu_t - \left(\frac{1}{2}\right) \times \mu_{c1} - \left(\frac{1}{2}\right) \times \mu_{c2}$ 为 8.25, 估计的标准误差为

$$0.519 = \sqrt{(1^2) \cdot 0.479 + \left(-\frac{1}{2}\right)^2 \cdot 0.143 + \left(-\frac{1}{2}\right)^2 \cdot 0.377}, \qquad (23.1)$$

得出的 t 统计量值为 $8.25/0.519 = 15.9$,因此拒绝接受 $\overline{H}_0$,同时对 H_0 和 $\widetilde{H}_0$ 进行检验,t 统计量值分别为 16.1 和 13.9,如表 5.1 所示,因此 3 个假设均被拒绝.

当第一个计划不惜代价增加第二个对照组时,第二个计划可能会有所收获,因为在第一步中同时使用两个对照组,就如在第一个计划上增加了样本量. 当 H_0 和 $\widetilde{H}_0$ 都没有被拒绝时,$\overline{H}_0$ 可能会被拒绝. 如果处理组被判断产生了响应,平均而言,高于两个对照组,那么研究仍然继续,每次检验这两个对照组中的一个.

第一点逻辑是按照优先级的顺序对假设进行检验. 第二点逻辑, 也就是刚才提到的, 涉及一些假设相互排斥的可能性, 所以在检验几个假设时, 即使你不知道哪一个为真, 你也可能知道它们不可能同时为真. 第二点逻辑用于构建置信区间: 然后检验无限多个假设, 但只有一个假设是正确的, 因此不需要对多重检验进行校正. 第二点逻辑以某种形式出现在检验多个假设的两种方法中, 具体是 Ruth Marcus 等人的方法 [28] 和 Julliet Popper Shaffer 的方法 [40], 以及由这两篇论文发展而来的大量文献. 在上面用来比较两个对照组的具体形式中, H_0 和 $\widetilde{H}_0$ 互不排斥, 但是如果 $\overline{H}_0$ 不真, 那么它们确实相互排斥, 在这种情况下, $\langle \overline{H}_0, \{H_0, \widetilde{H}_0\}\rangle$ 被称为 3 个假设 $\overline{H}_0, H_0, \widetilde{H}_0$ 的 "序列排他划分 (sequentially exclusive partition)". 在某种意义上, 在序列中的一组假设 (这里为 $\{H_0, \widetilde{H}_0\}$), 如果序列中在它 (这里为 $\overline{H}_0$) 之前的假设都是错误的, 那么这一组假设最多包含一个真实的假设; 参见文献 [36].

在为两个对照组的分析制定一个严肃的计划之前,我们还需要一点逻辑,这次是关于等效性检验.

23.3.3 两个对照组是近乎等效的吗?

本节主要是证明两个对照组的响应是近乎等效的, 即等效性检验 [6]. 为了断言两个对照组的响应是接近的, 就是为了断言 $|\mu_{c1} - \mu_{c2}|$ 很小, 即对于某一指定的 $\delta > 0$, 有 $|\mu_{c1} - \mu_{c2}| < \delta$. 为了拒绝假设 $H_{\neq}^{(\delta)}: |\mu_{c1} - \mu_{c2}| \geqslant \delta$, 就是为了给断言 $|\mu_{c1} - \mu_{c2}| < \delta$ 提供依据; 也就是说, 为了拒绝非等效性假设 $H_{\neq}^{(\delta)}$, 就是有能力断言等效性 $|\mu_{c1} - \mu_{c2}| < \delta$. 此外, 如果 $\overleftarrow{H}_0^{(\delta)}: \mu_{c1} - \mu_{c2} \leqslant -\delta$ 或 $\overrightarrow{H}_0^{(\delta)}: \mu_{c1} - \mu_{c2} \geqslant \delta$ 为真, 则 $H_{\neq}^{(\delta)}: |\mu_{c1} - \mu_{c2}| \geqslant \delta$ 为真; 也就是说, $H_{\neq}^{(\delta)}$ 是两个假设的并集 [5,25], 且在这两个假设中至多有一个为真的意义上, 由这两个假设组成的集合 $\{\overleftarrow{H}_0^{(\delta)}, \overrightarrow{H}_0^{(\delta)}\}$ 是排他的 [36].

假设我们采用在 0.05 水平的单侧检验中同时检验 $\overleftarrow{H}_0^{(\delta)}$ 和 $\overrightarrow{H}_0^{(\delta)}$ 的分析计划, 如果对应的 P-值小于 0.05, 则拒绝每个假设, 如果 $\overleftarrow{H}_0^{(\delta)}$ 和 $\overrightarrow{H}_0^{(\delta)}$ 均被拒绝,

则拒绝 $H_{\neq}^{(\delta)}$. 简而言之, 执行了两个检验, 每个检验都在 0.05 水平, 有 4 种可能的结果: (1) 没有拒绝, (2) 拒绝 $\overleftarrow{H}_0^{(\delta)}$, 但不拒绝 $\overrightarrow{H}_0^{(\delta)}$, (3) 拒绝 $\overrightarrow{H}_0^{(\delta)}$, 但不拒绝 $\overleftarrow{H}_0^{(\delta)}$, (4) 拒绝 $\overleftarrow{H}_0^{(\delta)}$, $\overrightarrow{H}_0^{(\delta)}$ 和 $H_{\neq}^{(\delta)}$. 错误地拒绝至少一个真假设的概率是多少? 概率不超过 0.05. 要看到这一点, 回想一下 $\{\overleftarrow{H}_0^{(\delta)}, \overrightarrow{H}_0^{(\delta)}\}$ 是排他的: $\overleftarrow{H}_0^{(\delta)}$ 和 $\overrightarrow{H}_0^{(\delta)}$ 中最多有一个为真. 如果 $\overleftarrow{H}_0^{(\delta)}$ 和 $\overrightarrow{H}_0^{(\delta)}$ 都不为真, 则不存在错误地拒绝真假设, 错误拒绝的概率为零. 如果 $\overleftarrow{H}_0^{(\delta)}$ 为真, 则 $\overrightarrow{H}_0^{(\delta)}$ 不真, 当且仅当 $\overleftarrow{H}_0^{(\delta)}$ 被拒绝时发生错误拒绝, 这种情况发生的概率最高为 0.05. 如果 $\overrightarrow{H}_0^{(\delta)}$ 为真, 那么 $\overleftarrow{H}_0^{(\delta)}$ 不真, 则当且仅当 $\overrightarrow{H}_0^{(\delta)}$ 被拒绝时发生错误拒绝, 这种情况发生的概率最高为 0.05.

根据文献 [7] 表 5.1 中的 $\delta = 2$, 计算两个 t 统计量为

$$\overleftarrow{t} = \frac{(6.400 - 6.005) + 2}{\sqrt{0.143^2 + 0.377^2}} = 5.9, \quad \overrightarrow{t} = \frac{(6.400 - 6.005) - 2}{\sqrt{0.143^2 + 0.377^2}} = -4.0, \quad (23.2)$$

其中当 $\overleftarrow{t}$ 值较大时拒绝 $\overleftarrow{H}_0^{(\delta)}: \mu_{c1} - \mu_{c2} \leqslant -\delta$; 当 $\overrightarrow{t}$ 值较小时拒绝 $\overrightarrow{H}_0^{(\delta)}: \mu_{c1} - \mu_{c2} \geqslant \delta$. 这里, $\overleftarrow{t} \geqslant 1.65$ 和 $\overrightarrow{t} \leqslant -1.65$, 是由 $\varphi(-1.65) = 0.05$ 和 $1 - \varphi(1.65) = 0.05$ 给出的正态分布的近似单侧临界值. 因此, 我们可以断言 $|\mu_{c1} - \mu_{c2}| < \delta = 2$ 已经拒绝了这一断言的两种选择.

我们应该如何定义等效性? 也就是说, 我们应该如何选择一个 δ? 事实上, 没有必要选一个单独的 δ. 从 $\delta = \infty$ 开始, 其对应于 $\overleftarrow{t} = \infty$ 和 $\overrightarrow{t} = -\infty$, 连续地检验较小的 δ 值, 直到遇到一个值 δ^* 使 $\overleftarrow{H}_0^{(\delta)}$ 或 $\overrightarrow{H}_0^{(\delta)}$ 都不被拒绝; 然后以 95% 置信度断言 $|\mu_{c1} - \mu_{c2}| \leqslant \delta^*$. 在表 5.1 中, $\delta^* = 1.06$, 因此在 95% 的置信度下, 两个对照组的微核频率相差最大为 1.06.

这里的推理与等效性检验的双向单侧检验法 (TOST) [6, 39, 45] 以及相关的置信区间 [2, 21] 背后的推理非常相似.[6] 它也与交集–并集原理 (或交并原理) (intersection-union principle) 密切相关; 见文献 [5, 6].

23.3.4 两个对照组的初步分析计划

对于两个对照组, 接下来是一个初步的分析计划. 该计划是以常规水平 $\alpha = 0.05$ 的拒绝来说明的, 但可以用任何水平 α 代替.

---

[6]或者, 如果用有点不合常规的话说, 你可能把这看作是用无限个序列排他划分的假设, $\{\overleftarrow{H}_0^{(\delta)}, \overrightarrow{H}_0^{(\delta)}\}, \delta \in (0, \infty)$, 按顺序 [36] 进行的检验假设, 其中如果 $\delta > \delta'$, 则说 $\{\overleftarrow{H}_0^{(\delta)}, \overrightarrow{H}_0^{(\delta)}\}$ 是 "在 $\{\overleftarrow{H}_0^{(\delta')}, \overrightarrow{H}_0^{(\delta')}\}$ 之前". 注意这个顺序: 先检验极端假设. 在当前的讨论中, 这种有点不合常规的观点有两个优点. 第一, 它允许将等效性检验嵌入其他形式的序列排他划分中, 而不需要单独的形式化. 这马上就能做完. 第二, 对于单个 δ, 当两个假设都不能被拒绝时, 它允许拒绝 $\overleftarrow{H}_0^{(\delta)}$ 或 $\overrightarrow{H}_0^{(\delta)}$, 这在 TOST 的讨论中并不总是明确说明的.

步骤 1: 检验 $\overline{H}_0: \mu_t \leqslant (\mu_{c1}+\mu_{c2})/2$. 如果 P-值大于 0.05, 则停止; 否则, 拒绝 $\overline{H}_0$, 执行步骤 2.

步骤 2: 检验 $H_0: \mu_t \leqslant \mu_{c1}$ 和 $\widetilde{H}_0: \mu_t \leqslant \mu_{c2}$, 如果 H_0 对应 P-值小于等于 0.05, 则拒绝 H_0, 如果 $\widetilde{H}_0$ 对应 P-值小于等于 0.05, 则拒绝 $\widetilde{H}_0$. 如果任何一个 P-值高于 0.05, 则停止. 如果两个 P-值都小于等于 0.05, 则执行步骤 3.

步骤 3: 从 $\delta = \infty$ 开始, 逐渐减小 δ 的值, 检验 $\overleftarrow{H}_0^{(\delta)}: \mu_{c1} - \mu_{c2} \leqslant -\delta$ 和 $\overrightarrow{H}_0^{(\delta)}: \mu_{c1} - \mu_{c2} \geqslant \delta$. 如果对 $\overleftarrow{H}_0^{(\delta)}$ 的 P-值小于等于 0.05, 则拒绝 $\overleftarrow{H}_0^{(\delta)}$, 如果对 $\overrightarrow{H}_0^{(\delta)}$ 的 P-值小于等于 0.05, 则拒绝 $\overrightarrow{H}_0^{(\delta)}$. 如果任何一个 P-值大于 0.05, 则停止检验, 且以 95% 置信度断言 $|\mu_{c1} - \mu_{c2}| \leqslant \delta$. 如果两个 P-值都大于 0.05, 则继续检验较小的 δ 值.

这个三步分析计划可能会得出各种结论. 它可能会认定没有足够的证据来拒绝 $\overline{H}_0$, 因此即使结合两个对照组的样本量, 处理组也不能自信地断言其响应高于两个对照组的平均值. 如果在步骤 1 中拒绝 $\overline{H}_0$, 那么有 95% 的置信度, 人们可能断言 $\mu_t > (\mu_{c1}+\mu_{c2})/2$. 在步骤 2 中, H_0 和 $\widetilde{H}_0$ 的两个可能都不被拒绝、任何一个可能被拒绝或两个可能都被拒绝; 也就是说, 人们可能相信处理组的响应都不高于两个对照组, 高于一个对照组而不是另一个, 或者高于两个对照组. 如果在步骤 2 中 H_0 和 $\widetilde{H}_0$ 都被拒绝, 那么步骤 3 提供了两个对照组的结果等效程度的置信度说明.

正如我们已经看到的, 当应用于文献 [7] 中的表 5.1 时, 三步法对所有 $\delta > 1.06$ 都拒绝 $\overline{H}_0$, 同时拒绝 H_0 和 $\widetilde{H}_0$, 并且同时拒绝 $\overleftarrow{H}_0^{(\delta)}$ 和 $\overrightarrow{H}_0^{(\delta)}$. 在 95% 置信度下, 该方法断言处理组的响应高于两个对照组的任何一个响应, 两个对照组的均值差 $|\mu_{c1} - \mu_{c2}| \leqslant 1.06$.

这个三步法检验并错误地拒绝至少一个真实假设的概率不超过 0.05. 也许现在这是直观的, 之前已经考虑了每次一个单独的步骤. 在本章的附录中给出了一种通用的证明. 它使用了一个简单的事实:

$$\langle \overline{H}_0, \{H_0, \widetilde{H}_0\}, \{\overleftarrow{H}_0^{(\delta)}, \overrightarrow{H}_0^{(\delta)}\}, \delta \in (0, \infty) \rangle \tag{23.3}$$

是假设的序列排他划分, 每当 $\delta > \delta'$ 时, 就把 $\{\overleftarrow{H}_0^{(\delta)}, \overrightarrow{H}_0^{(\delta)}\}$ 放置在 $\{\overleftarrow{H}_0^{(\delta')}, \overrightarrow{H}_0^{(\delta')}\}$ 之前; 也就是说, 当人们在这一系列假设中继续向前检验时, 当前面集合中的所有假设都不真时, 集合中最多只有一个假设为真. 因为如果 $\overline{H}_0$ 不真成立, 那么在 $\{H_0, \widetilde{H}_0\}$ 中最多一个假设为真, 且对所有 δ, 在 $\{\overleftarrow{H}_0^{(\delta)}, \overrightarrow{H}_0^{(\delta)}\}$ 中最多一个假设为真. 直观地说, 在三步法中, 每当同时检验两个假设时, 其中最多有一个为真, 所以你只有一个 0.05 的出现错误拒绝的概率, 而不是两个 0.05 的概率.

23.3.5 两个对照组的备选分析计划

刚刚描述的分析计划的一个缺点是,它可能会在步骤 2 中拒绝 $H_0\colon \mu_t \leqslant \mu_{c1}$ 和 $\widetilde{H}_0\colon \mu_t \leqslant \mu_{c2}$,即使从 $\mu_t - \max(\mu_{c1},\mu_{c2})$ 较小的这个意义上,处理组接近一个对照组,且从 $\max(\mu_{c1},\mu_{c2}) - \min(\mu_{c1},\mu_{c2})$ 较大这个意义上,两个对照组之间相差较大. 人们可能会合理地认为, 对照组之间的差异是有问题的, 除非它与处理组和两个对照组之间的差异相比是很小的差异. 我们不太关心两个对照组之间的差异是否显著不为零, 而我们感兴趣的是, 解释对照组与对照组之间差异所需偏倚的大小是否远远小于解释处理组与对照组之间差异所需偏倚的大小. 更精确地说, 对于某个固定的数 τ, 人们可能希望断言

$$(\mu_t - \tau) - \max(\mu_{c1},\mu_{c2}) > \max(\mu_{c1},\mu_{c2}) - \min(\mu_{c1},\mu_{c2}). \qquad (23.4)$$

如果拒绝这个假设, 那么人们就有理由断言

$$H_\diamond^\tau\colon (\mu_t - \tau) - \max(\mu_{c1},\mu_{c2}) \leqslant \max(\mu_{c1},\mu_{c2}) - \min(\mu_{c1},\mu_{c2}). \qquad (23.5)$$

例如, 在水平 0.05 下对 $\tau = 0$ 的假设 $H_\diamond^\tau$ 的拒绝以 95% 置信度断言处理组的平均值, μ_t, 超过两个对照组的平均值, μ_{c1} 和 μ_{c2}, 与两个对照组的均值差都大于两个对照组之间的均值差.

下面来自文献 [36] 的方法用于检验 $H_\diamond^\tau$.

步骤 1a: 检验 $\overline{H}_0^{(\tau)}\colon (\mu_t - \tau) \leqslant (\mu_{c1} + \mu_{c2})/2$. 如果 P-值大于 0.05, 则停止; 否则, 拒绝 $\overline{H}_0^{(\tau)}$, 执行步骤 2.

步骤 2a: 检验 $H_0^{(\tau)}\colon (\mu_t - \tau) \leqslant \mu_{c1}$ 和 $\widetilde{H}_0^{(\tau)}\colon (\mu_t - \tau) \leqslant \mu_{c2}$, 如果 $H_0^{(\tau)}$ 对应 P-值小于等于 0.05, 则拒绝 $H_0^{(\tau)}$, 如果 $\widetilde{H}_0^{(\tau)}$ 对应 P-值小于等于 0.05, 则拒绝 $\widetilde{H}_0^{(\tau)}$. 如果任何一个 P-值高于 0.05, 则停止. 如果两个 P-值都小于等于 0.05, 则执行步骤 3.

步骤 3a: 检验 $H_\triangleright^{(\tau)}\colon (\mu_t-\tau)-\mu_{c1} \leqslant \mu_{c1}-\mu_{c2}$ 和 $H_\triangleleft^{(\tau)}\colon (\mu_t-\tau)-\mu_{c2} \leqslant \mu_{c2}-\mu_{c1}$, 如果 $H_\triangleright^{(\tau)}$ 对应 P-值小于等于 0.05, 则拒绝 $H_\triangleright^{(\tau)}$. 如果 $H_\triangleleft^{(\tau)}$ 对应 P-值小于等于 0.05, 则拒绝 $H_\triangleleft^{(\tau)}$. 如果任何一个 P-值高于 0.05, 则停止. 否则, 如果两个 P-值都不超过 0.05, 则拒绝 $H_\diamond^\tau$.

对于 $\tau = 0$, 步骤 1a 和 2a 与步骤 1 和步骤 2 相同, 因此关于 $\overline{H}_0$, H_0 和 $\widetilde{H}_0$ 的结论是相同的. 在步骤 3a 中, 需要区分两种情况, 即 $\max(\mu_{c1},\mu_{c2}) = \mu_{c1}$ 和 $\max(\mu_{c1},\mu_{c2}) = \mu_{c2}$. 如果 $\max(\mu_{c1},\mu_{c2}) = \mu_{c1}$, 则 $H_\diamond^\tau$ 和 $H_\triangleright^{(\tau)}$ 相同. 反之, 如果 $\max(\mu_{c1},\mu_{c2}) = \mu_{c2}$, 则 $H_\diamond^\tau$ 和 $H_\triangleleft^{(\tau)}$ 相同. 因此, 如果 $H_\triangleright^{(\tau)}$ 和 $H_\triangleleft^{(\tau)}$ 都不

真, 则 $H_\diamond^\tau$ 不真; 因此, 在步骤 3a 中, 如果 $H_\triangleright^{(\tau)}$ 和 $H_\triangleleft^{(\tau)}$ 都被拒绝, 则 $H_\diamond^\tau$ 被拒绝.

在 Bilban 和 Jakopin [7] 研究的表 5.1 中, 对步骤 1a—3a 中的 5 个假设分别进行组间均值的对比检验. 例如, 在步骤 1a 中, $\overline{H}_0^{(\tau)}$ 是假设 $1 \times \mu_t - (\frac{1}{2}) \times \mu_{c1} - (\frac{1}{2}) \times \mu_{c2} \leqslant \tau$, 在步骤 3a 中, $H_\triangleright^{(\tau)}$ 是假设 $1 \times \mu_t - 2 \times \mu_{c1} + 1 \times \mu_{c2} \leqslant \tau$. 和前面一样, 对于 $\tau = 0$, 在步骤 1a 中, $\overline{H}_0^{(\tau)}$ 的 t 统计量是 15.9, 所以 $\overline{H}_0^{(\tau)}$ 在 0.05 水平下被拒绝, 继续执行步骤 2a. 如果 $\overline{H}_0^{(\tau)}$ 没有被拒绝, 那么程序将在步骤 1a 中停止. 在步骤 2a 中, $H_0^{(\tau)}$ 和 $\widetilde{H}_0^{(\tau)}$ 的 t 统计量分别为 16.1 和 13.8, 所以 $H_0^{(\tau)}$ 和 $\widetilde{H}_0^{(\tau)}$ 在 0.05 水平下都被拒绝, 继续执行步骤 3a. 如果 $H_0^{(\tau)}$ 或 $\widetilde{H}_0^{(\tau)}$ 都没有被拒绝, 那么程序将在步骤 2a 中停止. 在步骤 3a 中, $H_\triangleright^{(\tau)}$ 和 $H_\triangleleft^{(\tau)}$ 的 t 统计量分别为 11.4 和 9.8, 因此 $H_\triangleright^{(\tau)}$ 和 $H_\triangleleft^{(\tau)}$ 都被拒绝, 因此 $H_\diamond^\tau$ 被拒绝. 因此, 我们可以有 95% 的置信度断言, 处理组的平均值超过了两个对照组的平均值, 与两个对照组的均值差都大于两个对照组之间的均值差. 考虑到这个方法的性质后, 将评估 τ 的其他值.

在步骤 1a, 2a 和 3a 中, 检验和拒绝至少一个真假设的概率不超过 0.05. 这里的推理与以前的做法非常相似, 只是有更多类似的步骤. 推理的细节构成了这段有点长、略带技术性的段落的剩余部分, 如果你愿意, 那么你可以跳过这段. 一般性的论述, 在本章的附录中给出了更简明扼要的说明. 我们先检查假设序列是否具有所需的结构. 假设集合的序列

$$\langle \overline{H}_0^{(\tau)}, \{H_0^{(\tau)}, \widetilde{H}_0^{(\tau)}\}, \{H_\triangleright^{(\tau)}, H_\triangleleft^{(\tau)}\}\rangle \tag{23.6}$$

是一个序列排他划分, 其意义是: (i) 如果 $\overline{H}_0^{(\tau)}$ 不真, 那么 $\{H_0^{(\tau)}, \widetilde{H}_0^{(\tau)}\}$ 中最多有一个假设为真, 且 (ii) 如果 $\overline{H}_0^{(\tau)}, H_0^{(\tau)}, \widetilde{H}_0^{(\tau)}$ 都不真, 那么 $\{H_\triangleright^{(\tau)}, H_\triangleleft^{(\tau)}\}$ 中最多有一个假设为真. 为了理解这一点, 先要注意第 (i) 部分遵循与 $\overline{H}_0, H_0$ 和 $\widetilde{H}_0$ 相同的推理. 对于第 (ii) 部分, 如果 $H_0^{(\tau)} : (\mu_t - \tau) \leqslant \mu_{c1}$ 和 $\widetilde{H}_0^{(\tau)} : (\mu_t - \tau) \leqslant \mu_{c2}$ 都不真, 那么 $(\mu_t - \tau) - \mu_{c1} > 0$, $(\mu_t - \tau) - \mu_{c2} > 0$, 但要么 $\mu_{c1} - \mu_{c2} \leqslant 0$ 要么 $\mu_{c2} - \mu_{c1} \leqslant 0$, 所以下面两个假设最多只有一个为真, $H_\triangleright^{(\tau)} : (\mu_t - \tau) - \mu_{c1} \leqslant \mu_{c1} - \mu_{c2}$ 和 $H_\triangleleft^{(\tau)} : (\mu_t - \tau) - \mu_{c2} \leqslant \mu_{c2} - \mu_{c1}$. 接下来, 我们验证关于至少一次错误拒绝概率的说明. 当然, 这里存在一种普遍模式, 即假设的序列排他划分, 按照步骤 1a—3a 的顺序进行检验, 将以不超过 0.05 的概率错误地拒绝真假设. 这在文献 [36] 和本章的附录中都有大致的说明, 但是让我们做最后一个特例, 即步骤 1a—3a. 如果 $\overline{H}_0^{(\tau)}$ 为真, 那么当且仅当拒绝

$\overline{H}_0^{(\tau)}$ 时, 发生错误拒绝, 发生的概率不超过 0.05. 假设 $\overline{H}_0^{(\tau)}$ 不真; 那么 $H_0^{(\tau)}$ 或 $\widetilde{H}_0^{(\tau)}$ 任一不真, 或者两者都不真. 如果 $H_0^{(\tau)}$ 或 $\widetilde{H}_0^{(\tau)}$ 中恰好有一个为真, 那么当且仅当拒绝一个真假设时, 至少会发生一个错误拒绝, 而其发生的概率不超过 0.05. 如果 $H_0^{(\tau)}$ 和 $\widetilde{H}_0^{(\tau)}$ 都不真, 那么在步骤 2a 中不可能出现错误拒绝. 所以假设 $\overline{H}_0^{(\tau)}$, $H_0^{(\tau)}$ 和 $\widetilde{H}_0^{(\tau)}$ 都不真; 那么 $H_♭^{(\tau)}$ 或 $H_♯^{(\tau)}$ 任一不真, 或者两者都不真. 如果两者都不真, 则不可能出现错误拒绝. 如果 $H_♭^{(\tau)}$ 或 $H_♯^{(\tau)}$ 中恰好有一个为真, 那么当且仅当拒绝一个真假设时, 发生错误拒绝, 这发生的概率不超过 0.05.

不需要选择 τ 值. 相反, 重复应用步骤 1a—3a, 从 $\tau = -\infty$ 开始, 考虑越来越大的 τ 值, 直到第一次在 τ^* 处, 由于其中一个假设没有被拒绝, 程序停止. 然后以 95% 的置信度声明

$$(\mu_t - \tau^*) - \max(\mu_{c1}, \mu_{c2}) > \max(\mu_{c1}, \mu_{c2}) - \min(\mu_{c1}, \mu_{c2}). \tag{23.7}$$

在表 5.1 中, 当在步骤 3a 中 $H_♭^{(\tau)}$ 以 "t 统计量" 为 1.64 几乎没被拒绝时, 其首次在 $\tau^* = 6.56$ 发生了接受假设. 换言之, 在 95% 置信度的情况下, 处理组的平均微核水平超过两个对照组的平均水平, 至少比两个对照组的差异高出 6.56.

另一个实例在文献 [36] 中讨论. 与表 5.1 不同的是, 两个对照组之间存在显著性差异, 但在 95% 置信度下, 处理组与两个对照组之间的差异显著大于两个对照组之间的差异.

23.3.6 小结

在本节中, 我们考虑了几种计划来分析一个处理组和两个对照组的研究. 有些设计过于原始, 不适合实际使用, 只是一般原则的简单说明. 其他计划适合进行初步分析. 在两个对照组中, "详尽的理论" 预测处理组将与对照组有本质上的不同, 对照组之间没有本质上的不同. "详尽的理论" 预测了这里的差异和那里的等效性, 计划在适当的步骤中同时使用了对差异和等效性的检验. 该计划首先检验预测的最重要元素, 没有对多重检验进行校正; 然后, 它继续尝试建立预测中不那么重要的元素. 计划的分析可能会证实一些预测, 而不是其他预测, 并可能提供与置信区间有一些相似之处的定量说明.

本节考虑的是最简单的研究设计, 没有进行敏感性分析. 对多个对照组进行敏感性分析是可能的, 但这可能会带我们远离当前的研究; 见文献 [34, §8]. 下一节将计划对两个结果之间的一致性进行敏感性分析.

23.4 两个结果的敏感性分析及一致性

在第 5.2.3 小节和第 18.2 节中,发现多个结果的一致性有可能降低对偏离随机处理分配的敏感性. 当有两个结果时,什么样的分析计划是合适的呢?

在表 5.3 中,Angrist 和 Lavy 关于班级规模对测试成绩影响的研究发现,与两个单独的任何一个测试成绩相比,班级规模对数学和语言测试成绩的一致性结合的影响稍微不那么敏感. 第 18.2 节中的一般结果表明,这是可以预期的两个结果,它们受处理的影响相似,但不完全相关.

在我们对表 5.3 的初步检查中,没有制定分析计划. 对两个结果进行了 3 次检验. 是否存在多重检验的问题,多次检验是否会增加假阳性的风险?

假设有两个结果,比如 $(r_{T_{ij}}, r_{C_{ij}})$ 和 $(\tilde{r}_{T_{ij}}, \tilde{r}_{C_{ij}})$,对应的处理减对照的配对差异 Y_i 和 $\tilde{Y}_i$,如 5.2.3 节中的数学和语言测试成绩. 对于所有的 i, j,第一个结果的无处理效应零假设是 $H_0: r_{T_{ij}} = r_{C_{ij}}$,对于所有的 i, j,第二个结果的无处理效应零假设是相似的,$\tilde{H}_0: r_{T_{ij}} = r_{C_{ij}}$. 用 $\overline{H}_0$ 表示两个假设 H_0 和 $\tilde{H}_0$ 的结合,或者用逻辑符号 $H_0 \wedge \tilde{H}_0$ 表示两个结果都没有受到影响. 考虑下面的分析计划.

步骤 1b: 对假设 $\overline{H}_0$ 进行一致符号秩检验. 如果 P-值大于 0.05,则停止并接受 H_0. 如果 P-值不超过 0.05,则拒绝 H_0,执行步骤 2b.

步骤 2b: 对 H_0 和 $\tilde{H}_0$ 分别进行 Wilcoxon 符号秩检验,如果 H_0 的 P-值不超过 0.05,则拒绝 H_0,如果 $\tilde{H}_0$ 的 P-值不超过 0.05,则拒绝 $\tilde{H}_0$.

如果 3 个独立的 P-值分别以不超过 0.05 的概率错误拒绝一个真假设,那么 3 步程序错误拒绝至少一个真假设的概率不超过 0.05. 其推理与第 23.3 节中的推理相似. 如果 $\overline{H}_0$ 不真,则必须 H_0 或 $\tilde{H}_0$ 任一不真,或两者都不真. 也就是说,$\langle \overline{H}_0, \{H_0, \tilde{H}_0\} \rangle$ 是一个序列排他划分的假设; 如果 $\overline{H}_0$ 不真,那么在 $\{H_0, \tilde{H}_0\}$ 中最多有一个真假设. 如果 $\overline{H}_0$ 为真,那么当且仅当 $\overline{H}_0$ 在步骤 1b 中被拒绝时,至少有一个真假设被拒绝,这种情况发生的概率不超过 0.05. 如果 $\overline{H}_0$ 不真,那么 H_0 或 $\tilde{H}_0$ 不真,所以在步骤 1b 和 2b 中最多检验一个真假设,且错误拒绝一个真假设的概率不超过 0.05. 文献 [24] 中有一个密切相关的过程.

敏感性分析使用了步骤 1b 和 2b 中 P-值的上界. 本章的附录和文献 [30] 讨论了为什么这个过程有效.

在表 5.3 中,两步程序对于 $\Gamma \leqslant 1.4$ 拒绝 $\overline{H}_0$,H_0 和 $\tilde{H}_0$. 对于 $\Gamma = 1.55$,它拒绝 $\overline{H}_0$ 和 $\tilde{H}_0$,但不拒绝 H_0. 对于 $\Gamma = 1.65$,它拒绝 $\overline{H}_0$,而不拒绝 H_0 和

$\widetilde{H}_0$. 换句话说, 使用两个结果的一致性关联对偏离随机分配的敏感性略低于单独的任何一个结果. 在本例中, 由步骤 1b 和 2b 组成的分析计划将支持我们之前对表 5.3 的解释, 可同时处理检验多个假设的问题. 在第 18.2 节中的一般结果为 $\overline{H}_0$ 何时比 H_0 或 $\widetilde{H}_0$ 对偏倚更不敏感提供了一些指导.

如果对 3 次检验进行 Bonferroni 调整, 那么在 $\Gamma = 1.55$ 时, 所有假设都不会被拒绝. 如果不使用一致性检验 (coherent test), 并两次使用 Wilcoxon 统计量, 一次对 H_0, 一次对 $\widetilde{H}_0$, 采用 Bonferroni 调整, 则对于 $\Gamma \geqslant 1.45$, 均不拒绝 H_0 或 $\widetilde{H}_0$.[7] 关于 Bonferroni 不等式调整的敏感性分析的讨论, 见文献 [13,17,49] 和文献 [38, §4.5].

对一致性零假设 (也就是序列中第一个假设 $\overline{H}_0$) 的检验不需要使用带有固定相等权重的一致符号秩统计量. 例如, $\overline{H}_0$ 可以用等权重的对冲赌注来检验, 如第 18.2 节和文献 [37] 中讨论的那样. 有了这样的对冲赌注, $\overline{H}_0$ 可能会被拒绝, 并且检验可能会继续在 0.05 水平上检验 H_0 和 $\widetilde{H}_0$, 即使等权重是一个糟糕的权重选择.

23.5 等效性检验的敏感性分析

治疗效果 (treatment effect) 的缺失可能是一个重要的发现. 例如, 参见 John Bunker 等人编辑的《手术的成本、风险和收益》(*Costs, Risks and Benefits of Surgery*) 一书 [8], 以及该书的发展 [30].

治疗效果的缺失可能是一个重要的发现, 但如果它被描述为一个"零结果", 且对差异检验的 P-值大于 0.05, 那么它的重要性可能会被忽略. 缺乏效果的证据并不等同于拥有效果不大的证据, 但差异检验中的 P-值大于 0.05 对这两种情况而言是一致的. 不可能证明完全没有效果, 但可以在大型随机试验中使用等效性检验来证明效果不大. 在一项观察性研究中, 由于治疗不是随机分配的, 因此增加了不确定性. 尽管如此, 在一项观察性研究中, 人们可能会发现, 效果不大的证据对非随机处理分配的小或中度偏倚不敏感.

为了说明等效性检验的敏感性分析, 请再次考虑第 13.2 节和表 13.1 中关于手术干预 (surgical intervention)、膀胱镜检查 (cystoscopy) 和积液 (hydrodistention) 对间质性膀胱炎 (interstitial cystitis, IC) 症状影响的实例. 间质性膀胱炎 (IC) 是一种慢性泌尿系统疾病 (chronic urologic disorder), 以膀胱疼痛 (bladder pain) 和刺激排尿 (irritative voiding) 为特征 [26,32]. 在表 13.1

---

[7]在 $\Gamma = 1.4$ 的两个检验中, 如果使用 Bonferroni 调整, 则 $\widetilde{H}_0$ 被拒绝, 而 H_0 不被拒绝, 但如果使用 Holm 多重检验 [18] 程序, 则 $\widetilde{H}_0$ 和 H_0 都被拒绝.

中, 手术治疗对 9 分疼痛评分没有影响. 这种表面效果的缺失对非随机处理分配的未测量偏倚有多敏感?

回想一下, 配对是通过风险集匹配形成的, 手术患者在术前输入数据库和基线时进行匹配. 表 23.1 给出了详细的疼痛评分.[8] 手术治疗组患者和对照组患者在入组时和手术前的疼痛看起来相似, 3 个月后两组看起来都有轻微的相同的改善. 对于表 23.1 中的 $I = 100$ 个匹配对的两组患者, 有 400 个 "预处理 (pretreatment)" 疼痛评分, 将 "入组" 和 "基线" 的评分进行合并; 它们的平均值为 4.3, 中位数为 5, 标准差为 2.2, 与中位数的中位绝对偏差为 2. 手术的效果是 2 个单位或更多, 但这在表 13.1 中被隐藏了, 因为在分配患者到手术治疗组或对照组时存在偏倚, 这是否合理?

表 23.1 在 $I = 100$ 个匹配对中的手术患者和对照组患者的疼痛评分 (pain score)

标签	组别	时点	最小值	下四分位数	中位数	上四分位数	最大值	平均值
a	治疗组	入组	0	2.0	5	6.0	9	4.28
b	治疗组	基线	0	3.0	5	6.0	9	4.38
c	治疗组	手术后 3 个月	0	1.8	3	5.0	9	3.55
d	对照组	入组	0	2.0	5	6.0	8	4.31
e	对照组	基线	0	2.8	5	6.0	9	4.34
f	对照组	手术后 3 个月	0	2.0	3	5.0	8	3.39
	变化的组间差异		−7	−2.0	0	2.5	8	0.16

变化是指在 3 个月时的疼痛评分减去在入组和基线时的平均疼痛评分, 变化的组间差异是指这些变化的治疗减去对照的差.

等效性检验应用 Wilcoxon 符号秩统计量来检验一个可加治疗效果的假设, $r_{Tij} - r_{Cij} = \tau$, 用零假设得出的效果并不小, $H_{\neq}^{(\varsigma)}: |\tau| \geqslant \varsigma$, 这里的 $\varsigma > 0$, 本例中设定为 2; 那么, 拒绝 $H_{\neq}^{(\varsigma)}$ 就为自信地断言 $|\tau| < \varsigma$ 提供了基础. 非等效性的假设 $H_{\neq}^{(\varsigma)}$, 是两个排他假设 $\overleftarrow{H}_0^{(\varsigma)}: \tau \leqslant -\varsigma$ 或 $\overrightarrow{H}_0^{(\varsigma)}: \tau \geqslant \varsigma$ 的结合. 因此, 就像第 23.3 节和文献 [2,5,6,21,36,39,45] 一样, 每个 $\overleftarrow{H}_0^{(\varsigma)}$ 和 $\overrightarrow{H}_0^{(\varsigma)}$ 都进行了检验, 但没有对多重检验进行修正, 如果 $\overleftarrow{H}_0^{(\varsigma)}$ 和 $\overrightarrow{H}_0^{(\varsigma)}$ 都被拒绝, 则 $H_{\neq}^{(\varsigma)}$

---

[8] 在文献 [26] 中, 在一致性检验中同时使用所有 3 个结果进行等效性的敏感性分析. 这里只考虑疼痛.

就被拒绝. 对 $H_{\neq}^{(\varsigma)}$ 的敏感性分析由两个标准敏感性分析组合而成, 一个是对 $\overleftarrow{H}_0^{(\varsigma)}: \tau \leqslant -\varsigma$ 的敏感性分析, 另一个是对 $\overrightarrow{H}_0^{(\varsigma)}: \tau \geqslant \varsigma$ 的敏感性分析; 参见文献 [38] 的证明.

表 23.2 是对 $\varsigma = 2$ 的等效性检验的敏感性分析. 一个中等规模研究的治疗效果需要多大的偏倚才能看起来像没有效果? 更准确地说: 如果处理效应是 2 个或 2 个以上单位, 即 $|\tau| \geqslant \varsigma = 2$, 则需要存在多大偏倚 Γ, 才能产生表 13.1 中表面上的无效果? 表 23.2 给出了给定 Γ 值的 P-值上界.[9] 为了掩盖至少在疼痛量表上 $|\tau| \geqslant 2$ 个单位的效果, 需要偏倚 $\Gamma > 2.4$, 为了掩盖至少 $\tau \leqslant -2$ 个单位的疼痛评分减少, 需要偏倚 $\Gamma > 3$. 如果手术治疗实际上减少了 2 个或 2 个以上单位的疼痛评分, 那么掩盖这一效果的偏倚就必须相当大.

表 23.2 在间质性膀胱炎 (IC) 数据中, 手术对疼痛评分的治疗效果的等效性检验的敏感性分析

Γ	$\overleftarrow{H}_0^{(2)}$	$\overrightarrow{H}_0^{(2)}$	$H_{\neq}^{(2)}$
1	4.9×10^{-9}	1.8×10^{-7}	1.8×10^{-7}
2	0.0012	0.0098	0.0098
2.4	0.0081	0.048	0.048
2.7	0.022	0.11	0.11
3	0.049	0.19	0.19

表格给出了 P-值上界. 如果任何一个方向都是合理的, 对于 2 个或 2 个以上单位的效果, 那么偏倚的大小需要超过 $\Gamma = 2.4$, 并且该偏倚的大小只能掩盖疼痛增加 2 个单位的事实, 而不是手术引起的疼痛减少 2 个单位的事实. 为了掩盖手术造成的 2 个单位的疼痛减少, 偏倚需要超过 $\Gamma = 3$.

23.6 等效性与差异的敏感性分析

一个计划的分析可能试图证明预测一个结果的正差异 (positive difference) 和另一个结果的近乎等效性, 也就是说, 对一个结果的优效性 (superiority) 和对另一个结果近乎等效性的备择假设 [2,42]. 如果一个相等或不相等的假设被

---

[9] $\overleftarrow{H}_0^{(\varsigma)}: \tau \leqslant -2$ 的 P-值上界是通过计算来自 $Y_i + 2$ 的 Wilcoxon 符号秩统计量 T 去检验假设 $\overleftarrow{H}_0^{(\varsigma)}: \tau = -2$ 对 $\tau > -2$ 而获得的, 如第 3.5 节中所示, 如果 T 很大, 则拒绝零假设. $\overrightarrow{H}_0^{(2)}: \tau \geqslant 2$ 的 P-值上界是通过计算来自 $Y_i - 2$ 的 Wilcoxon 符号秩统计量 T 去检验假设 $\overrightarrow{H}_0^{(\varsigma)}: \tau = 2$ 对 $\tau < 2$ 而获得的, 如第 3.5 节中所示, 如果 T 很小, 则拒绝零假设. 检验 $H_{\neq}^{(2)}: |\tau| \geqslant 2$ 的 P-值为这两个上界的最大值; 见文献 [38] 的证明. 证明显示, 检验 $H_{\neq}^{(2)}: |\tau| \geqslant 2$ 的 P-值上界恰好等于两个独立 P-值的最大值. 如本章注释 6 所示, 因为 $\overleftarrow{H}_0^{(\varsigma)}$ 和 $\overrightarrow{H}_0^{(\varsigma)}$ 是排他的, 我们可以在 α 水平上检验两个假设, 但只承担至少一次错误拒绝的 α 风险. 因此, 我们可能会拒绝 $\overleftarrow{H}_0^{(\varsigma)}$ 或 $\overrightarrow{H}_0^{(\varsigma)}$, 即使我们不能同时拒绝两者; 见文献 [36] 及本章附录.

拒绝, 那么这个论证就会发生.[10]

在第 13.3 节中有过这样的预测. 在第 13.3 节和第 22.2 节 [38,41] 的新生儿重症监护室 (NICU) 的早产儿 "早出院或晚出院" 的研究中, 虽然 "晚出院婴儿" 在医院多住了几天, 但有 701 对 "早出院婴儿" 和 "晚出院婴儿" 在 "早出院婴儿" 出院当天特征相似. 那么在 NICU 多住几天对 "晚出院婴儿" 有好处吗?

"早出院婴儿" 出院后的 6 个月分为两个阶段. 在第一个间隔期间, "早出院婴儿" 出院回家, "晚出院婴儿" 留在新生儿重症监护室. 在第二个间隔期间, 两个婴儿都出院回家了. 在文献 [38,41] 中, 向健康婴儿提供的保健服务 (如体检) 被搁置一旁, 而研究中的两个结果将急诊 (emergency) 和婴儿患病的保健服务 (health service) 换算为美元金额, 一个结果用于第一个间隔期间, 另一个结果用于第二个间隔期间. 由于服务按时间表换算为费用, 接受相同服务的两个婴儿被编码为费用相同; 对同一服务的婴儿而言其费用是没有变化的.

让我们花一点时间来思考一下可能看到的结果模式以及它们可能意味着什么. 在第一个间隔期间, "晚出院婴儿" 在新生儿重症监护室接受医疗 (或婴儿患病) 服务, 但婴儿可能会生长得很好, 更大、更胖、更成熟, 能更好地面对世界. 在第一个间隔期间, "早出院婴儿" 出院回家, 所以任何急诊或婴儿患病服务都是婴儿身体出现问题的一种迹象, 如果美元金额非常高, 那么身体就出现了非常严重的问题, 比如通过急诊室再次入院. 在第二个间隔期间, 两个婴儿都在家, 所以婴儿患病费用意味着有些地方出了问题. 因此, 区分第一个间隔和第二个间隔是很重要的: 对于第一个间隔中的 "晚出院婴儿" 来说, 费用可能是钱, 仅此而已; 在别处而言, 费用是出现问题的迹象. 如果对于第一个间隔中的 "早出院婴儿" 来说, 高昂的费用是很常见的, 那么这将表明 "早出院" 是比预期早产了 (即身体还未长成熟). 如果 "早出院婴儿" 的第二个间隔的费用更高, 那么这也可能意味着 "早出院" 是比预期早产了 (即身体还未长成熟). 如果 "晚出院婴儿" 第一阶段的费用一直较高, 而第二阶段的费用与 "早出院婴儿" 几乎相等, 那么留住 "晚出院婴儿" 的费用可能用在其他方面会更好, 比如为婴儿提供更好的门诊服务. 该分析使用了第一阶段和第二阶段的晚出院婴儿减去早出院婴儿的费用差.

这项研究的对象是活产婴儿 (baby discharged alive). 在这 1402 名婴儿中,

---

[10]这是 Roger Berger [5] 的交并检验 (intersection-union test) 的一种形式, 其中一个检验两个假设的析取 (disjunction), 即 $H_1 \vee H_2$, 努力证明一个合取 (conjunction), 即 $(\sim H_1) \wedge (\sim H_2)$. 在这里, H_1 是一个结果的等效 (equality) 或劣势 (inferiority), 而 H_2 是另一个结果的非等效性, 所以优效性和等效性是 $(\sim H_1) \wedge (\sim H_2)$. 在交并检验中, 如果 H_1 和 H_2 在 α 水平被拒绝, 则 $H_1 \vee H_2$ 在 α 水平被拒绝; 参见文献 [5,25]. 可以按顺序进行交并检验, 可能在不拒绝 H_2 时拒绝 H_1, 可以通过对 H_1 和 H_2 单独检验的敏感性分析构造它们的敏感性分析; 见本章附录.

有 5 名在出院后 6 个月内死亡, 即每 6 个月婴儿死亡率为 3.6‰. 在 2004 年的整个美国, 出生后第一年的死亡率为 6.8‰. 这些数字在以下几个方面是不具有可比性的; 一种是半年, 另一种是一年; 一种是早产儿, 另一种是所有婴儿; 一种是出院后死亡数 (postdischarge mortality), 另一种包括出院前死亡数. 为了进行分析, 死亡被编码为无限费用 (infinite cost), 即最坏结果 [35]. "早出院婴儿"中有 3 名 (0.4%) 死亡, "晚出院婴儿"中有 2 名 (0.3%) 死亡. 详细讨论见文献 [38, §2.1].

晚出院婴儿减去早出院婴儿的典型费用差的 Hodges-Lehmann 点估计 (第 2.4.3 小节) 在第一阶段为 4940 美元, 在第二阶段为 17 美元, 在朴素模型下, 处理分配的可加效应的 95% 置信区间 (13.5 节) 在第一阶段为 [4485,5103] 美元、在第二阶段为 [−20,56] 美元. 使用 Stephenson 检验也发现了类似的结果 (第 2.5 节和第 17.1 节), 该检验强调极端尾部 (extreme tail) 的一致性结果; 见文献 [38, 表 2]. 除 8/701(1.1%) 外, 所有 "早出院婴儿" 在第一阶段的花费都低于 300 美元, 这 8 名婴儿的花费在 1422 美元到 9574 美元之间. 大约 6% 的 "晚出院婴儿" 的第一阶段费用超过 9556 美元, 但是第一阶段费用的含义对 "早出院婴儿" 和 "晚出院婴儿" 是不同的. 第二阶段费用在两组中都很低, 有些费用极高, 而且没有迹象表明 "晚出院婴儿" 的第二阶段费用更低; 见文献 [38, 表 1 和图 1].

第一阶段的差异模式和第二阶段的等效性对未测量偏倚是否敏感? 假设以第一阶段和第二阶段的可加效应 τ_1 和 τ_2 来表示. 非等效性被定义为 $\tau_2 \geqslant 500$ 美元, 很大程度上是基于这样一种想法: 如果你在美国花不到 500 美元就能被治愈, 那么你就不可能病得很重. 回想一下, "晚出院"的典型费用的 Hodges-Lehmann 估计大约是 5000 美元, 500 美元是它的 1/10. 我们的计划是对第一阶段的费用差进行检验, 如果发现有差异, 那么就对第二阶段的等效性进行检验. 从形式上讲, 该检验计划使用 Wilcoxon 符号秩统计量检验 $H_0: \tau_1 \leqslant 0$, 如果该假设被拒绝, 则使用该统计量检验 $H_0: |\tau_2| \geqslant 500$ 美元. 对于每个单独的检验, 都有一个敏感性分析, 如第 3.5 节和 23.5 节, 且检验假设 $\tau_1 \leqslant 0$ 或 $|\tau_2| \geqslant 500$ 美元 (也就是检验假设 $H_0: \tau_1 \leqslant 0 \vee |\tau_2| \geqslant 500$ 美元) 的 P-值上界是分别检验 $H_0: \tau_1 \leqslant 0$ 和 $H_0: |\tau_2| \geqslant 500$ 美元的 P-值的最大上界, 如 23.5 节所示, 假设 $H_0: |\tau_2| \geqslant 500$ 美元按 $H_0: \tau_2 \leqslant -500$ 美元或 $H_0: \tau_2 \geqslant 500$ 美元展开.[11]

---

[11]这都是正确的, 由于假设序列 $\langle H_1, \{H_2, H_3\} \rangle$ 是一个序列排他划分, 则 H_1 断言 $\tau_1 \leqslant 0$, H_2 断言 $\tau_2 \leqslant -500$, 且由于 $\{H_2, H_3\}$ 是排他的, 则 H_3 断言 $\tau_2 \geqslant 500$. 事实上, 这 3 个假设是可以按顺序检验的, 所以 H_1 可能会被拒绝, 而 H_2 和 H_3 不被拒绝. 详见本章附录.

表 23.3 是敏感性分析 [38, 表 3]. 由于表 23.3 中每个 Γ 在 0.05 水平上拒绝 $H_0: \tau_1 \leqslant 0$, 因此该检验计划继续进行, 且同时检验 $H_0: \tau_2 \leqslant -500$ 美元和 $H_0: \tau_2 \geqslant 500$ 美元. 对于 $\Gamma \leqslant 2.25$, 在 0.05 水平上拒绝所有 3 个假设, 因此 $H_0: \tau_1 \leqslant 0 \vee |\tau_2| \geqslant 500$ 美元被拒绝; 即"晚出院"增加了第一阶段的费用, 但对第二阶段的费用影响不大. 在 $\Gamma = 2.5$ 时, "晚出院"可能会使第二阶段的费用增加 500 美元, 但不可能减少 500 美元. 在 $\Gamma = 3$ 时, 增加或减少 500 美元都有可能是合理的. "晚出院"似乎增加了第一阶段的费用, 而没有补偿第二阶段的费用的减少, 而且来自非随机处理分配的小偏倚不可能造成这种现象.

表 23.3 第一阶段费用差异 (τ_1) 以及第二阶段费用等效性 (τ_2) 的敏感性分析

Γ	$H_0: \tau_1 \leqslant 0$	$H_0: \tau_2 \leqslant -500$ 美元	$H_0: \tau_2 \geqslant 500$ 美元	$H_0: \tau_1 \leqslant 0 \vee \|\tau_2\| \geqslant 500$ 美元
1	0.00001	0.00001	0.00001	0.00001
2	0.00001	0.00001	0.0020	0.0020
2.25	0.00001	0.00001	0.049	0.049
2.5	0.00001	0.00042	0.28	0.28
3	0.00001	0.056	0.90	0.90

23.7 小结

为了消除处理和响应之间关联的歧义, Fisher 建议"详细阐述你的理论", 见 23.2 节和文献 [11,33]. 我们应该如何制定一项观察性研究的分析计划, 以评估一个详尽的理论的预测? 这个计划应该详述 (enlarge) 所能表述的内容, 而不是减少它, 同时控制错误推论的频率. 这是通过在分析中优先考虑某些预测的评估, 将其他预测置于次要地位来实现的. 该计划应将差异预测与近乎等效性预测区分开来. 这是通过适当使用等效性检验和类似的方法实现的. 该计划应允许敏感性分析, 因为在观察性研究中, 永远不可能确定对观察到的协变量的调整已消除了未测量协变量的偏倚.

23.8 延伸阅读

Fisher 那句引人注目的名言"让你的理论变得更加详尽"经常被人注意到 [11,12,14,33].

有大量关于临床试验分析计划的文献, 它们为观察性研究提供了一些有用的指导, 其中一些问题是相同的, 另一些则是完全不同的. 特别是, 对一个详尽的理论的确证, 或部分确证, 在随机试验中不起作用, 因为随机试验的处理分配是随机的.

Gary Koch 和 Stuart Gansky 的论文 [22] 是对临床试验文献的详细介绍, 而 Roger Berger 和 Jason Hsu 的综述论文 [6] 是一些更技术性的讨论, 强调等效性检验; 参见 Peter Bauer 及其同事们的优秀论文 [1-3]. 临床试验文献迅速变得更具技术性和简洁性, 因此, 严肃的读者会想熟悉一些早期的论文, 这些论文影响了后来的研究, 特别是 Ruth Marcus 等人 [28] "闭合检验" 的论文, Roger Berger 的交并原理 [5]、Julliet Popper Shaffer 介绍的策略 [40]、Yoav Benjamini 和 Yosef Hochberg [4] 的错误发现率. Erich Lehmann 的早期论文 [25] 阐明了几个问题, 并一直引起人们的兴趣. 在 Jason Hsu 和 Roger Berger [20] 以及 Gerhard Hommel 和 Siegfried Kropf [19, §3] 的论文中, 发现了两个未受到重视的潜在重要思想. 具体来说, 在文献 [20] 中, 一个多重检验过程以一个关于参数的置信度声明结束, 而在文献 [19, §3] 中, 一个有序检验过程借助 Bonferroni 不等式的适当应用连续接受了一些假设. 另见文献 [9, 46].

Jelle Goeman 等人 [16] 提出了一个 "三侧检验 (three-sided test)". 它结合了无效应零假设的双侧检验和非等效性的零假设的两个单侧检验. 这 3 个假设是排他的, 因此它们不经过多重检验的校正就可以进行检验. Samuel Pimentel 等人 [31] 在一项观察性研究中应用这种方法评价了手术治疗效果 (手术疗效) (surgical outcome), 研究对象是刚刚完成正规外科手术训练的外科医生. 新的外科医生与更有经验的外科医生有不同的治疗效果吗? 还是他们产生的疗效几乎一样?

关于观察性研究的分析计划的文章较少. 本章的问题在文献 [36, 38] 中有更详细的讨论.

正如本章所讨论的, Bonferroni 不等式在观察性研究中提供了有效的敏感性界限, 但它们可能是保守的. P-值上的个别的精确界限 (sharp bound) 可能不是联合精确的 (jointly sharp): 也许在处理分配上没有单一的偏倚能够同时产生 P-值的所有上界. Colin Fogarty 和 Dylan Small [13] 提供了关于 P-值的联合精确界限, 因此使用 Bonferroni 不等式就变得不那么保守了. 在他们的例子中, 大小为 Γ 的偏倚可以产生一个处理和两个结果中任何一个之间观察到的关联; 但是, 只有比 Γ 更大的偏倚才能同时产生两个关联.

附录: 按顺序检验假设

本章考虑了几项分析计划, 以一系列步骤来检验 Fisher 的"详尽的理论"之一. 这些步骤可以部分或全部证实"详尽的理论". 研究者可以根据重要性、优先级、猜测或奇思妙想来选择第一步. 按顺序第一步是在 α 水平上进行的常规检验, 因为它可能在没有分析计划的情况下完成, 所以在这个相当具体的意义上, 后续步骤不会花费研究者任何代价, 因为第一步的结论是相同的. 简而言之, 检验一个"详尽的理论"的雄心不会受到惩罚; 在最坏的情况下, 其结果是在第一次检验中无论如何都能得到部分证实. 此外, 这些分析计划允许利用组合检验 (component test) 的 P-值上界进行敏感性分析; 将步骤应用到上界的敏感性分析. 换句话说, 如果你知道如何对每个步骤进行敏感性分析, 那么你就知道如何对整个计划进行敏感性分析.

本附录陈述并证明了文献 [36] 的一个结果, 然后也证明了文献 [38] 的另一个结果. 第一个结果涉及计划的常规检验, 而第二个结果涉及计划检验的敏感性分析. 虽然第一个结果是为在观察性研究中证实一个详尽的理论而量身定制的, 但它与试验中的多重检验和闭合检验 [2, 19, 20, 22, 28, 40]、等效性检验 [2, 6, 21, 39, 45] 和多参数检验 (multiparameter testing) [5, 23, 25] 的文献中有许多类似的实例和先例. 第二个结果需要更多的篇幅来证明 [38], 因此这里就不再重复这个证明, 但这里需要对它进行一些讨论.

什么是一系列假设的序列排他划分?

我们有一个假设集合 H_t, $t \in \mathcal{T}$, 其中 $\mathcal{T}$ 是对假设的一组索引 (或名称). 集合 $\mathcal{T}$ 是完全有序的 (像字典或电话号码簿), 如果 $\mathcal{T}$ 中的 t 在 t' 之前, 那么我们就写成 $t \prec t'$. $\mathcal{T}$ 是完全有序的是说它总是很清楚谁在谁之前: 也就是说, 如果 $t \in \mathcal{T}$ 和 $t' \in \mathcal{T}$, $t \neq t'$, 那么 $t \prec t'$ 或 $t' \prec t$ (且不会出现既有 $t \prec t'$ 又有 $t' \prec t$). 顺序 $\prec$ 将在一定程度上决定先检验哪些假设, 尽管我们也考虑其他的检验. 使用数值不等式 $<$, 代替 $\prec$, 5 个可能的集合 $\mathcal{T}$ 为: $\mathcal{T} = \{1, 2, \cdots, k\}$, $\mathcal{T} = \{1, 2, \cdots\}$, $\mathcal{T} = \{\cdots, -1, 0, 1, 2, \cdots\}$, $\mathcal{T} = [0, \infty)$, 和正有理数 (positive rational numbers) $\mathcal{T} = \{a/b : a, b \in \{1, 2, \cdots\}\}$. 其他重要的完全有序集 (totally ordered set) 使用集合乘积的词典顺序 (lexical order), 如在字典或电话簿中, 名字按首字母排序, 然后在首字母中按第二个字母排序, 等等. 集合 $\mathcal{T} = \{1, 2, \cdots, k\} \times [0, \infty)$ 上的词典顺序表示无穷多个假设 $(1, a) \in \mathcal{T}$, 且 $a \in [0, \infty)$ 出现在 $(2, 0)$ 之前. 而集合 $\mathcal{T} = [0, \infty) \times \{1, 2, \cdots, k\}$

上的词典顺序是非常不同的: k 个假设 $(0,a) \in \mathcal{T}$ 先于其他所有假设. 在 23.3 节中, 有几个将离散和连续方面结合起来的顺序, 检验一个或两个假设, 然后建立一个区间估计, 或者为一个参数的无限多个值检验几个假设.

我们对假设 H_t $(t \in \mathcal{T})$ 做了一个假定, 即 "结构假定". 实际上, 这是一个无害的假定, 但有趣的是, 它似乎仍然是必要的. 一个不愿做无害假定的人可以跳过这一段.(当一个人走在城市的街道上时, 不愿做无害假设的他可能会掉进一个没有盖子的下水道.) 结构假定说, 要么对 $t \in \mathcal{T}$ 的所有假设 H_t 都不真, 要么存在第一个真假设. 准确地说, 要么 H_t 对所有 $t \in \mathcal{T}$ 不真, 要么存在一个 $t' \in \mathcal{T}$ 使 $H_{t'}$ 为真, 且对所有 $t \prec t'$ 的 H_t 不真. 我们需要花点时间思考, 才能意识到结构假定确实是一个假定: 它可能是错误的. 例如, 令 $\mathcal{T} = \{a/b : a, b \in \{1, 2, \cdots\}\}$ 是按不等式 "<" 排序的正有理数. 令 H_t 是一个圆的周长小于或等于其直径 t 倍的 "假设". 那么对于 $t < \pi$, H_t 不真, 而对于 $t > \pi$, H_t 为真, 但有理数不是一开始就使 $t > \pi$, 因此结构假定在这种情况下是错误的. 在这种情况下, 如果将正有理数 $\mathcal{T} = \{a/b : a, b \in \{1, 2, \cdots\}\}$ 替换为正实数 $\mathcal{T} = (0, \infty)$, 则结构假定为真. 结构假定似乎提醒我们, 统计推断需要实数, 应该避免涉及有理数之类的拓扑博弈; 然而, 在我看来, 结构假定在实践中是无害的, 因为它不是关于世界本身的假设. 无须进一步说明, 假定 "结构假定" 是正确的.

我们将讨论假设的序列排他划分的定义, 这个术语在本章中有几个地方被非正式地使用. 首先我们需要定义一个 $\mathcal{T}$ 上的区间, 然后把 $\mathcal{T}$ 划分成不相交的区间 (disjoint interval).

说到 $\mathcal{T}$ 上的区间是很自然的. 对于任意的 $t, t', t'' \in \mathcal{T}$ 且 $t \prec t' \prec t''$, 如果 $t, t'' \in \mathcal{T}$ 意味着 $t' \in \mathcal{T}$, 则非空子集 $\mathcal{J} \subseteq \mathcal{T}$ 是一个区间. 例如, 在 $\mathcal{T} = \{1, 2, \cdots, 20\}$ 中, 集合 $\mathcal{J} = \{2\}$ 和 $\mathcal{J} = \{17, 18, 19\}$ 是区间, 但 $\{2, 4, 6\}$ 不是一个区间. 在 $\mathcal{T} = \{1, 2, \cdots, k\} \times [0, \infty)$ 的词典式次序中, 集合 $\{2\} \times [7, \infty) \cup \{3\} \times [0, 1]$ 是一个区间.

不相交区间按其内容排序. 如果 $\mathcal{J}_1 \in \mathcal{T}$ 和 $\mathcal{J}_2 \in \mathcal{T}$ 是不相交区间, 则 $\mathcal{J}_1 \cap \mathcal{J}_2 = \emptyset$, 如果对所有 $t \in \mathcal{J}_1$ 和 $t' \in \mathcal{J}_2$, 则写为 $\mathcal{J}_1 \prec \mathcal{J}_2$. 例如, 在 $\mathcal{T} = \{1, 2, \cdots, 20\}$ 中, 有 $\{2, 3\} \prec \{6, 7, 8\}$. 如果 $\{t\} \prec \mathcal{J}$, 则写为 $t \prec \mathcal{J}$, 如果 $\mathcal{J} \prec \{t\}$, 则写为 $\mathcal{J} \prec t$. 例如, 在 $\mathcal{T} = \{1, 2, \cdots, 20\}$ 中, 有 $2 \prec \{6, 7, 8\}$.

将 $\mathcal{T}$ 划分为不相交区间是指把 $\mathcal{T}$ 表示为不相交区间 $\mathcal{J}_\lambda$ 的并集, 以一个集合 Λ 为索引, 即对于 $\lambda, \lambda' \in \Lambda$ 且 $\lambda \neq \lambda'$, 有 $\mathcal{T} = \bigcup_{\lambda \in \Lambda} \mathcal{J}_\lambda$ 且 $\mathcal{J}_\lambda \cap \mathcal{J}_{\lambda'} = \emptyset$. 在 $\mathcal{T} = \{1, 2, \cdots, 20\}$ 中, 当 $\Lambda = \{a, b, c\}$ 时, 把 $\mathcal{T}$ 划分成一个不相交区间为

$\mathcal{T} = \bigcup_{\lambda \in \Lambda} \mathcal{J}_\lambda$, 其中 $\mathcal{J}_a = \{1, 2, \cdots, 9\}$, $\mathcal{J}_b = \{10\}$, $\mathcal{J}_c = \{11, 12, \cdots, 20\}$. 因为区间 $\mathcal{J}_\lambda$, $\lambda \in \Lambda$ 是不相交的, 所以它们是有序的; 所以如果 $\mathcal{J}_\lambda \prec \mathcal{J}_{\lambda'}$ 则写为 $\lambda \prec \lambda'$, 对于 $t \in \mathcal{J}$, 如果 $t \prec \mathcal{J}_\lambda$ 则写为 $t \prec \lambda$ 或者如果 $\mathcal{J}_\lambda \prec t$ 则写为 $\lambda \prec t$. 例如, 在如上文提到的 $\mathcal{T} = \{1, 2, \cdots, 20\}$ 的划分中, $\mathcal{J}_a \prec \mathcal{J}_c$ 和 $\mathcal{T} \prec \mathcal{J}_c$.

如果至多有一个假设 $H_t, t \in \mathcal{S}$ 为真, 则一组假设 $\mathcal{S} \subseteq \mathcal{T}$ 是排他的. 例如, 若 θ 为实参数, 当 H_t 为 $H_t: \theta = t$ 时, 那么假设的集合 $\{H_t: t \in (-\infty, \infty)\}$ 可能是排他的, 但当 H_t 为 $H_t: \theta \leqslant t$ 时, 同样的假设的集合是不排他的; 在第一种情况下, 不同的假设相互矛盾, 但在第二种情况下, 它们是不矛盾的. "至多一个" 这个词很重要: 即使没有理由认为 θ 在 12 和 17 之间, 当 $H_t: \theta = t$ 时, 假设的集合 $\{H_t: t \in (12, 17)\}$ 也是排他的.

现在, 我们可以定义一个假设的序列排他划分. 将 $\mathcal{T}$ 划分为不相交的区间, $\mathcal{T} = \bigcup_{\lambda \in \Lambda} \mathcal{J}_\lambda$, 如果每个区间 $\mathcal{J}_\lambda$, $\lambda \in \Lambda$ 是一个序列排他划分, 如果在之前区间中的所有假设都不真, 则它是排他的; 也就是说, 当所有假设 $H_{t'}, t' \prec \mathcal{J}_\lambda$ 都不真时, 最多有一个假设 $H_t, t \in \mathcal{J}_\lambda$ 为真. 例如, 对于 $\mathcal{T} = \{1, 2, 3\}$, 当 H_1 不真时, 如果 H_2 和 H_3 中最多有一个为真, 则分割 $\mathcal{T} = \{1\} \cup \{2, 3\}$ 是一个序列排他划分; 参见第 23.3 节中的几个例子. 注意, 如果 H_1 为真, 则 $\{2, 3\}$ 不必是排他的.

始终存在一个序列排他划分, 即分割 $\mathcal{T} = \bigcup_{t \in \mathcal{T}} \{t\}$. 这是因为包含单一假设的集合总是排他性的; 它只包含一个真实的假设.

按顺序检验假设

在接下来的检验计划中, $\mathcal{T} = \bigcup_{\lambda \in \Lambda} \mathcal{J}_\lambda$ 是一个序列排他划分, 对于每个假设 $H_t, t \in \mathcal{T}$, 都有一个有效的 P-值 p_t, 当 H_t 为真时, 对于所有 $\alpha \in [0, 1]$, 使得 $\Pr(p_t \leqslant \alpha) \leqslant \alpha$. 固定一个 α, 按惯例 $\alpha = 0.05$.

检验计划. 对于所有 $s \in \mathcal{J}_\lambda$ 及所有 $\lambda \prec \omega$, 如果 $p_s \leqslant \alpha$, 那么当 $p_t \leqslant \alpha$ 时, 拒绝所有假设 $H_t, t \in \mathcal{J}_\omega$.

事实上, 这个检验计划是贯穿本章分析计划的一般形式. 对于划分 $\mathcal{T} = \bigcup_{t \in \mathcal{T}} \{t\}$, 检验计划要求在第一次接受并停止之前拒绝所有的假设. 一般情况下, 当 $\mathcal{T} = \bigcup_{\lambda \in \Lambda} \mathcal{J}_\lambda$ 时, 步骤停止于第一个区间 $\mathcal{J}_\omega$, 该区间包含至少一个假设 $t' \in \mathcal{J}_\omega$ 且 $p_{t'} > \alpha$; 但对所有假设 $t \in \mathcal{J}_\omega$ 进行检验, 拒绝所有 $p_t \leqslant \alpha$ 的假设. 本章讨论了命题 23.1 的特定情况.

命题 23.1 [36] 如果将检验计划应用于一个假设的序列排他划分 $H_t, t \in \mathcal{T} = \bigcup_{\lambda \in \Lambda} \mathcal{J}_\lambda$, 其中如果 H_t 为真, 则 $\Pr(p_t \leqslant \alpha) \leqslant \alpha$, 那么该计划检验并拒绝

至少一个真假设的概率不超过 α.

证明 令 $\mathcal{W}$ 是对计划检验进行检验并拒绝至少一个真假设的事件. 如果所有的假设 H_t, $t \in \mathcal{T}$ 都不真, 那么就没有什么可证明的了; 特别是, $\Pr(\mathcal{W}) = 0$. 否则, 令 H_ν 为第一个真假设, 令 $\mathcal{R}_\nu$ 为对计划检验进行检验并拒绝 H_ν 的事件, 令 $\mathcal{J}_\omega$ 为包含 ν 的唯一区间, 则 H_t 对所有 $t \prec \mathcal{J}_\omega$ 不真. 这意味着 H_ν 是 $\mathcal{J}_\omega$ 中唯一的真假设, 因为 $\mathcal{T} = \bigcup_{\lambda \in \Lambda} \mathcal{J}_\lambda$ 是序列排他的. 由此可知, 当且仅当计划检验并拒绝 H_ν 时, 计划检验并拒绝至少一个真假设, 因此 $\mathcal{W} = \mathcal{R}_\nu$, 且 $\Pr(\mathcal{W}) = \Pr(\mathcal{R}_\nu) \leqslant \alpha$.

按顺序检验的敏感性分析

在第 3.5 节中, 进行了敏感性分析, 当检验单一假设 (如 H_t) 时, 发现了单侧 P-值的一个上界 (如 $P_{t,\max}$); 见表 3.2. 这个上界 $P_{t,\max}$, 是在不等式 (3.13) 中偏离随机处理分配的大小为 Γ 时所能产生的最大 P-值. 这个界限是精确的, 在某种意义上, 有一组处理分配概率 π_{ij} 满足表达式 (3.16)—(3.18), 这个界限 $P_{t,\max}$ 是正确的 P-值.

假设我们有一系列这样的边界 $P_{t,\max}$, 对于一个假设序列 H_t, $t \in \mathcal{T}$, 其中 $\mathcal{T} = \bigcup_{\lambda \in \Lambda} \mathcal{J}_\lambda$ 是一个假设的序列排他划分. 假设使用边界代替未知的实际 P-值来进行检验计划. 将会发生什么? 事实上, 在本章中这样做了好几次.

[38, 命题 1] 可能显示了以下内容. 第一, 对于给定值 $\Gamma \geqslant 1$, 如果不等式 (3.13) 为真, 则检验计划进行检验并拒绝至少一个真假设的概率不超过 α. 第二, 这个边界是精确的: 有一组处理分配概率 π_{ij} 满足表达式 (3.16)—(3.18), 对于这个处理分配概率, 在命题 23.1 的证明中, 检验计划将以接受相同的假设 H_ν 而终止. 换句话说, 如果对满足表达式 (3.16)—(3.18) 的每组处理分配概率 π_{ij} 使用一次检验计划, 那么当且仅当一个假设 H_t 在使用单个边界 (individual bound) 代替实际 P-值的分析中被拒绝时, 它将在所有这些分析中被拒绝.

这个边界的精确程度 (sharpness) 实际上有些令人惊讶. 令人惊讶的是, 产生 $P_{t,\max}$ 的处理分配概率 π_{ij}, 通常与 $t \neq t'$ 产生 $P_{t',\max}$ 的 π_{ij} 不一样, 因此可能没有在满足表达式 (3.16)—(3.18) 的处理分配概率同时产生 $P_{t,\max}$ 和 $P_{t',\max}$. 你可以有 $P_{t,\max}$ 或者也可以有 $P_{t',\max}$, 但是不能保证你可以同时有 $P_{t,\max}$ 和 $P_{t',\max}$, 即使建议将它们都插入检验计划中, 就好像它们可以共存一样. 如果对 $P_{t,\max}$ 和 $P_{t',\max}$ 使用 Bonferroni 不等式, 那么结果是保守的, 不是精确的 [38, §4.5]: 当所有处理分配概率 π_{ij} 满足表达式 (3.16)—(3.18) 时, 它可能出现 $\min(P_{t,\max}, P_{t',\max}) > \alpha/2$, 而检验 H_t 和 $H_{t'}$ 的两个 P-值的最小值

均小于 $\alpha/2$. 非正式地说, 这个边界对于检验计划来说是精确的, 因为计划停止于单一的 P-值; 具体的陈述参见文献 [38, 命题 1].

文献 [36, 38] 中的结果是一般情况; 它们不局限于匹配对的情况.

参考文献

[1] Bauer, P.: Multiple testing in clinical trials. Stat. Med. **10**, 871–890 (1991)

[2] Bauer, P., Kieser, M.: A unifying approach for confidence intervals and testing of equivalence and difference. Biometrika **83**, 934–937 (1996)

[3] Bauer, P.: A note on multiple testing procedures in dose finding. Biometrics **53**, 1125–1128 (1997)

[4] Benjamini, Y., Hochberg, Y.: Controlling the false discovery rate. J. R. Stat. Soc. B **57**, 289–300 (1995)

[5] Berger, R. L.: Multiparameter hypothesis testing and acceptance sampling. Technometrics **24**, 295–300 (1982)

[6] Berger, R. L., Hsu, J. C.: Bioequivalence trials, intersection-union tests and equivalence confidence sets. Stat. Sci. **11**, 283–319 (1996)

[7] Bilban, M., Jakopin, C. B.: Incidence of cytogenetic damage in lead-zinc mine workers exposed to radon. Mutagenesis **20**, 187–191 (2005)

[8] Bunker, J. P., Barnes, B. A., Mosteller, F.: Costs, Risks and Benefits of Surgery. Oxford University Press, Oxford (1977)

[9] Burman, C. F., Sonesson, C., Guilbaud, O.: A recycling framework for the construction of Bonferroni-based multiple tests. Stat. Med. **28**, 739–761 (2009)

[10] Caughey, D., Dafoe, A., Seawright, J.: Nonparametric combination (NPC): a framework for testing elaborate theories. J. Politics **79**, 688–701 (2017)

[11] Cochran, W. G.: The planning of observational studies of human populations (with Discussion). J. R. Stat. Soc. A **128**, 234–265 (1965)

[12] Cox, D. R.: Causality: some statistical aspects. J. R. Stat. Soc. A **155**, 291–301 (1992)

[13] Fogarty, C. B., Small, D. S.: Sensitivity analysis for multiple comparisons in matched observational studies through quadratically constrained linear programming. J. Am. Stat. Assoc. **111**, 1820–1830 (2016)

[14] Gail, M.: Statistics in action. J. Am. Stat. Assoc. **91**, 1–13 (1996)

[15] Goeman, J. J., Solari, A.: The sequential rejection principle of familywise error control. Ann. Stat. **38**, 3782–3810 (2010)

[16] Goeman, J. J., Solari, A. Stijnen, T.: Three-sided hypothesis testing: simultaneous testing of superiority, equivalence and inferiority. Stat. Med. **29**, 2117–2125 (2010)

[17] Heller, R., Rosenbaum, P. R., Small, D.: Split samples and design sensitivity in

observational studies. J. Am. Stat. Assoc. **104**, 1090–1101 (2009)

[18] Holm, S.: A simple sequentially rejective multiple test procedure. Scand. J. Stat. **6**, 65–70 (1979)

[19] Hommel, G., Kropf, S.: Tests for differentiation in gene expression using a data-driven order or weights for hypotheses. Biomet. J. **47**, 554–562 (2005)

[20] Hsu, J. C., Berger, R. L.: Stepwise confidence intervals without multiplicity adjustment for dose-response and toxicity studies. J. Am. Stat. Assoc. **94**, 468–475 (1999)

[21] Hsu, J. C., Hwang, J. T. G., Liu, H-K., Ruberg, S. J.: Confidence intervals associated with tests for bioequivalence. Biometrika **81**, 103–114 (1994)

[22] Koch, G. G., Gansky, S. A.: Statistical considerations for multiplicity in confirmatory protocols. Drug. Inform. J. **30**, 523–533 (1996)

[23] Laska, E. M., Meisner, M. J.: Testing whether an identified treatment is best. Biometrics **45**, 1139–1151 (1989)

[24] Lehmacher, W., Wassmer, G., Reitmeir, P.: Procedures for two-sample comparisons with multiple endpoints controlling the experimentwise error rate. Biometrics **47**, 511–521 (1991)

[25] Lehmann, E. L.: Testing multiparameter hypotheses. Ann. Math. Stat. **23**, 541–552 (1952)

[26] Li, Y. F. P., Propert, K. J., Rosenbaum, P. R.: Balanced risk set matching. J. Am. Stat. Assoc. **96**, 870–882 (2001)

[27] Lu, X., White, H.: Robustness checks and robustness tests in applied economics. J. Econ. **178**, 194–206 (2014)

[28] Marcus, R., Peritz, E., Gabriel, K. R.: On closed testing procedures with special reference to ordered analysis of variance. Biometrika **63**, 655–60 (1976)

[29] Masjedi, M. R., Heidary, A., Mohammadi, F., Velayati, A. A., Dokouhaki, P.: Chromosomal aberrations and micronuclei in lymphocytes of patients before and after exposure to anti-tuberculosis drugs. Mutagenesis **15**, 489–494 (2000)

[30] McPherson, K., Bunker, J. P.: Costs, risks and benefits of surgery: a milestone in the development of health services research. J. R. Soc. Med. **100**, 387–390 (2007)

[31] Pimentel, S. D., Kelz, R. R., Silber, J. H., Rosenbaum, P. R.: Large, sparse optimal matching with refined covariate balance in an observational study of the health outcomes produced by new surgeons. J. Am. Stat. Assoc. **110**, 515–527 (2015)

[32] Propert, K. J., Schaeffer, A. J., Brensinger, C. M., Kusek, J. W., Nyberg, L. M., Landis, J. R.: A prospective study of interstitial cystitis: results of longitudinal followup of the interstitial cystitis data base cohort. J. Urol. **163**, 1434–1439 (2000)

[33] Rosenbaum, P. R.: From association to causation in observational studies. J. Am. Stat. Assoc. **79**, 41–48 (1984)

[34] Rosenbaum, P. R.: Observational Studies, 2nd edn. Springer, New York (2002)

[35] Rosenbaum, P. R.: Comment on a paper by Donald B. Rubin: the place of death in

the quality of life. Stat. Sci. **21**, 313–316 (2006)

[36] Rosenbaum, P. R.: Testing hypotheses in order. Biometrika **95**, 248–252 (2008)

[37] Rosenbaum, P. R.: Combining planned and discovered comparisons in observational studies. Biostatistics **21**, 384–399 (2020)

[38] Rosenbaum, P. R., Silber, J. H.: Sensitivity analysis for equivalence and difference in an observational study of neonatal intensive care units. J. Am. Stat. Assoc. **104**, 501–511 (2009)

[39] Schuirmann, D. L.: On hypothesis testing to determine if the mean of a normal distribution is contained in a known interval. Biometrics **37**, 617 (1981)

[40] Shaffer, J. P.: Modified sequentially rejective multiple test procedures. J. Am. Stat. Assoc. **81**, 826–831 (1986)

[41] Silber, J. H., Lorch, S. L., Rosenbaum, P. R., Medoff-Cooper, B., Bakewell-Sachs, S., Millman, A., Mi, L., Even-Shoshan, O., Escobar, G. E.: Additional maturity at discharge and subsequent health care costs. Health Serv. Res. **44**, 444–463 (2009)

[42] Tamhane, A., Logan, B.: A superiority-equivalence approach to one-sided tests on multiple endpoints in clinical trials. Biometrika **91**, 715–727 (2004)

[43] Tukey, J. W.: We need both exploratory and confirmatory. Am. Stat. **34**, 23–25 (1980)

[44] Tukey, J. W.: Sunset salvo. Am. Stat. **40**, 72–76 (1986)

[45] Westlake, W. J.: Response to Kirkwood. Biometrics **37**, 591–593 (1981)

[46] Wiens, B. L., Dmitrienko, A.: The fallback procedure for evaluating a single family of hypotheses. J. Biopharm. Stat. **15**, 929–942 (2005)

[47] Yoon, F.: New methods for the design and analysis of observational studies. Doctoral Thesis, Department of Statistics, University of Pennsylvania (2009)

[48] Yoon, F. B., Huskamp, H. A., Busch, A. B., Normand, S. L. T.: Using multiple control groups and matching to address unobserved biases in comparative effectiveness research: an observational study of the effectiveness of mental health parity. Stat. Biosci. **3**, 63–78 (2011)

[49] Zhao, Q., Small, D. S., Rosenbaum, P. R.: Cross-screening in observational studies that test many hypotheses. J. Am. Stat. Assoc. **113**, 1070–1084 (2018)

总结：设计的关键要素

在一项观察性研究中，相互矛盾的理论会产生相互矛盾的预测 许多研究在开始之前就因为缺乏重点而消失了. 研究的目的是解决问题，或者至少是朝着解决问题的方向迈出一步，为此，需要有明确的问题要解决，需要有解决问题的预期和方法；见第 4 章. 有些理论很少产生相互矛盾的预测，所以人们可以寻找不同寻常的机会来对比它们；参见 5.1 节.

观察性研究的结构应该类似于一个简单的试验 一个典型的结构是处理组和对照组的比较，在处理前就观察到的协变量看起来具有可比性. 试验是一种不寻常的情况. 在一个精心的对照试验中，发生了一件最罕见的事情: 处理的因果效应是显而易见的. 离试验模型 (experimental template) 每远一步，就离深渊边缘更近一步；参见第 1.2 节和第 13.1 小节.

对观察到的协变量的调整应该是简单、透明和令人信服的 关于观察性研究结论的不确定性的主要来源是可能无法控制未测量的协变量. 几乎每一项观察性研究都提出了这种可能性. 如果你认为在评估研究时不会提高这种可能性，那么你是在自欺欺人. 如果研究陷入对观察到的协变量进行不必要的复杂、模糊或不令人信服的调整，那么解决这一主要不确定性来源的希望就微乎其微. 一种简单、透明和令人信服的对观察到的协变量进行调整的方法是将观察到的协变量分布相似的处理组和对照组进行比较. 这样的对照组通常可以借助多元匹配来构造；见第 II 部分.

处理效应最合理的替代方案应该是可预期和可处理的　在观察性研究中，不可能找到每一种可以想到的处理效应的替代方案. 对于一项声称通过比较匹配的处理组和对照组来估计处理效应的主张, 通常有可能预见到几个看似合理的反对或反诉. 这种反对意见声称, 这种比较是模糊的. 它可能估计处理效应, 但也可能被某些特定形式的偏倚所扭曲. 考虑到特定形式的偏倚, 通常可以增加设计元素, 如两个对照组或未受影响的结果, 以解决特定的歧义; 见第 5.2 节.

分析应该解决来自未测量协变量的可能偏倚　通常, 分析应该包括一种或另一种形式的敏感性分析; 见第 3 章. 敏感性分析问: 来自未测量协变量的偏倚有多少——偏离随机分配有多大——才能定性地改变朴素条件所建议的结论, 并直接比较匹配的处理组和对照组? 对未测量偏倚的灵敏度 (degree of sensitivity) 是由手头的数据确定且毫不含糊的事实. 这个大小的偏倚是否存在仍然是一个理性的猜想和负责任的辩论问题, 但这场辩论现在受到了问题事实的影响和限制. P-值并不能排除坏运气产生观察到的结果的可能性; 相反, 它客观地衡量了需要多少坏运气才能产生观察到的结果. 敏感性分析也不能排除未测量偏倚产生观察到的结果的可能性; 相反, 它客观地衡量了需要多少未测量的偏倚才能产生观察到的结果.

观察性研究的设计应该尽可能地对未测量协变量的偏倚不敏感　要做到这一点, 我们必须知道是什么使得某些设计 (或数据生成过程) 对未测量偏倚敏感, 而另一些设计则对其不敏感. 有了这些知识, 当面临选择时, 可能会选择不敏感的设计. 许多因素强烈影响设计灵敏度 (design sensitivity); 见本书第 III 部分.

应该有一个主要分析计划　一个随机对照试验总是有一个详细说明主要分析计划的方案. 观察性研究也需要这样的分析计划. 由于设计元素旨在解决不明确的比较, 研究设计预期了几种结果模式中的一种, 即 R. A. Fisher 所谓的"详尽的理论"; 见第 23.2 节. 典型的详尽的理论预测了这里的差异, 那里的近乎等效性, 这里没有趋势, 那里有间断. 例如, 一个详尽的理论可能预测, 治疗组的反应比两个对照组高得多, 而两个对照组之间的差异几乎可以忽略不计. 一个有计划的主要分析将试图进行检验, 可能是证实, 一个详尽的理论的预测; 见第 23 章. 只有在对结果进行检验之前, 对一个详尽的理论的预测才是预测; 为了适应一组特定的数据而在事后构造一个详尽的理论是没有价值的. 因此, 对详尽的理论的分析必须是有计划的分析. 样本分割可以帮助计划; 见 22.1 节. 主要分析的计划不排除计划外的探索性分析; 相反, 它区分了计划分析和非计划分析.

常见问题的解决方案

下面针对观察性研究的设计中出现的常见问题提供了解决方案. 这里的讨论是面向整本书的问题的指南. 从一个常见的问题开始, 我们描述一个简短的解决方案; 然后, 确定这个问题所在书的相关章节. 我们还讨论了某些经常被认为是有问题的情况, 但实际上不是问题.

匹配问题太大 如果匹配问题太大, 通过对一个或多个重要协变量的精确匹配, 将其分割成几个较小的问题; 见第 10.4 节. 或者, 考虑文献 [12] 中的方法.

处理组和对照组差别太大, 无法匹配 在尝试解决这个问题之前, 确保这个问题是真实存在的. 比较处理组和对照组的倾向性评分的箱线图, 如果它们的箱线图覆盖了几乎相同的范围, 且只有一些协变量或倾向性评分不平衡, 那么请考虑: (1) 收紧倾向性评分的卡尺, 例如, 惩罚设为标准差的 10% 而不是 20% (见第 9.4 节), (2) 使用惩罚来改善一个或两个难处理的协变量的平衡 (见第 10.3 节), 或 (3) 尝试完全匹配 (见第 9.6 节). 否则, 如果倾向性评分的箱线图显示了很少或没有重叠的大区域, 则考虑使用一些关键协变量重新定义研究人群 (见第 3.7 节). 关于重新定义研究人群的例子, 见文献 [1,2].

处理组和对照组重叠, 但在某些 x 值上, 即使对于 1:1 匹配, 对照数也太少 尝试完全匹配; 见第 9.6 节.

在不同的时间接受治疗的人群. 如何匹配? 考虑风险集匹配; 见第 13 章.

若想匹配一个多分类变量, 但分类中没有足够的人允许一个近距离匹配 尝试用精细平衡进行匹配; 见第 11 章.

若有两个对照组, 如何匹配? 有几种方法可供选择. 一种方法是形成匹配三元组; 见第 21 章. 另一种方法是在"不完全区组 (incomplete block)"设计中形成配对; 见第 12 章. 另一个问题是为了特定目的将一个对照组分成两个对照组; 见第 21 章的锥形匹配和外部匹配的讨论.

倾向性评分模型在预测处理分配方面表现很差 不是一个问题. 在一个大型的完全随机试验中, 倾向性评分模型很难准确地预测来自协变量的处理分配, 因为处理分配是随机的, 不依赖于协变量. 倾向性评分旨在解决一个特定的问题, 即观察到的协变量是不平衡的. 如果你的研究没有这个问题, 那么就很好了.

如何判断倾向性评分模型是否为一个好模型? 倾向性评分有多种用途, 这个问题的答案取决于如何使用倾向性评分. 在本书中, 倾向性评分用于匹配. 当用于匹配时, 倾向性评分是一种达到目标的手段, 即配对或匹配集可平衡观察到的协变量. 当你有平衡观察到的协变量的配对或匹配集, 对观察到的协变量的匹配就完成了, 注意力就会转移到来自未测量协变量的潜在偏倚 (potential bias). 由此可见, 判断倾向性评分模型用于匹配时的情况与判断匹配是否平衡了观察到的协变量本质上是相同的任务; 见第 10.1 节.

如何在倾向性评分中选择要使用的协变量? 这个问题颠倒了手段和目标. 正确的问题是: 你希望通过匹配倾向性评分来平衡哪些协变量?

有一个协变量强烈预测处理分配 Z, 但似乎对响应 R 不太重要, 我应该做什么? 阅读第 22.2 节中的"看似无害的混杂"和分析调整, 以及第 21 章中的锥形匹配和外部匹配.

有一个变量是在处理分配之后且可能已经受到处理的影响, 因此它不是一个协变量, 但觉得无论如何都应该对它进行调整 虽然这有时是合理的, 但在这样做之前要仔细思考. 如果对受处理影响的伴随变量进行调整, 那么你可能会引入一种本来不会存在的偏倚; 参见文献 [5]. 如果有疑问, 那么最好让这样的变量不匹配, 所以对它进行分析或不进行分析调整都是可能的; 见第 22.2 节. 对于这样的变量, 一种选择是既匹配又不匹配; 见第 21 章的锥形匹配和外部匹配的讨论.

完成处理对象与一个可变比例的对照组的匹配, 现在需要一个箱线图 这不难做到, 但是在我写本书的时候, 目前的软件还不能做到这一点, 所以需要一些步骤. 实际上, 你需要计算一个加权经验分布函数 (weighted empirical distribution function), 从中计算分位数, 并使用这些分位数绘制箱线图. R 函

数 "bxp" 将会有所帮助: 它将根据给定的分位数绘制箱线图. 见第 9 章的注释 3. 得到的箱线图看起来像普通的箱线图, 但它们经过了加权, 以反映对照组的可变数量. 示例可以在文献 [2] 中找到.

处理对象应该与一个固定比例还是一个可变比例的对照组进行匹配? 这个选择已在第 9.5 节中讨论. 前面关于箱线图的解决方案, 说明了与可变对照匹配的最大缺点; 简单、直接的任务需要特殊的编程工作. 与此相反, 理论上强烈建议使用可变对照进行匹配是产生更近距离匹配的有效方法; 参见文献 [4]. 将每例接受处理的个体与平均两例对照者进行匹配通常是可行的, 但将每例接受处理的个体与恰好两例对照组者进行匹配则不可行. 多个对照可以增加设计灵敏度 [9].

若一个特定的未观察到的协变量 u 与结果 r_C 是强相关的, 但对此表示怀疑 为了表明一个特定的未观察到的协变量 u 与结果 r_C 不是强相关的, 找到在未观察到的 u 方面有显著差异的两个对照组, 并表明这两个对照组的结果没有太大差异. 参见第 5.2.2 节、第 23.3 节和第 21 章.

若一个特定的未观察到的协变量 u 与处理分配 Z 是强相关的, 但对此表示怀疑 为了表明一个特定的未观察到的协变量 u 与处理分配 Z 不是强相关的, 找到一个已知的不受处理影响的结果, 该结果与 u 是高度相关的, 并表明该不受影响的结果在处理组 ($Z = 1$) 和对照组 ($Z = 0$) 中具有相似的分布. 见第 5.2.4 节.

若想进行敏感性分析, 但没有进行配对 这并不难. 参见第 19.7 节、文献 [6, 第 4 章] 和文献 [11].

若想进行敏感性分析, 但结果 (结局指标) 是二分类的 同样, 这并不难. 参见文献 [6, 第 4 章]. 那一章还讨论了删失生存时间的结局指标.

如何解释参数 Γ? 参数 Γ 很方便, 因为它是一个单独的参数, 可以适用于各种各样的情况. 敏感性分析的结果是一维的: 只有一个参数变化. 灵敏度边界暗指一个未观察到的协变量 u, 它与响应 r_C 是强相关的, 并且与处理 Z 有一个受控关系 (controlled relationship), 处理 Z 受到 Γ 值的控制. 有时, 讨论的不是那种情况, 因为 u 和 r_C 之间很强的关系是不可信的. 可以用两个参数重新表达单参数分析, 其中一个参数控制未观察到的协变量 u 和响应 r_C 之间的关系, 另一个参数控制 u 和处理 Z 之间的关系; 参见第 3.6 节、文献 [7] 和文献 [10, 表 9.1].

若担心研究结果会对微小的未测量偏倚敏感 回顾第 15—19 章,看看哪些问题影响了结论对未测量偏倚的敏感性. 考虑使用证据因素来增加对未测量偏倚的不敏感性;参见第 20 章. 考虑样本分割来指导影响设计灵敏度的设计决策;参见第 22.1 节和文献 [3].

考虑处理的剂量,但不确定它们是否有用 分割样本并查明;参见第 22.1 节和文献 [3]. 或者,使用自适应推断获得更好的分析带来的好处;参见第 19.3 节和文献 [8]. 类似的建议也适用于许多其他设计决策.

若感兴趣的处理分配是一种非常有偏倚的方式 与其研究这种处理效应,不如考虑研究它与受相同偏倚影响的其他处理的差别效应;参见第 5.2.6 小节. 在某些情况下,这可能会有所帮助.

有几项处理方法的研究非常有趣,但没有一项研究是令人信服的 是否有可能再次研究这种处理方法,这一次消除了使先前研究缺乏说服力的几个问题之一?参见第 4.5 节.

每当努力研究感兴趣的处理方法时,但同样的问题不可避免地发生 为什么认为这种处理是有效的?给出了什么原因?为什么有人怀疑这种处理的效应?给出了什么原因?一项实证研究能阐明这些原因是否都是有根据的?即使直接研究其处理效应是困难的,但也许这些原因可以得到支持或驳斥. 参见第 4.6 节.

对研究的"无效结果"感到失望 你有证据证明没有大的处理效应吗?这可能是一个重要的发现;参见第 23.5 节. 你是否缺乏关于效应大小的证据?这是令人失望的,但这是常见的情况,每个人都会时不时地发生这种情况.

参考文献

[1] Fogarty, C. B., Mikkelsen, M. E., Gaieski, D. F., Small, D. S.: Discrete optimization for interpretable study populations and randomization inference in an observational study of severe sepsis mortality. J. Am. Stat. Assoc. **111**, 447–458 (2016)

[2] Haviland, A. M., Nagin, D. S., Rosenbaum, P. R.: Combining propensity score matching and group-based trajectory analysis in an observational study. Psychol. Methods **12**, 247–267 (2007)

[3] Heller, R., Rosenbaum, P. R., Small, D.: Split samples and design sensitivity in observational studies. J. Am. Stat. Assoc. **104**,1090–1101 (2009)

[4] Ming, K., Rosenbaum, P. R.: Substantial gains in bias reduction from matching with

a variable number of controls. Biometrics **56**, 118–124 (2000)

[5] Rosenbaum, P. R.: The consequences of adjustment for a concomitant variable that has been affected by the treatment. J. R. Stat. Soc. A **147**, 656–666 (1984)

[6] Rosenbaum, P. R.: Observational Studies, 2nd edn. Springer, New York (2002)

[7] Rosenbaum, P. R., Silber, J. H.: Amplification of sensitivity analysis in observational studies. J. Am. Stat. Assoc. **104**, 1398–1405 (2009)

[8] Rosenbaum, P. R.: Testing one hypothesis twice in observational studies. Biometrika **99**, 763–774 (2012)

[9] Rosenbaum, P. R.: Impact of multiple matched controls on design sensitivity in observational studies. Biometrics **69**, 118–127 (2013)

[10] Rosenbaum, P. R.: Observation and Experiment: An Introduction to Causal Inference. Harvard University Press, Cambridge (2017)

[11] Rosenbaum, P. R.: Sensitivity analysis for stratified comparisons in an observational study of the effect of smoking on homocysteine levels. Ann. Appl. Stat. **12**, 2312–2334 (2018)

[12] Yu, R., Silber, J. H., Rosenbaum, P. R.: Matching methods for observational studies derived from large administrative databases. Stat. Sci. (2020, in press)

符 号 表

$\|A\|$	如果 A 是一个有限集,那么 $\|A\|$ 是 A 中元素的个数
$\mathbf{x}$	观察到的协变量. 参见第 2.1.2 小节
$\mathbf{x}_\ell$	对个人 ℓ, $\ell = 1, \cdots, L$, 观察到的协变量. 下标 ℓ 用来表示未匹配的个人. 下标 ℓ 与 Z, R, r_T, r_C 和 u 的用法相同. 参见第 3.1 节
$\mathbf{x}_{ij}$	在配对 i 中, $i = 1, 2, \cdots, I$, 对个人 j, $j = 1, 2$, 观察到的协变量. 下标 ij 用于表示被排列成匹配对的个人. 下标 ij 与 Z, R, r_T, r_C 和 u 的用法相同. 参见第 2.1.2 小节
Z	处理指标: 处理组 $Z = 1$, 对照组 $Z = 0$. 参见第 2.1.2 小节
$\mathbf{Z}$	在 I 个匹配对中, 对 $2I$ 个受试者的处理指标 $\mathbf{Z} = (Z_{11}, Z_{12}, Z_{21}, \cdots, Z_{I2})^T$. 参见第 2.1.2 小节
$e(\mathbf{x})$	倾向性评分, $e(\mathbf{x}) = \Pr(Z = 1\|\mathbf{x})$. 参见第 9.2 节
(r_T, r_C)	对于任何一个人来说, r_T 是这个人在处理下表现出来的响应, 而 r_C 是这个人在对照下表现出来的响应. 参见第 2.2.1 小节
$(\mathbf{r}_T, \mathbf{r}_C)$	在 I 个匹配对中, 对所有 $2I$ 个受试者的潜在响应的向量 $\mathbf{r}_T = (r_{T11}, r_{T12}, \cdots, r_{TI2})^T$ 和 $\mathbf{r}_C = (r_{C11}, r_{C12}, \cdots, r_{CI2})^T$. 参见第 2.2.1 小节
R	观察到的响应, 即, 如果 $Z = 1$ 则 $R = r_T$ 和如果 $Z = 0$ 则 $R = r_C$, 所以 $R = Z r_T + (1-Z) r_C$. 参见第 2.1.2 小节
$\mathbf{R}$	在 I 个匹配对中, 对 $2I$ 个受试者观察到的响应向量, $\mathbf{R} = (R_{11},$

	$R_{12}, \cdots, R_{I2})^T$. 参见第 2.1.2 小节
sgn	如果 $a > 0$ 则 $\text{sgn}(a) = 1$, 否则 $\text{sgn}(a) = 0$. 不要与它的同胞符号 sign 混淆. 参见第 2.3.3 小节
sign	如果 $a > 0$ 则 $\text{sign}(a) = 1$, 如果 $a = 0$ 则 $\text{sign}(a) = 0$, 如果 $a < 0$ 则 $\text{sign}(a) = -1$. 不要与它的同胞符号 sgn 混淆. 参见第 2.8 节
s_i	如果 $|Y_i| > 0$ 则 $s_i = 1$ 和如果 $|Y_i| = 0$ 则 $s_i = 0$. 参见 2.3.3 节
u	未观察到的协变量. 参见第 2.1.2 小节
$\mathbf{u}$	在 I 个匹配对中, 对 $2I$ 个受试者未观察到的协变量向量, $\mathbf{u} = (u_{11}, u_{12}, \cdots, u_{I2})^T$. 参见第 2.1.2 小节
Y_i	在配对 i 内, 观察到的处理减去对照的响应差, 即 $Y_i = (Z_{i1} - Z_{i2})(R_{i1} - R_{i2})$. 参见第 2.1.2 小节
$\mathbf{Y}$	在 I 个匹配对中, 观察到的处理减去对照的响应差, 即向量 $\mathbf{Y} = (Y_1, Y_2, \cdots, Y_I)^T$. 参见第 2.1.2 小节
$\mathscr{F}$(或 $\mathcal{F}$)	对所有受试者 $(r_T, r_C, \mathbf{x}, u)$ 的值. 注意这些量不会随着 Z 的变化而变化, 而 R 会随着 Z 的变化而变化. 在这个特定的意义上, $\mathcal{F}$ 在 Fisher 的随机化推断理论中是固定的. 参见第 2.2.1 节. 在简单的试验中, 治疗剂量对每位治疗组的受试者是相同的, 所以在第 2.2.1 节第一次定义 $\mathcal{F}$ 时没有明确提到剂量. 然而, 如第 5.2.5 节中所述, 如果剂量 d_i 随配对 i 而变化, 或者如第 5.3 节中所述, 剂量 d_i 存在个体差异 (因人而异), (d_{Tij}, d_{Cij}), 那么这些剂量也是 $\mathcal{F}$ 的一部分. 从严格意义上来讲, 剂量总是存在于 $\mathcal{F}$ 中的, 但是当剂量不变时, 没有必要提及它们
$\mathscr{Z}$(或 $\mathcal{Z}$)	包含 $\mathbf{Z}$ 的 $\mathbf{z} = (z_{11}, z_{12}, z_{21}, \cdots, z_{I2})^T$ 的 2^I 个可能取值的集合. 因此, 如果 $z_{ij} = 0$ 或者 $z_{ij} = 1$ 且 $z_{i1} + z_{i2} = 1$, 则 $\mathbf{z} \in \mathcal{Z}$. 在条件概率中, 以 $\mathcal{Z}$ 为条件意味着以事件 $\mathbf{Z} \in \mathcal{Z}$ 为条件. 参见第 2.2.3 小节
d_i	在配对 i 中给予治疗的剂量. 参见第 5.2.5 节中关于剂量效应的讨论
(d_{Tij}, d_{Cij})	对于配对 i 中的个人 j, d_{Tij} 是如果该患者分配到处理组 $Z_{ij} = 1$ 而接受治疗的剂量, d_{Cij} 是如果该患者分配到对照组 $Z_{ij} = 0$ 而接受治疗的剂量. 参见第 5.3 节中关于工具变量的讨论
D_{ij}	对于配对 i 中的个人 j, $D_{ij} = Z_{ij}d_{Tij} + (1 - Z_{ij})d_{Cij}$. 参见

	第 5.3 节中关于工具变量的讨论
$\varGamma$	敏感性分析中的灵敏度参数. 具有相同观察到的协变量的两位受试者, 其处理优势的差异最多为 $\varGamma$. 参数 $\varGamma$ 是第 3 章中观察性研究 "第二模型" 中的一个关键元素
$P_{\min}$ 和 $P_{\max}$	敏感性分析中可能的 P-值的区间. 参见第 3.5 节, 具体见表 3.2
$\widetilde{\varGamma}$	设计灵敏度. 在有利的情况下, 如果 $\varGamma < \widetilde{\varGamma}$, 那么敏感性分析的功效随着样本量的增加趋于 1, 如果 $\varGamma > \widetilde{\varGamma}$, 那么敏感性分析的功效趋于 0. 参见第 15 章
$(\varLambda, \varDelta)$	一个参数 $\varGamma$ 可以通过放大 $\varGamma = (\varLambda \times \varDelta + 1)/(\varLambda + \varDelta)$ 得到一个双参数解释. 这里, $\varLambda$ 描述 Z 和 u 的关系, $\varDelta$ 描述 r_C 和 u 的关系. 一个单一的 $\varGamma$ 值对应一条由 $(\varLambda, \varDelta)$ 定义的曲线. 参见第 3.6 节

首字母缩略词

AAA	ACE inhibitor after anthracycline randomized trial	蒽环类药物治疗后联合血管紧张素转换酶抑制剂的随机试验. 见第 5.3 节
AFDC	Aid to Families with Dependent Children	抚养未成年子女家庭援助计划, 美国联邦政府资助的公共援助项目
CI	confidence interval	置信区间
FARS	Fatality Analysis Reporting System	交通事故死亡分析报告系统. FARS 记录了美国致命的交通事故的信息 注: 1975—1999 年为死亡事故报告系统
FTE	full-time equivalent employment	全职等效就业人数
GO	gynecologic oncologist	妇科肿瘤医师
HL	Hodges–Lehmann point estimate	Hodges-Lehmann 点估计
IC	interstitial cystitis	间质性膀胱炎, 泌尿系统疾病
iid	independent and identically distributed	独立同分布. 见第 15.1 节
IV	instrumental variable	工具变量

ICDB	Interstitial Cystitis Data Base	间质性膀胱炎数据库
Medicare	U. S. Government Program Providing Health Care	美国政府为65岁以上的人提供医疗保健的项目
MN	micronuclei	微核，遗传毒理学中常用的测量方法
MOs	medical oncologist	内科肿瘤医师
NHANES	US National Health and Nutrition Examination Survey	美国国家健康和营养检查调查
NICU	neonatal intensive care unit	新生儿重症监护室
NJ	New Jersey	新泽西州，美国的一个州
NSAID	nonsteroidal anti-inflammatory drug	非甾体抗炎药
NSW	National Supported Work Demonstration	美国国家支持工作示范，一项随机试验，评估一项旨在帮助过渡到就业的计划
PA	Pennsylvania	宾夕法尼亚州，美国的一个州
PMA	postmenstrual age	修正月龄，从怀孕开始(末次月经)的年龄指标
R		统计软件包，免费发布
SAS		统计软件包
SEER	Surveillance, Epidemiology, and End Results program	美国国家癌症研究所的监测、流行病学和最终结果计划
sib-TDT	sibship-TDT	亲缘关系传递不平衡检验
stata		统计软件包
TDT	transmission disequilibrium test	传递不平衡检验
TOST	two one-sided tests procedure for equivalence testing	等效性检验的双向单侧检验法

统计术语汇编

Bonferroni 不等式 (Bonferroni inequality) 如果 A 和 B 是两个事件, 那么事件"A 或 B"的概率最多为 A 和 B 的概率之和; 即 $\Pr(A \cup B) \leqslant \Pr(A) + \Pr(B)$. 此不等式也适用于两个以上的事件. Bonferroni 不等式有很多不同的用途, 但在本书中, 它与检验多个假设有关. 如果有两个假设, 其中 A 是错误拒绝第一个假设的事件, B 是错误拒绝第二个假设的事件, 那么错误拒绝至少一个假设的概率最多为 $\Pr(A) + \Pr(B)$. 特别是, 如果每次都以 0.025 水平进行检验, 那么在两次检验中至少有一次错误拒绝的概率为 $0.025 + 0.025 = 0.05$. 这种 Bonferroni 不等式的使用很有吸引力, 因为它简单且非常普遍; 然而, 有些方法只是稍微复杂一点, 同样普遍, 但更好; 见 Holm, S.: *A simple sequentially rejective multiple test procedure*, Scand J Statist **6**, 65–70 (1979).

箱线图 (boxplot) 箱线图是一种看起来像晶体管的图形. 图 1.1 包含几个箱线图. 箱子里包含有一半的观察值. 箱子在中位数处有一条中线, 它的框边在上四分位数和下四分位数处结束. 四分之一的观察值在中位数以上的方框内, 四分之一的观察值在中位数以下的方框内. 四分之一的观察值在箱子方框的上方, 四分之一的观察值在箱子方框的下方. 极端的观察值以个别点的形式出现. 箱线图是 John Tukey 发明的. 见 Cleveland, W. W.: *Elements of Graphing Data, Summit*, NJ: Hobart Press, 139–143.

删失 (censored) 如果一位患者是 2 年前确诊的但现在还活着, 那么这个患者从确诊开始的生存时间在 2 年时删失. 这意味着我们知道患者在确诊后的总生存时间至少是 2 年, 但我们不知道实际生存时间. 通常情况下, 一些生存时间删失, 而另一些是已知的或未删失的. 如果可以选择, 那么你宁愿生存时间删失.

近距离匹配 (close match) 如果配对中的两位个体具有非常相似的协变量值, 则该配对关于那个协变量是近距离匹配的. 通常很难同时获得多个协变量的近距离匹配. 另见一个非常不同的概念"协变量平衡".

一致 (相合) 估计 (consistent estimate) 如果样本量足够大, 则一致估计就是正确的估计值. 当样本量增大时, 如果参数 θ 依概率收敛, 则估计值 $\hat{\theta}$ 是参数 θ 的一致估计. 参见本术语汇编中的"依概率收敛".

一致 (相合) 检验 (consistent test) 如果样本量足够大, 那么一致检验就是正确的检验结果. 当 H_A 为真时, 如果检验功效随着样本量的增加而趋于 1, 那么对零假设 H_0 的检验与备择假设 H_A 是一致的.

依分布收敛 (convergence in distribution) 依分布收敛使得随机变量, 比如 ξ_I, 几乎具有某种分布的概念形式化. 特别地, 在本书中, ξ_I 是指从大小为 I 的样本中计算出来的统计量——例如, Wilcoxon 符号秩统计量 T 的标准分布——随着样本量 I 的增加而收敛. 在本书中, 近似分布总是为标准正态分布 $\Phi(\cdot)$, 并且, 为了具体化, 这个术语将定义依分布收敛于标准正态分布. 一般来说, 需要更详细地定义依分布收敛. 一个随机变量序列, $\xi_I, I = 1, 2, \cdots$, 对所有 c, 如果 $\lim \Pr(\xi_I \leqslant c) = \Phi(c)$, 那么其依分布收敛于标准正态分布 $\Phi(\cdot)$, 即随着样本量 I 的增加取其极限.

依概率收敛 (convergence in probability) 依概率收敛使得随机变量, 比如 ξ_I, 几乎是一个确定的常数的概念形式化. 特别地, 在本书中, ξ_I 是指从大小为 I 的样本计算而来的统计量——例如, Wilcoxon 的符号秩统计量 T, 除以 $I(I+1)/2$——随着样本量 I 的增加而收敛. 一个随机变量序列, $\xi_I, I = 1, 2, \cdots$, 其依概率收敛于实数 a, 对于所有 $\varepsilon > 0$, 随着样本量 I 的增加, 有 $\Pr(|\xi_I - a| > \varepsilon)$ 趋于 0.

协变量 (covariate) 协变量是在处理分配之前测量的变量, 因此在处理之前测量. 因为它是先于处理且在处理之前测量的, 所以它未受处理的影响. 因此, 一个协变量存在一种情况, 比如 **x**, 因为一位个体无论是分配给处理还是对照, 这位个体都有同样的协变量值. 相反, 一个结果可能会受到处理的影响, 所以一个结果存在两种情况, 一种是在处理中观察到的结果 r_T, 另一种是在对照中观察到的结果 r_C. 参见第 2.1.2 小节.

协变量平衡 (covariate balance) 如果处理组和对照组的协变量分布相似, 则认为协变量平衡. 例如, 如果年龄是一个协变量, 那么处理对象的年龄分布与对照者的年龄分布相似, 则年龄是平衡的. 协变量平衡是处理组和对照组作为两个整体的特性, 而不是一位个体的配对或匹配集的特性. 另见 "近距离匹配" 条目, 了解一个非常不同的概念. 随机化倾向于对观察到的和未观察到的协变量进行平衡. 倾向性评分匹配趋向平衡观察到的协变量, 而不是未观察到的协变量.

效能 (efficiency) 通俗地说, 如果一个统计方法能最大限度地利用可用的样本量, 产生最短的置信区间、最小的标准误差、最大功效的检验等, 那么它就是有效率的 (efficient). 一个方法, 比如 A, 比另一个方法, 比如 B, 更有效率, 如果 A 使用 50 例观察可完成, 而 B 需要 52 例观察才能完成. 可以理解, 在随机对照临床试验中, 效能是一个主要问题, 部分原因是每次观察都是昂贵和耗时的, 部分原因是额外的观察需要处理 (治疗) 更多的患者, 而也许试验本身会发现这是一种较差的处理 (治疗) 措施. 在观察性研究中, 效能不是中心问题, 因为有限的样本量不是 "不确定性" 的主要来源. 在非随机研究中, 不确定性的主要来源是固定大小的偏倚, 而不是标准误差. 即使样本量增加, 许多观察性研究也并不会变得更有说服力. 此外, 在一些观察性研究中, 可以从现有数据中获得大量样本.

排他性约束 (exclusion restriction) 排他性约束出现在第 5.3 节对工具的定义中. 除非鼓励对结果的影响仅限于它对接受处理的影响, 随机化的鼓励接受处理就成为一种工具; 这就是排他性约束 (即工具变量与其他可能影响结果的干扰因素不相关).

有利形势 (favorable situation) 在有利形势下, 观察性研究不存在未测量协变量的偏倚, 但研究者不知道这一点, 且实际上存在处理效应 (治疗效果), 但研究者也不知道这一点. 研究者发现处理减去对照的匹配对结果差, Y_i, 趋向于正值, 但不知道它们趋向于正值是因为处理效应, 而不是因为一些未受控制的偏倚. 正是在这种有利形势下, 研究者想要报告, 处理似乎有效应, 且这种效应的出现对未测量偏倚极不敏感. 参见第 15.2 节.

完全匹配 在完全匹配中, 一个匹配集可以包含一个处理对象和一个或多个对照者, 或者一个对照者和一个或多个处理对象. 这是分层的 "最佳形式", 因为它使同一层的受试者尽可能相似. 参见第 9.6 节.

工具, 工具变量 (IV) 工具变量是一种随机化的推动或鼓励接受处理的方式, 它对结果的影响仅限于它对接受处理的影响. 参见第 5.3 节.

水平 α 检验 (level α test) 如果统计检验在最坏的情况下以不超过 α 的概率拒绝一个真假设, 即如果拒绝真假设的概率的上确界 (supremum) 小于或等于 α, 则统计检验的水平为 α. 将检验水平与词汇表后面定义的检验大小 α 进行比较. 在典型的使用中, 检验水平是检验性能的保证, 而检验大小是检验性能的事实, 实现的事实可能比保证的性能更好. 假设在第 2 章的配对随机试验中采用随机化检验, 如 Wilcoxon 符号秩检验, 如果 P-值小于等于 0.05, 则拒绝零假设. 那么检验将有水平 $\alpha = 0.05$. 但是, 如果 $|Z|$ 不能被 20 整除, 则检验大小将略小于 0.05. 在这个例子中, 一种是以 5% 的比率错误拒绝真假设, 但这个比率比 5% 稍好、稍低. 参见 E. L. Lehmann 的书 *Testing Statistical Hypotheses*, New York: John Wiley (1959).

logit 模型, logistic 回归 (logit model, logistic regression) 如果 p 是事件发生的概率, 那么 $p/(1-p)$ 是事件发生的优势, 且 $\log(p/(1-p))$ 为 logit 或对数优势 (log-odd). 如果你要依据预测因素建立一个对 p 的线性模型, 那么这个模型可能会产生小于 0 或大于 1 的拟合概率. 如果 logit 在预测因素中是线性的, 则概率保持在 0 和 1 之间. 线性 logit 或 logistic 模型断言, 概率的 logit 关于预测因素是线性的. 模型一般采用最大似然法拟合. 在本书中, logit 模型被用来估计倾向性评分, 但是倾向性评分也可以用其他方法估计, 而且 logit 模型还有其他用途. logit 模型有许多吸引人的技术特性; 参见 D. Cox 和 E. Snell, *Analysis of Binary Data*, New York: Chapman and Hall/CRC (1989).

Lowess 法 局部加权散点平滑 (回归) 法. Lowess (locally weighted scatterplot smoothing) 通过散点图上的点画一条曲线. 图 8.2 显示了一个局部加权散点平滑 (回归) 曲线. 曲线是局部估计的, 也就是说, 在给定的 x 值下, 离 x 最近的点 (x, y) 被赋予最大的权值. Lowess 是由 William Cleveland 发明的. 参见 Cleveland, W. S.: *The Elements of Graphing Data*, Summit, NJ: Hobart Press, 168–180.

边际分布 (marginal distribution) 一个随机变量的分布是它的边际分布. 边际分布一词通常用于在当前讨论中当有几个随机变量时, 研究者想强调的是这个分布仅针对一个随机变量, 而忽略其他变量. 这种情况与一个人很高兴得知自己一生都在讲散文的情况类似.

Monte Carlo 法 按照传统，使用随机数的算法是以人们赌博的城市命名的. 例如，Monte Carlo 积分和 Las Vegas 算法. Monte Carlo 积分是指用随机数求积分的值. 通常，在统计工作中，积分是随机变量的期望. 在这种情况下，Monte Carlo 算法是对随机变量的多个独立分布进行抽样并取其平均值. 人们有时使用 Monte Carlo 和模拟 (simulation) 这两个术语，似乎它们的意思是一样的，但这种说法是不对的. Monte Carlo 计算积分，而 simulation 可用于各种目的. Monte Carlo 是数值积分的替代，因此它应该精确到几个有意义的数字，所以积分的值是为实际目的而已知的. 当有人说某某可以由 Monte Carlo 法确定时，这就意味着可能不值得花时间深入研究其数学细节了，因为小孩子都能实现它. 也许这是一个拥有超级计算机网络的孩子.

表面可比性 (ostensibly comparable) "表面可比性"是指在已测量协变量 x 上的可比性，这就留下了这样一个问题，即那些在 x 方面看起来具有可比性的人在未测量协变量 u 方面实际上是否具有可比性. 处理组和对照组在匹配后表面上具有可比性的说法，也就是匹配实现了对 x 的混杂控制，但不认定这种匹配足以进行因果推断; 也就是说，第一步已经完成，第二步尚未完成.

结果 (outcome) 结果 (结局指标) 是处理 (治疗) 后测量的变量. 因为是处理后测量的，它可能受到处理的影响. 因此，一个结果存在两种情况，一种是在处理中观察到的结果 r_T，另一种是在对照中观察到的结果 r_C. 相比之下，在分配处理之前测量的协变量存在一种情况，比如 x，因为一位个体无论是分配给处理还是对照，这位个体都有同样的协变量值. 见第 2.2.1 节.

检验功效 (power of a test) 检验功效就是当零假设不真时，检验将拒绝零假设的概率. 你希望检验具有高的功效. 如果当 P-值小于 0.05 时检验拒绝零假设，那么检验功效就是当零假设不真时，P-值小于 0.05 的概率. 这种功效取决于很多因素. 特别是，功效取决于什么为真. 如果零假设不真，那么备择假设就为真. 例如，考虑零假设 (治疗没有效果) 的检验功效，当 P-值小于 0.05 时，检验拒绝零假设. 如果实际治疗效果很小，那么功效可能只有 0.06，但如果实际治疗效果很大，那么功效可能为 0.99. 换句话说，如果治疗效果非常小，那么拒绝零假设的可能性只有 6%，但如果效果非常大，那么拒绝的可能性高达 99%. (记住，如果你检验一个真零假设并当 P-值小于 0.05 时拒绝它，那么你通常有 5% 的机会拒绝真零假设; 所以，6% 的功效没有什么值得骄傲的.) 功效还取决于样本量. 通常，当样本量越大时，功效越大.

倾向性评分 (propensity score) 倾向性评分是给定观察到的协变量分配到处理的条件概率. 参见第 3.3 节.

分位数-分位数图, 或 QQ-Plot (quantile-quantile plot, or QQ-Plot) 一种分布的分位数与另一种分布的分位数的关系图. 图 10.1 包含了一个分位数-分位数图. 例如, 绘制一种分布的下四分位数 (lower quartile) 与另一种分布的下四分位数的关系图, 中位数、上四分位数和其他分位数也是如此. 分位数-分位数图是 Martin Wilk 和 Ram Gnanadesikan 发明的. 参见 Cleveland, W. S.: *The Elements of Graphing Data*, Summit, NJ: Hobart Press, 143–149.

敏感性分析 (sensitivity analysis) 在一项观察性研究中, 朴素模型表明, 看起来相似的人具有可比性; 也就是说, 在观察到的协变量上看起来相同的人在未测量协变量方面没有相应的差异; 参见第 3.3 节. 在一项观察性研究中, 敏感性分析会问, 如果看起来具有可比性的人实际上有些不同, 那么研究的结论可能会发生怎样的改变; 参见第 3.4 节. 更一般地说, 敏感性分析会问, 假设放宽, 依赖于假设的结论会如何改变. 对同一数据集进行多次分析不是敏感性分析; 参见第 3 章的注释 11.

大小 α 检验 (size α test) 如果统计检验在最坏的情况下以概率 α 拒绝一个真假设, 即如果拒绝真假设的概率的上确界 (supremum) 等于 α, 那么统计检验的大小为 α. 将此与水平 α 检验进行比较. 参见 E. L. Lehmann 的书 *Testing Statistical Hypotheses*, New York: John Wiley (1959).

无偏估计 (unbiased estimate) 无偏估计是指平均起来正确的估计. 如果 $\hat{\theta}$ 的期望等于 θ, 则估计量 $\hat{\theta}$ 就是参数 θ 的无偏估计.

无偏检验 (unbiased test) 通俗地说, 如果一个检验更有可能拒绝错误假设而不是真假设, 那么它就是无偏的. 如果对一组备择假设的检验功效至少为 α, 那么水平 α 检验对这些备择假设是无偏的. 参见本词汇表中的"水平 α 检验".

未删失 (uncensored) 见删失.

延伸阅读书目

这里列出的书籍讨论了观察性研究或试验性研究中各个方面的因果推断.

[1] Adami, H.-O., Hunter, D. J., Lagiou, P., Mucci, L.: Textbook of Cancer Epidemiology. Oxford, New York (2018)

[2] Angrist, J. D., Pischke, J. S.: Mostly Harmless Econometrics. Princeton University Press, Princeton (2009)

[3] Berzuini, C., Dawid, A. P., Bernardinelli, L. (eds.): Causality: Statistical Perspectives and Applications. Wiley, New York (2012)

[4] Bickman, L. (ed.): Research Design. Sage, Thousand Oaks (2000)

[5] Boruch, R.: Randomized Experiments for Planning and Evaluation. Sage, Thousand Oaks (1997)

[6] Breslow, N. E., Day, N. E.: Statistical Methods in Cancer Research: The Analysis of Case-Control Studies. IARC, Lyon (1980)

[7] Burgess, S., Thompson, S. G.: Mendelian Randomization. Chapman and Hall/CRC, Boca Raton (2015)

[8] Cahuc, P., Carcillo, S., Zylberberg, A.: Labor Economics. MIT Press, Cambridge (2014)

[9] Campbell, D. T., Stanley, J. C.: Experimental and Quasi-experimental Designs for Research. Rand McNally, Chicago (1963)

[10] Campbell, D. T.: Methodology and Epistemology for Social Science: Selected Papers. University of Chicago Press, Chicago (1988)

[11] Cox, D. R., Reid, N.: The Theory of the Design of Experiments. Chapman and Hall/CRC, New York (2000)

[12] Cox, D. R., Wermuth, N.: Multivariate Dependencies: Models, Analysis and Inter-

pretation. Chapman and Hall/CRC, New York (1996)
- [13] Diggle, P. J., Heagerty, P., Liang, K-Y., Zeger, S. L.: Analysis of Longitudinal Data, 2nd edn. Oxford University Press, New York (2002)
- [14] Evans, A. S.: Causation and Disease: A Chronological Journey. Plenum, New York (1993)
- [15] Evans, L.: Traffic Safety. Science Serving Society, Bloomfield Hills (2004)
- [16] Fisher, R. A.: Design of Experiments. Oliver and Boyd, Edinburgh (1935)
- [17] Gelman, A., Hill, J. L.: Data Analysis Using Regression and Multilevel/Hierarchical Models. Cambridge, New York (2007)
- [18] Gerber, A. S., Green, D. P.: Field Experiments. Norton, New York (2012)
- [19] Hernan, M. A., Robins, J. M.: Causal Inference. CRC, Boca Raton (2018)
- [20] Imbens, G. W., Rubin, D. B.: Causal Inference in Statistics, Social, and Biomedical Sciences. Cambridge University Press, New York (2015)
- [21] Khoury, M. J., Bedrosian, S., Gwinn, M., Ioannidis, J., Higgins, J., Little, J.: Human Genome Epidemiology. Oxford University Press, New York (2010)
- [22] Lauritzen, S. L.: Graphical Models. Oxford University Press, New York (1996)
- [23] Majone, G.: Evidence, Argument, and Persuasion in the Policy Process. Yale University Press, New Haven (1989)
- [24] Manski, C. F.: Public Policy in an Uncertain World: Analysis and Decisions. Harvard University Press, Cambridge (2013)
- [25] Morgan, S. L., Winship, C.: Counterfactuals and Causal Inference: Methods and Principles for Social Science, 2nd edn. Cambridge University Press, New York (2014)
- [26] Murnane, R. J., Willett, J. B.: Methods Matter: Improving Causal Inference in Education and Social Science Research. Oxford University Press, New York (2010)
- [27] Nagin, D. S.: Group-based Modeling of Development. Harvard University Press, Cambridge (2005)
- [28] Pearl, J.: Causality, 2nd edn. Cambridge University Press, New York (2009)
- [29] Reichardt, C. S.: Quasi-Experimentation. Guilford Press, New York (2019)
- [30] Roberstson, L. S.: Injury Epidemiology. Oxford University Press, New York (1998)
- [31] Rosenbaum, P. R.: Observational Studies, 2nd edn. Springer, New York (2002)
- [32] Rosenbaum, P. R.: Observation and Experiment: An Introduction to Causal Inference. Harvard University Press, Cambridge (2017)
- [33] Rothman, K. J., Greenland, S., Lash, T. L.: Modern Epidemiology, 3rd edn. Wolters Kluwer, Philadelphia (2008)
- [34] Rutter, M.: Identifying the Environmental Causes of Disease: How do we Decide What to Believe and When to Take Action? Academy of Medical Sciences, London (2007)
- [35] Salganik, M. J.: Bit by Bit: Social Research in the Digital Age. Princeton University Press, Princeton (2018)

[36] Shadish, W. R., Cook, T. D., Campbell, D. T.: Experimental and Quasi-Experimental Designs for Generalized Causal Inference. Houghton-Mifflin, Boston (2002)

[37] Strom, B. L., Kimmel, S. E., Hennessy, S.: Textbook of Pharmacoepidemiology, 2nd edn. Wiley, New York (2013)

[38] Susser, E., Schwartz, S., Morabia, A., Bromet, E. J.: Psychiatric Epidemiology. Oxford University Press, New York (2006)

[39] Susser, M.: Causal Thinking in the Health Sciences: Concepts and Strategies in Epidemiology. Oxford University Press, New York (1973)

[40] Susser, M.: Epidemiology, Health and Society: Selected Papers. Oxford University Press, New York (1987)

[41] van der Laan, M., Robins, J. M.: Unified Methods for Censored Longitudinal Data and Causality. Springer, New York (2003)

[42] van der Laan, M. J., Rose, S.: Targeted Learning: Causal Inference for Observational and Experimental Data. Springer, New York (2011)

[43] VanderWeele, T.: Explanation in Causal Inference: Methods for Mediation and Interaction. Oxford University Press, New York (2015)

[44] Wainer, H. (ed.): Drawing Inferences from Self-Selected Samples. Routledge, New York (2010)

[45] Weiss, N. S., Koepsell, T. D.: Epidemiologic Methods, 2nd edn. Oxford University Press, New York (2014)

[46] Wild, C., Vineis, P., Garte, S.: Molecular Epidemiology of Chronic Diseases. Wiley, New York (2008)

[47] Willett, W.: Nutritional Epidemiology. Oxford University Press, New York (2013)

[48] Wolpin, K. I.: The Limits of Inference without Theory. MIT Press, Cambridge (2013)

[49] Wooldridge, J. M.: Econometric Analysis of Cross Section and Panel Data. MIT Press, Cambridge (2010)

[50] Wu, C. F. J., Hamada, M. S.: Experiments: Planning, Analysis and Optimization. Wiley, New York (2009)

课程建议阅读材料

这里列出的文章是关于观察性研究的设计课程建议的补充阅读材料.

[1] Angrist, J. D., Krueger, A. B.: Empirical strategies in labor economics. In: Ashenfelter, O., Card, D. (eds.) Handbook of Labor Economics, vol. 3, pp. 1277–1366. Elsevier, New York (1999)

[2] Bross, I. D. J.: Statistical criticism. Cancer **13**, 394–400 (1961)

[3] Campbell, D. T.: Factors relevant to the validity of experiments in social settings. Psychol. Bull. **54**, 297–312 (1957)

[4] Cochran, W. G.: The planning of observational studies of human populations (with Discussion). J. R. Stat. Soc. A **128**, 234–265 (1965)

[5] Cornfield, J., Haenszel, W., Hammond, E., Lilienfeld, A., Shimkin, M., Wynder, E.: Smoking and lung cancer: recent evidence and a discussion of some questions. J. Nat. Cancer Inst. **22**, 173–203 (1959). Reprinted with Discussion by David R. Cox, Jan P Vandenbroucke, Marcel Zwahlen and Joel P. Greenhouse in Int. J. Epidemiol. **38**, 1175–1201 (2009)

[6] Cox, D. R.: Causality: some statistical aspects. J. R. Stat. Soc. A **155**, 291–301 (1992)

[7] Dawid, A. P.: Conditional independence in statistical theory (with Discussion). J. R. Stat. Soc. B **41**, 1–31 (1979)

[8] Fisher, R. A.: Design of Experiments, Chapter 2. Oliver and Boyd, Edinburgh (1935)

[9] Frangakis, C. E., Rubin, D. B.: Principal stratification in causal inference. Biometrics **58**, 21–29 (2002)

[10] Freedman, D. A.: On the so-called "Huber sandwich estimator" and "robust standard errors". Am. Stat. **60**, 299–302 (2006)

[11] Friedman, M.: The methodology of positive economics. In: Essays in Positive Economics. University of Chicago Press, Chicago (1953)

[12] Gelman, A.: Multilevel (hierarchical) modelling: what it can and cannot do. Technometrics **48**, 432–435 (2006)

[13] Greenhouse, S. W.: Jerome Cornfield's contributions to epidemiology. Biometrics, Supplement **28**, 33–45 (1982)

[14] Hamilton, M. A.: Choosing the parameter for a 2×2 table or a $2 \times 2 \times 2$ table analysis. Am. J. Epidemiol. **109**, 362–375 (1979)

[15] Hansen, B. B.: Full matching in an observational study of coaching for the SA T. J. Am. Stat. Assoc. **99**, 609–618 (2004)

[16] Hill, A. B.: The environment and disease: association or causation? Proc. R. Soc. Med. **58**, 295–300 (1965)

[17] Imbens, G. W.: Potential outcome and directed acyclic graph approaches to causality: relevance for empirical practice in economics. National Bureau of Economic Research, Cambridge (2019), w26104

[18] Meyer, B. D.: Natural and quasi-experiments in economics. J. Bus. Econ. Stat. **13**, 151–161 (1995)

[19] Neyman, J.: On the application of probability theory to agricultural experiments: essay on principles, Section 9. In Polish, but reprinted in English with Discussion by T. Speed and D. B. Rubin in Statist Sci **5**, 463–480 (1923, reprinted 1990)

[20] Pearl, J.: Causal diagrams for empirical research (with Discussion). Biometrika **82**, 669–710 (1995)

[21] Peto, R., Pike, M., Armitage, P., Breslow, N., Cox, D., Howard, S., Mantel, N., McPherson, K., Peto, J., Smith, P.: Design and analysis of randomised clinical trials requiring prolonged observation of each patient, I. Br. J. Cancer **34**, 585–612 (1976)

[22] Robins, J. M., Hernan, M. A., Brumback, B.: Marginal structural models and causal inference in epidemiology. Epidemiology **11**, 550–560 (2000)

[23] Rosenzweig, M. R., Wolpin, K. I.: Natural "natural experiments" in economics. J. Econ. Lit. **38**, 827–874 (2000)

[24] Rubin, D. B.: Estimating causal effects of treatments in randomized and nonrandomized studies. J. Educ. Psychol. **66**, 688–701 (1974)

[25] Rubin, D. B.: Direct and indirect causal effects via potential outcomes. Scand. J. Stat. **31**, 161–170 (2004)

[26] Sobel, M. E.: An introduction to causal inference. Sociol. Methods Res. **24**, 353–379 (1996)

[27] Tchetgen Tchetgen, E. J.: The control outcome calibration approach for causal inference with unobserved confounding. Am. J. Epidemiol. **179**, 633–640 (2013)

[28] Vandenbroucke, J. P.: When are observational studies as credible as randomized trials? Lancet **363**, 1728–1731 (2004)

[29] West, S. G., Duan, N., Pequegnat, W., Gaist, P., Des Jarlais, D. C., Holtgrave, D., Szapocznik, J., Fishbein, M., Rapkin, B., Clatts, M., Mullen, P. D.: Alternatives to the randomized controlled trial. Am. J. Public Health **98**, 1359–1366 (2008)

[30] Zubizarreta, J. R., Cerda, M., Rosenbaum, P. R.: Effect of the 2010 Chilean earthquake on post-traumatic stress: reducing sensitivity to unmeasured bias through study design. Epidemiology **7**, 79–87.

统计学丛书

书号	书名	著译者
9787040623260	观察性研究的设计（第二版）	Paul R. Rosenbaum 著 周晓华、韩开山、杨伟、邓宇昊 译
9787040607710	R 语言与统计分析（第二版）	汤银才 主编
9787040608199	基于 INLA 的贝叶斯推断	Virgilio Gomez-Rubio 著 汤银才、周世荣 译
9787040610079	基于 INLA 的贝叶斯回归建模	Xiaofeng Wang、Yu Ryan Yue、Julian J. Faraway 著 汤银才、周世荣 译
9787040604894	社会科学的空间回归模型	Guangqing Chi、Jun Zhu 著 王平平 译
9787040612615	基于 R-INLA 的 SPDE 空间模型的高级分析	Elias Krainski 等 著 汤银才、陈婉芳 译
9787040607666	地理空间健康数据：基于 R-INLA 和 Shiny 的建模与可视化	Paula Moraga 著 汤银才、王平平 译
9787040557596	MINITAB 软件入门：最易学实用的统计分析教程（第二版）	吴令云 等 编著
9787040588200	缺失数据统计分析（第三版）	Roderick J. A. Little、Donald B. Rubin 著 周晓华、邓宇昊 译
9787040554960	蒙特卡罗方法与随机过程：从线性到非线性	Emmanuel Gobet 著 许明宇 译
9787040538847	高维统计模型的估计理论与模型识别	胡雪梅、刘锋 著
9787040515084	量化交易：算法、分析、数据、模型和优化	黎子良 等 著 冯玉林、刘庆富 译
9787040513806	马尔可夫过程及其应用：算法、网络、基因与金融	Étienne Pardoux 著 许明宇 译
9787040508291	临床试验设计的统计方法	尹国至、石昊伦 著
9787040506679	数理统计（第二版）	邵军

续表

书号	书名	著译者
9787040478631	随机场：分析与综合（修订扩展版）	Erik Vanmarke 著 陈朝晖、范文亮 译
9787040447095	统计思维与艺术：统计学入门	Benjamin Yakir 著 徐西勒 译
9787040442595	诊断医学中的统计学方法（第二版）	侯艳、李康、宇传华、 周晓华 译
9787040448955	高等统计学概论	赵林城、王占锋 编著
9787040436884	纵向数据分析方法与应用（英文版）	刘宪
9787040423037	生物数学模型的统计学基础（第二版）	唐守正、李勇、符利勇 著
9787040419504	R 软件教程与统计分析：入门到精通	潘东东、李启寨、唐年胜 译
9787040386721	随机估计及 VDR 检验	杨振海
9787040378177	随机域中的极值统计学：理论及应用（英文版）	Benjamin Yakir 著
9787040372403	高等计量经济学基础	缪柏其、叶五一
9787040322927	金融工程中的蒙特卡罗方法	Paul Glasserman 著 范韶华、孙武军 译
9787040348309	大维统计分析	白志东、郑术蓉、姜丹丹
9787040348286	结构方程模型：Mplus 与应用（英文版）	王济川、王小倩 著
9787040348262	生存分析：模型与应用（英文版）	刘宪
9787040321883	结构方程模型：方法与应用	王济川、王小倩、姜宝法 著
9787040319682	结构方程模型：贝叶斯方法	李锡钦 著 蔡敬衡、潘俊豪、周影辉 译

续表

书号	书名	著译者
9787040315370	随机环境中的马尔可夫过程	胡迪鹤 著
9787040256390	统计诊断	韦博成、林金官、解锋昌 编著
9787040250626	R语言与统计分析	汤银才 主编
9787040247510	属性数据分析引论（第二版）	Alan Agresti 著 张淑梅、王睿、曾莉 译
9787040182934	金融市场中的统计模型和方法	黎子良、邢海鹏 著 姚佩佩 译

购书网站：高教书城（www.hepmall.com.cn），高教天猫（gdjycbs.tmall.com），京东，当当，微店

其他订购办法：

各使用单位可向高等教育出版社电子商务部汇款订购。书款通过银行转账，支付成功后请将购买信息发邮件或传真，以便及时发货。购书免邮费，发票随书寄出（大批量订购图书，发票随后寄出）。

通过银行转账：

户　　名：高等教育出版社有限公司
开　户　行：交通银行北京马甸支行
银行账号：110060437018010037603

单位地址：北京西城区德外大街4号
电　　话：010-58581118
传　　真：010-58581113
电子邮箱：gjdzfwb@pub.hep.cn

郑重声明

高等教育出版社依法对本书享有专有出版权。任何未经许可的复制、销售行为均违反《中华人民共和国著作权法》，其行为人将承担相应的民事责任和行政责任；构成犯罪的，将被依法追究刑事责任。为了维护市场秩序，保护读者的合法权益，避免读者误用盗版书造成不良后果，我社将配合行政执法部门和司法机关对违法犯罪的单位和个人进行严厉打击。社会各界人士如发现上述侵权行为，希望及时举报，我社将奖励举报有功人员。

反盗版举报电话　（010）58581999　58582371
反盗版举报邮箱　dd@hep.com.cn
通信地址　北京市西城区德外大街4号　高等教育出版社知识产权与法律事务部
邮政编码　100120